安全健康新知丛书

ANQUAN JIANKANG XINZHI CONGSHU

安全经济学

第三版

◎罗云　主编　◎裴晶晶　许 铭　副主编

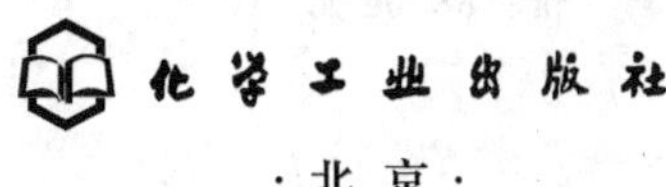

·北京·

《安全经济学》(第三版)是《安全健康新知丛书》(第三版)的一个分册。安全经济学是安全科学学科体系中重要且具有现实价值的子学科。本书基于多项国家级研究项目成果和作者多年的研究积累,给读者展现了安全经济学世界——一个非常规和具有“负效益”经济学特点的交叉科学世界。

《安全经济学》(第三版)系统介绍了安全经济学原理、安全经济利益博弈、安全定量科学与统计、安全价值工程方法、安全投资与成本分析事故损失的计算、事故非价值因素的损失分析技术、安全经济贡献率分析与评价、安全经济效益分析技术、安全经济管理、安全经济决策、安全经济风险分析与控制和工伤保险的经济学等内容。

《安全经济学》(第三版)具有理论性、系统性和实用性的特点,可供政府安全生产监管人员、企业注册安全工程师和专管人员阅读,也是生产经营单位负责人安全培训和高校、科研单位安全科技人员及安全工程专业大学生的理想的参考书。

图书在版编目(CIP)数据

安全经济学/罗云主编. —3版. —北京:化学工业出版社,2017.1
(安全健康新知丛书·第三版)
ISBN 978-7-122-28371-9

Ⅰ.①安… Ⅱ.①罗… Ⅲ.①安全经济学 Ⅳ.①X915.4

中国版本图书馆CIP数据核字(2016)第255894号

责任编辑:杜进祥 高 震　　装帧设计:史利平
责任校对:宋 玮

出版发行:化学工业出版社(北京市东城区青年湖南街13号 邮政编码100011)
印 装:北京虎彩文化传播有限公司
710mm×1000mm 1/16 印张27¾ 字数564千字 2017年5月北京第3版第1次印刷

购书咨询:010-64518888　　售后服务:010-64518899
网 址:http://www.cip.com.cn
凡购买本书,如有缺损质量问题,本社销售中心负责调换。

定 价:88.00元

《安全经济学》（第三版）

编写人员名单

主　　编：罗　云

副 主 编：裴晶晶　许　铭

参编人员（按姓氏笔画排序）：

王永潭　王冠韬　孔繁臣　白福利　李英芝

杨　佳　张志伟　陈雪娟　罗斯达　赵　庚

徐东超　黄玥诚　黄盛仁　寥亚利　樊运晓

前言

安全性与经济性是人们解决安全问题客观存在的矛盾。提高安全保障水平，就要求增加成本和投入；反之，不愿投入，就意味着降低安全水平、增大事故风险。因此，处理安全与发展、安全与生产、安全与效益、安全与成本、安全与效率的关系，一直困扰着安全工作的决策和效果。由此，安全经济学应运而生。

早期的安全经济学极力从安全的成本、安全的效益、事故的损失等角度研究安全经济规律，这种仅仅从安全的“直接经济性”层面研究安全经济命题的做法，使安全的价值、安全的效用、安全的综合效益和社会效益等安全的“全面经济性”没有充分得以考量和体现。“价值理性与工具理性”理论的引入，以及安全综合绩效计量方法的发展，为更好地分析、研究和解决安全性与经济的矛关系，提供了更多的理论和方法。这也就是近几年安全经济学的发展和进步。

首先来说“价值理性”。马克斯·韦伯的“价值理性和工具理性”理论，将哲学上的“理性”概念改造成社会学的“合理性”概念，并把它区分为工具（合）理性行动和价值（合）理性行动。价值理性体现人对价值问题的理性思考，通过调动理性自我，潜移默化地体现对人自身本质的导向作用。工具理性则通过实践的途径确认工具的有用性，从而追求事物的最大功效，是为达到某种实践目的所运用的具有工具效应的中介手段。价值理性是工具理性的精神动力，为工具理性提供精神支持。工具理性是价值理性的现实支撑，价值理性的实现必须以工具理性为前提。价值理性与工具理性统一于人类的社会实践。价值理性与工具理性的和谐、匹配是现实社会追求理想境界。安全的价值理性对政府、企业、社会和个人处理好安全性与经济性的关系，对科学、有效应用安全工具（安全投入、安全技术、安全管理、安全执法、安全教育等活动的方法与方式）有着科学的指导意义。基于价值理性和工具理性的安全活动可以提高安全工作的效率和效益，提升现有安全工具的有效性。基于价值理性和工具理性的安全管理打破了过去靠惩罚、奖励来实施的外部约束，而引入激励这样的内部约束。这种激励是人性内在的自我激励，它不需要任何外在因素的刺激，因此基于价值理性和工具理性的安全活动或工作成本会降低，并有持久性和长效性。

其次来说“安全绩效”。我们的社会目前普遍存在有：重效率、轻效益，效率原则，缺乏综合效益观念；重成本、轻价值，成本观念，缺乏价值理念。如何增强安全效益观念，提高对“效率没有效益重要”的认识？如何强化“重视安全价值的观念”，提升对“成本没有价值重要”的认知？近年，安全生产领域发展的安全生产绩效测评的理论和方法，为解决这一问题提供了一种途径和方式。

上述两个方面的进步与发展，就是《安全经济学》（第三版）新的价值和意义。除此，第三版还增加和完善了相关内容，如安全经济利益博弈、安全供求分析、安全会计分析、安全会计统计、安全生产费用提取、安全经济监察管理等。

相信本书会给读者带来新的信息和价值。当然，不足和疏漏是必然的，也请读者批评和指正。

罗云

2016 年夏

前言(第一版)

安全能够控制来自人为和自然的风险，预防和避免重大事故及灾害的发生，保护人民生命财产安全、减少社会危害和经济损失。因此，安全是一项充分体现以人为本和人民利益高于一切的事业，是国家安全和社会稳定的基石，是经济和社会发展的重要条件，是人民安居乐业的基本保证，是全面建设小康社会必须解决的重大战略问题。安全必将与人口、资源、环境一样，成为国家的一项基本国策。

安全生产作为保护和发展社会生产力、促进社会经济持续健康发展的基本条件，是中国社会主义国家性质的要求和中国“宪法”明确的法律规定。做好安全生产工作，提高社会公共安全和生存安全水平，是社会稳定的需要，是“三个代表”的体现，是党和政府“执政为民”的要求，是“以人为本”的内涵，是人民生活质量的体现，更是社会文明与进步的重要标志。

随着人类社会经济和科学技术的发展，在人们获得了生产力的极大提高、财富日益增长的同时，来自人为和自然的事故与灾害却向人类的生产、生存和生活提出了严峻的挑战，生产安全问题引起了社会、政府以及学术界的极大关注。

人们生产和生活中发生的安全事故是一种来自人为技术或人造系统和环境的风险。从全球的角度，现代社会来自技术风险的意外事故给社会、经济及人类生命、健康造成严重的损害和巨大的损失。

- 全球每年发生的各类事故大约为 2.5 亿起，这意味着每天发生 68.5 万起，每小时发生 2.8 万起，每分钟发生 475.6 起。

- 现代社会，每年生产和生活过程中有 400 万人死于“无形战争”——意外事故，其中有近 40%是老人和小孩；有 1500 万人遭受失能伤害；35%的劳动者接触职业危害。

- 今天，时间每流逝一分钟，就有 10 人被无形的战争夺去生命，有数十人的躯体留下无形战争造成的残疾，成百个家庭品尝到意外事故伤害亲人的苦果。我们周围的每一个人及其家庭，时时都有被意外卷入远离当代人类安宁、幸福家园的风险。

- 中国 2002 年各类事故死亡人数高达 14 万人；1990～2002 年的 13 年中，中国各类事故总量年均增长率为 6.28%，最高的年份增长 22%。每天因各类事故夺走380多条生命，比SARS肆虐半年全国死亡的总人数还多。

● 中国1990～2002年，国民10万人事故死亡率每年平均增长近5%，如果按国家劳工组织专家分析的中国与职业有关的意外死亡人数每年为46万人，则中国的国民10万人事故死亡率近40。

● 按近年的安全事故发生率，中国每天发生一次死亡3人以上重大事故8起；每周发生死亡10人以上特大事故2～3起；每月发生死亡30人以上事故1～2起。

● 中国近年每年职业事故死亡约1.5万人，以第二产业为主的工业企业从业人员的10万人死亡率约为8.1，是发达国家的3～5倍。

● 中国煤矿事故死亡人数是世界上主要采煤国煤矿死亡总人数的4倍以上，百万吨煤死亡率是美国的近200倍（2002年）、印度的12倍。

● 中国冶金行业的百万吨钢死亡率是美国的20倍、日本的80倍。

● 中国2002年的道路交通事故共发生77万余起，万车死亡率约13，其水平约为美国的10倍，是世界上万车死亡率最低国家澳大利亚的数十倍。

● 中国特种设备的事故发生率是发达国家的5～6倍。

● 中国职业危害也十分严重。接触粉尘、毒物和噪声等职业危害的职工在2500万人以上。近年来，全国每年新发职业病例数均在万例以上，且逐年上升，增长率超过10%。截至2002年底，全国累积发生肺尘埃沉着病581377例，疑似肺尘埃沉着病者60多万，每年约5000人因肺尘埃沉着病死亡。

● 近10年民航运输飞行平均重大事故率是世界平均水平的1.5倍，是航空发达国家的3.9倍。

● 中国各类事故造成巨大的经济损失。每年因各类事故造成的经济损失在2000亿元［约占GDP（国内生产总值）的2%］以上，相当于每年损失两个三峡工程。

● 中国严峻的生产安全问题还造成不良的社会影响，成为社会不稳定的因素。部分省市日益增多的劳动争议案件中涉及安全健康条件和工伤保险的已超过50%。

一方面是安全事故现实的严重性，另一方面则是中国在安全生产资源保障或安全投入方面的严重不足。

调查分析研究数据表明，中国的安全活劳动资源投入水平很低，即中国的安全监察人员万人（职工）配备率相当低，2001年前后仅是0.2人/万人。这一指标美国是我国的10余倍，英国是中国的22倍，日本是中国的7倍，德国是中国的16倍，意大利是中国的6倍。如果以中国目前从业人数约2.4亿人计，则按英国的水平，中国应有监察人员10万余人；按德国水平应有8万余人，按美国水平应有5万多人；按日本水平应有3.5万人；按意大利水平应有3万多人。这样，若要达到发达国家的较低水平，中国的专职安全监察员人数至少需配备3万人，而中国现在不到1万人。

根据新近国家安全生产监督管理局主持鉴定的《安全生产与经济发展关系研

究》课题调查数据，在安全经费投入方面，用万人（员工）投入率比较，中国20世纪90年代工业企业的安全生产投入水平仅为68.98美元/万人。而这一指标美国是中国的3倍，英国是中国的5倍，日本是中国的3倍多。2001年，美国联邦政府批准的职业安全与健康局（职能与国家安全生产监督管理总局相当）的经费是4.25亿美元，比2000年增加4380万美元，矿山安全与健康局经费2.46亿美元，这两个局的经费合计为6.71亿美元。近三年，英国政府每年为国家安全与健康监察局投入的经费为1.83亿英镑左右，约合2.71亿美元（1英镑按1.48美元换算）。在投入总量指数上，中国20世纪90年代企业年均生产安全总投入（包括安全措施经费、劳动防护用品等）占GDP的比例为0.703%，不到1%，而发达国家的安全投入一般占到GDP的3%以上。

通过上面对问题与现实的揭示与比较，可以清楚地看到：

① 当代社会安全事故问题是非常严重的，解决这一问题是人类面临的当务之急。显然，这种严峻的挑战是源于社会矛盾运动的客观现实和社会经济发展的客观需要：一方面是经济高速发展要求迫使行业结构比例中高危行业的偏重倾向性，以及生产规模的大型化和应用技术的复杂化，同时生存与生活形式和内容的多样化和技术（现代）化，使得人类为实现某一目的所从事活动的生命与健康、损失与消耗的代价越来越大，社会深感难以承受；另一方面，由于人类文化及社会经济财富的发展和提高，人们从生理上对安全与健康的需求越来越高，心理上对生命和健康代价越来越敏感。这种客观问题日益严重与对问题的承受力越来越弱的矛盾冲突，成为安全科学发展的动力。

② 为了有效地解决人类面临的事故和灾害问题，发展安全科学技术，提高公共安全保障水平，不仅成为生产安全、劳动保护、食品安全、防灾减灾、核安全、消防、社会安全、反恐防恐、国境安全检验检疫等关乎社会与经济发展领域的具体技术和管理环节，而且成为各级政府、科学界、教育界、文化界和人文社会领域必须重视的战略问题和关注热点。

③ 提高人类的生存和生产安全水平，需要研究事故和灾害的致因和本质特征（确定性与随机性综合、自然属性与社会属性交叉），研究安全的系统科学规律（人-机-环境系统），研究安全文化建设（观念文化、行为文化与物态文化），同时，还需要研究安全经济命题（投入或成本、功能或产出、效益或效率），后者就是安全经济学的使命。

④ 面对巨大的事故经济损失和大量的安全投入经济活动，安全科学技术工作者有责任和义务去研究、探讨安全经济科学理论和方法，并用其指导安全经济活动实践，使国家、社会和企业在有限的安全经济投入条件下获得最大的安全实现。因此，必须重视和加速发展安全经济学。发展安全经济学，是发展安全科学技术的重要而必不可少的组成部分。

⑤ 用社会有限的投入，去实现对人类尽可能高的安全水准。在获得人类可接受的安全水平下，尽力去节约社会的安全投入。这是上述现代社会背景和现状对安全科学技术提出的挑战和要求，显然这应成为每一个安全科学技术工作者思考的安全经济学命题。

这本著作是对安全经济科学所作的综合性论述，其中既有理论方面的章节，如安全经济学科建设、安全经济基本理论、事故损失分析、安全效益分析、安全经济风险分析等，也有安全经济应用技术方面的章节，如事故损失计算技术、安全投资决策方法、安全经费管理、安全价值工程等。总之，作者力求从科学与技术、理论与实践、基础与应用、宏观与微观的综合层次上，对安全经济问题进行基本的、系统的论述。当然，这仅仅是作者的夙愿，由于受知识背景、学识和能力的限制，加之目前国内外可借鉴的研究成果较少，书中难免存在欠缺，祈望读者不吝指正。

全面建设小康社会的宏伟目标要求建立全面协调、综合平衡的科学发展观，公共安全在建设小康社会的目标体系中，在“全面协调、综合平衡”的社会系统中，显然发挥着积极的作用，占有重要的地位。而安全经济学能为建立这种观念和认识这一协同社会，提供分析的理论和评估的方法。愿安全科学界的同仁，共同为安全科学技术体系中的这一分支学科——安全经济学的发展，为实现人类生产和生活安全的“最优化”，以及获得人类最大的社会、经济、安全的综合效益而努力！

罗云

2004 年春节

前言（第二版）

安全经济学是揭示安全经济规律，研究安全经济的理论和方法的科学。安全经济学是安全科学学科体系中的一门重要的三级学科，以安全工程技术、安全管理活动为特定的应用研究领域，这决定了它是社会科学与自然科学结合的交叉性学科。安全经济学以经济科学理论为基础，以安全生产、公共安全领域为研究范畴，为安全工程和安全管理活动提供理论指导和实践依据。安全经济学是一门实用性很强的综合性科学。

安全经济学自 20 世纪 80 年代提出以来，在理论和方法体系上不断发展和完善。目前在学术界，如国家自然科学基金、国家科技攻关课题、研究生的硕士和博士论文、大学专业课程等方面，安全经济学的理论和方法不断进步。2007 年，中国职业安全健康协会开始筹建安全经济专业委员会，国家安全工程教育指导委员会组织编写了《安全经济学》大学本科统编教材，并于 2008 年出版发行，这些工作为发展和推动安全经济科学的研究发挥积极的促进作用。

近几年，安全经济学基础理论的发展和进步主要表现在如下两个方面：一是安全经济学的基本原理和理论，二是非价值因素的价值化理论和方法。除此，安全经济学还有很多仍待解决和研究的问题需要发展和解决，如安全投入的激励机制和政策的设计、事故直间倍比系数体系的研究、安全工程项目的效益评估理论和方法；高危险行业的合理性投入结构分析；工伤保险预防机制和费率测算模型等。随着安全科学的发展和社会安全活动的需要，安全经济学的研究越来越不能满足实践的要求。目前，在政府制定相关安全经济政策和企业的安全工程规划的可行性论证活动过程中，提出了如下安全经济前沿课题。

一、安全投入的激励机制设计和政策制定

为了提高中国安全生产的整体保障水平，需要采取有效的安全经济激励政策，推行“约束与激励相结合”的综合策略，推进安全生产长效机制和治本措施。为此需要研究如下课题：

(1) 测评中国安全事故对社会经济的总体影响程度，建立“安全也是生产力”的观点，正确认识安全创造社会和经济价值，从而转变安全成本观念，提高政府和经营人员的安全投入自觉性和主动性。

（2）研究科学合理的事故经济损失统计方法，制定事故损失计算标准（修改国标）；研究与职业伤害政策相适应“生命价值理论”，认识“生命真值”，制定合理的伤害经济赔偿标准，改变“死得起、伤不起，预防成本高，违法成本低”的现象。

（3）利用资源税费经济杠杆，激励矿山经营者保证安全生产应有投入。其政策的基本思路是：制定“静态与动态结合，税与费综合措施”的激励机制。首先是设计“以储量为主，结合事故风险”的“矿山资源税差别税率计征方案”；第二是设计以“生产方式为主，结合安全业绩”的“矿山资源费浮动费率计征方案”，即通过风险差别税率，安全浮动费率的经济手段来激励矿山安全措施和改进及提升，从而实现煤矿安全生产。实现税费结合的机制，可以增长矿山产权预期，激励经营者保证安全生产投入，提高资源利用率（回采率），提升不可再生资源价值，实现高危行业的良性安全产业模式。

二、事故直间倍比系数体系的研究

事故损失可划分为直接损失和间接损失，但是间接损失常常难以测算。在国家范围内一般用事故“直间损失倍比系数”来进行事故总损失的测算。在原国家安全生产监督管理局主持研究“安全生产与经济发展关系研究”课题中，在大量企业抽样数据的基础上，对中国事故直接损失与间接损失的比例关系，即“事故直间倍比系数”进行统计学研究。根据调查数据，统计得到事故的直间倍比系数在1∶1至1∶25的范围，但多数在1∶2至1∶3之间。但实际上不同行业的不同事故其“直间损失倍比系数”是不同的，这应该是一个具有规律和代表性的体系，而这一体系结果还有待于进一步的研究。

三、安全工程项目的效益评估理论和方法

安全经济学的最终应用效果是对安全经济效益的评价，用安全效益进行安全工程措施项目的可行性论证，用安全效益理论和方法指导安全生产的科学决策。安全性与经济性合理的协调才能真正体现科学合理决策。目前，对一项安全工程措施的安全效益的评价方法和数学模式有离散式和连续式两种。如何应用理论模型进行科学的决策和管理还有待于进一步的深化和开发。

四、高危险行业的合理性投入结构分析

安全成本的规律常常用投资结构来反映。例如：主动投入与被动投入结构；安措经费与个人防护品投入结构；安技费用与工业卫生费用投入结构；固定资产投入与运行投入的结构；预防性投入与事后性投入比例结构；不同投入阶段的比例结构，即安全效益金字塔——系统设计1分安全性＝10倍制造安全性＝1000倍应用安全性等规律的研究。目前，在安全经济研究领域还不能科学、合理地控制安全投入结构，这对提高安全投入的效用和效益水平都是不利的。

五、工伤保险预防机制和费率测算模型

工伤保险作为一种强制性社会保险，首先承担着对事故和职业病发生后受害者的补偿，但更为重要的，不仅必然而且应该与预防机制相结合。工伤保险预防机制的实现，需要用差别费率、浮动费率关键技术来支撑。目前中国的工伤保险制度在上述技术和方法方面，还有许多值得研究探索和进一步优化的地方，如差别费率、浮动费率的定量测定的数学模型，以及预防机制和政策的确定等，都需要发展和优化。工伤保险的事故预防机制可通过合理收费和科学支付两大手段来实现。前者通过调整企业缴纳保险金的差别费率与浮动费率，激励和督促企业从自身综合效益上考虑必须改善安全生产状况，减少工伤事故和职业危害的发生；后者则是基于“损失控制”和“效益优化”的基本经济学原理，即从保险基金中划拨出一定比例的经费有针对性地用于开展工伤事故与职业危害的预防工作，促进企业安全生产保障水平，从而降低工伤事故发生率和职业危害程度，实现减少工伤赔付，提高基金效率，以及降低工伤保险费率，减轻企业事故与职业病成本。

中国地域辽阔，各地的经济发展水平不均，行业结构不同，人均收入参差不齐、事故风险水平不一等因素决定了中国各统筹地区工伤保险费率机制形式不同、发展水平不同，但费率机制作为工伤保险发挥预防作用的关键技术，各地区都尚未形成科学系统的机制，没有充分发挥费率机制的经济杠杆作用，建立适合各统筹地区科学合理便于操作的行业差别费率机制与企业浮动费率机制刻不容缓。这首先需要对统筹地区行业差别费率厘定数学模型研究，即根据行业差别费率的特点，研究统筹地区平均费率的确定；统筹地区行业划分（根据风险水平）；统筹地区基准费率的确定。第二是对企业浮动费率厘定数学模型进行研究，即根据浮动费率特性，研究建立浮动费率浮动指标，浮动费率浮动档次、浮动幅度的确定，浮动费率动态浮动的实现等。

安全经济学经过近20年的发展，在理论和方法体系方面都有了较大进展，特别是近几年进入了安全经济学的黄金发展期，其主要的进展表现在：一是安全经济的基本原理得到确立，即安全成本规律、安全价值规律、安全效益规律等基本原理和数学模型得到建立；二是安全经济理论体系和框架得以构建，即构建了“3个命题、4个函数”的基本理论框架；三是重要的安全经济方法有了初步发展，并逐步深化和完善，如安全投入或成本的方法与政策、事故损失的计算和测评方法、安全效益的分析方法、安全经济管理和工伤保险费率方法等，都有了初步的发展。

但是，安全经济学的理论和应用还存在诸多问题，如：安全投入的激励政策的研究；研究如何引入和利用金融手段促进社会和企业参与安全投入；生命、健康、环境、商誉价值理论及测评方法研究；社会保险与商业保险体系的研究；分行业的（如矿山、化工、民航、交通、建筑、特种设备等）安全经济规律和特点的研究；分地区（发达地区、欠发达地区等）安全经济规律和特点的研究等。我们期望更多的专家和有识之士参与到安全经济学的研究中来，让安全经济学为安全科学的发展和保证生产安全及公共安全发挥更大的作用。

《安全经济学》第二版相对第一版而言，一是内容上进行适当调整，二是对部分不足的内容进行必要修正和补充，三是增加了部分章节，如第十四章工伤保险等。

推进安全经济学科的发展和进步，让全社会都能用安全经济学的理论和方法指导科学管理和决策，这是我们的追求和夙愿。

罗云

2009 年 5 月于北京

参　数　表

A	个人年收入额
B	利益、个人年收入增长额
B_{ij}	第 j 种方案的第 i 种利益
C	成本、投资
$C(t)$	安全工程项目的运行成本函数
C_0	安全工程设施的建造投资（成本）
C'	边际控制费用
D	事故纠正程度
e^{it}	连续贴现函数
E	效益
E_t	发现肺癌至死亡时平均每年费用
E_x	危险性作业程度（暴露程度）
$E_{项目}$	安全工程项目的安全效益
$E(B)_i$	第 i 种方案的利益期望
D	企业年法定工作日数，一般取 300 日
D_H	人的一生平均工作日，可按 12000 日即 40 年计算
F	功能
F'	目标成本
G	年均创劳动效益
h	安全系统的寿命期，年
H_i	i 种疾病患者陪床人员的平均误工，年
H_s	单位时间内损失或伤亡事件的平均频率
i	贴现率（期内利息率）
$I(t)$	安全措施实施后的生产增值函数
j	发现肺癌至死亡的时间，年
J_1	计算期内伤亡直接损失减少量，J_1＝死亡减少量＋受伤减少量，价值量
J_2	计算期内职业病直接损失减少量，价值量
J_3	计算期内事故财产直接损失减少量，价值量
J_4	计算期危害事件直接损失减少量，价值量
k_i	i 种损失的间接损失与直接损失比例倍数

k　系统服务期内的安全生产增值贡献率，%
l_k　每次事件所产生同一种损失类型的损失量
L_i　投资系统中第 i 种危险的最大损失后果
L　经济损失
$L_{总}$　总经济损失
$L_{直}$　直接经济损失
$L_{间}$　间接经济损失
L_i　污染区 i 种疾病的发病率
L_{0i}　清洁区 i 种疾病的发病率
$L_1(t)$　安全措施实施后的事故损失函数
$L_0(t)$　安全措施实施前的事故损失函数
M　污染覆盖区域内的人口数
m_i　患肺癌人数，人
M_i　某污染程度的面积
n　设备或设施的服务年限
N　样本：企业在册职工人数，工时数等
N_w　分配给个人的财富
p　概率：事故概率
p_{1i}　一组被观察的人中，一段时间内发生第 i 次事故的概率 P_0 设备或设施的原值
P_n　年收入增长额的现价系数
P_{v+m}　企业上年净产值，万元
P　人力资本（取人均净产值），元/年・人
P_i　投资系统中第 i 种危险的发生概率；设备或设施第 i 年的账面价值
Q　污染、破坏或将要污染、破坏的某种环境介质与物种的总量
r　系统服务期内的安全设施运行费相对于设施建造成本的年投资率，%
R　事故后果严重性
R_i　投资后对第 i 种危险的消除程度
R_M　千人经济损失率
R_x　污染对风险的边际影响
ΔR_i　某产品在 i 类污染或破坏程度时的损失产量
R_i　农田在某污染程度时的单产
R_0　未受污染或类比区的单产
$R_{死1}$　投资后的死亡率
$R_{死0}$　投资前的死亡率
$R_{伤1}$　投资后的受伤率
$R_{伤0}$　投资前的受伤率

S 安全度

SV 设备或设施的残值

S_1 环境污染或生态破坏的价值损失

S_2 损失的机会成本值

S_3 环境污染对人体健康的损失值，万元

S_4 污染或破坏的防治工程费用

$SIRD_j$ 第 j 种方案安全投资合理度

S_{n} 年收入现价系数

t 时间：系统服务时间；患者实际损失劳动时间，年

T_i i 种疾病患者人均丧失劳动时间，年

V 价值

V' 价值系数

V_{L} 系统服务期内的一次事故的平均损失价值，万元

V_2 某资源的单位机会成本

V_1 受污染或破坏物种的市场价格

V_3 防护、恢复取代其现有环境功能的单位费用

$V_{\text{命}}$ 人的生命价值

$V_{\text{健康}}$ 人的健康价值

V_{I} 系统服务期内单位时间平均生产产值，万元/年

W 社会收入或称总财富

W_1 某种资源的污染或破坏量

X_0 初始污染水平

X 控制后的污染水平

x 抚恤时间，年

y 患者损失劳动能力期间年均医药费，元

Y_i i 种疾病患者人均丧失劳动时间，年

λ 系统服务期内的事故发生率，次/年

η 效用弹性

目录

第一章　安全科学与安全经济学

第一节　安全与社会发展的关系

安全生产作为保护和发展社会生产力、促进社会和经济持续健康发展的基本条件，是社会文明与进步的重要标志，是实现全面建设小康社会宏伟目标的关键内涵。社会进步、国民经济发展和人民生活质量提高是安全生产的必然结果，重视和加强安全生产工作，将安全生产规划纳入全面建设小康社会总体发展目标体系之中，是“三个代表”重要思想具体体现，是政府“执政为民”思想的基本要求，也是社会主义市场经济发展的客观需要。同时，提高安全生产保障水平，对于维护国家安全，保持社会稳定，实施可持续发展战略，都具有现实意义。因此，安全生产对实现全面建设小康社会的宏伟目标具有重要的战略意义。

一、安全生产事关社会的安全稳定

党和政府历来高度重视安全生产工作。我国《宪法》明确规定了劳动保护、安全生产是国家的一项基本政策。党的十六大报告中明确提出“高度重视安全生产，保护国家财产和人民生命的安全”的基本目标和要求；党的十八大报告中也提出“强化公共安全体系和企业安全生产基础建设，遏制重特大安全事故”的要求。安全生产的基本目标和要求与我党提出的“三个代表”重要思想的基本精神是一致的，即把人民群众的根本利益放在至高无上的地位。在人民群众的各种利益中，生命的安全和健康保障是最实在和最基本的利益。因此，要求各级政府和每一个党的领导要站在维护人民群众根本利益的角度来认识安全生产工作。“立党为民”是党的基本宗旨，满足人民群众的利益是国家稳定和发展的基础，而安全生产是人民根本利益的重要内容。因此，重视安全生产工作事关社会稳定、事关社会发展。

安全生产的职业安全健康状况是国家经济发展和社会文明程度的反映。使所有劳动者具有安全与健康保障的工作环境和条件，是社会协调、安全、文明、健康发展的基础，也是保持社会安定团结和经济持续、快速、健康发展的重要条件。因此，安全生产不仅是“全面小康社会”的重要标准，而且与党的立党之基——“三个代表”的重要体现。因为，安全生产保障水平体现了“最广大人民群众根本利益”的要求。如果安全生产工作做不好，发生工伤事故和职业病，这对人民群众生命与健康，对社会基本细胞——家庭将产生极大的损害和威胁。据我国相关改革发

展省市的有关统计，在日益增多的劳动争议案件中，涉及职业安全健康条件和工伤保险的已达50%，安全生产直接影响国家的政治经济安全，影响社会的稳定。

二、安全是建设和谐社会的体现和保障

只有搞好安全生产，真正做到以人为本，才能实现人身的和谐，实现人与自然的和谐，实现人与人、人与社会和谐，最终实现国家内部系统诸要素间的和谐，才能构建起真正的和谐社会。

1. 安全生产是构建和谐社会的重要组成部分，是构建和谐社会的有力保障。

企业安全生产与社会公共安全是构建和谐社会的重要组成部分，是构建和谐社会的有力保障。构建和谐社会必须解决安全生产问题，这是当前全社会最为关心的问题。如果人的生命健康得不到保障，一旦发生事故，势必造成人员伤亡、财产损失和家庭不幸，因此，只有切实搞好安全生产，人民群众的生命财产安全得到有效保障，国家才能富强永固，社会才能进步和谐，人民才能平安幸福。

(1) 安全生产是人类的基本需求。马斯洛的需求层次论指出，人类的需求是以层次的形式出现的，由低级的需求向上发展到高级的需求。人类的需求分五个层次，即生理的需求、安定和安全的需求、社交和爱情的需求、自尊和受人尊重的需求、自我实现的需求。由此可见，安全的需求仅次于生理需求，是人类的基本需求。

(2) 安全生产反映和谐社会的内在要求。构建和谐社会是党从全面建设小康社会、开创中国特色社会主义事业新局面的大局出发而做出的一项重大决策和根本任务，代表着最广大人民群众的根本利益和共同愿望。小康社会是生产发展、生活富裕的社会，是劳动者生命安全能够切实得到保护的社会，理所当然地坚持以人为本，以人的生命为本。安全生产的最终目的是保护人的生命安全与健康，体现了以人为本的思想和理念，是构建社会主义和谐社会的必然选择。

(3) 安全生产是保持社会稳定发展的重要条件，也是党和国家的一项重要政策。党和国家领导人对关于安全生产工作的重要批示和国务院有关文件及电视电话会议，都把安全生产提高到“讲政治，保稳定，促发展”高度。安全生产关系到国家和人民生命财产安全，关系到人民群众的切身利益，关系到千家万户的家庭幸福。一旦发生事故，不仅正常的生产秩序被打乱，严重的还要停产，而且会造成人心不稳定，生产积极性受到严重打击，生产效率下降，直接影响经济效益。每一次重大事故的发生，都会在社会上造成重大的负面影响，甚至影响社会稳定。所以，安全生产是社会保持稳定发展的重要条件

2. 安全生产与构建和谐社会紧密相连，缺一不可。

构建社会主义和谐社会的总体要求是民主法治、公平正义、诚信友爱、充满活力、安定有序、人与自然和谐相处。和谐社会的一个基本要求就是安定有序，安全促进安定，安定则社会有序。可见安全生产已成为维护社会稳定、构建和谐社会的重要内容。而安全生产也需要健全的法律法规和完善的法治秩序，需要保障劳动者

的安全权益，需要建立安全诚信机制。只有生命安全得到切实保障，才能调动和激发人的创造活力和生活热情，才能实现社会的安定有序，才能实现人与自然的和谐相处，促进生产力的发展和人类社会的进步。因此，安全生产是构建和谐社会的前提和必要条件之一。

构建社会主义和谐社会是一个长期的战略任务，搞好安全生产是这一重大任务中的重要组成部分，各级政府和负有安全监管监察职责的部门承担的责任和任务是光荣而艰巨而漫长的，安全生产工作只有起点，没有终点。只有以构建和谐社会的要求，坚持以人为本、认真履行好职责，扎实抓好安全生产工作，确保人民生命财产安全，确保安全生产形势的有效好转，才能完成好这一历史使命，才能为构建和谐社会作出自己应有之贡献。

三、安全生产事关我国国际形象和国际市场的竞争力

我国的社会主义国家性质，决定了做好劳动保护工作、提高职业安全健康水平和提高安全生产保障水平是政府、国家和社会的重大责任与义务。重大安全事故不断发生，职业病发病率过高，对我国的国际形象极大的不利。世界经济一体化提出安全生产标准国际化的要求。20 世纪 90 年代以来，在全球一体化的大背景下，国际上出现了职业安全健康标准一体化的倾向。美、欧等工业化国家提出，由于国际贸易的飞速发展和发展中国家对世界经济活动越来越大的参与，各国劳动安全卫生的差异使发达国家在成本价格和贸易竞争中处于不利的地位。这些国家认为，这种主要是由于发展中国家在劳动条件改善方面投入不够使其生产成本降低所造成的“不公平”是不能接受的，并已经开始采取协调一致的行动对发展中国家施加压力和采取限制行为。作为经济最活跃的亚洲和环太平洋地区被视为行动的重点，而其中经济增长最为显著的中国则理所当然地成为限制的主要对象。北美和欧洲都已在自由贸易区协议中做出规定，只有采用同一劳动安全标准的国家与地区才能参与贸易区的国际贸易活动，以期共同对抗以降低劳动保护投入（低标准）作为贸易竞争手段，共同对那些劳动安全卫生条件较差又不采取措施改进的国家和地区在国际贸易中进行制裁和谴责。国际劳工组织（ILO）的一位负责人提出：国际劳工组织将像贯彻 ISO 9000 和 ISO 14000 一样依照 ILO155 号公约和 ILO161 号公约等推行企业安全卫生评价。这些新的国际动向可能将对我国的社会与经济发展产生潜在影响，它应充分引起我国政府的重视并尽早采取防范对策，以便尽量消除或减少可能带来的不良后果。

近年来，国际上安全生产管理水平和安全卫生科学技术水平提高很快，进展迅猛，中国的安全生产状况不但比工业发达国家明显落后，而且与韩国、新加坡、泰国、这些亚洲的发展中国家相比较也有较大差距。比我国香港和台湾地区也有差距，这种落后的状况已经使我国在一些国际交往有时处于被动。长期不能解决这些问题，将长期处于被动的位置，必然要影响国际经济活动，也可能危及国家政治体制和行政管理体制的顺利运行。因此，安全生产的水平或标准不是以本国的条件为

依据，而是受到国际规范和标准的约束。

在国际市场竞争中，安全是一个越来越重要的因素。关贸总协定（GATT）乌拉圭回合谈判协议中要求：不应因各国法规和标准的差异，造成国际经济活动中的非关税贸易壁垒；强调尽可能采用国际标准。欧、美等工业化国家提出，由于国际贸易的发展和发展中国家在世界经济活动中越来越多的参与，各国职业安全卫生的差异使发达国家在成本价格和贸易竞争中处于不利地位。在国际会议上，发达国家的雇主们及其工会联合起来要求对中国和其它发展中国家的出口贸易进行制裁。因此，安全生产条件成为制约我国出口贸易的一个重要因素。我国产品的价格与国际上产品的价格差距越大，美国等发达国家对我国关于职业安全卫生投入放在产品中所占比重的指责就会越大。

WTO规则和规范广泛涉及劳工安全标准和职业安全健康准则。加入WTO后，我国经济的发展进入一个更高的新阶段，而作为社会进步重要标志之一的安全生产却滞后于经济建设的步伐，在矿山安全方面表现更为突出。WTO是世界上唯一处理国与国之间贸易规则的国际组织，其核心是WTO协议，建立标准化的市场体制。在2001年中国上海安全生产论坛（上海）会议上，来自美国的前劳工部副部长Charles N. Jeffress在大会上作了《安全生产规范的全球化》为题的发言，他认为：经济全球化必然导致安全生产标准、规范的全球一体化，经济贸易问题无法与社会问题分开，这代表了当前大多数发达国家的观点。由此看出，落后的安全生产工作将对参加国际经济活动产生的不良影响是显而易见的。消极抵制不利于我国企业在国际经济贸易中的竞争，只有积极应对才能顺应国际潮流。近几年来，国际上安全生产管理水平和安全卫生科学技术水平提高很快，进展迅猛，中国的安全生产状况不用说比工业发达国家明显落后，就是与韩国、新加坡、泰国这些亚洲的发展中国家相比较也有较大差距，和我国的香港和台湾地区相比也存在差距，这种落后的状况已经使我国在一些国际交往中有时处于被动。这些差距主要表现在法规体系不健全、安全卫生基础研究与应用技术落后等方面，长期不能解决这些问题，就长期处于落后被动的地位，必然要影响到国际经济活动，也可能危及国家政治体制和行政管理体制的顺利进行。因此，无论从保护劳动者的健康，完善我国社会主义市场经济运行体制，促进国家社会经济健康发展，还是从顺应全球经济一体化的国际趋势，保证国际经济活动安全顺利的运行，都应注重安全生产。否则将影响我国的国际形象和国际市场竞争力。

四、安全生产水平反映我国“人权”标准

生命权、健康权—安全权，这是最基本的人权。这一理念是国际社会共同的认识。因此，保障劳动者、公众和个人的生命安全与健康，落实安全生产方针、做好劳动保护工作，是重视人权、体现人权的最重要、最基本的原则。“劳工生命安全与健康权利是神圣不可侵犯的权利”，这是国际劳工组织（ILO）推崇的基本理念。因此，每一个政府官员、企业生产经营人员或每一个社会公民，都应该站在人权的

高度来认识安全生产工作。

如果安全生产问题严重，将会受到国际社会指责。20世纪90年代以来，我国安全生产现状引起国际社会的广泛关注。在每年的国际劳工组织大会上常有批评中国职业安全健康状况的发言，工伤事故与职业病问题也是世界人权大会上和其它一些国际组织攻击中国“忽视人权”的借口之一。几乎每次中国发生重特大工伤事故，美国之音、BBC等国外媒体都大肆渲染事件的严重和影响。国外一些友好人士也对中国的职业健康安全状况表示担心和忧虑。1994年于美国《新闻周刊》刊登的《亚洲的死亡工厂》文章中，对我国的南部特区“三合一”工厂发生重大伤亡事故提出指责；当年，国际皮革、服装和纺织工人联合会秘书长尼·克内曾致函李鹏总理对我国政府指责“没有使用有力的法律手段”，要求“政府制定相应的监察机制，并停止将工人宿舍设在工厂厂房内的做法”。进入21世纪，世界国际煤炭组织曾呼吁世界煤炭进口国家联合起来，抵制进口“中国带血的煤”。这些事件都反映出安全生产问题对我国国际形象产生极大影响。这些问题表现出我国在维护工人的基本人权和安全健康事业方面还有较大不足，各类安全事故降低了我国公民的人权标准，使我国不得不承受来自国际社会的压力，同时也影响了我国的国际形象。

五、安全生产在全面建设小康社会进程中具有重要地位和作用

党的十六大报告指出了我国21世纪头二十年的奋斗目标，这就是：集中力量，全面建设惠及十几亿人口的更高水平的小康社会。“小康”源出《词经》：“民亦劳止，汔可小康。”在西汉《礼记·礼运》中“小康”开始与社会模式相联系，成为了仅次于“大同”理想社会模式的代名词。小康社会和小康生活已作为一种社会理想，散发着诱人的魅力，特别是对于我国长期处于贫困和温饱的老百姓，小康成为一种梦想、一种追求。

我国改革开放的总设计师邓小平，1992年在会见日本首相时，使用“小康”来描述中国式的现代化；1982年9月党的十二大首次提出了“小康”的奋斗目标；1990年12月党的十三届七中全会对小康的内涵做了详细描述，即“所谓小康水平，是指在温饱的基础上，生活质量进一步提高，达到丰衣足食……”。这时提出的“小康”目标，是“总体小康”，是一个初步和低标准的小康。而在党的十六大报告中再次提出的“建设全面小康社会”的目标，则是系统、全面，高标准、高水平的社会发展目标。在党的十七大和十八大报告中，更是明确提出确保到2020年实现全面建成小康社会宏伟目标。

人民是建设全面建设小康社会的主体，也是享受全面建设小康社会的主体。安全是人的第一需求，也是全面建设小康社会的首要条件。没有安全的小康，不能称作是小康；离开人民生命财产的安全，就谈不上全面的小康社会。党和国家对人民的生命财产的安全一向高度重视。因此，全面建设小康社会的十六大报告将安全生产作为重要内容写入这份纲领性文件中，并提出了更高的新要求。报告对各项工作提出了明确而严格的要求，把安全生产摆到了重中之重的位置。

中国是一个发展中国家，面临着全面建设小康社会和加快推进社会主义现代化的宏伟目标，加快发展，是今后相当长历史时期的基本政策。为了尽快达到全面小康社会的目标和可持续发展战略实施，迫切要求迅速扭转安全生产形势的不利局面，应从国家发展战略高度，把安全生产工作纳入国家总的经济社会发展规划中，应用管理、法制、经济和文化等一切可调动的资源，实现最优化配置，在发展的进程中，逐步和有效的降低国家和企业伤亡事故风险水平，将事故频率和伤亡人数都控制在可容许的范围内。而且，我国现以加入 WTO，以美国为首的西方国家习惯把政治、社会问题与经济、贸易挂钩。因此，要确保我国的政治经济利益不受到损害，安全生产职业健康应纳入国家经济社会发展的总体规划，建立统一、高效的现代化职业安全健康监管体制与机制，与经济发展同步，逐渐增加国家和企业对安全生产投入和大力加强安全生产法制建设以适应社会主义市场经济体制，加强我国在国际上的竞争力

“全面建设小康社会”的这一远大而现实的目标，不应仅仅反映在经济和消费指标上，它“全面”的内涵还应该包括社会协调安定、人民生活安康、企业生产安全等反映社会协调稳定、家庭生活质量保障、人民生命安全健康等范畴。因此，它还反映在社会公共安全、社区消防安全、道路（铁路、航运、民航）交通保障、人民生命安全健康等指标上。交通安全、企业生产安全、家庭生活安全等“大安全”标准体系也应纳入“全面建设小康社会”的重要目标内容，纳入国家社会经济发展的总体规划和目标系统中。

第二节　安全生产与经济发展的关系

安全是最好的经济效益，这一观念已经被很多企业家所接受。但是，由于安全投资效益具有间接性、隐蔽性、潜在性、滞后性等特点，一些企业的领导仍然只看到了安全投入增加的生产成本，只看到了某个安全法规实施影响的生产进度，对安全投资的经济效益尚未有一个正确的认识；有的企业很想了解安全投资到底应针对哪些方面，才能以最少的投资最大限度地减少事故的发生，最大限度地取得经济效益。这也是安全经济学所要回答的问题。

一、安全生产是国民经济的有机整体

国民经济是一个统一的有机整体，是由各部门、各地区、各生产企业及从业人员组成的，从业人员是企业、地区、各部门的主体，是生产过程的直接承担者，企业是国民经济的基本单位，是国民经济的重要细胞组织。

整个国民经济是由一个个相互联系、相互制约的相对独立的生产企业经济组织组成的。企业经济是构成国民经济的基础，企业经济目标的完成和发展需要安全生产的保障。因此，企业安全生产同国民经济是不可分割的整体。没有安全生产的保

证体系，就不可能有企业的经济效益；没有企业的经济效益，国民经济目标就不可能实现。所以安全生产是实现国民经济目标的主要途径和基石。

二、安全生产与国民生活水平

安全是一个相对的概念，安全的意义是免遭不可接受的事故的威胁。与安全有关的费用包括危险控制费用，即事故预防费用和事故发生后导致的经济损失即跟随费用。预防活动和伤害发生后的有关活动是由下述机构来承担的。

(1) 负责安全生产管理和监督的政府机构以及与安全生产有关的政府机构。这些机构的职责是立法、管理、监督和各种形式的援助，而这些活动的费用则由全体纳税人负担。

(2) 采取事故预防措施的企业和已经发生事故的企业。企业的费用反映在它所提供的产品或服务的价格上，进而转嫁到消费者身上。

由此可见，事故预防费用和事故发生后导致的经济损失即事故跟随费用以不同的方式落到每个社会成员身上，最终由整个社会的纳税者和消费者所承担，尤其是事故发生后高昂的经济损失成为企业、社会沉重的负担，从而导致全社会人均社会福利的降低，影响国民生活水平的提高。

三、安全生产与综合国力和可持续发展战略

1995 年世界银行发表了一种新的评价各国财富的方法，改变了单纯比较国民生产总值（GNP）所产生的弊端，能比较真实地反映一个国家或地区的财富。它把各国和地区的财富分为三项指标：一是自然资本，即土地、水源、森林和矿产资源等自然界具有的资源；二是创造性资本，即机器、工厂、建筑、水利系统、交通系统等人造的技术系统；三是人力资本，即公众受教育的水平和健康水平等公众素质。

职业伤害使公众的健康水平下降，导致人力资本的减少。事故造成的财产损失直接导致创造性资本的减少，而事故和职业病使生产力中最核心的因素——人力资本受损，又间接地导致创造性资本的减少。特别是，受伤害者中很多是带领工人工作在生产第一线的先进生产者、劳动模范和班组长等生产骨干，这种情况对创造性资本减少的影响更大。因此，安全生产对提高一国的综合国力发挥着基础性作用。

从经济的可持续发展角度讲，安全生产又是推动一国经济可持续发展的一个必要条件。因为，我们所需要的发展不是一味追求 GNP 的增长，而是把社会、经济、环境、职业安全卫生、人口、资源等各项指标综合起来评价发展的质量；强调经济发展和职业安全卫生、环境保护、资源保护是相互联系和不可分割的，强调把眼前利益和长远利益、局部利益和整体利益结合起来，注重代际之间的机会均等；强调建立和推行一种新型的生产和消费方式，应当尽可能有效地利用可再生资源，包括人力资源和自然资源；强调人类应当学会珍惜自己，爱护自然。这些都需要安

全生产做后盾，安全生产对一国经济的可持续发展起着保障作用。

四、安全生产具有的劳动价值

人类的社会生产活动，从其共性上说是由决策劳动、生产劳动和安全劳动这三种基本性质的劳动所构成的。它的构成方式和表现形式因所处地位、条件不同而不同。决策劳动通过各方面提供的信息进行决断，如劳动对象对人们的需要、其开发性的大小、开发的价值、时间以及如何开发等；生产劳动是劳动对象必须具有按照人类可变革的性质、通过生产对它进行变革加工，形成人类社会所需要的产品；安全劳动取决于对劳动对象的可控制性，任何劳动对象，人类都要应用其自身的规律对它进行变革，并需要具有控制其自发的破坏性和对人类社会造成危害的控制能力，否则开发价值再大，也只能是不可开发的自然对象，而不能够成劳动对象。

安全生产的价值不在于生产什么，而在于怎样生产，怎样创优质高效、实现产品质量安全。它以最终提高产品的使用价值，通常是由许多工序和从许多方面创造使用价值的劳动而创造的，不能说最后由谁拿出产品就是谁创造的。例如在采煤过程中，凿岩工没有挖出煤来，也不能因此否定其所创造的价值。

安全劳动和生产劳动同寓于企业生产活动的过程中。从保障生产顺利进行的意义上说，安全劳动处于一种特殊地位并起着特殊的作用。它的特殊地位和特殊作用在于能够保障决策劳动和生产劳动，将生产的需要性和可能性变为现实。

五、经济学意义上的安全生产

早期，人们对于安全与健康问题的认识大多基于人道主义的角度，对于发生伤亡事故的企业和个人仅仅是一种同情的态度，认为是一种天灾人祸，对于事故带来的损失也只考虑到事故的直接损失（人员和财产的损失），例如一名生产线上工人受伤了，中断了一条生产线，但如果通过调整班次而比较快地修复了它，这类损失得不到重视。由于工人受伤所受到的损失，可能仅仅被认为是赔偿医疗费用和浪费工作时间而已。后来从法律的角度肯定了安全与健康的意义，各国根据自己的国情制定了一系列保护劳动者安全与健康的法律条文，但是这并没有从根本上解决问题。对于企业家来说，各国企业家只想知道他们对于安全的投入能否给他们带来经济效益，企业家最希望接受的一种结果是，由于改善劳动条件能带来生产力和劳动生产率的提高，并能为他们带来更多的利润。如果能，他们是很愿意进行这种安全投入的，如果不能，从企业家的利益出发，他们是不愿意进行这种投入的（除非是迫于政治和舆论的压力）。事实究竟如何呢？让我们作如下分析。

我们举以下两个例子，事例一，以前使用机床的企业总是不愿意投资于安全防护设施，企业家总是认为这些机器发生事故是在所难免的，只要一旦发生了事故，工人自己就会有经验，从而会变得很小心的。但是，当企业家采取了有效的安全防护措施后，由于有效的安全防护措施减轻了工人对损伤的顾虑，结果劳动生产率大幅度得以提高。事例二，一位德国安全工程师对一家有 1000 名员工的大型皮革厂所进行的调查表明：由于雇员眼睛的轻度损害，使这个工厂每年损失 1500 个工时，其价值大约为 4.5 万马克；如果给工人购买防护眼镜，只需要花费 1.5 万马克就够了。通过这样的计算，雇主马上决定给工人购买防护眼镜。

我们先来考虑事故的成本。从国家的角度来看，若把国民经济作为一个整体来考虑，所有的社会成员都是相互依赖的，那么发生工伤事故后，个人的事故必然影响到社会上的其他人，形成一定的社会成本。事故对社会总生活标准会形成不良影响，这些影响包括：①由事故所造成的费用和损失将加到产品的成本上，使产品的价格形成非正常上升；②事故对人和物质生产的不良影响，国民经济总产值会下降。下降幅度随国家可资利用的人力资源和物质资源变化而变化；上述种种费用，使数额可观的资本不能再用于生产性投资。

从企业的角度来看，对于参加了工伤保险和医疗保险的企业，其经济损失一方面由保险公司承担，剩下的由企业承担。对于未参加工伤保险和医疗保险的企业，费用均由企业负担，这些费用包括：

① 人身伤亡所支出的费用，即医疗护理费、补助救济费、丧葬抚恤费和歇工工资；

② 善后处理费，即处理事故的事务性费用、现场抢救费用、清理现场费用、事故罚款、赔偿费用；

③ 财产损失价值，包括固定资产损失价值和流动资产损失价值；

④ 停产减产损失价值；

⑤ 工作损失价值；

⑥ 资源损失价值；

⑦ 处理环境污染费用，包括排污费、治理费、赔偿费；

⑧ 补充新工人培训费等。

另外，除了因事故或伤亡而停工造成的经济损失外，还应该考虑因一些严重的、集体的或者重复的事故而发生全行业的争端，如工人怠工或罢工所造成的经济损失。

这些费用和损失的总额在不同的企业不尽相同。最明显的差别取决于各个工业部门或各个行业的危险状况，以及种种适当的安全措施的实施程度。

再从遭遇事故个人的角度来看，如果这种伤害妨碍了受害者在事业或工作上的晋升，则会影响其未来的收入。由事故所造成的永久性苦恼，诸如肢体残缺、跛足、失明、丑陋的疤痕或毁容、智力衰退等，可能缩短寿命，并使身心遭受折磨。受害者为调整生活必然要进一步增加支出，家属为照顾受害者不得不放弃的工作，可能造成家庭开支不平衡，形成家庭经济困难。家庭中其他人员由于遭受打击而变得焦虑不安，影响他们的前途，尤其是对家庭中的未成年成员而言，这种可能性更大。

一个国家或一个企业进行安全投入的经济诱因是什么呢？

产业安全经济学认为，工伤疾病是商品和劳务生产之令人不快的副产品。在此意义上，它们类似于环境污染。我们知道降低污染和减少工伤疾病都是相当费钱的。但是如果我们给工人配备现代化机器及其附属设备，将会减少事故或其严重性。如安装一个好的通风设备系统可以减少肺病的发生，更多的病假津贴将会减少由于工作疲劳或病体未愈而导致的事故。这样看来，企业存在着改善工作场所安全的经济刺激，因为工作场所危险程度的降低会使得生产费用减少。企业至少可以从以下两个方面减少劳动费用。第一，雇员的流失率将会降低，因为用于更换不能工作的工人所需的人员减少了。不管企业什么时候雇佣工人都需要相当大的开支。第二，提供相对安全的工作条件的企业，能够在相对低的工资率上吸引雇员，因为一般而言，危险性越大、环境状况越差的职位工人会要求更高的工资或者要求给予补贴，而安全条件越好的职位工人相对来说愿意接受较低的工资水平。

另外，许多现代企业都认识到，与工人保持良好的劳动关系可能产生经济利益，而在安全与健康方面的投资是保持这种关系所必需的。

当然，我们还应该看到，许多企业采取安全与健康措施还有其个人的动机，他们进行安全与健康投资，不仅是为了经济利益，还出于促进自身事业的发展的需要，防止由于某些事故发生而受到法律的制裁或其他惩罚。

六、安全生产状况是社会经济发展水平的标志

西方一些国家的研究表明，经济发展周期影响伤亡事故的发生。伤亡事故的发生及其严重程度与经济发展周期的变化是一致的。即在经济萧条时期，伤亡事故的发生及严重程度会下降，而在高度就业时期则会上升。经济学家对此的解释是，在萧条时期，更多有经验、受过高等训练的雇员被企业留下了，而没有经验、受训练较少的雇员则被解雇了。与此相反，在充分就业时期，大批无经验、稍受训练或者未受训练的工人都被引入到一般企业中做工。因而造成事故比率增加。另外，萧条时期平均工作时间趋于减少，疲惫作为工伤事故的原因也减少了。相反，充分就业时期平均工作时间显著增加，而且许多工人在同一时期内从事多种动作的机会也增多了。其结果，很可能是工人的平均疲惫程度高，从而导致工伤事故的发生率和严重率上升。

这种理论在一定的程度上可以解释我国目前的安全生产情况（我国目前正处于经济增长期，工矿事故率高发），但我国的制度毕竟与西方国家不同，体制也不一样，因此也决不能盲目套用西方理论，必须具体问题具体分析。比如说我国在经济高速发展的时期，就业人口虽然大幅度增加，但我国是一个人口大国，广大农村仍然有大批的剩余劳动力，我国的经济结构正处于调整和转型期，城镇工人也并没有达到上述理论所说的充分就业。在我国，我们考虑更多的应该是我国劳动力水平普遍低下，部分管理者缺乏应有的管理经验，有关的安全生产制度还

不是很健全、甚至出现一些有法不依，执法不严等现象，特别是面临经济高速增长期，我们遇到了一些前所未有的问题，在这些问题的处理还缺乏足够的经验等。

进入 20 世纪 90 年代后，各国在安全生产方面的内容和重点均发生了很大变化。面临的主要任务，已由职业安全转变为职业健康保健。因此这些国家相应的研究机构、管理机构和法规标准，更多地关注职业健康。如：美国 NIOSH 研究所所长米勒在谈及 20 世纪 90 年代安全卫生研究问题时，提出了下列重点：①研究因工作紧张引起的精神压力综合征；②保护健康；③人类工效学；④室内安全质量问题等。瑞典确定近期的研究任务是职业事故、化学危害和物理因素（如噪声、振动）等方面的预防措施，如肌肉骨骼损伤，人类工效学、心理学等。澳大利亚由于50%以上的职业病与重复肌肉疲劳损伤有关，因此确定以人类工效学为主要研究内容。

发展中国家情况则有所不同，包括亚洲许多国家在内的发展中国家，职业伤害水平较高，并呈明显上升趋势，因此，发展中国家的安全生产的主要任务还集中在职业安全方面。如：印度根据自己的国情，制订 20 世纪 90 年代安全生产方面的任务是：①加强化工安全管理，建立重大灾害控制系统，开展评价工作，分析伤害和职业病的原因；②改善作业环境，加强职业健康保健工作；③建立工伤事故数据库和信息分析系统；④改善小企业的职业安全健康状况。

我国是发展中国家，工业基础比较薄弱，科学技术水平低，法律尚不够健全，管理水平不高，发展水平不平衡。从总体上看，安全生产还比较落后，工伤事故和职业危害比较严重。根据 2001 年国际劳工组织（ILO）公布的 20 余个国家的职业工伤 10 万人死亡率指标，我国的数据是 8.1 人，世界 20 个国家平均值是 8.496 人，美、英、德、法、日五国平均水平是 3.18 人。基于这一指标，可得出我国综合安全生产（事故）指数水平，相对发达国家是 255，相对世界平均水平我国是 95.3。其他一些国家的综合安全生产指数水平是美国为 47、英国为 8.2、德国为 40.2、日本为 38.8、意大利为 94.1、加拿大为 78.8、俄罗斯为 169、澳大利亚为 47、巴西为 218、韩国为 224、乌克兰为 108、墨西哥为 106、阿根廷为 254、奥地利为 57.6、丹麦为 35.3、马来西亚为 124.7。

上述分析表明，安全生产的情况是衡量一个国家社会经济发展水平的标志，经济发达国家的总体安全生产状况优于发展中国家，但是应该清楚地认识到，无论是发达国家还是发展中国家，政府、社会和公众对安全生产的要求和需求是一致的。

七、安全生产水平受社会经济发展水平的限制

人类的安全水平很大程度上取决于经济水平。一方面，经济水平决定了安全投入的力度，另一方面经济水平制约了安全技术水平和保障标准。

在工业安全方面，西方一些国家的研究表明，经济发展周期影响事故的发生。

事故发生率及其严重程度与经济发展周期变化是一致的，即在经济萧条时期，伤亡事故的发生率及严重程度都会下降，而在高度繁忙和就业高峰时期则会上升。

事故与伤亡是工业化进程带来的产物，用马克思的话来说是“自然的惩罚”。事故状况与国家工业发展的基础水平、速度和规模等因素密切相关。剖析我国安全生产存在的问题及其原因，除了体制不顺畅，法制不健全和基础薄弱等这些众所周知的原因之外，同时还应认识到：安全生产现状是我国社会经济发展水平和各级政府管理能力的反映。研究发达国家的发展过程，也反映出经济发展与事故发生率的相关规律。日本的 20 世纪 60 年代，在工业就业人口仅仅 5000 万左右的情况下，每年因工伤事故死亡 6000 多人，千人死亡率高达 0.12，直到 20 世纪 70 年代后逐渐好转，目前每年工伤死亡仅 1800 多人。美国煤炭生产在二战前，每年产煤 2 亿～3 亿吨，事故死亡人数 2000 人以上，也是 70 年代开始好转，现在每年产商品煤 10 亿吨左右，每年工伤事故死亡 30 人左右。英、德、法等一些发达国家的情况也基本类似，而且像韩国、巴西、印度等国家曾经或正在经历这段历史进程。世界上一些国家的发展经历表明：当一个国家的人均 GDP 在 5000 美元以下时，高速的经济发展使工业事故和伤亡处于波动增量的态势；人均 GDP 接近 1 万美元时，工伤事故可达到稳定下降；当 GDP 达到或超过 2 万美元左右时，工伤事故可以得到较好的控制。表 1-1 是部分国家人均 GDP（美元）与职业工伤事故 10 万人死亡率的统计及回归数据，图 1-1 是相应数据的统计图，图 1-2 是相应数据的回归曲线图；图 1-3 是部分国家人均 GDP 与职业工伤亿元 GDP 死亡率的回归曲线图。

表 1-1　部分国家人均 GDP 与 10 万人死亡率统计数据及排序

国家	2010 年人均 GDP①/美元	10 万人死亡率②（2008 年）	国家	2010 年人均 GDP①/美元	10 万人死亡率②（2008 年）
匈牙利	13210	9.92	澳大利亚	54869	7.48
印度	1176	10.51	俄罗斯	45888	21.06
乌克兰	3002	6.43	法国	40591	6.86
中国	4520	5.93	希腊	27264	13.82
以色列	27085	5.64	德国	40512	5.45
罗马尼亚	7390	14.23	奥地利	43723	8.14
摩洛哥	2868	13.17	丹麦	55113	7.39
墨西哥	9243	5.06	美国	47132	4.13
马来西亚	7775	24.16	韩国	20165	12.08
比利时	42596	10.04	新西兰	31588	8.55
意大利	33828	7.91	日本	42325	4.04

① 各国人均 GDP 数据为国际货币基金组织（IMF）2010 年公布的数据。

② 各国 10 万人死亡率数据为 ILO 公布的 2008 年至 2009 年各国的数据。

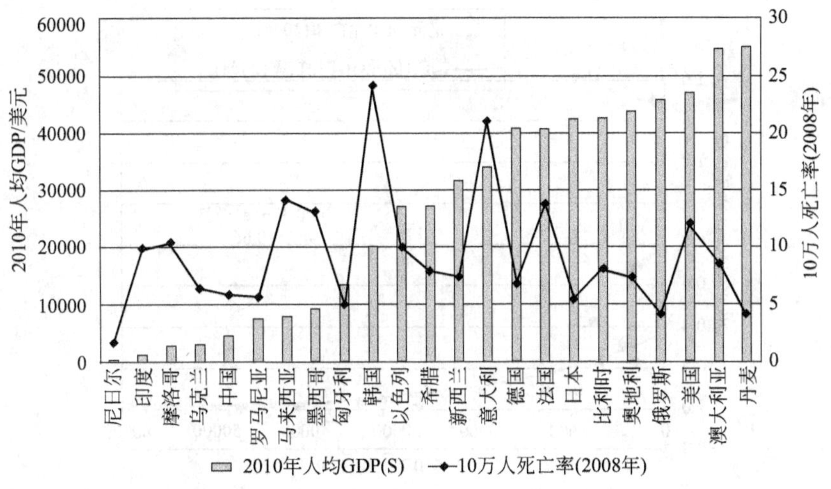

图 1-1 世界部分国家 10 万人死亡率与人均 GDP 统计图

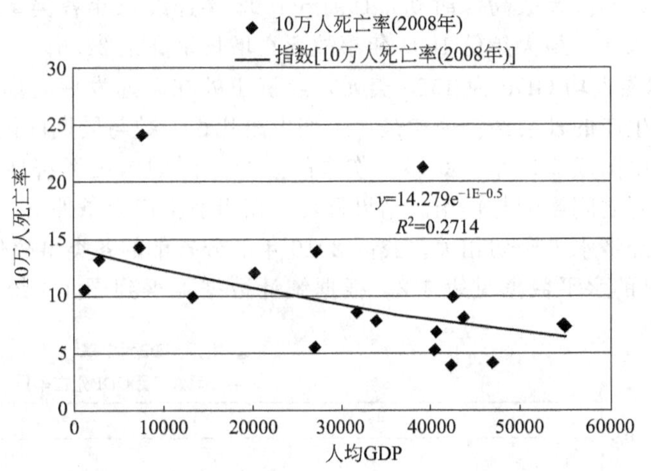

图 1-2 部分国家人均 GDP 与职业工伤 10 万人死亡率回归曲线

从统计分析数据和回归模型中，可以看出：随人均 GDP 增加，事故率呈下降趋势，其中，反映经济发展水平的人均 GDP 指标与 10 万人死亡率指标相关性不强，但与具有经济信息量的亿元 GDP 死亡率指标具有显著相关性。

而我国建国以来的安全生产状况和形势变化特点，也反映出社会经济背景与安全生产水平的关系。当国家经济增长速度显著加快和经济与社会体制发生重大变革时，事故死亡人数呈现明显上升趋势，而经济增长幅度下降（例如在两次经济调整时期）和社会体制稳定时，事故率也开始下降并趋于平稳。这种变化与我国历史上出现的五次事故高峰和两个最好时期几乎完全同期同步。例如 1989 年至 1997 年，我国的 GDP 从 16909.2 亿元增到 74462.6 亿元，八年间增长了近四倍，而这个时

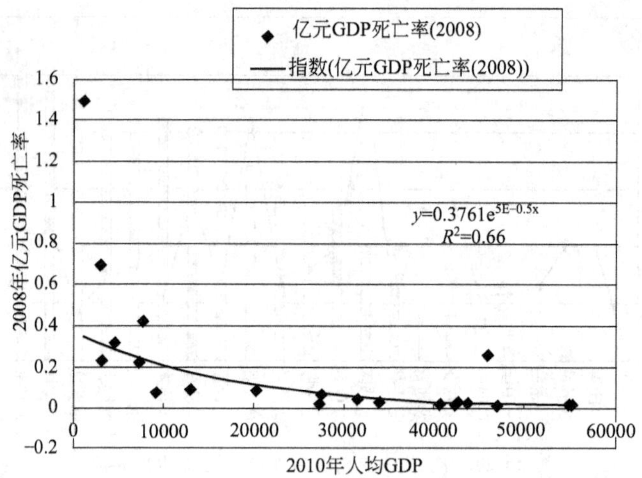

图 1-3　部分国家人均 GDP 与职业工伤亿元 GDP 死亡率回归曲线

期恰恰是我国第四次事故高峰时期，1991～1993 年连续三年各类事故死亡总数增长率超过平均水平，最大年份 1993 年事故死亡增长率高达 22.6%。

2010 年我国人均 GDP 为 4520 美元，经济正处在高速发展时期。这个时期从影响我国安全生产的社会经济因素是：工伤事故死亡人数与同期国民经济发展速度密切相关。新中国成立以来，我国工伤事故人数与同期国民经济增长率等有关数据，分析了两者之间影响与作用。结果显示：在当前生产力条件下，职业工伤事故死亡率与国民经济水平密切相关。我国 2010 年部分省市的各类事故亿元 GDP 死亡率和人均 GDP 的水平数据见表 1-2。根据统计数据可得到图 1-4 统计回归曲线和

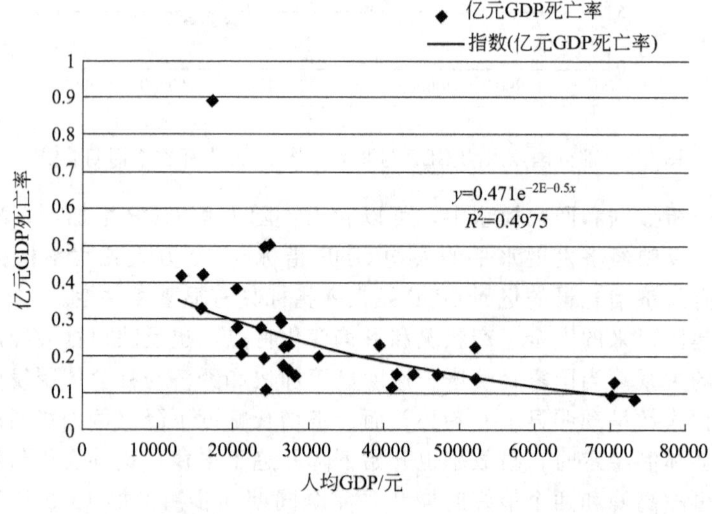

图 1-4　我国各省市亿元 GDP 死亡率与人均 GDP 关系图

模型。

表 1-2　我国部分省市各类事故亿元 GDP 死亡率和人均 GDP 数据统计表

序号	省份	亿元 GDP 死亡率	2010 年人均 GDP/元	序号	省份	亿元 GDP 死亡率	2010 年人均 GDP/元
1	贵州	0.418	13221	17	湖北	0.161	27615
2	甘肃	0.420	16107	18	新疆	0.500	24978
3	广西	0.380	20645	19	河北	0.150	28108
4	云南	0.330	15749	20	黑龙江	0.170	26715
5	陕西	0.228	26848	21	安徽	0.280	20611
6	四川	0.230	21013	22	吉林	0.200	31306
7	江西	0.204	21170	23	山东	0.120	41147
8	宁夏	0.299	26080	24	辽宁	0.149	41782
9	河南	0.110	24401	25	福建	0.230	39432
10	西藏	0.890	17319	26	江苏	0.140	52000
11	山西	0.289	26385	27	广东	0.150	43597
12	海南	0.280	23644	28	浙江	0.228	52059
13	重庆	0.230	27367	29	天津	0.130	70402
14	青海	0.496	24000	30	北京	0.090	70251
15	湖南	0.190	24210	31	上海	0.083	73297
16	内蒙古	0.152	47174				

注：各省市人均 GDP 数据和亿元人均 GDP 死亡率来自 2012 年各省市国民经济和社会发展统计公报。

改革开放以来，随着我国经济高速发展，产业结构已经发生巨大的变化，尤其第二产业在国民经济中所占的比重逐年增加。2001 年，三次产业增加值在 GDP 中的比重由 1990 年的 27：42：31 调整为 15：51：34，二产提高了 9%。二产的发展，尤其是制造业的高速发展已成为国民经济和第二产业发展的火车头，中国有可能继美国、日本之后成为制造业大国。制造业可带来持续经济繁荣，但它也可给国家经济、社会发展带来许多问题。发达国家的历史经历提示，在制造业高速发展时期，往往都出现事故频率高，工伤死亡人数多的情况。随着工业化的发展，一、二产业比例逐渐减少，而第三产业比例相对增加，如美国到 20 世纪末，第三产业的比例已达到 72%，世界平均也为 61.6%。产业结构调整使高风险行业萎缩，伤亡事故高危人群减少，工作环境本质安全条件提高，这都有利于安全生产形势的好转。日本、韩国及新加坡等国的发展道路充分说明了这一点。正处在制造业高速发展的中国，必然要面对环境污染的压力和安全生产（劳工标准）问题的挑战。

如前所述，我国工伤事故死亡绝对人数和相对人数明显反差，实际上反映了当前我国安全生产形势的基本特点。许多研究结果指出：事故伤亡绝对人数居高不下，主要与经济总量扩大和工业就业人员增多有密切关系。2014 年，我国国内生产总值首次突破 60 万亿，按可比价格计算，比上年增长 7.4%。中国成为继美国之后又一个“10 万亿美元俱乐部”成员，同时 GDP 总量居世界第二。随着经济总量扩大，工业就业人员急剧增加，到目前为止，仅进入城市的农村劳动力近 2 亿，这些劳动力大多数从事高风险的基本建设和密集型劳动产业，其文化素质和安全意

识都与现代化大工业生产的要求相距甚远。而另一方面，某些相对指标出现明显下降，则说明经济技术实力不断加强和安全管理水平的提高，同时也与这些年党中央、国务院高度重视安全生产工作，采取了一系列重要措施有密切关系。许多国家经验表明，在工业化发展过程中，国民经济总量增长必然带来生产过程中所产生的风险覆盖规模和强度的加大，从事故发生概率和产生后果这两个要素方面都加大了风险度，从而导致事故增多和伤亡人数增加。

八、安全生产影响企业商誉

商誉是指企业由于各种有利条件，或历史悠久积累了丰富的从事本行业的经验，或产品质量优异，生产安全或组织得当、服务周到，以及生产经营效率较高等综合因素，使企业在同行业中处于较为优越的地位，因而在客户中享有良好的信誉，从而获得超额效益的能力。商誉是在可确指的各类资产基础上所获得的额外高于正常投入报酬能力所形成的价值，商誉是企业的一项受法律保护的无形资产。商誉是企业经过多年的各方面的努力才赢得的。但是，只要发生一次安全事故，就有可能将企业商誉毁于一旦。一个具备良好商誉的企业必然是一个安全状况良好、生产稳定的企业。否则，如果一个企业事故频发，劳动者职业危害严重，生产就不可能稳定，产品质量就不可能优异，企业就无商誉可言，也就不可能在竞争中处于有利地位，更不可能在同行业中获得高于平均收益率的利润，甚至安全事故可能会导致企业蒙受巨大的损失和严重的人员伤亡，带来不良的社会影响。

九、安全生产对社会经济发展的正面作用

重视生产安全，加大安全投入，首先是社会发展的需要，这已获得社会普遍的认同。但是，安全对社会经济的发展具有直接的作用和意义，这在发达国家已成为一种普遍性的认识，而在我国还需要转变观念和加强认识。

众所周知，事故发生的时候生产力水平会下降。研究其原因，可能是由于损坏了机器设备和工具；或损失了材料和产品；或由于长久地或者暂时地失去了雇员，以及由于更换人员造成的损失。但是更加具体的，不容易被注意到的原因是事故和疾病对人力资源的精神和士气所造成的损失。在做出恢复生产的安排之前，生产操作可能处于停滞状态；由于照顾受伤者，其他的雇员将花费时间；由于事故的发生，许多其他雇员会吃惊、好奇、同情等，这样也可能损失很多时间；由于事故发生，工人的生产积极性和生产情绪会受到极不好的影响，并会很明显地影响工人的生产进度；企业本来监管日常行政工作的重点会转移到对事故的调查、报告、赔偿以及替换和培训受伤人员等方面，对正常的管理效率造成负面影响；雇员士气受到的影响，同样会影响到生产或者服务的质量；此外，企业还可能很难及时寻找到合适的替换工人。概括地说，一旦危险的工作条件影响到了工人的操作会造成时间上的浪费和长时间的无效劳动。

从另一个角度来说，假如企业在一个项目（工程）的初期进行了一定的安全投

入（具体投入数量视具体项目、工程定）。毫无疑问，事故率会大幅度减少，因为事故造成的直接损失和间接损失就可以大幅度的减少。不仅如此，由于企业长期不发生事故（事故率很少），生产工人没有心理的压力，可以全身心地投入到工作中，生产能够满负荷地运转，生产力水平能维持在一个较高的水平，另外，由于投入到项目或工程中的一部分经费被用作对安全管理人员、对生产工人岗位安全知识的培训，被用来进行经常性地安全检查，企业整体的安全管理水平得以提高、安全意识得到加强，作为影响生产力水平的重要因素——人力资源的质量得到提高，大大提高了生产水平。从更深的角度讲，由于对生产车间的劳动卫生进行治理，减少对外的排污量（降低污染物浓度，使污染物排放合格），企业极其企业周围的大环境质量得到改善，于国家或企业而言这都是一种效益，它大大节约了国家或企业用来治理环境的费用。并且，较长时间不发生事故的企业，其良好的安全信誉构成了一项宝贵的无形资产，企业商誉价值提高，这都能给企业带来了实在的效益。

据联合国统计，世界各国平均每年支出的事故费用约占总产值的6%。ILO 编写的《职业健康与安全百科全书》提出："可以认为，事故的总损失即是防护费用和善后费用的总和。在许多工业国家中，善后费用估计为国民生产总值的1%～3%。事故预防费用较难估计，但至少等于善后费用的两倍。"

1980～1986 年，全世界平均国民生产总值年增长率为 2.6%，其中发达国家除日本外，均在 2%左右徘徊。这一比率大大低于因职业伤害所造成的比率。所以国际劳工组织的官员惊呼：事故之多，损失之大，真使人触目惊心。这是一个十分严峻的问题。

鉴于职业伤害给国民经济带来的严重后果，不少国家指定了有关政策，开展了有计划预防事故的安全生产投资，使安全生产工作得以与国民经济同步发展。据美国职业安全与健康管理局（OSHA）对全国 100 家大企业的调查结果表明：企业用于安全生产的费用占工业全部投资的 2.6%，投资额从 1972 年的 30 亿美元上升到 1985 年的 58 亿美元。除了企业自筹资金外，联邦政府每年都投入一大笔资金。例如在 1981～1988 年间，联邦政府每年拨给其直属机构的资金维 7 亿～8 亿美元。美国在安全生产方面的投资额占国民生产总投资额的 1.3%～1.5%。

日本用于安全生产的经费预算比较稳定，每年几乎均占国民生产总值的 1.4%。如 1982 年的经费预算为 37032 亿日元，1983 年为 39262 亿日元，1987 年则为 45000 亿日元。

我国对安全对经济一面作用作了更为深入的研究。研究表明，在必要、有效的前提下，安全生产的投入具有明显、合理的产出。我们研究得到：20 世纪 80 年代我国安全生产的投入产出比是 1∶3.65；20 世纪 90 年代我国的安全生产投入产出比是 1∶5.83。安全生产的投入产出比水平与 20 世纪 90 年代中期工业领域总的投入产出比 1∶3.6 相比，显然安全投入有较大的经济效益，因此，各级领导和生产经营单位负责人，应转变长期以来将安全当作"包袱"或"无益成本"的不明智的观点。

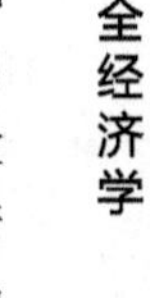

安全生产对社会经济的影响，不仅表现在减少事故造成的经济损失方面，还表现为安全生产对经济具有“贡献率”，安全也是生产力。因此，重视安全生产工作，加大安全生产投入对促进国民经济持续、健康、快速发展和坚持以经济建设为中心是完全一致的。

原国家安全生产监督管理局 2003 年鉴定的《安全生产与经济发展关系研究》研究课题，针对我国 20 世纪 80 年代和 90 年代安全生产领域的基本经济背景数据，应用宏观安全经济贡献率的计算模型，即“增长速度叠加法”和“生产函数法”，经过理论的研究分析和数据的实证研究，获得安全生产对社会经济（国内生产总值 GDP）的综合（平均）贡献率是 2.4%，安全生产的投入产出比高达 1∶5.8。因此，从社会经济发展的角度，在生产安全上加大投入，对于国家、社会和企业无论是社会效益和经济效益方面都具有现实的意义和价值。

实际上，由于不同行业的生产作业危险性不同，其安全生产所发挥的作用也不同，因此，对于不同危险性行业的安全生产经济贡献率也不一样。因此，分析推断出不同危险性行业安全生产经济贡献率为：高危险性行业：约 7%；一般危险性行业：约 2.5%；低危险性行业：约 1.5%。

“生产必须安全、安全促进生产”，这是整个经济活动最基本的指导原则之一，也是生产过程的必然规律和客观要求，因此，安全生产是发展国民经济的基本动力。

十、安全生产对国民经济和社会发展的负面影响

美国劳工调查署（BLS）对美国每年的事故经济损失进行统计研究，其结果占 GDP 比例 1.9%，总数 1992 年高达 1739 亿美元。研究还表明：事故损失总量随着经济的发展在不断上升的趋势。根据英国国家安全委员会（HSE）研究资料，一些国家的事故损失占 GDP 的比例如表 1-3。

表 1-3 职业事故和职业病损失占 GNP 或 GNI 比例对比

国家	基准年/年	事故损失占 GDP 比例/%	国家	基准年/年	事故损失占 GDP 比例/%
英国	1995/1996	1.2～1.4	瑞典	1990	5.1
丹麦	1992	2.7	澳大利亚	1992/1993	3.9
芬兰	1992	3.6	荷兰	1995	2.6
挪威	1990	5.6～6.2			

从表 1-3 中可以看出，虽然各国对事故经济损失的统计水平不尽相同，占 GNP 的比例在 0.4%～4%之间，但是可以确定的是事故造成经济损失是巨大的，事故对社会经济的发展影响是比较大的。

国际劳工组织局长胡安·索马维亚说：人类应加强对工伤和职业病的关注。他还指出，目前工伤事故和职业病给世界经济造成的损失已相当于目前所有发展中国家接受的官方经济援助的 20 倍以上，这将造成世界 GDP 减少 4%，这一数字还不包括一部分癌症患者和所有传染性疾病。

根据国家安全生产监督管理局组织鉴定的科研课题《安全生产与经济发展关系研究》的调查研究表明：

① 我国20世纪90年代我国平均直接损失（考虑职业病损失）占GDP比例为1.01%；

② 平均年直接损失为583亿元，并且，按研究比例规律，我国2001年事故经济损失高达950亿元，接近1000亿元；

③ 如果考虑间接损失，因为事故直间损失比系数在1∶2～1∶10之间，取其下四分为数为直间比系数值，可得出20世纪90年代年平均事故损失总值为2500亿，若采取美国1992年事故损失直间比数据，即1∶3，我国事故损失总值为1800亿元；

④ 根据对我国企业进行的抽样调查获得的数据统计，我国企业的事故损失倍比系数在1∶1至1∶25的范围，数据离散较大，但大多数在1∶2至1∶3之间，取其中值，即1∶2.5，则我国20世纪90年代事故损失总量约为1500亿，而按我国2002年的经济规模推算，则每年的事故经济损失高达2500亿元；

⑤ 事故经济损失对我国社会和经济影响是非常巨大的，按每年造成2000亿元的事故经济损失，就相当于我国每年损失两个三峡工程（工程静态投资为900.9亿元）；每年损毁10个中国最大的机场（新白云机场预计200亿）；足够全国居民消费20天（107.9亿元/天）；相当于2000年度深圳市国内生产总值化为乌有（1665亿元）；相当于近亿农民一年颗粒无收（农业总产值14106.22亿元）。

安全生产问题所造成的负面效应不仅表现为人民生命财产的损失和经济损失，安全生产问题对于人们心理的间接效应远远不是这种量化的指标所能体现的。譬如我国2003年爆发的SARS疫情造成300多人死亡，但它对人们心理的影响远远大于这个程度，它造成的社会动荡，旅游和经济受到的打击是有目共睹的。

另一方面，安全生产的基础较为薄弱，一是高危产业占经济总量比例较高，第二产业占53%，建筑、矿业、石油化工、交通运输等高危险行业占到40%以上，并处高增长率水平；二是高危行业从业人员安全素质还有待提高，现今在中国在进城农民工1.2亿人，2020年将达3亿人，其中建筑业占79.8%，矿业占52.5%；三是我国安全生产法的实施晚发达国家30年，美国、日本、英国等发达国家20世纪70年代初期颁布《职业安全健康法》，我国2002年颁布《安全生产法》；四是每年安全生产投入不到GDP的1%，而发达国家高达3%以上；四是安全生产领域科技投入水平较低，仅是美国的1/200；五是国家安全监察人员配备率较低，万名员工配备率仅是0.7，而英、德、美国分别是4.5、3.5、2.1；六是全国重大事故隐患数千处，重大危险源数量近百万。

因此，提高全社会的生产安全保障水平，对于维护国家安全，保持社会稳定，实施可持续发展战略，都具有现实的意义。

第二章 安全经济学的科学学

建立和发展一门新兴的学科，首先需要研究其学科的科学学问题。安全经济学的定义是什么？其学科研究的对象和任务是什么？学科性质有什么特点？研究方法和解决安全经济命题包括哪些基本内容？这是发展安全经济学必须考虑的基本问题。显然，科学哲学、科学学、系统科学等现代基础科学为我们提供学科建设的基本理论和方法。

科学哲学辩证的观点、物质第一性的观点、实践出真知的观点，科学学的学科建设理论和方法，系统学的系统思想和结构优化技术，等等基本理论和方法是我们建立安全经济学的有力武器。

第一节 术语及概念

安全经济学是安全科学学科体系中的一门三级学科。它属于安全科学体系中的社会学科门类。安全经济学是一门新兴和发展中的学科。为了便于深入地探讨和理解问题，首先有必要确立这门学科的一些基本术语的概念。

一、基本术语

● 经济 就是遵循一定的经济原则，在任何情况下力求以最小耗费取得最大效益的一切活动。经济通常用实物、人员劳动时间、货币来进行计量。

● 效率 指生产要素的投入与产品的质量和数量之比，即劳动消耗与成果之比。提高效率的目的是以一定的投入取得最大的产出，或以较小的投入取得一定的产出。效率的计算式通常为：

$$效率=产出量/投入量\times 100\%$$

可以看出：效率反映了劳动或活动的投入收益率。

● 效用 指消费者从商品或劳务的使用中所获得的满足程度，即商品能够满足人们的性能就是这种商品的效用。效用是人们的一种心理感受，是消费者的主观评价。

● 边际效用 指对某种物品消费量增加一单位所引起的总效用的变化量。其中总效用指一个人从消费某些物品或劳务中所得到的总好处或总满足程度，大小取决于个人的消费水平。

● 机会成本　指做出一项决策时所放弃的其他可供选择的各种用途的最高收益。这里指做出的一种选择是所放弃的其他若干种可能的选择中最好的一种。机会成本是一种观念上的成本或损失，并非是在做出某项选择时实际支付的费用或损失。

● 经济效率　经济效率是指经济系统输出的经济能量和经济物质与输入的经济能量和经济物质之比较。经济效率的计量一般是用实物、劳动时间和货币为计量单位。通常用“产出投入比”、“所得与所费之比”或“效果与劳动消耗之比”来衡量经济效率。

● 效益　通常是指经济效益，它泛指事物对社会产生的效果及利益。效益反映“投入产出”的关系，即“产出量”大于“投入量”所带来的效果或利益。效益的一般计算式：

$$效益=(产出量-投入量)/产出量\times100\%$$

● 效果　指劳动或活动实际产出与期望（或应有）产出的比较，它反映实际效果相对计划目标的实现程度。效果的计算式为：

$$效果=实际产出量/应有产出量\times100\%$$

● 价值　指事物的用途或积极作用。价值与效益有密切的联系，从经济学的角度，效益是价值的实现，或价值的外在表现，“价”指物质生产中的商品交换和商业活动；“值”是相当的意思，是说人们在交换时要求双方所得相等，公平交易。从这一目的出发，经济学的应用领域提出了按价值原则进行生产活动的理论和方法，称为“价值工程（理论和方法）”。由此提出价值计算公式为：

$$价值=功能/成本=F/C$$

在此，价值反映了单位成本所实现的功能。

● 经济学　研究生产、消耗以及完成生产、消费、交换与分配的形式和条件的科学。经济学包括理论经济学和应用经济学两大范畴。安全经济学显然属于应用经济学领域。

二、专业术语

● 安全（safety）　指对人的生命和健康不产生危害、对财产及环境不造成损害和影响的状态或条件；也可以说是指具有特定功能或属性的事物，在外部因素及自身行为的相互作用下，足以保持其正常的，完好的状态，免遭非期望的损害的现象。安全的定量描述用“安全性”或“安全度”来反映，其值用≤1 且≥0 的数值来表达，安全度=1−风险度。

● 安全成本（safety cost）　指实现安全所消耗的人力、物力和财力的总和。它是衡量安全活动消耗的重要尺度。安全成本包括实现某一安全功能所支付的直接和

间接的费用。

• 安全投资（safety investment） 安全活动是以一定的人力、物力、财力为前提的。对安全活动所作出的一切人力、物力和财力的投入总和，称作安全投资。投资是商品经济的产物，是以交换、增值取得一定经济效益为目的的。安全活动对经济增长和经济发展有一定的作用，因而，应把安全活动看成为是一种具有生产意义的活动。引入安全投资的概念，对安全效益的评价和安全经济决策有着重要实用意义。

• 安全收益（产出）（safety benefit） 安全收益具有广泛的意义，它等同于安全的产出。安全的实现不但能减少或避免伤亡和损失，而且能通过维护和保护生产力，实现促进经济生产增值的功能。由于安全收益具有潜伏性、间接性、延时性、迟效性等特点，因此研究安全收益是安全经济学的重要课题之一。

• 安全效益（safety efficincy） 根据经济效益的概念，可建立安全效益的概念，即安全效益是安全收益与安全投入的比较。它反映安全产出与安全投入的关系，是安全经济决策所依据的重要指标之一。

第二节 安全经济学的形成与发展

一、安全经济学的形成是安全科学技术发展的必然

安全科学所研究的对象是对当今人类极富有挑战性的事故和灾害。显然，安全科学涉及的系统是一个庞大、复杂的，以人、社会、环境、技术、经济等因素构成的大协调系统。只有在人类科学技术和社会经济发展到一定程度的当代，才为安全科学的发展提供了条件和基础。安全科学以实现人的身心保障和发展为目的，以事故、灾害为研究对象，而以人、社会、环境、技术和经济的协调为实现的条件。在这些条件因素中，经济条件对其他条件因素发挥着重要的约束作用。显然，能清楚地认识到如下几点。

① 安全的要求水平受到经济能力的限制。安全标准及其实现在一定程度上是以经济为前提、为约束条件的，这种客观状况决定了安全科学技术必须包含经济的思考（理论），安全工程技术实施必须考虑经济的允许和可行（方法），任何绝对、无条件的安全是不存在的。

② 安全科学的重要目标包含着发展社会经济。安全科学技术也是第一生产力，安全科学在实现保障人的身心健康与发展的同时，不仅保护了“人”这一生产力要素，而且维护了“技术要素”功能的正常发挥和作用，同时使资源的潜力得以充分发挥。

③ 在安全科学技术领域内，存在着提高安全活动效益的问题。由于科学技术水平和社会经济的有限性、缺乏性，在相当长的时期内，有限安全条件和无限安全

要求的矛盾仍是安全活动面临的重要挑战。因此，我们发展安全科学必须回答好这两个问题：一是在满足同样安全标准的条件下，能否使安全投入和消耗尽可能小；二是在有限的安全投资条件下，能否使安全实现尽可能大。这需要安全经济学理论和方法才能解决。安全经济学必然在迎接这种挑战中，以及随着对提高人类安全效益的“建功立业”活动中发展壮大起来。

综上所述，可以推论：安全科学技术的发展必然要求安全经济学的发展；安全经济学的发展一定会丰富和完善安全科学技术。

二、安全经济学的形成与发展

在国内外安全理论研究的历史上，由于安全生产与劳动保护的主要目标和任务在传统上是定位于人的生命安全与健康，所以在很长一段时期内，安全工作者很少从经济的角度去考虑人类的安全活动问题，更是很少有人专门提出研究安全经济学。安全经济学是伴随着安全科学的发展而产生和发展的。在安全科学的研究和发展中，我国学者不断地以“安全经济学”为命题，对安全、事故、事故损失、安全投资、安全效益、安全经济评价等问题进行了许多分析和研究，从而形成了安全经济学的初步框架。

1931 年美国著名的安全工程师海因里希（W. H. Heinrich）出版了《工业事故预防》（Industrial Accident Prevention）一书，对工业安全理论进行了专门研究。他精辟地指出，除了人道主义动机，还有两种强有力的经济因素也是促进企业安全工作的动力：①安全的企业生产效率高，不安全的企业生产效率低；②发生事故后用于赔偿及医疗费用的直接经济损失，只不过占事故总经济损失的 1/5。到 20 世纪 80 年代前后出现了以安全经济学为命题的文献，尤其是意大利的著名学者 D·安德列奥尼撰写的《职业性事故与疾病的经济负担》（The Cost of Occupational Accidents and Diseases）一书，主要研究工作事故造成的经济后果，分析了职业伤害费用在不同社会成员间的分布。这些成果主要集中于关于安全的理论与实务的解释，虽然对安全卫生立法以及企业组织的安全卫生运作具有积极的影响，但尚不完全是科学意义上的安全经济学。

在国内，自 20 世纪 90 年代以来，开始出现以“安全经济学”为命题的研究成果。安全经济学在国家“学科分类与代码”中被列为安全科学的一个三级学科。笔者 1993 年出版了《安全经济学导论》；原国家经贸委安全科学技术研究中心宋大成研究员 2000 年出版了《企业安全经济学（损失篇）》；西安科技大学的田水承教授 2004 年出版了《现代安全经济理论与实务》等。这些研究成果标志着安全经济学在中国的提出和发展，但仍处于对安全经济学研究的初始阶段，尚未形成比较完整、系统的安全经济学理论体系，更没有形成完备的安全经济科学。

发展安全科学必须回答好两个问题：一是在满足同样安全标准的条件下，能否使安全投入和消耗尽可能小；二是在有限的安全投资条件下，能否使安全的实现程

度尽可能大。这需要用安全经济学理论和方法才能解决。可以预言，安全经济学必然会在应对这种日益复杂的挑战中，在提高人类安全效益的“建功立业”活动中发展壮大起来。

第三节　安全经济学的性质

在世界范围内，安全科学仍处于初创阶段。作为安全科学的一个分支学科——安全经济学，其学科的性质、任务和目的等均还有待于去确立。其中最根本的问题首先是明确安全经济学的基本性质。为此我们可以根据科学哲学、科学学、系统学、知识工程等基础理论，借鉴一般经济学及相关应用经济学的应用基础理论和方法来认识这一问题。

人类的安全水平很大程度上取决于经济水平。因此，经济问题是安全问题的重要根源之一。这种客观实在决定了“安全”具有相对性的特征，安全标准具有时效性的特征。这种状况使得安全活动离不开经济活动，安全经济活动贯穿于安全科学技术活动的理论范畴和应用范畴。所以，安全经济学既为安全科学丰富基本理论，又为安全科学增添应用方法。这是从学科的地位来认识安全经济学。

从学科的属性来看：人类的安全活动——为了解决安全问题，既要涉及自然现象，又要涉及社会现象；既需要工程技术的手段，又需要法制和管理的手段。所以安全科学具有自然科学与社会科学交叉的特点。安全经济学是研究和解决安全经济问题的，因而它首先是一门经济学（社会科学），但又不是一般意义上的经济学。安全经济学以安全工程技术活动为特定的应用领域，这决定了安全经济学又是与自然科学结合的产物。它是研究安全活动与经济活动关系规律的科学；它以经济科学理论为基础，以安全领域为阵地，为安全经济活动提供理论指导和实践依据。因此，安全经济学可以说是一门经济学与安全科学相交叉的综合性科学。

从学科性质和任务的角度，安全经济学可定义为：安全经济学是研究安全的经济（利益、投资、效益）形式和条件，通过对人类安全活动的合理组织、控制和调整，达到人、技术、环境的最佳安全效益的科学。这一定义具有如下几点内涵。

① 安全经济学的研究对象是安全的经济形式和条件，即通过理论研究和分析，揭示和阐明安全利益、安全投资、安全效益的表达形式和实现条件。

② 安全经济学的目的是实现人、技术、环境三者的最佳安全效益。

③ 安全经济学的目标是通过控制和调整人类的安全活动来实现的。

所以，安全经济学作为一门基础性较强的综合性课程，其在安全工程专业课程体系中的定位和性质应与专业基础课类似。不仅安全工程专业的学生要具备这方面的知识，而且消防工程、防灾减灾工程、采矿工程、环境工程等学科和专业的大学生以及有关研究生也有必要学习和借鉴该学科的理论、思想和方法。

第四节 安全经济学的研究对象

科学是人类对现实世界认识成果的系统总结，任何科学都有自己特定的研究对象，都是研究某种特殊运动形式或特殊矛盾的。正是有其研究对象的特殊性，才把不同的科学区分开来。正像毛泽东在《矛盾论》中指出“科学研究的区分，就是根据科学对象所具有的特殊的矛盾性”那样，对于某一现象的领域所特有的某一种矛盾的研究，就构成某一门科学。安全经济学是研究和解决安全经济学问题的，它既是一门特殊经济学，又是一门以安全工程技术活动为特定应用领域的应用学科。因此，安全经济学也有其自身的研究对象和自己的特殊矛盾运动。

安全经济学的研究对象，概括地说，就是根据安全实现与经济效果对立统一的关系，从理论与方法上研究如何使安全活动（安全法规与政策的制定、安全教育与管理的进行、安全工程与技术的实施等），以最佳的方式与人的劳动、生活、生存合理地结合起来，最终达到安全劳动、安全生活、安全生存的可行和经济合理，从而使人类社会取得较好的综合效益。具体来说，安全经济学就是研究安全经济关系的科学，所谓安全经济关系，包含以下四层含义。

（1）安全分工协作关系。所谓安全分工协作关系，从宏观上说，是指公正方——政府，雇佣方——企业（业主，强势方）与被雇佣方——工人（职工，弱势方）的相互作用关系。它包含安全产生的条件，安全在国民经济中的地位和作用等。从微观上讲，安全分工协作关系是指企业等组织内部的安全策划、实施、检查、反馈和整改诸环节之间的相互配合、相互衔接和相互促进的关系。研究安全分工协作关系，有利于科学地组织和处理安全卫生与国民经济中各部门的关系，以及与企业等组织内部的关系，从而有利于理顺和完善社会生产关系，促进生产力的可持续发展。

（2）安全经济利益关系。安全利益关系是经济关系的核心内容和本质。从宏观上说，是指企业与国家之间的利益关系，企业与企业之间，企业与个体人（相关方）之间的利益关系。从微观上讲，安全利益关系是指企业等组织内部的各层次劳动者之间的安全利益分配、责任分配和占有关系。以国家或社会为代表的所有者利益安全与否，影响其形象、财富与资金积累，甚至社会安定的程度；以企业为代表的经营者利益安全与否，影响其形象、生产资料能力的发挥，以及产品质量、市场与经济效益的得失；以个体人为代表的个体利益安全与否，影响其本人的生命、健康、智力与心理、家庭及收入的得失。

安全经济利益关系是安全经济关系的核心和本质。这种安全经济利益关系是否合理，与人们积极性的发挥密切相关，事关社会安全的长治久安和企业生产的安全、和谐及可持续发展，对生产力及安全的发展有极大影响。认识并合理处理安全

经济利益关系，有利于树立正确的安全经济意识形成良好的安全文化，有利于安全决策，有利于建立科学有效的安全管理制度。

（3）安全经济数量关系。安全经济数量关系即与安全有关的各种要素之间的数量关系，是指当一种与安全有关系的要素发生变化时，该变量对安全经济发展变化所产生的影响。这种影响既有正效应，又有负效应。例如，矿山企业利润的增加，会对用于安全活动与措施的投入产生正值影响；而航空事故的发生，会对乘机旅客数量产生负值影响。对于正负两方面的影响，都可通过数学模型来计算和平衡，从而分析它们之间的数量关系。

研究安全经济数量关系，对于科学地掌握安全需求及安全供给的规模和结构，合理地进行安全决策和投入，提高安全效益和安全生产水平具有极为重要的意义。

（4）安全经济效益关系。安全经济效益关系是指安全的投入与产出的关系。就微观而言，安全经济效益就是企业自身的安全投入与安全产出的关系，即企业投入安全活动的人、财、物的总和，与安全活动所挽救的损失以及这种挽救保护为企业带来的经济产值的增加量的总和之间量的比较关系。就宏观而言，安全经济效益关系是指整个社会在安全业上投入的人、财、物的总和与安全业为社会所挽救的损失及这种挽救保护为社会带来的经济产值的增加量的总和之间量的比较关系。

研究安全经济效益关系，在微观上，可以确定企业安全投入的方向和范围，明确提高安全效益的措施和方法；在宏观上，能够有助于认清安全业发展的规模和结构，合理确定安全投入在整个国民经济中应占的比重。

其中，安全分工协作关系是安全经济关系存在的前提，它直接与社会生产力相联系，并直接受生产力的发展变化的影响。生产力发展水平越高，安全与国民经济的分工协作关系就越复杂，联系就越紧密，企业内部的安全分工协作关系也就越精细。安全经济利益关系，是在安全分工协作关系的基础上，形成的更深层次和更本质的经济关系。安全分工协作越精细，安全经济利益关系也就越复杂、越广泛。安全经济数量关系，直接取决于安全分工协作关系，分工协作关系越复杂，影响安全的因素也就越多，因而安全的数量关系也就越复杂。安全经济数量关系也直接受安全科学技术发展程度的影响。科学技术的进步，一方面会减少灾害事故发生的可能性，例如危险监测和预警设备、灭火材料和设备，防爆设备等，会对安全产生有利的影响；另一方面，科学技术和新工艺又会带来和增加新的风险，例如核发电设施、航天飞机等，都会带来新的风险和危险，从而增加对安全的需求，对安全产生负值影响。另外，科学技术的发展会引起生产关系的变化，直接反映到安全分工协作关系和安全利益等方面，数量经济关系也间接受安全经济利益关系的影响，在不同的社会时期和背景下，同样的安全经济利益关系会对安全数量关系产生不同的影响。在社会主义制度下，安全生产部门与国民经济各部门之间以及安全部门内部各类劳动之间，都是等量劳动交换的公平关系，而非剥削关系，因而这种安全经济利益关系对社会主义安全水平的提高有促进作用；反之，等量劳动交换的公平关系若被扭曲，则对安全产生不利影响。安全效益关系是安全经济关系的落脚点和终极点。安全经济关系不仅受安全分工协作关系的影响，也受安全经济利益关系和安全数量关系的影响。一切安全经济活动的最终目的都是为了取得安全经济效益。在社会主义市场经济条件下，不仅要注意安全的微观经济效益，更要注意安全的社会效益和宏观经济效益。

总之，安全分工协作关系、经济利益关系、经济数量关系和经济效益关系这四个方面，构成了安全经济关系体系。从安全经济关系的角度来分析，这四者的逻辑体系大致是：安全分工协作关系——安全经济利益关系——安全经济数量关系——安全经济效益关系。

安全经济学应研究如下几方面的问题。

(1) 安全经济学的宏观基本理论。研究社会经济制度、经济结构、经济发展等宏观经济因素对安全的影响，以及与人类安全活动的关系；确立安全目标在社会生产、社会经济发展中地位和作用；从理论上探讨安全投资增长率与社会经济发展速度的比例关系；把握和控制安全经济规模的发展方向和速度。

(2) 事故和灾害对社会经济的影响规律。研究不同时期（时间）、不同地区（行业、部门等空间）、不同科学技术水平和生产力水平条件下，事故、灾害的损失规律和对社会经济的影响规律；探求分析、评价事故和灾害损失的理论及方法，特别是根据损失的间接性、隐形性、连锁性等特征，探索科学、精确的测算理论和方法，为掌握事故和灾害对社会经济的影响规律提供依据。

(3) 安全活动的效果规律。研究如何科学、准确、全面地反映安全的实现对社会和人类的贡献。即研究安全的利益规律。测定出安全的实现对个体（个人）、企业、国家，以及全社会所带来的利益，对制订和规划安全投入政策具有重要的意义，同时对科学的评价安全效益也是不可少的技术环节。

(4) 安全活动的效益规律。安全的效益与生产的效益具有联系，又有区别。安全的效益不仅包括经济的效益，更为重要是还包含有非价值因素（健康、安定、幸福、优美等）的社会效益。这种情况使得对安全效益的评定非常困难。为此，我们应细致地研究安全效益的潜在性、间接性、长效性、多效性、延时性、滞后性、综合性、复杂性等特征规律，把安全的总体、综合效益充分地揭示出来，为准确地评价和控制安全经济活动提供科学的依据。

(5) 安全经济的科学管理。研究安全经济项目的可行性论证方法、安全经济的投资政策、安全经济的审计制度、事故和灾害损失的统计办法等安全经济的管理技术和方法，使国家有限的安全经费能得以合理使用，实现最大限度地发挥人类为安全所投入的人财物的潜力。

第五节　安全经济学的内容和任务

安全经济学的研究内容是相当广泛的。既有基础理论，又有应用理论，还有

技术手段和方法。根据系统学和科学学的方法，把安全经济学的研究内容整理归类为如表 2-1 所示的安全经济学四层次结构体系。从表中内容我们可认识到以下几点。

表 2-1　安全经济学内容四层次结构

学科层次	学科理论与方法特征	主要学科内容
工程技术	安全经济技术的方法与手段	安全经济政策与决策；安全经济标准；安全经济统计；安全经济分配；损失计算技术；安全投资优化技术；安全成本核算；安全经济管理
技术科学	安全经济学的应用基础理论	安全经济原理；安全经济预测理论；安全经济分析理论；安全经济评价理论；安全价值工程；非价值量的价值化技术。
基础科学	安全经济学的基础科学	宏观经济学；微观经济学；数量经济学；系统科学；数学科学。
哲学	安全经济观、认识论和方法论	安全经济观；安全经济认识论；安全经济方法论。

① 安全经济学的哲学问题是确立安全经济观；确立安全经济学的立论基点；指明安全经济学的发展方向；提供安全经济理论的思想基础。

② 安全经济学的基础科学是安全经济学理论和方法的根基和源泉。只有充分采用一般科学技术和一般经济学现有的理论、方法，安全经济学的发展才有基本的支柱和依靠。在这同时，安全经济学也应发展符合自身学科需要的理论科学。

③ 安全经济学的技术科学是安全经济学的应用基础理论，它研究和探讨安全经济的基本原理和规律，提出安全经济控制和管理的理论。只有充分地认识和掌握了安全经济客观规律，确立了安全经济学的基本理论，安全经济活动的指导与控制才会准确和有效。

④ 安全经济学的工程技术指安全经济活动或工作的方法和手段。安全经济学不仅仅是应用理论，更为有意义的是安全经济学的理论能指导安全工程技术的实践活动，使人类的安全活动符合客观实际的和必须遵循的经济规律。

安全经济学的任务是：应用辩证唯物主义基本原理，以及系统科学和一般经济学的科学方法、理论，对人类公共安全，即职业、生活、生存活动中的安全经济规律进行考察研究；结合当代世界经济发展和我国现代化、工业化建设的具体实践，阐明社会主义市场条件下经济规律在安全活动领域的表现形式；探讨实现经济的安全生产（劳动）、安全生活、安全生存的途径、方法和措施；为国家、政府和企业提供科学制订安全方针和政策的理论依据，从而极大限度地保障人的身心安全、健康和社会经济发展，促进社会与经济的繁荣与昌盛。

第六节　安全经济学的研究方法

首先应该指出，研究安全经济学的基本方法是辩证唯物论的方法。只有一切从实际出发，重视调查研究，掌握历史和现状客观的安全经济资料，才能由表及里、去伪存真，探求出带有普遍性规律的东西，才能使安全经济的论证符合客观规律，从而作出合理的决策。同时也应吸收现有相关学科的成果，采用多学科综合的系统研究方法，在较短的时期内，准确地认识安全客观经济现象，把握其本质规律，较快地推动安全经济学的发展。

安全经济学具体还应重视如下研究方法。

(1) 分析对比的方法。由于安全系统是一涉及面很广，联系因素复杂的多变量、多目标系统，因此，要求研究手段和方法要科学、合理，符合客观的需要。进行分析和对比是掌握系统特性及规律的基本方法之一。为此，要注重微观与宏观相结合、特殊与一般相结合的原则。只有从总体出发，纵观系统全局，通过全面、细致地综合分析对比，才能把握系统的可行性和经济合理性，从而得到科学的结论。安全经济活动所特有的规律，如“负效益”规律、非直接价值性特征等，只有通过分析对比才能获得准确的认识。

(2) 调查研究方法。认识安全经济规律，很大程度上应根据现有的经验和材料来进行，从实践中获得真知，而不应该从概念出发，束缚和僵化思想。因此，调查研究应是认识安全规律的重要方法。事故损失的规律只有在大量的调查研究基础上，才能得以揭示和反映。

(3) 定量分析与定性分析相结合的方法。认识事物的程度很大意义上取决于定量的程度。定量方法和技术的成熟程度，往往是衡量一门学科发展状况的标志。因此，安全经济问题的科学定量解决，是安全经济学发展的必然要求。但是，也应意识到，由于受客观因素和基础理论的限制，安全经济领域有的命题是不能绝对定量化的。如人的生命与健康的价值、社会意义、政治意义、环境价值等。因此，在实际解决和论证安全经济问题时，必须采取定量与定性相结合的方法，使获得的结论尽量地合理和正确。

(4) 逆向思维法。一方面，安全经济学研究的是如何使事故灾害损失最小化问题，其实质并非是直接的经济产出和增长，所以具有“守业”经济学的属性，安全经济学中所追求的效益不是经济的发展和物质财富的增长，而主要体现在减少了多少可计量的事故损失，所以不适用于常规经济学中的经济效益评价，安全经济也不像常规经济学那样受计划和市场调控等；另一方面，要实现安全，需研究事故发生的条件和原因，逆向追根消除这些条件和原因。所以，安全经济学研究应采用逆向思维方法。

(5) 机会成本法。在现实世界中，“没有免费的午餐”是一句至理名言。世界上做任何事情都是有代价的，而人们拥有的人力资本、劳动时间和资本设备等资源却是有限的，做什么？放弃做什么？这些问题都是人们难以决策的，而运用机会成本法，就有助于社会、企业和个人做出正确的选择。所以，在安全经济学中，需要运用机会成本法，以缩小机会成本，而获取更大的机会“收益”。

第七节　安全经济学的特点

安全经济学的研究对象和任务决定了这门学科的特点，即从研究方法上讲，具有系统性、预见性、优选性；从学科本质上讲，具有部门性、边缘性及应用性。

1. 系统性

安全经济问题往往是多目标、多变量的复杂问题。在解决安全经济问题时，既要考虑安全因素，又要考虑经济因素；既要分析研究对象自身的因素，又要研究与之相关的各种因素。这样，就构成了研究过程和范围的系统性。否则，以狭隘、片面的观点和支离破碎的方法对待和处理问题，是不能得到正确结果的。例如在分析安全的效益时，既要考虑安全的作用能减少损失和伤亡；又应认识到安全能维护和促进经济生产的作用。否则，仅从安全的减损作用去认识安全的经济意义，是不全面和完整的。为此，需要系统综合地去研究安全经济规律。

2. 预见性

安全经济的产出，往往具有延时性和滞后性，而安全活动的本质具有超前性和预防性特征，因而，安全经济活动应具备适应安全活动要求的预见性。为此，应做到尽可能地准确预测安全经济活动的发展规律和趋势，充分掌握必要的和可能得到的信息，避免主观臆断，最大限度地减少因论证失误而造成的损失，获得最佳安全效益。

3. 优选性

任何安全活动（措施、对策）都有多方案可选择，不同的活动往往有不同的约束条件，不同的方案都有其不同的特点和适应对象。因此，安全经济的决策活动应建立在优选的基础上。安全经济学应提供安全经济优化技术和方法。

4. 部门性

安全经济学相对于一般经济学，具有部门的属性。安全经济学属于部门经济学。这里是指广义的部门。一方面是它没有自己独立的理论基础，是在与一般经济学结合的基础上形成自己的理论体系；另一方面，安全经济学具有自己特定应用领域——安全领域，它以安全经济问题作为研究对象，利用一般经济学的原理和基础理论，研究、分析和解决安全领域中的一切经济现象、经济关系和经济问题。

5. 边缘性

安全经济问题同其他经济问题一样，既受自然规律（安全客观规律）的制约，又受经济规律的支配。即安全经济学既要研究安全的某些自然客观规律，又要研究安全的经济规律。因此，安全经济学是安全的自然科学与安全的社会科学交叉的边缘科学。并与灾害经济学、环境经济学、福利经济学等相关部门经济学交叉而存在，相互渗透而发展。

6. 应用性

安全经济学所研究的安全经济问题，都带有很强的技术性和应用性。这是由于安全本身就是人类劳动、生活和生存的实践之需要，安全经济学为这种实践提供技术和手段。换言之，安全经济学的根本任务是“达到人、技术、环境的最佳安全效益”，安全经济学一提出来就带有明确的应用性。

总之，安全经济学的突出特色是：不仅体现了安全科学的综合性、交叉性、基础性和边缘性，而且使安全工作者跳出单纯以技术或工程观点认识问题、研究问题的误区，从更广泛的视野和角度研究安全问题，保障安全。安全经济学仅仅处于学科发展的初级阶段，很多概念、术语还有待于去定义和明确；很多规律还有待于去研究和探讨；很多理论还有待于去创立和发展；很多技术方法还有待于去探索和验证。我们仅仅对创建安全经济学做了初步的探讨。由于安全经济学具有跨学科特色，对安全、灾害问题独具睿智眼光，从而表现出旺盛的生命力和较为广阔的应用前景。我们期望更多的学者、专家、工程技术人员和管理工作者投入到发展安全经济学的行列中来，共同为人类创造一个安全美好的世界作出应有的贡献。

第三章 安全经济学基本理论

当代城市化和工业化安全科学之所以越来越引起人们的关注，一方面是因生产规模的大型化和技术的复杂化，使一旦事故发生，其造成的人身伤亡和病残，以及财产损失和环境危害使人类难于承受；另一方面由于人类文化、伦理和精神状况的进步，以及物质财富的丰富，使人们从生理和心理上对保障生命与健康的要求越来越高。

安全是实现经济利润的保障，安全又需要一定的经济基础来维持。以安全经济的基本理论作为指导，可满足社会和人们在安全活动中对经济安全的需要，有效合理地运用国家、社会、企业有限的安全资源，科学决策，最大限度地发挥所投入的人、财、物的潜力，将事故造成的损失降到最低，实现安全发展、科学发展。运用安全经济的效益及利益规律理论还可以对实际中安全经济投入的必要性、合理性进行评价。因此，理解和掌握安全经济学的基本理论具有很重要的现实意义。

第一节 安全活动的基本特性

当今社会我们所面临的现实是：人类的科学技术能力和经济能力是有限的，人们主观期望用尽量多的投入来实现人类的安全，这种有限的安全投入与极大化的安全水平要求的矛盾，是安全经济学生存与发展的最基本的动力。因此，我们首先应在认识这一基本现实的前提下，来发展安全经济学。

根据安全事物的客观实在，我们认为安全经济理论和方法首先应遵循下述安全固有属性所概括出的基本特性。

一、避免事故或危害有限性的特性

这一特性包含两层含义。

(1) 各种生产和生活活动过程中事故或危害事件虽可以避免，但难于完全或绝对避免。

(2) 各种事故或危害事件的不良作用、后果及影响可能避免，但难于完全或绝对避免。

由于在人类社会发展的任何阶段，生产或生活的技术水平总是有限的。科学的发展一方面使技术的发展有序地逐级进行，使技术起着有益于人类的正向演化作用；另一方面由于科学认识的局限，新技术不可避免会伴随新的、尚未认识的危害，使技术在一出现的时刻就存在新的不安全因素，从而产生技术功能的逆向退化。这种利弊交错，益害矛盾的现象贯穿于整个工业社会发展的全过程。另外，人们对安全的要求在提高，而社会改进安全的技术水平和所能增加的经济力量（人、财、物）总是有限制的。因此，创造绝对充分的条件和可能性，使生产绝对不发生事故或危害事件，仅是理想的状态，客观实在只能是创造相对安全的状态。技术与自然演替规律无法改变，人类对制止其事故的技术与经济能力所不及的现实，决定了避免事故或危害是有限的这一客观存在。安全经济学为安全活动提供适应这一规律的技术理论和方法。

实践中人们总是尽其所能地去防止和避免事故的发生，不会有意识去制造和扩大它。但是无论人们如何努力，事故总是难于完全排除，这就是事故率可以无限趋于零，而无法绝对为零的客观表现。

无法完全或绝对地避免事故，并不意味着不能避免。人类所作的安全努力，意义就在于在有限的安全投入和条件下，努力使事故损失和危害控制在可接受或称之为“合理”的水平上。

二、安全的相对性特性

怎样的安全才算安全？多大的安全度才是安全？这是一些很难回答的问题，因为安全具有相对性。安全的相对性表现在以下三个方面。

首先，绝对安全的状态是不存在的，系统的安全是一个相对的概念；其次，安全标准是相对于人的认识和社会经济的承受能力而言，抛开社会环境讨论安全是不现实的；再次，人的认识是无限发展的，对安全机理和运行机制的认识也在不断深化，即安全对于人的认识而言具有相对性。

某一安全性在某种条件下认为是安全的，但在另一条件下就不一定会被认为是安全的了，甚至可能被认为是很危险的。因此，这一问题只能用一阈值来回答。安全阈由安全程度的最大值和最小值之差来表述。绝对的安全，即100%的安全性，是安全性的最大值。当然，这是很难实现的，甚至是不可能达到的，但却是社会和人们应努力追求的目标。此外，在实践中，人们或社会客观上自觉或不自觉地认可或接受了某一安全性（水平），当实际状况达到这一水平，人们认为是安全的，低于这一水平，则认为是危险的。这一水平下的安全性就是相对安全的最小值（或称安全阈下限）。实际生活中也用这一值的补值（即危险值）来表述，称为“风险值”。风险是生产、生活和生存活动中客观存在着不安全的程度。安全经济学就是要根据社会的技术和经济客观能力，以及相应的社会对危险的承受能力，为不同的生产、生活环境或产业过程提供和确认这一“最低”安全值，做为制定安全标准的依据。

从另一侧面理解安全这一概念，可以认为安全的相对性是指免除风险（或危

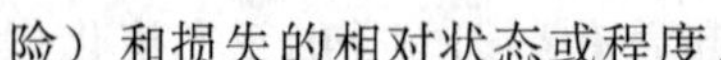

险）和损失的相对状态或程度。

三、安全的极端性特性

这一特性有如下三个含义：

① 安全科学的研究对象（事故、危害与安全保障）是一种“零—无穷大”事件，或称“稀少事件”。即事故或危害事件具有如下特点：一是事故发生的可能性很小（趋向零），而后果确十分严重（趋向无穷大）；二是危害事件的作用强度很小，但危害涉及的范围或人数却广而多。

② 描述安全特征的两个参量——安全性与危害性具有互补关系。即安全性＝1－危害性，当安全性趋于极大值时，危险性趋于最小值。反之亦然。

③ 人类从事的安全活动，总是希望以最小的投入获得最大的安全。

上述三对极向矛盾运动，是安全经济学发展的基础和动力。换言之，安全经济学根本的重要基础命题就是要使这三对矛盾达到最合理的状态。

安全经济学要从安全的角度或着眼点研究安全与经济的相互关系这一特定领域的问题。安全的经济投入及其意义和价值、社会经济效益及其实现它们匹配的最佳状态理论和方法是安全经济学的重要研究内容。要研究这些基本理论问题，需要对上述基本特性有足够的认识。

安全经济学的建立和发展必须遵循上述几个基本特性。有了这种基本的认识，安全经济学的发展才能建立在客观的基础之上。

第二节　安全效益及利益规律

规律是事物运动过程中本身固有的、本质的、必然的联系。人们想问题、办事情，只有遵循客观规律，才能达到预期的目的并取得成功。在安全领域中，安全效益和安全利益也存在着一定的规律。而安全的发展必须以人类的科学技术水平和经济能力为基础，但在实际中这两种能力的施展往往是受限的，所以在进行各种安全活动时，就必须讲求经济效率和效益，按照安全经济学的效益及利益规律办事。要利用规律达到安全生产和效益最大化的目的，首先必须认识规律。

一、安全效益规律

安全的发展必须以人类的科学技术水平和经济能力为基础。但人类的这两种能力是有限的。因此进行各种安全活动时，就必须讲求其经济效率和效益。这就需要研究安全经济效益规律。从经济学的观点看，效益是价值的实现，或价值的外在表现，因此，在某种意义上讲，效益就是价值。安全效益是指通过安全水平的实现，对社会、国家、集体、个人所产生的效益。安全效益的实质是用尽量少的安全投资，提供尽可能多的符合全社会需要和人民要求的安全保障。安全活动在获得满足安全需要的基本前提下，所需投入的资本、劳动等越少，安全的经济效益就会越高。安全对社会和人类的作用和意义是广泛和复杂的，表现出来的安全效益也有着特殊的性质，例如，安全效益具有间接性、滞后性、长效性、多效性、潜在性、复杂性等特性。安全效益的特性在一定程度决定了安全效益的实现过程将遵循一定的规律，即安全效益规律。

1. 安全效益的分类

从安全效益的表现形式看，安全经济效益分为直接经济效益和间接经济效益。安全的直接经济效益是人的生命安全和身体健康的保障与财产损失的减少，这是安全的减轻生命与财产损失的功能；安全的间接经济效益是维护和保障系统功能（生产功能、环境功能等）得以充分发挥，这是安全效益的增值能力。安全效益从其性质上可分为经济效益和非经济效益。无益消耗和经济损失的减轻，以及对经济生产的增值作用是安全的经济效益；生命与健康、环境、商誉价值是其非经济效益的体现。安全效益从层次上可分为内部经济效益和外部经济效益，即企业自身安全生产的效益和生产的结果（产品、能量输出、三废或附属物输出等）对社会的安全作用，两者综合反映了企业安全生产的总效益。例如，某灯具生产厂家有一套正规、高效的安全管理制度，在近十年的生产过程中，没有发生一起伤亡事故，事故经济损失几乎为零，这样与同行业同规格企业相比，就间接降低了产品成本，实现了高利润，提高了产品的市场竞争力，这就是安全产生的内部经济效益；同时，又因为该厂的灯具质量过硬，安全性能高，在煤矿井下、厂房、仓库及居民家庭的使用过程中，没有发生过漏电、起火等不安全状况，这样就为用户降低了产品的使用成本，这就是安全产生的外部经济效益。

2. 安全效益的基本规律

安全效益规律并不以人的意志为转移，就像人们并不希望事故发生，而事故却接踵而至一样。只有认识规律，才能使其为我所用。安全活动的目的首先是减少事故造成的人员伤亡、财产损失以及对环境的危害。同时，随着安全科学的发展，人们不仅关心哪一方案或措施能获得最大的安全，而且关心实现哪一方案或措施最省时、投入少还能获得最佳效益以及实现系统的最佳安全性。因此，安全效益成为了人们关注的焦点。在一定的技术水平下，安全效益＝减损效益＋增值效益＋安全的社会效益（含政治效益）＋安全的心理效益（情绪、心理等）。在安全效益的四个组成成分中，仅仅关注并增大其中一项或两项并不能使安全效益最大化，四者是相互依存的，只有同时达到最大，安全效益才能最大化。但是在实际情况下，四者并不能达到理想中的最大化，其最大值是相对一定技术水平而言的。安全效益规律是在安全投入产出中体现的，预防性的“投入产出比”远远高于事故整改的“产出比”，1 分预防性投入胜过 5 分的事故应急或事后的整改投入。在工业实践中，存在一个安全效益的“金字塔法则”，即设计时考虑 1 分的安全性，相当于加工和制造时的 10 分安全性效果，进而会达到运行投产后的

1000分安全性效果。

二、安全利益规律

这是指在实施安全对策的过程中，所发生的人与人、人与社会、个人与企业、社会与企业间的安全经济利益的关系，以及不同条件下的安全经济利益规律。通过对当代社会的事故灾害的观察和研究，不难看出，尚有不少的企业或个人没有认识到安全的经济利益。无节制地追求单纯的经济利益而忽略安全利益是导致事故发生的重要原因。认识安全利益的重要性，尊重安全利益规律，是树立正确的安全经济意识、掌握正确的判断方法、实施科学安全决策的前提。

经济利益的驱动不仅是当代社会各种现象产生的重要因素，是社会发展的原动力，也是事故灾害发生的重要致因之一。拿破仑有句名言：世界上有两根杠杆可以驱使人们行动——利益和恐惧。一方面，经济利益的大小决定着人类社会的生存和发展状况，又决定着人的社会地位和社会声望。经济利益是人类自身的生存之本和发展之基，尽可能多地获取经济利益和尽可能少付出代价通常是各种经济组织和社会成员考虑的问题，是实施行动的基本出发点。正是利益驱动的存在，在安全立法、安全监察、安全制度和安全文化不健全完善的背景下，时常由于急功近利、追求成本节省的短期行为而采取在安全上的“偷工减料”，最终导致恶性事故，结果是“竹篮打水一场空”。这种现象在社会转型过渡时期屡有发生。同时也应看到，安全所蕴涵、保护和匹配的经济利益能量越大，受众群体的可支付的财富越多，其生存和发展的现状就越好，安全则越受重视。反之，安全所蕴涵、保护和匹配的经济利益能量越小，受众群体可支付的财富越少，其生存和发展的现状相对较差，安全则越不受重视。从世界的范围来看，可以发现经济实力越强的企业对本单位的安全利益越受重视，其安全管理机制也越完善。另一方面，在认识到安全也是一种利益的前提下，显然事故灾害带给人类的恐惧，对于理性追求安全的人们来说也是一种驱动。

从空间上分析，安全经济利益有如下层次关系：以国家或社会为代表的所有者利益，安全与否影响其财富和资金积累，甚至安定局势的好坏；以企业为代表的经营者利益，安全与否影响其生产资料能力的发挥，以及产品质量与经营效益的得失；以个人为代表的劳动者利益，安全与否影响本人的生命、健康、智力与心理、家庭及收入的得失。

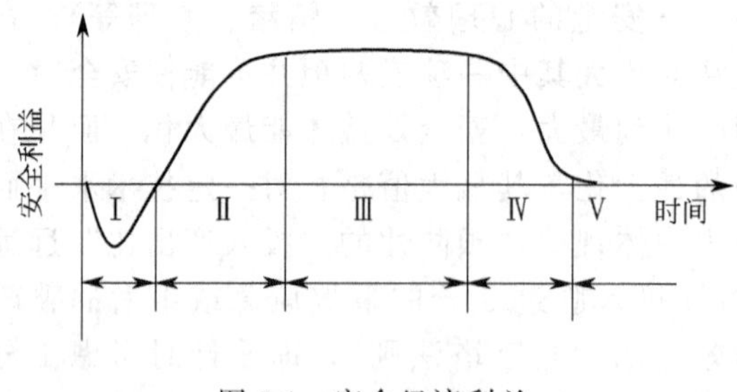

图 3-1　安全经济利益

从时间上分析，安全利益一般经历负担期Ⅰ（或称投资无利期）——微利期Ⅱ——持续强利期Ⅲ——利益萎缩期Ⅳ——无利期Ⅴ（失效期）的层次循环，如图 3-1 所示。

如何对安全的经济利益进行有

效控制和引导，缩短安全的负担期和无利期，延长安全利益的持续强利期，使之朝着安全的经济利益方向发展，这是研究安全经济利益规律的目标和动力。

第三节　安全经济学原理

安全经济学是研究安全的经济形式（利益、投资、效益）和条件，通过对人类安全活动的合理组织、控制和调整，达到人、技术、环境的最佳安全效益的科学。这一定义具有如下几点内涵：①安全经济学的研究对象是安全的经济形式和条件，即通过理论研究和分析，揭示和阐明安全利益、安全投资、安全效益的表达形式和实现条件；②安全经济学的目的是实现人、技术、环境三者的最佳安全效益；③安全经济学的目标是通过控制和调整人类的安全活动来实现的。

从安全的作用对象上看，安全的目的首先是避免或减少人员的伤亡及职业病；第二是使设备、工具、材料等免遭毁损以及保障和提高劳动生产率，维护社会经济的发展；第三是消除或减小环境危害和工业污染，使人的生存条件免遭破坏，促进人类整体利益的增大。

从经济的着眼点看，安全具有避免与减少事故无益的经济消耗和损失，以及维护生产力与保障社会经济财富增值这双重功能和作用。本节从安全的经济功能出发，探讨几种安全经济参数规律的数学描述。

一、安全的产出效益分析

我们认为，安全具有两大效益功能：

第一，安全能直接减轻或免除事故或危害事件，减少对人、社会、企业和自然造成的损害，实现保护人类财富，减少无益消耗和损失的功能。简称减损功能。

第二，安全能保障劳动条件和维护经济增值过程，实现其间接为社会增值的功能。

第一种功能称为“拾遗补缺”，可用损失函数 $L(S)$ 来表达：

$$L(S)=L\exp(l/S)+L_0,\ l>0,\ L>0,\ L_0<0 \tag{3-1}$$

其曲线见图 3-2；

第二种功能称为“本质增益”，用增值函数 $I(S)$ 来表达：

$$I(S)=I\exp(-i/S),\ I>0,\ i>0 \tag{3-2}$$

式(3-1)、式(3-2) 中：L、l、I、i、L_0 均为统计常数。从图 3-2 中的曲线可看出：

见图 3-2，安全增值函数 $I(S)$ 是一条向右上方倾斜的曲线，它随着安全性的增加而不断增加，当安全性达到100%时，曲线趋于平缓，其最大值取决于技术系统本身的功能。事故损失函数 $L(S)$ 是一条向右下方倾斜的曲线，它随着安全性的增加而不断减少，当系统无任何安全性时，系统的损失为最大值（趋于无穷大），

即当系统无任何安全性时（$S=0$），从理论上讲，损失趋于无穷大，具体值取决于机会因素；当安全性达到100%时，曲线几乎与零坐标相交，其损失达到最小值，可视为零，即当 S 趋于100%时，损失趋于零。

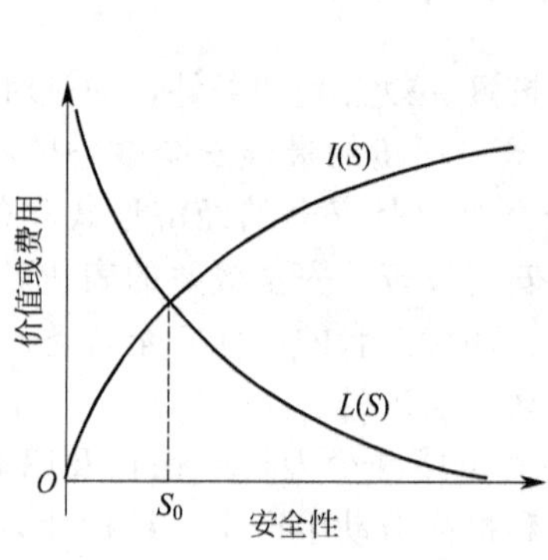

图 3-2　安全减损和增值函数

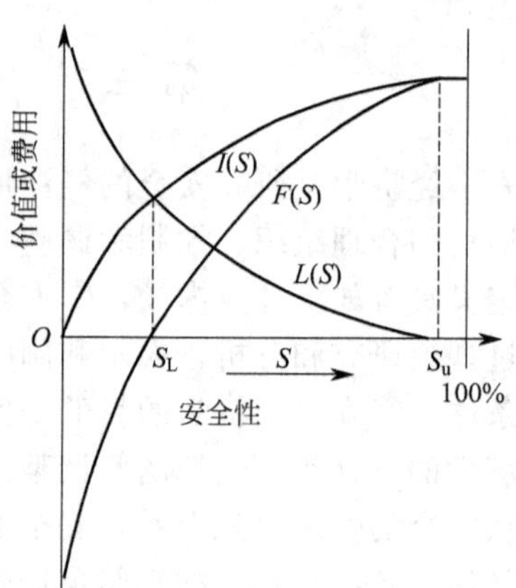

图 3-3　安全产出或功能函数

损失函数和增值函数两曲线在安全性为 S_0 时相交，此时安全增值与事故损失值相等，安全增值产出与因为事故带来的损失相抵消。当安全性小于 S_0 时事故损失大于安全增值产出，当安全性大于 S_0 时安全增值产出大于事故损失，此时系统获得正的效益，安全性越高，系统的安全效益越好。

无论是“本质增益”即安全创造正效益，还是“拾遗补缺”即安全减少“负效益”，都表明安全创造了价值。后一种可称谓为“负负得正”，或“减负为正”。

以上两种基本功能，构成了安全的综合（全部）经济功能。我们用安全功能函数 $F(S)$ 来表达（在此功能的概念等同于安全产出或安全收益）。

即将损失函数 $L(S)$ 乘以“－”号后，可将其移至第一象限表示，并与增值函数 $I(S)$ 叠加后，得安全功能函数曲线 $F(S)$，见图 3-3。安全功能函数 $F(S)$ 的数学表达是：

$$F(S)=L(S)+[-L(S)]=I(S)-L(S) \tag{3-3}$$

对 $F(S)$ 函数的分析，可得如下结论。

① 当安全性趋于零，即技术系统毫无安全保障，系统不但毫无利益可言，还将出现趋于无穷大的负利益（损失）。

② 当安全性到达 S_L 点，由于正负功能低消系统功能为零，因而 S_L 是安全性的基本下限。当 S 大于 S_L 后，系统出现正功能，并随 S 增大，功能递增。

③ 当安全性 S 达到某一接近100%的值后，如 S_u 点，功能增加速率逐渐降低，并最终局限于技术系统本身的功能水平。由此说明，安全不能改变系统本身创值水平，但保障和维护了系统创值功能，从而体现了安全自身价值。

二、安全成本分析

安全的功能函数反映了安全系统输出状况。显然，提高或改变安全性，需要投入（输入），即付出代价或成本。并安全性要求越大，需要成本越高。从理论上讲，要达到100%的安全（绝对安全），所需投入趋于无穷大。由此可推出安全的成本函数$C(S)$：

$$C(S)=C\exp[c/(1-S)]+C_0,\ C>0,\ c>0,\ C_0<0 \tag{3-4}$$

安全成本曲线见图3-4。从中可看出以下几点。

① 实现系统的初步安全（较小的安全度），所需成本的是较小的。随S的提高，成本随之增大，并递增率越来越大；当$S\to100\%$，成本$\to\infty$。

② 当S达到接近100%的某一点S_u时，会使安全的功能与所耗成本相抵消，使系统毫无效益。这是社会所不期望的。

三、安全效益分析

$F(S)$函数与$C(S)$函数之差就得到了安全效益，用安全效益函数$E(S)$来表达

$$E(S)=F(S)-C(S) \tag{3-5}$$

$E(S)$曲线可见图3-4。可看出：在S_0点$E(S)$取得最大值。

S_L和S_u是安全经济盈亏点，它们决定了S的理论上下限。从图3-4可看出：在S_0点附近，能取得最佳安全效益。由于S从$S_0-\Delta S$增至S_0时，成本增值C_1大大小于功能增值F_1，因而当$S<S_0$时，提高S是值得的；当S从S_0增至$S_0+\Delta S$，成本C_2却数倍于功能增值F_2，因而$S>S_0$后，增加S就显得不合算了。

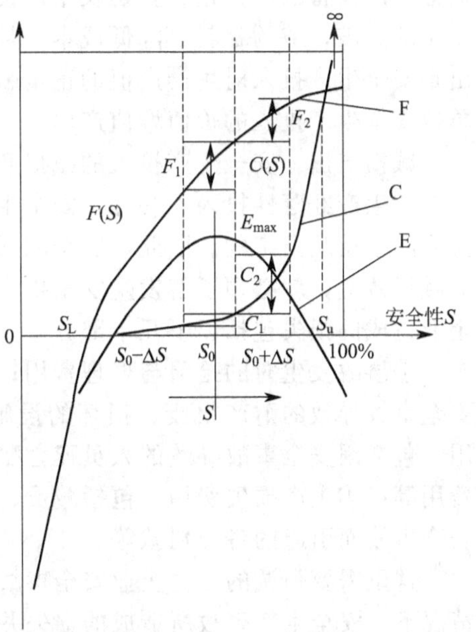

图3-4 安全成本函数及效益函数

F—安全产出；C—安全投资（成本）；E—安全效益

以上对几个安全经济特征参数规律进行了分析，意义不在于定量的精确与否，而在于表述了安全经济活动的某些规律，有助于正确认识安全经济问题，指导安全经济决策。

四、企业安全生产投入的产出与效益分析

1. 企业安全生产投入的产出

安全生产投入的产出（以下简称安全产出）就是通过安全生产投入，有效防止生产事故的发生并带来价值增值，从而对社会、企业和个人所产生的正效果。相对

于安全生产投入，安全产出具有滞后性。安全生产投入所产生的安全产出，不是在安全生产投入实施之时就能立刻体现出来，而是在其后的一段时间之内发挥作用。只有具备超前预防的意识，注重防患于未然，才能有效防范安全风险，获得安全保障。事实上，寄希望于临时抱佛脚式的安全生产投入，或者在事故隐患日趋严重时才迫不得已地进行安全生产投入，往往都会为时已晚，于事无补。

安全产出可以分为两种类型：一种产出是促进简单再生产和扩大再生产，即安全生产投入的价值增值产出；另一种产出是维护生产过程中的生产工具的安全，防止发生财产损失，保障生产的正常运转，体现在人的生命以及财产损失的减少，这是安全生产投入的减损产出。

价值增值产出效应：充分的安全生产投入，一是能保障员工的生命安全，提供安全、舒适的工作环境，使其健康和身心得以维护，从而使员工更加热爱工作，通过员工劳动积极性和劳动生产率的提高，促进企业生产效率和效益的增长；二是能保证生产设备的正常运转，延长生产设备的使用寿命，提高设备的残值，实现产品质量的突破，节约材料，降低成本，带来产出的增加。安全生产投入的价值增值产出是安全生产投入对生产产值的正贡献，一般可以通过对历史数据的回归分析得出单位安全生产投入的价值增值产出。

减损产出：安全生产投入的减损产出表现为人的生命以及财产损失的减少。与一般的生产经营性投入不一样，安全生产投入所产生的减损效益是通过减少事故损失所间接反映出来的。因此，安全减损产出是间接的。可见，要了解安全生产投入的减损效应，就必须了解发生安全生产事故所带来的损失。一般而言，安全事故给企业造成的损失包括以下几个部分。

①事故发生时的抢险与处理费用；②因事故造成的财产损失费用，主要包括因安全事故导致的财产报废、损坏的设施设备的维修费用等；③人员伤亡和赔偿费用，包括因安全事故导致的人员死亡赔偿、丧葬费用、抚恤费用、伤员的医疗护理费用等；④生产损失费用，包括减员、减产、停产等带来的一系列损失；⑤因产生安全事故而引起的各类罚款等。

这里需要强调的是，企业安全事故造成的企业损失并不等同于社会损失。通常情况下，安全生产事故所造成的损失并不完全是由企业独自承担，其中一部分损失是由社会所承担。比如，在企业参与了商业保险时，企业安全事故的一部分损失将由保险公司负担；同时，安全事故经常造成人员伤亡事故，而人的生命价值是无限的，在很多情况下，企业所给予伤亡人员的补偿都是远远低于伤亡者应得的价值；此外，有些安全生产事故会造成环境污染，而对企业环境污染的罚款通常也远远小于企业对环境造成的实际破坏。由于存在以上因素，企业安全事故带来的企业损失要小于社会损失，而且两者之间的差距往往会很大。换句话说，在企业安全生产事故所造成的损失中，很大一部分会以负外部性的形式转嫁给社会。一般而言，企业缴纳的保险费率越高，对人员伤亡的补偿程度就越高，受到的环境污染罚款也越高，安全事故给企业造成的损失则越接近于社会损失。

一般将安全的“减损产出”等同于因安全生产投入而带来的损失减少量之和，因此，可列出下式。

企业的安全减损产出＝∑企业损失减少增量＝安全生产投入前的企业损失－安全生产投入后的企业损失；

相应地，社会的安全减损产出＝∑社会损失减少增量＝安全生产投入前的社会损失－安全生产投入后的社会损失。

需要注意的是，在计算安全事故损失时，虽然很多损失项目是可以用货币来计量的，但有些损失如人的生命与健康是很难用货币来准确衡量。因此，安全生产投入的产出包括以货币计量的经济产出和难以用货币准确计量的非经济产出。考查安全生产投入的产出，既要考查经济产出，又要考查非经济产出，这就要将非经济产出估算为用货币计量的产出。

根据安全生产投入的价值增值产出，以及企业和社会的减损产出，就可以分别得出企业安全产出和社会安全产出，即：

企业安全产出＝企业价值增值产出＋企业减损产出＝企业价值增值产出＋∑企业损失减少增量；

社会安全产出＝企业价值增值产出＋社会减损产出＝企业价值增值产出＋∑社会损失减少增量。

2. 安全生产投入与安全产出的关系

通常，安全产出也符合边际产出递减规律，见图 3-5。企业在实施安全生产投入时，首先必须一次性投入大量的安全设施和设备，以及一些价值较高的应急救援设备，这些设施和设备作为固定资产，在使用年限之内无需再进行大规模的投入，只需要进行维修和保养即可。在这些固定资产投入之后，随着可变的安全生产投入逐步增加，安全生产投入的产出也从 A 点开始逐步增加。在 B 点之前，可变的安全生产投入相对较少，固定的安全生产投入相对过剩，增加的可变安全生产投入有助于充分利用固定的安全生产投入，导致边际安全产出递增。到 B 点时，可变安全生产投入的边际产出达到最大，然后开始逐步下降，到 C 点时边际产出为 0，这时企业安全产出达到最大值。相应地，社会安全产出也存在边际产出递减规律，但是由于安全损失负外部性的存在，社会安全产出的边际产出是大于企业安全产出的边际产出，社会安全产出的最大点在 D 点，对应的安全生产投入高于企业安全产出的边际产出最大点 B 点，社会安全产出在 E 点达到最大，此时对应的安全生产投入也高于企业安全产出。社会安全产出和企业安全产出的关系取决于负外部性内部化的程度，安

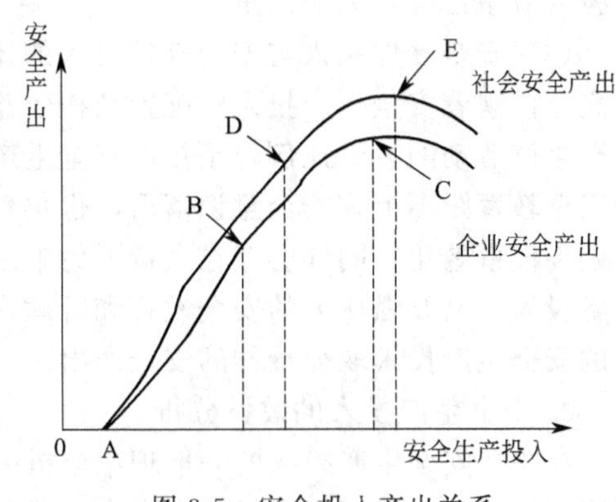

图 3-5　安全投入产出关系

第三章 安全经济学基本理论

全生产事故所造成的外部性由企业承担的部分越大，那么企业安全产出曲线就会向右上方移动；反之，会向左下方移动。

目前，有大量的理论计算和实践统计揭示了安全生产投入与安全产出之间存在着相应的正相关数量关系。很多实证分析证明，对某一个事故而言，该事故所产生的损失只需要通过事前1/5的安全生产投入就可以预防。也就是说，最佳的安全生产投入能实现相当于该笔安全生产投入5倍的减损产出。这意味着安全生产投入的产出效率是十分可观的。

需要注意的是，安全生产投入不仅要关注投入在数量水平上是否充足，更重要的是要考虑投入方式和配置结构的合理性、科学性。相同的投入水平，但由于投入方式和配置结构的差异，所起到的效果也会是截然不同的。

(1) 生产经营不同阶段的安全生产投入的产出效率是不同的。很多实证分析表明，为确保产品的安全性，设计阶段所花费的安全生产投入成本是建造阶段的1/10，是使用阶段的1/1000。就是说，在设计阶段的安全生产投入的产出是最大的。这充分说明了通过事前的安全生产投入预防安全事故的重要性。

(2) 用于本质安全化的安全生产投入与辅助性的安全防护投入比例关系影响着安全生产投入的效率。本质安全化的投入主要是企业的安全设施设备投入，这些投入是从系统的本质着手所进行的投入；辅助性的安全防护投入主要是指个体防护、辅助设施等作为外延性、辅助性的安全生产投入，只有有了比较完备的安全设施设备，辅助性安全生产投入才能发挥作用。一般而言，应该先进行本质安全化的安全生产投入，然后再进行防护性投入。相对于防护性投入，用于本质安全化的安全生产投入应该占有较大的比重。

(3) 安全硬件投入与安全软件投入的比例关系也影响着安全生产投入的效率。这充分体现着安全生产投入的配置结构效益。实践证明，合理分配硬、软件这两类安全生产活动的投资比例，是提高安全生产效益的重要方面。硬件投入较多，而人的安全教育跟不上，安全意识落后，也仍然会引起事故隐患；人的安全意识很高，但硬件设备老化，同样会存在大量人力难以防范的隐患。因此，既要重视安全硬件设备投入，又要强化人的安全教育和管理，提高人的安全素质和意识，才能使得有限的安全生产投入取得最佳的安全产出。

3. 安全生产投入的效益分析

在关于安全生产投入的一般理论分析中，经常将安全生产投入的效益（以下简称安全效益）表示为一定量的安全产出需要通过多少的安全生产投入才能实现，或者一定的安全生产投入能够带来多少的安全产出，它是安全生产投入和安全产出之间的比较关系。根据这种方法定义的安全效益，可以采取以下两种方法进行计算：

一是用“比值法”公式：企业安全效益=(企业安全增值产出+企业安全减损产出)/安全生产投入量。

二是用“差值法”公式：企业安全效益=(企业安全增值产出+企业安全减损产出)-安全生产投入量。

但是，上述方法定义的安全效益仅仅是安全生产投入在会计意义上的效益。事实上，企业在进行安全生产投入时，不仅考虑安全生产投入本身所带来的效益，而且还要均衡考虑生产经营活动所带来的经济收益。因此，理性的企业在考虑安全生产投入时还要考虑安全生产投入的机会成本，即同样的安全生产投入用于生产经营活动所带来的收益。因此，为了更好地反映企业的安全生产投入的决策活动，将安全生产投入的效益分为两种：一种是安全生产投入的会计收益，即上面所表述的安全效益概念；另一种是安全生产投入的经济效益，即考虑了机会成本以后的安全生产投入的效益。通常，我们同样可以采用"比值法"和"差值法"来计算安全生产投入的经济效益：

"比值法"公式：企业安全生产投入的经济效益＝（企业安全增值产出＋企业安全减损产出－企业安全生产投入的机会成本）/安全生产投入量。

"差值法"公式：企业安全生产投入的经济效益＝（企业安全增值产出＋企业安全减损产出－企业安全生产投入的机会成本）－安全生产投入量。

只有当安全生产投入的经济效益大于零的情况下，理性的企业才会增加安全生产投入；而在安全生产投入的经济效益小于零的情况下，即使这时候安全生产投入的会计收益大于零，企业仍然会将资金转向生产经营活动或其他活动。当边际安全产出等于边际生产活动的产出时，企业安全生产投入达到最大值。与企业安全经济效益对应的是社会安全经济效益，即企业进行的安全生产投入给社会带来的效益。相应地，企业安全生产投入的社会经济效益（以下简称社会经济效益）的计算公式分别是：

"比值法"公式：社会经济效益＝(企业安全增值产出＋社会安全减损产出－企业安全生产投入的机会成本)/安全生产投入量。

"差值法"公式：社会经济效益＝(企业安全增值产出＋社会安全减损产出－企业安全生产投入的机会成本)－安全生产投入量。

由于最优的安全投入量是根据社会边际安全产出等于边际生产活动产出的原则所得出的，而社会的安全边际产出大于企业的安全边际产出。因此，得出的社会最优安全生产投入大于企业最优的安全生产投入量。这说明，在存在外部性的情况下，企业的安全生产投入量往往是不足的，不能达到社会最优水平。

五、企业安全生产投入的影响因素分析

上述分析表明，安全效益是安全产出和安全生产投入两者相互联系和相互制约的产物。理性的经济主体在进行安全生产投入时，一般都是在仔细权衡安全生产投入所能产生的安全经济效益后再决定是否进行安全生产投入、如何进行安全生产投入以及进行多大数量的安全生产投入的。因此，以全面认识安全效益、安全产出和安全生产投入之间的关系为基础，可以进一步分析影响企业安全生产投入的因素。

1. 规模经济与安全生产投入

从上面关于安全生产投入与安全经济效益的分析中可知，一个企业在进行安全

生产投入时，必须要先购买大量的安全设备和设施，只有这些安全设备和设施经过安装并投入运行后，增加的安全生产投入才能发挥作用并形成安全产出。因此，在进行安全生产投入的初始时期，由于安全产出为0，安全生产投入则需要事先进行，此时的安全经济效益是负的。在安全设备和设施投入运行后，随着新增可变投入的增加，安全产出也逐步增加，并且表现出明显的规模经济。由此可见，安全产出是以投入大量的固定资本为前提的，这些固定资本需要一次性投入。没有这些安全设施和设备，即使在其他安全生产投入项目上进行了大量的投资，也难以取得足够的安全效益。对于很多小企业来说，购买这些安全设备和设施，或者占其资本的比重过高，或者相对于能够取得的安全产出，其成本过高。由于安全生产投入的规模经济效应，中小企业在安全生产投入上面的单位经济效益也远低于大企业。因而，中小企业进行安全生产投入的积极性和能力都要低于大企业。

2. 不确定性与安全生产投入

在作为固定资产的安全设施设备投入运行后，企业安全产出是逐步递增的，并最终达到最大值。但是，企业的减损产出不仅取决于投入状况，还取决于企业原有安全生产投入状况、行业个体差异、自然条件和环境等因素。如果企业安全生产的自然条件很差，那么企业安全生产投入的效果就存在很大的不确定性，企业必须要有很大的安全生产投入，才能获得较少的安全产出。这时候生产安全的可控性就比较差，很可能进行了相当程度的安全生产投入，最终还是发生了安全事故。换言之，安全生产的不确定性降低了安全生产投入的经济效益，相同的安全生产投入水平在不同的不确定性条件下经济效益有所差异，不确定性越大，安全生产投入经济效益就越低。因此，在企业安全生产条件存在很大不确定性的情况下，根据边际安全产出等于边际生产活动的产出原则，规避风险的理性经营者就可能转而将资金投入到可控性相对较高的生产经营活动中，从而减少安全生产投入，甚至在安全生产投入的产出完全不可控时根本就不进行安全生产投入。

3. 安全生产事故外部性内部化的程度与安全生产投入

严重的安全生产事故不仅会导致企业生产设施和财产损失，而且会导致人员的伤亡，甚至环境的破坏。物质损失是可以用货币计量的，而人的生命安全和环境则是无价的。如果企业对人员伤亡和环境破坏所做的赔偿远远低于人的生命安全和环境的真正价值，这时企业安全生产事故就会产生严重的负外部性，即相当一部分本该由企业承担的安全生产成本却由社会来承担了。因此，企业安全生产事故外部性能否内部化，以及内部化程度如何，会影响企业安全生产投入的数量。这就意味着，调节企业的人员伤亡赔偿和环境污染罚款的数额，可以影响企业的安全损失程度，进而影响企业的安全减损产出和经济效益。如果降低企业对人员伤亡和环境破坏的赔偿和罚款金额，将会导致企业安全损失减少，从而使得安全生产投入的减损产出减少，安全效益降低，这就会动摇经营者进行安全生产投入的积极性；相反，大幅提高企业对人员伤亡和环境破坏的赔偿和罚款金额，将会导致企业安全生产投入的减损产出增加，安全经济效益大幅提高，从而提高经营者增加安全生产投入的积极性。

4. 经营者的任期与安全生产投入

在企业日常经营活动中，安全生产投入对生产经营起着保障作用，但同时两者之间也存在矛盾。在企业可得资金一定的情况下，投到安全生产方面的资金多一些，那么投到生产经营方面的资金就会少一些；企业用于安全生产的费用多一些，成本就会高一些，直接生产效率就可能会受到影响。而且，安全生产投入的产出效应具有滞后性和潜在性，需要在投入实施一定的时期以后才能够发挥作用。这时候，如果企业经营者的任期较长，他就可以在整个任期内综合考虑安全生产投入和生产经营的效益，合理安排安全生产投入水平，均衡分摊安全生产成本，以保证其任期内各种投入能够实现最大的综合效益。如果企业经营者的任期较短，或者任期具有很大的不确定性，这时理性的经营者从任期内投入效益最大化的角度来思考，就会尽量减少产出具有滞后性的安全生产投入，增加生产经营方面的投入，从而导致安全生产投入水平不能达到应有的程度，给长期的安全生产带来隐患。

第四节　安全经济利益博弈

一、安全经济博弈基础分析

随着我国经济的快速发展，我国安全生产形势依然严峻。《安全生产法》规定“安全第一”是我国一切生产经营单位必须遵循的指导思想，而且法律明文规定“在经济效益和安全生产发生冲突的时候，要以安全生产为重”，但是企业追求经济效益与人民的安全需求之间往往发生矛盾冲突。本节通过详细分析政府与企业间的博弈、企业与员工间的博弈及政府、企业、员工的三方博弈，揭示安全管理体制中的不足，从安全经济学的角度提出相应的对策，提高安全监管效能，为我国形成安全管理的长效机制提供科学依据。

博弈论又称对策论，是研究个人，团队或组织面对特定的环境条件，在一定的规则制约下，依靠所拥有的信息，同时或先后，一次或多次，从各自允许选择的策略进行选择并加以行动，并从中各自取得相应结果或支付的过程的理论。博弈论研究的主要目的是研究博弈方的行为特征，即各决策主体的行为发生直接的相互作用时的决策特征；以及何种情况下采取哪种策略，会达到什么样的结果即决策主体决策后的均衡问题。

一个完整的博弈应当包括以下几个要素。

(1) 博弈方或局中人。是指博弈中能独立决策，选择最大化效用并承担结果的参加者。博弈方可以是个人、团队、组织，乃至国家，按参加者的数量的多少，博弈可以分为单人博弈和多人博弈。多人博弈又可以分为合作博弈与非合作博弈，其中非合作博弈在经济学领域中应用更为广泛，是目前博弈论的研究重点，而合作博弈在政治、社会等公共领域中表现的较为突出。

（2）策略。又称战略，是指局中人在博弈中相应的可供选择的办法，它支配参加者在什么时候选择什么行动，每一种策略都对应一个相应的结果。按策略集合划分，博弈可以分为有限策略博弈和无限策略博弈。策略数量越多，博弈就越复杂，因此无限策略博弈比有限策略博弈复杂得多。

（3）支付函数。又称得益或收益，是参加者选择策略并加以实施后的结果，是参与人从博弈中获得的效用水平高低的体现。按各方面得益情况划分，博弈可以分为零和博弈、常和博弈和变和博弈。

（4）博弈次序。即参加者策略选择并行动的先后次序。依据是否考虑决策的次序问题，博弈可以分为静态博弈和动态博弈。静态博弈指参加者可以同时决策并行动的博弈，并不考虑决策的次序问题。动态博弈指参加者先后、依次决策并且能够观察到先动者所选择的策略和行动。

（5）信息。即博弈方的信息结构，尤其对有关对手的策略和博弈方得益的了解程度。从参加者的信息结构划分，博弈可以分为完全信息博弈和不完全信息博弈。完全信息博弈是指参加者对其他局中人的策略空间、行动特征及支付函数有完全的了解，否则就是不完全信息博弈。

二、政府与企业间的博弈分析

1. 模型构成

在模型中假设有一个实施监管职责的政府机构和一个经济效益良好的企业，政府机构实施监管权力，对企业进行安全监督检查，该模型将政府和企业的关系抽象成监管与被监管关系，由于此模型是政府直接进行监管，因此没有委托代理关系。综上所述，模型中的参与人有两个：一个是实施监管的政府机构；另一个是在生产中可能发生事故的企业。政府可选择的行动假设为 $A=\{A_1, A_2\}=$｛监管，不监管｝；企业可选择的行动假设为 $B=\{B_1, B_2\}=$｛安全生产，不安全生产｝。假设两个参与人对双方所采取的行动都能够准确了解，即模型中关于参与人的信息是完全信息。如图 3-6 显示出了政府与企业的博弈关系。

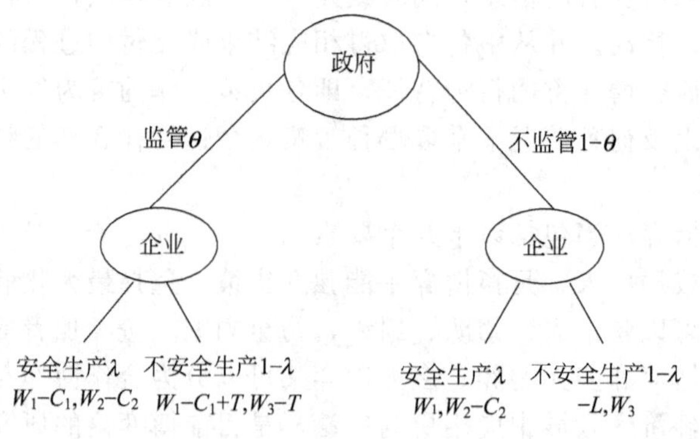

图 3-6　政府与企业博弈模型

政府对企业将检查的成本为C_1，政府从企业安全生产中获益为W_1，因此政府监管机构执行监管的收益为W_1-C_1，而当政府机构不实施监管，生产企业能自觉进行安全生产，则收益直接就是W_1，但如果生产企业发生事故，对政府的形象损害为L。假定企业没有进行安全生产，必然最终导致发生事故。企业为保障安全生产的安全投资为C_2，企业的生产规模越大，安全投资的成本越大；当没有发生事故，企业因安全投资而获得的收益为W_2；当企业没有进行安全投资，侥幸没有事故但存在事故隐患时，所获收益为W_3，显然$W_3>W_2$（即没有安全成本所获收益自然比较多），若被政府检查出时，对企业的罚款为T。在上述假定下，可以构建如表3-1所示的得益矩阵。

表 3-1　政府与企业监管得益矩阵

企业 政府	B_1安全生产(λ)	B_2不安全生产($1-\lambda$)
A_1监管(θ)	W_1-C_1, W_2-C_2	W_1-C_1+T, W_3-T
A_2不监管($1-\theta$)	W_1, W_2-C_2	$-L, W_3$

如得益矩阵所示，假设$C_1<W_1+L+T$，表示政府对企业进行安全监管所付出的检查成本小于政府从企业安全生产中所获的收益（如税收等）、罚款及发生安全事故时政府所受损失之和。否则，政府将因成本过高而放松监管甚至放弃检查，企业在经济利益的驱使下也不会进行更多的安全投入保证安全生产。假设$C_1>W_1+L+T$，这种可能性不会很大，因为即使W_1，L很小，政府可以加大处罚力度T，弥补成本过高的损失。因此，这是一个完全信息静态非合作博弈模型。

2. 模型分析

在实际工作中，政府认为企业均不会自觉地进行安全投资，只要有机会，就会倾向于减少安全投入，进行违规生产造成了重大的事故隐患，双方构成一个严格竞争博弈，博弈双方只有竞争而没有合作可能。其原因是若政府机构的策略是“监管”，则企业的策略是“安全生产”；若企业的策略是“安全生产”，政府的策略是“不监管”；若政府的策略是“不监管”，则企业的策略是“不安全生产”；若企业的策略是“不安全生产”，则政府的策略又是“监管”；进而循环往复。根据这个假设的循环，此博弈模型存在典型的混合策略纳什均衡。

代数求解：在表3-1中，用θ表示政府对企业的安全监管概率，则$1-\theta$为政府不监管的概率；用λ表示企业安全生产的概率，则$1-\lambda$为企业不安全生产的概率，求解这个博弈的混合策略纳什均衡。

对政府而言，监管与不监管的期望效用都一样，即：

$$\lambda\times(W_1-C_1)+(1-\lambda)\times(W_1-C_1+T)=\lambda\times W_1+(1-\lambda)\times(-L)\quad(3\text{-}6)$$

得：

$$\lambda=1-\frac{C_1}{W_1+T+L}$$

对企业而言，安全生产与不安全生产的期望效用都一样，即：

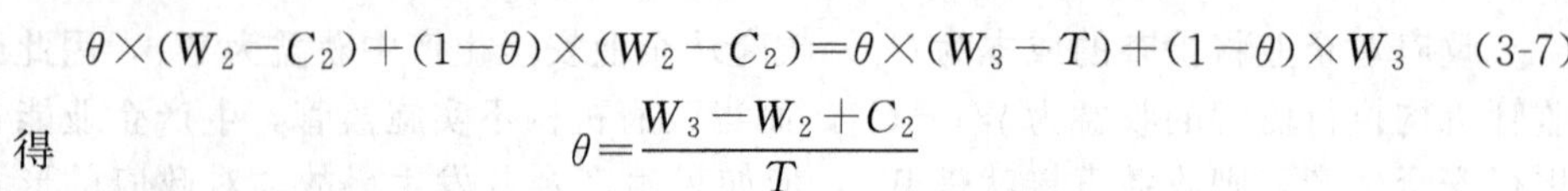

$$\theta\times(W_2-C_2)+(1-\theta)\times(W_2-C_2)=\theta\times(W_3-T)+(1-\theta)\times W_3 \quad (3\text{-}7)$$

得
$$\theta=\frac{W_3-W_2+C_2}{T}$$

混合策略纳什均衡就为：

$$\lambda=1-\frac{C_1}{W_1+T+L} \qquad \theta=\frac{W_3-W_2+C_2}{T} \quad (3\text{-}8)$$

几何求解：图 3-7 为政府的混合策略，其纵轴为企业选择“不安全生产”策略的期望得益。设企业不安全生产的期望得益为 V，则：

$$V=\theta\times(W_3-T)+(1-\theta)\times W_3=W_3-\theta T \quad (3\text{-}9)$$

由图 3-7 看出，从 D 到 E 的连线的纵坐标就是在横坐标对应的政府“监管”概率下，企业选择“不安全生产”的期望得益。从图中可知 θ_1 即为政府“监管”概率的最佳水平，而选择“不监管”的概率为 $1-\theta_1$。其几何意义是 DE 连线上任一点的纵坐标表示：政府“监管”的概率为 θ 时（用横坐标表示）企业选择“不安全生产”策略的期望得益为 $W_3-\theta T$。

假如政府的“监管”概率大于 θ_1，则企业“不安全生产”的期望得益小于 0，企业的策略是选择“安全生产”；如果政府“不监管”的概率小于 θ_1，企业的策略是“不安全生产”，因为此时的期望得益大于 E。从图 3-7 中看出，由 E 点移到 F 点，表明对企业不安全生产处罚加重，从而政府会减少监管的概率。但长期看来，政府监管的减少会使企业倾向于“不安全生产”，最终向“监管”的概率回到 θ_1。

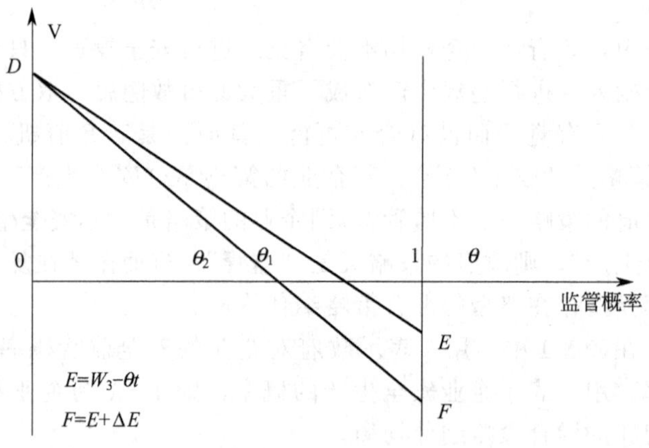

图 3-7　政府混合策略几何图

图 3-8 为企业的混合策略，其横轴表示企业选择“安全生产”的概率 λ，线上的每一点表示企业选择“安全生产”策略时，设政府“监管的期望得益 U”，则

$$U=\lambda\times(W_1-C_1)+(1-\lambda)\times(W_1-C_1+T)=W_1-C_1-(1-\lambda)T \quad (3\text{-}10)$$

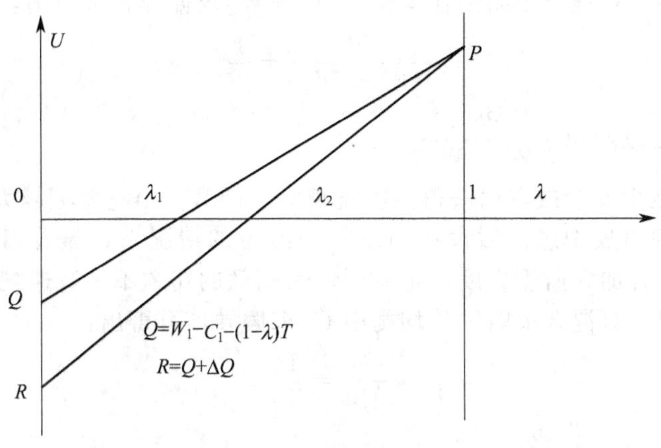

图 3-8　企业混合策略几何图

由图 3-8 看出，从 P 到 Q 连线的纵坐标就是在横坐标对应的企业安全生产概率下，政府选择“监管”的期望得益。从图中可知 λ_1 即为企业安全生产概率的最佳水平，而选择“不安全生产”的概率为 $1-\lambda_1$。其几何意义是 PQ 线上任一点的纵坐标表示：企业安全生产概率为 λ 时（用横坐标表示）政府选择监管的期望得益为 $W_1-C_1-(1-\lambda)T$。

假如企业安全生产概率小于 λ_1，则政府“监管”的期望得益小于 0，从而政府会选择“不监管”，从而企业会选择减少安全投资，安全生产水平下降；如果企业安全生产概率大于 λ_1，则政府此时的期望得益大于 Q。从图 3-8 中可以看出，由 Q 点移到 R 点，表明企业在监管放松条件下，由于经济效益的原因，自觉性会变差，最终安全生产概率还会回到 λ_1。

（1）命题 1　对混合策略纳什均衡中 λ 表达式的 W_1、L 分别求偏导，可得出：

$$\frac{\partial\lambda}{\partial W_1}=\frac{C_1}{(W_1+L+T)^2}\qquad\frac{\partial\lambda}{\partial L_1}=\frac{C_1}{(W_1+L+T)^2}\tag{3-11}$$

从结果中可以看出 $\frac{\partial\lambda}{\partial W_1}>0$，$\frac{\partial\lambda}{\partial L_1}>0$

当 W_1、L 增大时，λ 也增大，即企业进行选择安全生产的概率提高。企业的经济效益很大，也是地方政府税收的主要部分，同时发生安全事故后的影响也很大，地方政府对企业的监管必定很严格，降低发生安全事故的概率。

（2）命题 2　对混合策略纳什均衡表达式分别对 T 求偏导，可得出：

$$\frac{\partial\lambda}{\partial T_1}=\frac{C_1}{(W_1+L+T)^2}\qquad\frac{\partial\theta}{\partial T}=\frac{W_3-W_2+C_2}{T^2}\tag{3-12}$$

从结果中可以看出 $\frac{\partial\lambda}{\partial T}>0$，$\frac{\partial\theta}{\partial T}<0$

当 T 增大时，θ 减小，即加大处罚力度就可以降低政府监管的必要性，企业也会增加安全投资的力度。

(3) 命题 3　对混合策略纳什均衡中 W_3-W_2 求偏导，可得出：

$$\frac{\partial\theta}{\partial(W_3-W_2)}=\frac{1}{T} \tag{3-13}$$

从结果中可以看出 $\frac{\partial\theta}{\partial(W_3-W_2)}>0$

当企业因减少安全成本而获得的收益越大，即 W_3-W_2 差额越大，越应该加大监管力度，消除事故隐患。假设在罚款数额给定的情况下，随着 W_3-W_2 差额增大，θ 增大，只有加大监管力度，企业因惧怕高额的罚款不进行违规生产。

(4) 命题 4　对混合策略纳什均衡中 C_2 求偏导，可得出：

$$\frac{\partial\theta}{\partial C_2}=\frac{1}{T} \tag{3-14}$$

从结果中可以看出 $\frac{\partial\theta}{\partial C_2}>0$

在罚款数额 T 给定的情况下，C_2 增大，θ 增大，当企业的安全投资规模和数量越大，越应该加强安全监管的力度。因为安全投资的规模和数量越大，该企业的生产规模就越大，倘若发生安全事故，其影响力也很大。

3. 结论与建议

(1) 政府监督到位，各方面政策法规执行规范且企业在安全投资到位的情况下，安全投资不但产生经济效益还会产生很好的社会效益，员工在安全环境很好的情况下安心生产，企业经济效益提高，上缴税收增加，政府在税收增加的情况下能在改善民生方面做出更加喜人的成绩，有利于大安全环境的形成。

(2) 政府监管到位，而企业生产安全不到位的情况下，应付检查甚至对政府安监机构人员实施贿赂等不法行为，虽然一时的不到相应的查处，但是却给自己留下了事故隐患。安全情况欠佳的情况下，发生安全事故只是时间问题，发生事故后造成了严重的损失。但是若政府监管方面无漏洞可钻，企业不得不投入一些，虽然不到位却在一定方面降低了事故发生的概率。

(3) 政府监管及各项政策法规执行不到位的情况下，不排除有安全意识的企业的生产安全到位情况，并且这部分安全投资一定会为企业创造经济效益，但是不利于大安全环境的形成。政府监管不到位会引起同行业的恶性竞争，生产安全不到位的企业在生产成本上会形成不对称的优势，长此以往打击了良性企业的信心，最终同流合污，给人民和国家造成无法挽回的损失。

(4) 若政府监管不到位，企业也没有对安全工作进行必要的投资，其后果会相当严重，特大安全事故的发生概率会大大增加，安全环境根本无法形成，“安全第一，预防为主”更无从谈起，最终员工会成为受害者，其造成的损失和恶劣的影响无法想象。

三、企业与员工之间的博弈分析

前文中针对政府与企业之间的博弈过程进行了分析，在实际生产过程中还有一个重要的参与者，即企业的一线生产员工，下文就针对企业和员工进行博弈分析。

1. 模型构成

本模型有以下几项构成。

(1) 局中人：企业与员工。

(2) 局中人选择策略：企业的可选策略为（监督、不监督）；员工的可选策略为（遵守安全规章操作、违反安全规章操作）。策略中监督的概率为 p，不监督的概率为 $1-p$；遵章操作的概率为 q，违章操作的概率为 $1-q$。

(3) 模型因素的构成：企业安全监督的成本为 C_1，员工遵章作业的成本为 C_2，企业因安全生产所获得的收益为 W_1，员工遵章操作的收益为 W_2，员工的违章操作的收益为 W_3，假设企业在不监督的情况下若员工遵章操作不发生事故、若员工违章操作会发生事故企业损失为 L，企业成功查出违章操作的概率为 λ，对违章操作的员工查处罚款为 B。模型得益矩阵可见表 3-2。

表 3-2　企业与员工得益矩阵

员工 \ 企业	监督(p)	不监督($1-p$)
遵章操作(q)	W_2-C_2, W_1-C_1	W_2-C_2, W_1
违章操作($1-q$)	$W_3-\lambda B, W_1-C_1+\lambda B$	$W_3, -L$

与政府与企业的博弈模型类似，企业安全管理者认为一线生产员工尚缺安全自觉性，即只要监督力度不大，有漏洞可钻就会违章操作，因此双方在模型中不存在合作，是一个严格竞争博弈。若企业选择策略为“监督”，员工选择策略为“违章操作”；若企业选择策略为：“不监督”，员工选择策略为“违章操作”；若员工选择策略为“遵章操作”，企业就会选择“不监督”；若员工选择策略为“违章操作”，企业又会选择“监督”，如此形成一个循环，分析此博弈模型就是寻找员工的混合纳什均衡策略。

混合策略的条件如下：

$$\begin{cases} W_2-C_2>W_3-\lambda B \\ W_3>W_2-C_2 \\ W_1-C_1+\lambda B>-L \end{cases} \quad \text{解不等式可得} \begin{cases} \lambda>\dfrac{W_3+C_2-W_2}{B} \\ W_3+C_2-W_2>0 \\ L>C_1-W_1-\lambda B \end{cases} \tag{3-15}$$

对于员工来说，遵章操作与违章操作的期望效用是一样的，得式(3-16)：

$$P(W_2-C_2)+(1-P)(W_2-C_2)=P(W_3-\lambda B)+(1-P)W_3 \tag{3-16}$$

对于企业来说，监督与不监督的期望效用是一样的，得式(3-17)：

$$q(W_1-C_1)+(1-q)(W_1-C_1+\lambda B)=qW_1+(1-q)(-L) \tag{3-17}$$

由此两式可计算出，即混合策略的纳什均衡：

$$\begin{cases} p=\dfrac{W_3+C_2-W_2}{\lambda B} \\ q=\dfrac{W_1-C_1+\lambda B+L}{W_1+L+\lambda B} \end{cases} \tag{3-18}$$

几何求解留给读者自行思考（可参照政府与企业博弈模型几何求解）

2. 模型分析

通过计算所得的纳什均衡，可验证如下两个命题。

（1）企业的收益越大或者因事故企业所受的损失越大，员工遵章操作的概率越大对 $q=\dfrac{W_1-C_1+\lambda B+L}{W_1+L+\lambda B}$ 中的 W_1，L 分别求编导可得：

$$\frac{\partial q}{\partial W_1}=\frac{C_1}{(W_1+L+\lambda B)^2},\ \frac{\partial q}{\partial L}=\frac{C_1}{(W_1+L+\lambda B)^2} \tag{3-19}$$

从计算结果中可以得出：$\dfrac{\partial q}{\partial W_1}>0$，$\dfrac{\partial q}{\partial L}>0$ 可知当 W_1，L 越大，q 越大。企业安全收益的增加，从另一方面说明因企业安全监督的力度增大，使得员工遵章操作的概率大大增加，最终使得企业发生事故的概率大大降低，从而又会增加企业的安全收益。

（2）企业针对违章操作的罚款力度越大，企业安全监督的力度就会越小，而员工遵章操作的概率会增大。对 $p=\dfrac{W_3+C_2-W_2}{\lambda B}$，$q=\dfrac{W_1-C_1+\lambda B+L}{W_1+L+\lambda B}$ 中的 B 求偏导，可得：

$$\begin{cases}\dfrac{\partial p}{\partial B}=\dfrac{-\lambda(W_3+C_2-W_2)}{(\lambda B)^2}\\[2ex]\dfrac{\partial q}{\partial B}=\dfrac{\lambda C_1}{(W_1+L+\lambda B)^2}\end{cases} \tag{3-20}$$

从计算结果中可得出：$\dfrac{\partial p}{\partial B}<0$，$\dfrac{\partial q}{\partial B}>0$；可知当 B 增大时，p 减小，q 增大。

企业为了更好的做到安全生产，若加大了处罚力度，员工违章操作的代价大大增加，因此为了避免被处罚，员工会自觉选择遵章操作；当员工因处罚力度增大选择遵章操作时，企业在安全监督力度上会降低，这样的策略选择使得安全成本有所减少，企业的安全收益有所增加。

3. 结论与建议

（1）企业最关心的是经济利益的最大化，少数企业更是为了追求经济利益而忽视企业的安全投资；员工最关心的则是自身的利益，如工资、福利待遇等，虽然博弈模型中企业和员工同为局中人，但在实际生产环境中，员工较企业而言属于弱势群体。由于就业形势的严峻，员工担心失去工作，对企业的违法行为是敢怒不敢言，致使生产过程中往往存在事故隐患，一旦发生事故，员工和企业将承担巨大的损失。

（2）员工是企业的重要组成部分，是生产的实施者，同样也是事故的直接受害者。企业安全水平的提高离不开员工的参与，若要员工自觉进行遵章操作，单纯靠增大处罚力度是不够的，标本兼治的做法应该是这样的：首先，企业要为员工提供符合国家标准和《劳动法》规定的安全生产条件，增加企业安全投资；其次，企业在加强安全监督的同时，也要给予员工相应的安全监督权力，在生产过程中发生事故隐患时要及时汇报，及时采取措施；最后，加强对员工的安全教育，提高员工的安全素质，健全安全规章体系。

(3) 增强工会的作用，保证员工的个人利益。在计划经济时代，工会主要是在党的领导下帮助政府和企业搞好生产并负责工人的福利。随着我国改革开放的不断深入和社会主义市场经济的建立，要求工会必须与时俱进转变自身职能，工会要作为企业员工的代表，是维护员工利益的部门，是员工与企业间的沟通桥梁，而且维护员工利益，特别是安全利益也已经有《劳动法》和《工会法》的法律条文规定。若要在博弈中保证员工的正当利益不受到侵害，必须增强工会的作用，推动工会自身的发展，让工会真正成为工人权益的维护者，从而推动企业与员工之间形成力量上的动态平衡，这才是一种更好的选择。

(4) 企业与员工应和谐相处，共同成长。完善优秀的企业安全文化能将企业经济利益和员工个人利益紧紧联系在一起，只有找到企业和员工的一致方向，才能实现双赢。企业的安全文化不应只仅仅建立在物质基础上，还应该注重精神层面，在中国众多企业中，尤其是生产制造类企业真正建立起优秀的企业安全文化的并不多，有的也只是局限在员工的安全培训，目的仅仅是为了增加企业的经济利益，没有考虑到员工的个人发展。企业和员工之间不应该只存在严格的博弈关系，为了企业的可持续发展，企业和员工应该和谐相处，只有真正做到以员工为本，才能让员工自觉遵守企业安全规章制度，实现全面的生产安全。

四、政府、企业、员工三方博弈

众所周知，国家或政府在经济发展过程中早已从法则规章的制定者，转变成一个经济参与者并形成了政府——企业——员工三方的博弈，因此在前文政府与企业，企业与员工博弈分析的基础上，讲述基于三方合作博弈的安全监管分析。

1. 零和博弈与合作博弈

零和博弈又称“零和游戏”，是博弈论的一个概念，属非合作博弈，具体指参与博弈的各方，在严格竞争下，一方的收益必然意味着另一方的损失，博弈各方的收益和损失相加总和永远为“零”，双方不存在合作的可能。前文所分析的政府与企业、企业与员工间的博弈均属非合作博弈，即零和博弈。

合作博弈又称正和博弈，是指博弈双方的利益都有所增加，或者至少是一方的利益增加，而另一方的利益不受损害，因而整个社会的利益有所增加，合作博弈研究人们达成合作时如何分配合作得到的收益，即收益分配问题。合作博弈采取的是一种合作的方式，合作博弈的过程中能够产生一种合作剩余，合作剩余在博弈各方

之间如何分配，取决于博弈各方的力量对比和技巧运用。因此，合作必须经过博弈各方的协商，并最终达成共识。

从前文的理论分析中可以得出，非合作博弈不可能把事故隐患存在的概率降低到零（尤其是人的不安全行为），而政府作为政策的制定者在扮演监管者的同时，又是员工诉求自身合法权益的对象，企业始终以追求经济利益为根本目标，在满足政府规定和员工安全需求的同时，亦希望用最少的安全成本换取尽可能多的安全经济利益，这就需要政府、企业、员工三方由非合作博弈转变为合作博弈，形成三方合作博弈的关键是如何分配合作的总收益，而不是其中任何一方去选择占优策略，否则作为博弈局中人的三方都无法获得最佳的收益。博弈模型中的参与人会根据利益策略的需要组成联盟，联盟博弈就是三个或以上博弈方的多人合作博弈。

2. 合作博弈模型的构成

设政府、企业、员工为局中人，分别用1,2,3代表；设有三维向量 $X=\{X_1, X_2X_3\}$，向量 $VOLa=\sum_{i=0}^{35}G_i(1+x)^{35-i}$ 为局中人所占利益的比例份额；设 $V(i)$ 为局中人的所得利益（其中 $V(3)$ 为合作博弈联盟的最大所得利益），分配全体设为 $E(V)$，由前文所述得知，合作博弈模型中的三个局中人在安全利益上形成的联盟的总收益大于局中人选择占优策略所得的利益之和，表达式为：$V(3)>\sum_{i=1}^{3}V(i)$ 。其中任何单个局在人的策略选择所得收益都为0，设 $V(3)=1$ 即将联盟安全收益总和为1。

设三方博弈模型中，若政府和企业形成联盟所得安全收益为 C_1 即 $C_1=V(1,2)$；若企业和员工形成联盟所得安全收益为 C_2 即 $C_2=V(2,3)$；若政府和员工形成联盟所得安全收益为 C_3 即 $C_3=V(1,3)$。因为任何单个局中人的所得收益为0，若两联盟所得收益满足条件为：$0\leqslant C_1\leqslant 1$。

根据合作博弈的合作对策的解，即核心的定义，核心 $C(V)=\{(X_1,X_2,X_3)|X_1+X_2+X_3=1,\ X_1+X_2\geqslant C_3,X_2+X_3\geqslant C_1,\ X_1+X_3\geqslant C_2\}=\{(X_1,X_2,X_3)|0\leqslant X_1\leqslant 1-C_1,\ X_1+X_2+X_3=1\}$ $E(V)=\{(X_1,X_2,X_3)|X_1\geqslant 0,X_1+X_2+X_3=1\}$

几何表示博弈模型为一等边三角形（如图所示）三个顶点表示三方局中人所得收益，核心 $C(V)$ 为三角形中的阴影部分。博弈三方局中人之所以能行成一个稳定的联盟，原因就在于政府、企业、员工间可以通过各种制定的政策、规章制度、激励机制形成一个安全收益比例份额，核心就在于如何求出这个比例、如何使三方都满意即合理分配安全收益。

3. 合作博弈模型分析

前文说过，若要此博弈模型能够形成稳定的联盟即存在一个稳定解，三方合作的关键是通过“合作”达成分配协议，公平给予三方安全收益。

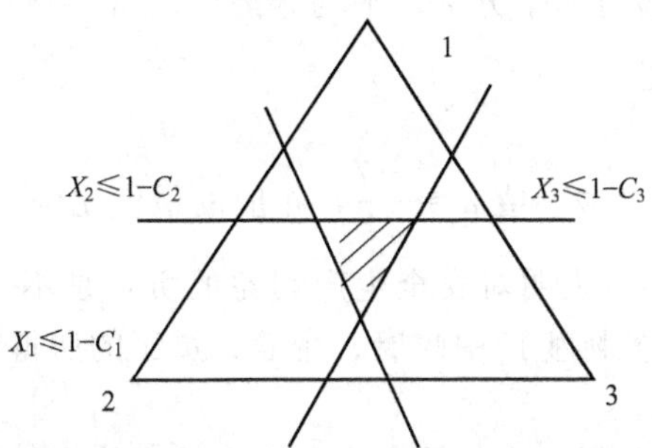

设两两联盟的不满意程度为 u，计算出 u 就能计算出使三方都满意的分配比例，计算原则是指在安全收益分配上首先考虑最不满意的两两联盟，分配比例要首先使这些联盟的不满意度 u 最小，然后再考虑次联盟，所选分配比例综合不满意度要最小，依此类推，这样可通过线性不等式求出其核心［$N(V)$］，作为三方合作博弈的分配比例。

从生产实际考虑，三方对安全收益的贡献是不一致的，可以设前文的政府和企业联盟的贡献比例为 1/3；企业和员工联盟的贡献比例设为 5/6；政府和员工联盟的贡献比例为 1/6，三方的合作可以彻底消除存在的事故隐患，三方的安全收益之和为 1，根据分析所设之条件可以得出：$C_1+C_2+C_3 \leqslant 2$。

$V(i)$ 的数学表达式为：
$$\begin{cases} V(i)=V(\phi)=0(i=1,2,3) \\ V(1,2)=1/3 \\ V(2,3)=5/6 \\ V(1,3)=1/6 \end{cases} \tag{3-21}$$

假设有一足够小的数 u，结合上述表达式可形成线性不等式组

$$\begin{cases} X_1+X_2+u \geqslant 1/3 \\ X_2+X_3+u \geqslant 5/6 \\ X_1+X_3+u \geqslant 1/6 \end{cases} \quad \text{当 } u=0 \text{ 时，所得解为} \begin{cases} 0 \leqslant X_1 \leqslant 1/6 \\ 0 \leqslant X_2 \leqslant 5/6 \\ 0 \leqslant X_3 \leqslant 2/3 \end{cases}$$

显然 $X_1+X_2+X_3 \neq 1$，说明当不满意度为“0”的时候，即空集。三方的利益比例分配不当，接着分别对 1,2,3 对 X 的最小不满意度 $V(\phi)$、$V(1,2,3)$ 这种联盟分配方案的不满意度为“0”，随后分别对“1”、“2”、“3”形成的联盟方案的不满意度进行计算求出 u 的最小值。

与“1”形成的联盟有两个方案，平均分配比例 $X_1=1/12$，则

$$\begin{cases} 1/12+X_2+u \geqslant 1/3 \\ 1/12+X_3+u \geqslant 1/6 \\ X_2+X_3=11/12 \end{cases} \quad \text{计算得出：} u=-\frac{7}{24}$$

与“2”形成的联盟有两个方案，平均分配比例 $X_2=5/12$，则

$$\begin{cases} X_1+5/12+u \geqslant 1/3 \\ 5/12+X_3+u \geqslant 5/6 \\ X_1+X_3=7/12 \end{cases} \quad \text{计算得出：} u=-\frac{3}{24}$$

第三章 安全经济学基本理论

与“3”形成的联盟有两个方案，平均分配比例 $X_3=4/12$，则

计算得出：$u=-\frac{4}{24}$

比较之下，不满意度最小值 $u=\frac{-7}{24}$，相应的最优比例为 $X_1=2/24$、$X_2=13/24$、$X_3=9/24$。这也同时表明对安全生产利益的贡献是不一样的，所得利益也必然不一样。计算比例与实际生产中政府、企业、员工的所得利益是符合的。

4. 结论与建议

从理性角度考虑，如果在合作博弈中三方只考虑将自己的利益最大化，那么联盟必然瓦解，结果只能是发生激烈冲突，最终导致生产事故的发生，使整个社会遭受难以承受的损失。

(1) 政府从宏观调控角度，为保证社会经济的协调、健康和长远发展，必须实现全社会总体资源的最优化配置，对企业实施有效的安全监管。如政府不能正确行使权力，秉公执法，及时地协调立场，解决矛盾，就有可能使矛盾激化、失控，甚至直接影响发展稳定的大局。

(2) 三方面合作博弈强调的是团队理性，尤其是在政府、企业、员工的三方面博弈中，绝对不能以牺牲员工利益为代价，尽管员工是博弈局中的弱势群体。企业以追求经济利益最大化的宗旨，在安全呼声越来越高的今天，企业必须进行合理的安全投资，保障员工的生命安全，从业人员也最关心的是自己的福利待遇。

(3) 政府、企业、员工的合作博弈，应当建立在理性、公平、公正、公开的基础上，三方共同利益目标应当是一致的，是相互依存的、相互联系的、相辅相成的一个整体，因此为了实现安全这个根本目标，依靠完善的法律、经济、行政手段建立长效机制。政府要深入体制改革，调整监管机构，整合监管资源，在社会主义市场经济的体制下，将更多的市场化手段融入到监管措施中；企业要更合理的进行安全投资，兼顾经济利益的同时更要注意安全利益，将“我要安全”的理念融入到企业安全文化中；员工要培养法律思维方式，学会用法律的手段获取自身的正当利益，加强自身学习，通过自觉遵守安全规章制度、对事故隐患要及时报告并敦促企业整改等，保证生命健康，保证自身待遇。

第五节　安全供求分析

安全供求关系即安全供给和安全需求之间的相互关系，是指企业生产所必须的安全需求与企业和政府为保证安全生产所提供的安全投入之间的相互关系。一定的安全水平是以一定的安全投入为保证的，安全投入不仅包括资金、设备等物质资料的投入，还包括人员等活劳动方面的消耗，判断安全需求与供给关系是确定安全投资决策的重要依据。随着经济的发展，工业规模不断扩大，产业结构不断调整，安

全生产在整个经济生产链条中也处于不断的变动状态，在不同的经济发展结构下，安全资源的需求必然会随之改变。准确判断安全的供给与需求发展变化规律，能够迅速调整安全生产战略，适应经济社会对安全生产工作的要求。

在微观经济学中，供给量是指厂商在某一时期、某种价格水平时，计划出售的产品与劳务的数量。供给规律所表现的是某物品的价格与供给量之间的关系。需求量是指消费者在某一时期，某种价格水平时，计划购买的产品与劳务的数量。需求规律表现的是某种物品价格与需求量之间的关系，弹性就是衡量需求量对价格反应程度的尺度。下面将介绍安全经济学中的安全需求分析、安全供给分析和安全需求与供给的弹性分析。

一、安全的需求分析

1. 安全需求决定因素

在一定技术水平和安全期望预期下，企业生产活动所需要的安全状态总量，称之为安全需求量，即安全产品的需求量。安全需求量与危险程度有关。危险程度是指各生产要素（自然安全系条件、安全管理、安全设备等所有涉及安全生产的内容）对安全生产的威胁程度。当危险程度很小时，人员遭受伤害，财产遭受损失的可能性很小，安全的需求量很低；当危险程度不断提高，人员遭受伤害、财产遭受损失的可能性不断增加，安全的需求量不断增加。

2. 安全需求的函数

安全的需求量（用安全度描述）与其价格之间的关系可用安全的需求函数表示。根据边际效益递减规律，安全的边际效益同样是递减的，即随着安全“产品”价格的上升，其需求量是减少的。当所有其他影响安全需求的因素不变时，安全“产品”需求量与价格之间的关系可用一元需求函数表示

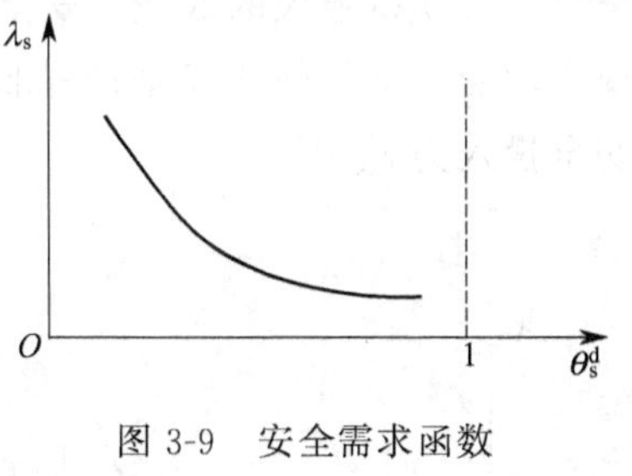

图 3-9　安全需求函数

$$\theta_s^d=\alpha(\lambda_s)^{-\phi} \tag{3-22}$$

式中，θ_s^d 为安全度（安全“产品”的需求量）；λ_s 为安全“产品”的价格；α，ϕ 分别为参数。

安全的需求曲线可用图 3-9 表示。

二、安全的供给分析

1. 安全供给决定因素

在一定的技术条件下，安全系统能够实现的安全状态总量，称之为安全供给量，即安全产品的供应量。安全供给由安全投资所决定，包括企业自身对安全生产投入的预算和国家法律法规规定的必要的安全投入。安全供给量也与危险程度有关，当危险程度很小时，危险源单一且容易辨别，不安全因素容易控制，安全活动

的规模很小，安全的供给量很低；当危险不断提高时，危险源多元化、复杂化且越来越难以辨别，不安全因素越来越不容易控制，解决安全的技术性、组织性要求越来越高，需要专门的技术、设施、人员、和知识，安全活动规模越来越大、则安全的供给量不断增加。

2. 安全供给的函数

安全的供给量（用安全度描述）与其价格之间的关系，也可用安全的供给函数表示。在其他条件不变的情况下，随着安全度的提高，每多生产一单位安全“产品”（安全“产品”简写为安全产品）的成本在增加，所以安全产品的价格越高，则供给量越多。因而安全产品的供给量与其价格之间的关系用一元供给函数表示

$$\theta_s^s=\beta(\lambda_s)^{\varphi} \tag{3-23}$$

式中，θ_s^s 为安全度（安全产品的供给量）；λ_s 为安全产品的价格；β，φ 分别为参数；

安全的供给曲线可用图 3-10 表示。

3. 安全供求的均衡分析

安全供给满足安全需求时，保证了生产的顺利进行，此时企业在生产活动中需要的安全量通过安全供给实现，安全投资保证了生产安全，企业以最佳安全投资点实现了安全需求情况下的安全供给，即在均衡的安全度下以最小的安全投入满足安全生产，获得最大的效益，安全供求关系均衡如图 3-11 所示。当 $\theta_s^d=\theta_s^s$ 时，就实现了均衡，即均衡的安全产品价格为 λ_s^*，安全度为 θ_s^*。在这种情况下，企业的安全投入为 $\lambda_s^*\theta_s^*$。

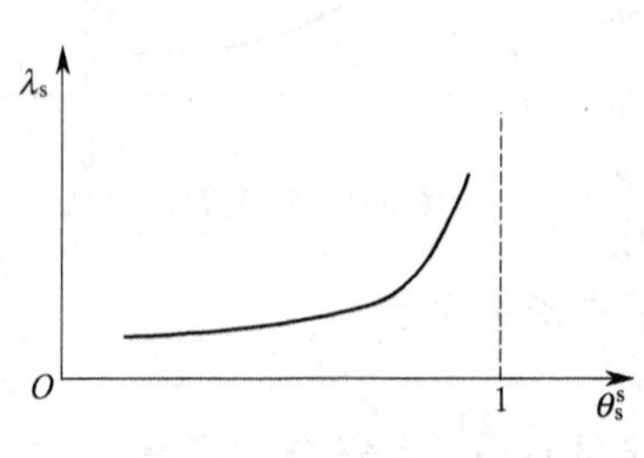

图 3-10 安全供给函数

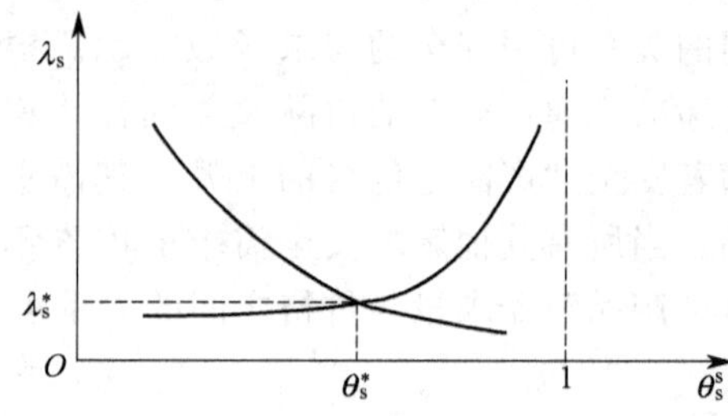

图 3-11 安全产品的市场均衡

三、安全需求与供给的弹性分析

对不同的企业来说，它所面临的事故风险程度是不同的。如石油、化工、煤炭等行业属事故高发行业（高风险行业），而文教、卫生等行业属事故低发行业（低风险行业）。

对高风险行业而言，一方面，其安全的需求程度较高，为达某一个安全度所需的价格也是比较高的。安全产品价格增加比较大，而安全度提高并不大，表示安全

度对价格的变化不敏感。换句话说，高风险行业的安全需求缺乏弹性。另一方面，为达到某一安全度，高风险行业对员工素质、设备、环境等也有比较高的要求，安全供给的成本上升。所以安全供给的数量较少而供给程度比较高。当安全产品价格增加比较大时，安全度并不同步提高，即高风险行业的供给缺乏弹性。如图 3-12。

对低分风险行业而言，一方面，其安全的需求程度较低，为达到某一安全度所需的安全产品价格相对较低。当安全产品价格小幅度增加，则安全度迅速提高，表示安全度对价格的变化非常敏感。换句话说，低风险行业的安全富有弹性。另一方面，为达到某一安全度，低风险行业对员工的素质、设备、环境等的要求相对较低，安全供给的成本相对较小。所以安全供给的数量多而供给程度相对较低。当安全产品价格小幅度增加时，安全度迅速提高，亦即低风险行业的供给富有弹性。如图 3-13。

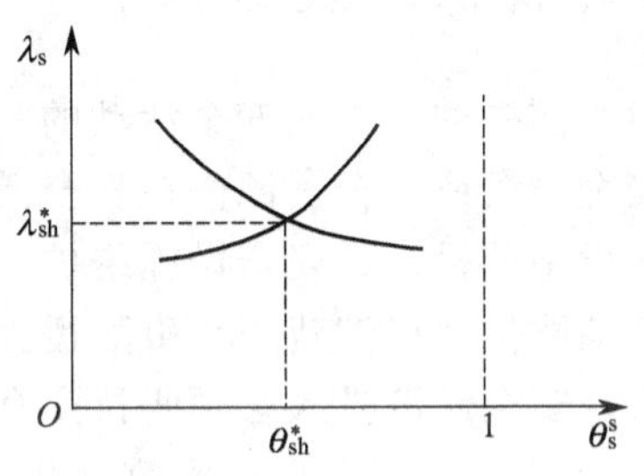

图 3-12　高风险行业的安全均衡

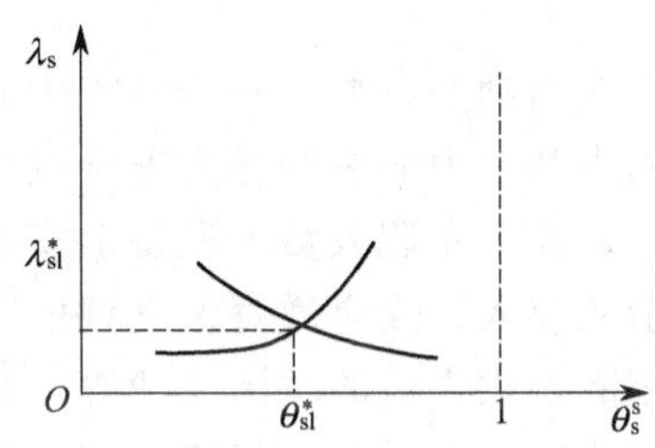

图 3-13　低风险行业的安全均衡

当 $\theta_{sh}^*=\theta_{sl}^*$ 时，$\lambda_{sh}^*>\lambda_{sl}^*$，即高风险行业的安全度与低风险行业的安全度相同时，高风险行业的均衡价格比低风险行业的均衡价格高，高风险行业比低风险行业所需的安全投入大很多。

认知的安全需求的减少与供给的降低，将会引起安全水平下降。基于安全的需求与供给分析，安全需求的减少与供给的降低见图 3-14，图 3-15。

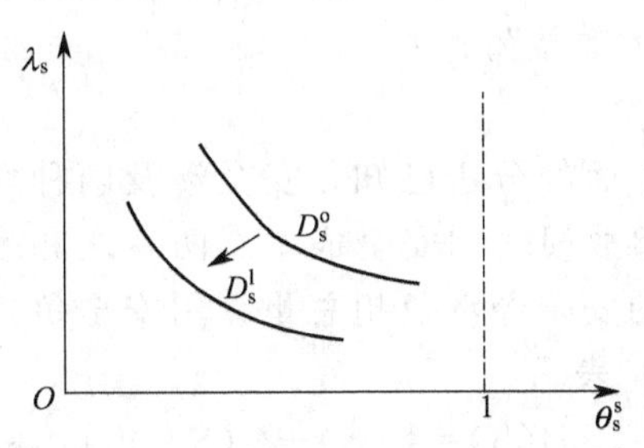

图 3-14　安全效应的滞后性导数

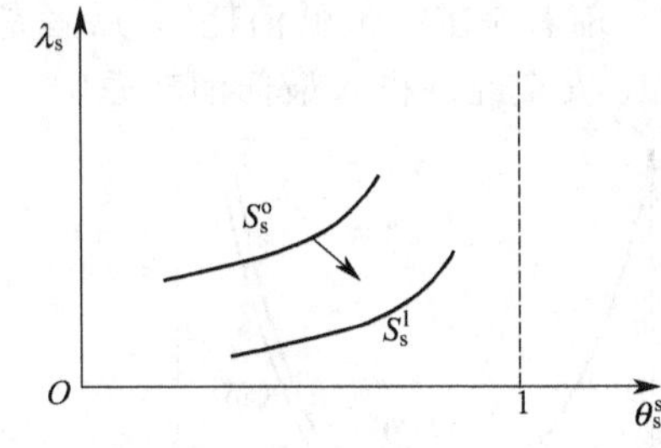

图 3-15　违章引起安全行为的降低

安全需求的减少与安全供给的降低共同作用，如图 3-16 所示，新的均衡安全度 θ_s^1，$\theta_s^1<\theta_s^0$，均衡价格为 λ_s^1，$\lambda_s^1<\lambda_s^0$。这表明，认知的安全需求减少，则安全

投入下降，安全水平降低。

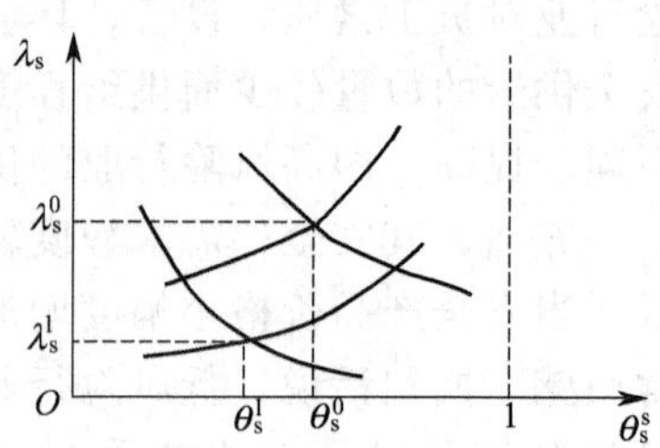

图 3-16　安全需求与供给减少导致安全度降低

第六节　安全经济投入的评价原理及方法

安全活动是以投入一定的人力、物力、财力为前提的。投入安全活动的一切人力、物力和财力的总和称为安全投入，也称为安全投资或安全资源。在安全活动的实践中，安全专职人员的配备、安全与卫生技术设施的投入、安全设施维护、保养及改造的投入、安全教育及培训的花费、个体劳动防护及保健费用、事故援救及预防、事故伤亡人员的救治花费等，都是安全投入。安全经济投入必须坚持安全投入原则，遵守安全经济学规律。安全经济学的实用意义之一在于指导安全经济决策，确定最佳的安全投入，把稀缺资源配置到各种不同的需要上，并使它们得到最大的满足。但安全经济投入又不同于一般生产经营的资金投入，如何评价、计算安全投入的经济效益？如何选择正确的安全经济投入方式来保证有限的资金用在刀刃上呢？以下对安全经济的投入优化基本原则及安全投资合理性评价的方法做一简介。

一、安全经济投入最优化原则

安全经济投入最优化准则有两种：一是安全的经济消耗最低，二是安全经济效益大。前者是求“最低消耗”，后者是讲“最大效益”。

1. 安全经济投入最低消耗原则

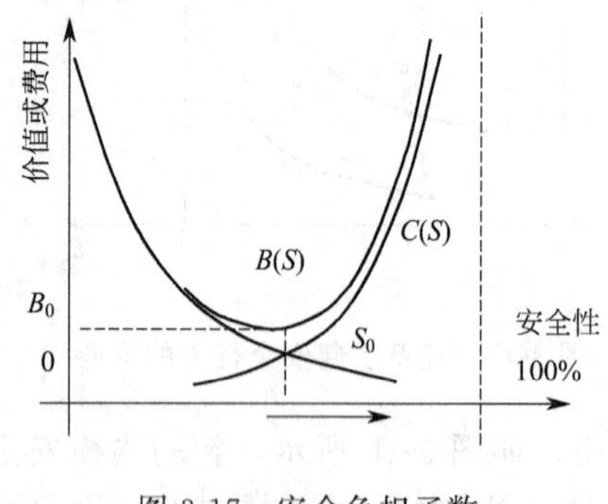

图 3-17　安全负担函数

由上面的分析已知，安全涉及两种经济消耗：事故损失和安全成本。两者之和表明了人类的安全经济负担总量，用安全负担函数 $B(S)$ 表示：

$$B(S)=L(S)+C(S) \tag{3-24}$$

$B(S)$ 反映了安全经济总消耗图 3-6。

安全经济最优化的一个目标就是使 $B(S)$ 取最小值。由图 3-17 可看出，在 S_0 处有 B_{min}，而 S_0 可由下式求得：

$$dB(S)/dS=0 \tag{3-25}$$

2. 安全投资最大效益法

安全效益函数 $E(S)$ 表达了安全效益的规律。由图 3-4 可看出，S_0 点处有 E_{max}，此时的 S_0 点可由式(3-26) 求得：

$$dE(S)/dS=0 \tag{3-26}$$

由图 3-4 对安全效益可做如下分析：

(1) 在 S_1、S_2 两点处，无安全效益。即说明系统安全性偏低或较高，安全的总体效益均不高。

(2) 根据“最大效益原理”，可将安全性取值划分为三个范围（见图 3-4）。Ⅰ：$S<S_1$，投入小，但损失大，综合效益差，需要改善系统安全，提高安全效益；Ⅱ：S 在 S_1～S_2 之间，接近 S_0 点有较好的安全综合效益，是优选范围；Ⅲ：$S>S_2$，损失小，安全成本高，综合效益也较差，需要力求保持安全性，提高安全科技水平，降低成本，改善综合效益。

二、安全投资项目的合理评价方法

1. 机会成本评价法

机会成本是经济理论中的一个基本概念，它是指在稀缺存在时因为选择而失去的机会价值，也就是拒绝备选品或备选机会的最高价值的估计价值。可用如式(3-27) 表示：

$$C_0=\max(B_1,B_2,\cdots B_i) \tag{3-27}$$

式中，C_0 为机会成本；B_i 为被拒绝的第 i 种机会的最高收益。

应该说明的是：①机会成本是头脑中的“概念”成本，任何资金投入只要支出了，即使再有更佳方案，也就意味着不能按其他方案投资。安全投资中有限的资金只能用在“刀刃”上；②安全投资存在多种不同的选择，投资价值高低不同；③面对多个备选方案，决策者要按机会成本最小来决策。

为了实现避免或减少事故损失的目标，人们就必须付出一定的经济代价，但这种代价是否会肯定避免或减少相应的事故损失，这又取决于多种因素，尤其是事故本身。在很多情况下，人们对亟待解决的事情要进行选择，因此可以运用机会成本法进行比较。

对于个人来说，懂得机会成本的存在，有助于个人做出切合实际的决策。例如，即将面临升学与就业问题的大学生，是继续上学深造，加强自身基础知识的学习，培养进行科学研究的能力，还是马上投入到社会工作当中，锻炼自己的实际动手能力和提高处理实际问题的能力。这种选择是无法逃避的，每选择一次，就放弃一次，就有可能遗憾一次。如果选择上学，那么就意味着你将失去工作锻炼的机会以及由此带来的一定的物质报酬；同样，如果选择工作，马上会有一定收入，但是却失去了上学深造的一次机会及其带来的对于将来发展的隐形价值。那么，如何使人们的选择做到无怨无悔，这就需要运用机会成本的理念，尽可能全面地考虑有关

因素，然后进行权衡分析，做出抉择。

对企业而言，事故不仅会使其付出物质财富损失的代价，还会波及其生产、销售市场等，企业要想稳定自己的生产经营，一般向保险公司投保各种财产保险，通过交付一定的保险费来换取保险公司对事故损失进行补偿的保障，这种代价的付出可能因事故的发生而换取保险公司的赔款，但也可能因事故未发生在保险有效期内或发生的事故不属于保险责任范围而得不到保险公司的补偿。所以，对于有限的资源（自然资源、人力资源、时间资源等），企业如何抉择来实现机会成本的最小化，将是判断安全经济投入效益最大化的重要原则之一。

值得注意的是，机会成本具有主观性，它是选择者主观的价值度量，仍然存在计量问题，因为被拒绝的备选品或方案的未来价值或者效用难以判断，更难量化。

2.“功能（效益）—成本”评价法

根据价值工程原理，安全投资项目的合理性和有效性可用投资方案的“功能—成本”比或“效益—成本”比来评价。由此，可建立如下评价模型：

$$SIRD_j=\frac{\text{安全效果}}{\text{安全投入}}=\frac{\sum P_iL_iR_i}{C_j} \tag{3-28}$$

式中，$SIRD_j$ 为第 j 种方案安全投资合理度；P_i 为投资系统中第 i 种危险的发生概率；L_i 为投资系统中第 i 种危险的最大损失后果；R_i 为投资后对第 i 种危险的消除程度；C_j 为第 j 种方案的安全工程总投资；$P_iL_iR_i$ 表达了安全投资后的总效果，其中 P_iL_i 是系统危险度。

不同的投资方案具有不同的安全效果和投资量，因而具有不同的投资合理度。因此，根据 $SIRD$ 值的大小，可对方案进行优选。

［例］ 某企业事故会导致基础设施受损，人员伤亡，产量降低，采用不同投资方案时，会面临以下情况，问哪种投资最合理？其中，表 3-3 为投资方案，表 3-4 为采取不同方案后事故发生概率。

表 3-3 投资方案

方案	基础消防设施建设	购买防护用品	职工安全培训	总投资
第一种方案	20 万元	10 万元	10 万元	40 万元
第二种方案	25 万元	15 万元	20 万元	60 万元
第三种方案	30 万元	25 万元	25 万元	80 万元

表 3-4 采取不同方案后事故发生概率

事故后果	事故发生概率	最大损失后果	采取不同的方案后事故发生概率		
			第一种方案	第二种方案	第三种方案
基础设施受损	0.7	700 万元	0.4	0.2	0.15
人员伤亡	0.6	800 万元	0.5	0.2	0.2
产品减产	0.6	600 万元	0.3	0.2	0.15

解：

$$SIRD_1=\frac{\sum P_iL_iR_i}{C_1}$$

$=[(0.7-0.4)\times 700+(0.6-0.5)\times 800+(0.6-0.3)\times 600]\div 40$

11.75

$$SIRD_2=\frac{\sum P_2L_2R_2}{C_2}$$

$=[(0.7-0.2)\times 700+(0.6-0.2)\times 800+(0.6-0.2)\times 600]\div 60$

$=15.17$

$$SIRD_3=\frac{\sum P_3L_3R_3}{C_3}$$

$=[(0.7-0.15)\times 700+(0.6-0.2)\times 800+(0.6-0.15)\times 600]\div 80$

$=12.19$

结论：第二种方案最合理。

第七节 安全经济与社会经济发展关系的哲学思考

安全科学所研究的对象，是对人类极富有挑战性的灾害和事故。显然，安全科学涉及的系统是一个庞大复杂的，以人、社会、环境、技术、经济等因素构成的大协调系统。只有在人类科学技术和社会经济发展到一定程度的今天，才为安全科学的发展提供了条件和背景。但是，我们也应清楚地意识到，无论从社会的局部还是整体来看，人类能为这一活动投入的科技能力和社会经济是极其不平衡和相当有限的。不同的国家和地区，不同的行业和企业，在进行安全活动的规划和决策时，其方案和措施，所面对的要求和标准是不一样的。因此，为获得最佳的安全效益，把握和协调好安全活动与社会经济及科学技术状况的关系，是至关重要的。

如何使安全活动与社会经济协调发展，这一问题可以从不角度来探讨。如从安全的作用上分析，安全系统的基本功能和任务是满足社会经济发展的需要，即安全活动是以促进社会经济发展、降低事故和危害对人类自身和社会经济的影响为目的的。然而，事故和危害的来源及程度又与社会经济活动的状况及规模有关。因此，安全活动应与社会经济发展的要求和状况相适应和协调；从安全的立足点上讲，安全活动的开展需要经济和科学技术的支持，安全既是一种消费活动，又是一种投资活动。但是，由于人类的经济能力和科技能力总是有限的，因此安全与防灾活动应与社会经济和科技的水平相协调。为了较好地把握这种关系，首先有必要从认识论和方法论的角度，探讨安全活动与社会经济的协调学问题，从哲学层次上明确安全经济决策的指导思想，为其活动和工作的开展以及有关工程活动的规划、组织提供理论和工作策略。

一、安全投入与社会经济状况相统一的原则

事故和危害事件对人类自身和社会经济的影响及作用强度在很大程度上取决于人类的生产及生活活动。安全既来源于社会经济发展需要，又受社会经济发展状况的约束。这就是说：一方面安全能给人类带来总体的、宏观综合的、长久的社会利益和经济利益。另一方面安全能力的发展又离不开科技的发展和经济的发展，只有在“系统科学”、“信息科学”、“协调学”和相关交叉科学得以蓬勃发展的今天，以及社会经济基础具备了一定实力的今天，安全的需要才提到了如此高度。因此，安全与科技、与社会经济存在着固有的相互依存、相互促进与适应的统一性。因而，无论在人类安全决策战略上还是安全决策战术上，均应使其与社会经济发展和科技状况同步规划、相互促进和适应，取得协调和统一。

在理解上述的“安全与经济和科技统一协调律”时，首先是明确了安全与经济相互依存和相互促进的关系，再是安全受科技与经济能力的限制，其自身发展的局限性。然而，现代社会中人们对安全的要求是无限的。人们常常提出的是消除和避免生产和生活中的事故和危害。这种有限的支持能力和无限的发展要求发生了尖锐的矛盾。这一矛盾构成了安全发展的制约因素。科技和经济对安全的有限支持能力，限制了安全的发展方向、高度及速度，从而使之在一定程度上难以满足社会经济发展的要求。这一现实矛盾迫使我们要关心决策的方法论，重视安全的认识观和系统论。做到使安全与经济和科技两方面建立相互可提供条件的基础上，做到需要与可能的统一、安全发展与经济和科技发展的统一，追求安全的最佳和最大综合效益状态。

由上述理论，我们提出实际规划安全系统时应遵循的一个指导思想：“最适安全”的指导思想。即一个合理的安全系统应是其安全能力处于“最适安全度”的状况下。区别于“最佳安全”、“最大安全”或“绝对安全”，“最适安全”更具科学性和合理性。最适安全的概念是：安全系统的功能与社会经济水平的统一，与科学技术水平的统一，在有限的经济和科技能力的状况下，获得尽可能大的安全性。

二、发展安全与发展经济比例协调性原则

任何事物在发展过程中都有主导因素和非主导因素之分。安全作为促进社会经济发展的重要因素之一，所发挥的主导作用会随社会经济的发展阶段不同而不同。因此，在特定的社会经济系统中，对安全的发展要求，相对于经济发展，有一客观、合理的比例协调关系。搞清和把握这一关系，并作为安全规划与组织的指导原则，将会有效地加速和促进安全与经济的总体发展。

在社会总经济系统中，安全是有“功能产品”的。我们认为这就是“安全条件、健康保障、减损和免害的效能”。具体说，就是减少生产和生活活动中人员的伤亡、保障人员身心健康、降低或避免财产损失和环境危害。如果对于特定经济条件下的国家或地区，或者行业和企业，人们能测算出由于事故和危害事件导致的人

员伤亡、财产损失、生产与建设的破坏及环境与生态遭受危害所造成的价值损失，则通过安全活动所能减少的价值损失，就是发展安全的直接（显形）的收益。但是，人类投入多少来发展安全呢？显然，并非投入越多越好。当投入超过一定程度，使得降低事故和危害事件所减少的价值损失（即社会获得的收益）还抵偿不了投入时，这样的发展就是不合理的了。因此，在特定的经济发展水平下，有一使得社会综合效益最大的安全发展状况，这一状况下的安全与社会经济发展关系，就是二者最合理的比例协调关系。

在把握这一原则指导实践的过程中，很关键的一个技术问题，是如何定量地测算出事故及危害事件的损失价值。其中有两个环节是重要而又较为困难的：一是安全收益中非价值因素的价值化问题，如生命与健康、环境与生态的价值化问题。另一问题是间接收益测算，如由于事故和危害事件的减少，对生产建设的促进、社会安定的维护、资源利用率的提高、伦理与心理的保护等。这些问题是安全科学领域具有重要意义的课题。

三、安全发展的超前性原则

不平衡现象是事物在发展过程中不可避免的，这不仅表现在作用强度、作用范围上，而且还表现于发展时序上。人类的安全发展也是如此，不论从宏观过程上看，还是微观活动上看，都会有不平衡现象出现。但是，由于事故是一种“非正常事件”、“稀少事件”，从空间和时间上，人们对它们的把握有很大的不确定性。所以，在处理安全问题时，应使不平衡状态向“保守”、“冗余”、“超前”的“安全过余”方向倾斜。这一点可从如下两方面论证：首先，从宏观过程上看，安全对生产和经济发展的作用具有“滞后性”，即安全活动的效果不是在一开始就能显现出来，而是贯穿于整个过程，甚至在过程之后相当一段时期才能出现。因此，安全措施和对策应先于服务系统功能的出现，“超前”着手；另一方面，从微观手段上看，安全手段的效果往往是“预防型”优于事后“抢救型”，即从整体上分析，安全措施具有时效性，安全系统相对服务系统，是控制系统。因此，安全系统在时间上应“优先”，在功能标准上应“优越”。基于上述两方面的论证，在制订安全发展规划时，还应考虑安全的超前发展原则，以充分实现安全与社会经济的“本质协调”。

四、宏观协调与微观协调辩证统一的原则

安全给人类带来的利益包括如下层次：人类与全球的利益（生态、环境与资源保护，伦理与道德的维护等）；国家或地区的利益（社会安定、民族发展、生产关系及生产力的保护）；局部或集体的利益（生产与建设的维护和促进、生产与经营的促进、资财的保护）；个人的利益（生命安全与健康，家庭幸福、心理和个人财产的保护等）。这些利益又可分为宏观利益和微观利益。全球、人类和国家的利益是宏观、综合和从整体上来体现的；集体、个人的利益是局部、微观的利益。显然，在特定的某些条件下，这两种利益会发生矛盾和冲突。另一方面，从安全的效

益上看，也有宏观效益和微观效益之分：对于空间（一个地区或企业），安全有内部效益和外部效益；相对于表现形式，安全效益又分为“显形”（直接的）和“隐形”（间接的）；相对于时间，安全效益分为当前的和长远的。无论从利益上或是效益上考虑，在发展安全科技时，应做到宏观协调与微观协调辩证统一的原则。这就意味着，在某种特定条件下，为了整体的利益，可能需要牺牲局部的利益；为了长远的利益，可能需要牺牲当前利益。在实际工作中，特别要注意避免只顾当前、暂时、内部、局部、直接与显形的利益和效益，而忽视长远、未来、外部、全局、间接与隐形的利益和效益。在对安全活动做出决策时，要利用宏观协调对微观协调的控制作用，也要注意宏观协调对微观协调的依赖性，力求使各微观协调的局部功能与利益统一起来，把微观协调的局部功能和利益转化为宏观协调的整体功能和利益。

五、协调与不协调辩证统一的原则

协调与不协调作为事物运动、变化和发展的两种状态，它们是相互依存、互为条件而存在的。由于协调系统中包含着不协调因素，不协调系统中包含着协调因素，因此，在特定条件下，协调与不协调是可以相互转化的。协调—不协调—新的层次上的协调，这是事物运动和发展的普遍规律。在发展安全科技的过程中，既要力求保持安全与社会经济与科技的稳定协调发展，又要善于突破旧层次上的协调，建立高层次上的协调，不断推进安全的科技进步，不断改善和提高安全系统的功能和能力。

总之，安全经济的哲学问题是安全活动中应予思考的认识论、方法论，是安全实践的前提。在发展安全经济的初级阶段，首先从哲学层次上认识这些原则，是必要而有意义的。

第四章 安全定量科学与统计

第一节 安全定量科学

一、安全定量的基本理论

安全生产的科学就是安全科学，它是研究来自人为技术或人造系统风险的科学。作为一门新兴的交叉科学（自然科学与社会科学的交叉），对“安全”的定量是重要而有意义的命题。对于“安全”的定性评价，一般讲是用“符合与不符合”或“达标与不达标”准则来判定的。符合国家、行业的规范和标准或达到国家、行业的规范和标准，就是安全的，否则就称“不安全”。用哲学的概念，则将安全定义为“人为系统或人造技术环境中，事故或死亡率低于自然环境下的程度”。

从定量科学的角度，安全的定量其最基本的方式就对系统安全性的确定。安全性用安全度表达，而安全度＝1－风险度（危险度）。因此，安全度与风险度具有互补关系，而风险度是事故概率和事故严重度的乘积，或用数学函数表达：

$$风险度\ R=F(事件概率\ P,事件严重度\ L)$$

所以风险度是安全性定量方式最经典和最基本数学表达方法。

从上述安全科学定量的基本理论，可以引申出，安全定量的重要元素，一是事件概率，即事故发生的频率或可能性，二是事故严重度，即事故的指标。由此，得到一个认识，事故指标（严重度）是安全定量的重要元素。

研究安全科学的定量问题，对于丰富安全科学理论，提升安全科学的学术及科学性都具有现实的意义，其作用和必要性表现在：

（1）推进安全科学定量理论的发展和进步，是精确安全系统的要求，对于安全设计具有重要意义；

（2）根据现代职业安全健康管理体系要求的持续改进的科学管理思想，如何有助于描述安全生产状况和事故状况的时间序列的规律，需要发展具有时间特征的定量理论和方法，使之能够满足国家、行业或企业的安全生产动态的科学、合理评价；

（3）安全定量科学承负着对国家之间、地区之间或行业之间的横向的比较分析和研究，因此，需要科学建立反映安全系统或安全生产的综合评价指标体系，无论

是从政府分配安全资源、制定管理政策的角度，都需要安全的科学定量理论和方法；

(4) 我国推行的安全评价、管理体系审核、安全认证制度、目标或指标管理等，都要求对安全生产或事故状况作出科学、综合、定量的方法。

二、基本概念及定义

• 指标 (target) 是事物状态或属性的客观定量描述的参数，通常作为工作计划中规定达到的目标。不同的事物或领域，具有不同的指标定义。如安全生产领域，事故指标指描述事故发生状态或水平的参数或单位，例如事故发生起数、死亡人数、万人死亡率、百万吨煤死亡率等。指标是具有特定物理意义单位的参数。

• 安全生产指标体系 (safety production target system) 是描述安全生产状况的客观量的综合体系。安全生产指标大致可划分为事故发生状况指标以及事故预防指标。事故发生状况指标为记录安全事故情况的各种绝对量和相对量，如死亡人数、事故起数、千人死亡率、百万工时伤害频率等；事故预防指标指反映预防事故措施方面水平的指标，如安全生产达标率、安全投资比例、安全生产专业人员配备率等等。

• 指数 (index) 是指某一事物（在经济领域指某一经济现象）在某时期内的数值和同一现象在另一个作为比较标准的时期内的数值的比数。经济指数表明经济现象变动的程度，如生产指数、物价指数、劳动生产率指数。此外，说明地区差异或计划完成情况的比数也叫指数。指数是一种无量纲的相对比较指标，由于具有直观易懂、科学准确、内涵丰富等特点，能够揭示和反映事物的本质、综合性规律。

• 安全生产指数 (safety production index) 是在一般指数理论指导下，根据揭示安全生产（事故）特性综合性规律的需要，设计出的反映企业、行业或地方安全生产（事故）状况的一种综合性定量指标。它具有无量纲性、相对性、动态性和综合性的特点，可以对企业、行业或地方政府（一段时期）的安全生产状况进行科学分析、合理评价，从而指导安全生产的科学决策。我们定义的安全生产指数（体系）包括三个概念，一是“同比指数”，反映指标的纵向比较特性；二是“综合指数”，反映指标的横向比较特性；三是“事故当量指数”，反映事故伤亡、损失的综合危害特性。“同比指数”在国际和我国的安全生产管理工作中已间接使用到，如我国的事故死亡人数同比增加（或降低）5%等。“综合指数”和“事故当量指数”在我国和国际上都是创新的工作，具体定义见数学模型。

三、安全生产指标体系

安全生产指标体系划分为事故发生指标和事故预防指标，或称事故指标体系和安全生产发展指标体系，见图 4-1。

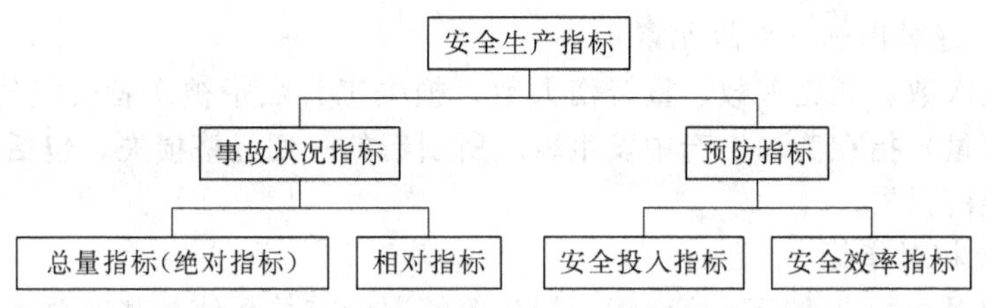

图 4-1　安全生产指标体系

过去我们较少考虑安全生产的发展指标，但是为了对安全生产发展和事故的预防工作进行定量、科学的管理，需要建立安全生产发展指标体系。按照安全生产保障的“三 E”对策理论，将事故预防指标分为三个方面：安全科技发展指标、安全管理发展指标、安全文化发展指标等，见图 4-2。

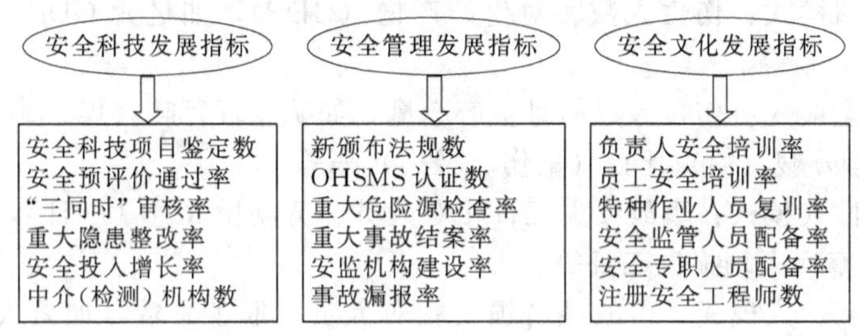

图 4-2　安全生产发展指标体系

四、事故指标体系

事故指标体系包括五大绝对指标和四大相对指标，如图 4-3 所示。

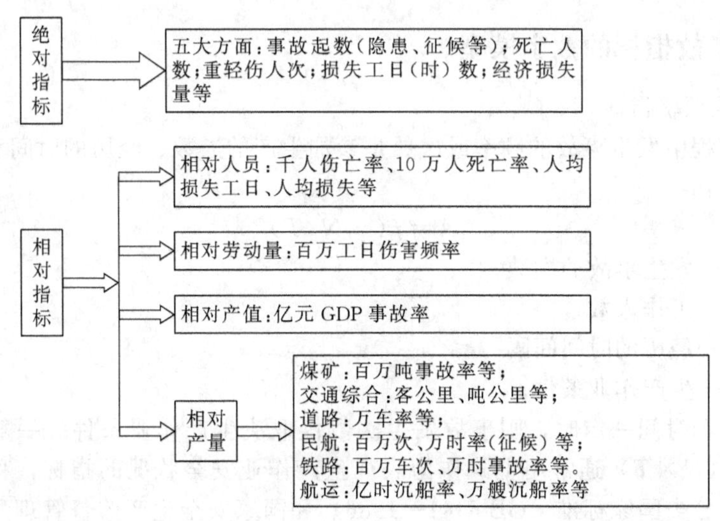

图 4-3　事故指标体系

1. 事故绝对指标（事故元素）

指事故次数、死亡人数、重轻伤人数，损失工日数指被伤者失能的工作时间，经济损失（量）指在劳动生产中发生事故所引起的一切经济损失，包括直接经济损失和间接经济损失。

2. 事故相对指标

事故相对指标是表示事故伤亡、损失等情况的有关数值与基准总量的比例。国际劳工组织 ILO 主持召开的第六次国际劳动统计会议上通过了统一的指标，即伤亡事故频率和伤亡事故严重率。

在理论上，事故相对指标具有如下相对模式。

- 人/人模式：伤亡人数相对人员（职工）数，如千人（万人）死亡（重伤、轻伤）率等。
- 人/产值模式：伤亡人数相对生产产值（GDP），如亿元 GDP（产值）死亡（重伤、轻伤）率等。
- 人/产量模式：伤亡人数相对生产产量，如矿业百万吨（煤、矿石）、道路交通万车、航运万艘（船）死亡（重伤、轻伤）率等。
- 损失日/人模式：事故损失工日相对人员、劳动投入量（工日），如百万工日（时）伤害频率、人均损失工日等。
- 经济损失/人模式：事故经济损失相对人员（职工）数，如万人损失率、人损失等。
- 经济损失/产值模式：事故经济损失相对生产产值（GDP），如亿元 GDP（产值）损失率等。
- 经济损失/产量模式：事故经济损失相对生产产量，如矿业百万吨（煤、矿石）、道路交通万车（万时）损失率等。

五、事故指标的数字模型

1. 事故频率指标

生产过程中发生事故的频率或次数是参加生产的人数、经历的时间和作业条件的函数，即：

$$A=f(a,N,T)$$

式中 A——发生事故的次数；

N——工作人数；

T——经历的时间间隔；

a——生产作业条件。

当人数和时间一定时，则事故发生次数仅取决生产作业条件。一般有下式成立：$a=A/(N\times T)$ 通常用上式作为表征生产作业安全状况的指标，称为事故频率。在事故分类国家标准（GB 6441—1986）和国家安全生产监督管理局对地方的事故控制指标管理中，定义了万人死亡率、万人负伤率、伤害频率三种计算事故频率的指标。

万人死亡率　指某期间内平均每万名职工因工伤事故而死亡的人数。

$$万人死亡率=\frac{死亡人数}{平均职工人数}\times 10^4$$

万人负伤率　某期间内平均每万名职工因工伤事故而受伤人数。

$$万人负伤率=\frac{伤害人数}{平均职工人数}\times 10^4$$

伤害频率　某期间内平均每百万工时的事故伤害人数。

$$伤害频率=\frac{伤害人数}{实际总工时}\times 10^6$$

为了反映事故与经济发展的关系，事故频率指标还有以下几个。

亿元GDP死亡率　表示某时期（年、季、月）内，平均创造一亿元GDP因工伤事故造成的死亡人数。

亿元GDP伤害频率　表示某时期（年、季、月）内，平均创造一亿元GDP因工伤事故造成的伤害（轻伤、重伤）人数。

千人经济损失率　一定时期内平均每千名职工的伤亡事故的经济损失。

百万元产值经济损失率　一定时期内平均创造百万元产值伴随的伤亡事故经济损失。

2. 事故严重率指标

伤亡事故严重率是描述工伤事故中人身遭受伤亡严重程度的指标。在伤亡事故统计中因受伤害而丧事劳动能力的情况来衡量伤害的严重程度。丧失劳动能力的情况按因伤不能工作而损失劳动日数计算。在国家事故分类标准（GB 6441—1986）规定，按伤害严重率、伤害平均严重率及按产品产量计算死亡率等指标计算事故严重率。具体指标如下。

伤害严重率　某时期内平均每百万工时因事故伤害造成的损失工作日数。

$$伤害严重率=\frac{总损失工作日}{实际总工时}\times 10^6$$

伤害平均严重度　某时期内发生事故平均每人次造成的损失工作日数。

$$伤害平均严重度=\frac{总损失工作日}{伤害人数}$$

百万吨死亡率　平均每百万吨产量死亡的人数。

$$百万吨死亡率=\frac{死亡人数}{实际产量}\times 10^6$$

损失平均严重度　某时期内发生事故平均每人次造成的经济损失量。

$$事故损失均严重度=\frac{事故总经济损失}{伤害人数}$$

由于生产行业的不同，事故严重度的评价，常用产品产量事故率、死亡率等。即采用在一定数量的实物生产中发生的死亡事故人数计算出平均死亡率，一般计算

数学模型是：年事故死亡人数/年生产的实物量。如煤炭行业的百万吨煤死亡率，冶金行业的百万吨钢死亡率，道路交通领域的万（辆）车死亡率，民航交通的百万次起落事故率、万时事故率（征候率）等，铁路交通领域的百万车次事故率、万时事故率等。

3. 国外重要的事故统计指标

千人负伤率是许多国家常用的事故频率统计指标，如罗马尼亚、加拿大、英国、法国、墨西哥、埃及、印度、约旦、奥地利、肯尼亚、利比亚、赞比亚、巴拿马、危地马拉、巴基斯坦、捷克、芬兰、匈牙利、新西兰、叙利亚、坦桑尼亚、摩洛哥、挪威等许多国家都采用这一指标。意大利、瑞士、荷兰等国按 300 个工作日为一个工人数计算。

除了用“人/人模式”作为事故的最基本统计指标外，一些国家还常用如下指标。

- 百万工时伤害频率（失时工伤率，lost time injury frequency rate） 表示某时期（年、季、月）内，平均每百万工时内，因工伤事故造成的伤害导致的损失工时数，百万工时伤害频率＝工伤伤损失工日（时）数/实际总工日（时）$\times 10^6$；实际总工时＝统计时期内平均职工人数×该时期内实际工作天数×8。
- FAFR（亿时死亡率，Fatality Accident frequency rate） 指每年 10^8 工时（一亿工时）发生的事故死亡人数。它相当于每人每年工作 300 天，每天工作 8 小时，每年 4000 人中有一人死亡。
- 亿客公里死亡率 反映各类交通工具（道路、铁路、航运、民航）单位人员交通效率的事故死亡代价，亿客公里死亡率＝死亡人数/客公里数$\times 10^8$。

第二节 安全生产指数理论

安全指标或事故指标数据，无论是绝对或是相对指标，通常只能描述安全或事故的个别或局部的状况，不能反映国家、地区或行业，甚至企业一段时期的安全生产综合状况。所以我们需要建立能描述安全生产综合状况的安全生产指数理论和方法。

一、安全生产指数概念及意义

“指数”是一种无量纲的相对比较指标，由于具有直观易懂、科学准确、内涵丰富等特点，能够揭示和反映事物的本质和规律。将“指数分析法”应用于经济社会管理活动，已成为当今信息化时代的一个趋势。

在国家安全生产监督管理局的科研课题“小康社会安全生产指数研究”的资助下，我们提出并完善了一套安全生产指数的理论和方法。“安全生产指数”是应用量纲归一化理论，依据信息量理论和统计学的方法和原则，对安全生产的指标体系的创造性发展。安全生产指数能够反映地区综合性或行业的事故特征，通过安全生产指数可以对安全生产活动的状况和水平利用“安全生产（事故）指数”进行表达，能够为综合评价企业、行业、国家或地区的安全生产状况和事故水平，这是对安全生产科学管理的重要基础。同时，由于安全生产指数是一综合的无量纲指数，用这一理论可动态地反映安全生产持续改善水平，对地区、行业进行综合的横向比较分析，有利于管理部门进行科学评价（排行榜）、有利于管理部门制定合理政策和科学激励措施。

二、安全生产设计的设计思路及原则

1. 设计思路

对比以往我国的安全生产指标，“安全生产指数”不仅要能在横向上对各行业、企业、地区进行综合比较，还需要能够在纵向上反映地区或企业（行业）的安全生产状况持续改善水平。这就要求指数是一种无量纲的相对数，并且具有动态性，即指数必须是在时间上连续关联，且基于选用的“基元指标”更具有相对数的特点。

基元指标的选取应遵循设计原则中的相关原则、有效原则及简约原则。基元指标可以是某一具代表性的综合性指标或特性指标（如亿元产值事故率、损失率；千人死亡率、伤亡率、重伤率；大民航、道路、铁路、航运的亿客公里死亡率；百万工时伤害频率；亿时死亡率等）。

基于这种设计要求，作为对以往安全生产指标的改进指标，这种指数应更具直观性，，它是一个具有科学性、动态性、灵活性的指标。同时为了满足使得企业（行业）间、地区间的可比，它需要具有无量纲性、相对性的特点。安全生产（事故）指数的设计应从纵向和横向来分别描述。纵向安全生产（事故）指数用来反应安全生产的改善变化水平；横向比较指数反映企业、地区、国家的安全生产（事故）状况相对水平。

2. 设计原则

我国安全生产（事故）指数结合原有各项安全生产指标，对其进行分析综合并建立新的体系，在指数及体系的设计和指标的选取上应遵循几项基本原则。

目的性原则　安全生产（事故）指数旨在改进我国历年的安全指标纷繁杂乱的现状，科学动态地反映我国安全生产持续发展状况，指数及体系要紧紧围绕这一目标来设计。

科学性原则　指数的设计及体系的拟定、指标的取舍、公式的推导等都要有科学的依据。只有坚持科学性的原则，获取的信息才具有可靠性和客观性，才具有可信性。

相关原则　形成指数的各项数据和各指标之间应具有相关性和价值取向一致性，这是指数分析的基本前提。具体指标的选取要根据实际情况而定。在选定的指标基础上得到一个无量纲、具有相对性和动态性的安全生产指数。

有效原则　即所选择的指标能有效反映研究对象的基本状况。

简约原则　为保证指数的评价和预测具有较高的准确率，应将具有重复含义的指标排除在指数的基本框架之外。

综合性原则　指数及体系的设计不仅要有反映安全生产工作在某一阶段取得的进展，更重要的是要有动态性，能反映出其持续发展的状况规律，静态与动态综合，才能更为客观和全面。

可操作性原则　指数的设计要求概念明确、定义清楚，能方便地采集数据与收集情况，要考虑现行科技水平，并且有利于改进。而且，指数的内容不应太繁太细，过于庞杂和冗长，否则将会违背设计初衷和意义。

时效性原则　安全生产（事故）指数及体系不仅要反映一定时期安全工作开展的实际情况，而且还要能跟踪其变化情况，以便找出规律，及时发现问题，改进工作，防患于未然。此外，指数设计应随着社会价值观念的变化不断调整。否则，可能会因不合时宜而导致决策失误或非优。

政令性原则　指数及体系的设计要体现我国安全生产的方针政策，以便通过评比，鞭策企业贯彻执行“安全第一，预防为主”的方针，以及部门安全生产的规章制度。

直观性原则　指数的设计要能直观地显示安全生产发展的状况，有效协助政府部门，以保证重点和集中力量控制住那些在工作进展中落后的企业或地区。

可比性原则　指数体系中同一层次的指标，应该满足可比性的原则，即具有相同的计量范围、计算口径和计量方法。这样使得指标既能反映实际情况，又便于比较优劣，查明安全薄弱环节（行业、企业、地区）。

上述设计原则中，目的性原则决定了指标体系的设计必须符合科学性原则。可操作性以及时效性原则决定了指标体系设计应遵循政令性和直观性原则。此外，可操作性原则还决定了指标体系必须满足可比性原则。

三、安全生产指数的数学模型

“安全生产指数”以事故指标（预防指标、发生指标或事故当量）作为分析对象或指数基元，根据分析评价的需要进行指数测算，从而对安全生产的规律进行科学的评估和分析。“安全生产指数”的数学模式（定义）有三个。

1. Y-指数（同比指数）

Y-指数是纵向比较指数，能反映本企业、本地区自身安全生产（事故）状况的（持续）改善水平。其数学模型是：

$$K_y=(R_1/R_0)\times 100 \tag{4-1}$$

式中，R 为行业安全生产特性指标或综合指标；R_1 为当年指标；R_0 为参考（比较）指标［前一年指标、基年指标或者近 n 年平均（滑动）指标］。

2. X-指数（综合指数）

X-指数是横向比较指数，反映企业、地区、国家的安全生产（事故）状况相对水平。可以对企业、地区或国家间进行横向综合比较。

综合指数的第一种计算模型是企业、地区或国家间的两两比较模型：

$$K_x=R_1/R_0\times(W_0/W_1)\times 100 \tag{4-2}$$

式中，R_1 为被比较企业、地区或国家的安全生产（事故）指标；R_0 为比较企业、地区或国家的安全生产（事故）指标；W_1 为被比较企业的行业危险性权重系数；W_0 为比较企业的行业危险性权重系数。

综合指数的第二种模型是 n 行业、地区或国家之间的综合比较，其数学模型是：

$$K_x=[R_0\times W_0]/[\sum W_i R_i/n]\times 100 \tag{4-3}$$

式中，W_i 是第 i 个地区的危险性权重系数。

四、事故当量指数的设计

1. 事故当量及事故当量指数

事故当量：是事故后果－死亡、伤残、职业病和经济损失四个特征的综合反映，用于综合衡量单起事故或一个企业、一个地区发生事故的危害程度。即用事故当量的概念将四个不同的事故特征统一起来。

事故当量指标　相对人员、产量、GDP 等社会经济和生产规模背景因素，度量事故当量的指标，如 10 万人事故当量 fP，亿元 GDP 事故当量 fG 等。

事故当量综合指数 K　事故当量指标的综合函数，基本定义是：

$$K=F(f,b,r,l,P,G)$$

$$或=[f/f_{标}+b/b_{标}+L/L_{标}]\times D\times 100/n \tag{4-4}$$

$$或=[\sum(X_i/X_{i综合})]\times 100/n \tag{4-5}$$

$$或=[\sum D_i(X_i/X_{i综合})]\times 100/n \tag{4-6}$$

$$或=[fP/fP_{综合}+fG/fG_{综合}]\times D\times 100/2 \tag{4-7}$$

式中　f——死亡率指标；

b——受伤率指标；

r——职业病发生病率指标；

l——损失率指标；

P——人员指标；

G——GDP 指标；

D_i——指标修正系数，可根据经济水平（人均 GDP）、行业结构（从业人员结构比例或产业经济比例）、劳动生产率或完成生产经营计划率等确定；

X_i——考核或评价依据的第 i 项事故指标；

$X_{i综合}$——考核或评价依据的第 i 项区域或行业平均（背景）事故指标；

n——参与测量事故当量综合指数的指标数。

2. 事故危害标准当量的确定

事故危害当量指数是测度事故综合危害的指标。它能够反映事故后果——死

亡、伤残、职业病和经济损失四个方面的综合特征，用于综合衡量单起事故或一个企业、一个地区发生事故的综合危害程度。即用事故综合当量的概念将四个不同的事故特征统一起来的方法。

3. 事故危害“标准当量”的确定

事故危害“标准当量”：定义为“事故导致的1人年综合危害，包括1人年时间损失或1人年价值损失”。1人年的时间损失按周5天（或6天）工作制换算，可等于250人日（或300天）；1人年的价值损失按1人年的全员劳动生产率和造成的医疗费用之和计算。由上述定义可得到如下转换标准。

（1）死亡人员当量　一人相当于20个事故当量（即20人年或5000工日损失）。

（2）伤残人员当量　按伤残等级的总损失工日数（根据国际常用规范，不同伤残等级的损失工日数按表4-1标准计算），而部分工伤因治疗康复后不能确定残疾级别的按实际损失工日计算，以250工日为一标准当量。

（3）职业病当量　与伤残人员的当量换算相仿，根据职业病等级的标准损失工日数换算；因治疗康复不能确定职业病等级的按其实际损失工日数计算。

（4）经济损失当量　按平均劳动生产率标准换算，即地区平均劳动生产率价值为一当量。

事故当量指数还可扩展为事故当量同比指数、事故当量综合指数，用于企业、地区事故发生状况的纵向或横向分析评价。

表4-1　损失工作日数计算值

级别	一级	二级	三级	四级	五级	六级	七级	八级	九级	十级
损失工作日数	4500	3600	3000	2500	2000	1500	1000	500	300	100

4. D_i 修正系数的确定

由于地区间生产发展水平、行业结构和安全文化基础的差异性，导致地区间的安全生产客观基础和条件的不同。因此，在评价地区安全生产状况或对地区提出的安全生产要求和事故指标，应考虑这种差异性，由此，在测算事故当量综合指标时应对其指标进行必要的修正，即设计 D_i 指标修正系数。D_i 的设计应该根据指标的客观影响因素来进行，如各类事故总指标根据地区人均GDP水平设计；工矿事故指标根据地区的行业结构进行，即用地区高危险行业的从业人员规模比例或高危行业的GDP比例结构；道路交通事故指标根据等级公路的比例水平设计；由于全面收集基础数据的困难和客观的动态性，要精确、全面地确定 D_i 是困难的。根据目前能够收集到的数据，课题根据不同地区（省市）的人均GDP水平和行业GDP的结构，按正式，测定了 $D_{人均GDP}$ 和 $D_{行业GDP比例}$ 两种修正系数，分别用于修正各类事故10万人死亡率和各类事故亿元GDP死亡率及工矿企业10万人死亡率。

$$D=D_{地区}:D_{全国} \tag{4-8}$$

五、事故当量综合指数的应用

事故当量综合指数的应用可体现在如下方面：

（1）评估单起事故的危害严重程度，对事故进行综合分级具有重要的意义。如1997年北京东方红化工厂的火灾爆炸事故，具有人员伤亡较小、经济损失较大的特点，而2000年洛阳东都商厦的火灾事故，则是伤亡较大、经济损失较的特点。如果没有事故当量的概念，这两起事故无法进行比较分析，应用了事故当量的理论和方法，就可进行程度比较分析。

（2）对企业一年或一段时期发生的各类事故进行综合问题评价。即将企业一年中发生的各类事故，其导致的死亡、伤残（重伤、轻伤）、职业病、经济损失的综合结果进行当量测评，从而可以对企业的事故综合危害严重程度进行评价分析。

（3）与企业的分析评价同样道理，应用事故当量指数可以对地区的事故综合状况做出科学、合理评价，从而对区域安全生产状况进行评价排序，以进行科学的目标管理。

由于目前对于一个地区（省市）的事故伤残人员数和事故经济损失还无法做出精确的统计，因此还做不到死亡、伤残、职业病和经济损失的“全当量”事故评价。

下面的研究主要根据国家局调度中心确定的地区（省市）考核指标体系，应用事故当量综合指数的理论，依据目前能够统计的事故死亡率指标进行各地区（省市）的综合分析排序。

第三节　安全经济指标体系

一、安全经济指标体系结构

1. 安全经济统计及其理论基础

安全经济系统是一个复杂的系统，用统计的手段是认识安全经济系统的重要途径。通过对事故伤亡、事故损失、安全投入及消耗等数量状况的统计，可以为研究和分析安全问题，认识事故发生规律提供客观基础的数据，从而为安全活动（安全经济规划、组织、管理和控制等）的合理、科学决策提供可行的保证。

安全经济统计是认识安全状态（安全性、事故损失水平、安全效益等）及安全系统条件（安全成本、安全投资、安全劳动等），对设计和调整安全系统、指导和控制安全活动提供依据的重要技术环节。它可以为研究安全规律，为促进事故及灾害预防技术及安全工程与管理技术的发展，提供基本数据信息，是开展安全经济研究的重要基础工作。建立安全经济统计工作体制不仅是安全经济学发展的需要；也是安全科学技术发展的需要，对提高安全科学定量技术水平具有基础性的作用；对

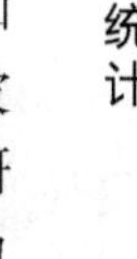

促进安全生产、提高安全工作效益也有重要的实际应用意义。

安全经济统计应在质和量的辩证统一中研究安全经济现象的数量关系，而不能像研究抽象数量关系的数学那样，进行“纯数量”的研究。

安全经济统计的基础要求确立或定义安全经济的指标。安全经济指标体系是由各种与安全因素相关的经济特征指标构成的，它必须是能够全面、科学地反映安全的任务、安全的状态、安全的效果等许多安全经济质量和数量特征的指标总和；它们应能对安全活动既有质的规定，又有量的规定，并且包含有反映安全活动与经济活动相结合的综合性指标。

为了做好安全统计工作，首先需要建立一套完整、全面、科学的安全经济指标体系。通过一套科学、完整的安全经济质量与数量指标，能把安全系统的状态、安全经济活动的效果、安全工作的优劣、安全与经济的协调状况等客观、准确地反映出来。同时，有了这样一套合理的指标体系，安全活动、安全工程、安全工作等各方面的定量分析、评价才有了依据基础，安全的设计、规划、组织、控制、调整等决策活动才可能更为科学和合理。

2. 安全经济统计指标体系的建立原则

建立安全经济指标体系应遵循如下原则：①安全经济指标必须符合客观性和科学性原则。②安全经济指标必须符合可操作性原则。③安全经济指标体系不仅应包容安全经济系统的宏观特征（反映地区、行业、部门以至全国的综合安全经济特性），又能反映安全经济的微观特性（企业、项目的安全经济特性）。④安全经济指标体系必须反映安全经济效益的特征。⑤安全经济指标体系应是社会、国家和企业经济指标体系中的一个组成部分。⑥安全经济指标体系的结构应从安全经济活动规律的要求出发，指标的性质应反映安全活动的目标、任务和要求。⑦安全经济指标应既适应于计划，又适用于统计，即安全指标体系既包括计划指标体系，也包括统计指标体系。

3. 安全经济指标体系的结构

应用系统工程的方法，可能认识到安全经济的特性可由三个环节来反映：安全投入、安全后果和安全效益，我们把它称为安全经济的三类特性。这样，安全经济指标体系可由三个部分来构成：安全投入指标、安全后果指标和安全效益指标。其中每一个部分根据指标的范围特征又可分为宏观综合性指标和微观指标，我们称为安全经济指标的两个层次。基于这种设计，可整理出的安全经济指标结构体系。

4. 重要的安全经济指标

安全经济指标可有如下三个系列。

(1) 安全经济的绝对指标包括：①投入方面：主动投入-安措费、劳保用品费、保健费、安全奖等；被动投入-职业病诊治费、赔偿费、事故处理费、维修费等；②后果及效果方面：负效果-经济损失量、工日损失量、环境污染量、伤亡数等；正效果-生产增值、利税增值、损失（含经济和工日等）、减少量、污染减少量、伤亡减少量等。

(2) 安全经济的相对指标。安全经济的相对指标是相对于某种背景来考查安全经济绝对指标的特征量，往往更具实用可比性和客观性。在实际工作中常常用相对指标来分析和说明问题。安全经济的相对指标主要以如下背景来相对地考查问题：职工规模、产量、产值、利税等。安全效益常常用相对指标来反映。从时间相关特性来考查，安全经济指标还可分为静态指标和动态指标。特别是由于安全活动效果的滞后性、延时性等特征，往往需要用动态指标才能准确反映安全经济规律。

(3) 在安全管理工作中经常用到的重要安全经济指标有：国民（生产）产值安全投资指数，发达国家高达 3.5%；安措投资增长率，一般应高于经济增长率；人均安措费，我国工业企业 20 世纪 90 年代初仅为 100 余元；人均安全成本；专职人员人均安全投资；经济损失达标率；危险源（隐患）现存率；事故损失直间比，客观有 1∶2 至 1∶>100 之间；经济损失严重度；工日损失严重度；经济损失重要度；工日（时）损失率；人均经济损失；万元安措费保护职工人数；安全专职人员人均保护职工数；安全专职人员人均安全生产率；百万产值损失率；百万产值伤亡率；单位产量损失率；单位产量伤亡率。

目前安全经济学研究获得的一般宏观经济参数有：事物损失规模占 GNP 的 2.5%；安全投资规模占 GNP 的 3.5%；一般安全投入产出比为 1∶6；安全生产贡献率达到 GNP 的 1.5%～5%；对于安全保障措施的预防性效果与事后整改效果关系为“1=5”；安全效益金字塔规律为系统设计 1 分安全性＝10 倍制造安全性＝1000 倍应用安全性。

二、安全经济指标数学模型

为了系统研究安全的经济效益及其规律，科学评价安全与经济发展的关系，必须建立一批反映安全经济效益的指标，以反映安全经济的各个方面和事物发展的全过程。

安全经济效益指标体系是由各种与安全因素相关的经济特征指标构成的，它是一系列反映安全任务、安全状态、安全效果等许多安全经济质量和数量的指标总和；它们对安全活动既有质的规定，又有量的规定，并且包含有反映安全活动与经济活动相结合的综合性指标。

1. 安全投入指标

安全投入产出指标是一系列反映安全投入与产出之间关系的指标，通过这一系列指标可以清楚看到安全投入与安全产出相互联系、相互影响的关系。

安全投入指一国或一企业用于与安全有关的费用总和，安全投入包括安全措施经费投入、个人防护用品投入、职业病预防费用等。具体的有以下一些指标能反映安全投入。

- 安技人员配备率　指安全专职人员占职工总人数的比例，反映活劳动的消耗，可用于考查一个地区、一个行业或一个企业的安技人员配备情况。
- 安全投资合格率　指安全投资符合国家有关要求的单位（企业）数所占的比

例，反映活劳动消耗的合理水平，用于考查地区或行业等宏观安全投入状况。

• 国民生产总值安措投资指数　指安措费投资占国民生产总值的比例，反映安措投资的水平，是国家或企业负担安全的指标之一。

国民生产总值安措投资指数＝安措投资/国民生产总值(%)

• 安全投资增长率　指后一时期安全投资的增量与前一时期安全投资量的比值，反映安全投资的增减变化状况。

• 安措投资增长率　指后一时期安措投资的增量与前一时期安措投资量的比值，反映安措投资的增减变化状况。

• 人均安全措施费　指每一职工单位时间（通常是一年）的安措投资量，反映了不同国家、地区或行业的人均安措负担或消耗量。

• 人均劳动防护用品费　指每一职工单位时间（通常是一年）的人均劳动防护用品费，反映了不同国家、地区或行业的人年均劳保用品费负担或消耗量。

• 人均职业病诊治费　指每一职工单位时间（通常是一年）的人均职业病诊治费，反映了不同国家、地区或行业的人年均职业病诊治的负担或消耗量。

• 万元产值安全成本含量　表明每创造一万元产值需要花费的安全成本。

• 安全资金投入　指的是一国（或一企业）投入在安全上的资本要素，计算时可采用固定资产原值（或固定资产净值）＋流动资金年平均余额计算。

• 安全劳动量投入　指的是一国（或一企业）在安全上投入的活劳动总和，计算时可采用安全投入的总工时或总职工人数计算。

2. 安全效率指标

安全效率是反映安全投入效果特征的指标。有以下几个指标。

• 隐患整改率　指通过安全投入已得到整改和已消除的危险源数目所占的比例。

• 伤亡达标率　指通过安全投入使伤亡的水平符合有关规定的单位数的比例。

• 环境污染达标率　指通过安全投入使环境污染水平符合有关规定的单位数的比例。

• 损失直间比　指直接损失与间接损失的倍比系数。

3. 安全产出指标

根据安全原理的分析，安全的产出一是直接的增长产出，即指一国或一企业通过安全投入所产生的成果或效益，二是减损，是指安全的减轻生命与财产损失的功能，由于意外事故的减少，人们的生命与健康损害和物质财产损失得以减少。

安全产出指标包括以下几个。

• 安全生产投入产出比　安全生产投入产出比指的是一定时期内一定的安全投入和由于此项投入而带来的产出之比，即安全生产投入产出比＝安全投入/安全产出，根据考查的范围不同，安全生产投入产出比最常见的有全国安全生产投入产出比、行业安全生产投入产出比等。

• 安全投入效果系数　表示为了获得 Q_j 的产出需要在第 j 类别安全生产上的

投入。

4. 安全效益指标

安全效益指的是人们在经济活动中安全投入与其所取得的有用的成果之间的比较。毫无疑问，安全生产能为我们带来效益（包括是经济效益和非经济效益），但是安全生产的效益到底有多少，我们却缺乏定量的计算依据。安全效益指标是一系列反映安全生产效益的指标，通过这些指标可以定性、定量地考核国家或企业的安全生产效益。以下是一些重要的安全效益术语及指标。

- 安全的经济效益　指通过安全投资实现的安全条件，在生产和生活过程中保障技术、环境及人员的能力和功能，并提高其潜能，为社会经济发展所带来的利益。
- 安全的非经济效益　指安全的社会效益，它是指安全条件的实现，对国家和社会发展、对企业或集体生产的稳定、对家庭或个人的幸福所起的积极作用。
- 安全增值效益　指安全对于生产力要素的保障、维护与促进作用，并通过这种作用使系统的功能得以充分发挥，从而实现效益、效率的增值。
- 安全边际效益　安全边际效益指当安全投入量增加一个单位时总安全效益的增加量。
- 安全经济贡献率　指安全生产对社会、国家经济成果的贡献率。
- 事故伤亡减少率　指后一时期事故伤亡减少量与前一时期事故伤亡量的比值，反映事故伤亡的增减变化状况。

$$\text{事故伤亡减少率}=\frac{\text{后一时期事故伤亡量}-\text{前一时期事故伤亡量}}{\text{前一时期事故伤亡量}}\times 100\%$$

- 事故损失降低率　指后一时期事故损失降低量与前一时期事故损失量的比值，反映事故损失的增减变化状况。

$$\text{事故损失降低率}=\frac{\text{后一时期损失量}-\text{前一时期损失量}}{\text{前一时期事故损失量}}\times 100\%$$

- 安全成本下降率　指后一时期安全成本的降低量与前一时期安全成本量的比值，能反映安全成本下降变化状况。

$$\text{安全成本下降率}=\frac{\text{后一时期损失量}-\text{前一时期损失量}}{\text{前一时期安全成本量}}\times 100\%$$

- 安全项目投资回收期　指一项安全工程投入的劳动消耗与项目年有用效果之比，反映安全项目投资的回收期限。

$$\text{安全项目投资回收期}=K/J\,(\text{年})$$

- 安全项目投资收益率　指安全工程项目年有用效果与劳动消耗之比。

$$\text{安全项目投资收益率}=J/K$$

上面给出的安全经济指标，仅是基本而有意义的部分。一方面不同的指标组合还会产生新的指标；另一方面，在实际工作中对不同问题的论证或评价，将会要求一些更为综合或复杂的指标。因此，上述安全经济指标仅是基础性的指标，在实际

工作中还可以根据特殊需要设计和定义客观的具体指标。

三、事故经济损失的统计学指标

事故的后果有两个重要表现形式：一是人员伤亡，二是经济损失。因此，在对事故进行全面的综合评价时，也应从两个方面来进行。

为了定性与定量相结合地衡量事故的经济损失，除用上述指标进行定量评价外，还可在评价事故严重程度的基础上，对事故经济损失严重程度进行定性分级。即：

- 一般损失事故　经济损失小于1000万元，但大于100万元的事故；
- 较大损失事故　经济损失大于1000万元，但小于5000万元的事故；
- 重大损失事故　经济损失大于5000万元，但小于1亿元的事故；
- 特别重大损失事故　经济损失大于1亿元的事故。

第四节　安全会计分析

安全会计作为新的会计分支，关于安全会计的相关理论尚未成熟。安全会计不仅能全面、详细地反映企业的安全投入、产出状况，对安全决策、管理、监督提供信息和依据。本节从安全会计的概念、核算原则等入手，介绍了安全会计的日常核算方法以及安全会计信息披露，有利于企业强化安全意识，确保安全投入的落实。

一、安全会计概述

安全会计的基本理论是以安全会计假设为前提，围绕安全会计对象所形成的一系列相互联系的目标、原则和基本概念组成的一个有机整体。它是安全会计体系的一个组成部分。在安全投资理论介绍的基础上，结合传统会计理论体系，本章将从安全会计的概念、假设、原则以及对象四个方面构建安全会计理论体系，从而为进行安全会计核算提供基础。

1. 安全会计的作用

（1）有助于提高企业的经济效益和社会效益　经营者从事生产经营，一方面要保证企业可持续发展，另一方面是追求企业价值最大化，以尽可能少的成本获得尽可能多的收益。由于安全效益的隐蔽性和长期性等特点，使得大多数企业内部管理者认为，安全投资只能带来成本，而没有效益，从而想方设法减少安全投资。而安全状况不但与企业的可持续发展密切联系，还在一定程度上对企业的收益有影响，也就是说安全投资其实是有效益的。因此，通过安全会计核算，经营管理者可以利用安全会计信息，加强安全管理，塑造企业良好形象，增强企业市场竞争力，全面提高企业的经济效益和社会效益。

（2）有利于政府监管部门加强监管工作　为了保证企业的安全投入，国家相关的管理部门做出了相应的规定。而如何对企业的安全行为进行监督，则是安全管理的薄弱环节，现行的会计制度在企业安全卫生方面的资金投入多少没有明确规定，并且其会计核算侧重于费用的核算，缺乏对安全资源、安全成本、安全效益的确认和计算，忽视了与安全相关信息的披露，通过安全会计核算，可为监督部门对企业安全活动进行评价提供科学合理的依据。

（3）有助于投资者、债权人做出正确的决策　投资者在对企业投资前要对企业的经营状况和未来发展能力做出判断，安全生产对企业的收益和未来发展情况有很大影响，投资者做出投资决策时就要对企业的安全生产状况进行衡量。因此，安全会计应为其提供能够衡量安全生产状况的信息。通过安全会计的核算，可为投资者和债权人评价企业的发展状况和财务风险提供依据，从而有利于其做出正确的投资决策。

2. 安全会计的概念

安全会计是企业会计的一个分支，它是运用会计学的基本原理和方法，采用多种计量手段和属性，连续。系统。全面地对企业的安全经济活动进行核算和监督的专门会计。具体包括以下特点。

（1）安全会计是企业会计的一个分支　安全会计作为一项实质性工作并不是独立存在的，而是企业会计的一个分支，是以企业传统会计为基础的。安全会计遵循传统会计的会计处理方法，其并不要求企业在凭证及账表之外再设一套单独的会计处理程序，也没有必要专门设置安全会计机构。

（2）安全会计的基本职能仍然是核算和监督　作为企业分支的一个分支，安全会计的职能应与传统会计一样。会计的职能是会计所能发挥的作用。一般认为，现代会计具有核算、监督和管理职能。其中，核算和监督是会计的基本职能。就安全会计来说，核算职能是其首要职能，是指企业以价值形式对企业的安全经济活动进行连续、系统及综合的反映，集中变现为对已经发生或已经完成的交易和事项进行确认、认量、记录和报告的行为。

（3）安全会计的对象是与安全有关的活动　安全会计的对象是安全会计的客体，是指企业与安全有关的经济活动。在界定安全会计核算对象时，要最大限度揭示企业与安全生产相关的信息。具体来说，包括以下几个内容。

① 安全资金的来源。即为安全资金的取得方式。它是企业从事生产安全活动的前提。在我国，安全资金的来源有很多种。

② 安全资金的使用。即为安全资金的具体指出。根据不同的目的，安全自己的使用方向不同。

③ 安全成本。即为企业用于安全活动的开支，包括为保证安全生产而支付的一切费用和因安全问题而产生的一切损失。

④ 安全效益。是企业从事安全生产活动所取得的经济效益和社会效益。

3. 安全会计的核算原则

（1）社会原则性。安全问题不只是单个企业问题，更多是一个关乎国家和人民

利益的社会性问题。这就要求安全会计从理论到实践，应从社会角度出发，综合考虑社会利益而不是只追求企业本身利益，并以此来评价企业的业绩。

(2) 强制与自愿相结合原则。安全投入是安全生产的前提，为保证企业安全投入的数量与实施情况，企业应尽可能披露与安全有关的相关信息。可是有的企业可能会主动自愿披露尽可能多的安全会计信息，但也有尽可能在安全方面少投入或不投入。这使得其不愿意甚至抵制对外披露信息。对于前者，政府部门应给予鼓励，对于后者则需要教育和惩罚。同时，政府会计部门、安全管理部门必须对有关安全会计披露的事项做出明确的强制性规定，统一企业安全信息的披露时间、内容、方法和范围，以有助于外部信息使用者做出公正的比较和评价。

(3) 充分揭示原则。即要求企业将一切有关企业安全履行情况的信息报告给使用者，包括有利情况。因为会计信息的作用就是帮助信息使用者了解所有的经营状况，从而做出正确的决策。每多知道一个相关的信息，都有助于减少决策的盲目性，增大投资把握。所以安全会计在提供信息时要力求全面不能隐瞒任何信息。

(4) 社会效益与经济效益兼顾原则。作为一个盈利性组织，企业当然要追求经济效益，但安全作为一个社会问题，要求企业还应考虑企业的社会效应。因此，企业既不能为了追求经济利益而牺牲员工和社会的生命健康为代价，也不能为了安全抛弃经济发展，必须做到企业发展与社会发展共赢，经济效益和社会效益共同提高。

(5) 可持续发展原则。国家所需要的发展不是一味追求经济增长，而是把社会、经济、环境、职业安全卫生资源等各项指标综合起来评价发展的质量；强调经济发展和职业安全卫生、环境保护、资源保护是相互联系和不可分割的，强调把眼前利益和长远利益、局部利益和整体利益相结合起来；强调建立和推行一种新型的生产和消费方式，应当尽可能有效利用可再生资源，包括人力资源和自然资源；强调人类应当学会珍惜自己，爱护自然。而安全生产和事故控制涉及到可持续发展战略的上述各个方面。

二、安全会计的日常核算

(一) 安全会计的核算内容

安全会计的核算内容应该包括以下几个方面。

1. 安全资产

(1) 安全资产的定义及内容。安全资产，是安全会计的基本要素。具体可把它定义为企业由于过去的交易或事项而承担安全责任或参加安全活动所形成的、目前拥有或控制的资源，该资源预期会给企业带来未来经济效益。根据定义，安全资产应该具有以下几个方面特征：①由企业过去的交易和事项形成，过去的交易和事项包括购买、建造行为或者其他交易事项。只有过去的交易或者事项才能形成资产。②应为企业拥有或控制的。判断某一项经济来源是否是资产应符合两个标准，一是看企业是否对其拥有所有权，也就是说这项资产是否属于企业本身所有；另一个标准是看企业是否对其拥有控制权，也就是说，即使企业对某项经济资源没有所有权，但如对其有控制权，那么，该项经济资源也能成为企业的一项资产。③预期会给企业带来的经济效益。这是判断某项经济资源是否是安全资产的重要特征。资产作为经济资源必须能为企业带来利益，对安全资产来说，也应给企业带来经济利益。但对安全资产来说，除了可为企业带来经济利益外，还可以为企业带来非经济利益。这种非经济利益就是安全的社会利益，即指安全条件的实现，对社会发展、企业或者集体生产的稳定、家庭或个人的幸福所起的积极作用。④由企业承担安全责任和参与安全责任活动而产生。这也是安全资产区别于其他类型资产的显著特征。相对于企业的其他资产来说，安全资产应该产生于企业的安全活动。按资产的流动性划分，安全资产包括以下内容：安全流动资产。安全固定资产。安全无形资产。

(2) 安全资产的确认。将一项资源确认为安全资产，除了需要符合安全资产的定义外，还应同时满足会计准则中资产确认的两个条件。

① 与资源有关的经济利益很可能流入企业。经济利益流入是资产的一根本质特征，但是在现实生活中，由于经济环境的瞬息万变，与资源有关的经济利益能否流入企业或者能够流入多少实际上带有不确定性。因此，资产的确认还应与经济利益流入的不确定性程度的判断结合起来，根据编制报表时所取得的证据，与资源有关的经济利益很有可能流入企业，那么就应该将其作为资产予以确认。

② 该资源的成本或者价值能够可靠计量。安全会计中，由于会计计量方法和反映技术的局限性，加之安全活动的复杂性，会产生所反映的事实具有模糊性的特点，这种现象不属于偏向，仍可认为其具有可靠性。

2. 安全负债

(1) 安全负债的定义及分类。安全负债是由于企业在过去的交易或事项中，因承担安全责任而产生的，能以货币计量的义务，履行该义务预期会导致经济利益流出企业。它是企业安全会计信息的重要组成部分。安全负债的形成主要表现在四个方面：安全保护、员工利益、消费者权益以及安全事故损失的赔偿。企业的安全负债最终需要企业以资产或者劳务去偿付。因此，出于盈利的目的，企业是不愿意承担该项义务并将其确认为负债的。在这种情况下，国家或相关部门会采取必要的措施，甚至通过立法形式责令企业承担相应的义务并向国家和社会公众作出承诺。研究安全负债的内容多种多样，笔者认为应包括如下项目。

① 按安全负债的性质可将其分为四大类：a. 服从性责任，它是指根据有关安全管理规定，企业应负的安全责任并履行有关的负债；b. 补救性责任，它是指在企业发生安全事故后，对已发生损失的环节进行补救，消除隐患所发生的责任；c. 罚款与处罚性责任，是指企业在未履行或者全部履行服从性或补救性责任的条件下，所可能受到的民事或刑事处分以及作为接受这些处分的一部分的支付责任；d. 赔偿性责任，它是指企业对由其生产经活动引起的安全事故所造成的社会、个人或者其他损失所进行的赔偿。

② 按负债支出的内容可将其分为以下几个方面：a. 应付员工安全保护费。主要指企业应用与员工安全保护项目的负债；b. 应交税金。与安全活动有关的应交未交的税金；c. 应付安全设施支出。主要指企业在取得与安全有关的设施过程中所发生的债务；d. 其他应付款。主要指与安全有关的罚款性负债；e. 应付安全损失费。指由于发生与安全有关的事故所形成的应付未付的损失。

(2) 安全负债的确认。将一项义务确认为安全负债包括两个方面的内容。

① 安全负债的特征。根据定义，安全负债应有以下特征。第一，负债是企业承担的现实义务。第二，负债预期会导致经济利益流出企业。第三，负债是由企业过去的交易或者事项形成的。第四，由承担安全责任而产生。

② 确认条件。安全负债属于会计的负债要素，则应满足负债要素确认的两个条件。第一，与该义务有关的经济利益很可能流出企业。第二，未流出的经济利益的金额能可靠的计量。总之，一项义务要确认为安全负债，除了要符合负债的定义，还需要满足这两个确认条件。

3. 安全权益

安全权益是指企业投资者对安全资产的要求权，安全权益反映所有者拥有的安全资产所有权或使用权。主要由两部分组成。

(1) 投资者对企业实际投入的安全资本。投资者对企业实际投入的安全资本是指投资者以安全资产对企业进行初始或追加投资所形成的权益。比如股东可能以污染治理设备或技术等向企业投资。

(2) 企业提成的安全专项储备基金。企业提成的安全专项储备基金主要只用于企业提取的安全生产费用以及维持简单再生产费用等具有类似性质的费用。除此之外，为了保证安全投入，企业还可以设立“安全基金”，而安全基金的提取可以来源于税后利润。这种来源于税后利润的安全基金也应属于安全权益的一部分。

4. 安全成本

(1) 安全成本的内容。在经济学上，安全成本是与安全有关的费用的总和。具体包括安全管理成本、安全技术成本、安全设施成本以及事故损失成本。根据企业所发生安全成本的不同功能，安全可以分为两类：弥补已发生安全损失的安全成本及预防性的安全成本。

预防性支出是以实现一定安全目标为目的，通过安全资源配置，形成安全保证条件而发生的投资性支出。这部分支出的经济目的是为了形成安全保证条件，从而避免事故发生，具有主动性可控制性。预防型安全成本可以包括安全工程费用、安全预防费用两部分。其中，安全工程费用指为构筑安装安全工程、设施以及购置费、工时费；安监设备、仪器仪表的购置、维修、维护费以及安监人员工资、补贴等；安全工程的设计费、评审费；安全工程设施的维护费、检修费。安全预防费用指运营安全工程设施，使用安监设备、仪器仪表进行安全管理和监督检查、安全培训和教育以及职业病防治和劳动保护等支出的费用。主要包括安全工程、设施的运营费用；安监设备、仪器仪表使用费；建立安全评价体系，制订安全工作计划和安全监督检查所需要的费用；安全奖、安全培训教育费用；开展安全工作所需的有关资料、表格打印、宣传等的费用；职业病预防及劳动保护装备、防护费用、劳动医疗保险等费用。

按照预防性支出产生的效果，预防性支出在会计方面应包括三种类型：第一，形成企业资产的预防性支出。这类安全支出发生后会形成资产增量，因此，可作为企业资产管理。例如，购置企业安全设备的预防性支出，发生后应作为安全固定资产管理；第二，形成产品成本的预防性支出。这类安全支出可能会增加或改善生产能力，使得产品质量、产量提高，成本、材料相应降低，因此，应计入产品成本；第三，形成费用的预防性支出。这类支出不会形成任何资产增量，只构成一种维持本期安全活动的费用，例如，企业安全生产管理机构的费用等。

损失性安全成本是指由于安全生产事故和安全保障水平不能满足生产的需要而给企业造成的损失。它包括内部损失和外部损失两部分。其中，内部损失是指由于安全问题在企业内部引起的停工损失和安全事故本身造成的损失。主要包括：停产损失，安全事故造成的直接损失，恢复生产的费用；报废设备、工程等的处理费用；安全事故处理与分析费用；人员伤亡的治疗赔偿费用；职业病治疗费用等，外部损失指因安全问题引起的，发生在企业外部的各类损失。主要包括：外部人员中伤员的医疗费、赔偿费、各类罚款、诉讼费、其他赔偿费、其他费用。从这类支出的经济效果来看，损失性安全成品的作用在于弥补已发生的安全损失。从本质上仅是一种弥补已经发生损失的支出，不可能形成任何资产增量或者收入增量。因此，在会计上，这类支出一旦形成则应在当期作为相关费用处理。

综上所述，从会计角度分析，安全成本可分为以下三部分。

第一，应计入资产价值的成本。这类支出带来的经济利益一般超过一年或一个会计期间，因此，属于安全资产的核算范围。这种支出一旦发生，就应当资本化，计入固定资产、无形资产、存货等相应资产价值，然后随着各资产的使用在以后各期摊销为费用。

第二，应计入产品成本的安全成本。这类支出一旦发生，构成的是产品价值，因此，应计入相关产品成本。

第三，应作为当期费用处理的部分。这类支出一旦发生，应计入有关费用账户。主要指企业发生的与安全活动有关的经济利益的流出。

(2) 安全成本的确认

① 应予资本化的安全成本的确认。资产的定义表明，如果企业发生的一项成本将在未来带来经济利益，那就应该将其资本化。

符合资本化条件的安全成本具体确认时应具备如下标准：第一，提高企业拥有的其他资产的能力或者能提高或改进企业安全状况；第二，可以为企业带来超过一个会计年度或者一个会计周期的经济利益。由此，符合标准的安全成本应计入相关资产价值，以后随着使用进行价值折旧或者摊销，这里的相关资产，可以是安全资产本身，也可以是与支持的安全成本相关的其他资产。

② 应计入产品成本的安全成本的确认。在支出的安全成本中，有一部分成本可能是为了产品生产发生，其会直接增加或改善企业产品的生产能力。对这些支出来说，其发生是为了产品生产，因此，按受益原则，这些支出应该由产品所承担。例如，对产品生产过程或者环境进行安全检测的仪器，随着其使用应进行价值损耗，该损耗应以折旧的形式计入相关产品成本。具体确认时，应注意一点，就是该安全成本的发生是否是直接为了产品生产。否则，不应计入产品成本。例如，工人进行生产时的防护用品，其价值应计入相关产品成本。

③ 应作为当期费用处理的安全成本的确认。这类支出是指企业在经营活动中发生的安全生产有关的经济利益的流出。具体可把它称为安全费用。按照其内容包括：安全工程和设施运营费、安全宣传费、安全奖励费、工业卫生措施费及事故损失费等。

安全费用具有以下特征：a. 安全费用的发生是企业的安全活动中形成的。这是区别安全费用与其他费用的特征。b. 安全费用的发生往往伴随着资产的减少。与安全费用相关的经济利益的流出往往会减少相应的资产。如随着安全检测仪器的使用其价值发生磨损，事故损失发生相应减少企业的货币资金。c. 安全费用的规模取决于政府的政策导向。由于经济利益的驱使，安全资金的取得通常要由政府强制规定，如规定事故损失中用于赔偿的金额，向企业收取的排污费等。d. 未来效用的不可能性。安全期间费用不会给企业带来未来的效用。这是判断安全期间费用的实质。如果一项支出不产生未来的效用，或者不会给企业带来未来经济利益，则应确认为安全费用。

5. 安全收益

(1) 安全收益的定义与内容。安全收益是指通过安全水平的实现，对国家、社会、集体、个人所产生的安全效益。其实质是用尽量少的安全投资，提供尽可能多的符合全社会需要和人民要求的安全保障。安全活动在活动满足安全需要的基本前提下，所需投入的资本、劳动越少，安全的经济效益就会越高。从性质来说，安全的收益分为经济效益和非经济效益。其中，对经济效益来说，是通过安全投资实现的安全条件、在生产和生活过程中保障技术、环境及人员的能力和功能，并提高其潜能，为社会经济发展所带来的利益。它包括两方面的内容：一是直接减轻或免除事故或危害事件给人、社会和自然造成的损伤，实现保护人类财富，减少无益消耗和经济损失，简称为减损收益；二是保障劳动条件和维护经济增值过程，简称为增值收益，而非经济利益是生命和健康、自然环境和社会环境的安全和安定，鉴于目前会计计量与披露技术的限制，无法对其进行核算，因此中所指的安全效益主要指安全的经济效益。

(2) 安全收益的确认。安全收益主要指减损收益和增值收益，具体到企业，主要表现为企业采取安全措施后事故损失的减少和产值的增加。在会计上，这两种收益确认时应符合会计收入的确认标准和确认原则。首先，应符合会计要素的收入或利得的确认条件，会计中对产品销售时间和收入的确定专门有规定，一旦产品的销售收入确定了，则按其增值收益就可以确定了；其次，还应符合收入确认的标准，主要有权责发生制原则。

（二）安全会计的计量

会计计量是根据一定的计量标准和计量方法，将符合确认条件的会计要素登记入账并列报于财务报表而确认其金额的过程。企业应当按照规定的会计计量属性进行计量，确定相关金额。计量属性是指所计量的某一要素的特性方面，如桌子的长度、铁矿的重量、楼房的高度等。从会计角度，计量属性反映的是会计要素金额的确定基础。

1. 安全资产的计量方法

要对资产进行计量，首先要确定计量基础。目前，对于资产的计量基础主要有五种。

(1) 历史成本法。历史成本法又称为原始成本，是以使资产达到使用状态前所发生的全部实际支出作为资产的价值。在历史成本计量下，资产按照其购置时支付的现金或者现金等价物的金额，或者按照购置资产时所付出的对价的公允价值计量。

(2) 公允价值法。公允价值法是指在公平交易中，熟悉情况的当事人根据自愿据以进行资产交换的金额。

(3) 重置成本法。重置成本法是指按照当前市场条件，重新取得同样一项资产所需支付的现金或者等价物金额。在重置成本下，资产按照现在购买相同或者相似资产所需支付的现金或者现金等价物的金额计量。

(4) 可实现净值法。可实现净值法是指在正常生产经营过程中，以预计售价减去进一步加工和销售所需的预计税金、费用后的净值。在可变现净值计量下，资产按照其正常对外销售所能收到的现金或者现金等价物的金额扣除该资产至完工时估计将要发生的成本、估计的销售费用以及相关税金后的金额计量。

(5) 现值法。现值法是指用对为了现金流量以恰当的折现率进行折现后的价值，是考虑货币时间价值因素等的一种计量属性。在现值计量下，资产按照预计从其持续使用和最终处置中所产生的未来净现金流入量的折现金额计量。

安全资金计量具体使用哪种方法，应视不同的资产项目而定。对于企业拥有或控制的专门用于安全的资产项目都是存在可交易市场的。因此，可以将取得的历史成本作为计量的依据，但具体计量方法的运用根据具体类别而定。

2. 安全负债及安全权益的计量方法

安全负债的大部分内容都是通过司法程序由法院裁定的（安全赔偿与罚款）或者是由国家规定（税金，安全投入的提取）的，因此其计量可直接按照法定裁定或国家规定入账。但如存在或有事项（法院对安全诉讼案进行审理），当该项义务的金额可以可靠计量时，应按“预计负债”的计量方法进行计量入账；当该项义务的金额不能可靠计量时，则不予确认，只在会计报表附注中予以披露。

3. 安全成本的计量方法

按照安全成本的内容不同，计量方法也不同。

（1）应计入产品价值的安全成本。具体计量时，金额应视不同的成本构成内容而定。如为用于产品的安全固定资产的折旧，应按企业选定的折旧方法计算确定，主要有年数总和法、双倍余额递减法和年数总和法；如为安全材料的耗费，应以耗费的实际成本直接或采用一定的分配方法计算确定；如按产品生产工时比例进行或产品消耗定额进行分配；如为用于产品的安全低值易耗品，则按企业低值易耗品的摊销方法计算确定。

（2）应计入资产价值的安全成本。具体计量时，可参考相关安全资产的计量方法，同时作为安全资产进行管理。

（3）安全费用的计量。企业中大多数安全费用是能够直接计量的。因此，在这些费用发生时，应以实际发生金额进行计量。但是有些费用需要采用一定的方法进行处理。具体来说进行安全费用计量时可用以下方法。

① 实际成本法。这种方法是直接以发生的实际金额来计量安全费用的方法。例如，发生的安全宣传费、安全教育培训费等。这类支出应在其实际发生时以实际金额计入相关费用。

② 国家与行业相关法规和法律认定。主要针对与安全有关的事故损失赔偿、罚款等安全费用事项，对这类事项，国家与行业相关法规和法律都有具体的规定。因此，应在实际发生时以规定金额计量。

4. 安全收益的计量方法

安全收益的计量十分复杂，需综合运用会计学、生态学、资源学与数学等方面的知识。由于计量方法的局限性，还需要采用一定方法进行估计，但只要估计得合理，就可以认为其计量结果具有可靠性。另外，在安全效益部分，有些部分无法用货币计量，但其产生的效益对企业来说非常重要，对这部分内容，可采用批注的形式在相关会计报表中进行说明。例如，车间的噪音对人员是一种伤害，采用消音措施后可使其降低到对员工安全的范围之内，这对企业来说就是一种效益。但是对采取措施后所达到的噪音安全范围无法用货币来计量。因此，只能采用实物量计量方式在相关报表进行说明即可。

（1）减损收益的计量。减损收益是无益消耗和事故损失的减少额，即：

B_1＝损失减少量＝前期(安全措施实施前)损失－后期(安全措施实施后)损失

式中，B_1 为安全减损产出。而损失项目包括：

① 伤亡损失减少量

② 职业病损失减少量

③ 事故的财产损失减少量

④ 危害事件的经济消耗损失减少量

因此，安全减损产出为：

$$B_1=k_1j_1+k_2j_2+k_3j_3+k_4j_4=k_ij_i \tag{4-8}$$

式中　j_i——计算期内伤亡直接损失减少量（价值量）；

j_1——死亡减少量+受伤减少量；

j_2——计算期内职业病直接损失减少量（价值量）；

j_3——计算期内事故财产直接损失减少量（价值量）；

j_4——计算期内危害事件直接损失减少量（价值量）；

k_i——i 种损失的间接损失与直接损失比例倍数，$i=1，2，3，4$。

（2）增值收益的确认与计量。增值收益是指通过安全的投资，使技术的功能或生产能力得以保障和维护，从而使生产的总产值达到应有量的增加部分。由于增值收益是安全对企业生产产值的贡献，应包括在产品的销售收入。因此，其金额的确定应与产品收入的确认时间、确认标准一致。但是，在销售收入中占得这一部分安全增值收益有多大，却具有很大的不确定性，必须采用一定的方法来计量。通常，可以采用模糊计量方法进行估计，只要估计合理，就认为其计量结果具有可靠性。具体有影子价格法、替代品评价法、贡献比例法等方法。

① 子价格法　来源于经济数学。是指某种资源投入量每增加一个单位所带来的追加收益，影子价格实际上是资源投入的潜在边际效益。其反映了产品的供求状况和资源的稀缺程度，资源越丰富，其影子价格越低，反之亦然，即资源的数量和产品的价格影响着影子价格的大小。产品的稀缺性决定了产品价格的高低，价格差异就是资源开发后释放的安全增值效益。

② 替代品评价法　可以通过估计替代品一些与所要估计的产品具有相当效应或相似的项目的价值来确定产品安全增值效应的方法。

③ 安全生产贡献率法　认为良好的安全环境和安全信誉都对企业的安全增值产出起到了很大的作用。因此，安全增值产出应视生产总值的一部分。具体公式为：安全增值产出=安全的生产贡献率×生产总值。其中，安全的生产贡献率可以通过“投资比重法”、“系数放大法”及统计学的相关方法进行测算等。

三、企业安全会计信息披露

前已述及，安全会计的目标是向信息使用者提供与安全有关的会计信息。而会计信息的提供要经过一定的财务处理程序，即必须在一定的空间和时间范围内，按照一定的程序和方法进行会计处理，编制财务报告，对外披露会计信息。

与传统会计的处理程序一样，各安全会计要素在确认、计量的基础上按照一定的借贷关系进入相应的科目进行核算，其次登记进入相关的账户，最后采用一定的方法再对外披露。只有通过这一系列的转换才能完成会计信息的整理、加工、记录、披露，最终向信息使用者报出。鉴于此，可以看出，信息披露是安全会计核算的一个主要程序，企业主要通过信息披露程序才能向信息使用者传递有用的信息。

1. 安全会计信息披露的必要性

（1）企业自身发展需要安全会计信息的披露。随着经济的发展，安全问题已经成为企业生产经营环节中一个非常重要的问题，忽视安全问题将会给社会和企业带来很大的经济损失，从而影响到企业的长期发展。

(2) 国家对企业安全生产进行宏观管理的需要。为了保证企业的安全投入，国家对企业安全资金的提取和使用有一定的规定。同时，国家作为社会管理者，为了了解企业安全资金的使用情况及其效果，有必要要求企业披露与此相关的安全会计信息，国家对此也作有相应的规定，要求企业根据本企业自身的实际情况对某些安全投资信息自愿披露。

(3) 其他信息使用者需要。企业安全会计的目标是为利益关系人提供信息，以便他们根据企业的安全状况，来评价企业发展情况，做出相关决策。一般而言，企业外部的信息使用者除了国家外，还应包括现实和潜在的投资者、作为债权人银行及其他金融机构、商品市场上的有关各方、员工及其工会组织、社会公众。而对信息使用者来说，获取信息的渠道来源于企业对安全信息的披露，企业披露信息的直接影响利益相关者的决策。

2. 安全会计信息披露的内容

安全会计要素信息主要包括以下几个方面。

(1) 企业财务状况方面的安全会计信息。①安全资产。安全资产为企业由于过去的交易或事项，而承担安全责任或参加安全活动所形成的、目前拥有或控制的资源。该资源预期会给企业带来未来经济利益。安全资产的形态多种多样，披露时可按照资产项目的类别加以披露。其具体内容可包括资产的期初存量、期末存量、折耗量。②安全负债。是指企业发生的、符合负债确认标准、并与负债成本相关的义务。披露时可按照费用项目类别加以披露。其具体内容可包括负债的期初存量、期末存量，每一类重大负债项目的性质，清偿时间和条件；或有负债，当负债的金额或偿还时间很难确定时，应对其加以说明，安全负债计量基础等。③安全收益。安全收益包括安全资本、拨入安全专项款及安全基金。其涉及安全投资资金的来源，因此对其的披露很重要。具体披露内容应包括安全资金的来源状况、安全专项款的使用状况、安全基金的提取比例、各安全权益资金的实际数额。

(2) 企业安全成果方面的安全信息。①安全成本。安全成本是企业发生的与生产安全活动相关的所有支出。包括可资本化的支出、计入相关产品成本的支出及费用化的支出三部分。对资本化的支出和计入相关产品成本的支出可在安全资产部分按实际发生额进行披露。费用化的支出属于安全费用，包括安全活动发生的耗费和发生的事故损失。具体披露时，可根据具体的项目分项进行披露。内容可包括费用的总额，各费用项目的发生额，非正常、非必要损失的情况等。②安全收益。安全效益是企业取得的与安全活动有关的效益。包括经济效益和非经济效益。对于经济效益包括增值效益和事故损失的减少。具体披露时应按具体项目披露，内容包括安全效益的总额，各项目金额以及计量安全增值效益的方法。

(3) 安全政策来源及实施情况。这方面的信息可以反映企业安全保护政策、方针的落实情况和执行情况，也可以反映企业安全生产能力的变动情况。具体披露时包括两方面：①安全投资的来源。从实践情况来看，安全投资的来源在工程项目中的预算安排、国家下拨的安全技术专项措施、按年提取的安全措施经费等方面，为了反映企业安全资金的取得情况，应详细披露安全资金的来源、金额，提取比例、提取方法。②安全投资的执行情况。为了反映企业安全资金的使用情况，企业还应对资金的使用方向进行披露。企业安全资金的使用情况可分为三部分，用于安全设施及安全技术的购置及设计、用于安全活动的日常管理及用于安全事故的赔偿。因此，凡是归属于以上部分的项目都应该进行披露。具体内容包括具体的使用环节及金额。例如，安全设施的名称，购置费、人工费；各具体的费用项目及金额；事故的罚款、各赔偿项目及金额等。

第五节　安全经济统计方法

安全经济系统是一个庞大、复杂的系统，用统计的手段分析安全经济中的问题是研究安全经济系统的重要途径之一。通过对事故伤亡、事故损失、安全投入及消耗等数量状况的统计可以为研究和分析安全问题，为认识事故发生规律提供客观基础的数据，从而为安全活动（安全经济规划、组织、管理和控制等）的科学决策提供有效支持。本部分探讨安全经济统计的对象、方法、基本理论及其应用，指出安全经济系统的三类型（投入、产出、效益）、二层次（宏观、微观）指标体系结构，并定义了50余个具体的安全经济指标。

一、安全经济统计概述

安全经济统计是认识安全状况（安全性、事故损失水平、安全效益等）及安全系统条件（安全成本、安全投资、安全劳动等），对设计和调整安全系统、指导和控制安全活动提供依据的重要技术环节。它可以为促进事故及灾害预防技术及安全工程与管理技术的发展，研究安全规律提供基本数据信息，是开展安全经济研究的重要基础工作。建立安全经济统计工作体制不仅是安全经济学发展的需要，也是安全科学技术发展的需要，对提高安全科学定量技术水平具有基础性的作用；对促进安全生产，提高安全工作效益也有重要的实践意义。

1. 安全经济统计的研究对象和任务

(1) 安全经济统计的研究对象　安全经济统计的研究对象是安全经济现象的数量方面，即安全经济现象的数量特征和数量关系。人类社会存在于自然物质世界之中，物质不同的运动变化会给人类社会带来两种结果：一是有利于人的生存与发展；另外是给人类带来灾难。在一定的历史条件下，受当时科学技术和经济能力的限制，伤亡和损失在一定范围内是人类可接受的。这一可接受的范围就是合理的“度”的规定性。可是随着社会经济以及科学技术能力的发展而不断，探索它的变化规律是安全经济学的核心内容，准确提供它的数量标志是安全经济统计的本质内容。

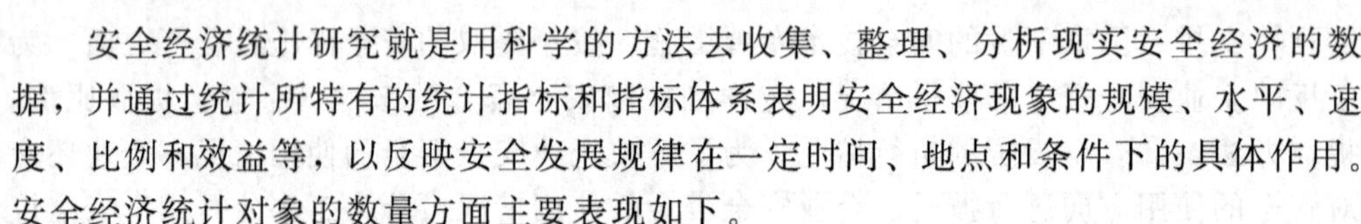

安全经济统计研究就是用科学的方法去收集、整理、分析现实安全经济的数据，并通过统计所特有的统计指标和指标体系表明安全经济现象的规模、水平、速度、比例和效益等，以反映安全发展规律在一定时间、地点和条件下的具体作用。安全经济统计对象的数量方面主要表现如下。

① 以横断面的统计资料，反映某一时间（期）的安全经济现象总体的规模和结构分布情况

例如，企业安全生产费用占生产总值的比例为4.12‰，其中，国有企业、地方企业、乡镇企业、三资企业和其他的比例分别为4.04‰、5.12‰、4.78‰、2.07‰和1.10‰。

② 以时间序列的统计资料反映某一安全现象总体在不同时间的发展速度和变动趋势。

例如，根据抽样调查资料，我国20世纪90年代安全措施经费占更新改造费的比例变动情况如表4-2所示。

表4-2　我国安全措施经费占更新改造费的比例变动情况

时期	1991	1992	1993	1994	1995	1996	1997	1998	1999	2000
比例/%	9.8	10.2	10.0	10.3	9.7	10.5	10.6	12.1	11.5	11.8

③ 以统计资料对比反映安全经济现象之间的联系和问题。

例如，安全投资和事故损失之间客观上存在内在的联系。表4-3是某企业若干年安全投资和事故损失数据的对比资料。

表4-3　某企业若干年安全投资和事故损失数据的对比资料

安全投资/(万元/年)	12.1	15.6	19.9	26.0	34.0	44.7	57.7
事故损失/(万元/年)	41.3	31.0	22.9	16.7	12.2	9.2	7.4

以上数据说明，安全投资和事故损失之间的客观上存在着负相关关系，安全投资的增大，必然引起企业安全度的提高，事故发生的次数和严重度的减小，事故损失金额的相应降低。

④ 以历史和现状的安全经济统计资料来预测安全经济现象在未来可能达到的规模和水平。

(2) 安全经济统计的研究任务　安全经济统计是统计理论在安全科学的应用，是安全科学发展的需要，其主要任务表现在三个方面。

① 安全经济统计是统计学方法在安全经济学中的应用与发展。安全经济学研究既有基础理论研究也有应用理论研究，同时还包括技术手段和方法研究。安全经济统计是安全经济学的一项工程技术手段，能够为其他工程技术和应用技术方法提供数据信息，是把握安全经济规律的基本方法。安全经济统计以经济理论和统计方法为理论依据，建立适应安全经济分析的统计指标体系和分析技术，在掌握安全经济现象规律基础上预测其发展趋势。可以说，安全经济统计就是统计学理论在安全

经济领域的创造性应用。

② 统计理论完善了定量安全经济科学体系的发展。广泛运用统计分析方法，通过对客观事实的大量观察来分析安全经济现象的特征和变化规律，是安全经济统计的主要特点。安全经济统计是一门具有重要实践意义的方法论，是认识安全状况及安全系统条件，为设计和调整安全系统、指导和控制安全活动提供依据的重要技术环节。通过对统计资料的深层次“挖潜”和“开发利用”，寻找安全经济变量之间内在联系，并通过统计模型揭示安全经济本质规律。安全经济统计理论方法的研究和应用，将大大促进安全经济学理论的定量化和实用化，加深安全经济学的理论内涵，使安全经济分析更贴近生产服务与生产。

③ 安全经济统计措施是保障安全生产的重要技术方法。预防为主是实现安全生产的必由之路，保障安全生产要通过有效的事故预防来实现。传统的安全管理多处于被动的“事故追究型”管理，而现代的安全管理则向“事故预防型”管理方式转变，其中心环节包括科学的安全管理活动和安全评价技术的应用。统计是实施监督管理的有效手段，我国《统计法》明确提出了统计工作在监管管理中的作用。安全经济统计过程是对安全生产状况十分重要的信息反馈。通过对大量的安全经济有关的数量关系进行统计分析，可以找出事故和不安全现象的原因，揭示安全管理中的缺陷，评估安全经济效率，从而掌握企业乃至地区的安全生产发展规律，为加强和改进安全管理措施提出科学依据。

2. 安全经济统计的研究方法

安全经济统计研究对象的性质决定着安全经济统计的研究方法。而正确的统计研究方法又是完成安全统计任务的重要条件，方法问题在统计研究中居有重要的地位。没有一整套科学的统计方法，就不能准确、及时、全面系统地反映安全经济现象的数量关系，更不能由此反映安全经济现象发展的规律性。安全统计在调查、整理、分析的各个阶段，使用各种专门的统计方法，主要有：大量观察法、统计分组法、统计指标法、统计模型法和归纳推断法等。

(1) 大量观察法。安全经济统计研究安全经济现象和过程，要从总体上加以考查。就总体中的全部或足够多单位进行调查并进行综合分析，这种方法称为大量观察法。这是安全经济统计研究对象的大量性和复杂性所决定的。大量且复杂的安全经济现象是在诸多因素的综合作用下形成的，各单位的特征及数量表现，有很大的差别，不能任意抽取个别或少数单位进行观察。必须在对被研究安全经济现象的分析的规律性。统计调查中的许多方法，如统计报表、普查、抽样调查、重点调查等，都是观察研究安全经济对象的大量单位，了解安全经济发展情况可以采用的方法。

(2) 统计分组法。根据研究对象内在的性质和安全经济统计研究的要求，将研究对象按照一个或几个特征划分成若干组成部分，相同的归并在一起，不相同的区分开，这种通过分组来研究和认识总体现象的方法称为统计分组法。例如将人口按照性别划分为男性人口和女性人口两组；将企业按照所有制划分为国有、集体、私

营等若干组。

统计分组法是根据安全经济统计研究的目的和任务，在对被研究对象作出正确的理论分析和基础上，将大量调查所得到的原始资料，按一定的标志区分为不同类型或性质的组，将所有资料分门别类，把总体中性质相同的单位归并为一组，性质不同的按组区分开来，使组与组之间具有一定的差别，而在同一组内的各单位又有相对的同质性，以区别其不同性质和特点。通过统计分组可以划分安全现象类型，揭示各种类型的特征和相互关系；可以反映安全现象总体的内部结构及表明安全现象之间的依存关系。统计分组法是安全经济统计整理和统计分析的基本方法。

(3) 统计指标法。统计指标法是指运用各种统计指标来反映和研究安全经济现象总体的数量特征和数量关系的研究方法。统计指标法通过对大量的原始数据进行整理汇总，计算各种指标，可以表明现象在具体时间、地点、条件下的规模、水平和数量对比关系。在安全经济统计分析中广泛运用各种指标来研究总体内部的各种数量关系，揭露矛盾，发现问题，进一步寻找解决问题的方法。

(4) 统计模型法。统计模型法是根据一定的经济理论和假定条件，用数学方程或方程组去模拟安全经济现象相互关系的一种研究方法。利用统计模型可以进行数量依存关系及其发展变化的评估和预测。统计模型包括三个基本要素：安全经济变量、基本关系式、模型参数。将总体中一组相互联系的统计指标作为安全经济变量，其中有些变量被描述为其他变量的函数，这些变量称为因变量，它们所依存的其他变量称为自变量。现象的基本关系式通常用一组数学方程来表示，方程可以是线性的也可以是非线性的，可以是二维的也可以是多维的。模型参数表明方程式中自变量对因变量的影响程度，它由一组实际观察数据来确定。

(5) 综合分析法。这里所谓综合是对于大量观察所获得资料，运用各种综合指标以反映总体一般数量特征。对大量原始数据进行整理汇总，计算各种安全经济综合指标可以显示出安全经济现象在具体时间、地点以及各种条件综合作用下所表现的结果。例如，安全技术措施费总量、国民产值安全成本指数等，它概括地描述了总体各单位变量分布的综合数量特征和变动趋势。常用的综合指标有总量指标、相对指标、平均指标、变异指标、动态指标和统计指数等。所谓分析是指对综合指标进行分解和对比分析，以研究安全经济总体的差异和数量关系，首先应用统计分组法，根据事物的内在特点和研究的任务，将被研究的安全经济现象划分为性质差异的若干组，以显示现象的不同类型。然后在分组基础上运用各种数量分析方法探讨总体内部的各种数量关系，揭示矛盾，发现问题，并进一步寻找解决问题的方法。

(6) 归纳推断法。通过统计调查，观察安全经济总体中各单位的特征，由此得出关于总体的某种信息，这在逻辑上用的是归纳的方法。所谓归纳是指由个别到一般，由事实到概括的推理方法，例如综合指标概括反映总体一般的数量特征，它异于总体各单位的标志值，但又必须从各单位的标志值中归纳而来。归纳法可以从具体的事实得出一般的安全经济知识，扩大知识领域，增长新的知识，是安全经济研究中常用的方法。例如，在安全经济统计中，对损失规律的认识，必须建立在对所搜集到的大量的、零乱的资料进行归类整理，分析推理的基础上，即采用归纳方法来认识其规律。但是常常存在这种情况：所观察的只是部分或有限的单位，而所需要判断的总体对象范围却是大量的，甚至是无限的，这样就产生根据局部的样本资料对全部总体数量特征做判断的置信度区间问题。例如，根据全国500家企业的人均年劳保用品费来判断全国的人均年劳保用品费水平。所做的结论存在有多大程度可以置信的问题。以一定的置信标准，根据样本数据来判断总体数量特征的归纳推理方法，称为统计推断法。统计推断法可以用于总体数量特征的估计，也可以用于对总体某些假设的检验。从某种意义上说，所观察的资料都是一种样本资料，因而统计推断也就广泛地应用于安全经济统计研究的许多领域。例如，对于安全总体效益的研究，特别是间接效益和潜在效益，只有依靠推断统计才能获得真知。

以上是安全经济统计研究的基本方法，但并非全部方法，运用各种统计方法的时候，在调查方法上要注意把大量观察和典型调查结合起来。

3. 安全经济统计的基础知识

安全经济统计系统是一个复杂的系统，利用统计的手段是认识安全经济系统的重要途径之一。安全经济统计是认识安全状况（安全性、事故损失水平、安全效益等）及安全系统条件（安全成本、安全投资、安全劳动等），对设计和调整安全系统、指导和控制安全活动提供依据的重要技术环节。在论述其理论和方法中，经常要使用一些专门的术语和概念。

（1）安全经济统计总体和总体单位　安全经济统计是研究安全经济现象总体的数量关系。它是通过统计指标来反映现象发展的规模、水平、速度、比例和效益等数量特征。

首先，需要弄清楚安全经济统计总体、总体单位、单位标志的涵义，它们是安全经济统计最基本的概念。根据一定的目的和要求，统计所需要研究的事物全体称为统计总体，简称总体。构成总体的每一个事物，称为总体单位，简称单位。

（2）单位标志和标志表现　通常所说的统计标志就是单位标志，简称标志，它是总体单位的共同属性或特征。例如企业的经济类型、所属部门、员工人数、安全投资规模、安全技术人员配备率等，是每一工厂都具有的属性。很明显，总体单位是标志的直接承担者，标志是依附于单位的。

品质标志是表明总体单位所具有的品性属性，例如安全技术工人的性别、防护设备的种类、事故损失的类别等。数量标志是表明总体单位所具有的数量特征，例如安全技术人员的年龄、工资；企业的安全投资总额、安全技术工人人数、人均劳保用品费等。

应该指出，总体、单位、标志都是随着研究目的的变动而变动，不是固定的。比如，当研究某部门企业规模时，工人数量是标志；当研究该部门工人技术状况和劳动生产率时，工人人数是总体。

（3）安全经济统计总体的特征　把总体、单位、标志和标志表现等范畴联系起来，可以把安全统计总体概括一下基本特征。

① 大量性。安全经济统计总体是由许多单位组成的仅仅个别或少数单位不能形成统计总体。这是因为统计研究的目的是要提示安全经济现象的规律性，而这种规律性只有从大量事物的普遍联系中表现出来。个别单位的标志表现可能是多种多样的，但总体的各个单位标志表现的综合，能够说明客观规律在一定条件下发生作用的结果，可以反映安全经济现象的内在联系。总体的大量性和各单位标志表现的差异性是密切联系的。单位之间标志表现差异越显著，总体单位数量应该越多。总体的大量性也和研究的目的要求有关，精度要求越高，总体的单位数也应该增多。所以总体的大量性是相对的。

② 同质性。总体的同质性是一切统计研究的最重要前提，它意味着统计总体各个单位必须具有某种共同的性质把它们结合在一起，否则对总体各个单位标志表现的综合就没有了意义，甚至会混淆矛盾，歪曲真相。

③ 变异性。构成统计总体的单位在某一方面是同质的，但在其他方面又必须是有差异的。也就是说，各单位必须有某一个通用标志表现作为他们形成统计总体的客观依据，但是其余所要研究的标志又必须有变异的表现。例如安全技术人员总体中，性别，年龄，工资，各个安全技术人员具体表现有所差异。总体的变异性是各种因素错综复杂作用的结果，这就决定这要用统计的方法来研究这类变异现象。总体的变异性说明总体的同质性也是相对的。

（4）安全经济统计指标　安全经济统计指标是反映安全经济现象综合数量特征的范畴，构成安全经济现象总体的各个单位均具有某些数量特征和品质属性。这些经济范畴都是对大量存在的，反复出现的具体安全经济现象的某种共同特征进行概括而形成的基本概念。人们就把这类安全经济范畴当做安全经济统计指标。统计指标的表现，称为指标值，也有把它建成为指标的，这是不含数值的统计指标；经过统计工作过程而得到统计指标的具体数值，正式设计和制订统计指标的目的，当然也是统计指标。

① 安全经济统计指标的结构。安全经济指标的基本结构是指标名称和指标数值，指标名称是确定的，指标只是变量值。上面标注的统计指标概念就是针对指标的基本结构进行抽象的。指标名称体现了指标含义和指标所确定的范围，指标数值并不是一些随意的数字，而是总体各个单位某标志在一定时间、地点的数量表示的综合概括。根据统计指标综合性和具体性的特点，一个在结构完整的安全经济统计指标还应包括指标的表现形式，指标出现的时期和地点，指标所代表的总体和计量单位。例如，我国国营工业企业 1988 年安全技术措施费总投资 57.56 亿元。这里，安全技术措施费总投资是指标名称指标数值为 57.56，指标数值的表现形式是绝对数；指标的计量单位为亿元；质变所属日期为 1988 年；指标所代表的是我国过硬工业企业总体。

② 安全经济指标的分类。安全经济指标有各种各样的分类，安全经济统计中通常把统计指标分为绝对指标和相对指标两种。一是绝对指标，二是相对指标。

③ 安全经济统计指标的基本要求。安全经济统计指标主要有三点：第一，要

有明确的指标涵义，统计指标的含义要有正确的理论依据。第二，要有明确的指标内容。制订统计指标，仅有正确的理论依据是不够的，还必须对指标所包含的内容做具体明确的规定，以确定指标应该计算的范围。第三，要有科学的计算方法。有确切的统计指标涵义和明确的计算范围，还必须有科学的计算方法才能保证统计资料的质量。统计指标的内容决定统计指标的计算方法。但是由于安全经济现象的复杂性和联系的多样性，统计指标在计算上往往带有某种假定性。

二、安全经济统计的基本环节

安全经济是一项具有广泛群众性和高度集体性的工作，在安全统计机关统一组织领导下，一项统计任务通常要有许多部门、地区、单位密切协作，互相配合，共同完成，一般可有以下几个环节（图 4-4）。

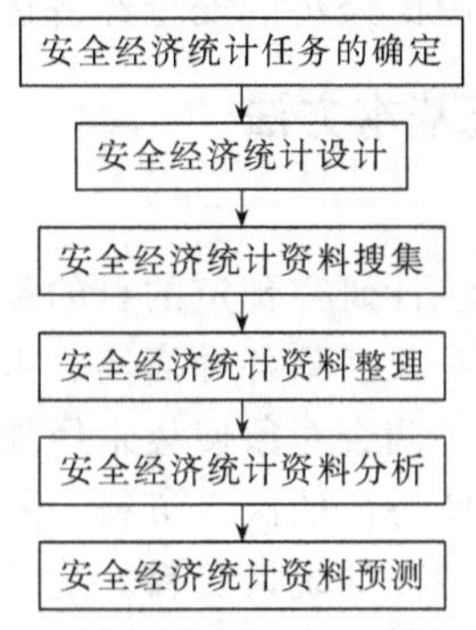

图 4-4 安全经济统计的基本环节

(1) 安全经济统计任务的确定。安全经济统计工作根据各个时期国民经济和社会发展对安全工作提出的问题，或安全经济管理、安全经济科学研究的要求，确定所需要研究的那些安全经济方面的基本数量，再从这些数量方面归纳为明确的统计指标和指标体系，这就是确定安全经济统计任务所必须解决的问题。

(2) 安全经济统计设计。对安全经济统计工作的各个方面和各个环节进行整体的考虑和安排。安全经济统计设计的结果形成设计方案，如指标体系、分类目录、调查方案、整理方案以及数字保管和提供制度等。

(3) 安全统计资料搜集。确定了安全经济统计任务并有了总体设计之后，就可以根据统计方案的要求，有计划开展调查，占有充分的材料，这就是安全经济统计资料的搜集阶段，亦即统计调查阶段。安全经济统计调查的任务就是根据事先确定的调查纲要，搜集被研究安全经济现象可靠准确的材料，获得丰富的感性知识，所以这一阶段是认识事物的起点，同时也是进一步进行资料整理和分析的基础环节。

(4) 安全经济统计资料整理。对调查所得资料加以科学汇总，使它条理化、系统化。这一阶段的任务就是根据安全经济研究目的，按一定标志进行分组，进行安全资料的综合汇总，使经过整理的资料便于进一步分析，所以这一阶段是安全经济

统计研究的一个中间环节。

(5) 安全经济统计资料分析。对经过加工汇总的资料，加以分析研究。这一阶段的任务是对各种分组和总计材料计算各项分析指标，提出被研究的安全经济现象的发展趋势和比例关系，阐明安全经济现象的特征和规律性，并根据分析研究做出科学的结论。这一阶段是理性认识阶段，是统计研究的决定性环节。

(6) 安全经济统计资料预测。在搜集整理准确而丰富的统计信息基础上，建立安全经济数据库、信息库，并进一步形成思想库、智囊库。在统计分析的基础上运用数学模型展开安全状况预测等多种方式咨询功能，为领导部门和各级决策统计同级监督提供优质服务。根据统计资料信息，相关部门做出相应的决策，以保障整个社会的安全水平，实现安全经济效益的最大化。保证安全工作者可以更加理性、准确地分析、认识安全经济问题，使人类在安全经济领域由盲目、半盲目走向自主、自由的状态，更好地协调整个国民经济的安全经济运行。

三、安全经济统计调查基本方法

1. 安全经济统计方案

安全经济统计调查是根据统计研究预定的目的和任务，运用各种科学的调查方法，有计划、有组织地向调查对象搜集各种真实、可靠的原始资料的工作过程。这里原始资料的搜集，包括直接向调查对象搜集未经加工整理的初级资料和别人已经加工整理过的、能说明现象总体特征的次级资料，并将其加工整理、汇总，使之成为从个体特征过渡到反映总体特征的统计资料。统计调查是认识安全经济关系现象的科学方法。人们要认识安全经济研究现象，就要深入实际调查，取得具有可靠性、真实性的原始资料，经过加工整理后，使之准确的反映安全经济的各种属性和特征，达到认识安全经济关系的目的。统计调查是保证安全经济统计工作质量的基本环节，原始资料的正确与否，很大程度上决定了整个统计工作的质量，如若调查来的资料残缺不全，参差不齐，就不能如实反映统计研究对象的客观面貌，不能揭示其内部存在的数量关系及其发展规律，甚至会得出错误的结论，导致工作失误和决策错误而造成不必要的损失。

(1) 安全经济统计调查的种类。安全经济现象是错综复杂、千变万化的。在组织统计调查时，应根据不同的调查对象和调查目的，灵活选择不同的调查方式和方法，以取得良好的效果。安全经济统计调查的方法可以从不同的角度分类。

① 按统计调查的组织形式分为统计报表制度和专门调查。前者是一种按国家有关法规所制订的以全面调查为主的调查方式，是以统计表格形式和行政手段自上而下布置，再有企、事业单位自下而上逐级汇总上报资料的统计报告制度。后者是为了一定的目的，研究某些专门问题所组织的一种调查方式。它包括普查、重点调查、典型调查、抽样调查等方法。

② 按统计调查对象的范围分为全面调查和非全面调查。前者是指对构成研究对象总体的所有单位无一例外进行调查。如事故统计报表等。后者是对构成研究对

象总体中的部分单位进行的调查。如抽样调查、重点调查、典型调查。

③ 按调查登记时间是否连续分为经常调查和一次性调查。前者一般是指对时期现象进行调查，即随着调查对象在时间上的变化，进行连续不断调查登记，取得其在一段时期内全部发展过程的资料。如事故上报统计等。后者一般是指对时点现象进行调查，即对被研究对象每间隔一段时间才进行一次调查登记。如安全投资成本、人均安措费等。它又可按研究的要求不同分定期调查和不定期调查。

④ 按统计资料搜集方法分为直接视察法、报告法、采访法和通讯法。直接视察法是调查人员亲临现场对被调查对象进行直接观察、计数、测量等取得统计资料的一种方法。如安全设备数量、消防器材配备数量等。报告法是指以各种原始资料和核算资料为依据，由填报单位按有关法规向上级或有关单位报送资料的一种方法。

(2) 安全经济统计调查方案的设计。安全经济统计调查是一项复杂的系统工程，涉及面广，需要很多人员共同参与才能完成任务。因此在进行调查之前要制订一个科学的、周密而又完整的指导性文件，即调查方案，以保证顺利完成任务，达到预定目的。

① 确定调查目的和任务。在安全经济统计调查之前需要先确定调查目的，明确通过调查需要解决什么问题，搜集哪些资料。有了明确的目的和任务，才能有的放矢，确定向谁调查，调查什么，采取哪些方式方法进行调查。

② 确定调查对象。确定调查对象指被调查的客观现象总体，它由调查个体组成。确定调查对象就是要明确规定该总体的范围和统计界限。如对某市职业危害接触人员调查，就应把“职业危害”的界限划清，以保证统计数字的准确性。

③ 拟定调查提纲和调查表。调查提纲指需要调查登记的具体内容或项目。调查提纲必须围绕调查目的，以“少而精”为原则。

④ 确定调查的时间和地点。确定调查时间有两种含义：第一种含义是确定统计资料所属的时点或时期。由于资料的性质不同，有的资料反映现象在某一时点上的状态，如员工人数、特种作业人数等。对于这些资料的调查要规定统一的时点。这一时点，称为标准时点。有的资料反映现象在一段时间内发展过程的结果，如劳保用品消耗量等。对这类现象要明确调查资料所属时间的长短，如一日、一月、一季或一年，所要登记的资料，指该现象的起始时刻到最后时刻的累计数字。

⑤ 编制调查组织实施计划。调查组织实施计划是指从组织上保证调查工作顺利进行的措施。其主要内容包括：调查工作的组织机构，调查人员的配备，调查员的培训，调查的方式方法，调查的工作地点，调查的文件准备，经费来源和主要开支计划等。

2. 安全经济统计整理

安全统计调查搜集到大量分散的、不系统的原始资料，说明安全经济总体单位的属性和特征。将安全统计调查收集的资料按照统计研究的目的，采用科学的方法进行加工、整理，使之系统化、条理化，从而成为既便于保管，又能反映总体特征

的过程称为安全经济统计整理。它包括安全统计资料的审核、统计分组、汇总计算、制作统计表、统计图等。其中，统计分组是核心问题。

(1) 统计分组　统计分组是根据安全经济统计研究的目的和要求按照一定的安全标志将总体划分为若干不同的类别组，使组与组之间有较明显的差异，使调查来的大量无序的统计资料，成为有序的、层次分明的、能表现总体属性和特征的资料。统计分组就是在共性与个性的对立统一基础上进行的。通过分组，将安全总体单位间的指标在质与量、时间与空间上存在的差异进行分析，使人们认识安全经济本质及其发展变化规律。

安全经济统计分组体系有平行分组体系和复合分组体系两种形式。平行分组体系是对总体采用两个或两个以上标志分别进行简单分组。如表 4-4 所示。复合分组体系是对总体同时选择两个或两个以上的分组标志重叠起来进行分组。如我国工业企业选择经济成分、生产规模等标志重叠分组，形成复合分组体系，如表 4-5 所示。

表 4-4　安全经济统计指标平行分组体系表

按指标的相对性分组	按指标的产生原因分组
绝对指标	安全投入指标 安全效果指标
相对指标	安全效益指标

表 4-5　我国企业职业病统计复合分组体系表

大型企业	中型企业	小型企业
公有经济	公有经济	公有经济
其中:男性员工	其中:男性员工	其中:男性员工
女性员工	女性员工	女性员工
非公有经济	非公有经济	非公有经济
其中:男性员工	其中:男性员工	其中:男性员工
女性员工	女性员工	女性员工

(2) 安全统计报表　将安全生产统计工作过程中获得的数字资料，经过整理，按一定的项目和顺序填在一定的表格内予以表述，这种表格称为安全统计报表。安全统计报表是统计用数字说话的常用形式，具有完整而突出的表现能力，条理清楚，通俗易懂，便于比较分析和累积资料。它比用文字叙述问题更生动、更深刻、更鲜明，是统计分析研究的良好工具之一。

① 安全统计报表的构成。从形式上看，安全统计报表由总标题、横行标题、纵栏标题和数字资料等要素构成，如表 4-6 所示。总标题是安全统计表的名称，概括地说明安全统计表的内容，置于表的正上方。横行标题（也称主词）是置于表的左端，是总体各组或各单位的名称，说明统计研究的对象。总栏标题（也称宾词）是用来说明主词的指标名称，置于表的右上端，连同表中数字总称宾词。主词和宾词的位置根据资料和列表的具体情况，有时也可互换位置。

表 4-6　2009 年我国四大直辖市主要安全生产控制指标实施情况表

地区	工矿商贸事故死亡人数		道路交通事故死亡人数		火灾事故死亡人数		铁路交通事故死亡人数		农业机械事故死亡人数	
	全年实际/人	占全年控制指标/%	全年实际/人	占全年控制指标/%	全年实际/人	占全年控制指标/%	全年实际/人	占全年控制指标/%	全年实际/人	占全年控制指标/%
北京	123	74.5	981	90.2	32	110.3	22	45.8	—	—
上海	368	99.2	1042	95.8	59	131.1	9	180	1	100
天津	89	100	945	86.5	14	56	19	76	5	62.5
重庆	605	93.9	1031	98.8	49	122.5	56	91.8	1	50

② 安全统计报表的种类。安全统计报表按其主词是否分组及如何分组，可以分为简单表、分组表和复合表三种。简单表是主词不经过任何分组，仅列出总体各单位的名称或按时间顺序、空间数列简单排列的统计表。简单表应用普遍，但反映问题比较粗略，难以深入说明问题。分组表是主词按某一标志进行分组的统计表(包括品质分布数列分组表和数量分布数列分组表）分组表可以深入分析现象的本质和发展规律。如表 4-7 都属于分组表。复合表是主词按两个或两个以上标志进行复合分组的统计表。它在经济活动分析中具有较大作用。当比较分析影响某种现象变化的多个因素作用时，复合表显得尤为重要。如表 4-8 所示。

表 4-7　某电镀车间员工人数统计表

车间	员工人数/人
喷砂室	3
溶液配置室	2
准备部	10
电镀部	12

表 4-8　某企业安全设备投入情况统计分组表

按安全设备投资金额分组/万元	设备数/个	各组占总数的百分比/%
<1	5	25
1～5	4	20
5～10	4	20
10～20	3	15
20～50	2	10
50～100	1	5
>100	1	5
合计	20	100

③ 宾词指标的设计。宾词设计可以分为平行设计和交叉设计两种。平行设计是对宾词作并列平行设计，将其按顺序排列，直接说明指标的内容，对总体进行分析，如表 4-9 所示。交叉设计是将宾词的各个指标结合起来作重叠的设置。它能把

几种分组结合起来，深入全面反映总体特征。如表 4-10 所示。但也不能分得过多过细，以免混淆不清，造成制表困难。

表 4-9　某企业员工安全教育培训统计表　　单位：人

车间	员工人数	性别		安全培训等级		
		男	女	省级	市级	厂级
铸造车间	122	120	2	8	22	92
电镀车间	256	229	27	16	30	210
抛光车间	108	98	10	6	20	82
成品车间	97	56	41	1	6	90
合计	583	503	80	31	78	474

表 4-10　某企业员工安全教育培训统计表　　单位：人

车间	员工人数	安全培训级别								
		省级			市级			厂级		
		男	女	小计	男	女	小计	男	女	小计
铸造车间	122	8	0	8	22	0	22	90	2	92
电镀车间	256	15	1	16	28	2	30	186	24	210
抛光车间	108	6	0	6	19	1	20	73	9	82
成品车间	97	1	0	1	3	3	6	52	38	90
合计	583	30	1	31	72	6	78	401	73	474

④ 安全统计报表的编制原则。设计安全统计报表时应遵循科学、实用、简练、美观的原则。第一，安全统计报表的各种标题要力求简明、确切地反映资料的主要内容及所属的时间和地点。第二，统计表的内容要简明扼要，不要罗列太多和过于庞杂，内容确实较多的，可分设几个统计表。第三，统计表的栏数较多时，通常加编号，并说明其相互关系，主词和计量单位等栏用甲、乙等作续编栏；宾词栏用 1，2，3 等数字编号。第四，表中数字资料要填写整齐，位数对准，应确定同等的精度。如有相同数字应全部填写，不得写“同上”、“同左”等字样；如没有数字的空格内用“—”表示；当缺少资料，用“……”表示，表明并非漏填。第五，统计表中数字用同一种计量单位时，可在表右上端注明。若计量单位不统一，横行可设计量单位栏，纵栏的计量单位可与纵标题写在一起，用括号括起来。第六，安全统计报表一般左右两端不封闭，表的上下端线划粗线或双线；同一表内如有两个以上不同内容，也要用粗线或双线隔开。第七，特殊需要说明的统计资料，应在表的下面注明。编制完毕经审核后，单位主管负责人和填表人分别签名盖章，以示负责。

3. 安全经济统计分析

经过安全统计调查，收集到反映安全生产状况的大量资料并进行科学整理汇总后，还要进行统计分析。所谓统计分析，就是根据统计研究的目的，综合运用各种分析方法和统计指标，对已取得的统计资料和具体情况进行综合而深入的分析研究，揭示安全生产影响因素的内在联系及其规律性。

安全经济统计的目的，是恰当地运用各种统计分析方法和统计指标，将丰富的统计资料和具体情况结合起来，从不同的方面对所研究的对象由表及里进行分析、概括，从而揭示出事物的内在联系及规律，使人们由感性认识提高到理性认识，及时发现事物发展过程中的新情况、新问题，充分发挥统计的认识、监督、预警作用，使安全生产正常、有序地进行。安全统计分析是研究大量安全生产的数量关系。它是用数量来“说话”，是以统计资料为基础，运用统计学中特有的方法，围绕研究现象的数量方面进行，但又不是简单地罗列数字或将数字文字化，亦不是进行单纯的数字演算，而数量变化的条件和原因及由此带来的影响和后果。

安全统计分析可以从不同角度进行分类：按对象范围不同可分为宏观分析和微观分析；按分析内容不同可以分为计划执行情况分析和各种专题分析；按分析是否连续分为定期分析和不定期分析；按资料来源不同可分为来源于报表资料的分析、来源于普查资料的分析、来源于各种非全面调查的分析及来源于估计推算资料分析等。

安全统计分析的步骤如下。

① 确定安全统计分析的具体目的。安全经济统计分析具有强烈的实践性以及在实践中有其明确的目的。具体的分析可以包括：企业安全成本分析；安全效益（安全投入与产出关系）统计分析，事故统计分析，并且从事故统计资料中进一步分析研究的问题。

② 对统计资料进行评价和肯定事实。用来进行安全统计分析的资料来源不同，因此，对这些资料必须做全面鉴别和检查，认真评价，使之去粗取精，去伪存真。资料的真实性、准确性是保证统计分析质量的关键，防止计算范围、计算方法与统计分析要求不一致，缺乏可比性，导致分析判断上的错误。

③ 对统计资料进行比较分析。在肯定事实的基础上做深入细致的对照比较，揭示矛盾，探明问题的症结，从事物的内在联系中寻求现象发展的规律，及现象之间的相互联系与差别，使统计分析达到由量见质的目的。

④ 做出结论，提出建议。安全统计分析最后一步是根据分析的目的要求，对所要研究的问题做出判断，下结论、提建议，必须结合我国社会主义经济建设、改革开放实践的需要，力求切实可行。

4. 安全经济统计预测

安全经济统计预测就是以事物过去和现在的统计资料为依据，根据事物的内在联系和发展规律，运用统计方法，估计和推测未来可能出现的情况。从任何事物的发展过程来看，其未来总是存在一定程度的不确定性。但事物必将按照其内在的客观规律发展变化，这种客观规律性使得可以根据事物以往的发展情况来认识其发展的规律，并且利用这些规律对事物未来的发展变化叫做科学的推测。例如，根据企业伤亡事故的统计数据，可推测出各种事故伤亡类型的发生趋势。

在安全经济统计预测中，统计资料是预测的依据，哲学、寂静学及有理论是预测的基础，数学模型是预测的手段，它们构造了统计预测的三个要素。

(1) 统计预测的分类

① 按预测对象的范围大小可分为宏观预测和微观预测。宏观预测是指以国家、地区或部门的安全生产活动为范围所进行的全局性和综合性的各种预测。如全国安全总水平变化趋势的预测等。微观预测是指以社会单个经济单元（企业、家庭或个人）的经济活动为范围所进行的各种预测。如对某企业安全成本投入、事故发生率的预测等。一般来说，宏观预测与微观预测有着密切的关系，宏观预测应以微观预测为基础，微观预测应以宏观预测为指导。

② 按预测方法的性质可分为定性预测和定量预测。定性预测是指预测者根据自己的理论水平和实践经验，通过调查研究，对事物的现象进行科学的分析和研究，对事物的本质和发展前景做出判断。这种方法简单易行，灵活性强，可充分发挥人的主观能动性，普遍适用于对缺乏统计资料的事物进行预测。但预测的结果是否准确往往受到预测者的观察分析能力、经验判断能力、逻辑推理能力和理论水平的限制。定量预测是指预测者根据历史统计资料，运用统计方法和数学模型，对事物未来发展的数量特征给出数量上的描述。这种方法可对事物进行合理地抽象，广泛运用数学模型并利用计算机进行计算，能客观地描述事物现象的未来数量特征，依据历史资料，较少受主观因素的影响。但数学模型的构建和检验较为复杂，灵活性较差。定性预测和定量预测的划分不是绝对的，而是相对的；这两种方法不是互相排斥的，而是互相补充的；在实际预测也应以定性分析为基础。

③ 按预测时间的长短可分为长期预测、中期预测、短期预测和近期预测。一般长期预测是指 5 年以上的预测，中期预测是指 3～5 年的预测，短期预测是指 1～3 年的预测，近期预测是指 1 年以内的预测。以上年份的划分不是绝对的，因预测的对象不同会有所差异。显然中长期预测中的不确定因素多，较短近期预测更为复杂。

(2) 安全经济统计预测的基本原则　安全经济统计预测把预测的对象看成一个子系统，将其过去、现在和未来看成一个连续、不断发展变化的统一体。事物发展和变化具有内在的规律性，使人们可对事物的未来作出科学地预测。在进行统计预测时应遵守以下三条基本原则。

① 连贯原则。所谓连贯原则，是指任何事物的发展都存在一种惯性，即按一定的规律发展变化。在事物的发展过程中，只要在未发生质变化条件下，其过去和现在的发展规律可延伸至未来。根据连贯原则可以从事物的过去和现在来推测未来。

② 类推原则。所谓类推原则，是指事物存在某种结构，这种结构的变化规律是有章可循的。另外事物发展变化的模式存在相似性，可通过数学模型进行模拟。根据类推原则，可利用数学模型来类比事的过去和现在，预测未来。

③ 相关原则。所谓相关原则，是指事物之间的因果关系。一切事物不是停止的、孤立的，而是运动的、相互联系的。在进行安全经济统计预测时，必须深入分析事物的相互关系，研究影响事物的各种因素，找出预测影响因素之间的基本数量变动关系，建立数学模型，利用影响因素来推测预测对象的未来。

（3）安全经济统计预测的基本程序　安全经济统计预测一般要遵守以下程序。

① 确定预计目标。预测目标不同，所需统计资料和采用的预测方法也会有所不同。例如，对于安全投入，既可以从企业的总资产方面来进行预测，又可以从企业的事故发生率方面来进行预测，还可从国家政策等方面来进行预测。因此，在预测前必须明确预测的目标，这样才能收集必要的统计资料，选择恰当的预测方法。

② 搜集和整理安全经济统计资料。安全经济统计预测离不开对统计资料的分析，真实、可靠的安全经济统计资料是进行预测的先决条件。在进行预测时，必须掌握大量、真实可靠、有用的统计数据和文字资料。为保证统计资料的准确性，必须对资料进行审核和加工整理、分析，以便选择适当的预测方法。

③ 选择预测模型和方法。正确选择预测模型和方法是预测成败的关键，预测模型和方法不同，预测结果也会不同。数学模型是对事物的一种简化和模拟，在预测时，根据预测的目的，抓住主要矛盾，舍弃次要因素，选择合适的能够满足预测目的的模型和方法。

④ 估计参数、进行预测。模型确定后，需要根据整理后的统计资料，运用正确的统计方法，估计出模型中的参数，使模型具体化，然后用其进行实际预测。

⑤ 分析预测误差、改进预测模型。预测值与实际值的差值称为预测误差，在预测中这种误差在所难免。通过计算各种误差指标评价预测的精度，并且在一定概率保证下，通过计算预测结果的置信区间来评价预测的可靠性。并对预测误差分析比较，找出误差产生的原因，不断改进预测模型，尽可能地缩小预测误差，使预测误差限制在一定允许的范围。

⑥ 提出预测分析报告。把预测的最终结果编制成文件或报告，向有关部门上报或以一定形式对外公布。分析报告应包括预测目标、预测对象及有关因素、主要资料来源、预测方法的选择、预测模型的建立和检验、预测结果及其评价等内容。

第五章 安全价值工程方法

第一节 价值工程概述

一、价值工程的历史及发展

价值工程（value engineering，VE）又名价值分析（value analysis，VA），起源于美国。

价值工程起源于美国20世纪40年代，由于第二次世界大战推进了美国军事订货，当时主要强调产品的技术性能和交货日期，而对于生产成本是不大考虑的，因而在资源的利用问题上造成了极大的浪费。战争结束后，资源短缺的矛盾非常严重，当时在100种重要资源中，有88种需要进口。资源不足给美国的工业生产造成了很大困难，同时也产生了合理利用资源的客观经济需要。

美国通用电气公司为解决资源不足问题常常用另一种材料代替短缺材料，经试验发现，只要使用得当，产品的功能和以前没有什么不同，而产品的成本却降低了很多。一名叫做麦尔斯的设计工程师受该公司安排专门研究材料代用问题，结果他为公司带来了巨大的经济利益。麦尔斯认为人们采购材料，是为了使用材料的功能而不是在于材料本身，如果能找到具有同等功能的其他材料，即使不用原来材料，效果也是同样的。他还认识到，用户购买产品，只是为了获得产品所具有的功能，而不是购买具体产品，只要功能相同，产品之间是完全可以替代的。当得不到指定产品时，可以设法得到他的功能。从这一思路出发他做了大量富有成效的工作。麦尔斯经过长期从事产品设计和降低成本的研究工作，系统总结了功能定义、功能整理、功能分类、功能评价等整套科学方法。1947年他以“价值分析”为题发表了一篇论文专门阐述了这一方法。此后，价值分析方法在各企业得到迅速推广，应用范围不断扩大，从采购部门扩展到生产部门、经营管理部门以及开发研制和设计部门。1954年美国海军舰船局开始推行价值分析，主要把这种方法用于新产品设计上，并把这种方法称之为价值工程（VE）。1956年正式用于签定合同，规定，如能达到价值工程第一个目标，承包商可以从节约额中提成26%，达到第二个目标可获得节约额的30%。结果第一年就节约了3500万美元。1963年美国国防部由于应用价值工程使年度财政开支节约7200万美元。1977年美国参议院决定大力推广这一有效的方法。

20世纪70年代以来，世界各工业发达国家，都迅速推广价值工程方法，原联邦德国、日本、北欧等国都成立了价值工程师协会。1955年价值工程从美国传到日本，当时没有引起重视。由于战争，日本经济损失较大，许多产品供不应求，对广大消费者来说，他们只重视产品数量及种类，不重视产品的价廉物美，以后几年里随着生产的恢复和发展，市场上的供应逐渐丰富起来，用户对产品的要求发生了转移，这时他们希望买到的商品价廉物美，于是那些价格高、质量差的产品在市场上就失去竞争力而滞销，在这种情况下，产品生产者积极采取措施，降低产品成本，提高产品质量，推行价值工程。日本后来居上，1965年成立价值工程师协会，并在价值工程的实践和方法上做出了巨大贡献。目前在日本价值工程像全面质量管理一样开展得非常普遍，并且有所创新。日本的一些企业将价值工程同工业工程（industrial engineering，IE）、质量管理（quaity control，QC）结合起来，组成推行室，为价值工程的推广探索了一条新路，在理论方法上他们还创立了比较实用的“最合适区域”法等。

价值工程方法是经济分析与决策的重要工具，安全价值工程（SVE）是一种实用的安全技术经济方法。在安全经济分析与决策中采用价值工程的理论和方法，对于提高安全经济活动效果和质量，将有重要的意义和作用。本章尝试性地对安全价值工程的思想、任务、方法及应用范围与安全功能整理等进行分析和探讨，力图使安全价值工程的理论和方法对具体研究合理的安全投资方向、安全投资规模提供方法和手段。

二、价值工程的基本概念

1. 价值含义

政治经济学中，价值是指凝结在商品中无差别的人类劳动。“价值”工程所说的价值并不是政治经济学中所说的价值的概念。在价值工程中，价值是作为评价产品（或作业）经济效益尺度提出来的，价值高的经济效益就大，价值低的经济效益就小。价值工程中价值概念与人们日常生活中常提到商品使用价值的概念很相似。如人们在购买商品时总要考虑一下买这种商品干什么？质量怎样？价格高低怎样？假设有两种商品其功能质量完全一样，而价格高低不同，或假设有两种商品的价格相同，功能不同。由麦尔斯的观点可以认为：功能相同价格高的价值低；价格相同，功能高的价值高，反之认为价值低。因此在价值工程中，从其使用角度看价值（V_u）的高低可以用商品的功能和所支出费用之比的值来表示，可以写成如下公式：

$$V_u = 功能/费用 \tag{5-1}$$

从生产者的角度看价值（V_m）的高低是用取得的收益与投入的资金（成本）比值来表示的

$$V_m = 收入/成本 \tag{5-2}$$

同一产品若把其中间的生产过程加以简化，则用户支出的费用等于生产者的收

入，即式(5-1)和式(5-2)中有：收入＝费用，则由式(5-1)得费用＝功能/V_u由式(5-2)得：

$$收入=V_m\times成本$$

因为有：收入＝费用

所以：V_m×成本＝功能/V_u，经整理得：

$$V_m=(1/V_u)\times(功能/成本) \tag{5-3}$$

式(5-3)说明用户价值V_u和生产者价值V_m是一对矛盾，也就是说生产者也要从用户角度来建立价值概念，若$V_m\times V_u=V$是代表生产者及用户双方的价值观，由式(5-3)有：

$$V=V_m\times V_u=功能/成本 \tag{5-4}$$

$$即:价值=功能/成本 \tag{5-5}$$

$$表示为:V=F/C$$

式中，F为安全产出；C为安全投资。

2. 价值的控制和提高

根据上面的公式可以看出V代表了商品在生产和使用中，生产者和用户共同的价值概念。提高V的途径有五种：

① $F\rightarrow/C\downarrow=V\uparrow$。即在产品功能不变的情况下，降低成本提高价值，着眼于成本，改进工艺提高管理水平。

② $F\uparrow/C\rightarrow=V\uparrow$。即在成本不变的情况下，提高功能提高价值。着眼于功能提高，提高消费水平。

③ $F\uparrow/\downarrow C=V\uparrow\uparrow$。即是提高产品功能，而成本下降。当然这是一种比较理想的途径，也是价值工程的主攻目标，这种能使价值大幅度提高途径，一般较难实现。

④ $F\uparrow\uparrow/C\uparrow=V\uparrow$。即是表示成本略有提高而其功能大幅度提高，同样可以提高产品的价值，着眼于提高功能来提高价值。

⑤ $F\downarrow/C\downarrow\downarrow=V\uparrow$。即产品功能略有下降，成本大幅度下降，可以导致价值有所提高，此种方法的着眼点是降低产品的成本。

对上述的五种提高价值的途径进行观察，就可以看出①，③，⑤是着眼于降低成本，②，③，④是改善功能，价值工程就是包括降低成本和改善功能两个方面，即从两个方面的合理性上下工夫。

成本的合理化，包括消除由于不必要的功能所引起的多余的成本，改进实现产品功能的手段，改进制造工艺，提高管理技术水平。

功能合理化，就是根据客观需要科学地确定产品的功能，剔除不必要功能，在不增加和（或）少增加成本的情况下提高产品的必要功能。

总之价值工程并不是追求单方面降低成本，也不是片面追求提高产品的功能，而是要求提高它们的比值。如因降低成本而引起产品的功能大幅度下降，损害用户利益，这样的降低成本不是价值工程所提倡的做法。同样，如果片面追求提高功能，而使成本大幅度提高，结果用户买不起，以致产品滞销或亏损出售，这样提高功能也是不可取的。因此在产品设计时要研究功能和成本的最佳匹配。

三、价值工程的活动程序

价值工程的活动程序应有组织程序、工程程序、检查程序三部分组成。

1. 组织程序

价值工程是一项有组织的活动，所以首先要有价值工程领导小组，并确定其责任，另外要培训一批价值工程专业人员，同时还有必要成立一个价值工程具体工作小组。

2. 工作程序

一般地说，各种价值工程的活动程序基本相同。首先要确定具体的分析目标，要达到什么目的，即要找出有待改进的产品及问题，找出分析方案，这就是对象选择。其次从功能的角度，分析所选择对象，具体工程程序可能归纳成表 5-1 所示。

表 5-1 中将价值工程归纳为 3 个基本步骤，12 个详细步骤，7 个问题。在实际工作中也有人把工程程序定为以下 8 个步骤，①选择对象；②收集情报；③进行功能分析；④方案创造；⑤选择最优方案；⑥确定目标成本；⑦方案的验证和实施；⑧价值工程活动成果的综合评价。

表 5-1　价值工程工作程序

构思的一般过程	程序内容		对应问题
	基本步骤	详细步骤	
分析	1 功能定义	1 对象确定 2 收集情报 3 功能定义 4 功能整理 5 功能成本分析 6 功能评价	1. 这是什么？ 2. 这是干什么用的？ 3. 它的成本是多少？
综合	2 功能评价	7 确定对象范围 8 创造 9 概略评价	4. 它的价值是多少？ 5. 有其他方法达到功能吗？
评价	3 制定改进方案	10 具体化调查 11 详细评价 12 提要	6. 新方案的成本多少？ 7. 新方案能满足功能要求吗？

3. 检查实施程序

价值工程方案的检查实施程序非常重要，它关系到能否按照分析方案计划取得经济效果，提高产品价值的重大问题，实际工作中会遇到这样的现象：价值工程程序完成之后，因其提出方案不能得到实施而变成废纸。那么如何确保价值工程的方案得到实施呢？一般措施是价值工程小组要定期检查方案的实施情况，并要实事求是地及时解决实施过程中出现的问题。

4. 价值工程活动的准则

价值工程的活动的准则共有13条，这是麦尔斯在长期实践中总结出来的，它具有普遍的适用性，是人们在分析产品或工程项目的设计方案时应共同遵守的原则。

（1）分析问题避免一般化、概念化。

（2）收集一切可用的成本资料。

（3）使用最可靠信息。

（4）打破框框，进行创新和提高。

（5）发挥真正的独创性。

（6）找出障碍，克服障碍。

（7）充分利用有关专家，扩大专业知识。

（8）对重要公差要换成费用加以考虑。

（9）尽量利用专业化工厂的现成产品。

（10）利用和购买专业化工厂的技术知识。

（11）利用专业化的生产工艺。

（12）尽量采用合适的标准。

（13）要以“我是否这样花自己的钱”作为判断标准。

第二节　安全价值工程概述

一、安全与价值工程的关系

最初价值工程分析方法只用于材料的代用及采购，后来用在产品的研制和设计、零部件的生产和改进工具装备，特别是用到了一个产品生产制造的全过程。这样就出现了应用更广泛的方法——价值工程。价值工程现在已发展到改进工作方法、作业程序，管理工作等领域，总之凡是有功能要求和需要付出代价的地方都可能用价值工程进行分析。

安全活动既有工程技术活动的内容，又有管理技术的内容，而VE在各个工业国家不仅被用于技术设计，而已被公认为是行之有效的成熟的管理技术。从价值工程的基本思想出发消除不必要的功能，就是使系统的结构合理。而对于一个生产的安全系统，这样的合理性是最基本的要求。因此，在安全活动中应用价值工程，可以使安全工程及管理活动起到事半功倍效果。

二、安全价值工程的概念及内容

在探索SVE的定义之前，首先需明确几个基本观点和概念。

开展SVE活动，要求组织者和参加者应具备以下四个基本观点。

（1）经济观点。从某种意义上讲，安全问题实质上是一个经济问题。开展SVE活动，应从经济的角度去看安全体系中每一事件，尽可能把非经济的东西用经济的尺度进行量化。

（2）系统观点。每一次SVE活动的对象就是一个系统，只有用系统方法去分析和研究问题、解决问题，才有可能获得成功。

（3）长远的观点。安全投资的效应时间一般较长，其经济效益只能慢慢地体现出来，具有长效性、延迟性等特点。所以开展SVE活动不能急于求近期和短期的效益，应把目标放远些。力求长期的、综合全面的经济与社会效益。

（4）动态观点。SVE活动的对象有物、环境和人，它们都处在变化之中，因此SVE活动要随时间的推移而与对象的变化相适应，动态地分析问题、解决问题。

在进行安全价值工程的活动中，有两个最基本的概念需要建立，这就是安全功能和安全价值。

所谓安全功能，是指一项安全措施在某系统中所起的作用和所担负的职能。如传动带护栏的安全功能是阻隔人与传动带的接触，湿式作业的安全功能是除尘，安全教育的功能是增加职工的安全知识和增强安全意识等。从上述描述可看出，安全功能的内涵是非常广泛的，参见图5-1。

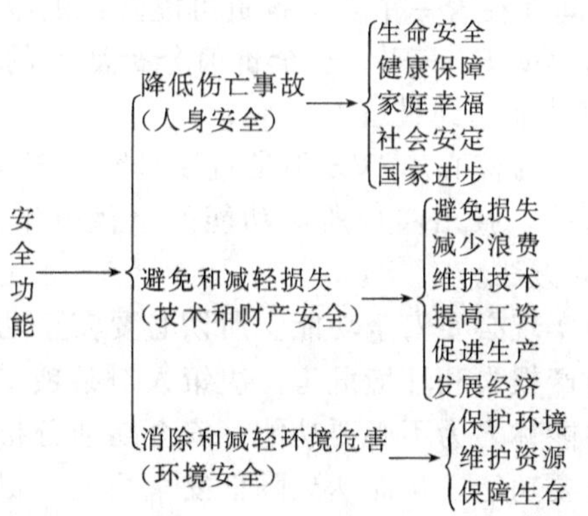

图5-1　安全功能体系图

安全价值，即是安全功能与安全投入的比较。其表达式为：

$$安全价值(V)=安全功能(F)/安全投入(C)$$

由上式可知，安全价值与安全功能成正比，与安全投入成反比。这种函数关系的建立，使得安全价值成了可以测定的东西。

SVE作为安全经济学的重要组成部分，与安全经济学本身一样还处在探索阶段，我们把其定义概括为：安全价值工程是一种运用价值工程的理论和方法，依靠集体智慧和有组织的活动，通过对某措施进行安全功能分析，力图用最低安全寿命周期投资，实现必要的安全功能，从而提高安全价值的安全技术经济方法。这一定义还表明了SVE包含以下几个方面的内容。

(1) 着眼于降低安全寿命周期投资。任何一项安全措施，总要经过构思、设计、实施、使用直到基本上丧失了必要安全功能而需进行新的投资为止，这就是一个安全寿命周期。而在这一周期的每一个阶段所需费用就构成了安全寿命周期投资。安全寿命周期投资与安全功能的关系如图 5-2 所示。

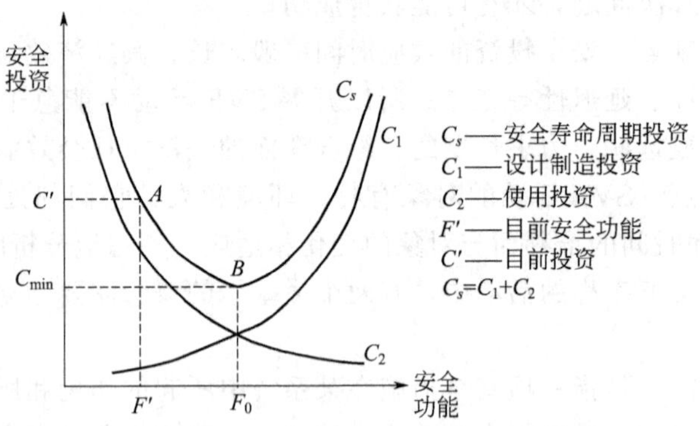

图 5-2　安全寿命周期投资与安全功能的关系

在图 5-2 中，C_{min}为安全寿命周期投资最低点，相应的 F_0 为最适宜安全功能。显然，在 A、B 两点之间存在着一个安全投资可能降低的幅度 $C'\sim C_{min}$和一个安全功能可能提高或改善的幅度 $F_0\sim F'$。安全价值分析活动的目的，就是使安全寿命周期投资降到 C_{min}，使功能达到最适宜水平 F_0。

(2) 以安全功能分析为核心。SVE 不是直接研究“安全”与“投资”本身的，而是从研究安全功能入手，找出实现所需功能的最优方案。以安全功能分析为核心，是 SVE 独特的研究方法。

(3) 充分、可靠地实现必要安全功能。所谓必要安全功能就是为保证劳动者的安全和健康以及避免财产损失和环境危害，决策人对某项安全投资所要求达到的安全功能。与此无关的功能称之为不必要功能。安全功能分析目的也就是确保实现必要安全功能，消除不必要功能，从而达到降低安全投入，提高安全价值之目的。

(4) 依靠群众、集体的智慧和组织的活动。SVE 中一个最基本的观点是“目的是一定的，而实现目的的手段是可以广泛选择的”。这就要求依靠集体智慧开展有组织的活动，广泛选择方案，有计划、有步骤地实施。

第三节　安全价值工程的任务及应用范围

根据 $V=F/C$ 关系可知，要提高安全价值 V 的途径，不外乎以下几种对策：

① F 提高，C 下降；

② C 不变，F 提高；

③ C 略有提高，F 有更大提高；

④ F 不变，C 降低；

⑤ F 略有下降，C 大幅度下降。

由于人类对安全程度的要求是越来越高的，因此，前面三种是我们寻求提高安全价值的主要途径，后两种情形则只能在某些情况下使用。

从以上分析可知，要提高安全价值并不是单纯追求降低安全投入或片面追求提高安全功能，而是要求改善两者之间的比值。如果由于降低安全投入而引起安全功能的大幅度下降，这显然是违背安全投资的初衷的，因而是不可取的。同理，如果不顾一切地片面追求安全功能以致使安全投资大幅度上升，则国家、企业和个人均难以接受，这同样也是不可取的。因此，安全价值工程的任务就是研究安全功能与安全投入的最佳匹配关系。

图 5-3 为安全功能与投资的匹配关系图。图中曲线①和曲线②相交的 A 点处，功能利润为零。从经济学的角度综合分析可知 B 点较合适，此时的安全功能利润最大。

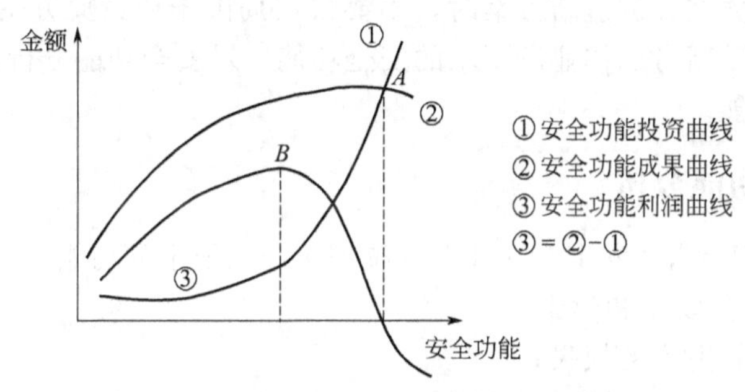

图 5-3　安全功能与投资匹配关系

安全价值工程主要用于新安全措施的研究设计及对现有安全措施的分析和改进。概括地说，凡是有安全功能要求和需要付出代价的地方，都可以用这种方法进行分析。在我国的工业等安全生产任务较重的企业，安全价值工程可用于以下十余个方面：

① 重大危险源和作业场所污染源的治理措施评价；

② 安全防护仪器及设备的选用；

③ 改善作业环境技术工艺的设计和论证；

④ 与基建、改建工程相配套的安全卫生设施评价和优选；

⑤ 检测、监察仪器设备配备的优选论证；

⑥ 事故的紧急处置方案的选择；

⑦ 安全教育培训组织方案的选择；

⑧ 指导安全科研项目方向的确定及经费的论证；

⑨ 个体防护用品选购的指导；

⑩ 日常安全管理费用预算的论证；

⑪ 安全标准制定的技术经济论证依据。

在安全工程活动的实践中，以上 11 个方面的工作相互联系。在开展 SVE 活动时，不可孤立地去分析对待问题和处理问题，而应利用系统的观点去综合考虑问题和解决问题，这样才能取得和实现更好的、最理想的安全价值。

第四节　安全功能分析与评价

一、安全功能定义

安全功能是价值工程应用于安全必须明确的问题，为什么要给安全功能下定义？功能定义的目的和作用是什么？这要从价值工程的根本方法谈起。价值工程的根本方法是摆脱以事物为中心的研究思想，实行以安全功能为中心的研究，也就是说在思考改进原方案，创造新方案时，不要仅仅局限于研讨原方案的结构或手段，而要回过头来，重新考虑作业所要求的安全功能。对安全功能分析始终要围绕企业所要求的安全功能。

二、安全功能分析

就安全系统而言，“安全”在社会系统和生产系统中的功能主要有以下几点：

① 保护人类的安全和健康；

②避免和减轻财产的损失；

③ 保障技术功能的利用和发挥；

④ 维护企业信誉、提高产品质量和产量，提高劳动生产效率；

⑤ 维护社会经济持续、健康的发展，促进社会进步；

⑥ 避免因事故造成有关人员的心灵创伤、家庭痛苦；

⑦ 维护社会的稳定；

⑧ 保护环境和资源，使其免遭破坏和危害。

对上述安全功能进行归纳和整理，可得图 5-1 安全功能体系图。

在企业生产的安全投资中，单项安全投资的目的构成了相应的安全子功能，而这正是 SVE 活动中安全功能分析的最基本对象。在目前我国的安全科学技术水平状况下，发现企业的安全投资利用率或效能是不够高的。其中，有一部分就是消耗在与实现安全功能无关的不必要功能上，这显然是一种浪费。如何去掉不必要功能，以便集中投资实现必要功能？这就要进行安全功能整理和分析，其技术步骤如下。

① 确定某项安全投资所要达到的最基本安全功能，排列在上端，叫最上位安全功能。例如，“防止高处作业坠落”，“避免冲床截断手指”等。

② 按“怎样实现最上位安全功能？”来寻找下位的一级安全功能。同理，便可

寻找到实现一级安全功能的二级安全功能。比如，“防止高处作业坠落”的下一级功能有：避免作业时重心偏离；消除不慎失足；降低人体势能等。如此分析下去直至最下位安全功能。在一个安全功能体系中，上位功能是目的，下位安全功能是手段，且这种关系又是相对的，一个安全功能对它上位功能来说是手段，对它的下位功能来说就是目的。在分析一个安全功能时，如果问“怎样实现这个功能?”和“这个功能要达到什么目的?”时，就可以分别找到它的上、下位安全功能。

③ 排出安全功能系统图。按照上述功能分析，去掉不必要的功能，把各级必要的安全功能自上而下的排列起来，就形成了安全功能系统图。图 5-4 为安全功能系统的一般模型。图中并列的功能是表示两个以上的功能处于同等地位，都是为了实现同一目的而必须具备的手段。如果是为了防止某种事故的重复发生进行投资而应用 SVE 时，则安全功能整理可借助于与“故障树”（FTA）对偶的“成功树”来完成，具体作法是：根据对已发生事故的 FTA，去掉重复和多余事件，相应地做出与之对偶的“成功树”（即把 FTA 中的“与门”换成“或门”，“或门”换成“与门”，各种事件换成相反的事件—“非事件”）。这时，如果把“成功树”各“事件”看成安全功能，就成了安全功能系统图。

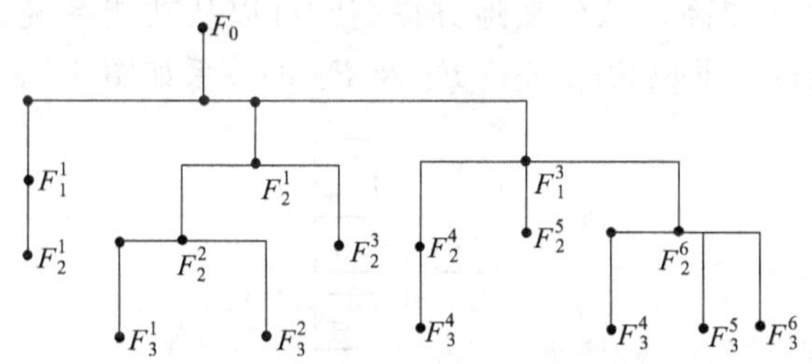

图 5-4　安全功能系统图模型

安全功能整理的作用在于以下几点。

① 通过整理能够掌握必要的安全功能，发现和消除不必要功能，从而可以节省不必要投资，改善安全价值。

② 明确改善对象等级。在安全功能系统图中，越是上位功能，则越能期待安全价值有较大幅度的提高；越是下位功能，虽然改进方案易于具体化，但改善范围和价值提高的幅度都较小。因此在 SVE 活动中，要从上位安全功能着眼，下位安全功能着手。

③ 通过安全功能整理，可以理清各功能间层次关系，为具体选择实施方案创造了条件。

三、安全功能评价

由定义功能到功能系统图的绘制，都属于定性的研究，而功能评价则是定量的研究。主要内容是要测定出功能的价值系数，找出价值低的功能，由此确定安全

目标。

安全功能评价方法可以分为两类，一类是相对值法，另一类是绝对值法，这里只介绍绝对值法，即安全功能成本分析法。

功能成本分析法的基本内容是，确定以金额表示目标成本（F'）和实现这一功能的现实成本（C）是多少，由此算出价值系数（V'）。

1. 功能评价方法

(1) 确定功能评价尺度　安全功能的尺度是以货币形式表示的实现功能所需要的成本费用。如实现某一安全功能，目前的现实成本是多少？最低的成本是多少？目标成本是多少？然后把目标成本和现实成本进行比较，求出功能评价系数。

$$V'(\text{价值系数})=F'(\text{目标成本})/C(\text{现实成本})$$

例如实现一项安全功能有多种方案，如表 5-2 所示。企业期望费用投入最低，从经济的角度而言，哪一方案经济则应用哪一些方案，因此以 160 元作为目标成本，有了目标成本就可以算出各种方案的价值系数，从而确定出最佳方案。

(2) 确定价值低的功能区域　表 5-2 表明本企业实现某一安全功能价值系数只有 0.82，需要进一步提高，从什么地方提高？可以从功能系统入手，已知实现企业所需要安全功能后与下位功能 F_1、F_2 及 F_3 的关系如图 5-5。

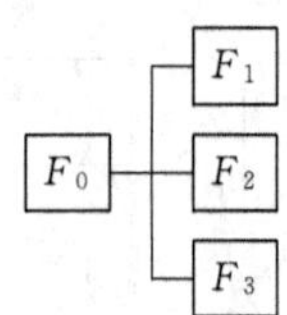

图 5-5　企业所需安全功能与下位功能关系图

$$V_1=F_1/C_1=90/90=1$$
$$V_2=F_2/C_2=40/65=0.62$$
$$V_3=F_3/C_3=30/40=0.75$$

从图 5-5 中可知：

$$F_0=F_1+F_2+F_3=160\text{ 元}$$
$$C=C_1+C_2+C_3=195\text{ 元}$$

表 5-2　企业实现功能的系数

各企业的方案	各方案所需费用/元	功能系数
本企业	195	160/195=0.82
外企业甲	160	160/160=1.0
外企业乙	220	160/220=0.73
外企业丙	196	160/186=0.86

从图 5-6 看出 F_2 和 F_3 的价值系数最低，这样就确定了改进的目标。

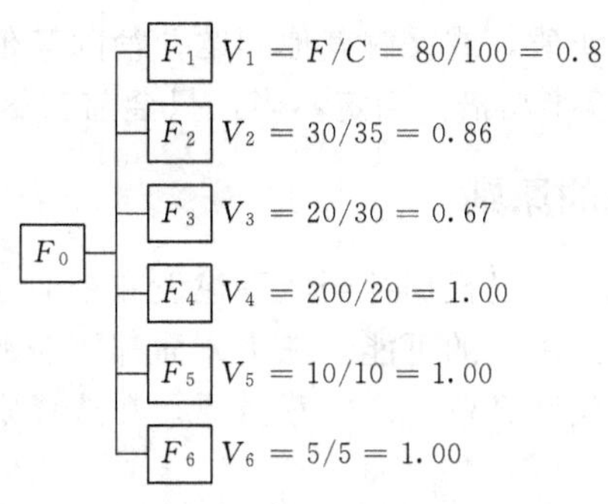

图 5-6 功能评价图

表 5-3 功能成本分析表

项目	功能区成本/元	F_1	F_2	F_3	F_4	F_5	F_6
A	50	30	20				
B	30	30					
C	20	20					
D	20	20					
E	30			10	20		
F			15				
G	30			15		10	5
H	20						
合计	200	100	35	30	20	10	5

2. 功能评价步骤

(1) 准备好功能系统图。

(2) 准备好已经下过定义的项目明细表。

(3) 根据功能系统图和项目明细表绘制功能成本表如表 5-3，项目 A 的现实费用是 50 元，用在安全功能 F_3 上是 30 元，用在 F_4 上是 20 元，表示零部件 A 与功能 F_3 和 F_4 有关；整个项目的费用是 200 元，分摊到功能 F_1 总费用是 100 元，分摊在 F_2 上的费用是 35 元等。

(4) 确定目标成本　确定目标成本的方法有估算法、实际标准法和理论计算法。

(5) 绘制功能评价图　当已经确定目标成本，对照现实成本就可以绘制出功能评价图 5-6 所示。

第五节　安全对象选择

对一个企业或作业单位进行安全管理，相应的会提出很多问题，一方面要对这些问题统筹兼顾，全盘考虑；另一方面在安全对象选择的问题上，要尽量抓住问题的关键。解决问题就是解决主要矛盾，并不是说忽视其他问题，同时主要矛盾解决

得好，也有助于解决次要矛盾，或缓解其他问题，消除其他问题的诱发因素。安全对象确定得当，VE可能事半功倍，确定不当，只会前功尽弃，劳而无功。

一、安全对象选择的原则

安全对象选择的原则，一是根据社会经济建设和企业生产经营的需要；二是考虑提高安全性可能；三是经济性的可能，三个方面都要兼顾。

(1) 根据社会经济建设和企业生产经营需要，在选择安全对象时所考虑的因素有以下几点。

① 对国计民生的影响大小，影响大的我们应该优先考虑。

② 对实现企业生产经营目标的影响大。

③ 对广大劳动者的身体健康影响大。

(2) 根据提高安全的可靠性在选择对象时所考虑的因素有以下几点。

① 分析作业单位有无提高安全可靠性的可能性，有可能的话，提高途径是什么？

② 分析开展VE的条件与效果所考虑的因素。

(3) 根据经济性的要求，要考虑以下几点。

① 本单位或企业的经济承受能力。

② 社会的综合效益。

③ 本单位或企业的经济效益。

二、安全对象选择方法

目前，常用安全对象的选择方法有多种，究竟采用哪种方法也有一个酌情选用的问题。其中要考虑的因素有：第一是对象的特点，选择对象的特点不同，方法也应有所不同。例如当价值工程对象为产品，或工程项目、技术措施、服务项目等。同时，就某一企业或单位而言可供选择的对象可能会为数不多，但选择时考虑的因素却相当复杂；第二，企业条件不同，选择对象的方法也应有所不同。下面介绍安全对象选择的有关方法。

(1) 因素分析法　因素分析法就是根据选择对象而应考虑的各种因素，凭借经验来选择对象，在对各项因素进行分析时，既要区别轻重主次，又要进行综合研究；既要考虑需要，又要考虑可能。为了提高分析质量，应该考虑选择熟悉的安全对象、技术、经济水准，由经验丰富的人员通过集体共同确定安全对象。

(2) ABC分析法　ABC分析法也称成本比重分析法或费用比重分析法，或巴雷特分配法。它是一种优先选择占成本比重大的方案。以零部件、工序或其他要素作为VE对象的方法，具体分析步骤可查有关ABC分析法。

除上述两种方法外，还有功能重要性分析法、强制确定法，及最合适区域法。

第六章 安全投资与成本分析

任何一种社会实践活动，都要投入一定人力、物力等资源。安全作为人类生存的基本需求，只有通过实践活动才能得以实现，因此必然需要投入一定的资源，否则安全活动就无法进行。从安全对人的生命和财产安全和避免危害与减轻损失的综合效益看，安全投入是安全活动得以进行的必要条件，确立安全投入的最佳比例，建立安全投入的合理结构，分析影响安全投资的因素和安全投资的发展规律，提供安全投资评价的技术和方法，这是安全经济学研究的重要课题。

第一节　安全投资概述

一、安全投资的涵义及性质

投资，是商品经济的产物，是以交换、增值取得一定经济效益为目的的。投资是经济领域使用的概念。安全，从一般意义上讲是以追求人的生命安全与健康、生活的保障与社会安定为目的的。为此，人们需要付出成本，从这一意义上讲，安全投入无所谓投资的意义。但是作为企业，从安全生产的角度考虑，安全则具有了投资的价值，即安全的目的有了追求生产效果、经济利益的内涵。由于安全工程（管理与技术等）很大程度上是为生产服务的。首先安全保护了生产人员，而人是生产中最重要的生产力因素；其次，安全维护和保障了生产资料和生产的环境，使技术的生产功能得以充分发挥。因此，安全对企业的生产和经济效益的取得具有确定的作用，安全活动应被看成一种有创造价值意义的活动，一种能带来经济效益的活动。所以，把安全的投入也称为一种投资，也有了现实的基础。当然，安全投资的本质与一般经济活动投资的本质是有区别的。如安全不能单纯地考查经济效果，不能简单地用市场经济杠杆调控等。更多是用投资的理论和技术来指导高效地进行安全经济活动。

安全活动是以投入一定的人力、物力、财力为前提的。把投入安全活动的一切人力、物力和财力的总和称为安全投资，也称为安全资源。因此，在安全活动实践中，安全专职人员的配备、安全与卫生技术措施的投入、安全设施维护、保养及改造的投入、安全教育及培训的花费、个体劳动防护及保健费用、事故援救及预防、

事故伤亡人员的救治花费等，都是安全投资。而事故导致的财产损失、劳动力的工作日损失、事故赔偿等，非目的性（提高安全活动效益的目的）的被动和无益的消耗，则不属于安全投资的范畴。

在不同的经济体制条件下，安全投资的性质是有区别的。我国前一时期的经济体制主要是计划经济，因而安全投资也有明显的计划性，如主要靠执行国家的更新改造费比例规定提取等。随着我国经济体制向社会主义市场经济的运行机制转变，安全投资的政策、方式和渠道、管理和控制等运行模式，也应相应地转变。如何使安全投资的运行机制既适应和符合社会经济体制要求，又能满足安全活动的需要，这是有待于进一步探讨的问题。

二、研究安全投资的意义及作用

(1) 研究安全投资可以揭示、掌握安全成本的规律，促进安全生产工作、劳动保护事业、安全科学技术的发展，安全资源的投入，是发展安全事业，提高人类生产、生活安全水平的物质保证。投资太少，会影响安全事业的发展；投资太多，分配不合理，将造成社会资源的浪费。那么，安全投资的绝对量和相对量，对于一个国家、地区、行业或部门究竟多大才为合理？制约安全投资的因素是什么？进行安全投资应遵循的原则和依据是什么？如何确定安全投资的最佳比例？如何合理分配安全投资？在不同的条件下，安全投资的方向和重点是什么？安全投资由谁来负担，其发展变化规律是怎样的？这些都是应该探讨和解决的问题。这些问题的解决，对于促进我国各行业、各部门的安全与劳动保护工作的健康发展，有着直接的重要的现实意义。

(2) 研究安全投资是研究国民经济与社会发展的需要　安全和劳动保护事业的发展与社会经济的发展是紧密相联的。经济的发展制约着安全的发展，制约着用于安全的投资量。同样，安全的发展和合理的安全投资又可以促进经济的发展。一个国家的资源在一定的时期总是有一定限量的。资源被投入到这一部门，就必然使其他部门失去资源。研究一个国家或地区资源的投入方向，始终具有战略意义，因为资源向哪些部门投入、分配，对于国民经济与社会发展来说，关系极为重大。安全资源投入量的多少，比例大小，对一个国家的经济和社会的发展有着直接现实的意义，也是一个国家社会发展程度的标志。因此，研究安全投资的规律，不仅是发展安全和劳动保护事业的需要，也是研究国民经济与社会发展的需要。

(3) 研究安全资源的合理投入，是提高安全资源利用率和安全经济效益的前提　实现生产、生活和劳动的安全过程，是安全资源的投入、利用和安全成果的产出过程。安全资源的利用效率和经济效益，是以安全资源的投入为前提的。要取得安全资源利用的高效率和高效益，首先要有安全资源的合理投入。如果说，安全经济学是研究安全与经济具体关系的科学，那么，安全资源的合理投入，就是安全经济学首先要探讨的理论问题。现代管理理论认为，管理的重心在经营，而经营的重心在决策。投资决策是企业所面临的众多决策中关键所在。所谓投资决策，是指决策者根据国民经济及社会发展规划和国家的经济建设方针、政策，考虑项目有关的各种信息，按照国家规定的建设程序，采用科学分析的方法，对投资项目进行技术经济分析和综合评价，选择项目建设的最优方案的过程。它是投资项目成功的关键。

安全投资是安全活动得以进行的必要条件。首先安全保护了人，人是最重要的生产力因素。其次安全维护保障了生产资料和生产环境，使技术的生产功能得以充分发挥，而且安全投资也能带来一定的经济效益。安全投资虽然也是一种投资，但需要明确的是：安全投资与一般的经营性投资不同，它不能以单纯追求最大的经济效果为目标，而是应该在适当照顾经济效果的基础上尽量实现系统的安全性最优。这主要是因为：在一定的安全投资数量范围内，经济效果最好的决策与使系统安全性达到最佳的决策很可能不一致。当安全投资数额已确定时，一般以达到系统安全性最佳为决策目标；而当安全投资数额未定（需要决策确定）时，则要综合考虑经济性指标和社会指标，即所谓的经济效果与社会效果相统一。基于安全投资决策的特殊性与重要性，有必要对此展开深入研究。

（4）研究安全资源有助于实现企业的经营战略和目标　企业是一国经济活动中的主要生产经营单位，是安全生产的主要组织单位和责任主体，也是实施安全生产投资的重要主体。企业安全生产投资是指企业在其生产经营活动的全过程中，为控制危险因素、消除事故隐患或危险源，提高作业安全系数所投入的人力、物力、财力和时间等各种资源的总和。企业安全生产投资的最终目的是为了保障生产经营活动的正常开展和员工及相关人员的生命安全，为企业创造一个正常的安全生产秩序和良好的运营作业环境，更好地实现企业的经营战略和目标。

第二节　安全投资来源及分析

一、安全投资的来源

一个国家的安全投资的来源与分类，是由该国的经济体制、管理体制、财政税收和分配体制等多种因素决定的。各国的情况不同，其安全投资的来源和类别也不同。

对于我国的生产经营单位，安全投资的来源主要有以下几个方面。

（1）在工程项目中预算安排。包括安全设备、设施等内容的预算费用。如我国一直执行的三同时基建费。

（2）国家相关部门根据各行业或部门的需要，给企业按项目管理的办法下拨安全技术专项措施费。

（3）企业按年度提取的安措经费。目前根据不同的行业有不同的做法：按企业的生产（产品）规模总量比例提取，如煤矿按吨煤量提取；按企业的产值提取，如

根据产值总量的1%～3%比例提取；按固定资产总量比例提取，如石化行业按企业固定资产的1‰～3‰；按更新改造费的比例提取，在计划经济时代，曾经规定按更改费的10%～20%用于安全措施。

(4) 作为企业生产性费用的投入，支付从事安全或劳动保护活动的需要。如劳动保护防护用品的费用，必需的事故破坏维修、防火防汛等费用；

(5) 企业从利润留成或福利费中提取的保健、职业工伤保险费用。

随着安全经济研究和科学管理工作的进一步开展，利用价值规律和市场调节的手段来支配安全投资来源的模型，已在某些行业和企业得到了有益的尝试。如下面的安全投资方式：①对现有安全设备或设施，按固定资产每年用折旧的方式筹措当年安全技术措施费；②根据产量（或产值）按比例提取安全投资。如某煤炭矿务局，每年按原煤产量，每吨原煤提取5～30元安全技术措施费用；③职工个人交纳安全保证金；④征收事故或危害隐患源罚金；⑤工伤保险基金的提取。

目前，由于我国的安全投资模式和关系还没有理顺，如何合理地开辟和稳定安全投资的来源，还需要通过进一步完善安全投资的管理体制，加强有关的法制建设来实现，以使安全投资从方式上既科学又合理，从来源渠道上得以保障和稳定。但是，“多元化”的投资结构，应该是发展的趋势，图6-1就是这种投资结构的一种表达。

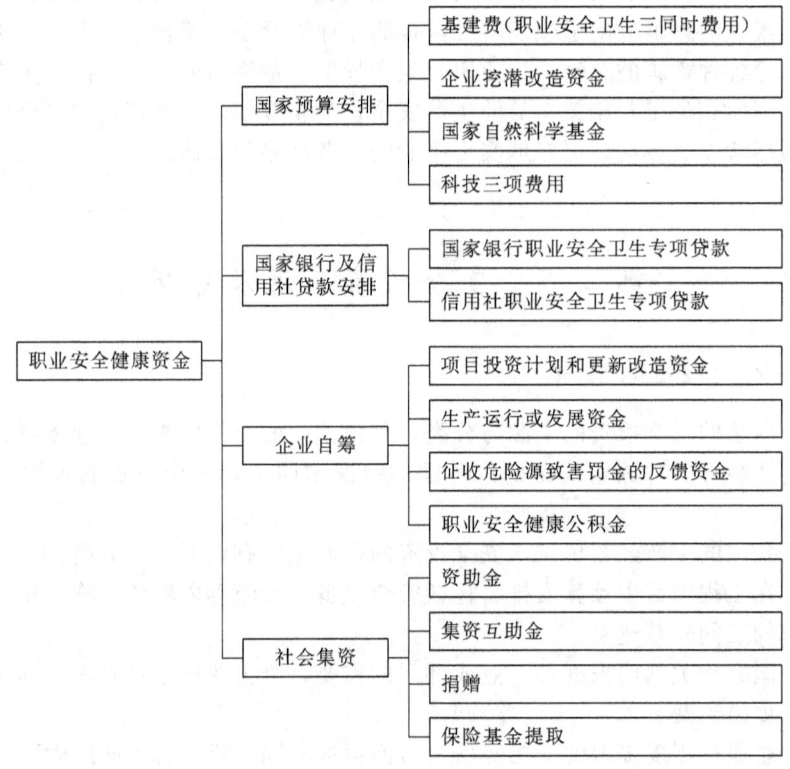

图6-1 安全健康投资来源

二、安全投资的分类

研究安全投资的类别，对于科学利用和管理安全资源，提高安全投资的效率和效益有着重要的作用。根据不同的目的，有不同的安全投资分类方法，下面介绍几种安全投资的分类方法。

1. 按投资的作用划分

根据安全投资对事故和伤害的预防或控制作用，安全投资可分为以下两种。

(1) 预防性投资　指为了预防事故而进行的安全投资。包括安全措施费、防护用品费、保健费、安全奖金、应急救援投入和保险投入等超前预防性投入；

(2) 控制性投资　指事故发生中或发生后的伤亡程度和损失后果的控制性投入。如事故营救、职业病诊治、设备（或设施）修复等。

预防性投资也可称为主动投资，而控制性投资可称为被动投资。

2. 按投资的时序划分

按投资的时间顺序划分，安全投资可分为以下几种。

(1) 事前投资　指在事故发生前所进行的安全投入。能起到预防事故的作用。如安全措施费、防护用品费、保健费、安全奖金等预防性投入；

(2) 事（件）中投资　指事故发生中的安全消费。如事故或灾害抢险、伤亡营救等事故发生中的投入费用。

(3) 事后投资　指事故发生后的处理、赔偿、治疗、修复等费用。

事中、事后的投资属于被动投资，实际上是安全生产事故产生的损失。一般而言，事前投资和事中、事后投资存在此长彼消的关系，事前安全生产投资充足且结构合理，发生安全事故的可能性就减少，事中、事后的安全生产投资就会较少；反之，事前安全生产投资不足或结构不合理，事中、事后的安全生产投资就会增加。因此，企业进行安全生产管理的核心内容，就在于确定事前安全生产投资的合理规模和结构。

3. 按投资所形成的技术“产品”划分

按投资所形成的安全技术的“产品”或形式划分，安全投资可分为以下两种。

(1) 硬件投资　指能形成实体装置、实物或固定资产的投资，即为改善物质生产条件而进行的人力、物力、财力的投资。如安全技术、工业卫生、辅助设施等能产生安全实物产品的投资。硬件投资可以形成固定资产，在安全经济管理中可用折旧方式进行回收。

(2) 软件投资　指不能形成实物或固定资产的投资，即为提高人的安全素质而进行的安全培训和教育投资。如安全教育培训、安全宣传、保健与治疗等费用。这种投资的特点是一次性消耗，没有后期管理的责任。

4. 按安全工作的专业类型划分

按安全工作的业务类型划分，安全投资可分为以下几种。

(1) 安全技术投资。

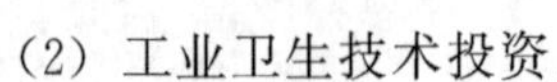

（2）工业卫生技术投资。

（3）辅助设施投资。

（4）宣传教育投资（含奖励金费）。

上述四种投资目前企业主要从更新改造费中提取，是一种预防性的主动投入，其划定标准，国家均有明确的规定。

（5）防护用品投资　指用于个体防护用品的花费。

（6）职业病诊治费　指用于职业病的诊断及治疗的费用。尽管这一费用没有预防性的作用，是一种被动的投入，但它是一种的目的的消费，并且有投入效率的问题，因此把它也划为一种投资。

（7）保健投资　如高危害、高危险、高劳动强度津贴，防暑降温津贴等。

（8）事故处理费用　指事故抢救、调查、赔偿等事件发生后的资金投入。这也是一种没有预防性作用的投入，是一种被动的投入，但它是有目的的消费，并且也有投入效率的问题。这种投资与事故的纯被动损失（财产损失、资源与环境损害、劳动力的工作日损失等）有区别，即事故损失的消耗是无目的的，并且没有投入效益的问题。

（9）修复投资　指对事故部分或全部损坏的设备及设施的修理和添置的投资。这种投资与更新改造费有一定的区别，更改费是一种预期型的投资，具有主动性，而修复投资是事后型的，具有被动的特点。

5. 按安全投资的用途划分

按投资的用途划分，安全投资还可划分为以下几种。

（1）工程技术投资　指用于工程技术项目或技术装备和设施的费用。

（2）人员业务投资　指安全技术人员的工资、职工安全奖金、职业危害津贴、安全行政业务等费用。

（3）科学研究投资　指用于安全科学技术研究和技术开发的投资。

了解和探讨清楚安全投资的类别，对于科学管理安全投资，提高安全投资的利用效率有着重要的意义。

第三节　影响安全投资的因素分析

一个国家、行业或部门，其安全资源投入量的大小、投资比例增长速度的快慢、安全资源分配和投入的方向是否合理，直接关系着国家、行业或部门安全事业发展的规模和速度、安全水平的提高；关系着安全经济效能的发挥，从而影响着国家和企业的经济结构、技术结构和财政收支等能否合理、协调、稳定地发展和增长；关系着生产、生活的安全状态及其活动是否能有效运行。

企业安全生产虽然主要需要从企业内部的角度进行分析，但如果将分析的视角仅局限在企业，就可能忽略许多重要的制约条件，如企业所处的行业部门、企业的规模、民族的习惯、思维的方式、国家和企业所处的发展阶段以及国家的法律条例的建设情况等。企业对待安全生产的态度和安全生产水平是与上述因素相适应的。

一、安全生产同经济发展的关系

一个国家的决策者对经济发展目标的认识，在很大程度上会影响他们对加强安全生产的态度。在 20 世纪 50 年代和 60 年代，一些发展中国家对经济发展的重要设想是，提高人均国民生产总值，他们认为，只要能加快经济增长的速度，失业和贫困现象就会消失。在 20 世纪 50 年代和 60 年代，不少发展中国家的国民生产总值增长很快，但就业情况却未得到改善；有些国家的国民生产总值增长迅速，但是就业情况却更加恶化。另外，所取得的经济增长仅使少数人获利，贫困者基本上没有从发展中获得利益。从绝对数及从所占人口的比例来看，贫困者还在日益增加。在有些情况下，甚至比过去更为贫困。

20 世纪 60 年代后期，在各国和国际社会中形成了一种新的舆论，即不能仅仅以人均国民生产总值的增长作为发展的标准。人们越来越认识到，创造就业机会，解除贫困和公平分配国民生产总值的成果，应同国民生产总值的增长一样，成为在发展规划中受到重视的主要目标，和为社会经济发展所必须的进步标准。决策者们越来越认识到，发展的最终目的并非单纯为了创造财富，而是为了使大家都有可能过上高质量的生活。

因此，舆论开始朝着社会经济平衡发展的方向转变。在决策者的心目中，安全生产的重要性应该得到更高的重视。在创造财富的过程中，如有丧失生命、健康或肢体等情况发生，这是与社会经济平衡发展这一深入人心的舆论背道而驰的。正因为普通人应该是发展的主要受惠者，所以在他们为发展做出贡献的过程中，他们的安全与健康理应受到保护。

但是，发展中国家还处在很不如人意的经济状态中。发展中国家仍然在为经济增长迟缓、国际收支逆差、债务偿还额增大等问题而焦头烂额。由于要全力对付基本经济问题，各国优先考虑改善安全生产的可能性很小。在面临经济考验的时候，必须强调，发展的最终目的在于使所有的人都过上高质量的生活，不安全的工作环境和工作条件有损于高质量的生活。

经济发展水平是影响安全投资绝对量和相对量的主要因素。一个国家、行业或部门，能将多少资源投入人们的安全保障，归根到底是受社会经济发展水平制约的。在经济比较落后的地区或时期，人们只能顾及基本的生存需要，因而把资金主要考虑用于满足生活的基本需求，而安全、健康被放在次要的地位。随着经济的发展，人民生活水平的逐步提高，一方面科学技术和经济条件提供了基础保证；另一方面人们心理和生理对安全与健康的要求在随之提高，这就使得安全的投入会随之增大。如据抽样调查，在“六五”期间我国的职工年人均安全投资 129.39 元，其中人均安措费 60.50 元，而到了“七五”期间年人均安全投资达到 201.15 元，人均安措费达到 106.19 元。

二、经济发展阶段及经济周期的影响

我国还是一个发展中国家，尽管改革开放以来，经济发展取得了令世人瞩目的成就，但是，企业安全状况在我国还基本上处于比较低的水平。因此，了解发展中国家所面临的具有普遍性的问题，对于我们有很大的意义。

发展中国家常常是很急切地要通过工业化来迅速增长，以发展其经济，但企业安全生产状况常常令人担忧。尽管为了提高人民生活标准必须努力实现工业化，但必须认识到工业化是一把双刃剑：一方面可以促进经济的上升，一方面却会引起工人的残废或死亡。这在发展中国家更加严重。因为这些国家为了提高生产往往面临极大的压力，而无视工作时间的限制、无视对工人的培训、无视机器的安全及人员保护设施的设置。

发展中国家常常比较重视在化工、爆破器材及炼油等工厂的安全标准，对施工的预防工作也做得比较正规。但是在机械行业等有组织的工业中，有些工厂属于做得比较规范的，大多数却对安全生产漠不关心，或不见诸行动。在一些发展中国家，最令人担忧的是，存在许多小型的或者无组织的企业，这些企业在安全方面毫无知识，也不开展任何工作。

归结原因，可以归纳为：第一，在雇员方面，发展中国家的大多数工人为文盲，出身于农村，未经培训就上机操作者很多，较高收入常常刺激他们为了挣钱而冒一些不应该冒或者不考虑疲劳因素继续加班加点；第二，在管理者方面，管理人员很少受过相关培训，清楚自己在事故预防方面应该发挥的作用；第三，在设备装置方面，发展中国家普遍比较落后，发展中国家约有70%的工厂机械设备十分陈旧，缺乏安全装置；第四，在国家立法方面，尽管发展中国家也可能有比较详尽的安全法规和条例，但是大多数是从发达国家照搬过来的。在一般情况下，执行效果都是比较差的。此外，劳动立法一般说来也只适用于比较大的企业。因不遵守安全条例而造成严重的事故甚至伤亡，至多罚款了事，既不能震慑雇主，又不能迫使其对雇员的安全引起重视。第五，在工作条件和环境方面，发展中国家普遍存在照明很差或者不足，工作环境温度过高或者过低，通风设备不齐全等情况。在很多场合都可以观察到噪音级别很高，但又不提供或者不使用耳塞的情形。厂区管理工作未引起应有的重视。许多工厂，尤其是小型工厂，未能配置急救或者紧急医疗设施；第六，工会方面，发展中国家在鼓励增加工资和争取社会保险抚恤金方面是很积极的，但是对改善工作环境和安全条件方面则几乎从不加以注意，也很少提出这方面的要求。有时，一些工会只是指望危险津贴，而不争取能有恰当的而有效的预防措施。

在我国，随着改革的深入，新工种不断出现，从业人员技术素质差，使得人的不安全行为因素有所增加：劳务用工制度的变化，采矿业、建筑业大量民工的涌入，形成了企业全员安全意识淡化；设备简陋与作业环境达不到国家卫生标准等，形成事故原因条件增加。各类伤亡事故、质量事故、财产损毁事故、火灾等灾害时有发生。这些事故使国家大量的财产被损毁，资源被破坏，给无数的家庭带来不幸和痛苦。因此，应在企业内部生产各类产品的全过程中注重安全生产，完全树立以安全生产促进质量提高，以安全生产促进企业经济效益提高，以安全生产促进国民经济收入增加的思想观念。

三、影响安全投入的社会背景因素

影响安全投资的社会背景因素包括如下几方面。

1. 社会及政治因素对安全投资的制约

一定社会条件下的安全是受该社会的政治制度和经济制度制约的。一个国家或地区的安全投资规模，也受政治制度和政治形势，乃至政治决策人对安全的重视程度等因素的制约。我国的政治制度决定了国家机构的重要职能是在发展生产的基础上，不断满足人民的物质和文化的需要。提高人民生产和生活的安全与健康水平，关心和重视劳动保护事业是党和政府的工作宗旨之一。这就使得我国政府是能够在经济能力许可的基础上，尽最大可能保障安全的投入。

政治形势的变化显然会对安全的投入带来影响。如资本主义社会的资本积累初期，资本家主要考虑资本的增值，很少重视工人的生命健康与安全，对安全的投入非常少，使得职业事故与伤害较为严重。

2. 科学技术发展水平对安全投资的制约

科学技术对安全投资的制约，一方面是由于科学技术的发展制约经济的发展，使安全的经济基础受到控制；另一方面，科学技术的水平决定了安全科学技术的水平。如果安全科学技术的发展客观上对经济的消耗是有限的，则安全的投资应符合这一客观的需求，否则，过大的投入，将会造成社会经济的浪费。

3. 生产技术对安全投资的制约

生产的客观需要决定了安全的发展状况和水平。在不同的生产技术条件下，对安全的要求是不一样的，这就决定了安全的投资必须符合生产技术的客观需要。安全经济学的重要任务之一是寻求安全经济资源的最有效利用。因此，根据不同的生产技术要求，执行不同的安全投资政策，这是安全经济学应探讨和解决的问题。

四、确定安全投资合理比例的依据和原则

安全的社会作用是多方面的，影响安全投资的因素也是多方面的。安全既是促进经济增长和经济发展的重要手段，也是促进社会发展目标实现和精神文明建设的重要条件。在一定的经济发展水平条件下，一个国家的安全投资究竟应占该国社会总产值（或国民生产总值）、国民收入和财政支出的多大比例才算合理？从安全经济学的角度看，衡量一个国家安全投资的比例是否合理，主要是以其有限的安全投资是能否取得最大的经济效益和社会效益为依据，视其安全投资量是否有碍促进经济和社会发展目标的实现。因此，经济效益和社会效益的统一，促进经济增长和社

会发展目标的实现，应成为确定安全投资量是否合理的基本原则。

安全投资能否使社会取得最大的经济效益，又以什么标准去衡量呢？通常以国民收入（或国民生产总值）增长率目标的实现作为经济效益的标志，把保证实现国民收入增长率所需要的安全保障条件作为衡量的标准。因此，保证社会生产和人民生活所需的安全条件和水平的安全投资消耗量就是安全投资的合理投入量。根据上述原则，安全经济投资占国民收入（或国民生产总值）中的合理比例的确定，应以经济增长率既定目标作为首要的依据。在实现既定的经济增长率目标的前提下，以政府财政收入来表示的国力大小是确定这一合理比例的上限，而满足经济增长所要求的最低限度的安全条件所需投资总量（或相对量），则是安全投资的下限。前者是指在保证经济增长目标的前提下，从财政收入中可能拿出的安全投资量，后者是指在保证生产和生活安全要求的条件下，需要的最低安全投入量。一个是可能，一个是需要，合理的投资只能介于二者之间。在这里，安全需要的最低投入量的确定是至关重要的。由于安全的需要不仅取决于人的客观的要求（自然的属性），而且还取决于人类的社会因素（社会属性—经济、文化、伦理、道德等）。安全经济学要研究清楚安全的这种客观属性及规律，提出相对合理的、人和社会能够接受的安全投资水平。

安全的投资量（或相对量）的确定，同样与社会发展目标有密切的关系。人民的生产和生活安全目标一方面本身就是社会发展目标的一部分，它与其他社会目标（教育事业、文化事业、科学事业、体育事业、卫生防疫等事业）一样，受社会经济发展总目标的制约，在财政收入既定的条件下，社会发展目标过高，用于社会发展目标的投资量过大，这将会影响经济发展目标的实现和导致经济效益的降低；另一方面，安全的绝对目标，受其他社会与经济发展目标的控制。从人类安全的发展历史看，生产与生活的安全水平和程度就是随科学技术、社会观念、文化道德、经济水平等社会经济状况的发展而发展的。因此，安全的发展目标（投资量），不仅要与社会经济的发展总体目标相适应，还要与其社会发展目标相协调。具体地说，安全的发展目标只有与社会和经济的发展目标同步协调，与国民经济各部门保持综合平衡，在社会经济总目标的协同下有计划、按比例发展，才能更好地、合理地确定出安全投资的合理比例，从而实现经济效益和社会效益的统一。

依据上述原则，安全投资的合理比例的确定，可采用如下几种方法。

1. 系统预推法

系统预推法是在预测未来经济增长和社会发展目标实现的前提下，经过系统分析和系统评价，并在进行系统的目标设计和分解的基础上，推测确定安全经费的合理投资量。其技术步骤如下。

（1）预测确定国民经济（国民生产总值、国民收入、财政收入）增长目标和社会发展目标；

（2）在考虑社会发展总体目标与经济效益和条件的前提下，推出安全发展总体目标，宏观考查（行业或部门）可用伤亡率、损失率、污染量等来反映，微观考查

(对设施、设备、项目等）可用安全性、可靠度、隐患率等来反映；

(3）在实现安全总目标的前提下，分配给各行业、部门（对于企业是各工种或车间）或各子系统安全的分目标；

(4）按各分目标的水平，测算未来所需的安全投入费用（安全成本）；

(5）累计各类（项）安全费用，求出安全所需投资总量。

这种方法显然有很多具体的技术方法需要采用。如安全的定量目标与社会发展目标的关系，安全总目标的分配技术（不同行业或部门的分目标水平），各种安全目标的成本计算等。

这种方法是比较科学和严密的，但目前其可操作性差，应用技术难度大。

2. 历史比较法

这种方法即是根据本地区、本行业或本企业的历史方法，选择比较成功和可取年分的方案作为未来安全投资的基本参考模式；在考虑未来的生产量、技术状况、人员素质状况、管理水平等影响因素的情况下；并考虑货币实际价值变化的条件，对未来的安全投资量做出确切的定量。

这种方法的缺点是精确性较差，但有应用简单的特点，因而是目前实际中经常应用的方法。

3. 国际比较法

一个国家安全投资总额及其在国民经济各项指标中所占比重是否适宜，可与世界各种类型国家在不同时期和条件下的安全投资水平进行比较研究，从而获得参考，指导其本国或同类型行业的安全投资决策。

进行国际比较来确定本国或同类行业的安全投资比例时，应考虑如下基本因素：

(1）两国的经济发展水平应大体相似；

(2）国民经济各项指标（国民生产总值、国民收入、财政收入）和安全经费来源和总额的统计口径应相同。

总之，必须有可比性，国际比较法才可采用。在具体比较时，下面两种方法可有助于使国际比较法应用好。

(1）横断面分组比较。即将不同人均国民收入的国家分成若干组，在同组内进行比较分析。这种方法可以在一定程度上反映出一定的经济发展水平与安全投资的比例的关系，也反映一个国家对安全投资的重视程度。当然，同组的各国安全投资量的大小，也受其社会制度和该国的经济结构、产业结构和技术结构的影响。社会制度不同，对安全的评价不同，致使安全投资量不同；经济结构、产业结构和技术结构不同，必然影响总产值和国民收入的构成；经济的畸形发展和单一化，即使人均国民收入达到了很高水平，安全经费在国民收入中所占比例也不一定反映出安全与经济之间的正常关系，不一定表现出安全投资所占比例变动的规律。这些是进行分组比较时应加以考虑的。

(2）历史考查和横断面分析相结合的比较方法。由于各国经济发展水平都是由低到高，经过相当长的历史发展阶段。因此，一国现时的经济发展水平，可能相当于别国某一发展阶段的水平。这样，发展中国家现有的发展水平与发达国家在历史上的某一相似的阶段就具有可比性，就可以说明安全投资在国民收入（或国民生产总值）的关系。这种比较结果，还可同现在经济发展相似的一组国家的安全投资占国民收入的比例情况进行比较。借以说明一国安全投资占国民收入的比例是否适宜。

应说明的是，进行历史考查分析比较时，除了要考虑上述不同社会制度和不同经济结构、产业结构的影响外，从历史的角度看，还应当考虑一个重要的因素，即技术进步的因素。随着技术的进步，经济对安全的要求会发生变化，一方面可能会是技术的进步使生产的本质安全化越来越好，使技术运行过程的安全成本下降，所需安全投资减少；另一方面可能会是技术的发展使生产和生活过程中的危险和危害因素增多，程度增大，致使技术功能实现的安全成本提高，所需安全投资增大。因此，应视具体问题，进行具体分析，找出各种经济、技术、社会等条件下的最合理安全投资比例。

采用上述两种方法进行比较的目的，在于寻找一定经济发展水平下安全投资的规律，以便合理地调整安全投资量。但必须认识到：国际比较研究所得结果只能是一种印证，仅具参考价值。一个国家的安全投资到底应占多大比值为最佳，只能从本国经济发展的实际出发，在深入研究本国安全与经济相互制约的各种因素中，才能找出切合实际的、最大限度地促进经济和社会发展的安全投资的规律。

第四节　安全投资分析与决策技术

一、安全投资决策的博弈分析

下面用一张简单的表格演示投资决策的博弈分析过程。假设市场上仅有两家竞争企业，两个企业的雇主和雇员均乐于建立安全的工作环境。两个企业同样面临两种选择：安全或不安全。这样就有四种组合形式，见表 6-1。

表 6-1　安全投资决策的博弈分析

公司 2 / 公司 1	安全	非安全
安全	均安全，竞争力相当	公司 1 安全，但处于竞争劣势； 公司 2 非安全，但处于竞争优势
非安全	公司 1 非安全，但处于竞争优势； 公司 2 安全，但处于竞争劣势	均非安全，竞争力相当

如果劳资双方均选择安全，但是如果竞争更为紧逼时，由于担心经营失败或由于利润的诱惑，则会出现不同的情况。如果两公司独立决策，安全投资将减少。假

设公司 2 选择符合或提高安全水准，公司 1 由于非安全（投入不足），则公司 1 表面上体现出获利。如果公司 2 选择非安全，公司 1 必然紧跟着选择非安全，否则将处于竞争劣势。换句话说，不管公司 2 作何选择，从公司 1 的个人利益来讲，应选择非安全。同理，公司 2 也会选择非安全。结果由于竞争的压力，将出现右下角的情况，即两公司均选择非安全。很显然，相对于左上角的情况，这是次优化选择。换句话说，全行业的良好工作环境，由于市场竞争的压力不得不让位，即使安全的工作环境对双方都有好处。

在现实世界，企业对安全投入决策中存在问题会更加严重。通常不仅是两个公司的竞争，而是更多的公司之间的竞争，从而更难达成合作协议。另外，竞争的市场使得新公司相对容易进入，因此即使现有公司达成协议，仍然避免上述现象的发生。这时唯一的解决方法就是外力的干涉，建立专门的安全生产监督机构。

安全投资从长远的眼光看是值得投资的（潜在的、长远的效益），事实上由于安全效益的特殊表现形式和短期的利益，认识这种特性是很困难的。有时能从安全的工作环境中获得超过成本的利润（如应急救援体系发展了作用），但有时却不能（如事故未发生）。然而，安全的效益和价值的体现并非只体现在经济上，安全还有生命、健康、商誉、社会责任等非经济的效益。因此，与纯经济投资不一样的是安全投资不必达到一定的投资回收率，来证明其投资是适当的。在安全经济的产出方面，还应该计算失能（技术功能和效率）、无益的代价（事故成本）和社会承担的损失（政府负担、家庭负担等）。如用医疗作比方，疾病的经济代价，除了支付给医院费用外，还包括缺勤收入、生活和生命质量等。因此，在安全投入上，我们不能要求其净成本小于零。

二、安全投资合理度的分析方法

美国格雷厄姆、金尼和弗恩共同合作，在安全评价方法“作业环境危险性 LEC 评价法”基础上，设计了一种用于分析安全投资合理性的方法。

这种方法基于加权评分的理论，根据影响评价和决策的因素重要性，以及反映其综合评价指标的模型，设计出对各参数的定分规则，然后依照给定的评价模型和程序，对实际评价问题进行评分，最后给出决策结论。

具体的评价模型是“投资合理度”计算公式：

$$\text{投资合理度}=\frac{\text{事故后果严重性}R\times\text{危险性作业程度}E_X\times\text{事故发生可能性}P}{\text{经费指标}C\times\text{事故纠正程度}D}$$

可看出，上式分子是作业危险性评价（LEC 法）的三个评价因素，反映了系统的综合危险性；而分母是投资强度和效果的综合反映。此公式实际是“效果—投资”比的内涵。

三、安全投资决策技术

在实践中，安全投资问题是复杂多样的，有国家或上级主管部门针对地区、行

业或企业的年度投资问题；有企业自己针对措施项目或工作类别的投资分配问题。总之，安全投资的决策，需要进行纵向的对比分析，指导不同时期的宏观投资政策；也需要横向的比较和优选，以做出微观的投资决策。上几节的分析着重于宏观的、大尺度的投资分析与决策方法，下面探讨一种有助于企业的小尺度投资决策方法——边际投资分析技术。

1. 基本理论

边际投资（或边际成本）指生产中安全度增加一个单位时，安全投资的增量。进行边际投资分析，离不开边际效益的概念，边际效益则指生产中安全度增加一个单位时，安全效果的增量，如果对安全效果无法做出全面的评价时，安全的效果的增量可用事故损失的减少量来反映。

由于目前对于安全度不便用一个量表示，但考虑到安全投资与安全度呈正相关关系。即安全投资 $C \propto kS$；事故损失与安全度呈负相关，即 $L \propto k/S$，则得到 $C \propto k/L$。式中，k 为系数；S 为安全度；L 为事故损失。即安全投资与事故损失呈负相关关系。所以，可以用当安全度增加一个相同的量时，将安全投资的增加额与事故损失的减少额，近似地看作边际效益与边际损失，这样处理不影响进行最佳效益投资点的求解。

从投资与损失的增量函数关系中可以做出边际投资 MC 与边际损失 ML 的关系，图 6-2 所示。

从而得到，安全度的边际投资随安全度的提高而上升；而安全度提高，带来的边际损失呈递减趋势。在低水平的安全度条件下，边际损失很高。当安全度较高时，如达到 99%，此时边际损失很低，但边际投资正好相反。

通常有这种规律：当处于最佳安全度 S_0 这个水平上时，边际投资量等于边际损失量，意味着，这时安全投资的增加量等于事故损失的减少量，此时安全效益反映在间接的效益和潜在的效益上（一般都大于直接的效益数倍）；如果安全度很低，提高安全度所获得的边际损失大于边际投资，说明减损的增量大于安全成本的增量。因此，改善劳动条件，提高安全度是必须而且值得的；如果安全超过 S_0，那么提高安全度所花费的边际投资大于边际损失，如果所超过的数量在考虑了安全的间接效益和潜在效益后，还不能补偿时，这意味着，安全的投资没有效益（这种情况是极端和少见的）。通常是当安全度超过 S_0，安全的投资增量要大大超过损失的减少量，即安全的效益随超过的程度在下降，此时也可以理解为对事故的控制过于严格了。

因此，从经济效益的角度，常常以最佳的安全效益点作为安全投资的参考基点，用于指导安全投资的决策。

2. 应用实例

某企业 11 年来安全投资与事故损失如表 6-2 所示（按年安全投资由小到大排列）。

表 6-2 某企业 11 年安全投资与事故损失数据

安全投资/(万元/年)	事故损失/(万元/年)	边际投资/(万元/年)	边际损失/(万元/年)	边际投资减边际损失/(万元/年)	投资决策
5.0	113.9	—	—	—	增加
6.0	89.9	1.0	24.0	−23.0	增加
7.4	70.4	1.4	19.5	−18.1	增加
9.4	54.3	2.0	16.1	−14.1	增加
12.1	41.3	2.7	13.0	−10.3	增加
15.6	31.0	3.5	10.3	−6.8	增加
19.9	22.9	4.3	8.1	−3.7	增加
26.0	16.7	6.1	6.2	−0.1	增加
34.0	12.2	8.4	4.5	3.9	减少
44.7	9.2	10.6	3.0	7.6	减少
57.7	7.4	13.0	1.8	11.2	减少

由表 6-2 可知：当边际投资为 6.1 万元/年时，边际损失 6.2 万元/年，二者近似相等，可以把这时的安全投资看做最佳投资点。即这时的总损失最小。总损失 26.0＋16.7＝42.7 万元/年。经济效益最大，以 11 年来最大损失 5.0＋113.9＝118.9 万元/年为基准点，则正的效益为 118.9－42.7＝76.2 万元/年。

在对投资进行决策时，投资少于 26.0 万元时，增加投资，投资大于 26.0 万元时，应减少投资。

3. 实践中对最佳投资点的动态分析

在安全生产管理中，各种因素不断变化，因此，对于最佳投资点的确定应全面考虑。

（1）考虑到安全投资带来的巨大的社会效益和潜在的经济效益，投资的总体效益就会增加。因此，边际损失（边际效益）曲线客观上应上移至 ML'，新的最佳安全度由 S_0 增大至 S_0'，$C_0'>C_0$，相应的最佳安全投资点就应适当地增大，如图 6-3 所示。即可能扩大投资增加安全度。

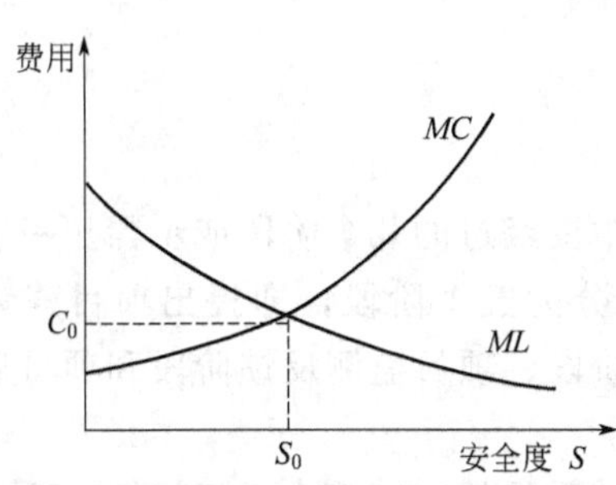

图 6-2 边际投资与边际效益的关系

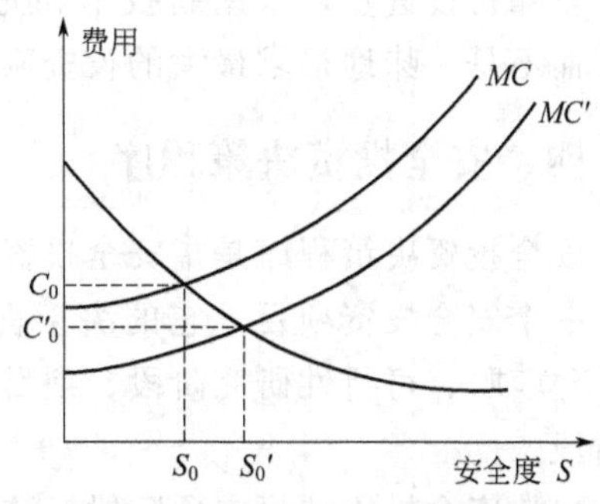

图 6-3 边际损失曲线上移安全度增大

(2) 安全生产中，不断利用新的科学技术，先进的管理方法，以及提高职工的安全意识和安全素质，使得安全投资利用率提高。边际投曲线下移安全度增大，投资曲线下移至 MC'。新的最佳安全度 $S_0'>S_0$，如图 6-4 所示，而此时 $C_0'<C_0$，即在边际投资较少的情况下，可以得到较大的安全度。

(3) 综合上述两种情况，可认识到：通过充分考虑（计算出）安全投资带来的安全的潜在经济效益和社会效益，会使边际损失曲线上移；同时，充分利用新的科学技术和先进管理方法，提高安全活动的效果，会使边际投资曲线下移。这样，可以在不增加或少量增加边际投资的情况下，大大地提高安全的效益。从另一角度：在保证安全度不变的情况下，则可降低安全投资或成本，见图 6-5。

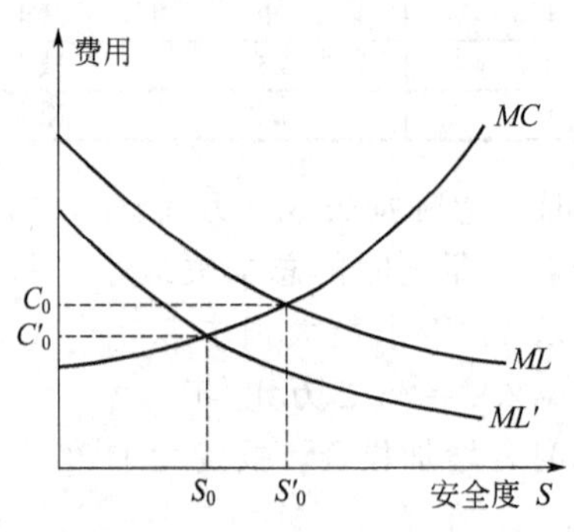

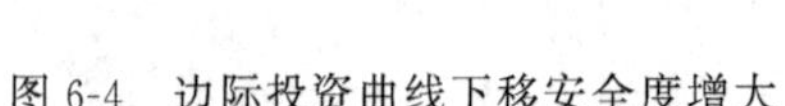

图 6-4 边际投资曲线下移安全度增大

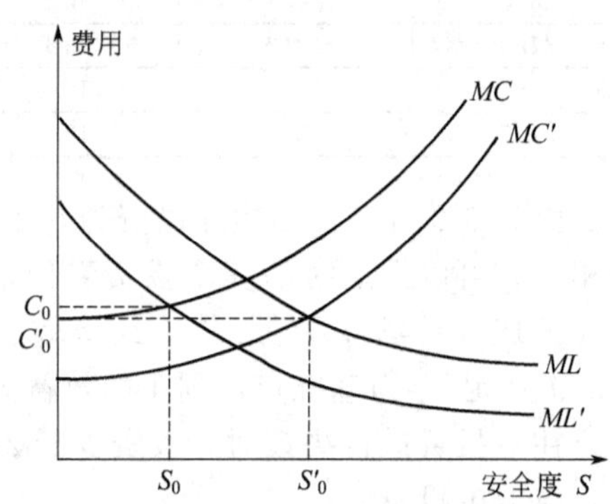

图 6-5 边际损失曲线上移和边际投资

从分析中可看出，安全效益客观上有一个最大值，这一点上的安全投资就是最佳的安全投资；通常最优安全度的安全投资点是在边际投资等于边际损失（减损）处，在这点投资可以得到最大的经济效益；考虑到，人们对安全度的要求是尽可能高和安全投资有巨大的社会效益和潜在的经济效益，应在经济能力允许的条件下适当考虑提高安全投资量；要大幅度提高系统安全度和安全的总体效益，其根本出路是：依靠科技进步，采用新技术和先进的管理方法，提高人的安全意识和技术素质，而不是一味地追求最大的投资额。

四、安全投资决策程序

安全投资决策程序是指安全投资决策过程中要经过的几个阶段或步骤。一般来说，一个安全投资项目，它的决策程序可以划分为五个阶段，即提出项目建议书（投资立项）、可行性研究阶段、项目评估决策阶段、项目监测反馈阶段和项目后评价阶段。

(1) 安全投资项目立项阶段。这一阶段的实质就是确定安全投资目标。这是整个决策过程的出发点和归宿。决策者（集体）通过对企业安全环境的分析与预测，发现和确定问题。针对问题的表现（其时间、空间和程度）、问题的性质（其迫切性、扩展性和严重性)、问题的原因，构想通过投资达到解决问题的目标。

(2) 可行性研究阶段。这一阶段实际上可以再分为信息处理和拟订方案两个方面。信息处理就是要弄清楚各方面的实际情况，广泛搜集整理有关文献资料，并进行科学的预测分析。在信息处理基础上，针对已确定的目标，提出若干个实现预定目标的备选方案。为达到目标，在拟订每一备选方案时，必须注意以下三点：一是方案可行性；二是方案的多样性；三是方案的层次性。

第一阶段确定的目标，由于信息量有限，可能不全面，不合适，要根据第二阶段的分析结果不断修正第一阶段的目标。

(3) 项目评估决策。第三阶段主要是对第二阶段的投资方案进行综合性的评定和估算。进行项目评估必须先确定评价准则，然后对各个方案实现目标的可能性和各个方案的费用和效益做出客观的评价，提出方案的取舍意见。由决策者（集体）权衡、确定最终投资方案，并付诸实施。

(4) 项目监测和反馈阶段。安全投资项目进入建设实施阶段，在这一过程中需要对项目进行监测，若发现方案有问题，要及时进行信息反馈，对原有方案提出修正，使项目沿着预定的方向发展。

(5) 安全投资项目后评价阶段。安全投资项目建成投产运营一段时间后，在项目各方面情况较为明朗的情况下，对项目进行全面的分析评价。不断总结经验，提高决策水平。

五、安全投资决策方法

安全投资决策需要解决两个要素，一是安全投资方向决策，二是安全投资数量决策。

1. 安全投资方向决策

安全投资主要涉及五个方向，即安全技术措施投资、工业卫生措施投资、安全教育投资、劳动保护用品投资和日常安全管理投资。

确定安全投资方向的方法主要有以下几种：

(1) 专家打分法。该法主要是通过若干有代表性专家对企业拟进行安全投资的方向分别打分，然后将各自分值累加起来，分值最高的，是优先考虑的安全投资方案，资金方面应优先保证。

(2) 灰色系统关联分析法。所谓关联度，它是两个系统或系统中的两个因素之间随着时间而变化的关联性大小的量度。灰色关联度分析是对于一个系统发展变化态势的定量比较与描述。通过弄清楚系统或因素间的关联关系，达到对系统有比较透彻的认识，分清哪些是主导因素。哪些是次要因素，为进行系统分析、预测、决策打好基础。

2. 安全投资数量决策

从提高安全水平的角度上讲，安全投资数量越多越好。但是企业作为一个以赢利为目的的组织，为了自身的生存、发展、壮大，它必须考虑利润。

随着安全投资数量逐步增加，安全度逐步提高，而利润随着安全投入的加大，先增大至最大点，而后逐步减少，甚至为负数。开始，随着安全投资数量的逐步增加，利润亦逐步增加，这是因为实施安全投资项目产生了投资效益。投资效益包括经济效益和非经济效益（即社会效益）。而经济效益则包括“隐性”经济效益与“显性”经济效益。“隐性”经济效益就是经济损失降低额。“显性”经济效益是指安全投资项目实施后，消除了不安全因素，改善了劳动环境和劳动条件，即提高了安全水平，则往往由此提高了劳动生产率，从而新增一定量的经济效益。实施安全投资项目所产生的社会效益，是指安全条件的实现，对国家和社会的发展、对企业或集体生产的稳定、家庭或个人的幸福所起的积极作用。作为一个负责任的企业，在考虑利润时，应充分考虑社会效益。只有这样，才会实现企业价值最大化。

安全投资决策是安全经济学研究的一个重要而有待于拓展的新领域，有许多问题有待于进一步探讨。从现实来看，这种研究是非常必要的，它可以为提高我国安全投资决策水平，为提高安全管理水平，为减少财产损失和人员伤亡，为进一步提高生产水平作出贡献，所以应大力加强这方面的研究。

第五节　安全生产投入的经济激励

一、经济激励的提出和概念

无论是国外的资料表明，还是根据我国调查数据的分析，都说明事故的经济损失和社会对安全的投入是非常巨大的。社会或企业的安全状况之所以有能够获得改善，重要的原因之一是安全投入获得安全生产条件的完善。据世界银行估计 70%的 DALY（伤害事故导致的损失）可以通过合理措施和外界的干预来降低。

从这个角度可以认为安全投资可以创造利润。如果成本足够小，而回报足够大，则这些投资是可以收回的，但是事实上即使不能收回，安全成本（投资）对于正常的生产还是必须的。

对实际状况的调查研究，看到发生事故后大部分的事故损失并非由企业承担，而是雇员及其家庭，以及社会共同承担。但是这种损失的转移，使事故的成本不进入企业的利润损失核算。这样就会造成企业决策者对安全投资的决策，在仅仅依据利润最大化原则指导下进行，而如果政府不加干预，则企业的安全投入积极性是有限的，并常常处于亏欠的状况。

这一点可由图 6-6 阐明。如图横轴自左向右安全水平递增；在原点，最危险，右边界点为理想安全状态。纵轴衡量损失，包括事故损失和预防成本。

假设“一般”事故有一确定总损失，记为 C_1。我们可以假定：无论安全水平如何，其值恒定。这条水平曲线告诉我们，第一个受害者的损失为 C_1，第二个同样，直到无人受到伤害的安全点为止。这样，线的纵向刻度表示增加的安全损失值

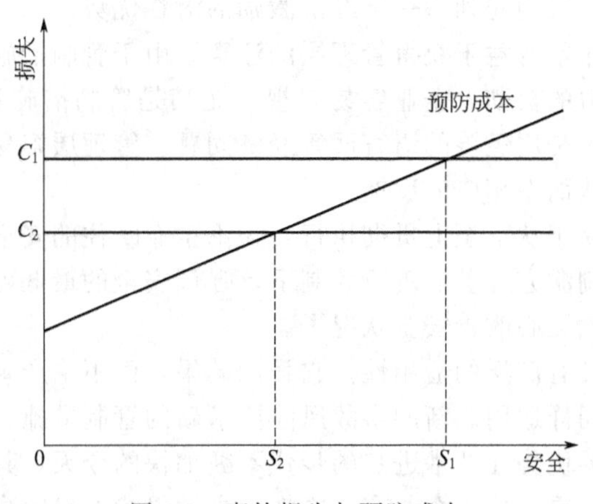

图 6-6　事故损失与预防成本

（其值恒定）。我们可以假定它含括了所有相关损失，无论谁吸收。

事故损失有外部化现象是客观存在的。C_2 是较低损失值，仅代表企业支付的总损失。财产损失、工时损失，和士气、工作节奏的负面影响等。尽管 C_2 值不小，但仍然小于总损失。其差值 C_1-C_2 即为外部损失。在一定范围内，其值恒定。

第三条曲线代表企业特定事故风险的消除成本。这里假定消除成本随安全水平的提高而增加。当安全水平低下时，消除成本低，因为容易找到简单廉价的改进措施。但是，进一步的改进成本，代价更大。确实，随着安全水平的提高，继续达到更高的目标越发困难。

只要消除成本低于事故损失，逻辑上即为可行。但是，决策时，哪些损失应计算？如果是全部损失，C_1，则安全点在 S_1。然而从企业自身利益出发，则安全点在 S_2。从安全工程角度来看，事故产生的主要原因是设备陈旧、上岗培训不充分、存在有毒物质等。需要自觉协助或强制执行等手段，改善条件。从外部损失角度看，应当采取措施，将损失 C_1，而非 C_2，施加到决策者，即企业支付原则。

至此，可以引入安全的经济激励概念：它是一种提高安全水平的策略，由内部化损失的一系列政策组成，其结果是企业承担大部分损失。其逻辑思路如下：①企业要求最小化产品成本；②政府政策可以引导企业更加重视安全生产，如使得企业负不起事故损失的责任；③企业直接采取必要的措施降低事故风险。经济激励与规章体系和自律策略相反，集中在步骤③，而非步骤②。

要促进损失的内部化，有多种方法：包括提高危险工作的风险工资，方便对雇主的赔偿诉讼，将雇主的赔偿额与其安全记录联系起来，将来自消费者和其他社会成员的压力转嫁到事故水平高的企业。为什么仅使用经济激励？因为这种方式相对于直接关注事故本身而言，更为间接，为什么还使用经济激励方式？这个问题就像工业革命问题一样陈旧；自 20 世纪初，改革家就开始讨论直接管制和间接纳税补

贴等方式的优缺点。我们先列举一下经济激励的潜在优势。

(1) 经济激励非常有益于获得管理层的注意。由于管制措施甚多，并非所有的管制均能得到强有力的贯彻，企业容易忽视，尤其是管制措施日渐琐碎时。相反，经济激励简单易用，是用经济的语言回答经济问题。管理层容易看到刺激手段对于企业的直接影响，从而做相应的反馈。

(2) 经济激励易于从下至上贯彻执行：无论企业既往的安全水平如何优秀，经济激励都有相应的刺激方式。而现行管制下，强调安全的最低可接受水平。一旦达到这个水平，企业就无心改善安全状况了。

(3) 经济激励具有广泛的适用性。它强调结果，而不论产生原因，对于新的事故风险，经济激励同样适用。新的事故风险要求新的管制措施，这个过程是缓慢和艰难的。经济激励的优势在技术进步的步伐不断加快的今天，其优势将显现。

(4) 经济激励有灵活性，企业有自主性，主动寻找方案解决问题。经济激励强调结果，不重过程，鼓励的独创性和独立解决问题的精神。管制，相反，经常在具体条例上相互折中，它强调控制，简单性和通用性，方便管理和遵从。但是，随着管理分散化，要求有快速反应速度，管制的方法就不再有效了。

二、安全生产经济激励的方法

根据国际上一些国家的长期作法，安全生产经济激励的方法已经历了三个发展的阶段，即分别称为第一代、第二代和第三代经济激励。

1. 第一代经济激励：风险工资和诉讼责任赔偿

经济激励的方式和效果在很大程度上取决于主管生产和人力资源的机构。大约两个世纪以前，英国最早采取风险工资的经济激励方式来改善工作环境。雇主为工人提供高工资，以回报预计的事故风险。风险工资能产生两个效果。首先，因为提高安全水平可以减少支付给劳动力的工资，雇主有经济动力不断改善工作环境。其次，风险工资可以补偿工人最大的风险，整个工作的报酬能更为公平地分配。

尽管，风险工资的条例的产生可能由于业主的仁慈或责任心，但是最为主要的原因来自劳动力市场的竞争压力。在难于获得足够的劳动力供应的情况下，由于普遍缺乏劳动力或所需的特殊技能，风险工资的需求是强大的。在这种情况下，没有工人会接受危险的工作，除非获得额外的薪资以补偿。亚当斯密的《国富论》一文中认为风险工资是市场经济的正常状态。在19世纪，英国和美国规定风险工资标准，雇员无须经过其他手续即可获得。

然而，风险工资在实际生活中尽管存在，但是不常发生，它支付的补偿往往少于事故风险。在发达国家的统计研究显示两者存在这样的关系：高风险，低工资。(Leigh，1995；Duncan and Holmlund，1983；Dorman and Hagstrom，1998)。

至于为什么风险工资在大多行业相对不重要，有两方面的原因。首先，长期失业现象的存在；其次，社会上认为有些风险可以不补偿。尽管如此，在某些危险工作中，风险工资仍然起着重要的作用，例如，井下和地上采矿就存在较大的工资差别。

随着19世纪风险工资的问题不断提出，相关案件逐渐增加，法庭倾向于保护伤害者——工人。结果，经济激励使得安全水平得到提高。在一定意义上，诉讼作为一种经济激励形式，效果与风险工资相似，其区别在于风险工资有事前性，诉讼是事故发生之后进行的。

随着19世纪风险工资的问题不断提出，相关案件逐渐增加，法庭倾向于保护伤害者。结果，经济激励使得安全水平得到提高。在一定意义上，诉讼作为一种经济激励形式，效果与风险工资相似，其区别在于风险工资有事前性，诉讼是事故发生之后进行的。

然而，诉讼代价昂贵，耗时、耗力、更耗钱。而且，结果有不确定性。业主在潜在诉讼风险时，可以投保，从而减少了安全生产的经济激励。保险费并不用于改善工作环境，因为其代价昂贵，且实现困难。投保使得本来稀缺的资源更难用于安全投入，从而保费更为昂贵（保险经济学家称为逆向选择）。

2. 第二代经济激励：伤害补偿

不满于第一代经济激励形式，公共保险方案孕育而生。最早的伤害补偿方案起源于1884年的德国。当时的Bismark观察到大部分冲突可以追溯到对工作环境的不满，伤害补偿能缓和劳资关系。到第一次世界大战为止，世界各国普遍认为伤害补偿是社会福利政策不可或缺的一部分。

职工伤害补偿内在的原理在于将诉讼责任赔偿替换为对受伤害者及其家庭的伤害补偿。雇员失去了向雇主寻求责任赔偿的权利，但是可以从公共管制的保险体系中得到补偿。雇主根据总付薪资的多少，支付保险费用。保险的覆盖范围，赔偿幅度，及有争议的案件由公共机构决定。所有的职工伤害补偿体系是单纯的保险和政府管制功能的结合体。

当代，职工伤害补偿形式多样。大多工业化国家采用全国统一的补偿方式，但在加拿大、澳大利亚、美国将其进一步分为省/州一级。在推行这种方式补偿的国家，保险费用由企业支付，金额与事故风险挂钩，但是行业风险与企业特定风险的相对任务有所改变。有些伤害补偿体系自动将行业保险费调整50%，来反映不同事故水平公司的情况。在有些判例中，企业的事故记录不重要。例如，西班牙企业伤害补偿的调整范围不超过10%。而在芬兰则允许企业选择行业一般水平的保险费，或自报保险费。但不将两者结合起来考虑。

在伤害补偿体系中有两种刺激的方向：职工，避免事故；企业，降低风险。对其的争论集中在以下两个方面。

（1）职工刺激。在工业化国家中，补偿金额不断增加。这可以从三方面解释：职工更乐于提起诉讼，可补偿的事故种类增多，或补偿额度加大（这些因素可并存）。

补偿额度加大有两方面的原因。首先是补偿的方向有所改变。例如，在工业化国家，现在索取的补偿往往是反复性的、慢性的伤害，相对于以往的伤口包扎等，

其代价更高。其次，医疗费用本身不断增加，在这个意义上，职工补偿的上升与整个经济的一部分。医疗费是正相关的。

(2) 在企业方面，职工伤害补偿的效果比较复杂。调查表明保险费水平与安全水平关系不明确。有些研究发现有一点效果，有些则完全无效果。总之，无研究表明职工伤害补偿可以引导企业建立和改善安全环境。

其原因在于：①仅可测度的事故经济损失可以补偿，其占总损失的比重非常小。②职业病的识别与归属难于进行。在美国，与致命伤亡相比，致命的职业病其预计可能得到的补偿概率为其的1%，而致命的职业病发生概率是其的10倍。(Leigh等，1996)。③职工的收入损失只部分补偿。④企业对于职工的伤害补偿刺激的反应可能不是降低风险，而是采取措施减少赔偿。包括少报事故，提前遣返受害职工，和迫害提出起诉的职工等。(Hopkins，1995)。

值得一提的是存在受害职工不上诉的情况，它直接影响到职工伤害补偿体系的效果，及其对企业的刺激作用。与管制体系不同，职工补偿体系要求职工采取主动措施，提出上诉。否则，补偿问题无从谈起。其结果将是事故补偿数远远低于可补偿事故数。据Leigh等人估计，在美国约一半的事故损失未得到补偿。

3. 第三代经济激励：事故税和责任共同体

近年来，工业化国家不断推进改革。但是改革的方向仍然在加强经济激励和直接采取措施保护职工两者中选择。

一个最新的提法是征收事故税。英国Edwin Chadwick在一个半世纪前就有这个提法。经济学家认为这是最直接和有效的刺激方法，因为它无须保险体系如：职工伤害补偿的参与。其税收可用于补偿受害职工，或支持职业安全领域的研究。

然而，这种事故税的提法并非理想。因为，大多数中小型企业无力支付数额巨大的事故税，强行征收无异于将其排挤出局。所以，另一个提法是将中小型企业分为若干类型或小组（如荷兰的作法），成立“责任共同体”，共同体或小组内成员相互监督，使公共损失最小化。另外，事故税有其局限性，对于职业病由于难于识别和归属，事故税难于实行。除这些缺点之外，由于其固有的事后性，事故税亦不能取得经济激励的效果。

我们需要再考虑的是税率问题。对于事故记录不良的企业应用重税，但是如果企业采取补救措施，并经专家通过，可以不用或减轻税罚。如果企业可以对事故产生的原因加以说明，原因可信，亦可减轻税罚。否则，企业在第一税罚年度，收取附加的100%的额外费用，在随后的每年收取25%，直到环境得到改善或达到200%的税罚限额。

此方案的提出是基于这样的考虑：即只有在奖罚分明的情况下，才能引导企业改善安全环境。现实告诉我们，税罚应用以后，事故总起数和事故损失的确有减少。

① 经济激励应当针对的是法律允许的事故风险。非法行为应当通过检查和检举的方式管制。

② 经济激励的管理单位与执行安全标准的管制单位是紧密的协作关系。

③ 职工伤害补偿金额的确定首先依据的是企业的行业分类和职工的职业分类。

④ 费用应当随安全水平的提高而减少，以刺激企业通过技术改进、教育培训、建立良性安全生产循环的努力。

⑤ 通过补偿体系的财政收入协助中小型企业改善安全环境。

⑥ 对于有条件投资提高安全水平的企业提供贷款优惠。

⑦ 允许安全达标企业对此进行宣传。

然而，经济激励永远不能达到职工对于安全生产的需要。它仅仅可以抵消损失未内部化的负面影响，因为完整计算事故损失是不可能的。企业对于经济激励的反应也有不确定性。最后，对于安全环境的关注不能限于经济计算；我们应当时刻注意将非经济因素考虑在内。

无论如何，我们认为经济激励将有广泛的应用前景。并与自问管制和自我管制一道对于改善工作环境发挥重要作用。

三、安全经济激励的启示

1. 企业外部的解决对策

国家及各地区政府加强法制。这一点尤其体现在对外资企业和乡镇企业的管理上。因此，应尽快制定适合这两类企业特点的员工安全管理法律、法规，明确各方管理权限，建立监管体系，将这些企业的员工安全管理工作纳入法制化轨道。另外，可以参考国际惯例来完善我国企业员工安全法律、法规体系。国际劳工组织自1919年成立以来，已经颁布了大量有关劳动保护方面的公约、建议书，形成了一套符合现代化大生产要求和许多国家实际的劳动保护法规体系，具有通用性和可操作性。借鉴国际公约，不断完善我国企业员工安全法律体系，不失为一种捷径。

总之，在改革开放向更深层次发展的过程中，企业员工安全管理必会遇到各种新的问题，制定完善、健全的法律体系，依靠法治是宏观调控的有力手段。

2. 经济处罚对策

对企业因忽视员工安全管理而引发伤亡事故的，除了加大法律监管力度，还要适当使用经济处罚；而对于员工安全工作做得好的企业，也可予以经济上的奖励，从而发挥经济杠杆在遏制伤亡事故中的作用。

(1) 将企业生产效率与员工安全管理结合，加大奖惩力度。企业生产的主要目标就是提高经济效益，但往往当效益突飞猛进的时候，伤亡事故的隐患也在增加。为此，将企业效益与员工安全管理结合，针对不同规模的劳动生产率（产量），制订不同的伤亡指标，确立相应的奖惩基数。具体讲，企业效率越高，伤亡人数指标越低，相应地奖励金额越高。

(2) 提高对因工死亡员工支付的抚恤金额，并加大惩罚力度。目前，我国除了伤亡人员的赔偿外，还有行政处罚金。对个人的赔偿根据我国2010年最新法规，职工伤亡赔偿金按当地上年度城镇居民收入的20倍支付，一般能达到数十万元，

这一标准相对过去有大幅提高，但是与发达国家相比还处于较低水平。

3. 突出工会的监督职能

工会是员工利益的代表者和维护者，在企业员工安全管理工作中有着独特的地位。全国总工会在2001年对《工会劳动保护监督检查员工作条例》、《基层工会劳动保护监督检查委员会工作条例》和《工会小组劳动保护检查员工作条例》进行了修改。这三个条例，是为适应社会主义市场经济发展的需要，进一步强化工会对企业员工安全的监督检查，并加大监督检查力度的重要举措。当前，随着市场经济的发展，国家、企业、员工三方面利益格局发生变化，特别是在"三资"、私营企业中，企业侵犯员工安全权益的现象有时还很严重。因此，在建立健全工会组织的同时，建立企业员工安全监督检查委员会，可以更好地发挥工会组织的维护职能。

在市场经济条件下，工会组织是联系国家监督和员工群众性检查的纽带。它应该主动代表员工的要求，善于监督检查，做好超前和事后的监督工作，并把握自己在新形势下的位置，切实为保障员工安全做出贡献。

第六节　安全投资案例分析

一、决策树和期望值的应用

某公司再生产过程中使用到的设备和工艺均陈旧。在最近的五年内，公司因违反安全生产有关条例，被传讯3次。平均每次违规事件造成的损失为117000元。现在，公司正在考虑引进新工艺和新设备。新设备租赁期最长为4年。租赁期相关年成本估计如下：

A：小于600000		50000
B：大于600000	小于800000	100000
C：大于800000	小于1000000	180000

相关损失：90000/年的副产品。

项目是否可行，生产经理支持，市场经理反对。为此，可以使用决策树和期望值辅助决策。据市场经理提供的信息，可选择的方案下，供应情况如下：

A：600000

B：600000

B：800000

C：600000

C：800000

C：1000000

具体数据见表6-3。

表 6-3　供应情况数据表

供应	概率	项目预计单位贡献	期望值/千元
600000	0.8	2.05	984
800000	0.65	2.50	1300
1000000	0.45	2.80	1260

600000 以下，贡献水平为 1.82，600000～800000，贡献水平为 1.96。过去 5 年的年均诉讼费为 70000，诉讼概率为 0.6，由使用类似工艺设备的公司的数据显示诉讼概率为 0.01。使用决策树，可以推出这些方案是独立方案。同时，由于每个方案都同样可能发生，故概率相同。因此，期望值就是其算术平均值。

决策树见图：

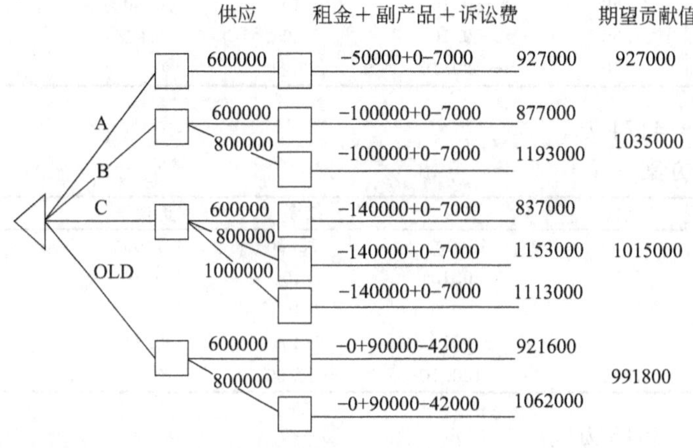

即计算结果为：

租赁方案 A	927000
租赁方案 B	1035000
租赁方案 C	1015000
原方案　D	991800

考虑时间价值因素，可以进一步推出购买方案优于租赁方案。我们提出三个可行的融资方案。

a. 用银行贷款一次性支付 5 千万，年利率 12%，每年另付利息 6 百万。

b. 继续使用租赁方案 B，在第 4 年年底，一次性支付 1 亿。

c. 分期付款，首付 1500 万，其余 4 年内年付 1500 万。

可以作最悲观的假设如下。

① 方案 B，期望贡献值四年内保持稳定。

② 年利润额稳定在 750 万。

③ 年利率保持 12%。

④ 制造过程无重大变化。

购买方案 a 的净现值如下表：

年尾	利润	支付	结余	折现率	现值
1	7.50	−6.00	1.50	0.89	1.34
2	7.50	−6.00	1.50	0.80	1.20
3	7.50	−6.00	1.50	0.71	1.06
4	7.50	−56.00	−48.50	0.64	−31.04

净现值＝−2744 万。

租赁方案 b

年尾	利润	支付	结余	折现率	现值
1	7.50	−0.10	7.40	0.89	6.50
2	7.50	−0.10	7.40	0.80	5.84
3	7.50	−0.10	7.40	0.71	5.18
4	7.50	−100.10	−92.60	0.64	−59.26

净现值＝−4174 万。

分期付款方案 c

年尾	利润	支付	结余	折现率	现值
0	0.00	15.00	−15.00	1.00	−15.00
1	7.50	−0.10	7.40	0.89	6.50
2	7.50	−0.10	7.40	0.80	5.84
3	7.50	−0.10	7.40	0.71	5.18
4	7.50	−100.10	−92.60	0.64	−59.26

净现值＝−5048 万。

比较净现值，可推出应当选择 a 支付方案。从公司整体利益出发，建议将 b 方案由租赁改为购买，并一次支付 5 千万，每年另付利息 6 百万。

二、线性规划方法的应用

某公司生产两种产品 M 和 R。公司出于利益最大化的考虑，总是优先生产 R 产品，因为 R 的边际利润更大。在过去两个月内，R 的平均产量为 325 单位。然而，事故正好多出于 R 产品。为此，建议生产经理减少 R 的生产，但是遭到其拒绝。于是，收集了一些数据，并作了一个线性规划分析，以表明减少 R 的产量，可以保持甚至超过现有的利润水平。两种产品的相关成本数据如下：

成本因素	M	R
销售价格	150	100
直接成本	80	30
间接成本	30	20

制造成本发生在机器和生产线上。每月预算总能量为：机器工时 700 小时，生产线工时 1000 小时。其成本为固定成本，分别为：7000 和 10000。单位产品的工

时资料如下：

制造成本	M	R
机器	1.0	2.0
生产线	2.5	2.0

M、R均为政府限价产品，销售价格固定为：100到400单位之间。在现行价格政策条件下，供需不平衡，需求超过供给。考虑安全因素，单位产品的各步骤事故发生数如下：

产品	事故数	
	机器	生产线
M	45	36
R	120	23

机器事故平均成本为23.5，生产线为13.75。假设M的产量为x，R为y。产量计划的优化目标为贡献和利润最大化，即使$40x+50y$最大。

限制条件：

$x+2y\leqslant 700$（机器工时）

$2.5x+2y\leqslant 1000$（生产线工时）

$x\leqslant 400$（最大产出）

$y\leqslant 400$（最大产出）

x，$y\geqslant 100$（政府限制）

解此方程组，得：$x=200$，$y=250$.

现在，可以比较新旧两个方案（见表6-4）。

表6-4 新旧方案数据对比

产品	单位贡献	旧方案		新方案	
		产量	贡献	产量	贡献
M	40	100	4000	200	8000
R	50	325	16250	250	12500
总计			20250		20500

同时，总机器工时也将由750降到700。显然，减少R的产量能使事故减少，边际利润增加。

三、网络图分析方法的应用

某公司是一建筑公司。十年前，在工地发生了一起重大事故。安全总监受到诉讼，被判处有期徒刑。在期满后，我们受托对当时将他送上法庭的诉讼案，重新作了分析。我们收集了公司最近20个工程项目的信息，将其重新分为8类独立的活动（能导致此重大事故的活动），其可能性见表6-5。

表 6-5　事故分析情况表

行为	前一行为	估计值		
		乐观值	最可能值	悲观值
A	—	4	11	12
B	—	45	48	63
C	B	13	33	35
D	B	25	29	39
E	A,C	14	21	22
F	D,E	18	32	34
	A,C	17	19	27
H	G	15	20	25

项目计划最大完工期为 120 天。事故发生在第 99 天。公司政策不允许另外雇佣工人。而大多数工人不乐意加班，因为他们已经是每周工作 6 天，54 个小时了，并且公司仅对超过 60 小时的加班计算加班工资。

首先，编制了网络图如下。利用 PERT 技术，分析如下。

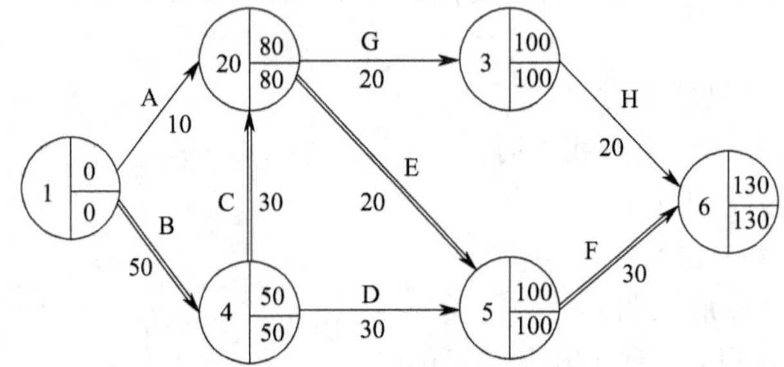

中值、标准差见表 6-6。

表 6-6　行为数据表

行为	中值	标准差
A	10.00	1.33
B	50.00	3.00
C	30.00	3.67
D	30.00	2.33
E	20.00	1.33
F	30.00	2.67
G	20.00	1.67
H	20.00	1.67

从网络图中可以看出，主路径为 B、C、E、F，期望工期为 130 天。如果工期分布正常，工期超过 120 天的概率为 97.75%。计算如下。

路径	中值	标准差	120 天内的概率(%)
BCEF	130	5.6	3.75
BDF	110	4.6	98.5
BCGH	120	5.3	100
AEF	60	3.3	100
AGH	50	2.7	100

超过 120 天的概率为：路径 BCEF 和 BDF，相当于 96.25+1.5=97.75%。由此，我们得出：按期完成项目，而不冒风险是不可能的。据此，安全总监可以反诉公司。

四、综合投资决策方法的应用

某大型石化工程公司拟建立一安全监控系统。分两步分别进行最优固定资产投资和可变资产投资决策。

（一）最优固定资产投资

可以按安全投资的净效益最大或安全投资与事故经济损失的总和最小的原则来确定，也可以按照在其满足较高的可靠性水平的条件下，投资最小的原则来确定。在较高的可靠性水平的条件下，由于安全监控系统的监控作用，通常能保证系统的安全运行，即使发生事故，损失一般很小。我们按照后者来确定最优安全投资。对于安全监控系统来说，其安全投资包括安全监控系统的成本、运输费、安装费、维护管理费及损失费等。当安全监控系统安装后，其购置费（包括成本和运输费）和安装费均为定值，我们将其称为固定安全投资。投入运行后，其校验等维护管理费及损失费随着时间的推移而不断变化，将其称为可变安全投资。这里首先考虑可变安全投资。

在模糊有效度的约束条件 $Af(\infty)\geqslant Afr$ 之下，固定安全投资最小，即：

$$\min C_m = C_1 + C_2 + C_3$$

式中 $Af(\infty)$——安全监控系统的稳态有效度；

Afr——安全监控系统必须达到的模糊有效度的最小值；

C_1——安全监控系统的成本；

C_2——安全监控系统运输费；

C_3——安全监控系统的安装费。

我们可用直接查询法，即选择各种安全监控系统，并检验各种约束条件。在满足约束条件的情况下，通过一系列的试探，使得固定安全投资最小或接近最小。因此，用这种方法求得的结果是最优解或近似最优解。

令 $Afr=0.93$，在此约束条件下，我们可以选择固定安全投资最小的安全监控系统。在我们所研究的 6 套监控系统中，1～3 号为国产监控系统，其中 2 号可靠性最高，4～6 号为进口安全监控系统。原采用的是 6 号安全监控系统。评价结果表明，整改时采用 2 号和 6 号安全监控系统，可保证模糊有效度 $Af(\infty)>0.93$，即满足 $Af(\infty)\geqslant Afr$ 的约束条件。6 号安全监控系统尽管为进口产品，但与国产 2 号监控系统一样，在同一地点供货，而且两者的布置方式相同，安装的数量相等，所以两者均有相同的运输费和安装费，所不同的是两者价格上的差异。当采用 2 号安全监控系统时，固定安全投资为

$$C_m = C_1 + C_2 + C_3 = 30 \text{ 万元}$$

当采用 6 号安全监控系统时，固定安全投资为 120 万元。

由此可知，采用国产安全监控系统时要比采用进口安全监控系统节省 90 万元，即在满足模糊有效度的约束条件下，最优固定安全投资为 30 万元。

（二）最优可变安全投资以及最大有效度

1. 最小校验费和损失费（最优可变安全投资）

校验费和损失费亦包括校验费及因校验而使检测器寿命缩短所造成的损失费、修理或更换零部件及因安全监控系统发生故障后，系统发生事故造成损失在内的费用。由此可知，加强校验等维护管理工作，对于保证可变安全投资最小起着十分重要的作用。安全监控系统投入运行之后，其可靠性水平的高低与日常的维护管理密切相关。校验作为维护管理工作的重要内容，对于安全监控系统能否灵敏、可靠地运行有着十分重要的影响。所以，为保证可变安全投资最小，就需要合理确定安全监控系统的校验周期，进而求出可变安全投资。

根据安全监控系统的实际运转情况，我们设其按照等周期 T 进行校验。既不管安全监控系统发生故障与否，也不管构成该系统的零部件寿命如何，仅按照其累计工作时间达到 T、$2T$、$3T$ 时，即进行校验。

设 C_t 为平均每次的校验费与因校验而使检测器寿命缩短所造成的损失费用之和，C_f 为包括修理或更换零部件，及因监控系统发生故障后事故造成的损失在内的平均费用，那么单位时间内的可变安全投资为：

$$C(T)=\frac{C_t+C_f H(t)}{T} \tag{6-1}$$

式中 $H(T)$——平均一个周期内的维修次数，$H(T)=E(n(t))$。

令$\frac{dC(T)}{dT}=0$，则

$$\frac{dC(T)}{dT}=\frac{C_f\times T\times H(T)-[C_t+C_f\times H(T)]}{T^2} \tag{6-2}$$

$$\text{即 } T\times H'(T)-H(T)=\frac{C_t}{C_f}(C_f>C_t) \tag{6-3}$$

如果安全监控系统在 T 内修复或更换了一故障部件，则

$$H(T)\approx\int_0^T \lambda(t)\,dt \tag{6-4}$$

式中 $\lambda(t)$——安全监控系统的故障率。

代入式(6-3)得

$$T\times\lambda(t)-\int_0^T \lambda(t)\,dt=\frac{C_t}{C_f} \tag{6-5}$$

由此式知，当安全监控系统的故障率 $\lambda(t)$ 为时间 T 的增函数即为耗损失效型时，才能用上式求得校验费及损失费最小的校验周期 T。

(1) 当安全监控系统的无故障工作服从威布尔分布时，故障率的表达式为

$$\lambda(t)=\frac{mt^{(m-1)}}{\eta^{m}} \tag{6-6}$$

式中　m——形状参数；

η——尺度参数。

将其代入式(6-5)整理得

$$T=\eta\left[\frac{C_{\mathrm{t}}}{(m-1)C_{\mathrm{f}}}\right]^{\frac{1}{m}} \tag{6-7}$$

该模型仅当故障率为耗损失效型，即 $m>1$ 时才有意义。将式(6-4)和式(6-7)代入式(6-1)可以求出单位时间内最优可变安全投资，即

$$C(T)_{\min}=\frac{mC_{\mathrm{t}}}{(m-1)\eta\left[\frac{C_{\mathrm{t}}}{(m-1)C_{\mathrm{f}}}\right]^{\frac{1}{m}}} \tag{6-8}$$

(2) 当安全监控系统的无故障工作时间服从截尾正态分布时

$$\lambda(t)=\frac{\exp\left[-\frac{(t-\mu)^2}{2\sigma^2}\right]}{\sqrt{2\pi}\sigma\left[1-\Phi(\frac{t-\mu}{\sigma})\right]} \tag{6-9}$$

式中　μ——均值；

σ——方差；

$\varphi(\mu)$——标准正态分布的分布函数。

式(6-9)是时间 t 的增函数，将其代入式(6-5)可得知下超越方程

$$T\times\frac{\exp\left[-\frac{(t-\mu)^2}{2\sigma^2}\right]}{\sqrt{2\pi}\sigma\left[1-\Phi(\frac{t-\mu}{\sigma})\right]}-\int_0^T\lambda(t)\mathrm{d}t=\frac{C_{\mathrm{t}}}{C_{\mathrm{f}}} \tag{6-10}$$

解此超越方程即可得校验周期 T，将其代入式(6-1)得单位时间内的最优可变安全投资。

2. 安全监控系统的最大有效度

为求出安全监控系统的最大有效度，也需求出其校验周期。根据安全监控系统的实际运转情况我们可提出如下假设：

① 设校验周期 T 为常数，即按照等周期进行校验；

② 设安全监控系统的平均校验时间为 t_{t}，平均故障修理时间为 t_{f} 为系统的非工作时间。那么在一个校验周期内安全监控系统的平均不能有效工作时间为

$$MDT=t_{\mathrm{t}}+t_{\mathrm{f}}H(T) \tag{6-11}$$

式中，$H(T)$意义同前。每个周期内系统的有效工作时间为：

$$MUT=T \tag{6-12}$$

安全监控系统的稳态有效度为

$$A(\infty)=\frac{MUT}{MUT+MDT}=\frac{T}{T+t_t+t_f\times H(T)} \tag{6-13}$$

将式(6-13)对 T 求导，并令 $\frac{dA}{dT}=0$ 得

$$\frac{dA}{dT}=\frac{[T+t_t+t_f\times H(T)]-T[1+t_fH(T)]}{[T+t_t+t_f\times H(T)]^2}=0 \tag{6-14}$$

由此可得

$$H'(T)-H(T)=\frac{t_t}{t_f} \tag{6-15}$$

由式(6-4)可知，$H'(T)=\lambda(t)$

$$T\times\lambda(t)-\int_0^T\lambda(t)dt=\frac{t_t}{t_f} \tag{6-16}$$

当安全监控系统的故障率为耗损失效型时，式(6-16)才有意义。

① 当安全监控系统的无效工作时间服从威布尔分布且 $m>1$ 时，将式(6-6)代入式(6-16)并整理得

$$T=\eta\left[\frac{t_t}{(m-1)t_f}\right]^2 \tag{6-17}$$

代入式(6-13)可得最大稳态有效度，即

$$A(\infty)=\frac{(m-1)\eta\left[\frac{t_t}{(m-1)t_f}\right]^{\frac{1}{m}}}{(m-1)\eta\left[\frac{t_t}{(m-1)t_f}\right]^{\frac{1}{m}}+mt_t} \tag{6-18}$$

② 当安全监控系统的无故障工作时间服从截尾正态分布时，将式(6-9)代入式(6-16)可得如下超越方程

$$T\times\lambda(t)-\int_0^T\lambda(t)dt=\frac{t_t}{t_f} \tag{6-19}$$

解此超越方程即可得校验周期 T，代入式(6-13)即可得最大稳态有效度。

3. 最优可变安全投资及最大稳态有效度的计算

已知工程中采用固定安全投资最小的国产安全监控系统，其有关参数为 $m=1.237$；$\eta=353.579$；$C_t=180$ 元；$C_f=4000$ 元。$t_t=4$ 小时；$t_f=128$ 小时；将有关参数代入式(6-8)可得单位时间内的最优可变安全投资，即

$$C(T)_{\min}=\frac{mC_t}{(m-1)\eta\left[\frac{C_t}{(m-1)C_f}\right]^{\frac{1}{m}}}=10.18\text{ 元/天}$$

即在最优固定安全投资为 30 万元的情况下，最优可变安全投资为 10.18 元/天。

将有关参数代入式(6-7)可得最优可变安全投资条件下的校验周期，即

$$T=\eta\left[\frac{C_t}{(m-1)C_f}\right]^{\frac{1}{m}}\approx 92\text{天}$$

将有关参数代入式(6-18)，可得最大稳态有效度，

$$A(\infty)=\frac{(m-1)\eta\left[\frac{t_t}{(m-1)t_f}\right]^{\frac{1}{m}}}{(m-1)\eta\left[\frac{t_t}{(m-1)t_f}\right]^{\frac{1}{m}}+mt_t}=0.9875$$

即在安全监控系统的最优固定安全投资为 30 万元的情况下，可保证其最大稳态有效度为 0.9375。

将有关参数代入式(6-17)可得最大稳态有效度条件下的校验周期

$$T=\eta\left[\frac{t_t}{(m-1)t_f}\right]^2\approx 69\text{天}$$

由上述计算结果不难看出，当最优可变安全投资为 10.18 元/天时，不能保证系统的稳态有效度最大；当最大稳态有效度为 0.9875 时，不能保证动态安全投资最优。与最大稳态有效度对应的校验周期为 $T=69$ 天，将其及有关参数代入式(6-1)，可得此时的单位时间内的最优可变安全投资为

$$C(T)=\frac{C_t+C_f H(t)}{T}=10.29\text{元/天}$$

与最优可变安全投资相比，在保证稳态有效度最大的条件下，单位时间内的可变安全投资需要增加 10.29－10.18＝0.11 元/天。可见增加的费用很小，但却能保证系统的有效度最大，进而减少事故损失，增加社会效益。为此可取可变安全投资为 10.29 元/天，以保证系统的有效度最大。

第七节 我国的安全投资状况分析

原国家安全生产监督管理局 2003 年初组织鉴定的《安全生产与经济发展关系》的课题对“企业安全生产投入状况”进行了抽样调查。调查研究报告对我国 20 世纪 90 年代企业安全投入的情况进行了全面、细致的统计分析。

一、抽样调查概况

研究课题于 2001 年 5 月 12 日对各省市和国家行业、公司实施了抽样调查。调查涉及国内近千家企业。经各省、市、自治区经贸委或安全生产监督管理部门组织选择不同所有制类型、不同行业与规模的企业进行分层随机抽样调查。

抽样调查共有 960 余家企业填报了数据。其中 415 份调查表完全符合要求，占调查总数的 44.6%，823 份调查表部分数据符合要求，占调查总数的 88.5%，107 份调查表完全不符合要求，占调查总数的 11.5%，将部分数据符合要求的 823 份

调查表的数据都已统计在数据库中，可利用样本达 8230 多个企业年，可利用数据约 26 万个。调查所调查的职工总数为 129.16 万人，产值规模 895.90 亿元。

二、安全投入调查统计结果及分析

1. 我国企业安全投入状况的统计结果。

根据抽样调查的数据统计得到如下结果。

① 20 世纪 90 年代我国工业企业安全总投入水平（包括安全措施经费、个人劳动保护用品和职业病费用三项之和）：占 GDP 比例为 0.703%。

② 20 世纪 90 年代我国安全措施经费投入水平：企业安全措施经费占 GDP 的比例值为 0.412%（其中安全措施经费包括安全技术、工业卫生、辅助设施、宣传教育四项，下同）；企业人年均安全措施经费为 335.2 元/年（当年价）。

③ 20 世纪 90 年代我国防护用品费用水平：企业个人劳保用品费用占 GDP 的值为 0.26%。

④ 职工人年均劳保用品数为 211.2 元/年（当年价）。

⑤ 20 世纪 90 年代我国职业病费用水平：企业职业病费用占 GDP 的值为 0.031%。

其中职业病费用的分类统计如表 6-7 中的数据。

表 6-7 职业病费用分类统计表

指标	相对比例/%	年均绝对值估算/亿元	说明
职业病占 GDP 比例	0.031	18.05	
建筑业职业病占 GDP 比例	0.017		
矿业职业病占 GDP 比例	0.296		对有色、冶金、煤矿、金属矿山等行业

20 世纪 90 年代我国安全投入结构：企业安全措施经费投入与个人防护用品投入之比为1.58∶1；企业安全措施经费投入与职业病费用之比为 12.4∶1。

20 世纪 90 年代我国安全专业人员配备状况及水平：企业安全专职人员占企业职工总人数的比例为 4.90‰；安全专职人员与兼职人员的比例为 1∶1.67；安全专职人员中，拥有高级职称的人数占总人数的比例为 2.82%；中级职称人数占总人数的比例为 25.1%，初级职称人数占总人数的比例为 35.6%，高、中、初级人员比例为 1∶6.6∶9.3；安全专职人员中，研究生以上学历人员占总人数的 0.43%，本科占 12.1%，大专占 28.8%，大专以上学历人员占安全专职人员总数的 41.3%。

2. 20 世纪 90 年代企业安全生产投入分类统计分析

（1）企业安全措施经费投入情况分析　根据调查数据统计，得到 20 世纪 90 年代我国企业安全措施经费分年度投入情况（相对值）如表 6-4 所示，将其画成柱状图见图 6-8。

表 6-8　20 世纪 90 年代我国企业安全措施经费投入情况（相对值）

年度	1991	1992	1993	1994	1995	1996	1997	1998	1999	2000
安措费/GDP	4.73	4.83	2.97	4.80	4.49	2.78	4.22	2.89	2.83	2.79
标准差	0.0247	0.0207	0.0185	0.0257	0.0234	0.0263	0.0308	0.0289	0.0371	0.0534
置信区间	0.0020	0.0017	0.0015	0.0021	0.0019	0.0021	0.0025	0.0023	0.0030	0.0043
企业年	407	406	406	406	406	414	407	415	415	415

注：1. 本表中所用的安全措施费和 GDP 值，均以当年价计算，因为其为比值关系，不影响计算的结果。

2. 安措费/GDP,‰。

3. 置信水平这里取 90%。

4. 企业年：指样本所涉及的企业年数。

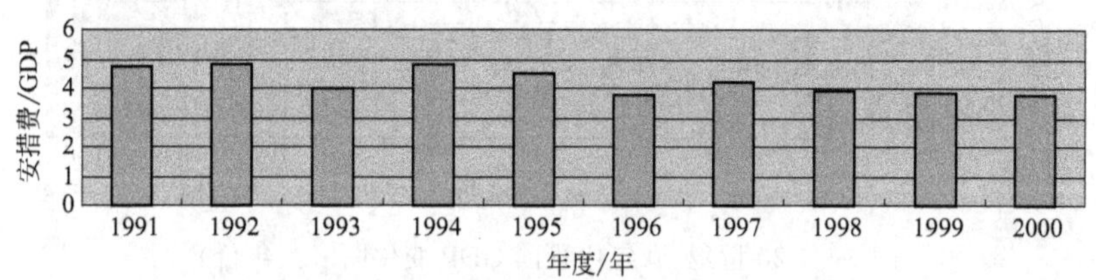

图 6-7　20 世纪 90 年代我国企业安全措施经费投入情况（相对值）

从图 6-7 可以看出，企业安全措施经费投入占其 GDP 的比值基本趋于平稳，但总体上还有些下降的趋势。为了便于比较，将 20 世纪 90 年代我国企业安全措施经费投入绝对值分年度变化情况做了计算，如表 6-9。

表 6-9　20 世纪 90 年代我国企业年人均安全措施经费投入情况（绝对值）

年度/年	1991	1992	1993	1994	1995	1996	1997	1998	1999	2000
人均安措费/(元/人)	218.0	245.1	238.8	324.6	338.7	319.7	369.7	392.3	415.8	458.6
标准差	0.0542	0.0624	0.0575	0.0895	0.1076	0.1013	0.1389	0.1515	0.1576	0.1915
置信区间	0.0044	0.0051	0.0047	0.0073	0.0088	0.0082	0.0112	0.0122	0.0127	0.0155
企业年	407	406	406	406	406	414	407	415	415	415

注：1. 本表中人均安全措施经费值是以当年价计算的结果。

2. 置信水平这里取 90%。

3. 企业年：指样本所涉及的企业年数。

其柱状图如图 6-8 所示，可以看出，我国企业安全措施经费投入绝对值总体趋于上升（当然其中有物价增长的因素），也就是说随着我国经济水平的提高，安全措施经费投入绝对值呈现了增长的态势，但是其增长幅度不如产值的增幅（见图 6-9），这样才会出现图 6-7 中所示的相对值稳中有降的情况。

（2）企业安全总投入情况分析　同上述分析方式一样，可得到企业安全总投入情况如表6-10（相对值），其柱状图如图 6-10。

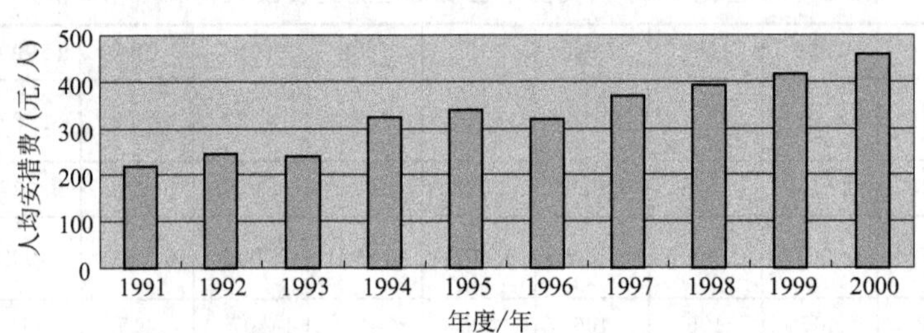

图 6-8　20 世纪 90 年代我国企业年人均安全措施经费投入情况（绝对值）

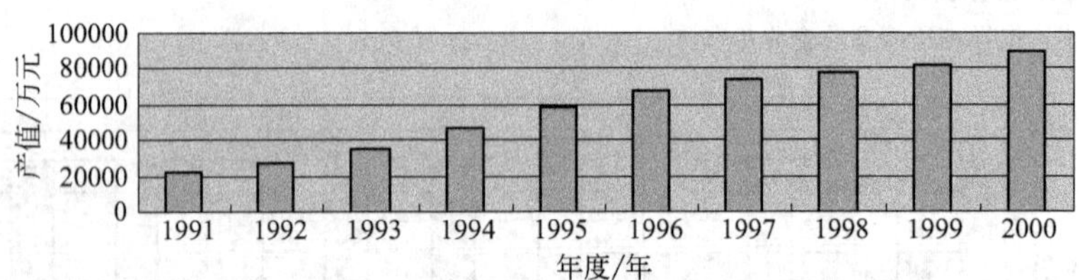

图 6-9　20 世纪 90 年代我国 GDP 变化图（当年价）

表 6-10　20 世纪 90 年代我国企业安全总投入情况（相对值）

年度/年	1991	1992	1993	1994	1995	1996	1997	1998	1999	2000
安全投入/GDP	8.73	8.60	7.19	7.79	7.48	6.71	6.81	6.41	6.30	6.69
标准差	0.0528	0.0284	0.0258	0.0308	0.0289	0.0313	0.0364	0.0350	0.0528	0.0666
置信区间	0.0043	0.0023	0.0021	0.0025	0.0024	0.0025	0.0029	0.0028	0.0043	0.0054
企业年	406	406	406	406	406	413	413	415	415	415

注：1. 安全投入/GDP，‰，这里安全总投入指安全措施经费、劳保用品和职业病费用之和，安全总投入和 GDP 均以当年价计算，因为其为比值关系，不影响计算的结果。

2. 置信水平这里取 90%。

3. 企业年：指样本所涉及的企业年数。

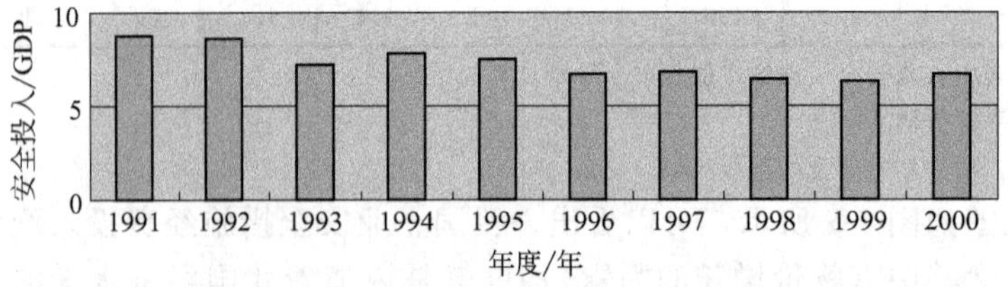

图 6-10　20 世纪 90 年代我国企业安全总投入情况（相对值）

可看到，20 世纪 90 年代我国企业安全总投入情况相对值平缓下降，安全总投入值的增长幅度赶不上 GDP 增长的速度，尽管其绝对值是趋向于上升的。安全总投入绝对值的变化情况如表 6-11 和图 6-9 所示。

表 6-11　20 世纪 90 年代我国企业年人均安全投入情况（绝对值）

年度/年	1991	1992	1993	1994	1995	1996	1997	1998	1999	2000
人均安全投入/元	402.7	436.6	432.3	526.6	562.5	566.7	597.1	648.9	684.5	809.5
标准差	0.0712	0.0807	0.0827	0.1092	0.1263	0.1236	0.1572	0.1655	0.1740	0.2072
置信区间	0.0058	0.0066	0.0068	0.0089	0.0103	0.0100	0.0127	0.0134	0.0140	0.0167
企业年	406	406	406	406	406	413	413	415	415	415

注：1. 本表中所用的人均安全投入是以当年价计算的结果；
2. 置信水平这里取 90%

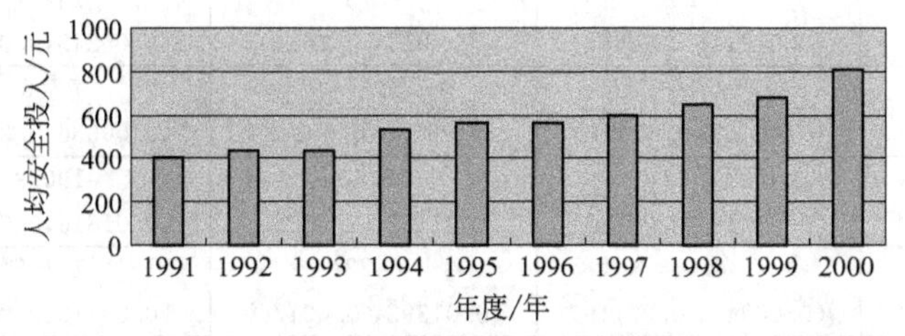

图 6-11　20 世纪 90 年代我国企业年人均安全投入情况（绝对值）

（3）企业安全投资结构分析　利用调查数据，得到 20 世纪 90 年代我国企业的安全投资结构如表 6-12。

表 6-12　20 世纪 90 年代我国企业安全投资结构表

类别 \ 比值	安全措施费/劳保用品	安全措施费/职业病费用	安全技术/工业卫生	安全技术/辅助设施	安全技术/宣传教育
投资结构比	1.58	12.4	1.24	0.82	7.40
企业样本数	415	415	415	415	415

注：安全措施经费＝安全技术＋工业卫生＋辅助设施＋宣传教育。

可看出：①安全措施经费、劳保用品费、职业病费用分别占安全总投入的 59%、37%、4%，安全措施经费与劳保用品之比为 1.58∶1，与 20 世纪 80 年代安全措施经费与劳保用品之比接近 1∶1 相比，这一比例关系是趋好的，但与发达国家的 2∶1 的结构相比，还有一些差距。②安全措施经费四项中，安全技术、辅助设施、工业卫生三项几乎相当，但工业卫生投入占的比例稍微少了一些。

（4）按行业的安全投入情况分析　利用调查数据，还可以按行业分类，通过计算各个行业的安全生产投入值来横向比较各个行业的安全生产投入情况，如表 6-13。本表计算出了数据库中所涉及的九个行业的安全生产投入情况，其他几个行业由于样本数量较少，为了计算数据的准确性，未曾对其统计。

表 6-13　整个 20 世纪 90 年代我国企业分行业安全投入情况表

投入 行业	安措经费/GDP （标准差、置信区间）	安全总投入/GDP （标准差、置信区间）	人年均劳保用品 （标准差、置信区间）	企业年数
农林牧渔业	4.82 (0.002908,0.000676)	5.70 (0.003097,0.00072)	12.6 (0.01092,0.002537)	50
采掘业	11.42 (0.03439，0.00332)	20.15 (0.06765，0.00653)	131.1 (0.02443，0.00236)	290
制造业	2.42 (0.01447，0.00048)	6.14 (0.01739，0.00058)	240.9 (0.03263,0.001084)	2450
电力、煤气	12.17 (0.06001，0.00941)	15.22 (0.05961，0.00935)	286.7 (0.03086,0.00484)	110
建筑业	5.29 (0.07914，0.00659)	7.73 (0.1013，0.0084)	134.7 (0.05245,0.00437)	390
地质勘探业	4.56 (0.003915,0.000910)	7.47 (0.00638,0.00148)	77.5 (0.00636,0.00148)	50
交通运输业	12.32 (0.01213，0.00223)	16.13 (0.01432，0.00263)	190.9 (0.01816,0.00334)	80
批发和零售	4.55 (0.00942，0.00119)	5.28 (0.01392，0.00176)	102.5 (0.03418,0.00431)	170
科学研究	2.60 (0.006591,0.000786)	4.68 (0.00922，0.00110)	97.8 (0.00867,0.00103)	190

注：1. 安全措施经费/GDP、安全总投入/GDP 值以千分比表示。

2. 人年均劳保用品以元计算（当年价）。

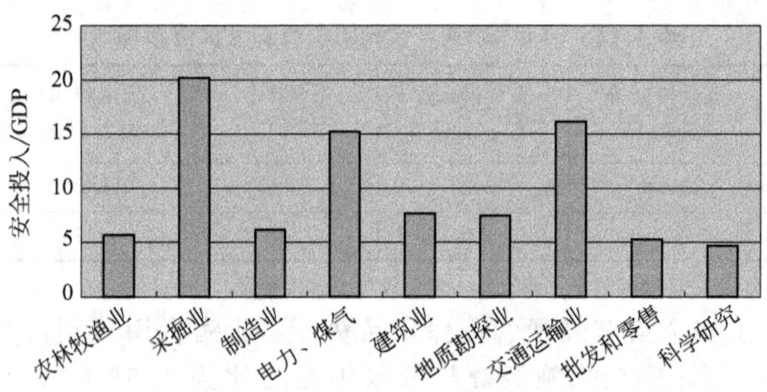

图 6-12　20 世纪 90 年代我国企业分行业安全总投入情况

从图 6-12 可看出，采掘业安全总投入值占其 GDP 的比值最高，其次为交通运输业和电力煤气业，科学研究、农林牧渔、批发和贸易等行业安全总投入值较少。从图 6-17 可看出，20 世纪 90 年代我国企业中，电力煤气行业年人均劳保用品投入最多，制造业其次，而农林牧渔业最少，仅为电力煤气业的约 1/17。

（5）不同危险性行业的安全投入情况分析　同上面的分析一样，在本数据库涉及的 9 个行业中，如果我们从人身伤害的角度出发，把采掘业、建筑业、交通运输业划作高危险性行业，把电力煤气业、制造业、地质勘探业划作一般危险性行业，把农林牧渔业、批发零售业、科学研究业划作低危险性行业，可以分危险性行业安全投入情况表。

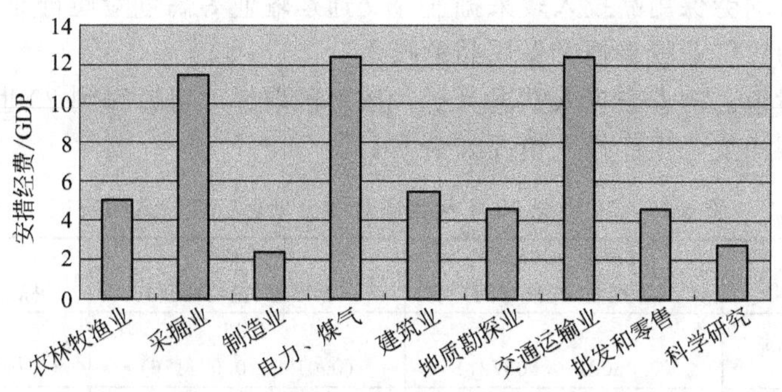

图 6-13　20 世纪 90 年代我国企业行业安全措施经费投入情况

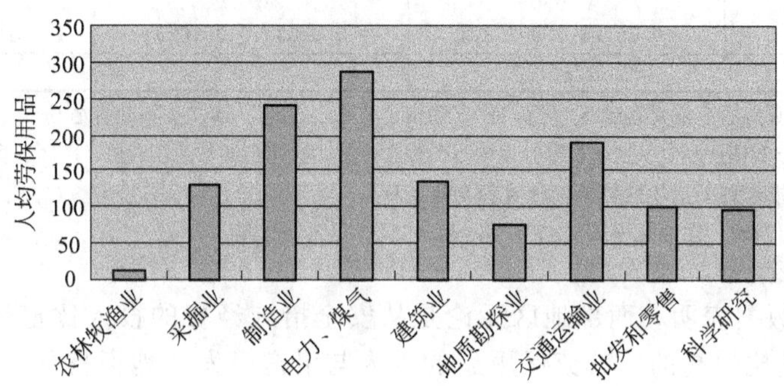

图 6-14　20 世纪 90 年代我国企业行业人均劳保用品投入情况

表 6-14　20 世纪 90 年代我国企业分危险性安全投入情况表

行业 投入	高危险性行业 （标准差、置信区间）	一般危险性行业 （标准差、置信区间）	低危险性行业 （标准差、置信区间）
安措经费/GDP	8.50 (0.06130,0.003639)	2.70 (0.01821,0.0005862)	2.70 (0.00875,0.0008306)
安全总投入/GDP	12.96 (0.08437,0.005063)	6.42 (0.02042,0.000658)	5.00 (0.01247,0.001184)
劳保用品投入/GDP	2.82 (0.02901,0.001731)	2.53 (0.005924,0.000191)	1.12 (0.004686,0.000445)
人均劳保用品	134.1 (0.04131,0.002464)	239.9 (0.03231,0.001040)	52.7 (0.01168,0.001026)
样本年数	760	2610	350

注：1. 安措经费/GDP、安全总投入/GDP，‰。

2. 人均劳保用品，元/年。

3. 置信水平这里取 90%。

从表 6-14 看出，从总体看，高危险性行业其安全措施经费投入比例、安全总投入比例、劳保用品投入比例均高于一般危险性行业和低危险性行业，但制造业和

电力煤气业人均劳保用品投入较采掘业、交通运输业等高危险性行业要高，这表明制造业和电力煤气业较重视劳保用品的投入

(6) 针对地区的安全投入情况分析　按地区取样，可以得到20世纪90年代我国企业分区域的安全生产投入情况如表6-15。

表6-15　20世纪90年代我国企业分地区安全投入情况表

地区 / 投入	沿海及发达地区（标准差、置信区间）	西部地区（标准差、置信区间）	其他地区（标准差、置信区间）
安措经费/GDP	1.55 (0.06081,0.003727)	6.96 (0.01905,0.001176)	4.50 (0.02132,0.000937)
安全总投入/GDP	2.78 (0.07691,0.004714)	11.84 (0.02293,0.001415)	7.73 (0.03431,0.001508)
人均劳保用品	275.5 (0.05774,0.003539)	294.5 (0.02639,0.001629)	155.2 (0.02978,0.001309)
企业年数	720	710	1400

注：1. 表中所指的沿海发达地区包括：各直辖市、广东、江苏、浙江、福建等省份。

2. 西部地区指我国所划定的属于西部开发的省份和自治区，这里包括甘肃、四川、广西、贵州、新疆等；

3. 其他地区指未划入上述两类的其他省份与自治区。

4. 安措经费/GDP、安全总投入/GDP,‰；人均劳保用品，元/年。

5. 置信水平这里取90%。

表6-15数据表明，西部地区无论是从安全措施经费的投入比值还是安全总投入的比值都是比较高的，其劳保用品的投入与沿海、发达地区持平。关于这一点，我们认为：西部地区由于其产值相对较低，故安全投入的比例偏大，但其安全投入的绝对值与发达地区相比是差不多的。也就是说，投入同样多的劳动保护用品和其他安全措施经费，一个发达地区的劳动力可能创造更多的效益。

3. 调查结论分析

20世纪90年代我国企业安全投入占GDP的比例为0.672%，而国际劳工组织统计的结果表明发达国家平均的安全投入高达3%左右。显然，我国的安全投入水平大大低于发达国家。

20世纪90年代我国安全生产投入的绝对总量有一定的增量，但其增长速度远不及GDP的增长速度；同时，安全投入占GDP的比例（相对量）以3.8%的比例呈下降的趋势。这与同期我国GDP每年以8%左右的增长事故极不相称。这表明20世纪90年代我国企业的安全生产投入与经济的快速发展很不协调。安全投入不足，使企业安全生产保障水平低，这显然是我国事故隐患问题严重、事故高发的重要原因之一。

20世纪80年代我国的安全投入中，安全措施经费与个人劳保用品投入比是1∶2，安全技术和工业卫生费用投入比为是1.5∶1；90年代分别变化为1.58∶1和1.28∶1。即投入结构有所改善，强调了硬件预防的投入和重视了职业健康的投入。

用上述的调查数据与一些发达国家的安全投入比较分析发现，我国在安全生产资源保障或安全投入方面是严重不足的。表 6-16 是我国与一些国家在安全活劳动投入（安全监察人员）和安全经费方面的投入的对比。从中可看出，我国的安全监察人员的万人（职工）配备率是相当低的，美国是我国的 10 余倍，英国是我国的 22 倍，日本是我国的 7 倍，德国是我国的 16 倍，意大利是我国的 6 倍。如果以我国目前从业人数约 2.4 亿人计，则按英国的水平，我国应有监查人员 10 余万人；按德国水平应有 8 余万人；按美国水平应有 5 万多人；按日本水平应有 3.5 万人；按意大利水平应有 3 万多人。这样，若要达到发达国家的较低水平，我国的专职安全监察员人数至少需配备 3 万人。

在安全经费投入方面，用万人（员工）投入率比较，美国是我国的 3 倍，英国是我国的 5 倍，日本是我国的 3 倍多。2001 年，美国联邦政府批准的职业安全与健康局（职能与我国安全生产监督管理局相当）的经费是 4.25 亿美元，比 2000 年的 3.82 亿美元增加 4380 万美元，增长 11.6%；矿山安全与健康局经费 2.463 亿美元，这两局的经费合计为 6.751 亿美元。2000 年至 2003 年英国政府每年为国家安全与健康监察局的经费为 1.83 亿英镑左右。据新近国家安全生产监督管理局主持鉴定的“安全生产与经济发展关系的研究”课题调查结果，我国 20 世纪 90 年代企业年均的安全总投入（包括安措经费、劳动防护用品等）占 GDP 的比例为 0.703%，不到 1%，而发达国家的安全投入一般占到 GDP 的 3%以上。

表 6-16　我国安全生产各类投入与发达国家比较

国家	安全监察人数/人	职工人数/万人	监察人数/(人/万人)	职工死亡率/10 万人死亡率	平均投入/(万美元/万人)
中国	6200	16259.6	0.2	9.8	68.98
美国	8000	3897.1	2.1	3.2	212.9
英国	4000	884.7	4.5	0.7	316.5
日本	3500	25825.2	1.4	3.3	251.7
德国	4960	1422.8	3.5	2.8	—
意大利	1250	932.9	1.3	5.5	—

第八节　我国安全生产费用政策法规

一、高危行业企业安全生产费用财务管理暂行办法

为保证安全生产所需资金投入，形成企业安全生产投入的长效机制，加强企业安全生产费用财务管理，维护企业、职工以及社会公共利益，财政部与国家安全生产监督管理总局于 2012 年 2 月 14 日起出台了《企业安全生产费用提取和使用管理办法》(以下简称《办法》)。《办法》主要包括安全费用的提取标准、使用和监督管理三方面的内容。

在中华人民共和国境内直接从事煤炭生产、非煤矿山开采、建设工程施工、危险品生产与储存、交通运输、烟花爆竹生产、冶金、机械制造、武器装备研制生产与试验（含民用航空及核燃料）的企业以及其他经济组织（以下简称企业）适用该《办法》。

企业应当建立安全生产费用管理制度。

安全生产费用（以下简称安全费用）是指企业按照规定标准提取在成本中列支，专门用于完善和改进企业或者项目安全生产条件的资金。

安全费用按照“企业提取、政府监管、确保需要、规范使用”的原则进行财务管理。

《办法》（主要针对高危行业企业）下列用语的含义。

- 煤炭生产是指煤炭资源开采作业有关活动。
- 非煤矿山开采是指石油和天然气、煤层气（地面开采）、金属矿、非金属矿及其他矿产资源的勘探作业和生产、选矿、闭坑及尾矿库运行、闭库等有关活动。
- 建设工程是指土木工程、建筑工程、井巷工程、线路管道和设备安装及装修工程的新建、扩建、改建以及矿山建设。
- 危险品是指列入国家标准《危险货物品名表》（GB12268）和《危险化学品目录》的物品。
- 烟花爆竹是指烟花爆竹制品和用于生产烟花爆竹的民用黑火药、烟火药、引火线等物品。
- 交通运输包括道路运输、水路运输、铁路运输、管道运输。道路运输是指以机动车为交通工具的旅客和货物运输；水路运输是指以运输船舶为工具的旅客和货物运输及港口装卸、堆存；铁路运输是指以火车为工具的旅客和货物运输（包括高铁和城际铁路）；管道运输是指以管道为工具的液体和气体物资运输。

1. 安全费用的提取标准

主要针对高危行业企业的安全生产费用提取作如下规定。

煤炭生产企业依据开采的原煤产量按月提取。各类煤矿原煤单位产量安全费用提取标准如下。

(1) 煤（岩）与瓦斯（二氧化碳）突出矿井、高瓦斯矿井吨煤 30 元；

(2) 其他井工矿吨煤 15 元；

(3) 露天矿吨煤 5 元。

矿井瓦斯等级划分按现行《煤矿安全规程》和《矿井瓦斯等级鉴定规范》的规定执行。

非煤矿山开采企业依据开采的原矿产量按月提取。各类矿山原矿单位产量安全费用提取标准如下。

(1) 石油，每吨原油 17 元；

(2) 天然气、煤层气（地面开采），每千立方米原气 5 元；

(3) 金属矿山，其中露天矿山每吨 5 元，地下矿山每吨 10 元；

(4) 核工业矿山，每吨 25 元；

(5) 非金属矿山，其中露天矿山每吨 2 元，地下矿山每吨 4 元；

(6) 小型露天采石场，即年采剥总量 50 万吨以下，且最大开采高度不超过 50 米，产品用于建筑、铺路的山坡型露天采石场，每吨 1 元；

(7) 尾矿库按入库尾矿量计算，三等及三等以上尾矿库每吨 1 元，四等及五等尾矿库每吨 1.5 元。

《办法》下发之日以前已经实施闭库的尾矿库，按照已堆存尾砂的有效库容大小提取，库容 100 万立方米以下的，每年提取 5 万元；超过 100 万立方米的，每增加 100 万立方米增加 3 万元，但每年提取额最高不超过 30 万元。

原矿产量不含金属、非金属矿山尾矿库和废石场中用于综合利用的尾砂和低品位矿石。

地质勘探单位安全费用按地质勘查项目或者工程总费用的 2%提取。

建设工程施工企业以建筑安装工程造价为计提依据。各建设工程类别安全费用提取标准如下：

(1) 矿山工程为 2.5%；

(2) 房屋建筑工程、水利水电工程、电力工程、铁路工程、城市轨道交通工程为 2.0%；

(3) 市政公用工程、冶炼工程、机电安装工程、化工石油工程、港口与航道工程、公路工程、通信工程为 1.5%。

建设工程施工企业提取的安全费用列入工程造价，在竞标时，不得删减，列入标外管理。国家对基本建设投资概算另有规定的，从其规定。

总包单位应当将安全费用按比例直接支付分包单位并监督使用，分包单位不再重复提取。

危险品生产与储存企业以上年度实际营业收入为计提依据，采取超额累退方式按照以下标准平均逐月提取：

(1) 营业收入不超过 1000 万元的，按照 4%提取；

(2) 营业收入超过 1000 万元至 1 亿元的部分，按照 2%提取；

(3) 营业收入超过 1 亿元至 10 亿元的部分，按照 0.5%提取；

(4) 营业收入超过 10 亿元的部分，按照 0.2%提取。

交通运输企业以上年度实际营业收入为计提依据，按照以下标准平均逐月提取：

(1) 普通货运业务按照 1%提取；

(2) 客运业务、管道运输、危险品等特殊货运业务按照 1.5%提取。

烟花爆竹生产企业以上年度实际营业收入为计提依据，采取超额累退方式按照以下标准平均逐月提取：

(1) 营业收入不超过 200 万元的，按照 3.5%提取；

(2) 营业收入超过 200 万元至 500 万元的部分，按照 3%提取；

(3) 营业收入超过500万元至1000万元的部分，按照2.5%提取；

(4) 营业收入超过1000万元的部分，按照2%提取。

2.安全生产费用的使用

煤炭生产企业安全费用应当按照以下范围使用。

(1) 煤与瓦斯突出及高瓦斯矿井落实“两个四位一体”综合防突措施支出，包括瓦斯区域预抽、保护层开采区域防突措施、开展突出区域和局部预测、实施局部补充防突措施、更新改造防突设备和设施、建立突出防治实验室等支出。

(2) 煤矿安全生产改造和重大隐患治理支出，包括“一通三防”(通风，防瓦斯、防煤尘、防灭火)、防治水、供电、运输等系统设备改造和灾害治理工程，实施煤矿机械化改造，实施矿压(冲击地压)、热害、露天矿边坡治理、采空区治理等支出。

(3) 完善煤矿井下监测监控、人员定位、紧急避险、压风自救、供水施救和通信联络安全避险“六大系统”支出，应急救援技术装备、设施配置和维护保养支出，事故逃生和紧急避难设施设备的配置和应急演练支出。

(4) 开展重大危险源和事故隐患评估、监控和整改支出。

(5) 安全生产检查、评价(不包括新建、改建、扩建项目安全评价)、咨询、标准化建设支出。

(6) 配备和更新现场作业人员安全防护用品支出。

(7) 安全生产宣传、教育、培训支出。

(8) 安全生产适用新技术、新标准、新工艺、新装备的推广应用支出。

(9) 安全设施及特种设备检测检验支出。

(10) 其他与安全生产直接相关的支出。

非煤矿山开采企业安全费用应当按照以下范围使用：

(1) 完善、改造和维护安全防护设施设备(不含“三同时”要求初期投入的安全设施)和重大事故隐患治理支出，包括矿山综合防尘、防灭火、防治水、危险气体监测、通风系统、支护及防治边帮滑坡设备、机电设备、供配电系统、运输(提升)系统和尾矿库等完善、改造和维护支出以及实施地压监测监控、露天矿边坡治理、采空区治理等支出。

(2) 完善非煤矿山监测监控、人员定位、紧急避险、压风自救、供水施救和通信联络等安全避险“六大系统”支出，完善尾矿库全过程在线监控系统和海上石油开采出海人员动态跟踪系统支出，应急救援技术装备、设施配置及维护保养支出，事故逃生和紧急避难设施设备的配置和应急演练支出。

(3) 开展重大危险源和事故隐患评估、监控和整改支出。

(4) 安全生产检查、评价(不包括新建、改建、扩建项目安全评价)、咨询、标准化建设支出。

(5) 配备和更新现场作业人员安全防护用品支出。

(6) 安全生产宣传、教育、培训支出。

(7) 安全生产适用的新技术、新标准、新工艺、新装备的推广应用支出。

(8) 安全设施及特种设备检测检验支出。

(9) 尾矿库闭库及闭库后维护费用支出。

(10) 地质勘探单位野外应急食品、应急器械、应急药品支出。

(11) 其他与安全生产直接相关的支出。

建设工程施工企业安全费用应当按照以下范围使用。

(1) 完善、改造和维护安全防护设施设备支出（不含“三同时”要求初期投入的安全设施），包括施工现场临时用电系统、洞口、临边、机械设备、高处作业防护、交叉作业防护、防火、防爆、防尘、防毒、防雷、防台风、防地质灾害、地下工程有害气体监测、通风、临时安全防护等设施设备支出。

(2) 配备、维护、保养应急救援器材、设备支出和应急演练支出。

(3) 开展重大危险源和事故隐患评估、监控和整改支出。

(4) 安全生产检查、评价（不包括新建、改建、扩建项目安全评价）、咨询和标准化建设支出。

(5) 配备和更新现场作业人员安全防护用品支出。

(6) 安全生产宣传、教育、培训支出。

(7) 安全生产适用的新技术、新标准、新工艺、新装备的推广应用支出。

(8) 安全设施及特种设备检测检验支出。

(9) 其他与安全生产直接相关的支出。

危险品生产与储存企业安全费用应当按照以下范围使用：

(1) 完善、改造和维护安全防护设施设备支出（不含“三同时”要求初期投入的安全设施），包括车间、库房、罐区等作业场所的监控、监测、通风、防晒、调温、防火、灭火、防爆、泄压、防毒、消毒、中和、防潮、防雷、防静电、防腐、防渗漏、防护围堤或者隔离操作等设施设备支出。

(2) 配备、维护、保养应急救援器材、设备支出和应急演练支出。

(3) 开展重大危险源和事故隐患评估、监控和整改支出。

(4) 安全生产检查、评价（不包括新建、改建、扩建项目安全评价）、咨询和标准化建设支出。

(5) 配备和更新现场作业人员安全防护用品支出。

(6) 安全生产宣传、教育、培训支出。

(7) 安全生产适用的新技术、新标准、新工艺、新装备的推广应用支出。

(8) 安全设施及特种设备检测检验支出。

(9) 其他与安全生产直接相关的支出。

交通运输企业安全费用应当按照以下范围使用。

(1) 完善、改造和维护安全防护设施设备支出（不含“三同时”要求初期投入的安全设施），包括道路、水路、铁路、管道运输设施设备和装卸工具安全状况检测及维护系统、运输设施设备和装卸工具附属安全设备等支出。

（2）购置、安装和使用具有行驶记录功能的车辆卫星定位装置、船舶通信导航定位和自动识别系统、电子海图等支出。

（3）配备、维护、保养应急救援器材、设备支出和应急演练支出。

（4）开展重大危险源和事故隐患评估、监控和整改支出。

（5）安全生产检查、评价（不包括新建、改建、扩建项目安全评价）、咨询和标准化建设支出。

（6）配备和更新现场作业人员安全防护用品支出。

（7）安全生产宣传、教育、培训支出。

（8）安全生产适用的新技术、新标准、新工艺、新装备的推广应用支出。

（9）安全设施及特种设备检测检验支出。

（10）其他与安全生产直接相关的支出。

烟花爆竹生产企业安全费用应当按照以下范围使用。

（1）完善、改造和维护安全设备设施支出（不含“三同时”要求初期投入的安全设施）。

（2）配备、维护、保养防爆机械电器设备支出。

（3）配备、维护、保养应急救援器材、设备支出和应急演练支出。

（4）开展重大危险源和事故隐患评估、监控和整改支出。

（5）安全生产检查、评价（不包括新建、改建、扩建项目安全评价）、咨询和标准化建设支出。

（6）安全生产宣传、教育、培训支出。

（7）配备和更新现场作业人员安全防护用品支出。

（8）安全生产适用新技术、新标准、新工艺、新装备的推广应用支出。

（9）安全设施及特种设备检测检验支出。

（10）其他与安全生产直接相关的支出。

3. 监督管理

企业应当建立健全内部安全费用管理制度，明确安全费用提取和使用的程序、职责及权限，按规定提取和使用安全费用。

企业应当加强安全费用管理，编制年度安全费用提取和使用计划，纳入企业财务预算。企业年度安全费用使用计划和上一年安全费用的提取、使用情况按照管理权限报同级财政部门、安全生产监督管理部门、煤矿安全监察机构和行业主管部门备案。

企业安全费用的会计处理，应当符合国家统一的会计制度的规定。

企业提取的安全费用属于企业自提自用资金，其他单位和部门不得采取收取、代管等形式对其进行集中管理和使用，国家法律、法规另有规定的除外。

各级财政部门、安全生产监督管理部门、煤矿安全监察机构和有关行业主管部门依法对企业安全费用提取、使用和管理进行监督检查。

企业未按本办法提取和使用安全费用的，安全生产监督管理部门、煤矿安全监察机构和行业主管部门会同财政部门责令其限期改正，并依照相关法律法规进行处理、处罚。

二、企业安全生产风险抵押金管理暂行办法

为了强化企业安全生产意识，落实安全生产责任，规范安全生产风险抵押金的管理，保证生产安全事故抢险、救灾工作的顺利进行，根据《国务院关于进一步加强安全生产工作的决定》（国发［2004］2 号），国家财政部以财建［2006］369 号文件发布了《企业安全生产风险抵押金管理暂行办法》。《企业安全生产风险抵押金管理暂行办法》（以下简称本办法）自 2006 年 8 月 1 日起施行。办法规定了矿山（煤矿除外）、交通运输、建筑施工、危险化学品、烟花爆竹等行业或领域从事生产经营活动的企业安全生产风险抵押标准。

本办法所称企业，是指矿山（煤矿除外）、交通运输、建筑施工、危险化学品、烟花爆竹等行业或领域从事生产经营活动的企业。

本办法所称安全生产风险抵押金（以下简称风险抵押金），是指企业以其法人或合伙人名义将本企业资金专户存储，用于本企业生产安全事故抢险、救灾和善后处理的专项资金。

1. 风险抵押金的存储

各省、自治区、直辖市、计划单列市安全生产监督管理部门（以下简称省级安全生产监督管理部门）及同级财政部门按照以下标准，结合企业正常生产经营期间的规模大小和行业特点，综合考虑产量、从业人数、销售收入等因素，确定具体存储金额：

（1）小型企业存储金额不低于人民币 30 万元（不合 30 万元）；

（2）中型企业存储金额不低于人民币 100 万元（不含 100 万元）；

（3）大型企业存储金额不低于人民币 150 万元（不含 1 50 万元）；

（4）特大型企业存储金额不低于人民币，200 万元（不含 200 万元）。

风险抵押金存储原则上不超过 500 万元。

企业规模划分标准按照国家统一规定执行。

本办法施行前，省级人民政府有关部门制定的风险抵押金存储标准高于本办法规定标准的，仍然按照原标准执行，并按照规定程序报有关部门备案。

风险抵押金按照以下规定存储：

（1）风险抵押金由企业按时足额存储。企业不得因变更企业法定代表人或合伙人、停产整顿等情况迟（缓）存、少存或不存风险抵押金，也不得以任何形式向职工摊派风险抵押金。

（2）风险抵押金存储数额由省、市、县级安全生产监督管理部门及同级财政部门核定下达。

（3）风险抵押金实行专户管理。企业到经省级安全生产监督管理部门及同级财政部门指定的风险抵押金代理银行（以下简称代理银行）开设风险抵押金专户，并

于核定通知送达后1个月内，将风险抵押金一次性存入代理银行风险抵押金专户；企业可以在本办法规定的风险抵押金使用范围内，按国家关于现金管理的规定通过该账户支取现金。

(4) 风险抵押金专户资金的具体监管办法，由省级安全监管部门及同级财政部门共同制定。

跨省（自治区、直辖市、计划单列市）、市、县（区）经营的建筑施工企业和交通运输企业，在企业注册地已缴纳风险抵押金并能出示有效证明的，不再另外存储风险抵押金。

2. 风险抵押金的使用

企业风险抵押金的使用范围如下。

(1) 为处理本企业生产安全事故而直接发生的抢险、救灾费用支出。

(2) 为处理本企业生产安全事故善后事宜而直接发生的费用支出。

企业发生生产安全事故后产生的抢险、救灾及善后处理费用，全部由企业负担，原则上应当由企业先行支付，确实需要动用风险抵押金专户资金的，经安全生产监督管理部门及同级财政部门批准，由代理银行具体办理有关手续。

发生下列情形之一的，省、市、县级安全生产监督管理部门及同级财政部门可以根据企业生产安全事故抢险、救灾及善后处理工作需要，将风险抵押金部分或者全部转为事故抢险、救灾和善后处理所需资金。

(1) 企业负责人在生产安全事故发生后逃逸的。

(2) 企业在生产安全事故发生后，未在规定时间内主动承担责任，支付抢险、救灾及善后处理费用的。

3. 风险抵押金的管理

风险抵押金实行分级管理，由省、市、县级安全生产监督管理部门及同级财政部门按照属地原则共同负责。

中央管理企业的风险抵押金，由所在地省级安全生产监督管理部门及同级财政部门确定后报国家安全生产监督管理总局及财政部备案。

企业持续生产经营期间，当年未发生生产安全事故、没有动用风险抵押金的，风险抵押金自然结转，下年不再增加存储。当年发生生产安全事故、动用风险抵押金的，省、市、县级安全生产监督管理部门及同级财政部门应当重新核定企业应存储的风险抵押金数额，并及时告知企业；企业在核定通知送达后1个月内按规定标准将风险抵押金补齐。

企业生产经营规模如发生较大变化，省、市、县级安全生产监督管理部门及同级财政部门应当于下年度第一季度结束前调整其风险抵押金存储数额，并按照调整后的差额通知企业补存（退还）风险抵押金。

企业依法关闭、破产或者转入其他行业的，在企业提出申请，并经过省、市、县级安全生产监督管理部门及同级财政部门核准后，企业可以按照国家有关规定自主支配其风险抵押金专户结存资金。

企业实施产权转让或者公司制改建的，其存储的风险抵押金仍按照本办法管理和使用。

风险抵押金实际支出时适用的税务处理办法由财政部、国家税务总局另行制定。具体会计核算问题，按照国家统一会计制度处理。

每年年度终了后 3 个月内，省级安全生产监督管理部门及同级财政部门应当将上年度本地区风险抵押金存储、使用、管理有关情况报国家安全生产监督管理总局及财政部备案。

风险抵押金应当专款专用，不得挪用。安全生产监督管理部门、同级财政部门及其工作人员有挪用风险抵押金等违反本办法及国家有关法律、法规行为的，依照国家有关规定进行处理。

第七章 事故经济损失计算

在安全经济学的研究中，事故经济损失的计算或评估是重要的内容。评估事故和灾害对社会经济的影响，是分析安全效益、指导安全定量决策的重要基础性工作。为了能对事故对社会的危害和造成的后果做出科学、合理评价，首先要解决事故经济损失的计算问题。由于事故造成的经济损失是一涉及对象广泛、影响因素复杂的问题，本章主要探讨事故的直接（有形）的经济损失计算技术，对于事故非价值对象（因素）损失的计算问题。

第一节 事故经济损失的一般计算理论和方法

一、基本概念

（1）事故　可能造成人员伤害和（或）经济损失的，非预谋性的意外事件。这一定义的内涵是：事故涉及的范围很广，不论是生产中的还是生活中的；事故的后果是导致人员伤害和（或）经济上的损失；事故事件是一种非预谋性的事件。

（2）事故损失　指意外事件造成的生命与健康的丧失、物质或财产的毁坏、时间的损失、环境的破坏。

（3）事故直接经济损失　指与事故事件当时的、直接相联系的、能用货币直接估价的损失。如事故导致的资源、设备、设施、材料、产品等物质或财产的损失。

（4）事故间接经济损失　指与事故事件间接相联系的、能用货币直接估价的损失。如事故导致的处理费用、赔偿费、罚款、劳动时间损失、停工或停产损失等事故非当时的间接经济损失。

（5）事故直接非经济损失　指与事故事件当时的、直接相联系的、不能用货币直接定价的损失。如事故导致的人的生命与健康、环境的毁坏等无直接价值（只能间接定价）的损失。

（6）事故间接非经济损失　指与事故事件间接相联系的、不能用货币直接定价的损失。如事故导致的工效影响、声誉损失、政治安定影响等。

（7）事故直接损失　指与事故事件直接相联系的、能用货币直接或间接定价的损失。包括事故直接经济损失和事故直接非经济损失。

（8）事故间接损失　指与事故事件间接相联系的、能用货币直接或间接定价的损失。包括事故间接经济损失和事故间接非经济损失。明确上述定义是准确计算事故损失的基础。

以往的事故理论研究，往往侧重于事故的有形损失，即直接的事故损失。然而，近些年，安全理论界的研究热点开始转向事故的间接损失，即由于事故导致的无形的、非价值因素的经济损失问题。事故的发生不仅对企业产生极大的直接经济影响，而且会对企业商信、工效及社会形象造成影响。对于事故的经济损失的深入研究，不仅是事故处理和管理的需要，更重要的是通过系统分析事故的经济成本，可以找到引导和有效干预安全生产决策的方法，对安全生产的经济意义进行科学评价和认识，对促进社会、政府和企业的安全生产科学决策和有效地预防事故措施有现实的指导意义。

如何才能正确计算事故的经济损失，进而全面考核企业的安全生产状况，正确反映事故对经济发展的影响，唤起人们重视安全工作，使企业更主动地增加安全投资，并且使安全投资合理地投入，最大限度发挥安全投资的效用，减少事故的发生，进而提高企业的经济效益已引起企业经营者的高度重视，成为安全工作者的奋斗目标。然而，由于事故间接损失的隐形性和难于计量的特点，以及安全投资产生的经济效益有事后性、隐形性特征，在事故损失的评价和计量方面一起是安全生产领域在理论上和实践上一个具有挑战的课题。

二、事故损失分类

事故损失的分类是事故损失规律的最基本问题。对于事故的分类，由于分类的角度、分类的目的和要求不同，在国内外都普遍存在有不同的观点和方法。下面是国内外的基本认识和做法。事故损失的分类目前还没有统一的标准，现介绍几种有助于事故损失统计和计算的划分方法。

1. 按损失与事故事件的关系划分

分为直接损失和间接损失两类。美国安全专家海因里希和我国的有关标准《企业职工伤亡事故分类标准(GB 6441—1986)》都采用了这种分类方法。

事故的直接损失指事故当时发生的、直接联系的、能用货币直接或间接估价的损失（即在企业的账簿上可以查询的损失）。其余与事故无直接联系，能以货币价值衡量的部分或损失为间接损失。将经济损失分为直接和间接两部分原因在于：只有直接经济损失是企业主可以从账面上看到的，它表明了事故多大程度上被反映出来。国外事故间直损失倍比系数见表 7-1。

表 7-1　国外事故间直损失倍比系数

国家/研究者	基准年/年	事故间直损失倍比系数	说明
美国 Heinrich	1941	4	保险公司 5000 个案例
法国 Bouyeur	1949	4	1948 年法国数据
法国 Jacques	20 世纪 60 年代	4	法国化学工业

续表

国家/研究者	基准年/年	事故间直损失倍比系数	说明
法国 Legras	1962	2.5	从产品售价、成本研究得出
Bird 和 Loftus	1976	50	
法国 Letoublon	1979	1.6	针对伤害事故
Sheiff	20 世纪 80 年代	10	
挪威 Elka	1980	5.7	起重机械事故
Leopold 和 leonard	1987	间接损失微不足道	将很多间接损失重新定义为直接损失
法国 Bernard	1988	3 2	保险费用按赔偿额保险费用按分摊额
Hinze 和 Appelgate	1991	2.06	建筑行业过百家公司，考虑法律诉讼引起的损失
方东平等	2000	轻伤：0.4～0.5 死亡：3 左右	建筑行业 12 家企业发生的 29 起伤亡事故
英国 HSE(OU)	1993	8～36	因行业而异

2. 按损失的经济特征划分

分为经济损失（或价值损失）和非经济损失（非价值损失）。前者指可直接用货币测算的损失，后者指不可直接用货币进行计量，只能通过间接的转换技术对其进行测算。

事故的最为重要的损失是非经济损失。它包括受害者的直接身体损失，受害者家庭和社会的精神损失，及所涉及的社会公平和稳定感。尽管，安全经济学界有人尝试将其货币化（在法院审理事故案件时，有时也需要如此），但是，最终未能得出成果（Dorman，1996）。顾名思义，经济损失是指那些可以计算，或至少在理论上是可以计算的那部分损失。即有市价或可以以一定形式给出市价的商品或服务损失。具体包括雇员的工资损失，其家庭服务有市价部分，和造成的社会生产力损失。在计算这些损失过程中，要避免重复计算。例如，保险公司为伤亡者支付医疗费用，同时雇主又为其支付保险费，在这里，一般指最终支付者——雇主。另一方面，不能说经济损失就是失去的产出。因为，在工厂一般有疲劳期，同样在整个社会经济体系中也存在失业人员。这在一定程度上，可以吸收部分事故损失，但是其大部分损失仍然将体现在最终的产出减少上。

3. 按损失与事故的关系和经济的特征进行综合分类

分为直接经济损失、间接经济损失、直接非经济损失、间接非经济损失四种。其中包括的内容见基本概念的定义。这种分类方法把事故损失的口径做了严格的定界，有助于准确地对事故损失进行测算。

4. 按损失的承担者划分

分为个人损失、企业（集体）损失和国家损失三类。也可分为企业内部损失和企业外部损失。

假设某企业由于使用某种化学涂料，致使每年有部分职工患职业病，其可以购买一种更安全，但是价格更贵的替代涂料。为了简化，假设所有损失都是可变的。

决策者可以看到另支付1百万元医疗和赔偿费，这些损失都是可以通过转变涂料配方避免的。然而，这并不能直接刺激到决策者变换配方。如果企业仅关注利润，而无保护职工安全的意识，则其决策仅取决于新涂料的成本是否低于1百万元。但是，现在假设雇佣了安全调查小组，在分析了相应数据以后，发觉存在间接但是真实的损失另外还有2百万元。这时将出现这种情况：以前经济上不可行的方案，现在完全可行。但是，决策者是否就会决定使用替代涂料呢？也不一定。换涂料可能需要4百万元。这样，企业决策者将不会花钱解决这个问题。然而，大部分经济成本并非由雇主负担；它们将由雇员、雇员家庭、及社会负担。还有不能反映在企业账本中的非经济损失。我们假设这些额外损失为3百万。这样4百万投资对社会而言，是非常经济的决策，但是对于企业而言并非如此。因为，其损失仅为1百万。在本例中，直接内部损失为1百万，间接内部损失为2百万，外部损失为3百万。经济理论告诉我们，外部损失的存在使得个体投资决策者可能做出与社会利益最大化相违背的决策。我们再看一下损失负担的结构，非常明显大部分损失落在雇员和社会。外部损失构成见表7-2。

表7-2 职业事故外部损失的典型构成

受害者收入损失(包括现在和将来),未弥补部分
受害者医疗费用,未弥补部分
受害者家庭用于探视和护理的时间和资源
受害者的家庭产出
公共医疗津贴
环境污染
由于夭折损失的生产力

根据1984年Lings等的对丹麦事故损失的研究结果显示，大约44%～89%的损失为外部损失，其中约20%由雇员直接负担。在很多情况下，社会经济利益与企业经济利益有所偏差。由于通常是企业在控制事故风险方面起主导作用，事故水平将大大超过经济范围。这时该如何做？首先，可以采取措施缩小内部损失和总损失的差距，使得损失更多地落在雇主肩上。在工业革命早期，即如此。其次，社会可以建立一个规范体系，使得企业超脱利益限制，来改善工作环境。只有将两者结合起来，才能满足安全生产的需要。故此，提出“外部损失内部化”的策略；一方面加大经济激励，另一方面加强规章体系的约束力。

5. 按损失的时间特性划分

分为：当时损失、事后损失和未来损失三类。当时损失是指事件当时造成损失；事后损失是指事件发生后随即伴随的损失。如事故处理、赔偿、停工和停产等损失；未来损失是指事故发生后相隔一段时间才会显现出来的损失，如污染造成的危害、恢复生产和原有的技术功能所需的设备（施）改造及人员培训费用等。

6. 按损失的状态划分

分为固定损失与变动损失。在经济损失中，有部分固定损失，即不随事故水平

的变化而变化。如，保险和监控部门的管理费用。大部分，甚至可以说全部企业的保险费是与实际事故水平相独立的。如果事故损失可以通过会计处理分配到固定损失中去，则对决策者而言，是无任何动力去降低事故风险的。只有可变部分，如相应提高事故风险工厂的保险率等方能促使决策者改善安全状况。

7. 按照“全要素”方法分类

将事故损失划分为六大类，包括受害者和医疗机构人员工资损失、管理者时间损失、物质损失、生产损失、无形损失、其他损失等。每一大类损失又包含若干损失要素，其损失划分方法考虑了诉讼费及道德损失等。针对费用要素的分类上，均琐碎而繁杂，计量起来十分困难，存在适用范围的局限性；若费用要素的分类不合理，容易出现重复计算的问题。

不同分类方法的特点见表 7-3。

表 7-3　事故损失分类对照表

对照概念	标准	意义
经济/非经济	事故损失是否有或应当有价格	用于测定事故损失的经济特征
直接/间接	损失是否可以以货币形式计量，并有账可循	用于测定决策者可以察觉到的现实存在的经济激励
固定/可变	损失是否随事故的发生和严重性而变化	用于衡量单个决策者采取措施以减轻事故水平的经济动力
内部/外部	费用是否由造成损失的经济单位支付	用于对比单个决策者和社会改善工作环境的经济动力

三、国外事故费用分析理论

国际上关于事故费用的研究，经历了以 Heinrich（1930 年）、Simonds（1956 年）、Andreoni（1986 年）、HSE（英国卫生安全执行局，1994 年）为阶段性代表的 70 余年。每一阶段都在前一阶段的基础上有进一步的发展。我国近年来在事故经济损失研究方面也进行了有益的探讨。

对于职业伤害事故的经济损失问题，1974 年 Lord Robens 担任主席时的英国工业联盟（the Confederation of British Industries）发表的《工作中的安全与卫生》的报告中有这样一段话：在公司一级，如果能设计出一个容易使用的简单的公式，通过这个公式，可以测定事故和疾病引起的财政损失，且在具体行业内可以进行公司之间的比较，将是对减少工业事故和职业病做出的宝贵贡献。

从那时起至今，虽然人们在这方面做过种种努力，但尚无可普遍接受的公式或方法，因为“要确定满足上述条件的公式，会遇到相当大的困难。”因此，努力的方向转为列出对各种事故都适用的费用要素。虽然 D. Andreoni 曾指出：很多国家特别是工业化国家已经公布的研究成果和统计数据所提供的信息却表明，要列出由许多要素组成的这种综合费用的精确清单是很困难的。但在这方面还是取得了很大的成功。虽然不同学者和不同机构的清单有所不同，但很多项目是相同的。英国卫

生安全执行局（HSE）执行部（OU）说明了保险/非保险与直接/间接费用之间的关系（如表 7-4 所示）

表 7-4 两种费用分法的关系（HSE，1992 年）

直接费用 保险费用	例如：雇主责任和公共责任赔偿，建筑物损毁，机动车辆损毁	例如，商业（生产）中断，产品责任	间接费用 非保险费用
	例如：病假工资，修理，产品失去或损毁	例如，调查费用，公司形象的损失，替换人员的雇用费、培训费	

OU 认为，“以前的研究专注于‘间直比’，然而这个比的准确意义依作者而各不相同，难于比较”。“分析保险费用的优点是，多数组织知道他们有哪些保险、费用多少，因而通过与类似行业的案例研究结果进行比较，可以估算他们受到的可能损失”。

美国全美安全理事会（NSC）的看法是：“因为‘直接’费用与‘间接’费用之间的区别很难划分清楚，所以已废弃不用而赞成改用更确切的词，即‘保险’的费用与‘非保险’的费用。这样，公司估算其事故费用的数据会具有合理的准确性”。该书进一步解释道：要使费用数据最大限度地有用，它就必须尽可能准确地代表公司的自身经历。从经验中得到的代表很多不同行业的不同公司的间接费用与直接费用之间的固定比值并不能符合此目的。事故费用的估算一般不考虑行业之间的危险的差别，也不考虑公司之间的安全绩效的差别。

下一节将对国际上有关的权威、重要、有代表性、被认可的研究成果及政府或其他权威机构所实行、采用、倡导的方法进行介绍。

第二节 国外事故费用及经济损失的计算方法

一、海因里希方法（间接费用）

海因里希在 1926 年，对工伤事故造成的事故损失费用问题进行了探讨。他把一起事故的损失划分为两类：由生产公司申请、保险公司支付的金额划为“直接损失”，把除此以外的财产损失和因停工使公司受到损失的部分作为“间接损失”，并对一些事故的损失情况进行了调查研究，得出直接损失与间接损失的比例为：1∶4。由此说明，事故发生而造成的间接损失比直接损失费用要大得多。

海因里希对间接损失的定界如下。

（1）负伤者的时间损失。

（2）非负伤者由于好奇心、同情心、帮助负伤者等原因而受到的时间损失。

（3）工长、管理干部及其他人员因营救负伤者，调查事故原因，分配人员代替负伤者继续进行工作，挑选并培训代替负伤者工作的人员，提出事故报告等的时间损失。

(4) 救护人员、医院的医护人员及不受保险公司支付的时间损失。

(5) 机械、工具、材料及其他财产的损失。

(6) 由于生产阻碍不能按期交货而支付的罚金以及其他由此而受到的损失。

(7) 职工福利保健制度方面遭受的损失。

(8) 负伤者返回车间后，由于工作能力降低而在相当长的一段时间内照付原工资而受到的损失。

(9) 负伤者工作能力降低，不能使机械全速运转而遭受的损失。

(10) 由于发生了事故，操作人员情绪低落，或者由于过分紧张而诱发其他事故而受到的损失。

(11) 负伤者即使停工也要支付的照明、取暖以及其他与此类似的每人的平均费用损失。

对于直接损失由于保险体制有差别和企业申请保险的水平不同，具体情况会有较大的区别。由于各个企业确定间接损失的范围及估算损失不一致，直接损失与间接损失的比例有的企业小于1∶4或大于1∶4，这是正常的现象。

根据这种理论，事故的总损失可用直间比的规律来进行估算。即先计算出事故直接损失，再按1：4（或其他比值）的规律，以5倍（或其他比值的倍数）的直接损失数量作为事故总损失的估算值。这样的计算过程是较为简便的，但如果直间比值取的不合理，会使估算结果误差较大。

二、美国西蒙兹计算法

美国的R. H. 西蒙兹教授对海因里希的事故损失计算方法提出了不同的看法，他采取了从企业经济角度出发的观点来对事故损失进行判断。首先，他把“由保险公司支付的金额”定为直接损失，把“不由保险公司补偿的金额”定为间接损失。他的非保险费用与海因里希的间接费用虽然是出于同样的观点，但其构成要素不同。他还否定了海因里希的直接损失与间接损失比为1∶4的结论，并代之以平均值法来计算事故总损失。即提出下述计算公式：

$$\begin{aligned}\text{事故总损失}&=\text{由保险公司支付的费用(直接损失)}+\text{不由保险公司补偿的费用(间接损失)}\\&=\text{保险损失}+A\times\text{停工伤害次数}+B\times\text{住院伤害次数}\\&\quad+C\times\text{急救医疗伤害次数}+D\times\text{无伤害事故次数}\end{aligned} \tag{7-1}$$

式中，A、B、C、D为各种不同伤害程度事故的非保险费用平均金额，是预先根据小规模试验研究（对某一时间的不同伤害程度的事故损失调查统计，求其均值）而获得的。西蒙兹没有给出具体的A、B、C、D数值，使用时可因不同的行业条件采用不同的取值。即应随企业或行业的变化，如平均工资、材料费用以及其他费用的相应变化，A、B、C、D的数值也随之变化。

在式(7-1)中，没有包括死亡和不能恢复全部劳动能力的残废伤害，当发生这类伤害时，应分别进行计算。

此外，西蒙兹将间接损失，即没有得到补偿的费用，分为如下几项进行计算。

(1) 非负伤工人由于中止作业而引起的费用损失。
(2) 受到损伤的材料和设备的修理、搬走的费用。
(3) 负伤者停工作业时间（没有得到补偿）的费用。
(4) 加班劳动费用。
(5) 监督人员所花费的时间的工资。
(6) 负伤者返回车间后生产减少的费用。
(7) 补充新工人的教育和训练的费用。
(8) 公司负担的医疗费用。
(9) 进行工伤事故调查付给监督人员和有关工人的费用。
(10) 其他特殊损失，如设备租赁费、解除合同所受到的损失、为招收替班工人而特别支出的经费、新工人操作引起的机械损耗费用（特别显著时）等。

西蒙兹的事故损失计算方法得到了美国 NSC（ 全美安全协会）等权威机构的支持，在美国得到广泛采用。这种损失计算方法具有较好的可靠性。

三、日本野口三郎计算方法

对于事故损失费用的估算，日本采用的是野口三郎提出的方法。这种方法是把下面从Ⅰ到Ⅶ各项有关的费用总合起来，估算事故的总损失。

1. 法定补偿费用（支付保险部分）

① 疗养补偿费（包括长期伤病补偿费）。
②休养补偿费（由保险支付的部分）。
③ 残废补偿费（享受养老金者为准）。
④ 遗属补偿费。
⑤ 祭葬费。

法定补偿费用合计

$$Ⅰ=(①\sim⑤的合计)\times(1+15/115) \tag{7-2}$$

2. 法定补偿费用（日本公司负担部分。歇工 4 天以下的歇工补偿费）

$$Ⅱ=歇工 4 天以下的歇工补偿费 \tag{7-3}$$

3. 法定补偿以外的费用支出

① 各种探望费、补偿费（指公司规程、协约）。
② 退职金补贴额。
③ 供品费、花圈费等。
④ 公司举行葬礼时的费用或葬礼补助经费。
⑤ 对住院者的法定疗养补偿以外的经费。
⑥ 其他法定以外的经费。

$$Ⅲ=①+②+③+④+⑤+⑥ \tag{7-4}$$

4. 事故造成的人的损失

① 受伤者的损失

- 当天的工时损失。
- 停工期间的工时损失。
- 因看病或其他原因造成的工时损失。

② 其他人员的损失

- 救助、联系、护理等造成的非工作时间。
- 停工造成的工时损失。
- 事故调查、研究对策，记录等造成的非工作时间。
- 为复工、整理花费的非工作时间。
- 探望、护理等非工作时间。
- 混乱、围观、起哄造成的非工作时间。

$$\text{Ⅳ}=\text{平均工资}\times[①+②] \tag{7-5}$$

（注：只计入支付了工资的非工作时间，不要与付给歇工补偿的情况重复。）

5. 事故造成的物的损失

① 建筑物、设备等的损失。

② 机械、器具、工具的损失。

③ 原料、材料、半成品、成品等的损失。

④ 护具等的损失。

⑤ 动力、燃料等的损失。

⑥ 其他物的损失。

$$\text{Ⅴ}=①+②+③+④+⑤+⑥ \tag{7-6}$$

6. 生产损失

① 恢复因事故造成的减产而多负担的经费。

② 因事故造成停产或减产使利润减少的金额。

$$\text{Ⅵ}=①+② \tag{7-7}$$

7. 特殊损失费

① 新替换的工人能力不足造成的全部工资损失。

② 受伤者返回车间后增加支付的工资损失。

③ 处理事故的旅费、通信费等。

④ 对外接待费。

⑤ 诉讼及根据诉讼结果支付的费用。

⑥ 因未完成合同而支付的延迟费及其他费用。

⑦ 新工录用费。

⑧ 对新录用的工人多花的培训费等。

⑨ 因工伤而发生第二次以下的事故造成的损失。

⑩ 对第三者的补偿、探望、酬谢等的经费。

⑪ 恢复生产所需的金融对策费及利率负担。

⑫ 其他伴随事故发生而由经营者负担的经费。

$$Ⅶ=①+②+③+④+⑤+⑥+⑦+⑧+⑨+⑩+⑪+⑫ \qquad (7\text{-}8)$$

8. 其他无法计算的损失

- 受伤害者的时间损失；
- 非受伤害者由于好奇心、同情心、帮助受伤害者等原因而受到的时间损失；
- 工长、管理干部及其他人员因营救受伤害者，调查事故原因，分配人员代替受伤害者继续进行工作，挑选并培训代替受伤害者工作的人员，提出事故报告等的时间损失；
- 救护人员、医院的医护人员等不受保险公司支付的时间损失；
- 机械、工具、材料及其他财产的损失；
- 由于生产阻碍不能按期交货而支付的罚金以及其他由此而受到的损失；
- 职工福利保健制度方面遭受的损失；
- 受伤害者返回车间后，由于工作能力降低而在相当长的一段时间内照付原工资而受到的损失；
- 受伤害者工作能力降低，不能使机械全速运转而遭受的损失；
- 由于发生了事故，操作人员情绪低落，或者由于过分紧张诱发其他事故而受到的损失；
- 受伤害者即使停工也要支付的照明、取暖以及其他与此类似的每人的平均费用损失。

四、NSC－Simonds 方法（间接费用）

（1）支付未受伤害工人损失工作时间的工资　损失的工作时间包括：

- 事故发生后停止工作前去观看、谈论、帮忙；
- 因其使用的设备在事故中被损坏或因其他的工作需要受伤害者的产品（或输出结果）或需要受伤害者协助而等待。

（2）损坏物料或设备的费用

- 正常的财产损失；
- 修理和恢复原位的净费用；
- 损坏及不能修理时的损失。

（3）支付受伤害工人损失工时的费用　此项费用与工人补偿金不同，国外的工人补偿法中规定的在等待期后支付的（补偿）费用不在此列。

（4）由于事故迫使加班的额外费用　为补偿因事故造成的生产损失而加班。所计的费用是加班工资与正常工资之差，以及额外的监督费用和照明、供热、清洁及其他额外服务的费用。

（5）事故发生后监督人不得不进行某些活动所花费的时间的工资（由于事故而在正常活动之外花费的时间的工资）。

（6）受伤害工人返回工作岗位后产量降低期间的工资差额。

（7）训练新工人的费用

• 产量下降造成的工资费用；

• 监督人或其他工人用于培训新工人的时间费用。

（8）公司负担的非保险的医疗费用（补偿保险金中不包括），公司诊疗所提供的服务费用。

（9）高级管理者及职员在事故调查或处理补偿申请表所花时间的费用。

（10）各种其他费用

• 因事故造成而不在上列的费用，如：滞期费；

• 受伤害工人转轻度工作的费用；

• 公共责任赔偿；

• 租用设备的费用；

• 由于事故减少了总销售额，被取消合同或失掉定货所丧失的利润；

• 公司奖金的损失；

• 新工雇用费（若很高）；

• 新工人造成过量损耗（超过正常损耗）；

• 滞留金。

关于无形费用，如事故对公共关系、工人道德心理、使工人能安心工作的工资额的影响等，不在费用估算之列。

五、加拿大温哥华工人补偿局 Symonds 费用分析法（非保险费用）

（1）与受伤害工人直接有关的费用

• 急救费用，包括急救物费用和急救护理者的工资；

• 交通费用（把受伤害者送去医院）；

• 工作班的工资补差；

• 其他。

（2）生产损失

• 劳动时间损失的费用；

• 产量损失或销售损失。

（3）财产损失

• 设备、器械、工具、叉式起重车或公司车辆的更新费用；

• 租借费用；

• 修理费用。

（4）监督人费用　事故调查、恢复生产等的时间费用。

（5）职业安全卫生联合委员会的时间费用　委员会成员调查事故、研究调查结果、写事故报告的时间费用。

（6）管理者费用　领导者花在研究事故报告的时间费用。

（7）替换受伤害工人的费用

• 替换新工的雇用费；

- 替换新工的培训费；
- 达不到原工作效率的工资损失，以及因此需要加班的费用。

（8）受伤害工人返回工作后的损失费用

- 工作效率不达标的工资损失；
- 重新培训的费用。

（9）其他有关费用

上述未包括的费用，至少有下述几项：清除污染的费用；责任费用；因不能交付定货或完成项目造成的罚款；劳动关系对抗招致的费用；政府对立的费用（违反法规的罚款）。

六、法国国家安全研究所（INRS）D. Pham的方法（间接费用）

（1）工资的费用　付给受伤害者的工资和津贴，其他人：救援、加班等。

（2）生产损失

- 停产损失。
- 受伤害者返工后劳动能力下降的损失。
- 其他工人劳动效率降低的损失。
- 产品损失（废品）。

（3）物质损失

- 工作场所的整理、恢复。
- 机械、工具的修理及替换。

（4）管理费用

- 事故调查。
- 替换工人聘用和培训。
- 生产重组。

（5）会计的费用

- 保险费用方面：替换工人的工资使工资总额变动，需进行保险费用的计算。
- 专家的酬金。

（6）商业上的费用

- 延误交货造成的罚款。
- 信誉下降导致客户减少。

（7）惩罚性的费用

- 对企业负责人的刑事处罚导致的企业的花费。
- 给保险机构交付的增补的分摊额。
- 补充的赔偿（当责任在雇主时）。

（8）社会上的费用　给受伤害者及其家庭的捐献和救济

（9）预防措施方面的费用

- 安全操作的培训和预防措施的宣传。

- 加强检查方案。
- 医疗部门、安全部门的人员工资。

说明：预防措施的费用不能完全包括在间接费用中，因为对企业来说，这个费用是一个固定的花费，不管有没有发生工伤事故。

(10) 其他费用

- 企业气氛恶化（罢工、请愿…）。
- 工人的逃走（危险工作）。

七、法国学者 P. Bernard 提出的方法（间接费用）

1. 时间损失的工资费用

(1) 受伤害者

- 事发当日的工时损失。
- 日后厂内或厂外的治疗时间。
- 身体康复保健的时间。

(2) 其他员工

- 好奇、慰问、援助。
- 工作停止（因机械设备受损或受伤害者的协助）。
- 评论事故。

(3) 干部或工会代表

- 帮助受伤害者。
- 调查事故原因。
- 新工雇用和培训。
- 企业内人员替代受伤害者。
- 撰写事故报告或回答有关领导部门或司法部门的传讯。

(4) 企业外的救护人员、独立医疗服务部人员、护士和安全保障人员（企业内部的安全保障服务和医疗服务等不计）。

(5) 设备修理、工作场所的清理。

(6) 行政人员（负责申报的编辑工作人员，开工资清单的人员，事故统计登记人员等）。

2. 人员管理费用

- 雇用费用（选拔，行政开销，体检，培训）。
- 支付给受伤害者补偿保险费之外的工资补助（劳资协议）。
- 康复治疗。
- 为弥补产量损失的加班工资。
- 以社会名义给予的赔偿。
- 社会福利事业的开支和活动。
- 产量降低的损失。

- 受伤害者复工后能力不足。
- 替代者能力不足。
- 工作节奏切断导致的生产率下降。
- 受伤害者个人财产的替换。
- 新聘员工的个人配备。

3. 物质损失

- 机器、设备及其他财产损失。
- 原材料、产品等的损失。
- 事故造成的必要的改建。
- 因事故受损的物质在修补期间租用场地的费用。
- 受损物质保险费用的增加。

4. 其他费用

- 鉴定费用。
- 伤害者的转移。
- 急救费用。
- 补偿保险费之外企业支付的赔偿，包括不能继续留在公司内人员的费用。
- 受伤害者工作职位的重新裁定，解雇人员时的必要赔款和专门用途拨款。
- 延期交货的赔款。
- 为挽回公司信誉而用于社会效应的费用。
- 为重新提高生产效率而花的费用，包括机械设备方面。
- 支付给受伤害者的生活补助（房租、暖气、照明、能源费等）。

八、加拿大学者 B. Brody 等人提出的方法（间接费用）

1. 工资损失（事故发生之日）

事故发生后各种不同的人未工作，但需给他们工资。例如：

- 受伤害者当日的时间损失；
- 同事观看、援助的时间；
- 因需受伤害者的工作输出而被迫停工；
- 直接监督人马上介入事故，减少了其对正常生产活动的贡献；
- 被召唤到现场的医生、护士、急救专家的时间；
- 工会代表放下正常的工作职责，介入事故。

2. 物质损失

- 机械修理（内部或外部）。
- 原材料损失。
- 最终产品、半成品损坏。
- 清理费用。

说明：如机械入保险，则保险费是直接损失；但如导致保险费增加，则增加的

部分是间接费用。

3. 管理者时间损失

• 管理人员、医生、护士在事故发生后进行调查、报告和取证的时间（注意，部分调查过程是为预防事故重演，因而属于变动的预防费用）。

• 直接监督人重新组织生产的时间。

• 新工的招雇和培训。

• 人事部门、职业安全卫生服务中心与外部调查机构和保险机构联系事务的时间。

4. 生产损失

• 新工上岗后能力不足使产量下降但领原工资。

• 受伤害者返回工作岗位后产量下降。

• 同事们因缺乏安全保障的环境情绪不佳使生产效率下降。

• 为完成原定工作任务而加班的费用。

• 受伤害者去诊所、参加听证会和调查的时间损失。

5. 其他损失

• 急救物资。

• 送受伤害者去医院的交通费用。

• 向工人补偿局增补收入置换（的管理费用）。

• 诉讼费用。

• 听证会上医学专家的鉴定费用。

• 受伤害者缺工期间的附加福利。

6. 无形（不可定量的）损失

• 公众形象的改变或失去。

• 劳动关系变坏。

• 道德的毁坏。

九、国际劳工局（ILO）D. Andreoni 方法

1. 生产计划阶段的费用

（1）各生产要素的费用（各要素的安全问题）

• 工作环境，如建筑物、场地。

• 使用的物质（原材料、半成品、成品、废品）。

• 工作设备（生产机械，运输装置和其他装置，控制和调节系统，机械防护设备，个人保护用具等）。

• 人（培训、指导、资料，医学鉴定、能力测试，早期检测）。

• 工作方法（如矿业中的强制规定，工时数限制，女工、童工限制，轮班工作问题，工作节奏等）。

（2）附加的费用（对易于预见的事件的预防）

- 预防维修计划。
- 控制系统。
- 贮存备件。
- 应急救援（对房产、物质、人员等）。
- 工人参与活动。

（3）保护环境和公众的费用

- 保护企业外的环境（有害废物、振动、噪声等副产品和废品）。
- 外部环境被严重污染时要保护企业内工人。
- 为保护公众而预先采取的措施，如噪声、振动等。
- 防止外人随便进入企业。

2. 企业运营期间的费用

（1）固定的预防费用

- 硬件：与房屋、材料、设备有关的预防费用。付给审计员（或主计员）或外部顾问的费用。
- 软件：企业内安全卫生活动使企业工作人员为完成一定的职责所花的时间（监督人、安全、医疗、防火、人事、培训部门等，工人及其代表，行政工作人员，文件、记录、统计人员等）。

（2）固定的职业伤害保险费用

- 人的伤害保险。
- 物质的保险（工业的，火灾的，接续损失的等）。

（3）变动的预防费用

- 安全活动（安全部门、医疗部门的活动）。
- 训练课。
- 宣传。
- 调查、检查等。

（4）变动的职业伤害保险费用

- 差别费率导致的费用[（2）中不考虑差别费率，有此项；否则，无此项]。
- 浮动费率导致的费用。

（5）职业伤害发生后的变动性费用

① 伤害后的治疗费用和其他费用

- 事故现场或医务室的急救（物资）费用。
- 运送受伤害者去进行（厂外）医疗处理的交通费用。
- 企业承担的企业外医疗处理费用。
- 雇主自愿付给受伤害者或其家庭的补助金。
- 法律方面或管理方面的费用：民事或刑事诉讼费用（法律费用，专家或律师费用等）；付给企业内人员和外部团体的罚款和赔偿费。

② 与所付的非生产性质的工资有关的费用（时间损失费用）

• 对受伤害者：急救时间的工资；较复杂的或需企业外的医疗；当日损失时间的工资；"等待期"的工资；"等待期"后企业支付的补充费用（在补偿保险金之外）；返岗后试验期的工资（及工作能力测试费用）；转成轻度工作后的工资差额（可能会很长时间，直到退休）。

• 对其他工人

事故时：救助、生产停顿等。

事故后：调查中被询问。

(6) 与职业伤害有关的物质损毁费用（建筑物，设备，保护具，物质，半成品，备件，产品）

• 整顿、维修、恢复费用（含能耗费用及本企业人员的管理工作时间）。

• 不能再继续使用时的价值[现值(折旧费用)－残值]及拆除费用。

• 产品、半成品或制品的损失费用

(7) 特殊的预防费用

• 更新设备、设置新工序的费用。

• 对原设备改进防护的费用（如噪声及污染防护等）。

3. 与生产损失相关联的财政损失

• 工作停顿使原正常状态本可赚得的利润损失掉。

• 因未满足对顾客的支付条件受到的罚款和赔偿费。

• 采取特别措施进行等效生产以弥补生产损失所需的费用。

• 质量变坏（生产未停顿）引起的损失。

能补救＝补救费用；不能补救＝好品与次品的价值之差。

• 新工的工资差额（与原受伤害者间的差）和培训费用。

• 生产率下降的损失。

• 受伤害工人生产能力下降的损失。

十、日本的交通事故损失计算方法

在日本交通事故的经济损失计算文献中，提出其损失包括人身伤害和物质损坏两大部分。日本的这种认识，是在进行了交通工程学研究基础上提出的，这在确定交通事故责任和赔偿，以及交通事故的经济损失规律研究中是有较高水平的。了解和学习日本的交通事故经济损失计算理论和方法对提高我国交通事故处理水平有一定的参考价值。

(一) 计算赔偿的基本理论

1. 赔偿计算的两种基本方法和原则

(1) 定额法　根据伤害的程度定出赔偿的标准数额，使之确定下来。即各种不同的人身伤害事故，如致死、致残以及重伤、轻伤均有赔偿标准，用这种方法处理事故比较简单，以标准作为执行的依据即可，但存在不公平合理的情况，其优点在于限制了漫天要价的情况。

(2) 定额计算法　通过各种损害赔偿具体计算的方法来确定赔偿额。这种方法目前用得较多，但各种情况下的赔偿标准差别较大。

处理事故赔偿的基本原则是如下。

(1) 无论哪种方法，其原则是有利于事故的迅速处理和结案。

(2) 事故发生后当事双方均可估算赔偿金额并可在处理前协商，可以缩短处理时间并节约费用。

(3) 处理事故赔偿要求公平合理，这样就要求随时调整赔偿额的标准，使之符合客观现实情况。

2. 交通事故的损害种类

受法律保护的利益遭受损失，称为损害。交通事故主要是人身伤亡事故和物资损坏事故，造成的损害可分为以下几种。

(1) 人身损害和物资损坏　所谓人身损害是指人的生命及身体遭受侵害时造成的损害。所谓物资损坏是指车辆、建筑物及其他物品受到侵害时造成的损坏。

(2) 财产损失及精神损害　财产损失是由人身伤害和物资损坏两方面造成的损失。财产损失又分为直接损失和间接损失两种。

所谓直接损失是指由于交通事故被害者直接造成的损失。如医疗费、护理费、交通费、住院杂费、丧葬费和律师费等。间接损失是指因交通事故造成的事故单位的利益损失部分。如因死亡而失去未来的收入，因受伤而失去或降低劳动能力而使收入减少，以及因受伤缺勤而减少收入等的损失。

精神损害是指由于交通事故所造成的精神痛苦，以及进而对身体健康所带来的影响，通常用慰问金来加以赔偿。

人身伤亡事故损失赔偿的项目见表 7-5。

表 7-5　人身伤亡事故损害赔偿的项目

事故种类	财产损害		精神损害
	直接损害	间接损害	
伤害事故	① 找救护车、护送、紧急处置费 ② 初诊费、住院费、门诊治疗费、处置费、注射费、药费、检查费、透视费、手续费、输血费、采血费、血液保存费、手术费 ③雇人护理及护士费 ④ 住院费、住院交通费、门诊费 ⑤ 假肢、假足、拐、假齿、钢背心、眼镜、助听器 ⑥ 温泉疗养费及其交通费 ⑦ 杂费 ⑧ 未来的手术费 ⑨律师费用	① 利益损失(缺勤补助) ② 另雇人费用(劳动力降低及丧失而使收入减少部分)	① 慰问金(伤害造成) ② 后遗症补偿

续表

事故种类	财产损害		精神损害
	直接损害	间接损害	
死亡事故	① 雇人护理费 ② 被褥费 ③ 尸体处理费、搬运费、棺木费、寿衣费、葬礼费用(守夜费、葬礼仪式、告别式、火葬、埋葬、吊唁等)(死亡前的损害部分与伤害时相同) ④ 律师费用	缺勤补助 利益逸失	慰问金(特殊情况) ① 本人的慰问金 ② 遗属的慰问金

3. 交通事故损害赔偿的范围与事件因果关系

按日本有关法律文件的规定，损害的赔偿范围应如下。

(1) 由不法行为造成的损害；

(2) 由不可预见的行为造成的损害。

在交通事故事件发生后，不以被害者的意志而出现的状态，其产生的损害应受到保护，即属赔偿范围。但是，如果被害者具有采取措施，避免损害的能力而未采取应有的措施避免损害时，致使损害进一步加剧，这种损害不应予以保护，即不属于赔偿范围。所以，被保护的损害（赔偿范围）应是因事故造成的不可避免的损害。可见赔偿范围是有客观的定界的，仅限于必要与相当的部分。

所谓因果关系，即交通事故赔偿仅考虑有因果关系的部分。不法行为与损害之间的因果关系，决定了以下三条赔偿的原则：

(1) 支出的必要性；

(2) 相当性—赔偿额与客观实际情况相符合；

(3) 合理性—从社会科学的角度看是否合理。

(二) 赔偿额的计算方法

1. 直接财产损失的计算

(1) 医疗费

①治疗费　受害者在治疗过程中，以医疗需要为原则，支出所必需的实际费用。赔偿治疗费必须以证据为依据，即提出赔偿金额是合情合理的。如果没有证据，也可不予赔偿。即使花了比证据多的治疗费，也只能赔偿证据所能证明的部分。

② 住院期间伙食费　受害者住院期间的伙食费考虑两种情况，赔偿住院期间伙食费与平时伙食费之间的差额，因为受害者不住院也需要支出伙食费用；把住院期间的住院费与伙食费一起来计算，不考虑扣除，即全额赔偿。

对于护理人员（职业护理人员和近亲者），看做是医疗行为的构成部分，故全部给予赔偿。

③ 将来的治疗费　将来的治疗费是估计的治疗费支出费用，因不是现实的债务负担或支出，故一般认为是间接损失。为确保将来治疗等负担和支付有可靠的保证，一般倾向于按现在的损失认定。即将来的治疗也在事故赔偿处理的同时请求给

予赔偿，这是合乎情理的。

（2）护理费

① 被害者的亲属（父母、子女、配偶）的护理费用、伙食费和缺勤损失等应属于赔偿范围。

② 将来的护理费，虽然一般把将来的支出不作为损失考虑。而且将来的费用不可能统计的十分准确。考虑身体受到伤害时，损失已经发生，所以将来的费用在当时请求也是应当的。

③ 门诊治疗护理费。因交通事故致伤需要支付医院治疗的护理费，按实际去医院的天数，一般认为一天为1500日元，也有每天300～500日元的判例。

（3）交通费

① 被害者本身的交通费。被害者本身的住院、转院、出院、门诊所需要的交通费，应在赔偿范围以内，但应注意凭据赔款。

② 其他人的交通费。护理人员的交通费应予赔偿。亲友探望的交通费视具体情况判定，处理事故发生的交通费也视具体情况判定。

（4）丧葬费　一般丧葬费均属赔偿范围，并通常使用定额化的标准。

2. 间接经济损失计算

（1）缺勤赔偿　缺勤赔偿是受伤治疗期间，因工作缺勤而得不到收入的赔偿部分。

（2）致残的利益损失　所谓的致残利益损失，就是因交通事故受伤而留下后遗症，致使全部或部分丧失劳动能力所造成的损失。可以用下式进行计算：

致残的利益损失＝收入×减收率(或劳动能力丧失率)×收益减少时间－中间利息　(7-9)

劳动能力丧失率见表7-6，表7-7。

收益减少的持续时间，如果因致残使收益减少确实持续到终生时，按可能工作年限计算。

因为致残的利益损失是把将来付给的部分当时一起支付，考虑扣除中间利息是必要的。

（3）死亡的利益损失　死亡者本人的利益损失的计算方法是：本人的收入额扣除本人的生活费后，乘以可工作的年限，然后再从得到的总额中扣除中间利息。

收入额的计算：

（1）有收入者　有工资收入者因事故死亡的利益损失计算中的收入额，不能只计算基本工资，同时还要把奖金也计算在内。同时还应考虑普遍的增加工资，以及个人水平的提职，加薪的情况。对此是用年增长率为5%，但扣除中间利息的现值系数，并用霍夫曼法或布尼兹法来解决，现值系数见表7-8。

死亡利益总损失额按下式为：

$$AS_n+BP_n$$

式中　A——年收入额（日元）；

S_n——年收入额的现价系数；

B——年收入增长额（日元）；

P_n——年收入增长额的现价系数；

n——工作年限。

表 7-6　劳动能力丧失率表

后遗症等级	劳动能力丧失率/%	后遗症等级	劳动能力丧失率/%
第一级	100	第八级	45
第二级	100	第九级	35
第三级	100	第十级	27
第四级	92	第十一级	20
第五级	79	第十二级	14
第六级	67	第十三级	9
第七级	56	第十四级	5

注：摘自劳动标准监督局长通告（昭和 32.1.2 基发第 551 号）

表 7-7　后遗症与相应劳动能力丧失率表

等级	后遗症	劳动能力丧失率%
第 1 级	1. 双目失明 2. 丧失咀嚼或语言机能 3. 神经系统机能或精神方面留有明显的后遗症，需要经常的护理 4. 胸部、腹部内部器官机能留有显著的障碍而需要经常的护理 5. 丧失两上肢肘关节以上的部分 6. 两上肢完全丧失作用 7. 丧失两下肢膝关节以下部分 8. 两下肢完全丧失作用	100
第 2 级	1. 一只眼失明，另一只眼视力在 0.02 以下 2. 两眼视力均在 0.02 以下 3. 丧失两上肢腕关节以上部分 4. 丧失两下肢足关节以下部分	100
第 3 级	1. 一只眼失明，另一只眼视力在 0.06 以下 2. 丧失咀嚼或者语言机能 3. 神经系统机能或精神方面留有明显后遗症，终生不能进行劳动 4. 胸部、腹部内脏器官机能留有显著的障碍，终生不能进行劳动 5. 两手手指全部丧失	100
第 4 级	1. 两眼的视力在 0.06 以下 2. 咀嚼或语言机能留有明显的障碍 3. 两耳的听力完全丧失 4. 一上肢在肘关节上失去 5. 一下肢在膝关节以下失去 6. 两手的手指全部丧失作用 7. 两足趾关节以下部分全部丧失	92
第 5 级	1. 一只眼失明，另一只眼视力在 0.1 以下 2. 神经系统的机能或在精神方面留有明显障碍，仅能承担特别轻的劳动 3. 胸部腹部内脏机能留有明显的障碍，仅能承担特别轻的劳动 4. 一上肢在腕关节以上失去 5. 一下肢在足关节以下失去 6. 一上肢的作用全部丧失 7. 一下肢的作用全部丧失 8. 两脚的脚趾全部失掉	79

续表

等级	后遗症	劳动能力丧失率%
第 6 级	1. 两眼的视力在 0.1 以下 2. 咀嚼或语言机能留有明显的障碍 3. 两耳的听力降低到不大声不能听到的程度 4. 一只耳听力全部丧失，另一只耳降到在 40cm 距离听不到普通的说话声 5. 脊柱明显畸形或遗留运动障碍 6. 一上肢的三大关节中的 2 个关节丧失作用 7. 一下肢的三大关节中的 2 个关节丧失作用 8. 一只手的 5 个手指或拇指与食指在内失去 4 个手指	67
第 7 级	1. 一只眼失明，另一眼视力在 0.6 以下 2. 两耳听力在 40cm 以上距离降到不能听到普通的说话声的程度 3. 一只耳听力全部丧失，另一只耳在 1m 以上的距离不能听到普通的说话声的程度 4. 神经系统机能或精神留有障碍，仅能从事较轻劳动 5. 胸部腹部内脏器官机能留有障碍，仅能从事轻劳动 6. 一只手失去拇指和食指或食指以外的三个手指失去 7. 一手的 5 个脚手指或包含拇指及食指在内的 4 个手指丧失作用。 8. 一上肢残留假关节，留有显著的运动障碍。 9. 一下肢残留假关节，留有显著的运动障碍。 10. 两脚的脚趾全部丧失作用 11. 女人外貌残留明显的丑状 12. 失去两侧的睾丸	56
第 8 级	1. 一只眼失明，或另一眼视力在 0.7 以下 2. 脊柱残留运动障碍 3. 一只手失去包括拇指在内的三个手指 4. 一只手失去包括拇指及食指或包含拇指或食指在内的三个以上手指 5. 一下肢缩短了 5cm 以上 6. 一上肢三大关节中的一个关节失去作用 7. 一下肢三大关节中的一个关节丧失作用 8. 一上肢肢残留假关节 9. 一下肢残留假关节 10. 一只脚的脚趾全部丧失 11. 脾脏或一侧的肾脏失去	45
第 9 级	1. 两眼的视力在 0.6 以下 2. 一只眼的视力在 0.06 以下 3. 两眼半盲症，残留视野狭窄或视野变形 4. 两眼的眼睑残留明显的缺损 5. 鼻子缺损，其机能明显有障碍 6. 咀嚼及语言的机能留有障碍 7. 两耳的听力降低到仅能在 1m 距离内能听到普通说话声的程度 8. 一个耳朵的听力降到如不近耳朵大声说话就不能听的程度，另一耳听力在 1m 以上的距离听普通说话声很困难 9. 一个耳的听力完全丧失 10. 神经系统机能或在精神方面留有障碍，能劳动但活动范围有相当程度的限制 11. 胸部、腹部内器官的机能有障碍，能劳动的范围有相当程度的限制 12. 一只手失去拇指，包含食指在内失去两个手指或拇指和食指以外的三个手指失去 13. 包含一个手的拇指在内二个手指丧失作用 14. 一个脚失去包括第一个脚趾在内的两个脚趾 15. 一个脚的全部脚趾丧失作用 16. 生殖器产生显著的障碍	35

续表

等级	后遗症	劳动能力丧失率%
第 10 级	1. 一只眼的视力在 0.1 以下 2. 咀嚼或语言机能有障碍 3.14 个牙齿以上要进行齿科修补 4. 两耳的听力在 1m 以上距离听普通的说话声很困难 5. 一耳的听力如不接近耳朵大声说话就不能听到的程度 6. 一只手失去拇指或拇指、食指以外的二个手指 7. 一只手的拇指丧失作用,包含拇指在内的两个手指或食指及拇指以外的三个手指丧失作用 8. 一下肢缩短 3cm 以上 9. 一只脚第一个脚趾或其他四个脚趾失去 10. 一上肢的 3 大关节中的一个关节机能残留明显障碍 11. 一下肢的 3 大关节中的一关节机能残留明显障碍	27
第 11 级	1. 两眼残留有明显的调节机能障碍或运动障碍 2. 两眼的眼睑残留明显运动障碍 3. 一只眼的眼睑残留明显的缺损 4. 10 个以上的牙齿需进行补镶 5. 两耳的听力在 1m 的距离小声说不能听懂其意 6. 一个耳朵听力在 40cm 听不清普通声音说话的程度 7. 脊柱残留畸形 8. 一只手中指或无名指失去 9. 一只手的食指丧失作用或拇指及食指以外的 2 个手指丧失作用 10. 一只脚失去包括第一个脚趾在内的 2 个以上脚趾 11. 胸部、腹部器官残留障碍	20
第 12 级	1. 一只眼的眼球残留明显的调节机能障碍或运动障碍 2. 一只眼的眼睑残留有明显运动障碍 3.7 个以上的牙齿需进行补镶 4. 一个耳朵的耳鼓大部分缺损 5. 锁骨、胸骨、肋骨、肩胛骨或骨盆骨残留明显畸形 6. 一上肢的三大关节中的一个关节机能残留障碍 7. 一下肢的三大关节中的一个关节机能留障碍 8. 长管骨残留畸形 9. 一只手的中指或无名指丧失作用 10. 一只脚失掉第一个脚趾或包含第二个脚趾的 2 个脚趾或失去第三个脚趾以下的三个脚趾 11. 一只脚的第一个脚趾或其他 4 个脚趾丧失作用 12. 在局部残留顽固的神经症状 13. 男子的外貌明显残留丑状 14. 女子的外貌残留丑状	14

续表

等级	后遗症	劳动能力丧失率%
第 13 级	1. 一只眼的视力 0.6 以下 2. 一只眼半盲，残留视野狭窄或视野变形 3. 两眼的眼睑部分缺损或眼睫毛残秃 4. 5 个以上牙齿要补镶 5. 一只手丧失小手指 6. 一只手拇指的指骨失去一部分 7. 一只手食指的指骨失去一部分 8. 一只手的食指末关节不能屈伸 9. 一条下肢缩短 1cm 以上 10. 一只脚第三脚趾以下的一个或二个脚趾失掉 11. 一只脚第二个脚趾丧失作用，包含第二个脚趾的二个脚趾丧失作用或第三个脚趾以下的 3 个脚趾丧失作用	9
第 14 级	1. 一只眼的睑部有缺损或眼睫毛残秃 2. 三个以上牙齿需要补修 3. 一只耳朵听力在 1m 的距离小声说话不能听懂的程度 4. 上肢外露部分残留有手掌大小的疤痕 5. 下肢外露部分残留有手掌大小的疤痕 6. 一只手的小指丧失作用 7. 一只手拇指及食指以外手指骨一部分失去 8. 一只手拇指及食指以外手指的末关节不能屈伸 9. 一只脚的第三个脚趾以下的 1 或 2 个脚趾丧失作用 10. 局部残留神经症状 11. 男子外貌残留有丑状	5

注：1. 视力测定采用万国式视力表，对人散光异状者测矫正视力。

2. 失去手指，对拇指是指指关节，其他手指是在第一指关节以上失去。

3. 手指丧失作用是手指的末节一半以上失去作用，或中指指关节或第一指关节（拇指时是指关节）残留有明显的运动障碍。

4. 脚趾失掉是指全部失去。

5. 脚趾丧失作用是第一脚趾末节一半以上，其他脚趾末关节以上失去，或中脚趾关节第一趾关节（第一脚趾时是趾关节）显著残留运动障碍。

6. 遇有不属各等级后遗症中所列情况时，用与其相当的各等级的后遗症情况进行了解。

7. 身体障碍有 2 处以上时，可按上述障碍相应的等级定，然而下述情况可上提一级。

a. 第 13 级以上相应身体障碍 2 个以上时，按重的身体障碍上提一级，但各后遗障碍相应保险金额的合计额较提级后的后遗症保险金额高时，按前面合计金额计。

b. 第八级以上相应身体障碍 2 处以上时，按重的障碍提升 2 级。

c. 每五级以上相应的身体障碍 2 个以上时，按重的障碍提升 3 级。

8. 已经有身体障碍而又在同一部位加重障碍时，从加重后的等级对应的保险金额扣除已有障碍等级对应的保险金额作为最后的保险金额。

表 7-8　考虑定额升薪后利益损失现值系数表

(5%)按年复式霍夫曼法			(5%)按年复式莱布尼兹法		
n	S_n	P_n	n	S'_n	P'_n
1	0.952381	0.952381	1	0.952381	0.952381
2	1.861472	2.770563	2	1.859410	2.766440
3	2.731037	5.379258	3	2.723248	5.357953
4	3.564370	8.712592	4	3.545951	8.648763
5	4.364370	12.712592	5	4.329477	12.566393
6	5.133601	17.327976	6	5.075692	17.043686
7	5.874642	22.513162	7	5.786373	22.018455
8	6.588628	28.227447	8	6.463213	27.433170
9	7.278283	34.434344	9	7.107822	33.234650
10	7.944949	41.101010	10	7.721735	39.373783
11	8.590111	48.197785	11	8.306414	45.805255
12	9.215111	55.697785	12	8.863252	52.487304
13	9.821171	63.576573	13	9.393573	59.381482
14	10.409407	71.811867	14	9.893641	66.452433
15	10.980835	80.383295	15	10.379658	73.667689
16	11.536391	89.272184	16	10.837770	80.997474
17	12.076931	98.461373	17	11.274066	88.414517
18	12.603248	107.935058	18	11.689587	95.893889
19	13.116068	117.678647	19	12.085321	103.412834
20	13.616068	127.678647	20	12.462210	110.950624
21	14.193837	137.922550	21	12.821153	118.488414
22	14.580063	148.398740	22	13.163003	126.009111
23	15.045179	159.096415	23	13.488574	133.497251
24	15.499725	170.005504	24	13.798642	140.938881
25	15.944169	181.116616	25	14.093945	148.321450
26	16.378952	192.420964	26	14.375185	155.633709
27	16.804484	203.910326	27	14.643034	162.865614
28	17.221150	215.576993	28	14.898127	170.008235
29	17.629314	227.413727	29	15.141076	177.053679
30	18.029314	239.413727	30	15.372451	183.995002
31	18.421470	251.570590	31	15.592844	190.826146
32	18.806086	263.878282	32	15.802677	197.541860
33	19.183444	276.331112	33	16.002549	204.137654
34	19.553815	288.923705	34	15.192904	210.609717
35	19.917453	301.650978	35	16.374194	216.954877
36	20.274574	314.508121	36	16.546852	223.170544
37	20.625471	327.490577	37	16.711287	229.254662
38	20.970299	340.594025	38	16.867893	235.201866
39	21.309282	353.814364	39	17.017041	241.018637
40	21.642615	367.147697	40	17.159086	246.700464
41	21.970484	380.590320	41	17.294368	252.247010
42	22.293065	394.138707	42	17.423208	257.658274
43	22.610525	407.789501	43	17.545912	262.934563
44	22.923025	421.539501	44	17.662773	168.976461
45	23.230717	435.385655	45	17.774070	273.084504

【实例 1】 一死者 25 岁，月收入 5 万日元，月生活费 2 万日元，年收入增长率为 0.5 万日元，退休年龄为 60 岁，计算利益损失总量？

$$A=(5-2)\times12=36 \text{ 万日元}$$

$$B=0.5 \text{ 万日元}$$

$$n=60-25=35 \text{ 年}$$

根据霍夫曼法，查表 7-8 得，

$$S_{35}=19.917453$$

$$P_{35}=301.650978$$

$$AS_{35}+BP_{35}=36\times19.91745+0.5\times301.650978=867.8537 \text{ 万日元}$$

【实例 2】 死者 40 岁，月收入为 12 万日元，月生活费为 4 万日元，该职务到 55 岁退休，预计退休时收入为 20 万日元，计算利益损失总量？

$$A=(12-4)\times12=96 \text{ 万日元}$$

$$B=(20-12)/(55-40)=0.5333 \text{ 万日元}$$

$$n=55-40=15 \text{ 年}$$

根据莱布尼兹法，查表 7-8 得，

$$S_{15}'=10.379658$$

$$P_{15}'=73.667689$$

$$AS_{15}'+BP_{15}'=96\times10.379658+0.5333\times73.667689=1035.7342 \text{ 万日元}$$

① 农业、自由职业、个体业者　农业、自由职业、个体业者的收入额，最好根据前一年度呈报的收入额来计算。从事农业的收入额与家庭人口有关，而自由职业者（医生、律师、作家等）的收入则与家庭人口无关，在计算收入额时，还应考虑必要的经费支出。

② 靠抚恤金、养老金生活者　抚恤金和养老金的付给年限，以原有的生存期间为准，死亡后取消继承人的接受权。但也有把停止付给和少付给的抚恤金和养老金作为死亡利益损失的案例。

③ 靠利息生活者及房主、地主　这些人死亡，不动产收入或股份红利等继续交付给继承人，所以原则上不存在利益损失。

(2) 无收入者

① 儿童。儿童虽然没有收入，但死亡后受到的利益损失是不能否定的。应尽可能客观的计算利益损失金额。

② 学徒、学生。按其所学工种的实际收入或工资结构基本调查的平均工资计算利益损失。

③ 家庭主妇。不论有无职业的家庭主妇均应考虑其利益损失。

④ 无职业者。应承认其利益损失，可参考以前的工作收入或同性别年龄、学历等统计数字，按平均工资计算。

在利益损失的计算中，对于生活费用、中间利息、损失和收益抵消、养育费、

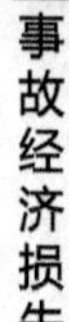

教育费及生命和工作（劳动）年限均有详尽的计算方法和具体的参考标准。

3. 物资损坏损失

物资损坏主要指车辆及建筑物的损坏。建筑物损坏赔偿可按固定资产折旧率有关规定计算。下面介绍的主要是车辆的情况。

（1）修理费　用常规的方法修理而使车辆外观及性能得以恢复所需的费用。

（2）破损达报废程度时　所谓报废程度是指不能修理或修理费已超过购买一台新车的情况。此时的损失额是事故前车辆的价值与事故后残值的差额。所以，发生事故后要求赔偿同型新车是不可能的。

车辆的评价方法是根据事故车辆的厂牌、型号、年代、使用年限、行驶里程等相同车辆在旧车市场上的价格来确定。也可根据折旧率来进行计算，这需要有法定的且被大家所接受的各种车辆的折旧率。

4. 租车费和停车损失

租车费是车辆发生事故后而不能使用，必须用租车来代替所需费用。停车损失是因车辆不能行驶而造成的损失。

租车时间应是发生事故后立即进行修理所必须的时间，未及时进行修理的租车费用，不承认是损失，停车损失只有营运车辆才能发生，在停车损失中，应从相应的营运收入中扣出相应的支出，即为停车损失。

第三节　中国事故经济损失的计算方法

一、企业职工伤亡事故经济损失计算方法

（一）国标 GB 6721—86 的计算方法

根据事故损失管理的需要，以及结合我国实际情况，我国制定了《企业职工伤亡事故经济损失统计标准》（GB 6441），将伤亡事故的经济损失分为直接经济损失和间接经济损失两部分。即因事故造成人身伤亡的善后处理支出费用和毁坏财产的价值，是直接经济损失，而导致产值减少、资源破坏等受事故影响而造成的其他经济损失的价值是间接经济损失，按照这种划分，直接经济损失和间接经济损失。其计算方法是：事故总损失 L＝事故经济损失＋事故非经济损失＝事故直接经济损失 A＋事故间接经济损失 B＋事故直接非经济损失 C＋事故间接非经济损失 D。除了上述的一般事故损失计算方法外，还有一些特殊专门性的事故损失计算问题，如职业病经济损失计算，火灾损失计算，交通事故损失计算，工效损失计算，生命与健康价值损失计算，环境损失计算等。GB6721—1986 规定的事故经济损失的统计范围如下。

1. 直接经济损失的统计范围

（1）人身伤亡后所支出的费用

- 医疗费用（含护理费用）
- 丧葬及抚恤费用
- 补助及救济费用
- 歇工工资

（2）善后处理费用

- 处理事故的事务性费用
- 现场抢救费用
- 清理现场费用
- 事故罚款和赔偿费用

（3）财产损失价值

- 固定资产损失价值
- 流动资产损失价值

2. 间接经济损失的统计范围

（1）停产、减产损失价值

（2）工作损失价值

（3）资源损失价值

（4）处理环境污染的费用

（5）补充新职工的培训费用

（6）其他损失费用

其中“工作损失价值”计算公式为：

$$V_w = D_1 \cdot \frac{M}{S \cdot D}$$

式中 V_w——工作损失价值，万元；

D_1——一起事故的总损失工作日数，日，死亡一名职工按 6000 个工作日计算，受伤职工视伤害情况按 GB 6441—1986 的附表确定；

M——企业上年税利（税金加利润），万元；

S——企业上年平均职工人数；

D——企业上年法定工作日数，日。

在 GB 6721—1986 的“编制说明”中对“工作损失价值”有如下说明：职工受伤或死亡而不能继续工作或改为从事较轻的简单工作，就经济效果讲，被伤害职工就不能继续为国家和社会创造物质财富或者少创造物质财富，企业的经济效益也会受到一定的影响；税金和利润之和是劳动者超出必要劳动时间所创造的那部分价值，是职工在一定时期内为国家和社会所提供的纯收入，具体表现为企业销售收入扣除成本后的余额。因而用税金加利润进行计算，就如实地反映了被伤害职工因工作损失少为国家和社会创造的价值……

此外，关于“停产、减产损失价值”，GB 6721—1986 说：按事故发生之日起到恢复正常生产水平时止，计算其损失的价值。实际计算中，常按“减少的实际产

量价值”核算。

下面举几个实例来说明按 GB 6721—1986 计算伤亡事故经济损失方法。

【例 1】 加热炉爆炸事故

（1）时间：1982 年 8 月 5 日凌晨。

（2）地点：江苏某厂苯酐车间加热炉。

（3）类别：锅炉和压力容器爆炸。

（4）伤亡情况：死亡五人，重伤一人。

（5）简单经过：1982 年 8 月 5 日凌晨，苯酐车间粗制工段道生加热炉由于两名操作工严重违反劳动纪律（1 人离岗，1 人睡觉）及道生炉缺乏完善的安全装置，致使该炉超温超压发生爆炸。

（6）经济损失（单位：元）

①直接经济损失

医疗费	15605.50
抚恤费	4833.35
丧葬费	833.25
补助费	3788.78
善后处理费	1390.19
固定资产损失	308449.59
流动资产损失	15600.00

② 间接经济损失

工作损失价值	1368.00
停产、减产损失	1700000.00
共计	2051868.00

【例 2】 机械伤害死亡事故

（1）时间：1982 年 12 月 2 日。

（2）地点：湖北某厂元环链车间。

（3）类别：机械伤害。

（4）伤害情况：死亡一人。

（5）简单经过：1982 年 12 月 2 日中班，钻工陈某在立钻上加工产品时，因卡台紧固螺丝松动，陈未停电就用手去紧螺母，由于身体失去平衡被绞进机床，致使左肋左臂骨折压迫心脏而死亡。

（6）经济损失（单位：元）

① 直接经济损失

医疗费	50.00
抚恤费	150.00
丧葬费	85.00
困难补助费	500.00

善后处理费　　　　423.99
其中：交通费　　　100.00
　　　招待费　　　323.99

② 间接经济损失

工作损失价值　198000.00

死亡一人所损失的损失工作日为6000天，其损失价值为：6000×33=198000.00
其中，33元是该企业一名职工工作一天所创造的税利

停产、减产损失　　15201.96
产品质量下降与效率降低的费用　　300.00
清除环境污染费用　　10.00
共计　　214635.95

【例3】 武汉某公司修罐库铁水爆炸事故

(1) 时间：1982年8月6日10时30分

(2) 地点：武汉某公司修罐库；

(3) 类别：铁水爆炸；

(4) 伤亡情况：死亡14人，其中在职工1人、临时工13人；

(5) 事故经过：1982年8月6日上午10点多，该公司运输部有关工作人员不负责任，将装满铁水的重罐误送入修罐库，由于未检查，修罐库吊车又将此重罐起吊，在吊至罐坑上方尚未对准坑位时，因吊车严重超负荷，铁水罐迅速下坠，罐底坠到罐坑边沿，罐体骤然倾倒，铁水急速流入坑内，与罐坑大量积水相遇而爆炸。

(6) 经济损失（单位：元）

① 直接经济损失

医疗费　　87922.47
其中：药品　　32997.33
　　医疗器械　　22465.48
　　病员伙食　　513.86
　　血液　　31250.85
　　其他杂费　　695.00
抚恤费　　34471.20
丧葬费　　2098.20
补助费　　410.00
善后处理费　　84446.07
固定资产损失　　710700.00
流动资产损失　　16002.00

这次爆炸事故使得76.2t铁水报废，按每吨210元计，报废铁水的损失为：

$$76.2\times210=16002.00$$

② 间接经济损失

工作损失价值　　　60000.00

死亡一人所损失的损失工作日数为 6000 天其损失价值为：

$$6000\times10=60000.00$$

式中，10 元是该企业一名职工工作一天所创造的税利。

共计：　　1033584.00

【例 4】 某机电有限责任公司四车间发生一起溶解乙炔气瓶爆炸事故，致使 4 人死亡、14 人重伤、2 人轻伤。车间厂房主体一侧大墙炸塌，厂房玻璃全部震碎，部分支柱（牛腿）震裂，受损设备 61 台，仪器仪表 14 台，周边单位也受到一定损害。

本次事故经济损失费用估算的时间是在事故发生后 18 个月。

该企业未参加工伤保险，其他保险费用尚未评估。

下面费用计算中的基本数据由公司提供。

(1) 直接费用

① 死亡人员　支付死亡人员家属一次性费用和基层单位支付死亡人员家属一次性费用共计 419000 元

② 受伤人员

a. 医疗费：包括①18 个月医疗费；②预留医疗费；③辅助器具费，共计 1743708 元；

b. 缺工工资：①所有人员 18 个月工资；②重伤人员额外缺工 3 个月工资，共计 90594 元；

c. 不能恢复工作的人员今后的医疗费估计约 100000 元

d. 工资：设时间到 60 岁，从目前至 60 岁期间平均工资是现工资额的 2 倍（6 人中有 5 人在 30 岁以下）。年限计算中减去受伤害起至今的 18 个月即 1.5 年，设受伤害的时间平均为生日后过去半年，分别计算后为 15018 元

合计直接损失：2084320 元

(2) 间接费用

① 企业支付的补助等费用

a. 急救费用：已计入医疗费，数额不大。

b. 运送受伤害者去企业外医疗处理的交通费用：已计入医疗费用，数额不大。

c. 企业承担的企业外医疗费用

*家属医疗费用：63596 元（家属因焦急、忧虑得病所花的医疗费）

*护理费：209996 元

d. 企业自愿付给受伤害者及其家庭的补助金

*公司支付给受伤人员补助费共　　　　156774 元

*基层单位支付给受伤人员补助费共　　115300 元

*公司支付给受伤农工一次性补助费　　30000 元

e. 其他费用

＊死亡人员：存尸费、家属食宿费、其他费用（衣物、餐费）等 64193 元

＊看望受伤害人员的慰问品费用：576263 元

间接费用合计　　1216122 元

② 非生产性质的工资

a. 受伤害者

＊受伤害者当天的时间损失费用：此项费用已包含在 1.2 节中

＊返回工作后因看病或其他原因造成的时间损失费用：此项未发生

b. 其他人

＊救助、围观、护理等损失的时间费用：55059 元

＊事故发生后因停产、维修、整理、复工花费的时间费用

ⓐ停产的时间费用

4 车间停产 3 天，共 293 人，平均日工资 31.6 元

$$298 \times 31.6 \times 3 = 28250(\text{元})$$

14 车间 3 人停工，停工天数分别为 112、7、3 天，平均日工资 33 元：

$$(112+7+3) \times 33 = 426(\text{元})$$

ⓑ清理的时间费用

46 人做清理工作 5 天，平均日工资 31.6 元

$$46 \times 31.6 \times 5 = 7268\ (\text{元})$$

ⓒ维修、复工花费的时间费用

原设备处 12 人、90 天，原 16 车间 8 人、62 天，动力处 30 人、50 天，其中有管理人员、技术人员和工人，平均日工资 31.6 元

$$(12 \times 90 + 8 \times 62 + 30 \times 50) \times 31.6 = 97202(\text{元})$$

ⓓ为基建花费的时间费用

基建由外单位承担，但本公司有 3 人（一名管理人员，2 名施工员），工资分别为 1050、720、710 元，共 3 个月时间（1050＋720＋710）×3＝7，440（元）

此项小计　　　　　　　144186 元

＊事故调查和处理中涉及的时间费用

此项只计涉及的生产人员的时间费用，而不计领导和有关职能部门人员的时间费用。

此项费用估计约 1000 元

费用合计　　　　200245 元

③ 财产损失费用

a. 建筑物、机械、装置、护具等的修复费用：5500428 元

b. 建筑物、机械、装置、护具等不能再继续使用时的损失：257942 元

c. 原材料、燃料、半成品、产品、包装材料的损失：137349 元

d. 其他物品损失（其他 51 台自行车）：4000 元

费用合计　　5899719 元

④ 生产损失费用

a. 停产造成的接续损失　停产造成的接续损失主要是机床停工的能耗费用，即耗用的水、汽、电油的费用。能耗费用约占机床小时费用的 4%。除能耗费用外，机床小时费用还包括定员工人工资，但大部分是折旧费用。

每种机床的数量、停工天数、小时费用是已知的，由此可以计算出 52 种机床的总费用，然后乘以 4%，得到能耗费用为 90795 元。

b. 为弥补减产而多负担的支出——加班费用

＊车间的加班费用　有 218 人加班，加班天数 48 天，每个人一班的平均加班费 16.2 元

$$218\times48\times16.2=169517(元)$$

＊基建部门的加班费用　现场平均每天 2 名施工员、1 名管理人员加班，每人每天加班补助 20 元，双休日每人每天 30 元。3 月 25 日开工，6 月 30 日竣工，共计 98 天，双休日 26 天。

$$3\times[30\times26+(98-26)\times20]=6660(元)$$

此项小计　　176177 元

＊因未完成合同而支付的延期费　因爆炸事故影响产品正常的生产进度，造成对三个电厂的机组交货拖期两个月，影响了电厂安装进度。

电厂一的罚款，公司估计为 150 万元；

电厂二的罚款，按合同规定（拖期周数×合同价×每周罚款比率 5%）为 312 万元；

电厂三的罚款，按合同规定（拖期周数×合同价×每周罚款比率 0.7%）为 32.48 万元。

因此，总罚款估计约为　4504800 元。

＊受伤害工人返岗后能力下降或转轻度工作造成的工资损失

ⓐ 设序号 6 返岗后能力下降 20%，设能力影响时间为 3 年，

设序号 17 返岗后能力下降 15%，设能力影响时间为 2 年，

则　$336.3\times20\%\times36+668.5\times15\%\times24=4828$（元）

ⓑ 设序号 11、13、14、16 返岗后能力下降 10%，下降时间为 2 年，

则　$(844.1+296+295.2+465.7)\times10\%\times24=4562$（元）

ⓒ 设序号 10、15 返岗后能力下降 5%，下降时间为 1 年，

则　$(665.4+746)\times5\%\times12=847$（元）

ⓓ 设序号 12、18 返岗后能力不下降

因此，此项小计　　10237 元

＊新替换的工人能力不足造成的工资损失　受伤工人中有 8 人不能回原岗位工作，已雇用 8 个新工人，新工人达到熟练工人的操作程度至少需要 6 个月时间。但原工人月平均工资为 1024.97 元，新工人月平均工资为 258.3 元。另有 5 名新工人将上岗（为安置死伤者），平均月工资 500 元。

综合比较劳动生产率之比和工资额之比，总的说，不造成损失。

此费用合计　　4782009 元

⑤ 其他有关费用

* 新工雇用费和培训费　公司正在办理 5 名死亡和重伤人员家属（无工作）转为公司合同工事宜，每人的办理费用和培训费用需 800 元。

公司雇用 8 名新工人，平均每人的办理费用和培训费用约 500 元。

$$800\times5+500\times8=8000\text{（元）}$$

* 调查费用

调查组食宿费（先后五批）	56721 元
车辆使用费（13，133 公里）	24953 元
调查组旅费及调查费（包括尸鉴、法鉴）	34156 元
小计	115830 元
此项费用合计	123830 元
间接费用总计	11582066 元
事故总费用	13666386 元

（二）理论计算方法

根据上述国标规范的计算方法仅仅考虑了“有价损失”（可用货币直接计算的损失），未考虑“无价损失”，具有实际可操作性容易的特点。但作为事故损失的全面计算和反映，用于效益的全面评价和有助于安全活动的经济决策，这样的计算范畴是不够的。

为此，根据我们提出的“理论计算法”，事故的总损失应该按如下公式进行计算：

$$\begin{aligned}\text{事故总损失 } L &= \text{事故经济损失}+\text{事故非经济损失}\\ &= \text{事故直接经济损失 } A+\text{事故间接经济损失 } B\\ &\quad +\text{事故直接非经济损失 } C+\text{事故间接非经济损失 } D\end{aligned} \tag{7-10}$$

式中各项指标的计算方法为：

1. 事故直接经济损失 A 的计算

A 包括如下几项内容：

（1）设备、设施、工具等固定资产的损失 $L_{设}$

固定资产全部报废时：$L_{设}$＝资产净值－残存价值；

固定资产可修复时：$L_{设}$＝修复费用×修复后设备功能否影响系数。

（2）材料、产品等流动资产的物质损失 $L_{物}$

$$L_{物}=W_1+W_2 \tag{7-11}$$

式中　W_1——原材料损失，按账面值减残值计算。

W_2——成品、半成品、在制品损失，按本期成本减去残值计算。

（3）资源（矿产、水源、土地、森林等）遭受破坏的价值损失 $L_{资}$。

$$L_{资}=\text{损失(破坏)量}\times\text{资源的市场价格} \tag{7-12}$$

2. 事故间接经济损失 B 的计算

B 包括如下几项内容：

① 事故现场抢救与处理费用，根据实际开支统计；

② 事故事务性开支，根据实际开支统计；

③ 人员伤亡的丧葬、抚恤、医疗及护理、补助及救济费用，根据实际开支统计；其中医疗费用的计算方法为：

事故已处理结案，但未能结算的医疗费可按下式计算：

$$M=M_{b}+M_{b}D_{c}/P \tag{7-13}$$

式中 M——被伤害职工的医疗费，万元；

M_{b}——事故结案日前的医疗费，万元；

P——事故发生之日至结案之日的天数，日；

D_{c}——延续医疗天数，指事故结案后还继续医治的时间，由企业劳资、安技、工会等按医生诊断意见确定，日。

必须指出：式(7-13)是测算一名被伤害职工的医疗费，一次事故中，多人被伤害的医疗费应累计计算。

补助费、抚恤费的停发日期可按下列原则确定：

① 被伤害职工供养未成年直系亲属抚恤费累计、统计到 16 周岁（普通中学在校生累计到 18 周岁）。

② 被伤害职工及供养成年直系亲属补助费，抚恤费累计统计到我国人口的平均寿命 73 岁。

③ 休工的劳动价值损失 $L_{日}$。

劳动损失价值，其含义是指受伤害人由于劳动能力一定程度的丧失而少为企业创造的价值。其计算方法有如三种：

a. 按工资总额计算

$$工作损失价值\ L_{日1}=D_{L}P_{E1}/(NH) \tag{7-14}$$

b. 按净产值计算

$$工作损失价值\ L_{日2}=D_{L}P_{E2}/(NH) \tag{7-15}$$

c. 按企业税利计算

$$工作损失价值\ VL_{日3}=D_{L}P_{E3}/(NH) \tag{7-16}$$

式中 D_{L}——企业总损失工作日数，可查 GB 6721—1986 附录 B 获得；

N——上年度职工人数；

H——企业全年法定工作日总数，可用 $N\times 300$ 求得；

P_{E1}——企业全年工资总额；

P_{E2}——企业全年净产值；

P_{E3}——企业全年税利比较起来。

上述三种方法的区别仅是分子所采用的指标不同。

第一种方法用的指标是工资。指劳动者的必要劳动创造的、并作为劳动报酬分配给劳动者的那部分价值。用工资总额进行计算，显然不能表明被伤害职工因工作损失少为国家和社会创造的价值。

第二种方法用的指标是净产值。指劳动者在一定时间内新创造的价值，它包括补偿劳动力的价值和为国家及社会创造的价值两部分，具体说它包括利润、税金、利息支出、工资、福利费等项目。用净产值计算，工作损失价值就偏大，因为净产值包括工资、福利费等，这些不是为国家和社会创造的价值，而是用补偿劳动者本身的一些正常开支，是劳动者本身所要消耗的，所以用净产值这个指标进行计算，也不能如实反映被伤害职工因工作损失，为国家和社会减少创造的价值。

第三种方法用的指标是税金与利润之和。它是劳动者超出必要劳动时间所创造的那部分价值，也就是职工在一定时间内为国家和社会所提供的纯收入。具体表现为企业销售收入扣除成本后的余额。因而工作损失价值用税金加利润进行计算，就能如实地反映被伤害职工因工作损失所，减少的为国家和社会创造的价值。并且税金和利润这两个指标是目前常用来评价企业经济效益的综合指标，用它进行计算比较符合实际情况，也便于引用。

我国的企业职工伤亡事故经济损失统计标准（GB 6721—1986）中，工作损失价值建议按第三种方式计算。

④ 事故罚款、诉讼费及赔偿损失，根据实际支出统计；

⑤ 减产及停产的损失，可按减少的实际产量价值核算；

⑥ 补充新职工的培训费用。补充新职工的培训费用，可按下列情况计算：

a. 技术工人的培训费用每人按 2000 元计算；

b. 技术人员的培训费用每人按 10000 元计算；

c. 补充其他人员的培训费用，视补充人员情况参照上述两条费用酌定。

3. 事故直接非经济损失 C 的计算

C 包括如下几项内容：

(1) 人的生命与健康的价值损失。生命价值损失的计算方法可见第八章介绍的内容；对于健康的影响，可用工作能力的影响性来估算，即

$$健康价值损失=(1-K)\times d\times v \tag{7-17}$$

式中 d——复工后至退休的劳动工日数，可用复工后的可工作年数×300 计；

K——健康的身体功能恢复系数，以小数计；

v——考虑了劳动工日价值增值的工作日价值。

(2) 环境破坏的损失。按环境污染处理的花费及其未恢复的环境价值计算。

4. 事故间接非经济损失 D 的计算

D 包括如下几项内容：

(1) 工效影响。即由于事故造成了职工心理的影响，从而导致工作效率的降低。其计算方法可用时间效率系数法。即：

$$工效影响损失=影响时间(日)\times 工作效率(产值/日)\times 影响系数 \tag{7-18}$$

式中，影响系数根据涉及的职工人数和影响程度确定，以小数计。

(2) 声誉损失。可以企业产品经营效益的下降量来估算。它应包含产品质量和事故对产销售的影响损失。可用系数法来计算。即：

声誉损失＝原有的销售价值×事故影响系数

(3) 政治与社会安定的损失。这是一种潜在的损失，可用占事故的总经济损失比例（或占 D 部分的损失比例）来估算。

上述“理论计算法”的可操作性较为困难一些，但并非不可实用。如果通过大量的实际调查统计工作，研究分析出不同类型事故的各种损失比例系数关系，则在实际的计算过程中就可采用“比例系数法”来较为准确和迅速地计算出事故的总损失量，从而为安全活动的决策提供依据。

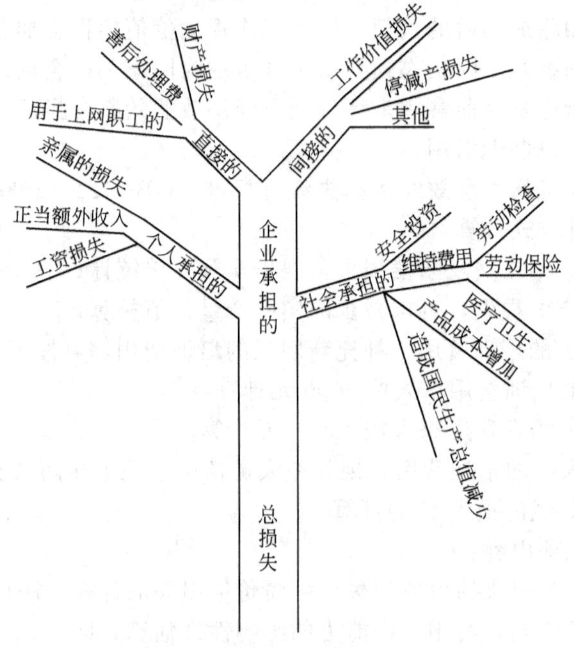

图 7-1 经济损失构成树

(三) 各类事故总损失的计算

伤亡事故对国家、企业、个人造成的总的经济损失可以用图 7-1 形象地表示出来，这样可以较详尽地分析伤亡事故的构成因素，为减少伤亡事故的经济损失提供依据。

企业承担的伤亡事故经济损失是伤亡事故给企业造成的多支出、少收入和潜在影响的总和，可以概括成以下五个部分：

①用于伤亡者的费用；

②物质损失；

③生产成果的减少；

④因劳动能力的丧失而引起的劳动价值的损失；

⑤因事故引起的其他损失。

为了准确计算伤亡事故对企业造成的经济损失，必须首先分析企业所承担的经济损失的构成情况。在调查中发现：伤亡事故的经济损失构成随伤亡严重程度而变化。伤亡事故可根据伤害程度分为死亡、重伤、轻伤三类。所以，下面就分别分析伤亡事故的经济损失构成情况。

1. 死亡事故

死亡事故是最严重的人身伤害事故，事故的调查及善后处理十分复杂，处理事故的事务性费用就较多，死亡事故的经济损失构成如下。

(1) 必然损失：

① 丧葬及抚恤费用

② 补助及救济费用

③ 处理事故的事务性费用

④ 工作损失价值

⑤ 停、减产损失价值

⑥ 事故罚款

⑦ 补充新职工的培训费用

(2) 可能损失：

① 医疗费用（抢救用）

② 歇工工资

③ 现场抢救费用

④ 清理现场费用

⑤ 财产损失费用

⑥ 资源损失费用

⑦ 处理环境污染费

⑧ 护理家属的费用

⑨ 互助保险金

⑩ 其他

之所以把经济损失分成“必然损失”和“可能损失”，是因为在伤亡事故发生后，有些损失是每起事故都会造成的，而另一些损失则不一定能发生。这样划分有利于伤亡事故的经济损失的调查统计。同时，死亡事故的处理一般在 7 天左右，并在 3 天至 10 天内变化（特殊的长达 20 多天）。在此期间，需要下列事务性费用：用车费、人工费、接送工亡亲属的旅费、通讯费、招待亲属费、事故调查处理费、医药费（用于亲属因悲痛过度引起昏厥或旧病复发等）。在死亡事故中，有些是职工在事故现场即死亡，有些是送到就近医院，抢救无效死亡，而后者就有现场抢救费用和医疗费用。

2. 完全失能的重伤事故

这是指永久地失去全部工作能力的伤害事故。其中有个别受伤害者生活不能自理，需要有专人护理。这类事故的损失构成如下：

（1）必然损失

① 医疗费用（含护理费用）

② 住院期间本单位派人护理费用

③ 补助费用

④ 歇工工资

⑤ 处理事故的事务性费用

⑥ 现场抢救费用

⑦ 事故罚款

⑧ 工作价值损失

⑨ 补充新职工的培训费用

⑩ 死亡后按工亡处理的费用

（2）可能损失

① 长期专人护理费用

② 救济费用

③ 日常的治疗及杂项开支

④ 清理现场费用

⑤ 财产损失价值

⑥ 资源损失价值

⑦ 处理环境污染的费用

⑧ 停、减产损失价值

⑨ 其他

对于工伤职工住院治疗期间，本单位总是派人护理，这种护理不是医务护理，而是照顾病人的日常性支出。有的病人还可能多次住院治疗，日常的杂项开支项目也很多。总之，此类事故的经济损失较为复杂，而且往往损失的总值也是最大的。

3. 部分失能的重伤事故

事故的伤害者经过一段时间的治疗和休养后，恢复了部分劳动能力，还能从事一定的工作，这就是部分失能的重伤事故。此类事故的损失构成如下：

（1）必然损失

① 医疗费用（含护理费用）

② 住院期间本单位派人护理费

③ 歇工工资

④ 补助费用

⑤ 处理事故的事务性费用

⑥ 现场抢救费用

⑦ 事故罚款

⑧ 工作价值损失

(2) 可能损失

① 救济费用

② 清理现场费用

③ 财产损失价值

④ 资源损失价值

⑤ 处理环境污染的费用

⑥ 停、减产损失价值

⑦ 其他

4. 轻伤事故

这是指暂时不能从事原岗位工作的伤害事故。事故的受伤害者可能需要住院治疗，也可能只是在家休息，其经济损失的构成为：

(1) 必然损失

① 医药费用

② 歇工工资

③ 工作价值损失

(2) 可能损失

① 住院医疗费用

② 住院生活补助及护理费用

③ 现场抢救费用

④ 清理现场费用

⑤ 财产损失价值

⑥ 资源损失价值

⑦ 处理环境污染的费用

⑧ 停、减产损失价值

⑨ 其他

以上是对伤亡事故按不同的伤害严重度而分析的经济损失的构成情况。调查中还发现伤亡事故经济损失的构成还与事故的类别、行业和企业的内部政策等因素有关。例如，火灾、爆炸事故往往造成很大的停、减产损失和财产损失；而一般的机械、物体打击、高空坠落事故造成以上两种损失的可能性就较小；矿山事故造成的环境污染的可能性较小，而资源损失的可能性就较大；企业不同，对事故的处理和受伤害者的照顾不同，经济损失的构成就有差别。

二、职业病经济损失计算

在很多工矿企业的采矿、碎石加工、焊接、建材加工、建筑等生产作业过程中，存在着大量的粉尘、金属烟尘、放射性等有毒有害物质。从而对职工的健康产

生极大的危害，严重的将导致尘肺等职业病。这种职业病危害也给企业带来的严重的经济损失，对企业和国家的生产和经济效益的提高造成巨大的影响，因此在研究安全经济问题时必须考虑职业病的损失问题。

职业病给企业带来的经济损失，主要包括职业病患者劳动期间的工资、治疗费、抚恤费、丧葬费及由于对健康的影响所造成的劳动能力的降低而减少为国家创造的财富等。目前对职业病经济损失的计算还缺乏统一标准。根据专家们对大量职业病损失的调查分析，提出职业病经济损失可以用下列公式估算：

$$\begin{aligned} L_{职} &= \sum M_{\mathrm{i}}(L_{直}+L_{间}) \\ &= \{Px+Ej+[(F+y)t]+[G(t+j)]\} \end{aligned} \tag{7-19}$$

式中 $L_{职}$——总经济损失，元

$L_{直}$——直接经济损失，元；

$L_{间}$——间接经济损失，元；

P——平均每年的抚恤费，元；

x——抚恤时间，年；

E——发现肺癌至死亡时平均每年费用，元；

j——发现肺癌至死亡的时间，年；

F——患者损失劳动时间平均工资，元；

y——患者损失劳动能力期间年均医药费，元；

t——患者实际损失劳动时间，年；

G——年均创劳动效益，元；

M_{i}——患肺癌人数，人。

根据云南个旧锡矿的资料，职业病造成的企业经济负担有如下几方面的因素。

① 由于职工在工作期间吸氡子体而诱发肺癌，从发现肺癌到死亡一般需要重点治疗时间两年，在这期间每年的费用不少于 5000 元。

② 一个工人的工作时间如果从 18 岁到 55 岁，其从开始参加工作到发病的时间一般是 15～20 年。如果取其均值，即诱发期平均为 17 年。如果最终导致肺癌，最大的劳动时间损失为 20 年。一般肺癌治愈率很低，治愈后的存活时间通常最多也只有 5 年，因此如只考虑存活时间为 2 年，这样实际损失劳动时间为 18 年。在这期间，企业还需照发每年工资 840 元（20 世纪 80 年代以前工资水平），医药护理费等 300 元。

③ 按当时云南个旧锡矿肺癌死亡后的抚恤政策执行，抚恤家属小孩 10 年，抚恤费按矿工的年工资计，每年为 1500 元。

④ 由于患者发病后不能参加生产，则有每年少为国家创造劳动效益 728.5 元。

根据上述几项的费用，一名肺癌患者的经济损失可由下式计算：

直接经济损失 $S=5000\times2+1500\times10+(840+300)\times18=45520$(元)

间接经济损失 $H=728.5\times(18+2)=14570$(元)

则总经济损失 $A=60090$(元)

以上是以诱发期 17 年后，住院治疗至死亡损失 20 年劳动时间，不能再为国家创造财富估算的。当然，如果在诱发期以后相当长的一段时间还在从事生产劳动，经济损失显然应比上述计算值小。

上述的费用数值都是以 20 世纪 80 年代前的经济水平考虑的，而随着经济发展和货币价值的变化，实际一个职业病患者的费用还会随之增加。

三、火灾经济损失计算

火灾是生产和生活中常见的一类事故，它的经济损失通常在事故损失中占有很大的比例，据统计，我国每年的火灾经济损失高达 30 多亿。因此有必要对其损失的计算进行专门的探讨。

（一）火灾损失的内容

通常火灾造成的经济损失包括如下几方面：

① 火灾中人受到伤亡所支出的费用（直接和间接的费用）；

② 被火烧毁、烧损、烟熏和在灭火中破折、水渍等所造成的物质和财产的直接损失；

③ 停产和减产的损失；

④ 资源遭受破坏的损失；

⑤ 人员受伤亡后所需补充新职工的培训费用；

⑥ 其他损失费用，如处理环境污染费用等。

对于人员伤亡及其间接经济损失的计算方法，可按前文所述的方法进行，下面不再赘述。在此仅将火灾物质损失的计算方法进行系统介绍。

（二）火灾物质损失额的计算方法

（1）固定资产类的火灾损失计算方法

① 房屋建筑物的火灾损失额按重置完全价值折旧方法计算。计算公式为：

$$火灾损失额=重置完全价值\times(1-年平均折旧率\times已使用时间)\times烧损率 \tag{7-20}$$

式中，a. 重置完全价值是指重新建造或重新购置所需的金额或按现行固定资产的调拨价计算，重置完全价值的数据，可从各地房产管理部门及有关部门规定的重置完全价值表中查出；b. 年平均折旧率＝1/规定的使用所限；c. 固定资产的使用年限按国务院发布的《国营企业固定资产折旧条例》规定执行。其中房屋建筑物使用年限的确定，可按城乡环境保护部印发的《经理房屋资产估价原则》的规定执行；d. 烧损率是指实际被烧损的程度，按百分比计算。

② 机器、设备、仪器、仪表、车辆、飞机、船舶等火灾损失额，也按重置完全价值折旧方法计算，计算公式同上述的房屋建筑物火灾损失计算方法。

③ 对于交通运输企业和其他企业专业车队的客货运汽车、大型设备、大型建筑施工机械，根据国务院有关文件规定，按工作量进行折旧。

④ 固定资产的使用已接近、等于或超过规定的使用年限，但仍有使用价值的，

其火灾损失额按重置完全价值的20%计算。

⑤ 当重置完全价值在特殊情况下无法确定时，用原值代替重置完全价值计算。

⑥ 古建筑火灾损失，按修复费计算或根据古建筑的保护级别，分别按每平方米建筑面积1000～5000元计算。

(2) 流动资产类的火灾损失额，按购入价扣除残值计算。

(3) 商品火灾损失额计算，按进货价扣除残值计算；成品、半成品火灾损失额，一律按成本价扣除残值计算；衣物和日常生产用品火灾损失额，以新旧程度相同的同类物品价值计算；书画古董、美术工艺品、珠宝等物品火灾损失额均按国家规定的国内牌价计算。

(4) 牲畜、家禽、粮、棉、油等农副产品的火灾损失额均按国家收购牌价计算。

(5) 园林、集体林、个体林、草原的火灾损失额按当地有关部门的规定计算。

(三) 火灾损失计算方法的特殊说明及实例

1. 火灾损失额计算方法适用于计算火灾的直接损失额。

直接损失是指火灾中被烧毁、烧损、烟熏和在灭火过程中因破拆、抢运以及水或泡沫等灭火剂的浸泡、泡染所造成的损失。

2. 关于重置完全价值折旧法计算公式的应用实例

(1) 房屋建筑物的重置完全价值可用下列公式求得。

重置完全价值＝房屋总建筑面积×失火时该类房层建筑物的每平方米造价 (7-21)

失火时每平方米造价是根据城乡建设环境保护部的规定，确定失火房屋的类别，再从当地房产管理部门的重置完全价值表中查出的。企事业单位自管房屋可参照本地区房产管理部门制订的同类房层建筑物重置完全价值表执行。

房屋建筑物的年平均折旧率＝1/规定的使用年限 (7-22)

房屋建筑物规定的使用年限，按城乡建设环境保护部（1984）城计字第［754］号文件的规定执行。

重置完全价值折旧法计算公式中的烧损率是指实际被烧损的程度，按百分比计算。

【实例1】 某厂1974年建造礼堂一座，总建筑面积为1067.2m^2，1982年失火，烧损率为50%，求火灾损失额。

经查城乡建设环境保护规定，该礼堂类别确定为简易结构甲等，使用年限为15年，该地区房产管理部门规定简易结构甲等每平方米重置完全价值为110元。其火灾损失额计算为：

重置完全价值＝1067.2×110(元)＝117392(元)

火灾损失额＝117392×(1－8/15)×0.5＝27391.47(元)

(2) 对于机器、设备。仪器、仪表、车辆、飞机、轮船的重置完全价值从有关部门查取，使用年限按《国营企业固定资产分类折旧年限表》的规定执行。

【实例 2】 某厂 1975 年购入一台电动机，1981 年全部烧毁，求火灾损失额。

经查失火时购置该型号的电动机每台价格为 1200 元，根据《国营企业固定资产分类折旧年限表》规定的使用年限为 25 年。其火灾损失额计算为：

重置完全价值＝1200(元)

火灾损失额＝1200×(1－6/25)×100％＝912(元)

(3) 对于交通运输业和其他企业专业车队的客运汽车、大型设备、大施工机械，根据《国营企业固定资产折旧试行条例》的规定，按工作量计算折旧，即折旧率＝1/规定的总工作量。重值完全价值折旧法计算公式为：

火灾损失＝重值完全价值×(1－1 /规定的总工作量×完成的工作量)×烧损率 (7-23)

(4) 对乡村房屋火灾损失额的计算，可参照重置完全价值折旧法。重置完全价值可根据失火的当地建造相同房屋的实际投工、投料计算，使用年限亦可对照城乡建设环境保护部的有关规定选择。

(5) 火灾损失额计算方法中提到的当重置完全价值在特殊情况下无法确定时，用原值代替重置完全价值计算。主要是指某些机器、设备仪表等类产品在火灾发生时，市场已无此类产品出售或该种型号的产品已经更新换代不再生产，因而无法确定其重置完全价值。

3. 关于流动资产类火灾损失的计算说明

(1) 流动资产的火灾损失额按其购入价扣除残值计算。残值是指流动资产遭灾后剩余的、仍有使用价值的部分的物资。

(2) 商品全部烧毁的，进货价格就是火灾损失额；部分烧毁或受损、污染、降等级的扣除残值，计算实际损失。

(3) 未出厂的成品、半成品的成本价是指原材料和加工费的总价值。

四、交通事故经济损失的计算

交通事故是当今社会最严重安全问题，除了导致人员的大量伤亡外，造成巨大的经济和财富损失也是交通事故的重要恶果之一。这部分探讨交通事故的经济损失计算问题。

(一) 交通事故经济损失的计算思路与方法

虽然《道路交通事故处理办法》(以下简称《办法》) 已经被《中华人民共和国道路交通安全法实施条例》废止，但是相关计算思路与方法还是要按照此办法进行。我国的交通事故经济损失计算方法与生产事故经济损失计算方法相似，不同之处在于：对人员伤亡的补偿额有明确的规定。如果是企业职工在工作期间被交通事故造成伤亡，按《办法》的规定处理，职工所在单位还应当按照有关部门规定给予抚恤、劳动保险等赔偿，在计算经济损失时应包括企业按规定给予部分支付的这部分。另外，在总体的计算思路上，与上面介绍的生产事故损失计算也有一定的差异，即交通事故的经济损失计算有两种思路。

(1) 按事故管理的要求计算损失。即按《办法》的要求计算损失。它的特点是：主要考虑事故的直接损失，间接损失一般只考虑停车损失，而不考虑其他间接损失。如一起交通事故，撞断高压电杆，导致工厂因断电而停产，工厂停电所造成的停产为间接损失，一般不予考虑。交通事故的肇事制裁，除了损害赔偿外，还有排除障碍、恢复原状等方面的花费内容，对这类损失一般也不作过多涉及。

(2) 从安全经济学的角度，全面分析交通事故的经济损失。即像上面已探讨的生产事故损失计算方法一样，对事故的直接的与间接的、有形的与潜在的损失都做全面的计算和考察，以用于安全经济的综合全面评价和决策。这部分的理论和方法在此不做更多的探讨，具体可参照本章前文的理论和方法指导实践。即可根据下面的损失内容具体作出选择：

① 人身伤亡赔偿；

② 医疗及护理费用；

③ 财产损失（参照上述的生产事故或火灾事故方法进行计算）；

④ 减产损失（参照生产事故的计算方法）；

⑤ 非经济损失（参照有关理论和方法进行估算）。

下面将对《道路交通事故处理办法》有关经济赔偿的标准及医疗费护理费的计算方法予以介绍。

(二) 我国交通事故人员伤亡经济损失计算

1. 影响经济赔偿的因素

(1) 当事人的经济负担　对交通事故伤亡人员的经济赔偿额，应根据客观事实及事物的基本原理来核定，即与其当事人的经济负担成正比。在政策上应有一个限度和范围，即最低的赔偿额。《办法》中规定：对于小部分高收入者，其中包括外国人或者港、澳、台人员在我国发生交通事故的赔偿，最高不超过交通事故发生地平均生活费的三倍。反之，对低收入者也进行了保护性规定。如，有固定收入的人，其因误工减少的固定收入低于交通事故发生地平均生活费的按照交通事故发生地平均生活费计算。《办法》第三十八条还规定：参加处理交通事故的当事人家属所需交通费、误工费、住宿费参照第三十七条的规定计算，按照当事人的交通事故责任分担，但计算费用的人数不得超过三人。

(2) 当事人的年龄　当事人的年龄虽然与经济负担有一定的关系，但是因交通事故致残、致死对赔偿费用的影响尤为明显。《办法》规定残废者生活补助费和无劳动能力的被抚养人生活费赔偿二十年，是考虑到青壮年残者全残后的存活年限一般为二十年左右。死者补偿费补偿十年，这是考虑到人的生命是无法用金钱衡量，死亡补偿费只是对死者家属的安慰以及对死者家庭的特殊补偿。《办法》对赔偿额按年龄阶段进行划分，即随年龄的增减，赔偿年限也相应增减，主要是参照一些法律、法规的规定和目前我国人口寿命长短、有无经济收入和负担大小来考虑。

(3) 当事人的劳动技能　因交通事故造成伤残、死亡时，当事人本身的劳动技能与赔偿金额有密切的关系，但目前这方面的研究还很少，相应的规定也很少，《办法》只是在伤者治疗休养期间的工资补偿上与劳动技能发生了一定关系。对于伤残、死亡者基本未予考虑。如果进行考虑，其原则也应是补偿与劳动技能成正比关系，即劳动技能高者，赔偿额也应该高。所以，当赔偿额在一定范围内浮动时，劳动技能高者，就应往上限取，反之则取下限额。

2. 伤、残、死者的经济赔偿原则

因交通事故造成的人员致伤、致残或者死亡者的经济赔偿，包括医疗费、工资、住院伙食补助费、护理费、残疾者生活补助费、残疾用具费、死亡补偿费、被抚养人的生活费、交通费、住宿费和财产直接损失等。《办法》规定的赔偿项目为一次性结算费用。即指结案时一次性将实际应付（得）的全部赔偿费用结算清楚。

(1) 对本人无责任的交通事故伤、残、亡当事人及亲属的经济赔偿标准。

① 医疗费　包括挂号费、检验费、手术费、治疗费、住院费和药费（限公费医疗的药品范围）。

② 误工工资　有固定收入的误工工资，按照本人因误工减少的固定收入计算；对其高于交通事故发生地平均生活费三倍的，按照三倍计算。无固定收入的误工资，按照交通事故发生地国营同行业的平均收入计算。

③ 住院伙食补助费　按照交通事故发生地国家机关工作人员的出差伙食标准计算。补助以住院期间为限。

④ 护理费　伤者住院期间，护理人员有收入的，按照扣工费的规定计算，无收入的，按交通事故发生地平均生活费计算。

⑤ 残疾者生活补助费　根据残疾等级，按照交通事故发生平均生活费计算，赔偿二十年。但五十岁以上的，年龄每增加一岁赔偿减少一年，最低不少于十年，七十周岁以上的按五年计算。

⑥ 残疾用具费　因残疾需要配制补偿功能器具的，凭医院证明按照普及型器具的费用计算。

⑦ 丧葬费　包括整容，存尸（在限定时间内）、运尸、火化、骨灰盒等必须的费用按照交通事故发生地规定的计算方法计算并支付。

⑧ 死亡补偿费　按照交通事故发生地平均生活费计算，补偿十年。对不满十周岁的，年龄每小一岁减少一年；对七十岁以上的，年龄每增加一岁减少一年，最低均不少于五年。

⑨ 被抚养人生活费　以死者生前或者残者丧失劳动能力前实际抚养的，没有其他生活来源的人为限，按照交通事故发生地居民生活困难补助标准计算。对不满十六岁的人抚养到十六岁。对无劳动能力的人抚养二十年，但五十周岁以上的，年龄每增加一岁减少一年，最低不少于十年；七十岁以上的按五年计算。对其他的被抚养人扶养五年。

⑩ 交通费　按照当事人实际必须的费用计算，凭据支付。

⑪ 住宿费　按照交通事故发生地国家机关一般工作人员的出差住宿标准计算，凭据支付。

(2) 对交通事故伤、残、亡当事人及其亲属经济赔偿中的其他问题。

① 交通事故经济赔偿应当按照当事人所负交通事故责任承担相应的损害赔偿责任。遇有特殊情况，可由事故处理机关会同当事人各方，根据自愿互助的原则妥善处理。

② 对交通事故涉及外国人和无国籍人员的经济赔偿时，由事故处理机关会同有关部门商定。

③ 火车与车辆、行人在铁路道口发生交通事故，依照国务院有关规定处理。

3. 赔偿计算方法

交通事故受害者无论有无责任，均应积极抢救，所需的抢救费、医疗费、住院费、结案应按照交通事故责任承担。各项费用的计算方法如下。

(1) 抢救费也是医疗费　是在抢救期间支出的医疗费。医疗费应按有关标准计算。它不仅包括住院医疗费（含经县以上医院检查批准，事故处理机关同意使用家庭病床的医疗费）外，还包括门诊的医疗费；不仅包括结案前的医疗费用，还包括经医生建议确定的结案后继续治疗的费用。

(2) 护理费　伤员在住院期间，需要护理人员时，须经医院和处理机关同意，一般以一人为限，伤情严重，经医院提出意见，可为二人，抢救期间护理人员经医院同意还可增加一人。护理费一般以结案前的住院期间为限。

(3) 残疾生活补助费　可按伤残等级的十级，依次分别为100%、90%、10%十个档次，如受伤人符合二级以上伤残等级的，应在其最高伤残等级赔偿标准上适当提出增加赔偿数额。

(4) 残疾用具费　《办法》规定，残疾用具按照普及型器具的费用计算。所谓“普及型器具”，是指在同一品种被广泛使用的器具。配制时，可根据残废人的年龄，残疾程度和工作性质灵活掌握。计算费用时，也要把这些器具的使用年限、更新、修理费用考虑在内。

(5) 丧葬费　在暂不具备火化条件的地方，则按照交通事故发生地规定的土葬所必须的费用计算。

(6) 被抚养人生活费　按公安部关于道路交通事故伤残评定的标准确定，以五级残废以上为限。所谓“实际抚养的，没有其他生活来源的人”是指死者或残者丧失劳动能力前已经抚养的、无收入的被抚养人，包括配偶、子女（含非婚生子女、继子女、养子女）父母、兄弟、姐妹、祖父母、外祖父母、孙子女、外孙子女等；死者生前或者残者丧失劳动能力前实际抚养的，没有其他生活来源的人，应由具有抚养义务和抚养能力的人共同承担，死者或丧失劳动能力的残者只承担本人应抚养的一份费用。所谓“其他被抚养人”，是指上述不满十六周岁和无劳动能力以外的人，死者生前或残者丧失劳动能力所实际抚养的，没有其他生活来源的人。

(7) 交通费　是指伤残者就医、配制残疾用具，护理伤残者，处理丧葬事宜，参加事故处理车、船、飞机票费。所谓“实际的必须费用”是指既与交通事故处理有关，并且又是合理的费用，一般是按照交通事故发生地国家工作人员出差的最低交通费标准计算。支付时，一般按照车、船票计算。病情较重或行动艰难等特殊情况，需买出租汽车、飞机、火车软卧铺和轮船三等舱的，应事先与对方商量并经事故处理机关同意。

(8) 当事人亲属的费用　对于参加事故处理的当事人亲属（配偶、子女、父母、祖父母、孙子女等）所需费用，应符合《办法》三十八条的规定：参加处理交通事故的当事人所需交通费、误工费、住宿费、参照第三十七条的规定计算，按照当事人的交通事故责任分担，但计算费用的人数不得超过三人。必须指出，计算上述三项费用也只是“所需的”，如亲属就住在本地，不需住宿的，则不算这一项。所谓“参照”其含义是基本上依照，个别不能“依照”具体问题解决，都应经过交通事故处理机关同意。如果当事人、当事人的亲属无法参加的，可以委托代理人或由事故处理机关指定代理人参加。委托和指定代理人所需误工费、交通费不按本条规定解决，必要时可从当事人所得赔偿费中扣除。

第四节　事故经济损失的量化研究

一、美国的研究情况

根据美国劳工调查署（BLS）的研究和做法，每年美国的事故经济损失统要作出相应的统计。表 7-9～表 7-11 的数据是 1992 年的统计情况。

表 7-9　美国职业事故及职业病的发生数及其经济损失（1992 年）

种类(Category)		数量(Number)/人	损失(Cost)/亿美元
工伤事故(injuries)	死亡(fatal)	6529	3.8
	伤残(nonfatal)	13247000	144.6
职业病(illnesses)	死亡(fatal)	60290	19.5
	非死亡(nonfatal)	862200	5.8
总计(Total)			173.9

Source：Leigh et al. (1996)（约占 GDP1.9%）

表 7-10　职业事故直接损失和间接损失构成表（1992 年）

损失构成	损失金额/亿美元
直接损失总计(Direct costs total)	50.1
医疗费用(medical costs)	25.1
管理费用，包括工人恤金、个人保险、移交费用(医疗)[overhead costs for WC，private insurance，transfer programs (medical)]	5.7
管理费用，包括工人恤金、个人保险、移交费用(赔偿)[overhead costs for WC，private insurance，transfer programs (indemnity)]	8.9

续表

损失构成	损失金额/亿美元
财物损失(property damage)	8.7
公共服务(警察和防火)(police and fire services)	0.8
无辜第三者的直接损失(direct costs to innocent third parties)	0.9
间接损失(indirect costs total)	98.2
工作损失价值(包括边际成本)[lost earnings (including fringe benefits)]	82.5
停产、减产损失价值(lost home production)	8.2
补充新职工的培训费用(workplace training, restaffing, disruption)	5.2
工时损失(time delays)	0.3
无辜第三者的间接损失(indirect costs to innocent third parties)	2.0
直接和间接总损失(total direct and indirect)	148.4

表 7-11 各主体承担的损失分布

主体	费用/亿美元	百分比/%
雇主	191.2	11
消费者	156.4	9
雇员	1390.6	80

注：此处的损失包括事故和职业病损失。

根据数据情况，可以作出如下分析：

(1) 按前文的定义，美国的事故损失几乎 2/3 的是间接损失。

(2) 这里使用的都是 20 世纪 90 年代初期的数据，由此可以看到过去的事故损失情况，但是未来的事故损失情况和趋势如何？很难对此作出准确的预计，但是可以确定的是，随着经济的发展，事故经济损失在全球范围内是不断上升的趋势。我们希望达成共识：安全生产保障是一项与经济发展关系密切的问题，因此不能忽视，在经济决策中必须与经济发展同步，借口“经济成本”而放弃“安全成本”更是绝对不能接受的做法。

二、世界各国对事故损失的研究结果

事故损失对社会经济影响有多大？这是各个国家关注和长期研究的问题。根据英国国家安全委员会（HSE）20 世纪 90 年代的研究表明，欧洲国家各国事故损失占 GDP 的比例一般在 1%～5%之间。而新近的研究结果如表 7-12 所示。

表 7-12 美国、英国和澳大利亚的经济模型事故损失（代价）研究结果

国家	意外伤害和疾病总代价估算	研究分析方法	直接和间接代价的定义
美国 (Leigh,2011)	2500 亿美元 (占 GDP 1.8%)	-生病代价评估 -意外事件方法 -流行方法	-住院的医疗以及非直接代价，比如当前和未来损失的收入 -间接代价分为发病率策略
英国 (HSE,2011)	140 亿英镑	英国模型代价	—

续表

国家	意外伤害和疾病总代价估算	研究分析方法	直接和间接代价的定义
澳大利亚安全和赔偿委员会(2009)	575 亿澳大利亚元（占 GDP 5.9%）	-意外事件方法 -寿命代价 -'expost'方法	-直接方法包括工人赔偿委员会对受伤工人的赔偿 -间接代价包括丧失成产能力和失去当前以及未来收入
澳大利亚安全和赔偿委员会(2012)	606 亿澳大利亚元（占 GDP 5.9%）	-意外事件方法 -寿命代价 -'expost'方法	直接代价包括雇主对工人的赔偿报销金 间接代价包括丧失生产能力和加班代价

注：资料来源于 Economic Cost Of Work-related Injuries and Ill Health，Asian-Pacific Newsletter，2012，(3)．

事故损失对社会经济影响常使用的方法是“成本效益分析法”（CBA），即是以货币单位计量的国家或特定项目的成本效益评估技术。CBA 技术用于预防成本和效益（如校正成本与附加价值之和）之间的比较。所指的成本是所使用资源的货币价值。预防成本是指用于校正和预防的资源的成本。

对于欧洲一些国家的研究结果见表 7-13。

表 7-13　20 世纪 90 年代欧洲事故损失对社会经济的影响

国 家	直接损失	间接损失	占 GNP 比例	说　明
奥地利	至少为 22 亿欧元		间接损失估计为 1.4% GNP	至少为 4 亿欧元
比利时	7500 亿欧	30 亿欧元	间接损失估计为 2.3% GNP	
丹麦	30 亿欧元		2.7% GNP	1992 年水平
芬兰	31 亿欧元		3.8% GNP	自 1994 年来政府计算表明，随着 GNP 的增加，损失减少
法国	保险损失大约为 70 亿欧元		0.6% GNP	结果只包括保险损失 统计仅限于私有企业职工
德国	1995 年为 450 亿欧元			用工时损失来反映损失量
希腊				由于其他因素的影响，其直接损失每年结果有波动
爱尔兰	1996 年为 1.84 亿欧元		0.4% GNP	
意大利	1996 年达 280 亿欧元		3.2% GNP	
卢森堡	8600 万欧元	1.72 亿～3.44 亿欧元	1.3%～2.5% GNP	
荷兰	损失合计 75 亿欧元		2.6% GNP	工时损失：49 亿欧元；医疗费，6 亿欧元；预防费用：16 亿欧元，其他：5 亿欧元
葡萄牙	3 亿欧元	3000 万欧元	0.4% GNP	
西班牙			略少于 3% GNP	自 1992 年呈下降趋势
瑞典	72 亿欧元	间接成本 4.0% GNP	约 3%～4% GNP	
英国			1.1% GNP	1990 年，损失如下。 职工：63 亿～126 亿欧元 受害人：63 亿欧元 经济：84 亿～168 亿欧元(1%～2%国民产出) 其他：154 亿～224 亿欧元

国际石油行业对事故经济影响的研究表明：石油承包建设工程的事故损失占合同额的8.5%；石油运输公司发生的事故损失占利润的37%或运行费用的1.8%；对于石油平台发生的事故造成的损失达到380万英镑/年，或相当于平台每周停产一天。

第五节　事故经济损失估算方法

为了了解工伤事故的经济损失，应当探讨一个比较简单方便、切实可行的统计计算方法，这一方法应能将一个系统或一个大型企业的工伤事故经济损失价值很快地粗略估算出来。

一、估算的基本理论

事故经济的估算基本思想是：首先计算出事故的直接经济损失以及间接经济损失，然后根据各类事故的非经济损失估价技术（系数比例法），估算出事故非经济损失，两者之和即是事故的总损失。即有计算公式：

$$\text{事故经济损失}=\sum L_{1i}+\sum L_{2i} \tag{7-24}$$

$$\text{事故非经济损失}=\text{比例系数}\times\text{事故经济损失} \tag{7-25}$$

$$\text{事故总损失}=\text{事故经济损失}+\text{事故非经济损失} \tag{7-26}$$

式中　L_{1i}——i 类事故的直接经济损失；

L_{2i}——i 类事故的间接经济损失。

二、事故损失估算的技术

（一）人员伤亡事故的价值估算方法

下面我们介绍两种估算方法："伤害分级比例系数法"和"伤害分类比例系数法"。

1. 伤害分级比例系数法

（1）首先把人员伤亡分级，并研究分析其严重度关系，从而确定各级伤害程度的比重关系系数。根据国外和我国的按休工日数对事故伤害分级的方法，采用"休工日规模权重法"，作为伤害级别的经济损失系数的确定依据。即把伤害类型分为14级；以死亡作为最严重级，并作为基准级，取系数为1；再根据休工日的规模比例，确定各级的经济损失比例系数，其中考虑到伤害的休工日数与经济损失程度并非线性关系，因此比例系数的确定按非线性关系处理，这样可得表7-14的系数表。

表7-14　各类伤亡情况直接经济损失系数表

级别	1	2	3	4	5	6	7	8	9	10	11	12	13	14
休工日	死亡	7500	5500	4000	3000	2200	1500	1000	600	400	200	100	50	<50
系数	1	1	0.9	0.75	0.55	0.40	0.25	0.15	0.10	0.08	0.05	0.03	0.02	0.01

（2）实际损失的估算　有了表 7-14 的比例系数，估算一起事故由于人员伤亡造成的损失则可用下式进行：

$$伤亡损失 = V_{\mathrm{M}} \sum_{i=1}^{14} K_i N_i（万元） \tag{7-27}$$

式中　K_i——第 i 级伤亡类型的系数值；

N_i——第 i 级伤亡类型的人数；

V_{M}——死亡伤害的基本经济消费，即人生命的经济价值，具体可按第八章介绍的方法确定，或按我国道路交通事故或工业事故死亡赔偿标准，即 20 年属地工资收入（2002 年我国平均职工工资水平约 1.2 万元），则死亡 1 人给企业造成损失（赔偿）约 25 万元。

如果是对一年或一段时期的事故伤亡损失进行估算，则可把 N_i 的数值用全年或整个时期的伤害人数代替即可。

（3）**【实例】**　某企业在过去的一年里发生伤亡事故 12 起，共造成 1 人死亡；1 人重伤致残，休工估计 7800 日（终生残废致退休有 26 年）；3 人重伤，分别估计休工日为 4500 日，3000 日，3000 日；8 人轻伤住院，分别估计休工日为 200 日 2 人，150 日 4 人，50 日 2 人；15 人轻伤未住院，休工日均在 10 天左右。试估算 12 起事故造成的损失。

采用上述公式得：

伤亡事故损失＝3 万×(1×2＋0.75×1＋0.60×2＋0.55×2＋0.05×2＋0.03×
40.02×2＋0.01×15)＝111.5 万元

应说明的是，对于 V_{M}的取值至关重要，不同的地区或时期，由于其损失一个劳动力对社会和企业的经济影响是不一样的，因此其实际的损失值应随地区或时期改变而变动。

2. 伤害分类比例系数法

如果不知道各类伤害人员的休工日，难以确定其伤害级别，而只知其伤害类型时，可采取“伤害类型比例系数法”进行估算。其基本思想与“伤害级别比例系数法”是一致的。但需经过两步来完成。

（1）第一步　根据表 7-15 比例系数，用下式计算伤亡的直接损失：

$$伤亡直接损失 = V_{\mathrm{L}} \sum_{i=1}^{5} K_i N_i（万元） \tag{7-28}$$

式中　K_i——第 i 类伤亡类型的系数值；

N_i——第 i 类伤亡类型的人数；

V_{L}——伤而未住院的伤害的基本经济消费，在我国目前的经济水平情况下，据统计，可取值 150 元。

表 7-15　各类伤害情况损失比例系数表

伤害	1	2	3	4	5
类型	死亡	重伤已残	重伤未残	轻伤住院	轻伤未住院
系数	40～45	20～25	10～15	3～5	1

(2) 第二步　根据直接损失与间接损失的比例系数求出间接损失。即根据表 7-16 比例关系，按下式求伤亡间接损失：

$$伤亡间接损失=V_{\mathrm{L}}\sum_{i=1}^{5}n_iK_iN_i(万元) \tag{7-29}$$

式中　n_i——第 i 类伤亡类型的直间比系数。

表 7-16　各类伤害直接损失与间接损失比例系数表

伤害	1	2	3	4	5
类型	死亡	重伤已残	重伤未残	轻伤住院	轻伤未住院
系数	1∶10	1∶8	1∶6	1∶4	1∶2

(二) 直间倍比系数估算法

由于目前我国的事故报告和统计制度中还没有严格要求对事故的损失进行全面的统计，也没有专业的人员来进行管理，因此，建立一种方便、快速的事故损失的估算方法，对于政府事故调查评估和企业进行事故损失评价和安全投资决策是有帮助的。

根据事故直接损失和间接损失的倍比系统的概念和理论，可以得到下面损失估算公式：

$$C_{总}=(1+K)\times C_{直} \tag{7-30}$$

式中　$C_{总}$——事故总损失；

$C_{直}$——直接损失；

K——事故损失比系数。一般取 4，实际不同行业发生的事故 K 值会有所不同，在电力、通信、铁路交通等行业的发生的事故 K 值往往会很大，甚至高达 100。

在估计伤亡事故的损失时，可以先统计易于计算的直接损失部分，再选定一损失比（损失比可通过前文所建议的公式由损失工作日一般被定计算得到）。根据上述公式，就可以估算出伤亡事故的总损失。

直间比的不确定性是因为其直接损失和间接损失受到各种因素的影响。特别是间接损失的测算影响因素很多。影响间接损失的因素有：行业危险性，工作程序的合理性和预防措施的完善程度，失业率的大小，经济状况，发生物质损失的可能性。前两个因素是因为与事故发生率密切相关，因而影响到间接费用的大小。失业率不同会导致替代受伤害者的工人的雇用费不同。对于同一起事故引起的物质损失，在经济发展时间和经济衰退时期的费用不同。最后，在工伤事故中是否发生了物质损失及何种物质受到损失，将直接影响到间接费用的大小。在某化工厂的案例中可以看到这方面的很多例子。

同时影响直接损失和间接损失的因素有：事故的严重程度，安全管理水平和对受伤害者的关切程度。安全管理水平影响事故发生率，而对受伤害者的关切程度，会导致自愿或被迫付给受伤害者及其家庭的补偿费用的不同。关于事故的严重程度影响直间比的例子，从某化工厂的案例中可以见到。

某化工厂的案例中共有 17 个关于灼伤的事故案例。若把医疗费和工伤津贴作为直接费用，其余为间接费用，通过计算得到 16 个直间比的值。可以看到，直间比随伤害程度和有无物质损失及物质损失的程度有很大的不同。

总之，由于事故的多样性、企业结构和企业文化的差异性及社会因素的复杂性，拿一把钥匙开万把锁的省事方法将不会得到对于企业事故经济损失的可靠评估。即使在一个企业里，用单一的倍乘法也很少会得到具有代表性的结果。

尽管如此，我们还是希望针对不同行业的事故损失的共性规律，研究出同行业、同类型事故的直间损失倍比系数的体系，以提供事故总损失的计算，从而使发生事故后的经济评估工作简单而适用，具有可操作性。

三、经济损失率指标计算及评价

伤亡事故的损失后果有两个重要表现形式：一是人员伤亡损失，一是经济损失。因此，在对事故进行全面的综合评价时，也应从两个方面来进行。长期以来，通常仅采用死伤人数、千人负伤率、百万产值伤亡人数等指标，仅从人员伤亡方面进行事故的评价显然这是不够的。建议在综合利用事故后果相对指标时，应着重考虑如下几项经济损失指标来评价企业职工伤亡事故的规模和严重程度，这样也弥补了仅从事故后果的一个方面——人员伤亡来评价事故的评价方法，从而对事故作出全面的评价。

1. 千人经济损失率按下列公式计算

$$RM=L/N\times 1000‰$$

式中 RM——千人经济损失率；

L——全年内经济损失，万元；

N——企业在册职工人数，人。

千人经济损失率将事故经济损失和企业的劳动力联系在一起，它表明全部职工中平均每一千职工事故所造成的经济损失大小，反映了事故给企业全部职工经济利益带来的影响。

2. 百万元产值经济损失率按下列公式计算

$$RV=L/PE\times 10^6$$

式中 RV——百万元产值经济损失率，万元/百万元；

L——全年总经济损失，万元；

PE——企业全年总产值，万元。

百万元产值经济损失率将事故经济损失和企业的经济效益联系在一起，它表明

企业平均每创造一百万元产值因事故所造成的经济损失的大小，反映了事故对企业经济效益造成的经济影响程度。

3. 事故经济损失程度分级

为了定性与定量相结合地衡量事故的经济损失，除用上述指标进行定量评价外，还可在评价事故程度的基础上，对事故经济损失严重程度进行定性分级。综合考虑企业职工伤亡事故经济损失情况及我国目前的经济水平，以及各地、各部门的现行作法等因素，将损失严重程度以1万元、10万元、100万元为界线划分四级，即一般损失事故：经济损失小于1万元的事故；较大损失事故：经济损失大于1万元（含1万元）但小于10万元的事故；重大损失事故：经济损失大于10万元（含10万元），但小于100万元的事故；特大损失事故：经济损失大于100万元（含100万元）的事故。

安全经济问题在企业的安全工作和活动中占有重要的位置，而长期以来这方面的统计和管理工作基础较为薄弱。因此，在今后工作中，政府、学术界和企业都应重视安全经济问题，在理论研究、应用研究以及工作管理方面都应给予应有支持和特别的关注。从我们的调查工作中发现，很多企业不掌握安全经济方面的数据，这与我们长期以来在安全经济统计方面的工作较为薄弱有很大关系。为了促进国家、政府和企业对安全投资的管理更为科学化、合理化，以提高社会和人类的安全投入效益，国家和政府应制订安全经济（投资、损失、成本分析等）方面的规程和形成相应的经济统计体制。

第六节　事故经济损失分析实例

2010年3月28日王家岭煤矿发生透水事故，造成153人被困，经全力抢险，115人获救，38人遇难。矿难对国家造成了重大社会影响，对受害个人和家庭造成生活及心理的巨大损伤，对企业和矿山在建项目本身也造成重大经济损失。面对这种影响、损伤和损失，从经济的角度进行分析和测算，探析事故经济影响真相，厘清客观的事故成本，期望证明“预防投入永远优于事故成本”的道理。

计算分析的基础和依据是：对于损失项目分类和计算范畴根据国标《企业职工伤亡事故经济损失统计标准》（GB 6721—1986）；对于损失项目计算的基础数据主要来自媒体报道；对于损失项目计算标准参考行业或地区近年经济统计标准；相关项目充分参考国家规范和标准。

一、直接经济损失分析测算

（一）人身伤亡支出的费用

1. 医疗费用（含护理费用）

分析模型：医疗费用＝获救矿工人均日花费[1]×平均住院天数[2]×总人数

(115 人获救)。

其中，[1]=检查费+住院及护理费+医药费+治疗费,参考我国平均住院水平及媒体报道此次救援医疗水平各单项求和 1080 元/日；

[2]=(出院人数×平均住院天数+仍在住院人数×预计平均住院天数)/总人数(其中有 65 人在第 20 天康复出院，最后一人住院近 40 天，平均每人住院天数按 30 天计)。

分析结果：约 373 万元

2. 丧葬及抚恤费用

分析模型：按国务院《工伤保险条例》规定，丧葬补助金=统筹地区上年度员工月平均工资(2278.42 元)×6 个月，遇难 38 人；供养亲属抚恤金=员工本人工资[1]×规定百分比[2]×供养时间[3]。

其中：[1] 参考山西省行业水平定为 2300 元；[2]《条例》规定为 30%；[3] 据我国情推算，设遇难矿工平均年龄 35 岁，每人有需供养符合条件的子女 1 人父母 2 人，子女平均 10 岁，我国国民平均寿命 68 岁（根据 GB 6721—1986)，子女父母供养时间均按 8 年计。

分析结果：约 807 万元

3. 补助及救济费用

分析模型：据《新工伤保险条例》，一次性工亡补助金=统筹地区上年度员工月平均工资 (2278.42 元)×60 个月，遇难 38 人。

分析结果：约 519 万元

4. 歇工工资

分析模型：因事故停产对王家岭煤矿工人产生的歇工工资。=日工资[1]×歇工时间[2]。

其中：[1] 分流人员（一次性发放 1450 万元)、参与救援人员 (2300 元/月)、获救矿工 (2300 元/月)； [2] 救援 1 个月，山西官方要求工程停建整顿，设为 3 个月，共计 4 个月。留下参与救援人员在为期一个月的救援工作中领取工资在 1.2.2 中计算，其歇工时间定为 3 个月。

分析结果：约 1711 万元

(二) 善后处理费用

1. 处理事故的事务性费用

分析模型：为所有此次事故涉及人员（事故现场人员、矿工家属、维稳人员等各层人员）的住宿、伙食、交通、通讯四项日常事务性工作的费用。住宿、伙食、通讯费用=救援天数[1]×人数[2]×(人均房间价[3]+人均伙食费[4]+人均通讯费用[5])；交通费用=官员、专家到达事故现场人均交通费用[6]×人数[7]+家属到达事故现场人均交通费用[8]×人数[2]+全部人员救援期间日常人均月交通费[9]×人数[2]。

其中：[1] 救援工作共持续 30 天，可大致分为三个阶段，初期（约 6 天)，中

期（约 10 天），后期（约 14 天）；[2] 事故现场人员数目在事故发生初期约 5000 人，中期 10000 人，后期 6000 人，矿工家属 650 人，维稳人员 2000 人，综上可得事务性费用涉及人员平均约 9800 人；[3] 山西省旅馆均价 100 元/间天；[4] 盒饭均价 8 元，3 餐 24 元；[5] 我国日人均通信费×加权系数 3，约 5 元；[6] 设到达现场交通为航班 2000 元/人（往返）；[7] 450 人；[8] 到达现场交通工具为火车，记平均 900 元/人（往返）；[9] 我国部分城市人均月交通费×加权系数 3，255 元/月。

分析结果：约 4043 万元

2. 现场抢救费用

分析模型：场抢救费用＝人员费用(＝人员工资及业务费用[1]×平均人数[2]×工作时间 30 天)＋工程费用(＝钻井工程费用[3]＋通讯[4]＋电力维护[5]＋运输费用[6])。

其中：[1][2] 工程救援人员 500 元/天，3200 人、专家 1000 元/天，200 人、安保人员 400 元/天，150 人、医护人员 1000 元/天，200 人、电力保障人员 500 元/天，200 人、维稳人员 400 元/天，2000 人、后勤及其他人员 300 元/天，2000 人，工资及业务费用参考各类人员国内平均水平，人数参考不同时期报道求均值；[3]＝钻孔总深度 1270 米×钻孔单价(1000 元/米)； [4] 移动援助估算 60 万； [5] 按 40 万；[6]＝总重 8000 吨×距离(王家岭与周边城市平均距离 50－800 公里)×吨千米单价(市场均价 0.5 元/吨公里)。

分析结果：约 11077 万元

3. 清理现场费用

分析模型：涉及救援过程中排水、清除大量煤泥，为防止疫情喷洒消毒水和石灰，清理掩埋现场垃圾等费用支出＝设备物资费[1]＋排水电费（＝总排水量[2]/平均排水速度[3]×平均功率[4]×电费[5]）＋垃圾处理费（＝人均日垃圾产量[6]×现场平均人员数目[7]×每吨垃圾处理费[8]×30 天）。

其中：[1] 包括排水泵（90 多台）、排水管道（500 吨）、消毒物品（双氧水 1 吨/日，石灰 0.5 吨/日），物资单价参考市场均价，计算得 200 万；[2] 40 万立方米；[3] 900～2000m^3/h；[4] 110～800kW；[5] 山西国有重点煤炭企业生产电费单价 0.4 元/千瓦时； [6] 城市人均日产垃圾 1.1kg； [7] 参考 1.2.1，约 7000 人；[8] 城市垃圾处理费用 170 元/吨。

分析结果：约 209 万元

4. 事故罚款费用

根据国务院 493 号令《生产安全事故报告和调查处理条例》，王家岭透水事故等级为特别重大事故，并产生特别不良社会影响，因此事故罚款可取上限 500 万元。

（三）财产损失价值

分析模型：由于矿井建设工程涉及资产种类繁多，数量、价值等缺乏可参考数据，故此处采用简单估算模型：财产损失价值＝损毁巷道长度[1]×单位长度巷道建设成本[2]。

其中：[1] 800 米；[2] 参考相关案例，计算标准定为 8000 元/米。

分析结果：约 640 万元

二、间接经济损失分析测算

1. 停产、减产损失价值

分析模型：指救援、停业整顿而导致的停产、减产损失。＝项目总投资[1]/建设工期[2]×停产时间[3]。

其中：[1] 项目总投资 21 亿；[2] 建设期 33 个月；[3] 歇工时间 4 个月。

分析结果：约 25455 万元

2. 工作损失价值

分析模型：工作损失价值＝总损失工作日数[1]×［企业上年税利[2]/（企业上年平均员工人数[3]×企业上年法定工作日数[4]）］。

其中：[1] 死亡人员 6000 天×38 人（根据 GB 6721—1986），获救人员 60 天×115 人（住院天数＋预计出院后休整天数），留下参加救援人员 30 天×225 人，分流人员 120 天×500 人（设一半的分流人员放假，损失工作价值）；[2]，[3] 参考该公司官网报道 2008 年 81476.54 万元、2009 年 2792 人；[4] 我国法律标准 250 天。

分析结果：约 35211 万元

3. 处理环境污染的费用

分析模型：救援排放污水的处理费用＝污水排放总量[1]×单位体积处理成本[2]。

其中：[1] 媒体报道 30 万立方米；[2] 参考我国污水处理平均成本 1.1 元/立方米

分析结果：约 33 万元

4. 员工培训费用

分析模型：官方要求王家岭煤矿停建整顿，其中员工安全培训涉及人数 1323 人。员工培训费用＝各类人员人均培训费（技术工人[1]、技术人员[2]、其他人员[3]）×各类人员人数[4]

其中：[1]，[2]，[3] 参考 GB 6721—1986 和《生产经营单位安全培训规定》，分别为 2000 元/人，10000 元/人，4000 元/人；[4] 参考该公司官网报道该人员结构分别为 1030 人，163 人，130 人。

分析结果：约 421 万元

5. 其他损失费用

其他损失涉及事故调查、媒体资源占用、企业商誉（股市）、社会影响、员工心理等，考虑到事故调查人员相关费用在善后处理费中计算，其他方面较难分析统计，此案省略。

三、汇总

王家岭矿难事故经济总损失归纳见表 7-17。

表 7-17　王家岭矿难事故经济损失汇总表

<table>
<tr><th colspan="3">分类项目(按国标分类)</th><th colspan="2">损失费用/万元</th><th>小计/亿元</th><th>总计/亿元</th></tr>
<tr><td rowspan="9">1
直接经济损失</td><td rowspan="4">1.1　人身伤亡支出的费用</td><td>1.1.1　医疗费用</td><td>373</td><td rowspan="4">3410</td><td rowspan="9">1.9879</td><td rowspan="14">约 8.1</td></tr>
<tr><td>1.1.2　丧葬及抚恤费用</td><td>807</td></tr>
<tr><td>1.1.3　补助及救济费用</td><td>519</td></tr>
<tr><td>1.1.4　歇工工资</td><td>1711</td></tr>
<tr><td rowspan="4">1.2　善后处理费用</td><td>1.2.1　处理事故的事务性费用</td><td>4043</td><td rowspan="4">15829</td></tr>
<tr><td>1.2.2　现场抢救费用</td><td>11077</td></tr>
<tr><td>1.2.3　清理现场费用</td><td>209</td></tr>
<tr><td>1.2.4　事故罚款费用</td><td>500</td></tr>
<tr><td colspan="2">1.3　财产损失价值</td><td colspan="2">640</td></tr>
<tr><td rowspan="5">2
间接经济损失</td><td colspan="2">2.1　停产、减产损失价值</td><td colspan="2">25455</td><td rowspan="5">6.1123</td></tr>
<tr><td colspan="2">2.2　工作损失价值</td><td colspan="2">35211</td></tr>
<tr><td colspan="2">2.3　处理环境污染的费用</td><td colspan="2">33</td></tr>
<tr><td colspan="2">2.4　员工培训费用</td><td colspan="2">421</td></tr>
<tr><td colspan="2">2.5　其他损失费用</td><td colspan="2">略</td></tr>
</table>

可以看出此次王家岭矿难的经济损失是巨大的。试想，如果用了十分之一，甚至更少量的经费去预防，避免这起事故是完全可能的。

第八章 事故非价值因素的损失分析技术

事故及灾害导致的损失后果因素，根据其对社会经济的影响特征，可分为两类：一类是可用货币直接测算的事物，如对实物、财产等有形价值因素；另一类是不能直接用货币来衡量的事物，如生命、健康、环境、社会影响等。为了对事故造成社会经济影响作出全面、精确的评价，安全经济学不但需要对有价值的因素进行准确的测算，而且需要对非价值因素的社会经济影响作用作出客观的测算和评价。为了对两类事物的综合影响和作用能进行统一的测算，以便于对事故和灾害进行全面综合的考查，以及考虑到安全经济系统本身与相关系统（如生产系统等）的联系，以货币价值作为统一的测定标量是最基本的方法。因此，提出了事故非价值因素损失的价值化技术问题。

本章介绍目前国内外对事故及灾害过程中所导致的非价值对象损失的价值测算、评价理论和技术方法。并对工业事故及灾害非价值对象损失的经济分析意义、理论及应用方法进行探讨。

第一节 概 述

安全最基本的意义就是生命与健康得到保障。我们所探讨的安全科学技术的目的是保证安全生产、减少人员伤亡和职业病的发生，以及使财产损失和环境危害降低到最小限度。在追求这些目标，以及评价人类这一工作的成效时，有一个重要的问题，就是如何衡量安全的效益成果，即安全的价值问题。对于财产、劳务等这些价值因素客观上就是商品，它们的价值一般来说容易作出定量的评价，而对于生命、健康、环境影响等非价值因素都不是商品，不能简单直接地用货币来衡量。但是，在实际安全经济活动中，需要对它们作出客观合理的估价，以对安全经济活动作出科学评价和有效指导其决策，因此需要对其测算的理论及方法进行探讨。

基于上述认识，可以说安全经济学的研究任务之一就是要对事故和灾害中人的生命、健康、工效、商誉等非价值因素影响给以相对合理和明确的判断。当这些非价值因素确定后，要尽量用货币值或经济当量来反映。这一工作对在市场上可以交换的物品、劳务等很容易，而那些没有价格或一般不能交易的非价值因素，就需要

我们进行更深入的探讨和研究，寻求新的定量分析和估值的方法。

第二节 生命与健康的价值评价

哲学家说：生命无价。这个命题，广为世人接受。但实际并非如此。如果人生命的价值是无穷大，那么任何有可能造成伤亡的工程项目都不应该进行。公路不应该再多修 1km，因为现实情况是公路伤亡无法杜绝；所有航空公司都应该关闭，因为现代技术还不能保证飞机失事的概率为零。在现实生活中，当涉及生命赔偿问题时，一味强调“生命无价”，就会导致赔偿（甚至补偿）无法合理进行。因此，研究生命价值，尤其是抛开伦理道德概念，仅从经济学的角度展开研究，是非常必要的。

生命价值的评估，自古就有隐性的判断。例如，一个奴隶换 6 只羊。但有理论依据、科学的评估方法，则出现于 20 世纪 20 年代。并且从那以后，经济学家们不断推陈出新，使诸多的评估方法相继问世。比较有影响的评估方法是：人力资本法（human-capital approach）和支付意愿法（willingness-to-pay）。

但是，现实情况远非如此。虽然人们常常没有给人生命一个明确的价值，但任何涉及死亡风险的私人决策或公共决策都隐含着一个人生命的价值。

一、评估生命价值的目的

虽然人们常常没有给人生命一个明确的价值，但任何涉及死亡风险的私人决策或公共决策都隐含着一个人生命的价值。就私人决策而言，比如个人对是否接种甲肝疫苗的决定。若每年甲肝病死亡率为 3/1 万，接种甲肝疫苗可以避免感染甲肝病毒，接种费用是 450 元（1997 年）。对一般人群（即不是特殊敏感人群）而言，愿意接种的人对自己生命估价不低于 150 万元[450÷(3/1)万＝150 万]；不愿接种的人对自己生命估价不高于 150 万元。就公共决策而言，假如在一个有 1 万人的居民小区发生了丢失下水井盖现象，这使居民增加了每年一万分之一的死亡风险。如果市政部门修复井盖并加强管理，可以完全消除这一死亡风险，但修复井盖和加强行政管理的成本平均每年是 2 万元。市政部门如果采取上述措施，则市政决策中隐含的居民生命价值不低于 2 万元/人 [2÷(1/1)万＝2 万]；市政部门如果不采取上述措施，则市政决策中隐含的居民生命价值不高于 2 万元/人。人寿保险也表明存在隐含的人生命价值。人们在对待死亡风险的微小变化上，与对待一般物品一样，有一个权衡的过程。人们“购买”死亡风险的微小降低，与购买普通物品一样。这为计算出“统计学意义上的生命”的价值提供了条件。如为减少一万分之一的患甲肝死亡的概率，可以花钱接种甲肝疫苗。实际中，如果接种疫苗的费用是 100 元，可能考虑接种疫苗以减少这一万分之一的死亡概率；如果接种疫苗的花费是 1000 元，我会决定不接种疫苗，因为“购买”这“一万分之一的死亡风险降低”的价格太高了。一般人都会考虑、权衡这一价格的高低，其中隐含了人生命价值。

如果明确揭示一个决策中包含的人生命价值，人们可以更明智地做出选择，并且可以与其他决策相比较；如果仍使人生命价值处于隐含状态，人们也许会做出不利于社会和自身的选择，可能在不同政策中厚此薄彼。所以，应该明确估价生命价值。

二、评估生命价值的意义

在伦理学意义上，人的尊严是无可比拟的，用金钱数字来估算生命的价值，是贬低人类尊严的作法。因此在做“生命价值”的估算之前，有必要先澄清我们所作“生命价值”估算的意义。

目前我国学术界普遍认为，价值概念的本质和特殊性，就在于它充分表现了人的主体地位。价值就是以人的主体性（“为我”的目的性、需要、能力及其发展）为尺度的一种关系。任何时候“价值”都是指“对于人的意义”。简单地说，价值这个概念之所以存在，是为了衡量不同商品对于人类的有用性。即价值是为了衡量不同的物与物之间的兑换关系之不同。既然认为，人与人是平等的，那么为什么还要评估生命价值？或者说，既然生命是无法进行交易的，那么评估生命价值还有什么意义？

让我们来举例说明。按照国务院关于修改《国内航空运输旅客身体损害赔偿暂行规定》的决定，每位死亡旅客最高可获得赔偿为 7 万元；《铁路旅客运输损害赔偿规定》最高为 4 万元。这样就导致了一个显而易见的问题：同样是死亡，死在不同的交通工具上竟然会有如此大的差异！

在这里，没有进行生命的交易，而是对生命的赔偿，并且存在着显而易见的不合理之处。不合理之处，主要不在于赔偿的绝对值的大小，而是在于相对值。

就绝对值而言，对于一条生命的丧失，似乎无论赔偿多少钱都不为过——生命无价！反正是无法真正做到“等价”赔偿，那么或多或少赔偿都只是象征性的赔偿，所以穷究人命价格的绝对值是没有意义的。

关键是相对值会透露出人命之间的比较，或者人命与物之间的比较，或者人命与自身生前收入、贡献、其它参照物的比较。“所患非少，而在不公”。比如上例，死于航空运输和死于铁道运输的旅客，获赔金额的相对值是 7∶4，这本身就已经不合理了：不就是死在了不同的交通工具上了么？另外，死亡乘客的获赔金额与其年收入相比，恐怕比值也很不合理。最荒谬的是上例中医疗事故中死去的人和医疗事故中死去的宠物狗，其相对值竟然是 3∶5，狗命比人命贵！

因此，有必要根据人的收入水平、社会贡献等等因素对人的生命价值进行评估，得到一些相对的系数，从而使人身赔偿数额虽不相等，但却有理有据。

由于一讨论人的生命价值，就会陷入伦理学的纠缠中去，一句“生命无价”，就挡住了深入探究的道路。这就导致生命价值的研究始终无法突破，在现实中，死亡赔偿也就无据可依，从而出现下面两类血淋淋的现象：

一类：交通事故致人死亡的低赔偿，直接导致了“撞伤不如撞死”这一观念在司机群体中的广为流传，于是滋生了十分恶劣的行径：过失撞伤人后，一些司机不仅不施救助，反而倒车碾压，致人死命！

另一类现象：人命低赔偿，导致了近年来重大恶性事故频发。由于死亡赔偿金低，矿主不怕死人，也死得起人。矿主们宁愿冒多死几个人的风险，也不愿意投资安全设施。

这两类现象的出现，都充分说明了我们对人的生命价值严重低估。因此，我们当前对于生命价值评估进行理论和方法的研究，一个重要的目的，就是为了使生命赔偿的依据更为合理，杜绝人命低赔偿现象，并且刺激被动的赔偿转化为主动的安全投入。

上面谈到的涉及个人赔偿的生命价值评估，由于人与人的特征各不相同，因此，我们称之为微观的生命价值评估。与此相对，在对于一类人群、一个区域的人群进行生命价值评估时，不用考虑个体之间的差别，因此我们称之为宏观的生命价值评估。

人们一生中的各种活动，都面对着或高或低的危险性（亦即导致死亡的概率）。人们选择危险性较高的活动，也许是因为能从中获得较高的报酬，或者是因为能获得更大的满足感。反之，人们也可能会因为工作危险度增加而放弃岗位。例如，在2006年6月16日安徽当涂县发生的那起特大爆炸事故前，一位工人，因为看出了危险，在两个月前辞职，从而幸免于难。这种选择也显示了其愿意支付一定代价（或者放弃一定的经济利益）来增加其存活的概率。还有，我们会花较高的价格购买“绿色”食品，这也是一种支付一定代价增加存活概率的行为。换句话说，人们在多种活动中，都隐约地在不同的危险程度和不同的满足感之间做抉择，这些抉择都已隐然透露出人们对其生命价值的看法。估算生命价值，就是把这隐藏在人们行为中对生命的评价予以明朗化。

要强调的是，这样估算出来的生命价值，是人们在面对很小的死亡概率变化时的决策行为，并不涉及某一个特定个人的生与死的抉择，因此它只具有概率上的意义。

举例而言，有人在沙漠里失踪，如果搜救成本高于我们所估算的生命价值，是否意味着我们应当放弃搜救呢？不是。对于政府救助而言，在面对一个已知的特定个人时，他的生命是无价的，此时，花费再大的代价来救他也应该。同样，我们所估算的生命价值也不意味有人愿意接受这笔钱而甘愿选择死亡。

另一个例子，如政府花费一笔经费来改善某一段高速公路的防护栏，使每年死于交通事故的人减少十人，此时这十人代表的只是一种概率，可能是全部人口中的任何人，而非特定的个人，此时我们就可用所估算出的生命价值来代表改善高速公路防护栏的效益。

这也同时说明了我们为什么要估算“生命价值”。简言之，就是它可以作为政府在分配资源时的一个指标。政府的公共政策，有时为特意减少人口的死亡概率，如医疗计划、污染防止计划；有时公共政策也会间接地增加人口的死亡概率，例如兴建高速公路、列车提速。此时我们不能因为生命无价而无限制地投资医疗设施，或不兴建高速公路、列车不提速。因此，为了排定施政的优先顺序，合理分配资源，我们必须给生命一个评价，就如同看待其他资源一样，以便于进行每个政策的成本与效益分析。

综上所述，我们可以看出，评估生命价值的意义在于：

(1) 微观的生命价值评估，为人身损害赔偿提供依据，提升人们——尤其是企业主、管理者“以人为本”的安全意识，将被动用于工伤赔偿的投入，主动投入到安全建设中去。

(2) 宏观的生命价值评估，针对群体的平均生命价值，为政府提供制订政策、分配资源的依据。

三、生命价值估算的难点

生命价值的估算，存在着繁多的方法，是因为生命价值估算的难点多，当前的任一种方法都不能完美解决所有难点。

难点主要表现在以下几个方面。

1. 把人当作“特殊商品”，导致估算困难

对于作为“特殊商品”的人进行价值估算，其规律不同于常规意义上的商品。我们决不愿意把“人”看做是商品。但是，既然要评估人生命的经济价值，就只能勉力抽象出人作为商品的那一部分属性。显然，这是很勉强的，所以，会十分不准确。举个例子，就普通商品而言，我们知道，新品的价格最高，使用过的二手商品价格大打折扣，接近报废的商品价格接近零；但是我们能根据这个一般性规律，武断地认为初生婴儿生命价值最高，人到中年价值打折，而老年人就无生命价值可言么？这显然是荒唐的。用普通商品价值估算的规律来估算人的生命价值，会不可避免地产生偏差。

2. 道德因素和社会贡献因素导致估算困难

一般商品不会存在着道德估量问题。例如，粮食与枪炮，在定价的时候，不必考虑它是造福人类还是致人死命的，其定价完全符合经济规律。但是对人而言，是需要考虑社会因素的。举一个极端的例子而言，对罪大恶极的犯罪分子执行死刑，就是认定其生命价值为零。即使在判定死刑犯生命价值为零这个问题上，也仍然有可争议之处：对于像靳如超（2001 年 3 月 16 日爆炸案主犯，炸死 108 名无辜居民）那样的“超级恶魔”也同样判处无区别的死刑，在量刑上并无不妥，但是在民众心理上，却是“枪毙他一千遍都不嫌多”更接近对其生命价值的评估——生命价值为零还不够，难道能对其生命价值评估为负数？

引申到正面典型而言，像袁隆平那样伟大的科学家群体，其生命价值又将如何评价？

事实上，对生命价值的评估，在很多人的眼里，是潜在地考虑了该人对社会的贡献的。

“9·11”事件后，联邦赔偿基金确定的遇害者赔偿办法据说有很大差别：如果遇害者是家庭妇女，她的丈夫和两个孩子能得到50万美元的赔偿。如果遇害者是华尔街经纪人，他的遗孀和两个孩子却能得到430万美元。这种差距招致许多受害者家属的强烈抗议，美国政府被迫承诺修改赔偿金发放办法。但是话又说回来，真要修改了，是压低华尔街经纪人的命价呢，还是提高家庭妇女的命价？经纪人一年就可能赚三五十万，纳税额也非常高，压低了明显亏待人家的家属；把家庭妇女的赔偿金提高到430万，纳税人又会有意见：干脆你把我这条命也拿走算了。

3. 个人心理活动状态和生活压力状态的差异导致估算困难

在用支付意愿法来做统计调查时，被调查人心理活动的影响是不容忽视的。其中包括被调查人由于对生命经济价值的无限扩大，和基于实际支付能力的有限，造成的判断力缺失，报出随意的数据。

人在较大的经济压力下，对自身生命价值作出的估价是偏低的。对于危险工作岗位，愿意放弃，和能够放弃，并不一定一致。根据马斯洛需求层次理论（马斯洛把人的需求划分为五个层次，按由低到高的次序为生理需求，安全需求，社交需求，尊重需求，自我实现需求。人只有满足了低层次的需求，才会去追求高层次的需求），人的温饱是第一需求，安全是第二需求。在不少矿难的调查中，记者们发现一个血的事实：尽管一些煤矿的安全状况极差，事故频发，仍然有人前赴后继地下井，甚至，还要托关系才能当上矿工！那张毫无法律效力和公平可言的“生死契约”竟然有不少农民愿意为之争夺！不少矿工无奈的感叹，透露出其生命价值的临界值与危矿事故率的关系：宁可挖煤被砸死，也不能坐在家里饿死！

另外，人在不同的健康状态下，对生命所作出的估价差异也是极大的。前面说到的大连空难中，肇事人张丕林为了获取高额保险费而自愿选择死亡，他对自身生命价值的估算是远远低于保险金的。据报道，肇事人张丕林在当年早些时候被诊断为肝癌晚期。这样看来，他在选择自杀时所要克服的由求生意识和恐惧感产生的阻力就大大降低了。

4. 生命个体的当前生活状态与可能出现状态的不定性导致估算困难

在当前常用的生命价值估算方法中，考虑到可操作性，绝大多数是以当前收入水平、消费水平、教育水平为标准的。这就存在着一个问题：把将来状态作为当前状态的延续，忽视了人的特殊性，特别是，忽视了人的智商、情商因素、努力因素和机遇因素。它所隐含的命题是：穷人基本上会继续贫困，富人基本上会持续富贵。这与中国古话“富不过三代”所验证的普遍现实状况是相冲突的。

5. 当前中国社会变革引起人们对生命价值评估的浮动值过大

社会的变革引起人们价值观发生变化，这是不言而喻的。而价值观的变化显然会影响人们对生命价值的判断。当今中国正处在这样一个快速变化过程中。同一个人，在若干年前，对自身生命价值的评估，与现今对自身生命价值的评估，其差额是非常大的；生活环境改善大的人，与生活环境改善小的人相比，前者的评估差额会更大。这样就会导致生命价值的自我评估值的主观浮动范围增大。

生命价值的研究，即使在发达国家，也还远远谈不上成熟，但毕竟很多学者已经做过了相当多的有益工作，提出了一些相对严谨的理论，并且设计了一些巧妙的方法。但是由于种种原因，尤其是由于伦理道德等方面的原因，使得生命价值评估方法和结果始终不能得到权威性的统一。

由于历史的原因，我国在生命价值评估理论方面，起步较晚，尚未真正形成可圈可点的理论；在技术上，也由于基础统计数据的严重缺乏，使得统计方法的设计也大为受限；也由于种种原因，民众对于问卷调查的反应冷淡，回复率极低。因此，照搬西方的理论方法在我国进行生命价值评估，条件并不成熟。所以，我们要在国外理论的基础上作进一步的探索，寻找出适合中国国情的生命价值评估理论。

四、国外研究生命价值的方法

以下对于国外估计生命价值的实证研究，作一简单的回顾。近几十年来，各国的学者从不同的角度、采用不同的方法对人的生命价值进行了定量分析，其中，最常用的方法是人力资本法和支付意愿法。支付意愿法又分为 3 种类型：工资—风险法或劳动力市场法、消费市场（行为）法和条件价值法。

（一）人力资本法

"人力资本法"（human-capital approach）有着悠久的历史，其思想来源甚至可以追溯到 1699 年，威廉·配第（W. Petty）发表的《政治算术》。人力资本法也叫工资损失法。它是通过市场价格和工资多少来确定个人对社会的潜在贡献，并以此来估算人的生命价值，即，某人的生命价值是他预期未来一生收入的现值。人力资本法大致分为传统方法和改进方法。

1. 传统人力资本法

传统的人力资本法长期被用来评估环境污染、工伤事故对健康损害的价值或由于采取控制或治理污染措施、采取安全技术措施而对健康有利的效益。

一个健康的人在正常情况下，参与社会生产，创造物质或精神财富，在对社会做出贡献的同时，其本人也获得一定的报酬。环境恶化和工伤事故会导致人体健康受损，过早地死亡或者丧失劳动能力，个人对社会的劳动贡献将部分或全部丧失，由此就增加了社会费用。这种损失，可以用个人的劳动价值来等价估算。个人的劳动价值是每个人未来的工资收入（考虑年龄、性别、教育等因素）经贴现折算为现在的价值。

美国经济学家莱克（R. G. Ridker）是最早将人力资本法加以应用的人。他对过早死亡和医疗费用开支的计算公式如下：

$$V_x=\sum_{n=x}^{\infty}\frac{(P_x^n)_1(P_x^n)_2(P_x^n)_3Y_n}{(1+r)^{n-x}} \tag{8-1}$$

式中 V_x——年龄为 x 的人的未来总收入的现值；

$(P_x^n)_1$——该人活到年龄 n 的概率；

$(P_x^n)_2$——该人在 n 年龄内具有劳动能力的概率；

$(P_x^n)_3$——该人在 n 年龄内具有劳动能力期内被雇佣的概率；

Y_n——该人在 n 年龄时的收入；

r——贴现率。

1972 年，米山（Mishan）对上述公式进行了改进，其具体形式为：

$$V=\sum_{t=T}^{\infty}Y_tP_T^t(1+r)^{-(t-T)} \tag{8-2}$$

式中 V——年龄为 t 的人的未来总收入的现值；

Y_t——预期个人在第 t 年内所得的总收入或增加的价值，扣除由他拥有的任何非人力资本的收入的余额；

P_T^t——个人在现在或第 T 年活到第 t 年的概率；

r——贴现率。

人力资本法的出现，对生命价值量化的探索和突破，有着不可磨灭的历史功绩。但是，学界对于传统人力资本法也有着激烈的争议，主要表现在伦理道德问题和效益归属问题上。

一是伦理道德问题。人力资本法认为，人的生命价值等于他所创造的价值。它把人作为生产财富的一种资本，因此，它只计算工资收入。以收入来作为生命价值，是非常物质主义的，它隐含着“没有赚钱能力的人就没有生存价值”这一论点。这一点是难以令人接受的。此外，严格的人力资本法所说的收入是从工资中减去个人的消费。由此可以推断，当一个人的消耗大于他的产出时，其死亡是对社会有利的。单从社会利益的角度来看，社会应该加速这些人的死亡。但从伦理道德上来看，这是不人道的。

二是效益的归属问题。尼德曼（Needleman，1976 年）认为，人力资本法评价的效益是风险的减少，而不是生命价值。这种方法评价的统计量是风险的变化，而不是生命本身的价值。这已为大多数经济学家所接受。因此，效益即价值的归属问题就成为一个有争议的问题。

2. 改进的人力资本法

在上述两个争议中，最大的是伦理道德问题。如果这个问题能够妥善解决，人力资本法的应用前景还是光明的。

美国疾病控制中心于 1982 年应用流行病学中用以衡量疾病负担的潜在寿命损失年（year of potential life lost，YPLL）和伤残调整生命年（disability adjusted life year，DALY）指标。

YPLL 是流行病学中用以衡量疾病负担的一个指标。它是指死亡时的实际年龄与期望寿命年龄之差值。某人群的总 YPLL 是每例死亡者的 YPLL 之和。某死因在某人群的 YPLL 总和，除以该死因的死亡人数，就可以得出该死因每例死亡者的平均 YPLL。YPLL 所计算的并不是一个人的生命价值，而是将某一人群不同年龄的死亡人数，转变为统一的死亡人年。一般，根据全国疾病监测系统的监测统计资料，可以计算出各类死因的 YPLL 的总和值和每例死亡的平均 YPLL 值。由此可以求算环境污染对健康损害的损失价值。具体计算公式为：

$$Y=Y_1+Y_2 \tag{8-3}$$

$$Y_1=M_1 \cdot YPLL_a \cdot P_1 \tag{8-4}$$

$$M_1=N \cdot R_1 \cdot A_1 \tag{8-5}$$

$$Y_2=M_2 \cdot T \cdot P_2 \tag{8-6}$$

$$M_2=N \cdot R_2 \cdot A_2 \tag{8-7}$$

式中 Y——环境污染造成的健康损失价值；

Y_1——因污染致过早死亡的健康损失价值；

Y_2——因污染致发病增加的健康损失价值；

M_1——因污染致过早死亡人数；

M_2——因污染而增加的发病人数；

N——所论地区人口总数；

R_1——所论地区总死亡率；

R_2——所论地区总发病率；

A_1——死亡原因中归因于污染的系数；

A_2——发病原因中归因于污染的系数；

$YPLL_a$——每例死亡者的平均潜在寿命损失年；

P_1——社会人均年工资额；

P_2——每例患者每天平均工资、医疗费和陪护费之和；

T——每例患者平均误工天数。

伤残调整生命年（DALY）法与 YPLL 法极为类似。它们的不同之处在于，DALY 法综合考虑了一种疾病对人体健康生命的慢性耗损（残疾）和急性毁灭（早逝）。因为人体受到环境污染伤害后，其健康受损通常是渐变的，发作时间有的很长，表现为慢性病且慢慢地演变为死亡。因此，DALY 可以比较一个长期的死亡危险小的慢性病和一个短期的死亡危险大的急性病哪个对人造成的损失更大。

YPLL 法和 DALY 法将直接计算人的生命价值改为计算每个人年的价值，从而避开了伦理道德难题，是对传统人力资本法的重大改进。这些经过改进的人力资本法的主要优点：一是数据的易得性。YPLL 法和 DALY 法所需的数据可直接查阅有关资料，获取比较容易。如卫生部防疫司建有全国疾病监测网，自 1990 年起，其监测结果汇入《中国疾病监测报告》，每年连续发行，应用较为方便。二是避开了伦理道德难题。传统的人力资本法，因需计算人的生命价值，引发了伦理道德论

争。YPLL 法和 DALY 法通过适当的转化模式巧妙地避开了这一难题，易于被接受和推广。

但是，YPLL 法将未来的生命价值同现在的生命价值等同，这在理论上是欠缺的。当计算环保措施的健康效益（避免了的健康损失）时，可以用挽回一个 DALY 的成本代替增加一个 DALY 的损失费用，即因采取防治污染措施而获得的健康效益价值，等于 DALY 总损失乘上挽回一个 DALY 的成本。就是说，这种办法主要依赖于挽回一个 DALY 的成本值，这会给结果带来一定的误差。

另外，还有一个重要的适用条件。YPLL 法和 DALY 法规避了直接计算人的生命价值，在宏观评估公共政策的效益方面，尤其是环保政策效益方面是恰当的，但是对于生命损害的赔偿，无法规避直接计算生命价值，它们就不适用了。

总体说来，无论是传统人力资本法还是改进的人力资本法，与其他方法相比，优点在于所需数据容易采集，如收入指标等，比较容易定量，且数值相对稳定。但也存在着明显的缺陷。除上述伦理道德问题和适用局限性以外，还有以下三种缺陷。

(1) 这种方法仅仅考虑了个人现在与将来的收入，而没有考虑人们对安全或风险的估价，因此运用该方法评估的生命价值明显偏低，在美国进行的生命价值评估结果显示，人力资本法估算的生命价值为条件价值法的 1/10～1/5。

(2) 现实中的劳动力市场存在歧视性因素，而且制度因素也会导致收入差别，这些差别在换算成个体生命的价值时，会导致不合理的结果。

(3) 该法极易受贴现率大小的影响。因此，应用这种方法的研究文献越来越少。

(二) 工资—风险法

工资—风险法利用劳动力市场中死亡风险大的职业工资高（其他条件相同时）的现象，通过回归分析控制其他变量，找出工资差别的风险原因，进而估算出人的生命经济价值。假定有两种工作，其他方面都相当，唯一的不同是，一种工作存在死亡风险而另一种工作则没有（如对摩天大楼的玻璃幕墙进行清洁的工作和普通的室内清洁工作）。在一个有着许多种工作可供选择并存在有关各种工作的充分信息的完全竞争性市场中，提供风险性工作的公司吸引工人的唯一办法就是付给他们更高的工资。因此，这种属于风险补偿性质的工资差别就可以看做是个人降低死亡风险的支付意愿。如果我们排除了导致工资差别的其他因素如教育程度、经验、年龄、性格和地区差异等因素，就可以对这种差别进行测量。

事实上，这种方法更确切地说是一种受偿意愿法，它是通过考察当死亡风险增加时一个人希望得到的额外工资额来确定生命价值的。这一方法的前提是工人会在工资与风险之间进行“理性的权衡”，并且工人已知与工作有关的风险信息，可以自由选择职业。

工资—风险法的优点在于研究结论基于对劳动力市场实际行为的观察。

但是，由于所有的研究结论均建立在“人是理性的”这一假设之上，如果人们没有完全理解风险，或是没有理性地做出反应，则均衡就不是建立在客观风险基础之上，所以工资—风险法的适用性也很受限制。首先，劳动力市场所能提供的有效数据有可能达不到所研究风险类型或者某些特殊群体的工资—风险交易的需要。面对风险，工人们也会有不同的态度和偏好，如有的从事风险工作的人也许不像社会上一般人那样厌恶风险。即使有很好的数据资料，基于工资差别的估计也不可能估计大多数白领工人和所有非体力劳动者的支付意愿。其次，工人们可能不具有有关风险级别的正确信息。如化工行业的例子，社会上很少有人知道与某些化工产品打交道会存在什么风险。此外，非常重要的一点，是工人们不一定具有在所有工作中进行自由选择的可能性，就是说，他们的技能只能允许他们选择某种工作而不管它是否有风险，否则就要失业。在中国，由于劳动力过剩，用工资—风险法来评估生命价值，显然是会低估生命价值。例如，高危险工作如采掘业，其工资很低，相反劳动者还趋之若鹜，这是否说明采掘工的生命价值低，并且有更加降价的趋势？这显然是劳动力市场供大于求的原因导致的。

凡此种种因素，使得工资—风险法评估生命价值的合理性、准确性大打折扣。

(三）消费市场法

这种方法关注的是人们在其进行消费决策时，在风险与利益之间的权衡。该法假设人们在购买防护用品或者进行消费决策时是理性消费者。如购买烟雾探测器、使用汽车座位上的安全带、超速驾车和是否认识到吸烟危害健康的信息等。例如，Garbacz 给出了生命价值与购买烟雾探测器之间的函数关系，当已知探测器的成本与效益，同时考虑其他影响火灾风险因素（如吸烟和饮酒），他最终估算出生命价值为 270 万美元。

消费市场法与工资—风险法很相似，所分析的都是个人的可观察行为。由于许多这一类消费决策都很具体（如买不买烟雾探测器），因此这样的研究很难从总体上揭示消费者有关人身安全的总支付意愿。维斯科西（Viscusi）指出，“消费者在做这一类具体的决策时，不会深入到考虑更安全的边际成本与边际价值相等这样的程度”例如，假设本地区人群中乙肝死亡率是千分之一，花 100 元钱注射乙肝疫苗就可以降低这千分之一的死亡概率，我会毫不犹豫选择注射；见我掏钱太爽快，药店老板把乙肝疫苗涨价到了 1000 元，我可能会在犹豫后选择注射；同样，如果疫苗涨价到 10000 元，我会毫不犹豫地选择放弃注射，因为我觉得花 10000 元钱购买“降低千分之一的死亡率”不值得。这样可以推断，在这桩“掏钱买命交易”中，1000 元这个价格比 100 元和 10000 万更接近于我认同的“不赔不赚”边际点。据此推断出我的生命价值更接近于 100 万元，而不是 10 万元或者 1000 万元。但在实际生活中，乙肝疫苗采取的是定价方式，而不是议价或者竞价方式。比如该药定价 100 元，我注射了，据此推断出我生命价值为 10 万元，就远远小于在理想条件下支付意愿法计算出的价值。这就是用消费市场法估算生命价值不够准确的一个重要原因。

消费市场法与工资—风险法的主要区别在于，消费市场法对防护用品价格系数

进行估计，而工资—风险法则是对工资系数进行估计。但消费市场的产品属性的货币价值和风险很难观测，因此，相应的研究结论不如工资—风险法可靠。与工资—风险法相比，利用消费市场法进行相关研究的文献数量相对较少。

（四）条件价值法

条件价值法是一种在假定市场环境的条件下进行统计调查的方法，即在调查问卷中假定一个市场环境，然后询问被调查者针对多种可供选择的安全水平，为降低特定数量的死亡风险而愿意支付的钱数，由此求出人的生命价值。

根据 Viscusi 的分析，条件价值法可以克服上述两种支付意愿法存在的问题：

① 利用条件价值法不必进行消费理性假设；

② 利用条件价值法得出的结果适用于一般人群，并不局限于工人和消费者；

③ 条件价值法依赖于调查，而不是人的实际行动，研究人员可以通过对调查样本及过程的设计，获取预想的信息。

条件价值法的优点也恰恰是其受到批评的来源。由于条件价值法是通过观察人们在模拟市场中的行为，而不是在现实市场中的行为来进行评估的，通常不发生实际的货币支付，因此，可能会出现各种偏差，研究者并不清楚调查对象提供的答案，是否是在真正理解了问题的基础上，对这一类问题所做出的前后一贯的回答。尤其在所涉及风险不太大的问题时，更有可能今天一个说法，明天又一个说法。其次，从心理学和经济学的角度看，调查对象往往会过高地估计那些概率很小的事件的风险规模。另外，由于没有一个客观的价值标准，不同经济发展区域、不同人群得出的数值会有较大差异；而且调查对象的回答也许还受同一个问题的不同提法或措辞所影响。因此，调查问卷的设计、调查程序和方法是条件价值法应用的关键，直接影响条件价值法应用的有效性、可靠性。

五、国内外生命价值评估的研究成果

（一）国外生命价值评估相关研究成果

关于人的生命经济价值的探讨国外早已有之。1699 年，威廉·配弟（Petty）在《政治算术》中，他运用生产成本法计算出当时英国人口的平均货币价值为 80 英镑。

（1）美国经济学家泰勒等 1975 年对死亡风险较大的一些职业进行了研究，考察了随安全性变化社会预付工资的差别，采用回归技术来推断社会（人们）对生命价值的接受水平，其结果是：由于有生命危险，人们自然要求雇主支付更多的生命保险，在一定的死亡风险水平下，似乎人们接受到一定的生命价值水平，将其换算为解救一个人的生命，大约价值为 34 万美元。

（2）英国学者 SMDAIR，1972 年利用本国国家统计数字研究了三种不同工业部门为防止工伤事故而花费的金钱。从效果成本分析中得出了人生命内含估值。即为防止一个人员死亡所花费的代价（见表 8-1）用以推断人的生命价值。

表 8-1 英国三种行业的安全代价及生命估值

行业	年均风险/1000 工人			年均支出/(镑/每人)	生命估值/万镑
	轻伤	重伤	死亡		
农业	25.7	4.44	0.197	3(1966—1968)	1.5
钢铁业	72.7	9.92	0.216	50(1969)	23
制药业	25.0	0.42	0.020	210(1968)	1050

(3) 美国学者布伦魁斯特，1977 年进行了一项研究，他考察了汽车座位保险带的使用情况。他用人们舍得花一定时间系紧座位安全带的时间价值，推算出人对安全代价的接受水平，结果是人的生命价值为 26 万美元。

(4) 1853 年，经济学家威廉·法尔（Farr）在伦敦的《统计学会月刊》上首次提出了描述人的生命价值的一系列评估公式，他在分析和计算人的经济价值时运用到了个人未来净收入的资本化方法或现值收入法。

(5) 1880 年，人的生命价值理念被引入人寿保险领域后，1924 年，保险学家 Huebner 将其确定为人寿保险的经济基础，并提出了人力资本法概念。但自从 Schelling 发表了著名论文《你所挽救的生命也许就是你自己》以后，大部分研究者都放弃了人力资本法，转而选择支付意愿法。尽管如此，世界银行和世界卫生组织目前在发展中国家仍然应用人力资本法计量健康、安全效益的货币价值。

在支付意愿法包含的三种方法中，国外学者应用工资—风险法和条件价值法评估生命价值的文献较多，代表性的研究成果如表 8-2 所示。

表 8-2 国外生命价值评估代表性研究成果

研究者(发表年)	数据来源国	风险类型	方法	生命价值评估值
Viscusi(1978 年)	美国	工作主观风险	工资—风险法	530 万美元
Marin 等(1982 年)	英国	职业死亡风险	工资—风险法	350 万美元
Lanoie 等(1995 年)	加拿大	工作主观风险	工资—风险法	1800 万～2000 万美元
Shanmugam(2000 年)	印度	工作风险	工资—风险法	76 万～102.6 万美元
Kim 等(1993 年)	韩国	工作风险	工资—风险法	50 万美元
Jones-lee 等(1985 年)	英国	交通安全	条件价值法	50 万美元
Gerking 等(1988 年)	美国	职业安全	条件价值法	266 万美元
Lanoie 等(1995 年)	加拿大	职业安全	条件价值法	2200～2700 万加元
Vassanadumrongdee(2005 年)	泰国	空气污染和交通安全	条件价值法	74～132 万美元和 87～148 万美元
Hammitt 等(2006 年)	中国	空气污染	条件价值法	0.4～1.7 万美元

(6) 美国经济学家克尼斯，在他 1984 年出版的论著《洁净空气和水的费用效益分析》一书中，主张在对环境风险进行分析时，考察每个生命价值可在 25 万～100 万美元之间取值。

(7) 美国环境专家奥托兰诺在其专著《环境规划与决策》中提到一种方法，即用向公众征询的方法，调查减少死亡危险愿支付的水平。例如：对乘较安全的飞机应付较高的费用，得到的结果是，人的生命价值范围在数万美元到 500 万美元之间，相差三个数量级。

(8) 目前，国外比较通行的是“延长生命年”法，即人一生的生命价值就是他每延长生命一年所能生产的经济价值之和。这主要由年龄、教育、职业和经验等决定。在计算中一般用工资来代表一个人的生产量。如果把反映时间序列的贴现率考虑进来，就可以参照当年的年工资率来计算任何年龄段上人的生命价值。例如一个6岁孩子的生命价值，就要看他的家庭经济水平，他的功课状况，预期他将接受多少教育及可能从事哪一职业。假设他21岁时将成为会计师，年薪2万美元，由此可用贴现率计算他在6岁时的生命经济价值。

当一个人年老退休后，由于他已不再从事生产，因此就不能用上述方法计算人的经济价值，而要用他的消费额来反映他的生命价值。根据诺贝尔经济学奖获得者莫迪里安尼的生命周期假说，人们在工作赚钱的岁月里（18～65岁）积蓄，以便在他们退休以后进行消费，从而一个人在不同的年龄段其生命价值的计算方法是不同的。未成年时是以他将来的预期收入计算；退休后是以他的消费水平计算；在业期间则要预测他若干年中的工资收入变动状况。这三种计算方法不仅在计量标准上不统一，而且所反映的生命价值含义也是不确定的，有时指的是人的生产贡献，有时又指的是人的消费水平。

Viscusi 和 Aldy 对近30年来的相关研究进行了综述，其中，有30多位研究人员利用美国劳动力市场数据，运用工资—风险法对统计意义上的生命进行了估算，近半数的研究人员估算的生命经济价值在500万～1200万美元之间。

Marin 和 Psacharopoulos 首次利用美国劳动力市场以外（即英国）的数据估算了人的生命经济价值，为350万美元。

之后，尝试利用其他发达国家和发展中国家的数据进行生命经济价值估价的研究人员日益增多。例如：Lanoie，Pedro 和 LaTour 利用加拿大劳动力市场的数据得出的生命经济价值为1800万～2000万美元。

Shanmugam 利用工资—风险法，对印度南部地区的制造行业中的蓝领男性雇员进行调查，估计的生命价值为76万～102.6万美元。

Kim 和 Fishback 利用1984～1990年期间的韩国劳动力市场数据，估计了生命经济价值为50万美元，这一估算结果大约是劳动者平均每年收入的94倍。

Hammitt 和 Graham 对1984～1998年间利用条件价值法估算生命价值及健康价值的25篇文献进行了回顾，其中，最具影响力的是 Jones-Lee 等接受英国交通部的委托，利用专职调查人员，在全国范围内随机选取样本，就交通安全背景下人的生命价值进行的估算，得出的生命价值为50万美元。

相比之下，以职业风险为背景，估算人的生命价值的研究较少。第一位研究降低职业死亡风险的支付意愿的学者是 Gerking，他通过邮寄问卷的方式得到被访者降低风险的支付意愿均值为665美元，提高风险的受偿意愿均值为1705美元，进而可以算出生命价值分别为266万美元和682万美元。另一位进行相关研究的学者是 Lanoie，他于1990年在加拿大蒙特利尔的13家公司选取样本，利用条件价值法和工资—风险法估算生命价值。他认为在条件价值法下支付意愿价值更为可靠，在测试与工作风险有关的支付意愿基础上，得到的生命价值为 2200 万～2700 万加拿大元。

进入 21 世纪，利用条件价值法估算生命价值的研究无论在深度和广度上均有所进步。Vassanad—umrongdee 在泰国曼谷进行了一项条件价值法研究，就降低空气污染和交通事故两种致命风险的支付意愿进行了调查，计算得出的生命价值分别为：空气污染背景下 74 万～132 万美元，交通事故背景下 87 万～148 万美元。

Hammitt 和 Y. Zhou 运用条件价值法在中国的北京和安庆估算通过提升空气质量挽救一个人的生命的经济价值为 4000～17000 美元。

此外，Hammitt 还就疾病类型与潜伏期对生命价值的影响进行了研究，研究结果表明，用于减少由环境污染引起的致命癌症风险的支付意愿要大于用于减少其他相似的退化疾病风险的支付意愿，两种疾病类型下的生命价值相差近 1.5 倍。

生命价值的常用评估方法有着各自不同的优缺点和适用范围，选择适当的方法评估人的生命价值，不仅可以为政府制定职业安全卫生管理制度和事故赔偿标准提供参考依据，对于企业正确评价事故经济损失和安全投资项目的经济效益，增加企业安全投入的压力和动力也有着极为重要的意义。通过对国内外相关研究进行分析，可以得出以下结论：

(1) 支付意愿法已经成为国外学者进行生命价值评估的主流方法。尽管世界银行和世界卫生组织目前在发展中国家仍然应用人力资本法计量健康、安全效益的货币价值，但从已检索到的国外文献看，评估生命价值的方法主要是支付意愿法，特别是其中的工资—风险法和条件价值法。

(2) 运用支付意愿法评估生命价值的研究主要是在发达国家进行的，近年来越来越多的发展中国家也开始重视该领域的研究。已有国外学者运用条件价值法在我国进行的生命价值评估研究，但估算结果远远小于发达国家，与发展中国家的评估值也相差甚远。

(3) 国内学者评估生命价值的方法主要局限在对人力资本法的改进和利用上，对于支付意愿法，虽有学者进行探讨，但大多仅仅是对相关原理及方法的介绍，或者是对人力资本法和支付意愿法进行比较，运用支付意愿法评估生命价值的实证研究几乎空白。

(4) 继续进行生命价值的人力资本理论研究。运用人力资本法评价人的生命价值具有较强的客观性，适用于评估事故、灾害导致的人员死亡对家庭、社会和企业造成的损失。王亮虽然设计了生命价值计算模型，但各种类型人员的生命价值的测算有待于进一步展开。

(5) 尝试运用支付意愿法评估生命价值。支付意愿法是国外评估生命价值的主流方法，目前已有国外学者运用其中的条件价值法在中国进行生命价值估算，且证明了研究的可行性和有效性，因此，今后可以在更大范围内，就不同的致命风险进行深入研究。但开展条件价值法评价需要严格的质量控制。

(二)国内生命价值评估相关研究成果

我国的一些经济学家在进行公路投资可行性论证时，当考虑到减少伤亡所带来的效益，从而计算效益比时，对人员伤亡的估价为死亡一人价值 1 万元，受伤一人 0.14 万元。

在我国，人们普遍感到经济赔偿标准定得太低，死一个人只赔偿亲属几千元，并且是长期稳定不变。由于理论上说不清是对人的生命中经济价值损失的赔偿，还是对人的生命本身的赔偿，使得计算方法和模型难以科学地确立，只能按惯例处理。为此有人给出一种生命价值的近似计算公式：

$$V_{\mathrm{h}}=D_{\mathrm{H}}\times P_{\mathrm{v+m}}/(N\cdot D) \tag{8-8}$$

式中 V_{h}——生命价值，万元；

D——企业上年度法定工作日数，一般取 250～300 日；

$P_{\mathrm{v+m}}$——企业上年度净产值（$V+M$），万元；

N——企业上年度平均职工人数；

D_{H}——人的一生平均工作日，可按 12000 日即 40 年计算。

由式(8-8)可知人的生命价值指的是人的一生中所创造的经济价值，它不仅包括事故致人死后少创造的价值而且还包括了死者生前已创造的价值。在价值构成上，人的生命价值包括再生产劳动力所必需的生活资料价值和劳动者为社会所创造的价值(V+M)，具体项目有工资、福利费、税收金、利润等。如果假设我国职工全年劳动生产率是 2 万元，即一个工作日人均净产值约为 67 元，即 $P_{\mathrm{v+m}}/(N\cdot D)=67$ 元，则可算出我国职工的平均生命价值是 80 万元。

人身保险的赔偿也需要对人的价值进行客观、合理的定价。它客观上是用保险金额来反映一个人的生命价值。它是根据投保人自报金额，并参照投保人的经济情况，工作地位，生活标准，缴付保险费的能力等因素来加以确定的，如认为合理而且健康情况合格，就接受承保。保险金额的标准只能是需要与可能相结合的标准，如我国民航人身保险：丧失生命保险赔偿 20 万元，其他身体部分伤残按一定比例给予赔偿。

我国在 20 世纪 80 年代中期，企业在进行安全评价时，当考虑事故的严重度，对经济损失和人员伤亡等同评分定级时，作了这样的视同处理：财产损失 10 万元视同死亡一人，指标分值 15 分；损失 3.3 万元视同重伤一人，分值 5 分；损失 0.1 万元视同轻伤一人，分值 0.2 分。这种做法客观上对人的生命及健康的价值用货币作了一种定界。

我国福建省人大 1996 年通过的《福建省劳动保护条例》规定，工伤死亡职工的赔偿金额为 25 年的基本工资。照此推算，我国 2001 年的职工平均工资约为 1.1 万元，则工伤的生命赔偿价值约为 30 万元，如按北京市 2001 年的职工平均工资收 2.5 万元计，则生命赔偿价值可达 60 余万元。

2010 年国务院国发（2010）23 号文《国务院关于进一步加强企业安全生产工作的通知》明确：因工伤亡的职工其一次性工亡补助金标准为按全国上一年度城镇

居民人均可支配收入的20倍计算，发放给伤亡职工近亲属。

在人的生命价值评估方面，国内的研究尚显不足，且主要是应用人力资本法估算生命价值（见表8-3）。

表8-3　我国生命价值评估代表性研究成果

研究者(发表年)	评估对象	所用方法	生命价值评估值
王国平(1988年)	30岁左右因公死亡职工	人力资本法	1.14万元
王亮等(1991年)	企业职工	人力资本法	6万元
梅强等(1997年)	具有高中文化程度的工业企业职工	人力资本法	38万元
屠文娟等(2003年)	具有高中文化程度的职工	人力资本法	72万元
王亮(2004年)	26岁中国体力劳动者	人力资本法	65.76万元
王玉怀等(2004年)	40岁的初中毕业矿工	人力资本法	42.5万元

根据可查阅到的文献，国内较早研究生命价值评估方法的学者是王国平。

王亮在《企业职工伤亡事故经济损失统计标准》规定的“工作损失价值”计算公式的基础上，给出了人命经济价值的近似计算公式，计算出我国职工的平均人命经济价值为6万元。

梅强、陆玉梅对上述计算公式进行了扩展，并推算出一名具有高中文化程度的工业企业职工的生命价值为38万元。

屠文娟等对我国人力资本法估算模型进行了补充和修改，估算出我国目前一名具有高中文化程度职工的生命经济价值约为72万元。

王亮设计了较为复杂的生命价值计算模型，并以体力劳动者为对象进行实证检验，计算结果为65.76万元。

王玉怀、李祥仪以河北某国有重点煤矿为例，采用企业的净产值推算矿工的生命价值为42.5万元。

六、生命的风险代价理论

“风险”一词在字典中的定义是：“生命与财产损失或损伤的可能性”。一般不能够精确地知道生命风险的代价，因为不同的人，对风险的看法或偏爱会因时而异，甚至随情况变化，但我们至少对该值有了一个范围，可以在数量上估算出生命风险的代价。

美国奥托兰在他的著作中用人生命效用来描述人的安全价值或愿承担的风险代价。而人的生命效用与个人的财富有关。具体是：

一个人的效用函数U是个人的财富W的递增函数，即为U（W）。这样，如果人死亡的风险为R，则一个人的安全效用期望为：

$$(1-R)U(W) \tag{8-9}$$

如果人们希望保持效用期望固定不变，也就是说个人的财富（或收入）的增加必需与风险的增加相抵消，即有：

$$(1-R)U(W)=\text{常数} \tag{8-10}$$

对式(8-10) 全微分，有：

$$-U(W)\mathrm{d}R+(1-R)U'(W)\mathrm{d}W=0 \tag{8-11}$$

式中，U'为效用函数对财富 W 求导，即 $U'=\mathrm{d}U/\mathrm{d}W$。对式(8-11) 整理可得：

$$\mathrm{d}W/\mathrm{d}R=U/[U'(1-R)] \tag{8-12}$$

式(8-12) 的左端是财富随死亡（生命）风险增加的增长率。这一增长率与式(8-12) 右边的函数及生命代价有关。这一理论是基于补偿变分的思想，即表现的是人接受不安全概率的增加对人们所造成的财富代价损失的关系。这一理论对研究劳动安全的社会补偿（给个人），相应地对社会进行事故预防投入决策，有一定的指导意义。

对式(8-12) 进行分析简化。如果在一定的社会经济环境（社会的经济水平，行业的经济水平，地区的经济状况等）条件下，人的财富是相对固定的，可假设人的财富有一固定效用弹性 η，有：

$$\eta=(\mathrm{d}U/\mathrm{d}W)\cdot(W/U) \tag{8-13}$$

这样，式(8-12) 可写成：

$$\mathrm{d}W/\mathrm{d}R=W/\eta(1-R) \tag{8-14}$$

研究风险代价最基本目的是获得特定条件下的风险边际代价，由此推导出边际控制费用。这一过程简述如下：

由式(8-12) 即可得到风险的边际代价，为：

$$(\mathrm{d}W/\mathrm{d}R)\cdot U=U/U'(1-R) \tag{8-15}$$

式中，U 为特定条件下相对固定不变的效用水平。

如果讨论的是劳动过程尘毒气体引起职业危害的风险问题，即风险 R 是尘毒污染 X 的函数。在这种情况下，效用函数对每个工人都是一样的，即人们希望预期的效用能够最大化。

$$N[1-R(X)]U(W) \tag{8-16}$$

式中，N 为受污染危害的总人数。

式(8-16) 的约束条件为：

$$W-N_{\mathrm{W}}-C(X_0-X)=0 \tag{8-17}$$

式中　W——社会收入或称总财富；
X_0——初始污染水平；
N_{W}——分配给个人的财富；
X——控制后污染的水平；
C——污染边际控制费用；
$C(X_0-X)$——控制工业污染的费用。

根据上两式，可导得边际控制费为：

$$C'=N[U/U'(1-R)]\times R_{\mathrm{x}} \tag{8-18}$$

式中　C'——边际控制费；
R_{x}——污染对风险的边际影响。

以上探讨的模型是建立在福利理论基础之上的，它分析的立足点是社会的经济能力。

【案例】 美国的空气污染对生命与健康影响的研究

本案例介绍一些研究使用疾病成本法和人力资本法计算美国空气污染对健康的影响．本例的材料最初由哈弗斯密特（Hufschmidt，1988）汇总的。

（1）早死亡的费用。瑞德克（Ridker 1967）的研究是人力资本法最早的应用之一。他用总产出法计算损失的收入。计算公式如下：

$$V_X=\sum_{n=X}^{\infty}[(P_X^n)_1(P_X^n)_2(P_X^n)_3Y_n]/[(1+r)^{n-X}] \tag{8-19}$$

式中，V_X 为一个年龄 X 的人的未来收入的现值；$(P_X^n)_1$ 为年龄 X 的人活到年龄 n 的概率；$(P_X^n)_2$ 为年龄 X 的人活到年龄 n 的条件下，仍有劳动能力的概率；$(P_X^n)_3$ 为年龄 X 的人在年龄 n 时还活着，并且有劳动能力的条件下，仍被雇用的概率；Y_n 为这个人年龄为 n 时的收入；r 为贴现率。

（2）治疗费用。在计算空气污染的成本时，瑞德克计算了四种由于空气污染引起的主要疾病治疗费用：慢性气管炎、呼吸系统癌症、哮喘和肺炎。以慢性气管炎为例，计算步骤如下。

① 估计病人数。美国 1958 年财政年度年龄等于或大于 11 岁的患慢性气管炎的病人中有 416500 人失去至少一天的工作能力；有 468000 人没有失去工作能力。

② 应用雷弗和萨斯金（Lave and Seskin，1970 年）关于美国慢性气管炎死亡率的研究成果。估计由于空气污染引起慢性气管炎死亡人数占病人总数的百分比。发现：如果城市空气污染减少，达到农村的水平，死亡率将减少 50%。

③ 计算由于空气污染引起的非死亡性慢性气管炎的病人总数。假定空气污染引起的气管炎的发病率与死亡率的增加相同。由此，空气污染引起的慢性气管炎病人失去工作能力的人数为：0.5×416500＝208250 人。由于空气污染患气管炎而没有失去工作能力的病人人数：0.5×468000＝234000 人。

④ 假定失去工作能力的病人治疗费用等于因患慢性气管炎而住院的费用，据此估计治疗费用。治疗的平均费用为每个病人 169 美元，其中 41 美元是门诊治疗费用。假定这 41 美元是没有失去工作能力的慢性气管炎病人的平均治疗费用。这样，美国 1958 年由于空气污染引起慢性气管炎的总医疗费用的估计值为：169×208250＋41×234000＝44788250。

（3）缺勤造成的损失。由于空气污染引起病人缺勤而直接造成病人年产值的损失为：一年内由于患这种疾病而损失的工作日天数 x 病人的日收入病人可按不同工作类型分类，将空气污染引起疾病而损失的工作日乘以每一种工作类型的平均日工资率。

（4）在计算了死亡和疾病的社会平均费用后。还需要求出空气污染水平与健康损害的函数关系。斯文和麦克唐纳（Schwing 和 McDonald，1976 年）给出了汽车

排气与不同年龄组死亡人数的函数关系。使用生命价值的估计值以把控制空气污染的效益转化为货币价值。把各年龄组死亡人数乘以一个人的货币价值就得到该年龄组控制污染的效益，再加总就得到控制污染的总效益。计算结果，美国 1968 年空气污染治理的总健康效益为 8.02 亿美元，其中节省的死亡和治疗费用为 4.60 亿美元，恢复收入损失的效益为 3.42 亿美元。

七、生命价值评估与伦理学的剥离

1. 生命的无价与有价

哲学家说，生命无价。这个命题，是基于人类在地球上的主宰地位而成立的。人，作为地球上的万物之主，称其"生命无价"，并无不妥。

从主体自我估量的角度看，"生命无价"似乎也讲得通：任何东西都不如自己的生命贵重，人都死了，身外之物还有什么用？几乎所有人都愿意用自己的所有财产去"买"自己的命。

但是，生命果然无价吗？既然如此，那么，对于一个丧失的生命，如果要对他进行经济赔偿，就会出现无论怎么赔偿都不合理的状况。假设：

赔偿效益＝赔偿额÷生命价值

那么如果我们强调生命无价。即，上式中"生命价值"趋于无穷大；所以赔偿额无论是 1 元钱还是 1000000 元钱，对受偿人来说，赔偿效益都是 0，完全一样。这与实际情况是不符的。现实生活中出现的，总是对赔偿额偏低的吵闹声。但是究竟多少合适？没有人能够理直气壮地给出一个计算式来——现有的经验公式，总是被指责为过于粗糙和简单化。

从上式中可以看出，只有在"赔偿额"也趋于无穷大，并且与"生命价值"同阶的无穷大时，赔偿效益才不会为 0（为 0 则不为受偿方接受），或者为无穷大（无穷大则不为赔偿方接受）——问题是，"赔偿额"趋于无穷大，赔偿行为不就成了空话了吗？

因此，片面强调"生命无价"，就无法实现"现实的赔偿"。

我们在现实生活中的诸多行为，事实上暗示了"生命有价"。例如对当今肆虐人间的艾滋病的治疗，就比较能说明问题。只要吃得起昂贵的药物，艾滋病人就可以尽其天年。在这个意义上，死于艾滋病的人，是因为买不起自己的命。他的生命的价格，不仅取决于本人的支付意愿，更取决于本人的支付能力。

换句话说，虽说生命无价，但是寄附在生命中的劳动力，却是有价的：薪酬，从一定程度上表现了这种价格；死亡赔偿、伤残赔偿、人寿保险，都用具体的数字暗示了：生命有价；购置生活物资，从质量与价格对比上，也暗示了生命的价值。凡此种种，无不暗示了：生命的价值，可以通过某种数学方法进行衡量。

前面我们分析过，人们通过其行为，例如花高价购买绿色食品，辞职放弃危险岗位，都隐隐透露出他对自身生命价值的估测。这就从侧面证明，生命是有价的，只是，给其定价的过程非常困难。但可以肯定的是，现行法律在人身赔偿问题上，虽然力图接近生命价值的真实值，但由于种种原因，其间总会存在差距，有时候差距还会很大。

如果我们把“生命无价”中的“生命”二字进行层次分析，可能会有益于我们对生命价值进行评估。笔者认为，人的生命，包含着内在的生命权和外显的“生命力”两部分。生命权是无价的，是人人平等的；“生命力”是笔者为论述方便而转义的概念，它包括人创造价值的能力或者社会贡献力、健康水平等现状。人的“生命力”是有高有低、人各不同的。对于侵犯人的生命权，我们可以用“生命无价”、“人人平等”来捍卫人的尊严和生命，以制止不法行为的发生；而一旦真正出现了伤害，那么应该根据受害者的“生命力”，尽快合理地进行经济损失的赔偿，而不应纠缠于“生命权”的赔偿。生命权的赔偿，可以硬性规定一个数值，所有人都遵照这同一个数值执行，以体现生命权之“人人平等”的理念——即使低估，也“人人平等”的低估，也不失为一种公平。

人们对人命赔偿的金额总是难以接受，常常发出的诘问是：难道人命就值这么多钱？无论给多少，似乎都嫌少。可是如果要问：到底赔多少钱才值？似乎又没有人能够明白无误地给予回答。这就说明人们不满意的主要不是钱赔的多少，而是计赔方式没有给出令人心服口服的“说法”。

综上所述，“生命无价”指的应该是生命权的无价；而“生命有价”则是指“生命力”的价值。

2. 生命价值评估技术与伦理道德的剥离

卓金在《生命的价格多少算“太高”?》一文中提到一则医疗方面的案例，可以说明生命价值的评估必须与伦理道德剥离，才能进行纯技术层面的分析。该案例是这样的：费城儿童医院为一对连体双胞胎实行分离术，费用为 100 万美元。医生知道其中一个双胞胎会死亡，而另一个只有 1%的存活率。幸存下来的孩子在手术后不到 1 年死去，相当于每生命年花费 100 万美元。这笔钱，本可以用来加强新生儿的监护或是成为产前保健的资金。这些医疗措施每生命年只需 2000 美元，这样的选择可以延长 500 人年的生命。从这个角度说，对连体婴儿实行分离术，是对医疗资源的低效使用。

那么我们是不是应该在施救时随时关注医疗成本的耗费，一旦超出一个生命的成本范围，就冷酷地放弃施救？显然也不对。但是能肯定，在这两者之间，必定有一个模糊的平衡点。我们进行生命价值评估，正是为了找到这个模糊的平衡点。而这个过程中，必然需要我们屏蔽掉无休止的伦理道德的争议，而将研究的视点聚焦到经济学的计算上来。

这个平衡点的选择，颇似“壮士断腕”——勇士在野外被蝮蛇咬伤手腕，为了生命安全，不得不主动截断手腕，这是在身体完整性和生命安全性之间寻找平衡点；同时，截除蛇毒，是从手掌伤口处截断，还是从肩膀截断？这又是一个在截除蛇毒的彻底性与身体完整性之间的平衡点的选择。生命经济价值的评估，也是为了

寻找一个平衡点，以便在进行公共政策的制定时，能确保整体利益，同时也尽量减少局部利益的损失。

对人进行生命价值的评估有两方面的难题。其一，价值判断使得伦理学和自然科学严格区分开来，伦理学不涉及价值问题，价值理论也不容进行伦理学分析。因此，如果要进行价值分析，就必须将评估对象，亦即人，的伦理学属性进行剥离。其二，价值的实质是主体与客体之间的一种特殊关系，即客体满足主体需要的关系。“人”作为主体，来讨论作为客体的“人的价值”，主客体关系重叠，因此会非常困难。要做到客观地评估，就必须将评估的客体“人的价值”抽象为商品价值，也要求剥离人的伦理学属性。

彻底的唯物主义者主张整个世界存在一种基本层次上的统一性，主张打破人与自然的界限，在自然图景中消除那些人类特有的东西。本文正是在这个指导思想下进行的尝试。一个重要的假设，就是将“人”进行技术性的物化。

政治经济学上对“价值”的定义是：商品的一种属性，是凝结在商品中的无差别的人类的劳动。“生命价值”中的“价值”显然不是政治经济学意义上的“价值”概念。它是经济学、人类学、伦理学、社会学等诸多学科的交叉概念。因为，作为人类社会的主体，“人”，是无法等同于商品的；至少，无法等同于普通商品。因此，如果一定要把“人”当作商品，其特殊性也是不言而喻的。通过把“人”当作“特殊的商品”的物化过程，就可以将对“人的生命的价值”的研究，转化为研究“人作为自然界中的一种‘物’的价值”。这种转化，不是要把人的概念庸俗化，仅仅是为了忽略“人”的伦理性，只探讨其经济学意义。

其根本办法，是摒弃情感因素、道德因素，忽略人的社会地位、贡献等，直接将其视为“工具人”，从而计算其经济价值。

具体地说，就是在进行生命价值评估时，要彻底地抛弃“生命无价”“人人平等”的空洞口号，承认现实，但是也力求公平，将一些影响到幸福指数的基本因素考虑到生命价值评估中去。

事实上，购买生命保险，也不能直接视之为对生命价值的支付意愿。因为生命保险的受益者不是购买者本人，购买生命保险更多体现的是购买者对家庭的责任感，而不是对降低自己生命风险的支付意愿。购买医疗保险则更能代表该人对自己生命价值的支付意愿。

八、人力资本的定价分析

人力资本是一种特殊的商品，对它的定价，直接关系到生命价值的评估。

（一）人力资本生命周期

与物质资本一样，人力资本的运动、变化也存在一定规律，这一规律首先体现在投资形成，然后是投入使用上，在人力资本使用过程中需要不断对人力资本进行维护，但人力资本不断被消耗并最终报废。可以看出人力资本表现出与物质资本相类似的运动、变化轨迹，这一变化轨迹就是人力资本生命周期。与物质资本生命周期相对应，人力资本生命周期可以划分为几个时期：形成期、使用期、维护期及报废期。不同的是，人力资本生命周期不同阶段的划分并不具有严格的时段上的意义，而只是描述人力资本在整个生命周期中的不同运动行为。

人力资本不仅具有量的规定性，也具有质的规定性。因此，分析人力资本在整个生命周期中的运动要从人力资本存量和质量入手，相应的人力资本生命周期也分为人力资本存量生命周期和人力资本质量生命周期。

1. 人力资本存量生命周期及其演变规律

简单说，人力资本存量就是人力资本的数量。一般来说，人力资本存量并非与生俱来，而是人们在学习、生产中不断积累形成的。人的知识、技能积累速度也必然受到人的健康、精力及体力的影响，具体而言，随着年龄的增长，人力资本存量由少到多逐步增加，到了一定年龄后达到顶峰，然后再逐渐下降，最后耗竭殆尽，这一动态变化过程即为人力资本存量生命周期。

存量生命周期可由人力资本生产模型和存量模型来表现（本・波拉斯）。可以看出要保持人力资本一定存量就必须对人力资本进行不断的投资，表现在图形上为人力资本流量变化曲线先升后降，如图 8-1 所示。从图中可以看出人力资本存量生命周期可以分为四个时期，即学习期、干中学时期、维持期、退休期。

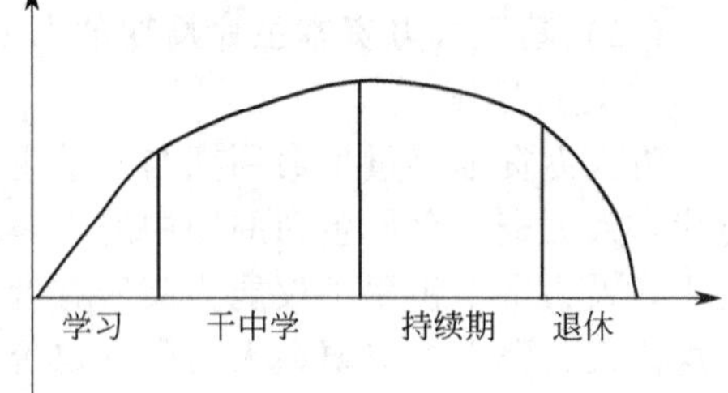

图 8-1　人力资本存量变化规律示意图

学习期在整个存量生命周期内占有较大比重，进入知识经济时代这一个学习期变得更长。对于此变化，在给人力资本定价时不得不对人力资本所有者学习阶段的投资成本给予充分的重视。同时，随着经济形态的演进，干中学时期也在逐渐延长。因其动态复杂性，干中学时期是人力资本定价最困难的部分。

2. 人力资本质量生命周期及其演变规律

人力资本质量就是人力资本所能体现出来的素质和水平，观察人力资本质量，可以看到其水平有一个由低到高，进而相对稳定最后再下降的变化过程。此变化过程就是人力资本质量生命周期。之所以人力资本质量表现出如此变化规律，其中一个重要的原因就是知识、技术的不断淘汰。

由于不能直接找到表征人力资本质量的指标，人力资本质量价值更难于度量。如果间接地用人力资本贡献作为衡量人力资本质量的指标，相应的人力资本质量生命周期可以进一步用函数来描述。人力资本淘汰函数为 $F=f(\beta t)$，人力资本质量（贡献 Y）变动模型为：$Y=PK[1-f(\beta t)]$，其中 P 为绩效，其函数特征为，$\mathrm{d}F/\mathrm{d}T>0$，$[1-f(\beta t)]\in[1,2]$，$\mathrm{d}F/\mathrm{d}t=0$，$[1-f(\beta t)]=1$，$\mathrm{d}F/\mathrm{d}T<0$，$[1-f(\beta t)]\in[0,1]$。人力资本质量生命周期以及人力资本质量淘汰率随时间的变化规律可由图 8-2 来表示。

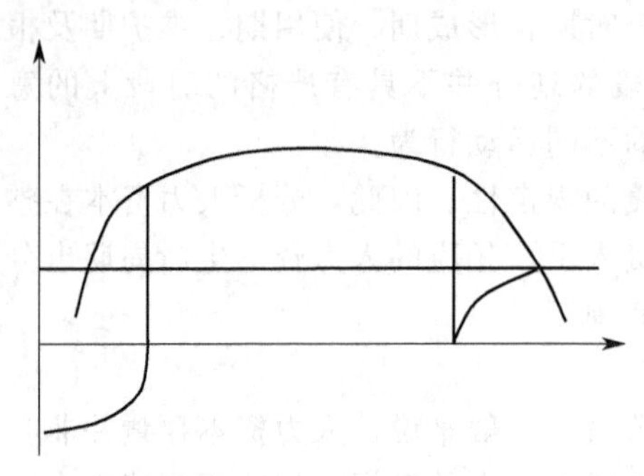

图 8-2 人力资本质量淘汰随时间变化规律示意图

与人力资本存量生命周期不同，质量生命周期分为三个时期：快速上升期、相对稳定平台期、快速下降期。值得注意的是平台期的出现，此时人力资本所有者通过“干中学”以及个人（企业）追加投资继续提高人力资本质量，但提高幅度与人力资本折旧以及知识、技术淘汰相抵，人力资本质量在一定时期保持相对稳定。在不同的经济形态下比较人力资本质量生命周期发现，由于科学技术的创新与发明以加速度前进，科技成果转化为商品的时间大大缩短，随着经济发展质量生命周期也越来越短，质量越来越高。

（二）基于人力资本生命周期的人力资本定价模型

1. 定价原则

将人力资本存量生命周期与质量生命周期对应起来，可以归纳出，在知识经济时代，人力资本存量生命周期中的学习期在整个生命周期中占不小比例，这深刻地表明，人力资本积累不仅能为其所有者带来收益，也能为企业及社会创造效益，所以这段人力资本投资要在人力资本定价中体现出来。从另一角度，就业前接受教育年限的延长导致工作时段的缩短，因而客观上要求给予具备高层次人力资本者较高的回报。另外，“干中学”时期的延长意味着人力资本积累年限后移。在新经济下大部分企业是学习型企业，大部分人到了很大年纪还在学习先进技术进行人力资本投资，这是导致质量生命周期出现平台期的重要原因，这就涉及人力资本的干中学以及追加投资形成的价格即人力资本的成长价格。在人力资本质量平台期，人力资本存量基本稳定，人力资本所有者绩效稳定，与质量平台期相对应的存量生命周期是干中学与维持期的大部分，这是人力资本定价要解决的主要部分。

综上所述，基于人力资本生命周期的人力资本定价原则，应持一个中心，两个兼顾的原则：具体讲就是以贡献为中心，兼顾学习培训投资，兼顾人力资本成长价格，因此人力资本价格（HCP）＝初始投资折现部分价格＋成长价格＋贡献价格＋ε。

2. 基于人力资本生命周期的定价方法

人力资本进入市场后达到定价，人力资本价格（HCP）＝初始投资折现部分价格（V_1）＋成长价格（V_2）＋贡献价格（V_3）＋ε。式中，ε 为随机调整参数，服从正态分布，并且其期望为零。

① 初始投资折现部分价格 V_1

$$V_1=\frac{N_1}{N}\sum f_i(F/A,r,n)\times(F/P,r,16-n) \tag{8-20}$$

式中，f_i 为人力资本所有者每年的投资费用（主要由读书费用组成）；F/A 为年金终值系数；F/P 为现值终值系数；r 为年利率；n 为各个受教育阶段的读书年限，N_1 为该人在该企业的工作年限；N 代表该人总的工作年数。

为了计算方便，本文采用的是以 N_1/N 来平均分摊初始投资的方法，各企业在实际应用中根据各自的情况可自行确定初始投资折现系数及权重。在此，我们以人力资本所育者最高学历毕业的那一年为基期。本部分人力资本价格是对已经发生的人力资本投资费用的补偿属于静态计量，比较简单易懂。

② 成长价格 V_2

$$V_2=\alpha\times W_1+\beta+G \tag{8-21}$$

式中，W_1 为人力资本所有者个人再投资而带来的收益的增加值；G 为企业投资于人力资本所有者后企业收益的增加；α 与 β 为人力资本所有者与企业的讨价还价能力系数。在此设定 α、β 系数的原因在于，虽然 为个人投资产生，但个人参加业余培训会分散精力与时间，对企业部分业务产生影响，因而要给予公司一定补偿即 $\alpha<1$；同时 G 虽为企业投资产生，但发挥作用的是人力资本所有者对人力资本的运用，因此理应给人力资本所有者以回报。α、β 现实中可以通过博弈确定。

$$W_1=\sum_{i=m}^{N_1}\frac{w_i}{(1+t)^i} \tag{8-22}$$

式中，W_1 为人力资本所有者个人再投资所带来的未来收益增加量的现值，W_i 为第 i 年增加的收入，t 为折现率，m 为人力资本开始增值的时间，N_1 为人力资本所有者在该企业工作的年限。现实中 W_1 的确定可由人力资本市场中与该人力资本所有者同层次的人的收益来确定。

企业根据生存与发展的要求，可能让人力资本所有者以接受培训等方式提高技能实现人力资本增值，这就不能简单通过贴现实现。为此本文引入了 Black-scholse 模型对人力资本的投资机会进行估价。

$$G=V_{\mathrm{a}}N(d_{\mathrm{a1}})-k_{\mathrm{a}}\mathrm{e}^{-r_{\mathrm{a}}T_{\mathrm{a}}}N(d_{\mathrm{a2}}) \tag{8-23}$$

其中，

$$d_{\mathrm{a1}}=\frac{\ln\dfrac{V_{\mathrm{a}}}{K_{\mathrm{a}}}+\left(r_{\mathrm{a}}+\dfrac{\sigma_{\mathrm{a}}^2}{2}\right)T_{\mathrm{a}}}{\sigma a\sqrt{Ta}} \tag{8-24}$$

$$d_{\mathrm{a2}}=d_{\mathrm{a1}}-\sigma a\sqrt{Ta} \tag{8-25}$$

$$V_{\mathrm{a}}=\sum_{i=1}^{N_1}\frac{CF_i}{(1+t)^i} \tag{8-26}$$

式中，V_{a} 为用传统的 DGF（贴现现金流）法计算的企业价值，CF_i 为该企业第 i 年的现金流量；K_{a} 为人力资本的进一步投资性支出；T_{a} 为人力资本投资机会可以推迟的时间；r_{a} 为无风险利率。。

③ 贡献价格 V_3　人力资本贡献价格的确定是整个人力资本定价中的重点与难点，因为此部分定价涉及人力资本的分享比例与团队默契系数的问题，人力资本分享比例历来是人力资本理论界关注的焦点，团队默契系数是众多学者专家一直忽略的问题。

先给出人力资本贡献价格公式：

$$V_3=EVA\times\lambda\div\Delta\div M\times T \tag{8-27}$$

式中，EVA 为企业的经济增加值；λ 为人力资本分享比例；Δ 为团队默契系数；M 为团队人数；T 为个人绩效调整系数，$T=S_i/s$，S_i 代表员工个人绩效考评分数，S 为岗位全体员工绩效考评平均分数。

人力资本分享比例 λ 的确定。本文 λ 的确定可由柯布-道格拉斯函数变形式：$Y=A\times L\alpha\times k\beta$ 得出。式中，L 为人力资本投入；K 为物力资本投入；α、β 为参数。由企业近三年的数据，求出 α、β 值，进而人力资本分享比例 $\lambda=L\alpha/(L\alpha+K\beta)$。对 λ 值视具体企业作相应调整，尤其是在高科技企业中人力资本作用更加突出，λ 值的激励作用很明显，要给予充分重视。

团队默契指数 Δ 的确定。企业经过整合成为市场中的一个开放的系统，由于系统内部的物质、能量、信息在交换过程中内在的涨落与环境随机因素的涨落相适应、相同一，当表征该系统的值与量达到特定阈值时，便出现系统内在涨落的协同放大，就形成一种活的高度稳定有序的耗散结构。在企业系统内有同向协同和异向协同之分，在企业与外界市场的相互作用之中，通过协同、融合等方式和管理、制度等手段，避免“负向协同的陷阱”，将异向协同转化为合力和动力，使企业的整体能力大于各组成部分之和，形成非可乘数的关系。在实际操作中，默契指数由两部分构成。即，Δ_1 代表由企业人力资源部会同咨询公司根据发放的调查问卷得出的默契系数，Δ_2 是由历史数据测算的本企业的 EVA 与市场中与本企业相类似的企业的 EVA 的比值规定的。具体操作时，以本年本企业 EVA 相对上一年的比率与市场上相对应的企业的比率来测算，r_3 和 r_4 为权重系数。根据实际情况，Δ_2 的测量具有很大的可行性。

最后，个人调整系数 T 的确定。$T=S_i/S$，员工个人绩效考评分数可通过 KPI 法（关键绩效行为指标）或量表法求得，相应的团队全体员工绩效考评平均值也可以获得，此项数据可由企业人力资源部门提供。

九、生命价值评估的数学模型

此评估模型的基本观点如下。

(1) 无论估算得合理与否，生命确实存在经济学意义上的价值。表现在两个方面：生命遭遇非正常中止，应该获得一定的经济赔偿；政府的公共决策会涉及生命价值，以估算该决策的成本或效益。其中，前者宜采用微观的评估方式，后者宜采用宏观的评估方式。

(2) 在宏观讨论生命价值时，生命价值是指无差异的“人”的经济价值。亦即，不考虑其年龄、健康状况、教育状况等诸多因素，只按人头计数，计算出的平均生命价值；微观的生命价值评估，要具体考虑目标对象自身具有的可能影响其经济能力的诸多因素。

(3) 生命的经济价值是变化的，因此对生命经济价值的评估也应该是动态的。从宏观的生命经济价值角度说，人类整体生命的经济价值是随着经济的发展和社会的进步而逐步提高的；从微观的生命经济价值角度说，个人的生命价值是随着年龄变化而变化的，一开始是随着年龄的增长而增加，增加到一定能够的年龄后逐渐减少，直至为零或者负值；脑力劳动者的生命价值的增长速度快于体力劳动者生命价值的增长速度。

（4）对生命经济价值的评估，是为了实际应用，亦即，为制定公共政策提供数据支持，和事故赔偿实务。这是贯彻“以人为本”执政理念的重要。

前面我们分析了商品的定价规律，并且剥离了人的生命价值评估中的伦理学成分，仅从技术的角度，把人当作特殊的商品来定价的可能性。以下将建立生命价值评估的数学模型。

（一）理论假设

理论要指导实践，服务于实践。根据不同的评估目的，应该有相应的理论与之相适应。因此本文所做的生命价值评估模型，将根据不同的功能和目的，从微观和宏观两个方面入手进行研究。

宏观的评估是对某一群人的平均生命价值进行估算，以确定某公共政策的成本或效益（公共政策常会直接或间接影响到某一群人的死亡概率）。方法上，是对整个讨论区域的财富按人头进行平均。

微观角度就是保险学意义上的生命价值，是对个体生命受害者及其家属的赔偿和抚慰，因此会从个人当前的健康状况、收入情况、家庭组成等诸多方面进行评估。

以宏观计算值为基础，加上几项权重系数，最终获得微观的生命价值。

应该强调的是，我们这里所做的生命价值评估，无论是宏观还是微观角度的评估，都只是“生命力”的内容，而不是“生命权”的内容。

模型总是理想化的，都是在假定一些条件不变的情况下来研究主要因素的变化所引起的变化规律。在下面的模型设计中我们假定以下条件。

（1）国家或地区的经济发展水平逐年提高、市场贴现率保持不变；同样，人的生命价值也随着社会经济发展而增值。

（2）人的收入均是通过诚实劳动获得的合法收入（包括主业、多种经营、兼职收入等），工薪报酬能够反映人的创利能力。劳动力市场是一个开放、健全的市场，具有自动的资源配置功能，通过人才的自由流动和双向选择，人力资源的配置可以达到平衡，从而使人的工薪报酬与其创利能力相关。

（3）已普及 9 年义务教育，劳动者具有初中文化程度，从 16～22 岁开始工作，60 岁退休。

（4）模型针对的是人健康存在而计算其生命的价值或非正常死亡的人，因病死亡的人不是模型反映的对象。

（5）假定如果没有事故他将活到平均预期寿命，即男 71 岁，女 74 岁。

（二）宏观生命价值评估模型研究

宏观生命价值评估的目的，是为了提供经济数据，使得政府在制定公共政策时，能够做出经济合理的决策。举例而言，政府打算在一个 20 万人居住的区域修建一座化工厂，其综合经济效益为 6.0×10^{7}元/年；但是它会产生有毒气体，且有

毒气体每年泄漏的概率都为 10^{-3}，一旦毒气泄漏，这一区域将有 20%的人会死去（为简便起见，不计伤残者），对于这项工程是否上马，政府应该怎样做抉择？

这里已经排除了包括政治影响等其他因素，仅从经济的角度衡量是否“合算”。假设人的生命价值为 1.0×10^6 元/人，那么每年可能出现的毒气致人死命造成的经济损失是：

$$L_d=1.0\times10^6\text{元/人}\times20\times10^4\text{人}\times20\%\times10^{-3}=4.0\times10^7\text{元。}$$

化工厂的综合经济效益为 $B_c=6.0\times10^7$ 元，$B_c>L_d$，所以这项的工程上马，在经济上是合算的。

但，如果上例中其他因素都不变，而人的生命价值为 2.0×10^6 元/人，则 $L_d=2.0\times10^6$ 元/人 $\times20\times10^4$ 人 $\times20\%\times10^{-3}=8.0\times10^7$ 元 $>B_c$，则不应该投资建设上述工程。

由此可知，生命价值的大小，直接影响到公共政策的制定；准确估算出生命价值，对于政策权衡显得很重要。

要强调的是，这里所说的生命，是一个平均数的概念，不具体到任何个体，不需要讨论这个生命到底是伟大的科学家还是卑微的乞丐。

那么，宏观生命价值应该怎样进行估算？

如果把人类视为社会财富的完全支配者，那么，应该可以用全社会所有消费掉的财富与累积的财富之和，来描述全社会的生命“总量价值”。这样的话，在不涉及具体个人价值评估的情况下，可以认为，社会的总财富量与总人口数的比值，就是平均生命价值。因此，可以认为宏观生命价值，就是区域内的平均生命价值。这一概念，将生命价值的评估问题简化为对全社会总财富量的统计和人口数量的统计。

但是，把人类几千年来积累的财富平均分配到当前这一代人身上，显然是不合理的。要避开这一尴尬的统计方法，最好是把人的生命价值分解为“年度生命价值”，亦即，将生命价值按年度分解。这样，用年度人均 GDP 来表示人的生命价值在该年度的分量，应该是具有一定意义的——最大优点在于，比较容易获取数据。GDP 的统计，细分到越小的行政区域越好，因为，整体 GDP 数除以全国人数，毕竟显得太粗糙。在无法细致区分地域而笼统计算中国人的生命价值时，应取中等经济地域的数据，或者全部地域的数据。按地域来区分生命价值的不同，是对现实状况的尊重，也是基于一种假设：该地区的 GDP 完全是由该地区内的人创收的。

因此，区域内的平均生命价值可以表达为：

$$VOL_a=\sum_{i=0}^{n}G_i(1+x)^{n-i} \tag{8-28}$$

式中 VOL_a——宏观生命价值，亦即，区域内的平均生命价值；

i——年龄；

n——区域内人口当前平均岁数；

G_i——区域内第 i 年的人均 GDP；

x——贴现率。

人口当前平均岁数的计算。

平均年龄(岁)=(各年龄组的组中值×各年龄组人数)之和/人口总数。

2005 年人口年龄段分布表见表 8-4。

表 8-4 2005 年人口年龄段分布表

年龄/岁	总数	男	女	年龄/岁	总数	男	女
总计	16985766	8584882	8400884	50～54	1236929	622759	614170
0～4	907102	499709	407393	55～59	907435	462421	445014
5～9	1060664	577004	483660	60～64	668310	342519	325791
10～14	1353263	721493	631770	65～69	564095	286166	277929
15～19	1443484	749084	694399	70～74	454955	224027	230928
20～24	1036723	499927	536796	75～79	290171	135684	154487
25～29	1110290	539235	571055	80～84	156110	66132	89978
30～34	1445908	711021	734887	85～89	56582	20475	36107
35～39	1651487	813134	838354	90～94	15825	4785	11040
40～44	1475539	732641	742898	95＋	3319	810	2509
45～49	1147578	575858	571720				

计算得到此表抽样人群的平均年龄为 35 岁。由于抽样的随机性，可以认为，2005 年我国人口平均年龄为 35 岁。

式(8-28) 的计算即为：

$$VOL_a=\sum_{i=0}^{35}G_i(1+x)^{35-i}, \tag{8-29}$$

为简便起见，设贴现率 x 恒为 3%.

1970～2005 年中国人均 GDP 见表 8-5。

表 8-5 1970～2005 年中国人均 GDP

年份/年	1970	1971	1972	1973	1974	1975	1976	1977	1978	1979	1980	1981
人均 GDP/元	275.00	288.00	292.00	309.00	310.00	327.00	316.00	332.00	381.00	419.00	463.00	492.00
年份/年	1982	1983	1984	1985	1986	1987	1988	1989	1990	1991	1992	1993
人均 GDP/元	528.00	583.00	695.00	858.00	963.00	1112.00	1366.00	1519.00	1644.00	1893.00	2311.00	2998.00
年份/年	1994	1995	1996	1997	1998	1999	2000	2001	2002	2003	2004	2005
人均 GDP/元	4044.00	5046.00	5846.00	6420.00	6796.00	7159.00	7858.00	8622.00	9398.00	10542.00	12336.00	14040.00

计算结果为：

$$VOL_a=1.484\times10^5(\text{元})$$

这个数值的意义是，不区分年龄、性别、学历、工作等所有因素，也不考虑地区整体经济状况，只按人头计，一个统计学意义上的生命，在 2005 年底价值约 15 万元。

第三节 工效损失价值的计算

提高工作效率的实质，就是提高生产力水平，增加社会物质财富积累，加速社

会主义现代化建设事业的进程。因为工作效率是一项重要的综合经济指标，反映了一定时期内企业劳动资源总投入与产品（服务）总产出之间的比值关系，同时也间接反映了企业的产品水平和技术构成，是企业经济效益的有机组成部分。

往往事故（特别是重大伤亡事故）的发生，给员工心理带来了极大的影响，使得某些员工的劳动效率无法达到事故发生前的正常值。在其工作效率达到正常值之前的一段时间内的经济损失即为工效的损失价值。

一、工效损失的计量标准及评估模型

事故造成的工效损失的计量标准是指采用何种指标来计量工效损失的问题。可使用价值指标、利税指标、净产值指标等。本文使用价值指标，即以企业在事故发生前后的平均增加价值的减少额来衡量工效的损失价值。

事故发生前后企业的工作效率会发生一定的变化。这里假设：无事故发生时，企业的工作效率是一个较为稳定的值，而有事故发生时，工作效率会有一个急剧下降而后又慢慢恢复的过程。假如事故发生前后的企业的工作效率分别为：$f_1(x)$、$f_2(x)$，如图 8-3 所示。

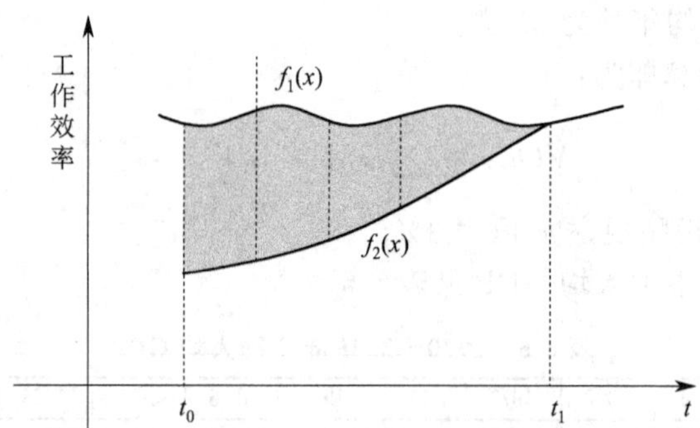

图 8-3　某企业在事故发生前后的工作效率损失情况

则在不考虑货币时间价值时，图中阴影部分的面积即为事故的工效损失价值：

$$\Delta L=\int_{t_0}^{t_1}[f_1(t)-f_2(t)]\mathrm{d}t \tag{8-30}$$

式中，ΔL 为企业在事故发生前后的工效损失值。对式(8-30) 进行简化处理，假设 $f_1(x)$ 为水平直线，$f_2(x)$ 为线性直线，即如图 8-4 所示。

则在不考虑货币时间价值时，图中阴影部分的面积即为该企业的工效损失。即，式中 ΔL 为企业在事故发生前后的工效损失值。

$$\Delta L=[f_1(t_0)-f(t_1)](t_1-t_0)/2 \tag{8-31}$$

若考虑货币的时间价值，式(8-31) 可写为：

$$\Delta L=\int_0^t[f_1(t)-f_2(t)]\frac{1}{(1+i)^{t_1-t_0}}\mathrm{d}t \tag{8-32}$$

式中，i 为社会折现率。

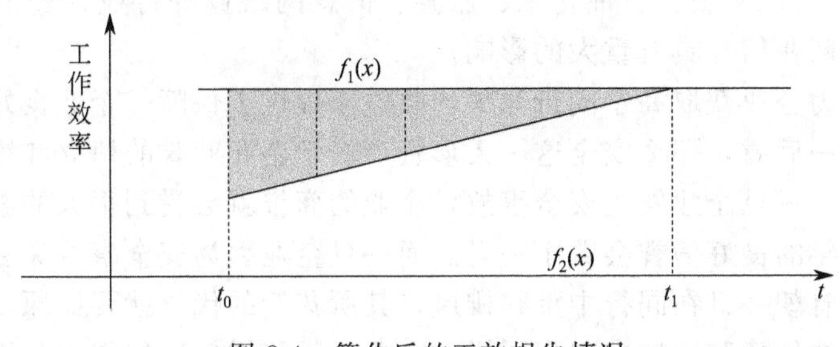

图 8-4 简化后的工效损失情况

二、实例

某石化企业有工人 1385 人，上一年（按 300 天计）的总产值为 1.4 亿元。今年 5 月该企业发生了一起严重的伤亡事故，停产 5 天，并且给员工带来了一定的心理影响。导致在一段时间内（40 天），工作效率下降 20%，即在 40 天内从原工作效率 80%逐渐恢复至正常，求这起事故给企业带来的工效损失？

企业一天的全员劳动生产率为：140000000/300＝46.7 万元/天。

事故给企业带来的停产损失价值则为：46.7 万元/天×5 天＝233.5 万元。

事故给企业带来的工效损失价值则为：0.5×46.7 万元/天×0.2×40 天＝186.8 万元。

结果事故给企业造成的生产总损失为：233.5 万元＋186.8 万元＝420.3 万元。

第四节　商誉的损失价值分析

一、企业商誉与安全对商誉的影响

商誉是指某企业由于各种有利条件，或历史悠久积累了丰富的从事本行业的经验，或产品质量优异，生产安全或组织得当、服务周到。以及生产经营效率较高等综合性因素，使企业在同行业中处于较为优越的地位，因而在客户中享有良好的信誉，从而具有获得超额收益的能力。正是这种能力的价值便是商誉的价值。也就是说，商誉是企业在可确指的各类资产基础上所能获得额外高于正常投资报酬能力所形成的价值，商誉是企业的一项受法律保护的无形资产。可以想象，一个具备良好商誉的企业必定是一个安全状况良好、生产稳定的企业。否则，它不可能在竞争中处于有利的位置，更不可能同行业中获得高于平均收益率的利润。安全生产与企业的商业信誉息息相关，企业的商业信誉离不开安全生产的保证，我们无法想象一个频频发生安全事故的企业能稳定地生产出质量优异的产品（服务），能不断得到客户的定单，能获得超额利润。一些特殊的行业，如交通运输（包括民航、水运、公

路等)、建筑工程、矿山、石油化工、旅游、信息网络业等行业，安全状况对于企业建立良好的商业信誉具有重大的影响。

既然安全为企业获取高于同行业平均收益率提供了保障，企业良好的商业信誉离不开安全这一后盾，那么安全这一无形资产对于企业商誉的树立和维护就举足轻重。换句话说，一旦企业发生安全事故，企业的商誉就会受到很大的影响，甚至于企业积累了多年的良好信誉会毁于一旦。而一旦企业因为安全事故失去了原有的良好信誉，要想有朝一日在同行中重整雄风，其所花费的代价就要比原来大得多。安全在企业商誉的创建和维护中起到了增加企业收益（增值）的作用，因此有必要研究企业商誉的价值。当然企业商誉是由产品质量、安全状况、组织效率、良好服务等所组成的，我们这里只强调安全的负面作用和它的重要性，以便让我们看到安全对社会经济方方面面的作用。

为了更清楚地表述安全对企业商誉的作用，用图 8-5 表示。

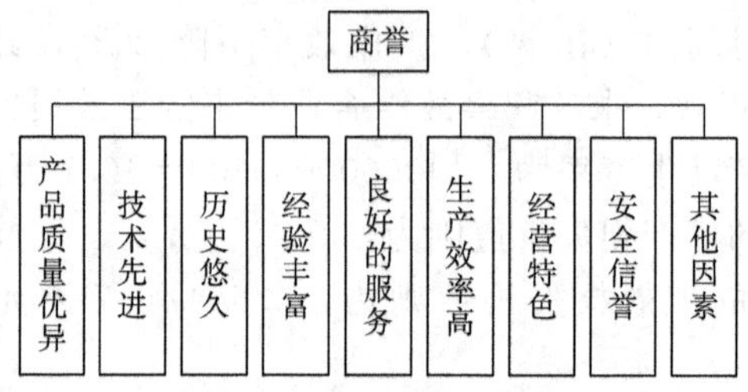

图 8-5　安全信誉与商誉的关系

从图 8-5 我们可以看出，安全信誉是商誉的一个部分，为此欲求得安全信誉相对应的价值，只需先求出商誉的价值，然后利用层次分析法求出安全信誉占商誉的权重，相乘即可得到安全信誉的值。

二、商誉损失的估价

根据实际情况的不同，商誉的估价方法可分为超额收益法和割差法。

1. 超额收益法

超额收益法将企业收益与按行业平均收益率计算的收益之间的差额（超额收益）的折现值确定企业商誉的评估值，即直接用企业超过行业平均收益的部分来对商誉进行估算。

$$\text{商誉的价值}=\frac{\text{企业年预期收益额}-\text{行业平均收益率}\times\text{企业各项单项资产之和}}{\text{商誉的本金化率}}$$

$$=\frac{\text{企业各项单项资产评估值之和}\times(\text{被评估企业的预期收益率}-\text{行业平均收益率})}{\text{商誉的本金化率}}$$

即：

$$P=(D-Rc)/j \tag{8-33}$$

式中　P——商誉的价值；

D——预期收益额；

R——该行业平均收益率；

c——企业各项资产评估值之和；

j——用本金化率，即把企业的预期超额收益进行折现，把折现值作为商誉价格的评估值。

如果以商誉在未来的一个期间内带来的超额收益为前提，可根据年金现值原理计算商誉价值：

$$\text{商誉的价值}=\text{预计年超额收益}\times\text{年金现值系数} \tag{8-34}$$

$$\text{年金现值系数}=\frac{1-(1+i)^{-n}}{i} \tag{8-35}$$

式中，i 为贴现率；n 为商誉所带来的超额收益的期限。

2. 割差法

割差法将企业整体评估价值与各单项可确指资产评估价值之和进行比较。当前者大于后者时，则可用此差值来计算企业的商誉价值。

实际计算中，可以通过整体评估的方法评估出企业整体资产的价值，然后通过单项评估的方法分别评估出各类有形资产的价值和各单项可确指无形资产的价值，最后在企业整体资产的价值中扣减各单项有形资产及单项可确指无形资产的价值之和，所剩余值即企业商誉的评估值。其计算公式为：

商誉评估值＝企业整体资产评估值－单项有形资产评估值之和－可确指无形资产评估值之和　(8-36)

在商誉得到评估之后，就可以对事故所引起的商誉损失进行评估。在实际工作中，可以用以下式子来进行估算：

事故引起的商誉损失值＝商誉的评估值×事故引起的商誉损失系数　(8-37)

其中，商誉损失系数为 $C_i=F(Y_i, W_i, M_i, N_{10})$

式中　C_i——企业 i 事故引起的商誉损失系数；

Y_i——企业 i 发生事故的严重程度；

W_i——企业 i 发生事故的影响范围；

M_i——企业 i 发生事故后受媒体的关注程度；

N_{10}——企业 i 十年内发生事故的频率。

三、企业商誉损失的系数表

以下是经过大量的资料调查，并借鉴了壳牌（中国）有限公司的商誉损失评估系数法得出的企业商誉损失的系数表 8-6。

表 8-6　企业商誉损失的系数表

严重程度	受媒体的关注程度	影响范围	发生事故的频率		
			很少	适中	频繁
无伤害	无新闻意义	没有公众反应	无	无	无或很小
轻微伤害	可能的当地新闻	没有公众反应	无	无或很小(0.05)	很小(0.05)
较小危害	当地/地区性新闻	引起当地公众关注，受到一些指责，媒体报道和政治上的重视，对作业者有潜在的影响	很小(0.05)	很小(0.05)	小(0.1)
大的伤害	国内新闻	区域公众的关注，大量指责，当地媒体大量报道，群众集会	小(0.1)	较小(0.15)	中(0.2)
一人死亡/全部失能伤残	较大的国内新闻	国内公众反应持续不断指责，国家级媒体大量反面报道群众集会	较小(0.15)	中(0.2)	大(0.3)
多人死亡	特大的国内/国际新闻	引起国际影响和关注，国际媒体大量反面报道和/或国际/国内政策关注，受群众压力	中(0.2)	大(0.3)	很大(0.4)
大量死亡	受到国际的非难	企业在政府、社会、国际市场等领域产生不可弥补的影响。企业无法在市场上生存	大(0.3)	很大(0.4)	很大(0.4)

四、商誉的维护

商誉是企业系统的整体的反映，企业系统的诸多因素都对商誉的价值产生影响，如技术装备、产品质量、价格水平、企业公共关系和企业安全状况等。一般地讲，可分为企业内部和外部两部分，即企业素质和企业形象及企业公共关系。维护企业商誉也应从这两方面入手。

1. 企业素质

企业素质是企业系统所具有的内在特征，包括职工素质、技术素质和管理素质。

(1) 职工素质企业职工素质包括领导素质、技术人员素质、管理人员素质、工人素质等。

人是生产力诸要素中最活跃、最基本的因素，只有提高人的素质，充分发挥人的主观能动性，才能获得企业的发展和经济效益的提高。提高企业职工素质，应从思想、专业、文化和身体四个方面入手，以实现职工素质的全面提高。

(2) 技术素质。企业技术素质可分为硬技术素质和软技术素质。硬技术素质是指企业技术装备水平。它直接关系到企业能否产出质量优良的产品，关系到企业劳动生产率的高低，关系到材料、能源的消耗以及成本的大小。软技术素质是指企业充分运用技术装备并加强生产控制，能不断地生产出适合用户需求的产品，满足用户的需要。提高企业的技术素质。不仅要注意提高企业的技术装备水平及时淘汰落后设备，装备技术先进、效率高、消耗低的新设备，更重要的是努力提高企业的软技术素质。

(3) 管理素质。企业管理是企业生产经营的重要内容。企业管理素质包括管基础工作素质和各项专业管理工作素质，其中安全管理人员的管理素质十分重要。企业的管理基础工作是为了实现企业的经营目标和各项管理职能提供资料依据、共同准则、基本手段和前提条件的必不可少的具体工作。比较完善的企业管理基础工作要求做到：加强标准化工作；整顿定额工作：健全计量工作；加强信息工作；加强基础教育工作。

各项专业管理工作主要包括：全面安全管理、全面计划管理；全面质量管理、全面经济核算、全面劳动人事管理，此外还有全员设备管理和全面能源管理等。提高企业管理素质，就是要在强化企业管理基础工作的同时不断提高各项企业管理工作质量。

企业职工素质、技术素质、管理素质构成了企业素质的总体框架，它们之间相互联系、相互制约。其中，技术素质是基础，管理素质是保证。而职工素质特别是企业经营者的素质是企业兴衰的关键。因此，提高企业的素质。应当是这三个方面的全面提高。

2. 企业形象及企业公共关系

(1) 企业形象　指公众对企业所做的整体综合评价，及由此评价所形成的对企业的观感和印象。良好的企业形象，能够扩大企业的影响和信誉，括宽企业市场，树立企业成员的荣誉感和自豪感，提高企业的社会、经济效益。

(2) 企业公共关系　企业为了谋求自身的生存和发展，运用各种传播手段。在企业和社会公众之间建立了相互了解和信赖的关系，并通过公共关系的发展，在社会公众中树立良好形象和信誉，以取得理解、支持和合作，促进企业目标的实现。企业公共关系与其他社会组织的公共关系的区别在于：①以提高企业经济效益和社会效益为目的；②顾客为企业外部的主要公众；③以提高产品质量和服务质量为公关活动的基础和主要手段；④职工为企业内部的主要公众。

五、案例分析

丹麦 NEG Micon 公司亏损调查：NEG Micon 1999 年预计亏损 5.5 亿～6 亿丹麦克朗（合 8000 万～8700 万美元），其中下半年亏损 3.66 亿丹麦克朗（合 5400 万美元），商誉损失 9800 万克朗（合 1400 万美元），亏损的主要原因如下。

齿轮箱及轴承设计事故问题：由于公司的风机的核心部分发生设计错误事故，导致了难以弥补的损失，预计 NEG Micon 将斥资 3600 万美元用于设备修复，目前已支出 800 万美元。受此问题影响的风机有 600kW，700kW 及 750kW Nordtank，Micon 与 NEG Micon 风机，其中 300 台在丹麦，400 台在美国，200 台在德国，100 台在西班牙，50 台在荷兰，50 台在英国，100 台在中国及蒙古，剩余的在日本，阿根廷及哥斯达黎加。以上所有风机均安装在 1996 年或 1996 年后，NEG Micon 将于此后三年对其进行改进，风机业主不承担任何费用。齿轮箱供货商，德国 Flender 公司将协助改进工作，费用未知。

由于管理薄弱，北美项目的开发额外支出1000万美元。

同样由于管理薄弱，欧洲及亚洲项目额外支出1300万美元。

八个公司的收购，特别是对丹麦 Wind World 及荷兰 NedWind 风机制造厂的收购，在收入及技术两方面均被证明是令人失望的。

第五节　环境损失价值测算

安全的生产环境对企业的增值产出主要包括两个方面的内容。

① 良好的安全生产条件或环境，对于生产技术的效能发挥保障作用。

② 安全、环保水平的提升，使企业对社区或外部环境污染物的排放量减少，为社会提供一个安全健康美好的生存环境。

一、安全条件对于技术效能发挥保障作用的度量

安全条件对于技术效能发挥的保障作用指的是良好的安全条件对于生产设备或技术功能发挥的保障作用。这一点类似与前面所提的安全对于工作效率提高的作用，但是前面提到的安全对于工效的作用主要强调通过采取安全措施使企业的工作效率提高，这里主要指人—机—环境融为一体的良好安全健康的工作环境内容，我们强调安全环保对工作条件的改善。

作业条件和环境的好坏，是导致事故发生与否的重要因素之一。安全生产所起的最大的作用还并不在于降低事故所造成的直接或间接损失（尽管这一点也很重要），而是在于促进生产企业生产技术和或功效的发挥，以及企业文化的能力，即良好氛围和心境，使之具有安心、安定的气氛，从而使员工保持高昂的干劲和效率。为员工提供一个舒适安全的作业环境，不但可以减少伤亡事故，而且还可以提高员工对工作的满意度，增加企业凝聚力。利用现代科学技术，优化劳动环境，改善劳动环境中的各种因素，使之适合于劳动者的生理和心理，使人—机器—环境成为最优系统，可以保证劳动者健康、舒适、愉悦和高效率地工作，极大的提高工作成果。此外，制订一个好的事故和疾病预防计划，也能密切和改善管理部门与员工的关系。

改进企业的工作方法，保证不使工人在过度紧张的条件下从事工作。国际劳工组织曾对印度关于生产力的问题作过一次考查，这次考察报告的经验提醒人们在采取改进工作方法的措施之前，认真地考虑改善工作条件的问题，有时甚至仅仅依靠改善工作条件就使生产力大大地提高。如果一个工作环境光线条件差，工人只有睁大眼睛才能从事工作，如果工作环境又热又潮，或者工人受到有害烟雾的侵害，而不得不经常到厂房外面去呼吸一下新鲜空气，那么，这样的工作环境其生产力水平显然是难以提高的。

从经济学的角度来说，对于雇主而言也存在着改善工作场所安全条件的经济刺

激，因为工作地危险程度的降低会使得生产费用减少。危险程度的降低使得企业的病伤率降低，而病伤率降低可从两个方面减少劳动费用。第一，雇员的流失率降低，因为用于更换不能工作的工人所需的人员减少了。不管企业什么时候雇佣工人都需要相当大的开支。第二，提供相对安全的工作条件的企业，能够在相对低的工资率上吸引雇员，因为工人一般会由于与职位相联系的危险而要求补贴。如果工人的工作是令人不快的或者是有危险的，那么就必须通过高工资来对此进行补偿，如果一个企业具有相对不安全的工作场所，那么它必须支付相对高的工资。

定量计算安全环境对于技术效能发挥的保障作用的价值有点类似于前面提到的安全对于工效提高的作用的计算，我们假设，企业安全条件改善后其生产能力为 P_1（企业单位时间的产值），安全条件改善前其生产能力为 P_0，我们考查一段时间内安全环境对于技术效能发挥的保障作用所对应的价值：

$$V=(P_1-P_0)t \tag{8-38}$$

式中，V 为安全环境对于技术效能发挥的保障作用的价值；t 为考查期。

如果企业的生产能力是一个变量，则上述公式可表达为：

$$V=\int(P_1-P_0)\mathrm{d}t \tag{8-39}$$

对于安全对生产工效的作用，我们下面还将专门探讨。

二、安全对于减少环境污染的价值测算

安全条件或环境的增值产出的第二个方面表现在企业污染物的排放减少（这里主要指企业对外部环境污染物的排放，对企业内部如车间污染物的排放已并入前述“安全环境对于技术效能发挥的保障作用”相关内容中）。我们在这里把企业对外污染物的排放量减少部分相对应的价值看作是安全的价值。

污染是社会生产所产生的一种令人不快的副产品，要清除它们是费钱的。表面上，在企业基本不存在减少污染的财政刺激，因为企业不可能向那些从污染减少中得益的其他企业或个人索取报酬。但是，如果我们从整个社会的角度来看，则其利益是明显的。并且，随着国家对环境保护的重视程度不断提高，企业环境保护的意识和责任感必然越来越强。这些年，国家正逐步加大对环境污染的处罚力度，许多环境污染严重的企业已被国家有关部门勒令停产或整改，企业也正在把环境保护当作一件与企业效益息息相关的大事来抓，我们有理由相信，在不久的将来，环境保护会成为全人类的一项共识。

环境污染给人类和社会带来了很大的危害，对这种损失进行经济计算，进而以货币形式进行表示，是一件非常有意义但十分困难的工作。这些困难主要有以下几点。

① 环境作为一种公共资源，不在市场上交换，因而其效益不能自动地、直接地由市场价格反映出来，例如清洁的空气，即使经过计算，也未必能肯定它究竟值多少钱。

② 环境污染的经济损失计算，由于各计算者选取项目的范围不同，会出现许多计算结果，除非有权威机构出来统一规定技术方法和项目设置，否则只能各行其是，无法达成共识。

③ 环境经济计算极大依赖自然科学和实验工程的结论，而后两者本身又需要经过长期、大量的研究才能获得。

④ 环境污染造成的经济损失受地理、气象、人类活动及市场的影响，不断变动，故经济损失虽是“客观事实”，却不易算准。

理论上可以认为环境污染所造成的经济损失等于治理该污染（即使其恢复到原样）的费用。企业进行污染削减的最直接方法就是利用污染处理设施对其所排放的污染物进行治理，使其达到国家允许的范围之内，为此我们引进污染物削减费用函数。对于企业 i 而言其全因子费用函数可以表示为：

$$C_i=f(Q_i,W_i,I_{ik},E_{ik},M_j,X_i) \tag{8-40}$$

式中 C_i——企业 i 每年的污染削减费用；

Q_i——企业 i 的产值；

W_i——企业 i 每年的废水或废气排放量；

I_{ik}——企业 i 所产生的 k 种污染物的进口浓度；

E_{ik}——企业 i 所产生的 k 种污染物的出口浓度；

M_j——企业 i 所在的 j 地区的成本价格；

X_i——企业 i 的特性（所属行业、所有制、规模等）。

由于收集有关生产原料、生产效率、劳动力使用、能源利用等方面的信息比较困难，建立全因子的污染治理费用函数存在一定的难度，我们不妨只建立直接削减费用函数。对于处理 k 种污染物的第 i 个工厂的污染治理，其污染物削减的费用可以表示为以下一些变量的函数：

$$C_i=f\{W_i,E_{ik}/I_{ik},X_i\} \tag{8-41}$$

式中，对污染物的排放量求偏导，可以得到污染物的边际削减费用函数。对于第 k 个污染物而言，其边际削减费用函数为：

当污染物有效收费强度等于该污染物的边际处理费用时，企业能实现费用最小化目标。

$$\frac{\partial C_i}{\partial E_{ik}}=\frac{\partial f\{W_i,E_i/I_i,X_i\}}{\partial E_{ik}} \tag{8-42}$$

某一污染物处理设施处理第 i 种污染物的处理效益可以表示为：

$$\eta_i=\frac{I_i-E_i}{S_i} \tag{8-43}$$

式中 η_i——处理设施对 i 种污染物的处理效益；

I_i——污染物的进口浓度；

E_i——污染物的出口浓度；

S_i——污染物的排放标准。

环境损失的估算是一个很复杂的问题，它需要大量的统计与监测资料和科研工作为基础，下面我们将介绍几种估算方法。

三、直接基于市场价格的估值技术

1. 市场价值或生产率法

环境是一种生产要素，环境质量的变化，导致生产率和生产成本变化，从而导致生产的利润和生产水平的变化，而产品的价值、利润是可以用市场价格来计量的，市场价值法就是利用因环境质量引起的产品产量和利润变化来计量环境质量变化的经济损失，用公式表示时为：

$$S_1 = V_1 \sum_{i=1}^{n} \Delta R_i \tag{8-44}$$

式中 S_1——环境污染或生态破坏的价值损失；

V_1——受污染或破坏物种的市场价格；

ΔR_i——某产品在 i 类污染或破坏程度时的损失产量，i 一般分为三类（$i=1,2,3$）：分别表示轻、重、严重污染或破坏。

ΔR_i 的计算方法与环境要素的污染或损失过程有关，如计算农田受污染损失时可按式(8-45）计算：

$$\Delta R_i = M_i(R_0 - R_i) \tag{8-45}$$

式中 M_i——为某污染程度的面积；

R_i——为农田在某污染程度时的单产；

R_0——未受污染或类比区的单产。

2. 机会成本法

机会成本就是在自然资源使用选择的各备选方案中，能获得经济效益最大方案的效益。在环境污染或联带的经济损失估算中，考虑到环境资源是有限的，被污染后被破坏后就会失去其使用价值，在资源短缺的情况下，可利用它的机会成本作为由此而引起的经济损失，即：

$$S_2 = V_2 \times W \tag{8-46}$$

式中 S_2——为损失的机会成本值；

V_2——某资源的单位机会成本；

W——为某种资源的污染或破坏量，同样其估算方法也与环境要素和污染过程有关。

四、利用替代市场价格的估值技术

1. 人力资本法

只有人类活动才会有社会的发展，所以人是社会发展中最重要的资源，如果人类的生存环境受到污染，使原有的生存功能下降，就会给人们带来健康的损失，这不仅使人们失去劳动能力，而且还会给社会带来负担。人力资本法就是对这种损失

的一种估算方法。

污染引起的健康损失可分为直接损失和间接损失两部分，计算公式如下。

(1) 直接费用：主要是直接用于医疗的费用＝患病或死亡人数×归因于污染以患病率或死亡率增加的百分数×医疗费用（元)/人。

(2) 间接费用，包括：

① 因住院短期丧失劳动力损失＝患病人数、死亡人数(估计50%不住院)×住院天数×净产值(按劳动生产率乘以国民收入系数0.5求得)；

② 因住院需陪住人员照顾的花费，一般按上述患者和死者间接损失的50%计；

③ 因早期死亡的损失：可由因早死所损失的工作日和人均净产值求得。计算时需有各年龄组有关疾病的死亡率、各年龄组的期望寿命，以及今后数年或数十年的人均净化产值和贴现率。也可按假定各年龄组均可活到退休年龄（男60岁，女55岁）推算。

此方案中一些参数如劳动生产率、净产值人均国民收入、各疾病的死亡率等均可以由各地的统计局和卫生局求得，但患病率、死亡率是需要进一步探讨的问题。

在此方法基础上有人提出修正人力资本法，其公式如下：

$$S_3=[P\sum_{i=1}^{n}T_i(L_i-L_{0i})+\sum_{i=1}^{n}Y_i(L_i-L_{0i})+P_0\sum_{i=1}^{n}(L_i-L_{0i})H_i]M \tag{8-47}$$

式中 S_3——环境污染对人体健康的损失值，万元；

P——人力资本（取人均净产值)，元/年·人；

T_i——i种疾病患者人均丧失劳动时间，年；

H_i——i种疾病患者陪床人员的平均误工，年；

M——污染覆盖区域内的人口数（10万人)；

Y_i——i种疾病患者人均医疗护理费用，元/人；

L_i，L_{0i}——污染区和清洁区i种疾病的发病率（1/10万)。

2. 工程费用法

事实上，环境的污染和破坏，都可以利用工程设施进行防护、恢复或取代原有的环境功能，所以，我们可以以防护、恢复或取代其原有功能防护设施的费用，作为环境被污染或破坏带来的损失。这样，损失的计算可由下式完成：

$$S_4=V_3Q \tag{8-48}$$

式中 S_4——为污染或破坏的防治工程费用；

V_3——为防护、恢复取代其现有环境功能的单位费用；

Q——污染、破坏或将要污染、破坏的某种环境介质与物种的总量，估算方法也与环境要素和污染破坏过程有关。

3. 旅行费用法

旅行费用法是一种评价无价格商品的方法。用于估算消费者使用环境商品所得到的效益。这个方法广泛地用于被当作商品看待的湖泊、江河和野营地等。因为这些旅游场所常常是只会有很少入场费，或更多的是免费入场的。因此，收集使用这些设施的付费不能很好地表征其价值，不能反映使用者实际愿意付出的费用。这类场所的真正价值=使用者的直接付费+使用者的总消费剩余。

4. 资产价值法

此法的基本观点是一种资产的价值是该资产特征的函数。我们可以设一个区域按一个住房市场对待，而且住房市场已经或接近于平衡，那么房屋价格（P_i）、房屋特征（S_i）、位置特征（N_i）与空气污染水平（Q_i）的关系为：

$$P_i = f(S_i, N_i, Q_i) \tag{8-49}$$

此函数为资产价值函数（或称享乐函数）。从中可见，环境质量（在此是空气质量）是作为资产价值函数的一个因子。从理论上讲，在其他因子不变的条件下，将式(8-49) 积分，就是可以求出该区空气质量的价值，或者说求出空气质量单位改善的边际支付愿望，一旦确定了居民对环境质量边际支付愿望函数，就可以用来计算污染控制政策的效益。

5. 工资差额法

这种方法是运用工资差异确定环境质量和环境风险价值的技术。从工人的角度，一项工作可视为一种有差异的产品，即一种具有许多特征（如工作条件、技术信誉的提高、职业风险程度或与有毒物接触机会等）的货物。因此往往利用高工资吸引工人到污染地区工作，或从事风险大的职业，如果工人可以在区域间自由迁移或调换工作，那么工作的差异部分归因于工作地点所处的环境不同（或其他特征不同），或者部分地归因于工作涉及的风险程度不同，因此，工资水平的差异反映出与工作或工作环境有关的部分特征的差异。

五、调查评价法

此法已用来估算公有资源或不能隔断的货物，如空气和水的质量，具有美学、文化、生态、历史或稀罕等特性的宜人资源和没有市场价格的商品，以及很难找到价值的估计的危害（恶臭、噪声等）等的经济损失。常常用专家评估或环境污染受害者的反映来进行估算。此法分为两类：第一类依靠查询支付或接受赔偿的意愿，第二类询问关于表示上述意愿的商品与劳务的需求量。

既然工资是劳动力商品的价格，可将工资视为一种有差异的产品，企业往往利用高工资吸引工人到污染地区工作，或从事风险较大的职业，因此我们可以利用污染区和非污染区工人工资的差异来计算污染造成的经济损失：

$$S = \sum \Delta P_i Q \tag{8-50}$$

式中 S——污染所造成的经济损失；

ΔP_i——污染区和非污染区的工资差，可取其平均值；

Q——在某一地区工作的工人人数。

这样，便可利用上述方法计算企业采取安全措施前后环境污染对应的经济损失值，其差值便是安全的价值。

六、基于环保费用的估值技术

1. 防护费用法

这种方法的出发点是：个人对环境质量的最低估价有时能够从他愿意负担消除或减少有害环境影响的费用中获得，这种方法又称防护性开支法或“消除设施”法。

2. 恢复费用法

这种方法的思想是：环境受到破坏使生产性发展财富遭到损失，通过恢复或更新这种财富所需费用，可以估算其受到的损失，由此可以对环境功能做出间接的评价。

3. 影子工程法

影子工程法是恢复费用技术的一种特殊形式。当环境服务难于评价和由于发展计划而可能失去时，经常借助于确定提供替代环境服务的补偿工程的费用来排列替换方案的次序。

对事故非价值因素的测算技术应该注意如下几点。

(1) 人类安全活动的目的是为了保护人、保护社会经济生产。要使安全活动高效地进行，需要对安全的投入、安全的产出做出科学的评价，以指导合理的安全决策。为此对安全研究的对象—事故和灾害的损失，特别是非价值因素的损失，做出较为精确的计算，是具有现实意义的。

(2) 对事故的非价值因素进行其价值的测算，特别是对人的生命和健康价值的评价，其目的是反映人类生活实践中，其价值操作的（处理价值实际问题的）客观和潜在的状态，而并非从伦理、道德上对人的总体价值的评价。它的目的基于明确的实用性——指导实践活动，并非伦理性。即在处理这一经济学命题时，把人作为“经济人”对待，而非“自然人”，是对生命过程中的社会经济关系进行考察，反映人一生的经济活动规模，而非人体的经济价值。

(3) 由于事故非价值因素的价值评价是一复杂、困难的问题，因此需要发展和研究相应理论和方法。并且，不同的对象要求有不同的方法；不同的方法只能对特定的对象有实际意义。我们在解决实际问题时，应因事而异，因时而异。

(4) 目前我国在劳动安全、灾害领域，这方面的研究还刚刚起步，但在环境、保险方面，已有一些成果和应用实践，从而为我们劳动安全、劳动保护界的这类问题的研究和解决提供了基础和借鉴。因此，我们应充分利用国内外这方面的研究成果，推动劳动安全和灾害领域的理论研究和应用研究，使安全投资管理和决策的工作做得更为科学，合理，高效。

(5) 对人的生命价值的评价，受社会经济关系的制约。西方的一些理论和方法有其合理的一面，同时又受其经济制度的制约，因此，结合我国社会经济体制，研究符合我国经济环境和条件下的生命价值评价理论和方法，是需进一步研究的课题。

第六节　损失的风险理论

对损失风险的估算可应用概率分布的知识。虽然一些损失数据难以取得，而且也不易解释，但至少它有助于人们对损失风险估算的认识。

损失风险的估算涉及三种概率分布：①每年（或季、月）的损失总额分布；②每年损失发生的次数（损失频数）分布；③每次损失的金额（损失程度）分布。

试举一个简单例子加以说明。一家企业拥有一支五辆汽车的车队，每辆汽车的价值为 10000 元，估算该车队因碰撞事故而遭受车辆损失的风险。这需要估算以下三种概率分布：

1. 每年因碰撞事故可能遭受的车辆损失总额

假设该车队每年的车辆损失总额的概率分布见表 8-7。根据这个分布可计算损失总额的期望值，也能反映损失频数和损失程度：

$$E(X)=\sum X_iP_i=0\times(0.606)+500\times(0.273)+1000\times(0.100)+2000\times(0.015)+5000\times(0.003)+10000\times(0.002)+20000\times(0.001)=321\text{ 元}$$

以表中的概率分布，还可计算标准差，见表 8-8。

表 8-7　车辆损失总额的概率分布

损失总额/元	概率	损失总额/元	概率
0	0.606	5000	0.003
500	0.273	10000	0.002
1000	0.100	20000	0.001
2000	0.015		

表 8-8　标准差计算数据表

(1)	(2)	(3)	(4)	(5)
损失额	损失额期望值	(损失额－期望值)^2	概率	(3)×(4)
0	0～321	$(-321)^2$	0.606	62443
500	500～321	$(179)^2$	0.273	8747
1000	1000～321	$(679)^2$	0.100	46104
2000	2000～321	$(1679)^2$	0.015	42286
5000	5000～321	$(4679)^2$	0.003	65679
10000	10000～321	$(9679)^2$	0.002	187366
20000	20000～321	$(19679)^2$	0.001	387263
				799888

$$\text{标准差}=\sqrt{799888}\approx 894\text{ 元}$$

2. 每年碰撞事故发生的次数

估计每年事故发生次数的理论概率分布是泊松分布。根据这一分布，事故发生

R 次的概率是：

$$P(R)=MRe-M/R! \tag{8-51}$$

式中，M 为平均数；e 为 2.71828；$R!=R(R-1)(R-2)\cdots1$；R 为事故发生次数。

沿用上例，假设该车队每两年发生一次碰撞事故，平均数 M 是 0.5，根据这个公式可得下面的概率分布：

碰撞事故次数　　　　　　　　概率

$$\left.\begin{array}{l} 0\ \dfrac{(0.5)e^{-0.5}}{0!}=\dfrac{(1)(0.6065)}{1}=0.6065 \\ 1\ \dfrac{(0.5)1e^{-0.5}}{1!}=\dfrac{(0.5)(0.6065)}{1}=0.3033 \\ 2\ \dfrac{(0.5)2e^{-0.5}}{2!}=\dfrac{(0.25)(0.6065)}{2\times1}=0.0758 \\ 3\ \dfrac{(0.5)3e^{-0.5}}{3!}=\dfrac{(0.125)(0.6065)}{3\times2\times1}=0.0126 \\ \vdots \quad \vdots \quad \vdots \quad \vdots \\ \vdots \quad \vdots \quad \vdots \quad \vdots \end{array}\right] 0.9982$$

应用泊松分布要满足两个条件：至少要有关于 50 个单独面临损失的风险单位；每个风险单位受损概率相同，并小于十分之一。显然，上面的例子并不符合这两个条件。

3. 每次碰撞事故所造成的车辆损失

根据历史资料，可以假设如表 8-9 所示这样的一个概率分布：

表 8-9　事故损失额概率分布

每次事故损失额/元	概率
500	0.900
1000	0.080
5000	0.018
10000	0.002
	1.000

根据这一分布，我们可以计算出每次事故损失额超过特定数值的概率、期望值和标准差。对数正态分布曲线能适当描述这种事故损失额的概率分布。

如果损失发生次数的概率分布和每次损失金额的概率分布已知，也可以得出损失总额的概率分布。假设有下面两种（损失次数和损失额）概率分布，如表 8-10 所示。

表 8-10　每次损失金额概率分布

损失发生次数/次	概率分布 1	每次损失金额	概率分布 2
0	0.8	500	0.9
1	0.15	1000	0.1
2	0.05		

这样有：

① 发生一次损失金额为 500 元的概率是：(0.15)(0.90)=0.135；

② 发生一次损失金额为 1000 元的概率是：(0.15)(0.10)=0.015；

③ 发生二次损失金额为 500 元的概率是：(0.05)(0.90)(0.90)=0.0405；

④ 发生二次损失金额为 1000 元的概率是：(0.05)(0.10)(0.10)=0.0005；

⑤ 发生一次损失金额为 500 元和一次损失金额为 1000 元的概率是：(0.15)[(0.90)(0.10)+(0.10)(0.90)]=0.009；

⑥ 没有发生损失的概率是 0.80。

因此，损失总额的概率分布是表 8-11 所示结果：假若损失发生次数和每次损失金额有更多可能结果，计算损失总额的概率分布就会相当麻烦，但可借助计算机完成。

表 8-11　损失总额的概率分布

损失总额/元	0	500	1000	1000	1500	2000
概率	0.8000	0.1350	0.0150	0.0405	0.0090	0.0005

综上所述，风险的定量分析存在两种方式，一种是以风险指数来评价风险，另一种是以潜在危险转化为事故的概率表示风险，这样有如下几种分析方法。

(1) 调查综合分析法　此方法首先要定义指标体系。它由危险物质与装备的安全状态 A，实现安全目标的程度 B，职工安全意识 C，安全管理水平 D 组成；然后规定各指标的评分标准，最后得出危险场所或企业的风险：

$$T=M_1A+(M_3C+M_4D)M_2B \tag{8-52}$$

式中，M_1，M_2，M_4 为各指标权重；M_2 为待定系数。

(2) 技术分析法。

(3) 经验型分析。

(4) 数理统计方法——直接概率法。

(5) 数理统计方法——主观概率法。

我们分析风险，目的是进行估值，其方法如下：

(1) 统计分析法　统计前几次同样事故经济损失，分析风险与事故经济损失的内在联系，求得风险可能造成的损失；

(2) 数学解析法　目的是求得损失函数 $L(\theta,a)$。为此，不仅要考虑研究风险造成的损失，还要考虑人的风险态度。假定人对安全投资的方案集为

$$A=\{a_1,a_2,a_3,a_4\}$$

式中，a_1 为当年不投资；a_2 为按基层上报资金投资；a_3 为按危险可能造成的损失投资；a_4 为按某专项基金比例投资。

首先确定人对风险程度的重视度。用 $L_1(\theta_i)$ 表示人对安全 θ_i 的重视度，用询问等方法确定其值，风险的重视度函数则为：

$$L_{T1}=[L_1(\theta_1)L_1(\theta_2)L_1(\theta_3)L_1(\theta_4)] \tag{8-53}$$

其次确定安全费用的损失函数，安全费用的损失函数要反映决策人的损失价值观，又要反映人的风险态度。假设人对于风险的态度是中立的，则有：$L_2(y)=by$。b 为待定系数。对于 $a_1\in A$，由上式可求得 $L_2(a_i)$，则安全费用的损失函数为：

$$L_{T2}=[L_2(a_1)L_2(a_2)L_2(a_3)L_2(a_4)] \tag{8-54}$$

所以，价值的函数为：

$$L=L_{T1}\times L_{T2} \tag{8-55}$$

第七节　事故经济损失抽样调查分析

在国家课题资助下，2001 年我们开展了对工业企业的事故经济损失的抽样调查研究。调查采取分层抽样技术进行方案设计。调查样本涉及 962 家企业，其中有效企业样本 823 家，占调查总数的 88.5%，分析样本数 5800 多个企业年。调查对象涉及 22 个省市自治区，按国标分类的 9 个行业。包括大、中、小型的国有、地方、乡镇、三资等类型的企业。抽样具有广泛的代表性和针对性。

一、事故直间比系数的调查

根据抽样调查的数据，有近 500 个企业所的数据中提供了事故间接损失的数据。根据提供的数据，可整理得到到图 8-6 的事故直间比关系离散图。

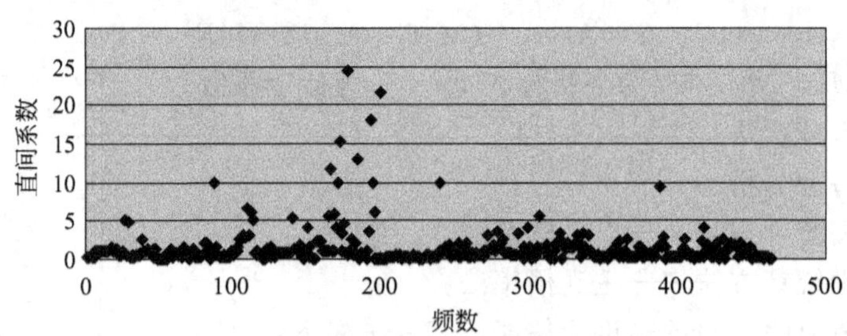

图 8-6　调查企业事故直间比关系离散图

根据图中的状况表明说明：在近千份有效调查表中，提供有间接损失的企业年不足 500。为什么大多企业没有提供间接损失？原因多种多样，包括：

(1) 度量问题：计算间接损失客观上比较困难的问题，作为发生事故的企业主观也不希望准确计算。

(2) 管理上的问题。对事故的管理我国目前主要强调伤亡后果管理。包括数据报告和责任处理等。目前国家还没有对事故损失评价做出强制要求，同时也缺乏相应的法规和标准，这样企业外部未形成压力和管理的措施。

从这次调查的数据分析，事故的直间损失系数在 1∶1 至 1∶25 的范围，但多数在 1∶2 至 1∶3 之间。

二、事故损失占GDP的比例统计分析

1. 数据统计结果

根据调查数据的统计，可获得分年度的事故损失占GDP的比例，见表8-12的统计结果，相应的曲线见图8-7。可以看出，随年度损失规律上具有波动性大的特点。我们认为由于抽样数据的有限，用这一批数据研究事故损失的时间规律，其结论的可靠性和精确性不够。因此，我们对事故损失的时间规律不作深入的分析，而主要应用这一次调查的数据来分析一段时期（如20世纪90年代）的综合、宏观的事故损失总量的基本分析判断。即，应用调查数据分析如下规律是可行的。

表8-12　20世纪90年代事故损失占GDP比例统计分析表

年份/年	占GDP比例/%	置信区间(α=90%)
1991	1.6	0.004
1992	1.4	0.006
1993	1.3	0.006
1994	1.8	0.008
1995	0.8	0.001
1996	0.5	0.001
1997	0.7	0.001
1998	0.4	0.001
1999	0.4	0.001
2000	0.8	0.001
20世纪90年代年均值	0.97	

注：这里的事故损失仅统计了直接总损失，它包括各种工伤事故、交通事故、火灾事故等造成的直接经济损失。

根据抽样调查得到的我国20世纪90年代安全事故直接经济损失占GDP的比例分布如图8-7所示，可看出数据具有明显的波动性和无序性。分析其系统误差原因，主要是由于我国长期事故损失统计标准未能严格推行，使企业安全事故经济损失分析工作薄弱，因此填报数据量的准确度和数据可调查量受到限制。

此次抽样调查得到的数据未揭示出我国安全事故损失时间分布规律，因此研究

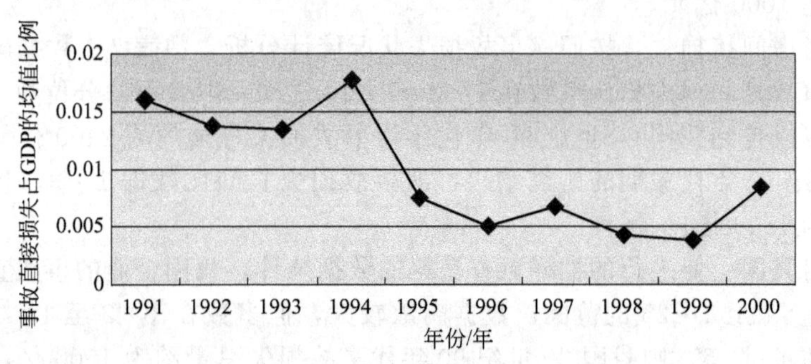

图8-7　20世纪90年代事故损失占GDP比例趋势图

未获得国家宏观安全事故损失的时间函数，研究工作不能进行我国安全事故损失的时间序列预测。

应用抽样调查获得的20世纪90年代统计分析出的事故直接损失占GDP的均值比例为0.97%。运用这一宏观比例结论。可推断出我国20世纪90年代各年的安全事故直接损失估算总量，见表8-13。职业病费用统计表见表8-14。

表8-13　20世纪90年代事故总损失统计表

年份/年	GDP/亿元	事故直接损失/亿元	职业病费用/亿元	总损失/亿元
1991	21618	209.69	6.70	216.39
1992	26638	258.39	8.26	266.65
1993	34634	335.95	10.74	346.69
1994	46759	453.56	14.50	468.06
1995	58478	567.24	18.13	685.37
1996	69885	677.88	22.33	700.21
1997	74463	722.29	23.08	745.37
1998	78345	759.95	24.29	884.24
1999	82068	796.06	25.44	821.50
2000	89404	867.22	27.72	894.94
年均值	58229	564.82	18.05	582.87

表8-14　职业病费用统计表

指　标	相对比例/%	年均绝对值估算/亿元	说　明
职业病占GDP比率	0.093	54.15	
建筑业职业病占GDP比率	0.017		
矿业职业病占GDP比率	0.296		包括有色、冶金、煤矿、矿山等行业。

2. 数据分析

20世纪90年代平均年度事故直接经济损失占GDP的比例为0.97%；

20世纪90年代平均每年度的事故直接经济损失近600亿元，2000年我国的事故直接经济损失高达900亿元；

如果按参照20世纪90年代的损失比例，可推断出2002年度的事故直接经济损失可高达1000亿元。

如果考虑间接损失，按照《事故损失状况统计分析》中表7-1数据国外的研究结果，即事故直间损失倍比系数在1∶2～1∶10之间，取其下四分位数4为直间比系数值，可以得到我国20世纪90年代年均事故损失总量约为2400亿元；而采取美国20世纪90年代中期的研究结果，即事故损失直间比数据1∶3，我国事故损失总值约为1800亿。

根据对我国企业进行的抽样调查获得的数据统计，我国企业的事故直间损失倍比系数在1∶1至1∶25的范围，数据离散较大，但多数在1∶2至1∶3之间，取其中值，即1∶2.5，则我国20世纪90年代事故损失总量约为1500亿，而按我国2002年的经济规模推算，则每年的事故经济损失高达2500亿元。

第九章 安全经济贡献率分析与评价

安全是人类生产和生存的基本需要。安全通过预防各种重大事故和灾害的发生，从而实现保护人民生命财产安全、减少社会危害和经济损失的目的。安全是一项充分体现人民利益高于一切的公益性事业，是国家安全和社会稳定的基石，是经济和社会发展的重要条件，是人民安居乐业的基本保证，是全面建设小康社会必须解决的重大战略问题。安全已与人口、资源、环境一样成为国家的一项基本国策。上述的表述，阐明了安全既是人类社会发展的象征和目的，同时也是社会进步和经济发展的手段。

随着我国安全生产管理新体制的确立，以及工业化和城市化过程中安全问题的日益突出，对安全生产的功能的认识已从过去主要强调社会意义和政治目的的认识，逐步扩展到不仅要考虑社会效益，更需要重视安全生产的经济意义和社会价值的实现；不仅要把安全生产作为人类发展和社会稳定的基本要求，更需要重视安全生产促进经济发展的作用，提高安全生产作为社会经济发展的基本手段和重要目标的认识。安全作为社会经济发展的重要和基本条件的功能是客观实在。

但是，到目前为止，在我国的安全科学学术界及政府内部，在很大程度上对安全生产的经济意义和促进社会经济发展的作用还缺乏科学、系统、定量、权威的研究，即对于安全生产与经济发展的关系；安全生产的投入产出规律；安全生产对国民经济建设的贡献率；安全生产对保障企业经济效益实现的作用等方面的研究，无论在宏观层面还是微观层面都缺乏理论和实践的系统科学研究。由此导致社会、政府和企业对安全生产的经济意义和社会价值实现缺乏合理、客观、全面和公正的认识。

显然，这种状况与社会主义市场经济体制下建立的安全生产管理新机制所提出的安全生产科学决策与管理、合理的安全人力资源配置（人员配备、机构设置等）、科学的安全生产投资政策、有效的事故损失与风险管理等方面的现代体制要求不相适应。为此，我们曾在国家安全生产监管管理局主持的《安全生产与经济发展关系研究》课题中，对安全生产的经济贡献率进行了初步的研究。研究目的及意义表现在：从理论上阐明安全生产与社会经济发展的关系及规律；科学地认识安全生产对保证国家 GDP 目标实现的贡献及价值；系统了解安全生产的投入产出规律及其对于企业经济效益实现的作用。经过课题系统的理论研究和科学调查分析，不但在理

论上解决安全生产与经济关系的认识问题，同时在实践上能够对安全生产的科学决策提出有关的合理性、实用性、前瞻性的建议。

第一节　安全经济贡献率的分析理论

一、安全经济贡献率的概念

安全对于一个国家（行业、部门、企业）的经济发展作用功不可没，合理准确地计算其经济贡献率是很有必要的。

1. 安全对于减少事故损失的贡献率—“减负为正”

安全投资对于减少事故损失的作用毋庸置疑，安全投资越多，这种作用越大，发生事故的可能性越小，发生事故的频度越小。

2. 安全对经济发展的增值作用

这种作用体现在安全对于生产的技术功能保障与维护作用，无论一个企业发生事故与否，这种对于国民生产的保障与维护作用都存在，并且伴随经济运行的全过程。这主要包括以下几个方面的内容：

(1) 提高劳动者的安全素质，从而提升劳动力的工效作用；

(2) 管理作为生产力要素之一，在企业管理过程中，必须投入安全的管理；

(3) 安全条例或环境对生产技术或生产资料的保护作用；

(4) 安全绩效作为企业的商誉体现，对市场、信贷和用户的资信都发挥良好作用。

这四个方面都会表现出对经济的增值作用。

因此，我们认为安全对经济的贡献由两部分组成：减损部分和增值产出部分。只要分别计算这两部分的贡献率，将其相加即可得到整个安全经济贡献率。即有如下的安全经济贡献率的宏观计算模型：

$$\text{安全经济贡献率}=\frac{\text{安全产出}}{\text{国内生产总值}}\times 100\%=\frac{\text{减损}+\text{增值产出}}{\text{国内生产总值}}\times 100\%$$

分析计算安全生产的经济贡献率的一种方式是对企业或项目进行微观的分析计算；二是对社会或国家的宏观分析计算。由于计算安全生产成果的特殊性（安全成果是一种无形的产品），对于单个企业我们可以按照下一节方法来计算，即：分别计算减损的贡献率和安全增值的贡献率（包括安全管理、劳动力安全素质、安全条件和安全信誉等内容），然后相加即可得到整个安全经济贡献率。但对于一个国家或一个部门来说，由于计算全国安全引起的生产总值的提高（或减少工效损失）、整个国家（部门）安全环境的价值以及安全信誉的价值等的不可操作性，我们不能按照这一方法来计算。因此，对于一个社会或国家的安全经济贡献率，只能用宏观模型来分析。实际上，分析一个企业的安全经济贡献率是没有意义的，而分析一个国家的宏观安全经济贡献率，对提高社会对安全的认识和社会的安全宏观决策具有现实的意义。

二、微观安全经济贡献率的计算模型

前面已经提到，对于计算单个企业的安全经济贡献率我们或以采取前文中提到的方法加以计算，即：

企业安全经济贡献率＝减损的贡献率＋安全增值的贡献率

其中，减损的贡献率我们可通过企业跟以往年份相比事故的减少值来计算；

安全增值的贡献率＝安全管理水平、劳动力素质等要素的贡献率＋安全环境的贡献率＋安全信誉的贡献率

在计算中，对于安全管理水平、劳动力素质等要素的贡献率和安全环境的贡献率主要采用这两方面的因素使企业的工效增加相对应的价值来计算；对于安全信誉的贡献率采用企业商誉的价值乘以安全信誉的权重来计算。如果存在企业对环境污染的问题，我们再计算企业所造成的环境污染的变化情况所对应的价值。比如企业通过对污染物进行处理后再排入外部环境，我们可计算其污染物减少所对应的价值作为企业安全增值的一部分。下面以一个实际的例子来说明如何计算单个企业的安全经济贡献率。

【实例】 某化工企业经评估后的单项企业净资产额合计为 2.25 亿元，经评估该企业的商誉价值为 514.23 万元。企业 2000 年的产值分别为 1.47 亿元。企业 1999 年因各种原因发生事故数起，造成直接经济损失和间接经济损失 132.21 万元，2000 年由于企业加强了安全管理，并采取了切实可行的安全措施，事故大为减少，全年事故造成的直接和间接经济损失减少为 57.98 万元。2000 年企业对外排污比 1999 年少 5642t，经环保部门测定处理每吨污染物的成本为 140 元。在不考虑开发新产品、公司按原有规模生产原有产品等的前提下，企业由于加强了安全管理、采取了安全措施、改善了工人的工作条件，2000 年企业的劳动生产率大为增加，月平均产值比上年度增加约 20.1 万元。经专家评定该企业安全信誉占企业商誉的权重为 0.08. 则可计算该企业的安全经济贡献率为：

安全经济贡献率＝减损的贡献率＋安全增值的贡献率

减损的贡献率＝(132.21－57.98)/1.47×10000＝0.50％

安全增值的贡献率＝安全管理水平、劳动力素质等要素的贡献率＋安全环境的贡献率＋安全信誉的贡献率

＝(20.1×12＋5642×140/10000＋514.23×0.08)÷(1.47×10000)×100％＝2.46％

这样可得到该企业的安全经济贡献率为：0.50％＋2.46％＝2.96％

通过上述实例，可看出：只要能够分析计算出安全的产出，就能够计算出一个企业一段时期，或一个项目的安全经济贡献率的评估，即进行所谓微观安全经济贡献率的评估。但是如果需要研究社会或国家宏观的安全经济贡献率，则很难用这种

微观的方法进行。因此，我们探索了宏观安全经济贡献率的研究方法。

第二节　宏观安全经济贡献率的分析方法

对于计算企业或项目安全经济贡献率可以采取前面的微观分析方法，但对于整个国家或社会的安全经济贡献率，由于统计上的原因，无法统计出安全生产的总产出价值，因而不可能直接用安全产出总量占国家生产总量的比例关系来获得安全生产对经济贡献率。甚至连一个国家一个年度的直接经济损失和间接经济损失都难以获得。因此，对于宏观安全经济贡献率我们无法采取前面的方法计算，为此，只能求助于经济学方法。

一、利用增长速度方程计算安全经济贡献率（叠加法）

引用国内外研究产品经济的理论，把安全投入分成三大块：安全科技水平、资金量、劳动投入量。分别计算这三大块的经济贡献率，然后将其相加即可得到整个的安全经济贡献率（见图 9-1）。

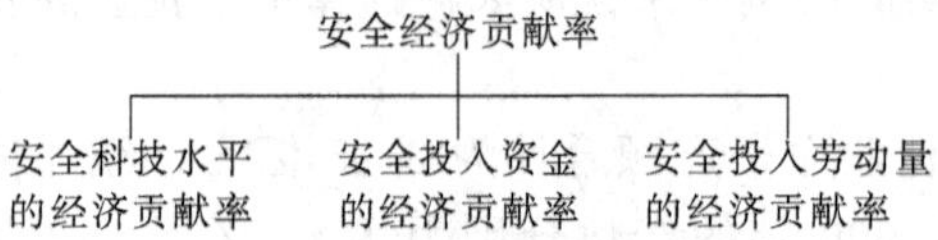

图 9-1　安全经济贡献率

其中，安全科技水平指我国安全生产所处的实际水平，指广义的安全技术水平，包括安全管理水平、安全技术、全员的安全素质（意识）、设备工艺中的安全技术水平等（下同）。

资金量指投入在安全生产上的资本投入要素，计算时可采用固定资产原值（或固定资产净值）+流动资金年平均余额计算。

劳动投入量指安全劳动投入，计算时可采用安全投入的总工时或总职工人数计算。

鉴于安全产出实际计算中存在的复杂性（安全的很多产出是无形产品，没有价格实体），拟先利用 Dauglas 生产函数求出技术进步（广义上的技术进步）对我国经济增长的贡献率，然后利用层次分析法求出安全科技水平在整个技术进步中的权重，这样便可间接求出安全科技水平的经济贡献率。

1. 用 Dauglas 生产函数求技术进步对经济增长的贡献率

一般情况下，若产出为 Y，有 i 个生产要素 X_1，X_2，…，X_i，则生产函数的一般形式为：

$$Y=f(X_1,X_2,\cdots,X_i;t)$$

式中，t 为时间变量。通常，可以认为资金 K 和劳动 L 是最主要的生产要素，则上式可写成：

$$Y=f(K,L;t)$$

对产出增长型技术进步生产函数有 $Y=Af(K,L)$，A 为与时间有关的技术水平。该式求全导数并整理可得：

$$\frac{\frac{\mathrm{d}Y}{\mathrm{d}t}}{Y}=\frac{\frac{\mathrm{d}A}{\mathrm{d}t}}{A}+\alpha\frac{\frac{\mathrm{d}K}{\mathrm{d}t}}{K}+\beta\frac{\frac{\mathrm{d}L}{\mathrm{d}t}}{L}$$

它的左端为产出增长速度，右端第一项是技术进步速度，第二、三项分别为参数与资金、劳动增长速度的乘积，参数 α 为资金的产出弹性，β 为劳动的产出弹性。

由于实际数据都是离散的，当所取时间间隔 Δt 较小的情况下，可用差分方程近似的代替式(9-3)：

$$\frac{\frac{\Delta Y}{\Delta t}}{Y}=\frac{\frac{\Delta A}{\Delta t}}{A}+\alpha\frac{\frac{\Delta K}{\Delta t}}{K}+\beta\frac{\frac{\Delta L}{\Delta t}}{L}$$

取：$y=\frac{\frac{\Delta Y}{\Delta t}}{Y}$；$a=\frac{\frac{\Delta A}{\Delta t}}{A}$；$k=\frac{\frac{\Delta K}{\Delta t}}{K}$；$l=\frac{\frac{\Delta L}{\Delta t}}{L}$；则上式可写成：$y=a+\alpha k+\beta l$

式中，a 为技术进步速度；y 为产出增长速度；k 为资金增长速度；l 为劳动者人数增长速度；

$$a=y-\alpha k-\beta l \tag{9-1}$$

式(9-1) 中，产出、资金、劳动的年平均增长速度可按以下水平法计算（以产出为例）：

式中，y 为产出的年平均增长速度；Y_t 为计算期 t 年的产出；Y_0 为基期的产出。

$$y=\left(\sqrt[t]{\frac{Y_t}{Y_0}}-1\right)\times 100\% \tag{9-2}$$

式(9-1) 中，α、β 的取值问题：

如果 α 作为全国的资金产出弹性，则取 0.35，对 β 有：$\beta=1-\alpha=0.65$；

如果 α 作为省或地区级计算资金产出弹性，则式中，K_i、L_i 为某省或某地区第 i 年资金和劳动力；K_{ti}、L_{ti} 为全国第 i 年的资金和劳动力。

$$\alpha'=\alpha\ln\left[\mathrm{e}-1+\left(\frac{1}{N}\sum_{i=1}^{N}\frac{K_i}{L_i}\right)\div\left(\frac{1}{N}\sum_{i=1}^{N}\frac{K_{ti}}{L_{ti}}\right)\right]$$

我们令 E_A 为技术进步对产出增长速度的贡献，则：

$$E_A=\frac{a}{y}\times 100\% \tag{9-3}$$

$$\beta'=1-\alpha'$$

2. 安全科技水平经济贡献率的估算

技术进步是指能够使一定数量生产要素的组合创造更多产出的所有因素共同发生作用的过程。技术进步有两种，一种为体现型，另一种为非体现型。体现型技术

进步是指伴随要素质量的提高而产生的技术进步对产出的贡献；非体现型技术进步是指不依赖于要素质量的外部因素作用产生的技术进步，如管理水平的提高、资源的合理分配等。据此，把技术进步对产出的贡献分为以下几部分：①新技术的贡献；②新的工艺、方法的贡献；③新的设备的贡献；④管理水平（含人员素质：文化素质、技术素质）提高的贡献；⑤资源有效配置（如劳动分工、专业化等）的贡献。以上各项中，新设备、新工艺、管理水平等部分包含安全的内容。这样建立层次结构（见图 9-2）：对于上述三层次结构图，按照层次分析法的分析方法，征求国内有关专家意见，并收集整理了调查结果，得到了表 9-1 所示的技术进步综合评判权重表。

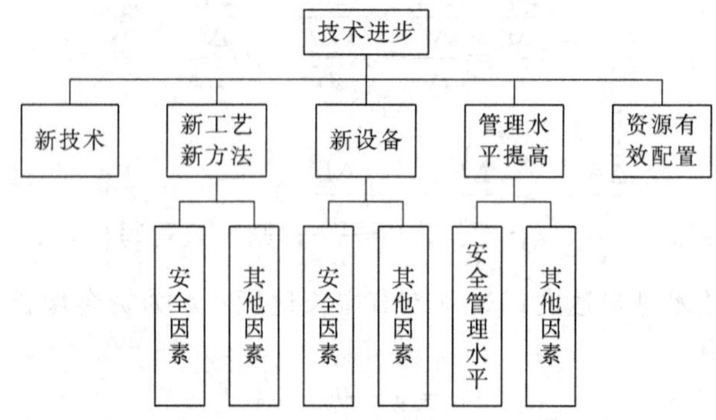

图 9-2　技术进步对产出贡献的层次结构图

表 9-1　技术进步综合评判权重表

项目	新技术	新工艺方法	新设备	管理水平提高	资源有效配置
新技术	1	4/3	4/3	2/3	1
新工艺方法	3/4	1	1	1/2	3/4
新设备	3/4	1	1	1/2	3/4
管理水平提高	3/2	2	2	1	3/2
资源有效配置	1	4/3	4/3	2/3	1

其对应的成对比较矩阵为：

$$A=\begin{bmatrix} 1 & 4/3 & 4/3 & 2/3 & 1 \\ 3/4 & 1 & 1 & 1/2 & 3/4 \\ 3/4 & 1 & 1 & 1/2 & 3/4 \\ 3/2 & 2 & 2 & 1 & 3/2 \\ 1 & 4/3 & 4/3 & 2/3 & 1 \end{bmatrix}$$

显然，该矩阵属于一致阵，其对应于特征根的归一化的特征向量为：

$$W^{(2)}=(0.20,0.15,0.15,0.30,0.20)^{\mathrm{T}}$$

表示第二层诸因素对第一层因素技术进步的权重。并且显然，该矩阵能通过一致性检验。

对于第三层因素对第二层因素的影响，不必计算出第三层每一个元素对第二层因素的影响，而只需要找出与安全有关的因素并分别计算它们对上一层的权重，为此，我们找出了如图 9-2 所示的几个与安全有关的因素（新工艺、新设备、管理水平等），在计算它们对第二层因素的权重的过程中，因为第三层因素的每一个子模块只有两个因素，我们只需询问有关专家这两个因素对上一个层次的权重便可得到第三层诸因素对第二层的权重比较。表 9-2 是通过专家调查表进行调查并取其均值的结果。

表 9-2 技术进步综合评判权重表（第三层）

安全在新工艺中的权重	安全在新设备中的权重	安全管理水平占整个管理水平的权重
0.08	0.08	0.10

注：本表只需填入权重值（以百分比计）。

据此，得到：

$$W_1^{(3)}=(W_{安全对工艺},W_{其他})=(0.08,0.92)^{\mathrm{T}}; \tag{9-4}$$

$$W_2^{(3)}=(W_{安全对设备},W_{其他})=(0.08,0.92)^{\mathrm{T}}; \tag{9-5}$$

$$W_3^{(3)}=(W_{安全管理水平},W_{其他})=(0.10,0.90)^{\mathrm{T}}; \tag{9-6}$$

其中：

式(9-4) 中 $W_{安全对工艺}$ 为安全对新工艺的权重，$W_{其他}$ 为其他因素对新工艺的权重；

式(9-5) 中 $W_{安全对设备}$ 为安全对新设备的权重，$W_{其他}$ 为其他因素对新设备的权重；

式(9-6) 中 $W_{安全管理水平}$ 为安全管理水平的提高对整个管理水平的提高的权重（这里的管理水平的提高包括人员素质的提高，相应地，安全管理水平的提高也包含安全管理人员文化素质和技术素质的提高、职工安全意识的提高等），$W_{其他}$ 表示其他管理水平的提高对管理水平的提高的权重。

显然，第三层因素也可通过一致性检验，故第三层因素中安全因素对目标层（技术进步）的组合权向量为：

$$\begin{aligned}W^{(3)}&=W_{安全对工艺}\times W^{(2)}_{工艺对技术进步}+W_{安全对设备}\times W^{(2)}_{设备对技术进步}+W_{安全管理水平}\times W^{(2)}_{管理对技术进步}\\&=0.08\times0.15+0.08\times0.15+0.10\times0.30=0.054\end{aligned}$$

显然，该组合权向量可通过一致性检验。该组合权向量即为安全科技水平对整个技术进步的权重，因此我们可以得出安全科技水平对产值增长的贡献率为：

$$0.054\times E_{\mathrm{A}};$$

近似地认为这就是安全科技水平对产值的贡献率，其具体计算方法我们将在下一章实证分析中详细介绍。

3. 安全所投入资金的经济贡献率的计算

（1）由式(9-3) 可得我国资金对经济增长的贡献率为：

$$E_{\mathrm{k}}=\frac{\alpha k}{y}\times100\% \tag{9-7}$$

(2) 安全投入资金经济贡献率的估算

① 全国安全投入资金的计算：在这里我们从安全措施经费、劳保用品投入、职业病费用三个方面来计算安全投入资金，条件不具备时（无法得到劳保用品所花费资金和职业病费用时），我们也可用安全措施经费作为计算单位的安全投入资金。

② 安全投入资金经济贡献率的估算：假定安全上投入的资金和全社会其他资金所产生的效果一样，则：

$$\text{安全投入资金经济贡献率}=\frac{\text{全国安全投入资金}}{\text{全社会资金}}\times E_{\mathrm{k}}$$

为此只需代入全国安全投入资金值、全社会资金值、E_{k} 值即可求出安全投入资金的经济贡献率，其具体计算方法我们将在下一章实证分析中详细介绍。

4. 安全所投入的劳动力的经济贡献率的计算

(1) 由式(9-3) 可得我国劳动力对经济增长的贡献率为：

(2) 安全所投入劳动力的经济贡献率的估算

$$E_{\mathrm{L}}=\frac{\beta l}{y}\times 100\% \tag{9-8}$$

同样，我们假定安全上投入的劳动力和其他劳动力所产生的效果一样，这样我们便可求得安全投入的劳动力的贡献率为：

$$\text{安全投入劳动力的经济贡献率}=\frac{\text{安全投入劳动力}}{\text{全国劳动者人数}}\times E_{\mathrm{L}}$$

只需代入全国安全投入劳动力数、全国劳动者人数、E_{L} 值即可求出安全投入劳动力的经济贡献率，其具体计算方法我们也将在下一章实证分析中详细介绍。

5. 安全经济贡献率的求取

将前述三项相加可得到全国安全经济贡献率为：

安全经济贡献率＝安全科技水平的经济贡献率＋安全资金经济贡献率＋安全所投入劳动力的经济贡献率

二、直接用生产函数计算安全经济贡献率

1. 理论依据：

如上所述，我们把安全投入分成三大块：安全科技水平（包含安全管理的内容）、资金量、劳动量，现在我们假设：

(1) 安全科学技术进步是中性的；

(2) 安全科学技术进步独立于要素投入量的变化；

(3) 要素的替代弹性为 1；

则安全产出与安全投入的关系符合 C-D 生产函数：

$$Y=AK^{\alpha}L^{\beta} \tag{9-9}$$

式中　Y——全国安全产出；

A——安全科技水平；

K——安全投入资金量；

L——安全投入劳动力人数；

α——安全投入资金的产出弹性；

β——安全投入劳动量的产出弹性。

我们只要能求出上述公式右边各函数值，代入则可求出全国的安全产出。

2. K 的求取

这里资金量指全国投入在安全生产上的资本投入要素，计算时可采用全国投入在安全生产上的固定资产原值（或固定资产净值）与该年投入到安全生产上的流动资金之和计算；条件不具备时，可用当年投入的安全资金量计算，但这样就忽略了以往年份的安全投入的影响。

3. L 的求取

这里劳动投入量指全国安全劳动投入，计算时可采用全国安全投入的总工时或总职工人数计算，鉴于统计的困难，我们用安全投入的总职工人数来计算。

4. α、β 的求取

在这里 α（或 β）的含义在于：在其他条件不变的情况下，安全投入的资金（或劳动量）增加 1%时，安全产出增加的百分比。在计算中，可以收集足够大的样本，研究安全投入的资金（或劳动量）增加时，安全产出增加的百分比（虽然全国安全产出我们暂时还不能求出，但我们根据前面的方法可求出单个企业的安全产出），然后利用统计学方法即可求得 α（或 β）值。更简单地，我们也可采用相似企业比较法来求出单个企业的安全产出，其方法如下。

选取产值规模、行业特点、性质及产品结构相似的若干个企业（前提是所选取的这些企业在所选的时期内没有进行大的技术革新、开发新产品等可能引起企业产值大幅度增加的事件），取其产值和利润率的平均值。收集各企业的工伤事故情况，我们会看到，其中安全生产情况较好（除安全外，其他情况均相似）的企业其产值和利润率较平均值要高，而事故较多的企业其产值和利润率较平均值则要低。这样，可以把安全生产情况好的企业的产值和利润率与类似企业平均值的差值作为这些企业安全生产的产出。

5. A 的求取

这里 A 指我国安全生产所处的实际水平，计算公式为：

$$A=\frac{Y_{安全}}{K_{安全}^{\alpha}L_{安全}^{\beta}} \tag{9-10}$$

取足够大的样本，代入其 $Y_{安全}$、$K_{安全}$、$L_{安全}$、α、β 值即可求出该年的 A 值（计算单个企业 $Y_{安全}$ 的方法前面已经提及）。在实际计算中，可以计算出我国该年度的技术水平（即全国技术水平），并以此值近似代替该年度我国的安全科技水平。

6. 全国安全产出的求取

利用式(9-9)：$Y=AK^{\alpha}L^{\beta}$，代入上述各值可求得全国安全产出的值。

7. 全国安全经济贡献率的求取

同样，利用下列公式便可求得全国安全经济贡献率的值：

$$安全经济贡献率=\frac{Y_{安全}}{Y_{产值}}\times 100\%$$

式中，$Y_{安全}$为计算期安全的产出；$Y_{产值}$为计算期的国内生产总值（其具体计算方法我们将在下一章实证分析中详细介绍）。

第三节　安全经济贡献率的实证分析

一、利用增长速度方程计算安全经济贡献率（叠加法）

1. 安全科技水平的经济贡献率的计算

（1）求技术进步对我国经济增长的贡献率　对公式：$a=y-\alpha k-\beta l$，有：

$$y=\left(\sqrt[t]{\frac{Y_t}{Y_0}}-1\right)\times 100\% \tag{9-11}$$

$$k=\left(\sqrt[t]{\frac{K_t}{K_0}}-1\right)\times 100\% \tag{9-12}$$

$$l=\left(\sqrt[t]{\frac{L_t}{L_0}}-1\right)\times 100\% \tag{9-13}$$

代入表 9-3 中有关数据我们可求得我国 1981～1990 年国内生产总值、资金、劳动者人数的年平均增长速度为：

$$y=\left(\sqrt[10]{\frac{281.7}{122.1}}-1\right)\times 100\%=8.72\% \tag{9-14}$$

$$k=\left(\sqrt[10]{\frac{37588.19}{13744.16}}-1\right)\times 100\%=10.58\% \tag{9-15}$$

$$l=\left(\sqrt[10]{\frac{56740}{43725}}-1\right)\times 100\%=2.64\% \tag{9-16}$$

表 9-3　我国 20 世纪 80 年代 GDP、资金及劳动者人数表

年　份	国内生产总值指数	全社会资金/亿元	劳动者人数/万人
1981 年	122.1	13744.16	43725
1990 年	281.7	37588.19	56740

注：数据来源，国内生产总值指数和劳动者人数自 1999 年中国统计年鉴，国内生产总值指数以 1978 年为 100 计。全社会资金引自国家计委科技司课题组课题“我国经济增长中科技进步作用测算研究及分析”，为按 20 世纪 80 年代不变价推算的全社会口径数。

取 $\alpha=0.35$、$\beta=0.65$ 可求得：

$$a=8.72\%-0.35\times 10.58\%-0.65\times 2.64\%=3.30\%$$

这样我们可求得：

$$E_{A}=\frac{a}{y}\times 100\%$$

$$E_{A}=\frac{3.30}{8.72}\times 100\%=37.84\%$$

(2) 安全科技水平经济贡献率的计算

这样我们可以得出安全科技水平对产值增长的贡献率为：

$$0.054\times E_{A}=0.054\times 37.84\%=2.04\%$$

2. 安全所投入资金的经济贡献率的计算

(1) 我国资金对经济增长的贡献率为：利用上述数据我们可求出我国 1981～1990 年期间资金对经济增长的贡献率为：

$$E_{k}=\frac{\alpha k}{y}\times 100\%$$

$$E_{k}=\frac{0.35\times 10.58}{8.72}\times 100\%=42.47\%$$

(2) 安全投入资金经济贡献率的估算

① 全国安全投入资金的计算：我们在这里仅计算安全措施经费作为安全投入资金。安全措施经费拟通过安全投入占全国设备更新改造费的比例来求取。按中国地质大学、中国劳动保护科学技术学会《八十年代我国企业安全经济状况调查与分析研究报告》中对我国 20 世纪 80 年代 1000 余家企业的实际抽样调查结果，我国安措费占更新改造费的提取比例为 13.29%。

另外，为了计算每年安全投入资金的现存量（存量资金），我们还必须计算 20 世纪 80 年代以前的安全措施经费投入（在这里我们假设安全投入资金的最长使用效果年限为 20 年，即假设 20 世纪 70 年代的安全措施经费投入到了 20 世纪 80 年代仍然有效，并且我们不妨仍从更新改造费中取 13.29%作为安全措施经费投入）。

从中国统计年鉴可查得全国 20 世纪 70～80 年代的更新改造投资见表 9-4。

表 9-4 我国自 1971～1990 年更新改造投资一览表

年份/年	更新改造投资/亿元	年份/年	更新改造投资/亿元
1971	76.47	1972	84.83
1973	100.02	1974	115.48
1975	135.62	1976	147.50
1977	165.93	1978	167.73
1979	175.88	1980	187.01
1981	195.30	1982	250.37
1983	291.13	1984	309.28
1985	449.14	1986	619.21
1987	758.59	1988	980.55
1989	788.78	1990	830.19

将以上各年份数据相加得：6828.82 亿元。这样可求得我国 20 世纪 80 年代的

安全措施经费约为：6828.32 亿元×13.29%＝907.55 亿元。

② 安全投入资金经济贡献率的估算：

按表 9-5 数据可得 1981～1990 年全社会投入的资金为：230925.01 亿元，考虑到这期间固定资产原值的重复计算，我们需对其进行校正，由统计年鉴可查得 1990 年我国国有企业的固定资产原值为 15352.2 亿，20 世纪 80 年代的国有企业的固定资产原值为 5311.1 亿，80 年代我国国有企业固定资产增加了 10041.1 亿，但如果将 80 年代每年国有企业固定资产原值简单相加则为约 92000 亿，这意味着将表 9-5 中全社会资金简单相加会引起约 80000 亿的重复计算，我们必须将其剔除。这样我们可得到我国 1981～1990 年全社会投入的资金约为：230925.01－80000＝150925.01 亿元，因此，我们得到安全投入资金占全社会资金的比值为：907.55/150925.01＝0.006。

我们假定安全上投入的资金和其他资金所产生的效果一样，这样我们可求得安全投入资金的贡献率为：42.47%×0.006＝0.26%

表 9-5　我国 20 世纪 80 年代各年 GDP、资金及劳动者人数表

年份/年	国内生产总值/亿元	全社会资金/亿元	全社会劳动者/万人
1981	4862.4	13744.16	43725
1982	5294.7	15234.06	45295
1983	5934.5	16602.64	46436
1984	7171.0	18499.10	48197
1985	8964.4	20755.45	49873
1986	10202.2	24457.54	51282
1987	11962.5	26843.34	52783
1988	14928.3	27765.01	54334
1989	16909.2	29435.52	55329
1990	18547.9	37588.19	56740

注：数据来源，国家计委科技司课题组课题“我国经济增长中科技进步作用测算研究及分析”；全社会资金为按 80 年不变价统计的全社会口径数。

3. 安全所投入的劳动力的经济贡献率的计算

(1) 我国劳动力对经济增长的贡献率为：利用上述数据我们可求出我国 1981～1990 年期间我国劳动力对经济增长的贡献率为：

$$E_L=\frac{\beta l}{y}\times 100\%$$

$$E_L=\frac{0.65\times 2.64}{8.72}\times 100\%=19.68\%$$

(2) 安全所投入劳动力的经济贡献率的估算

① 全国安全投入的劳动力的计算：按 20 世纪 80 年代对我国 1000 余家企业的实际抽样调查结果，我国安全专职人员的配备比例为职工总数的 4.49‰（中国地质大学、中国劳动保护科学技术学会《八十年代我国企业安全经济状况调查与分析研究报告》，1992 年），但考虑到该调查仅调查了工业企业的数据，广大农村劳动

者并没有这么大比例的安全专职人员配备，因此我们这里仅采取工业就业人口，由于我国统计年鉴中有几年的工业就业人口空缺，我们采用全社会劳动者人数乘以1/4的办法来做一估算（1/4的来源在于我国的工农业人口比例），这样我们得到我国安全专职人员的人数约为：

$$全社会劳动者人数\times 4.49‰\times 1/4$$

② 安全投入劳动力经济贡献率的估算：同样，我们假定安全上投入的劳动力和其他劳动力所产生的效果一样，这样我们便可求得安全投入的劳动力的贡献率为：

$$19.68\%\times 4.49‰\times 1/4=0.022\%$$

4. 安全经济贡献率的求取

将前述三项相加可得到全国安全经济贡献率为：

安全经济贡献率＝安全科技水平的经济贡献率＋安全资金的经济贡献率＋安全所投入劳动力的经济贡献率

$$=2.04\%+0.26\%+0.022\%=2.32\%$$

5. 20世纪80年代我国安全生产投入产出比的计算

安全生产投入产出比指的是一定时期内一定的安全投入和由于这些投入而带来的产出之比，即：

$$安全投入产出比=\frac{安全投入}{安全产出}$$

20世纪80年代安全产出的计算：

安全产出＝80年代我国的GDP值之和×安全经济贡献率

$$=(4862.4+5294.7+5934.5+7171.0+8964.4+10202.2+11962.5+14928.3+16909.2+18547.9)\times 2.32\%$$

$$=104777.1\times 2.32\%=2432.92 亿元$$

20世纪80年代安全投入的计算：

安全投入＝80年代我国设备更新改造费之和×13.29%＝5472.54×13.29%＝727.3亿

上式中80年代我国设备更新改造费根据表9-4中相关数据相加而得。

安全生产投入产出比的计算：

安全生产投入产出比＝安全投入/安全产出＝727.3/2432.92＝1∶3.35。

6. 行业安全经济贡献率

不同行业由于危险性不同，其安全生产所起的作用也不同，安全经济贡献率也不一样。一般而言，行业风险性越大，其安全经济贡献率也越大；反之，行业风险性越小，其安全经济贡献率也越小。

表9-6　我国各行业安全经济贡献率权重系数表

危险水平	代表性行业	贡献率权重系数
高危行业	矿山、建筑、交通运输等	3
一般危险性行业	冶金、勘探、有色、铁路等	1
低危行业	商业、服务业、纺织业等	0.6

经征集国内有关专家的意见，我们可得到我国各行业的安全经济贡献率权重系数见表 9-6。

这样按前面计算出的 20 世纪 80 年代我国安全经济贡献率我们可以算出分行业安全经济贡献率，即：

行业安全经济贡献率＝安全经济贡献率×行业贡献率权重系数

因此有：

高危行业经济贡献率：3×2.32％＝6.96％

一般危险性行业经济贡献率：2.32％

低危行业经济贡献率：0.6×2.32％＝1.39％

二、直接用生产函数计算安全经济贡献率

1. 基本思路：

利用 C-D 生产函数 $Y=AK^{\alpha}L^{\beta}$ 分别求出 1981～1990 年各年的安全产出，将其相加即得到 80 年代的安全总产出，然后除以 20 世纪 80 年代我国的 GDP 之和即可求得 20 世纪 80 年代我国的安全经济贡献率。

2. 安全经济贡献率的计算

(1) K 的求取　用与方法一同样的方法我们可以分别计算出 20 世纪 80 年代我国每年的安全投入资金量见表 9-7，同样，为了计算每年安全投入资金的现存量(如 70 年代投入的安全措施经费到 80 年代可能还在发挥作用)，我们还必须计算 80 年代以前的安全措施经费投入。

表 9-7　20 世纪 70～80 年代安全投入资金（当年投入）

年份/年	安全投入资金量/亿元	年份/年	安全投入资金量/亿元	年份/年	安全投入资金量/亿元
1971	10.16	1978	22.29	1985	59.69
1972	11.27	1979	23.37	1986	82.29
1973	13.29	1980	24.85	1987	100.82
1974	15.35	1981	25.96	1988	130.32
1975	18.02	1982	33.27	1989	104.83
1976	19.60	1983	38.69	1990	110.33
1977	22.05	1984	41.10		

我们将上述表格中安全投入资金进行累加，形成该年度的实际安全资金量见表 9-8。

表 9-8　20 世纪 80 年代安全投入资金（实际资金量）

年份/年	安全投入资金量/亿元	年份/年	安全投入资金量/亿元
1981	206.21	1986	461.25
1982	239.48	1987	562.07
1983	278.17	1988	692.39
1984	319.27	1989	797.22
1985	378.96	1990	907.55

(2) L 的求取

按中国地质大学、中国劳动保护科学技术学会《八十年代我国企业安全经济状况调查与分析研究报告》，1992 年我国工业部门安全专职人员的配备比例为职工总数的 4.49‰，考虑到农业就业人口中安全人员的比例很少，为此我们可利用各年的全社会劳动者总人数进行一定的折扣仅计算工业就业总人数，（鉴于统计年鉴中工业人口有好几年空缺，如方法一，我们用全社会劳动者总人数乘以 1/4 估算出工业就业总人口）再乘以 4.49‰ 得到 80 年代各年度我国安全投入劳动力表，见表 9-9。

表 9-9　20 世纪 80 年代安全投入劳动力表

年份/年	安全投入劳动力/万人	年份/年	安全投入劳动力/万人
1981	49.08	1982	50.84
1983	52.13	1984	54.10
1985	55.98	1986	57.57
1987	59.25	1988	60.99
1989	62.11	1990	63.69

(3) α、β 的求取　根据前文所述的方法，我们对一些企业 80 年代的安全投资情况进行了取样调查，经过统计分析，并结合具体经验，我们取 α 值为 0.55，β 的值为 0.60。具体样本数据此略。

(4) A 的求取　我国曾以 1963～1984 年全民所有制工业总产值（1970 年不变价）、全民所有制工业职工人数和全民所有制工业固定资产原值进行调整，得到了我国 C-D 生产函数的有关参数如下：

$$Y=0.6479e^{0.0128t}K^{0.3608}L^{0.6756}$$

式中，$0.6479e^{0.0128t}$ 为 1963～1984 年的全国技术水平，t 为以 1970 年为基期的年份数，我们在此借用此数据作为 80 年代我国的安全科技水平。为此我们得到 20 世纪 80 年代我国的安全科技水平见表 9-10。

表 9-10　20 世纪 80 年代安全科技水平表

年份/年	技术水平	年份/年	技术水平	年份/年	技术水平
1981	0.7459	1985	0.7850	1989	0.8263
1982	0.7555	1986	0.7952	1990	0.8369
1983	0.7652	1987	0.8054		
1984	0.7751	1988	0.8158		

(5) 80 年代各年我国安全产出的计算

利用 $Y=AK^{\alpha}L^{\beta}$，代入可求得 80 年代各年我国安全产出见表 9-11。

表 9-11　20 世纪 80 年代我国安全产出表

年份/年	安全产出/亿元	安全技术水平	安全资金投入量(累加)/亿元	安全投入资金(当年)/亿元	安全投入劳动力/万人
1981	144.58	0.7459	206.21	25.96	49.08
1982	162.39	0.7555	239.48	33.27	50.84
1983	181.30	0.7652	278.17	38.69	52.13
1984	202.56	0.7751	319.27	41.10	54.10
1985	230.10	0.7850	378.96	59.69	55.98
1986	264.09	0.7952	461.25	82.29	57.57
1987	303.40	0.8054	562.07	100.82	59.25
1988	350.70	0.8158	692.39	130.32	60.99
1989	388.06	0.8263	797.22	104.83	62.11
1990	428.49	0.8369	907.55	110.33	63.69

(6) 20 世纪 80 年代我国安全经济贡献率的计算　利用下式：

$$安全生产经济贡献率=\frac{Y_{安全}}{Y_{产值}}\times100\%=\frac{\sum Y_{安全}}{\sum Y_{产值}}\times100\%$$

将 80 年代各年的安全产出值、各年的 GDP 值代入上式得：80 年代我国安全经济贡献率为 2.53%，这与第一种方法计算的结果基本吻合。

3. 20 世纪 80 年代安全生产投入产出比的计算

$$安全投入产出比=\frac{安全投入}{安全产出}=\frac{\sum 安全投入}{\sum 安全产出}$$

代入以上 80 年代各年的安全投入与安全产出得：

$$安全投入产出比=727.3/2655.7=1:3.65$$

4. 行业安全经济贡献率

按照方法一，我们可以计算出行业安全经济贡献率为：高危行业经济贡献率：3×2.53%=7.59%；一般危险性行业经济贡献率：2.53%；低危行业经济贡献率：0.6×2.53%=1.52%。

两种方法计算的结果表明，80 年代我国高危行业的安全经济贡献率约为 7%，一般危险性行业安全经济贡献率约为 2.5%左右，低危行业安全经济贡献率约为 1.5%左右。

第四节　20 世纪 90 年代安全经济贡献率的计算

为了不至于与前文造成过多的重复，我们在本节中仅用第一种计算安全经济贡献率的方法（即叠加法）来计算 20 世纪 90 年代我国的安全经济贡献率。

一、安全科技水平的经济贡献率的计算

1. 求技术进步对我国经济增长的贡献率

对公式：$a=y-\alpha k-\beta l$，代入表 9-12 中有关数据我们可求得我国 1991～2000 年国内生产总值、资金、劳动者人数的年平均增长速度为：

$$y=\left(\sqrt[10]{\frac{686.33}{307.6}}-1\right)\times100\%=8.36\% \tag{9-17}$$

$$k=\left(\sqrt[10]{\frac{123134.72}{45425.48}}-1\right)\times100\%=10.49\% \tag{9-18}$$

$$l=\left(\sqrt[10]{\frac{71150}{58365}}-1\right)\times100\%=2.00\% \tag{9-19}$$

表 9-12　我国 20 世纪 90 年代 GDP、资金及劳动者人数表

年份/年	国内生产总值指数	全社会资金/亿元	劳动者人数/万人
1991	307.60	45425.48	58365
2000	686.33	123134.72	71150

注：数据来源，国内生产总值指数和劳动者人数自 2000 年中国统计年鉴，国内生产总值指数以 1978 年为 100 计。全社会资金中 1991 年数值引自国家计委科技司课题组课题“我国经济增长中科技进步作用测算研究及分析”，2000 年的数值引自中国统计信息网“九五”时期国民经济和社会发展主要指标（一），为按 80 年不变价推算的全社会口径数。

取 $\alpha=0.35$、$\beta=0.65$ 可求得：

$$a=8.36\%-0.35\times10.49\%-0.65\times2\%=3.39\%$$

这样我们可求得：

$$E_{\mathrm{A}}=\frac{a}{y}\times100\%$$

$$E_{\mathrm{A}}=\frac{3.39}{8.36}\times100\%=40.53\%$$

2. 安全科技水平经济贡献率的计算

这样我们可以得出安全科技水平对产值增长的贡献率为：

$$0.054\times E_{\mathrm{A}}=0.054\times40.53\%=2.19\%.$$

二、安全所投入资金的经济贡献率的计算

1. 我国资金对经济增长的贡献率为：

利用上述数据可求出我国 1991～2000 年期间资金对经济增长的贡献率为：

$$E_{\mathrm{k}}=\frac{\alpha k}{y}\times100\%$$

$$E_{\mathrm{k}}=\frac{0.35\times10.49}{8.36}\times100\%=43.92\%$$

2. 安全投入资金经济贡献率的估算

(1) 全国安全投入资金的计算　为了便于与20世纪80年代比较，我们在这里也仅计算安全措施经费作为安全投入资金。由第七章90年代我国企业安全经济调查数据库中有关数据可得，20世纪90年代我国企业安全措施经费占GDP的百分比为4.12‰（其中安全措施经费包括安全技术、工业卫生、辅助设施、宣传教育四项，下同）。这样由20世纪90年代我国GDP值（见表9-13）便可求得20世纪90年代我国共投入的安全措施经费为：

(90年代GDP之和)×4.12‰=580135.1×4.12‰=2390.16亿元

表9-13　20世纪90年代我国国内生产总值一览表

年份/年	1991	1992	1993	1994	1995	1996	1997	1998	1999	2000
产值/亿元	21617.8	26638.1	34634.4	46759.4	58478.1	67884.6	74462.6	78345.2	81910.9	89404

注：本表数据来源于2000年中国统计年鉴。

另外，为了计算每年安全投入资金的现存量（存量资金），我们还必须计算90年代以前的安全措施经费投入。我们假设安全投入资金的最长使用效果年限为20年，即假设20世纪80年代的安全措施经费投入到了90年代仍然有效。80年代的安全措施经费投入数据我们在上一节已经得到为：5472.54×13.29%=727.30亿元，这样可求得我国20世纪90年代的安全措施经费约为：(2390.16+727.30)=3117.46亿元。

(2) 安全投入资金经济贡献率的估算　按表9-14数据可得1991～2000年全社会投入的资金为：742621亿元，这样我们得到安全投入资金占全社会资金的比值为：3117.46/742621=0.0042。在这里看到，与20世纪80年代相比，90年代我国安全投入资金占全社会资金的比值在减少。

表9-14　我国90年代资金及劳动者人数表

年份/年	全社会资金/亿元	全社会劳动者/万人	年份/年	全社会资金/亿元	全社会劳动者/万人
1991	45425	58365	1996	70270	68850
1992	52367	59432	1997	81736	69600
1993	49389	60220	1998	94624	69957
1994	58928	61470	1999	110115	70586
1995	56633	62388	2000	123134	71150

注：数据来源，1995年以前数据自国家计委科技司课题组课题“我国经济增长中科技进步作用测算研究及分析”，1995年以后数据自2000年中国统计年鉴。全社会资金为按80年不变价推算的全社会口径数。

我们假定安全上投入的资金和其他资金所产生的效果一样，这样我们可求得安全投入资金的贡献率为：43.92%×0.0042=0.19%。

三、安全所投入的劳动力的经济贡献率的计算

1. 我国劳动力对经济增长的贡献率

利用上述数据我们可求出我国1991～2000年期间我国劳动力对经济增长的贡

献率为：

$$E_{\mathrm{L}}=\frac{\beta l}{y}\times100\%$$

$$E_{\mathrm{L}}=\frac{0.65\times2.0}{8.36}\times100\%=15.55\%$$

2. 安全所投入劳动力的经济贡献率的估算

(1) 全国安全投入的劳动力的计算：按本书第七章 90 年代我国安全经济调查数据库对我国 823 家企业的实际抽样调查结果，90 年代我国企业安全专职人员占企业职工总人数的 4.90‰，但考虑到该调查仅调查了企业的数据，广大农村劳动者并没有这么大比例的安全专职人员配备，因此我们这里仅采取工业就业人口，我们仍采用全社会劳动者人数乘以 1/4 的办法来作一估算（1/4 来源于我国的工农业人口比例，同前），这样我们得到我国安全专职人员的人数约为：

全社会劳动者人数×4.90‰×1/4

(2) 安全投入劳动力经济贡献率的估算　同样，我们假定安全上投入的劳动力和其他劳动力所产生的效果一样，这样我们便可求得安全投入的劳动力的贡献率为：

15.55%×4.90‰×1/4=0.019%.

四、安全经济贡献率的求取

将前述三项相加可得到全国安全经济贡献率为：

安全经济贡献率=安全科技水平经济贡献率+安全资金经济贡献率+安全所投入劳动力的经济贡献率

=2.19%+0.19%+0.019%=2.40%

这一结果与 80 年代计算的结果基本接近，也就是说，20 世纪 90 年代安全贡献的绝对值在增加，但其相对值并没有太大的变化。

五、20 世纪 90 年代我国安全生产投入产出比的计算

1. 90 年代安全产出的计算

安全产出=20 世纪 90 年代我国的 GDP 值之和×安全经济贡献率

=580135.1×2.40%=13923.24 亿元

2. 安全生产投入产出比的计算

安全生产投入产出比=安全投入/安全产出=2390.16/13923.24=1∶5.83

从这里我们可以看出，20 世纪 90 年代我国安全生产投入产出比明显高于 80 年代。

六、行业安全经济贡献率

按前面计算出的 20 世纪 90 年代我国安全经济贡献率和行业贡献率权重系数，

可以算出分行业安全经济贡献率，即有：

行业安全经济贡献率＝安全经济贡献率×行业贡献率权重系数

因此有：高危行业经济贡献率为 3×2.40%＝7.20%；一般危险性行业经济贡献率为 2.40%；低危行业经济贡献率为 0.6×2.40%＝1.44%。

综上所述，我们可得到我国 20 世纪 80 年代和 90 年代安全贡献指标测算分析结果见表 9-15。

表 9-15　我国 20 世纪 80、90 年代安全经济贡献指标分析结果

年代	贡献率分析结果/%		投入产出比		产出效益/亿元年	
	方法 1	方法 2	方法 1	方法 2	方法 1	方法 2
20 世纪 80 年代	2.32	2.53	1∶3.35	1∶3.65	243.29	265.57
20 世纪 90 年代	2.40		1∶5.83		1392.32	

七、其他计算安全经济贡献率的方法探讨

1. 利用计量经济学方法计算安全经济贡献率

为了获得精确的安全产出与安全投入的函数关系，我们可建立计量经济学模型来模拟出。

(1) 收集足够大的企业样本，利用计量经济学方法研究安全产出与安全投入资金、安全投入劳动力之间的关系，模拟出安全产出的数学模型。

(2) 将所得到的模型进行统计检验和计量经济学检验。

(3) 应用该模型求出安全产出的值。

(4) 求出安全经济贡献率。

2. 利用减损求出安全经济贡献率

(1) 利用减损求出某行业的安全经济贡献率　在某行业中选取足够大的样本，并分别计算各企业的减损产出和增值产出的值，找出该行业中减损产出和增值产出的数学关系（无论其是否为线性关系，我们总可以通过计量经济学方法找出其近似的数学关系），这样便可以仅依靠减损而求出安全产出的值，进而得到该行业的安全经济贡献率，而不必计算增值产出的大小。

(2) 求出全国的安全经济贡献率　我们可以通过给各行业赋予不同的权重而得到全国的安全经济贡献率（如给占全国产值比例较大的行业赋予较大的权重，给占产值比例较小的行业赋予较小的权重，具体操作上需征求国内有关专家的意见）。

第十章　安全经济效益分析技术

从经济的着眼点看，安全具有避免与减少事故无益的经济消耗和损失以及维护生产力与保障社会经济财富增值的双重功能和作用。显然安全就是效益，抓安全就是抓效益。安全经济效益关系是安全经济的四大关系之一，因而安全效益分析是安全经济学的重要组成部分，它基于安全经济基本理论，运用数理统计的方法，阐明安全在经济生产中的作用。安全效益分析是提高安全资源利用率的出发点和归宿，是加强生产和生活中的安全保障的重要理论依据之一。因此，必须认识到安全经济效益分析的重要性，以安全效益的分析结果为依据，来衡量安全活动质量的好坏，安全设计、安全规划和安全目标的合理程度。要实现安全效益的最优过程，应用安全经济学的理论和方法是非常必要和重要的。

第一节　安全效益概述

一、安全效益的涵义

“效益”是现代社会中运用十分广泛的一个概念，它是价值概念的进一步发展。从词义上讲，价值是指事物的用途或积极作用，而效益则是泛指事物对社会的效果与利益。从经济学的角度看，效益是价值的实现，或价值的外在表现，因此，在某种意义上讲，效益就是价值。在辞源里，“价”是从“贾”字而来，指物质生产中的商品交换和商业活动。“值”是相当的意思，是说人们在交换时要求双方所得相等，公平交易。

随着生产的发展，人们对“价值”有了进一步的认识，凡是人所参与的对社会发展起一定推动作用的活动，无论是物质生产与非物质生产都具有“价值”。于是“价值”这一概念随之应用到社会生活的非物质生产领域。价值是一种关系范畴，它在人和客观世界的关系中，揭示自然和社会对人所具有的肯定或否定的意义。某人、某事、某物对他人有用、有好处，就有价值。价值只有在人与客观世界以及人与人的关系中才表现出来，价值表现了主体与客观之间的关系体系。

安全价值或安全效益是指安全条件的实现，对社会（国家）、对集体（企业）、对个人所产生的效果和利益。安全的直接效果是人的生命安全与身体健康的保障和

财产损失的减少，这是安全的减轻生命与财产损失的功能；安全的另一重要效果是维护和保障系统功能（生产功能、环境功能等）得以充分发挥，这是安全的“价值增值能力”。这是从表现形式来考查安全的效益。从其层次上来说，安全的效益可分为宏观效益和微观效益，对国家、社会的安全作用和效果是安全的宏观效益，对企业和个人的安全作用和效果是微观的效益。就其性质来说，安全的效益又可分为经济效益和非经济效益，无益消耗和经济损失的减轻，以及对经济生产的增值作用是安全的经济效益；生命与健康、自然环境和社会环境的安全与安定，是其非经济效益的体现。我们对安全效益的评价，不仅要重视经济效益的方面，也要重视非经济效益的方面，在讲求社会效益的同时，也必须按经济规律办事。马克思曾指出：真正的财富在于用尽量少的价值创造尽量多的使用价值，换句话说，就是在尽量少的劳动时间里创造出尽量多的物质财富。从这个意义上说，安全效益的实质应当这样来表述：用尽量少的安全投资，提供尽量多的符合社会需要和人民要求的安全保障。安全活动在获得满足安全需要的基本前提下，所用的活劳动和物化劳动消耗越少，安全的经济效益就会越高。因此，安全专业机构或部门一定要在提高安全社会效益的前提下，努力提高安全经济效益。

安全效益具有两重性，一个是可预见性，一个是不可预见性。所谓可预见性是指有安全投入必有安全产出，没有安全投入必有隐患、事故发生。安全效益的不可预见性是指在不发生事故的情况下，安全效益的大小是不可预知的，谁也无法说清安全到底有多大的效益。对于一个企业而言，追求效益是放在第一位的，而安全就是效益，忽视安全，企业效益就无从谈起。因此安全效益的实质就是用尽量少的安全投资，提供尽可能多的符合全社会需要和人民要求的安全保障。安全活动在获得满足安全需要的基本前提下，所需投入的资本、劳动等越少，安全的经济效益就会越高。

安全效益的各种类别关系见图 10-1。

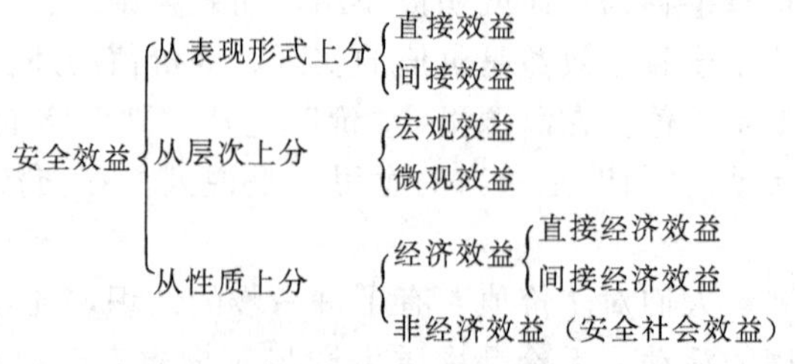

图 10-1　安全效益的类别

二、安全的经济效益

1. 安全经济效益的含义

所谓经济效益，是指“投入—产出”的关系，即“产出量”大于“投入量”所带来的效果或利益。它是任何经济活动追求的目标，是评价各种经济活动的基本尺度和客观依据。它最初用于生产管理或系统工程方面。随着科学技术进步和生产技术的发展，安全对经济增长的作用日益明显，安全经济效益的概念得到了普遍接受。

一般来说，一定量的生产耗费和资金占用取得的有效成果越多，表明经济效益越高；反之，为取得同量的有效成果，生产消耗和资金占用越多，则表明经济效益越低。随着科学技术的进步和生产力的发展，安全对经济效益的作用日益明显。安全经济效益的概念也得到了普遍的接受和推广。

安全经济效益是安全效益的重要组成部分。安全经济效益是指通过安全投资实现的安全条件，在生产和生活过程中保障技术、环境及人员的能力和功能，并提高其潜能，为社会经济发展所带来的利益。它包括两方面的内容：

第一，直接减轻或免除事故或危害事件给人、社会和自然造成的损伤，实现保护人类财富，减少无益损耗和损失，简称为减损收益。

第二，保障劳动条件和维护经济增值过程，简称为增值收益。

西方对“经济效益”的解释，包括两种涵义：一是指“收益”（income）或“利益”（profit）。其应用公式是：

$$利润率=\frac{产出量或销售额-投入量或成本额}{产出量或销售额}\times 100\% \tag{10-1}$$

第二种涵义是指比较性的利益（benefit）或进展（progress），其公式为：

$$利益或进展=\frac{改变后的产出量}{改变后的投入量}+\frac{改变前的产出量}{改变前的投入量} \tag{10-2}$$

与“效益”一词相联系的词还有“效率”、“效果”。效率的概念通常是指用来衡量生产、加工、资源等的利用率。其定义为：

$$效率=产出量/投入量\times 100\% \tag{10-3}$$

效果的定义为：

$$效果=实际产出量/应有产出量\times 100\% \tag{10-4}$$

效率、效果、效益是三个既相联系而内涵又有区别的不同概念。

安全的经济效益是安全效益的重要组成部分。安全经济效益是指通过安全投资实现的安全条件，在生产和生活过程中保障技术、环境及人员的能力和功能，并提高其潜能，为社会经济发展所带来的利益。

2. 安全经济效益的表现形态

安全经济效益表现在多个方面，其中有些是可以用量的关系来反映的指标。但更多的是很难用数量表示的软指标（定性的），即使能用数字表示也不一定能用货币量来表示，如生产环境的改善、劳动强度的降低、生产系统安全性和操作者安全意识的提高等。从某种意义上说，这些软指标更能反映安全经济效益的本质属性。

安全经济效益从安全投入的物质结果方面，可分为直接经济效益、间接经济效益和潜在效益，如表10-1所示。直接经济效益指企业采取安全措施所获得的经济效益，主要表现为事故经济损失的降低；间接经济效益是指通过安全投资使技术的

功能或生产能力得以保障和维护，从而使生产的总值达到应有量的增加部分；潜在效益是由安全效益的潜在性决定的，安全所创造的效益大多是隐含在因事故减少而提高了效率的生产经营行为和因事故减少获得了生命和健康的员工群体中，不能从其本身的功能中体现出来。例如，四川铜镍公司拉拉铜矿自 1958 年建矿以来，一直重视对职工的劳动保护。仅 1994 年以来，先后投入劳动保护建设资金就达 518 万元，用来购置、安装除尘降尘设施。由于采取了有效的防尘降尘措施，虽然日处理原矿 1500t，该矿粉尘仍年年达到规定的标准，而且至今未发现矽肺病患者。这一无形效益是无法用金钱来衡量的，即为潜在效益。

表 10-1　安全经济效益的表现形式

<table>
<tr><td>直接经济效益</td><td>事故经济损失下降
劳动生产率提高
直接避免事故</td><td rowspan="2">企业安全效益</td></tr>
<tr><td>潜在经济效益</td><td>职工安全意识增强
安全技能提高
事故概率下降</td></tr>
<tr><td>间接经济效益</td><td>生活环境改善
劳动强度降低
保护环境和生态平衡</td><td>社会安全效益</td></tr>
</table>

三、安全的非经济效益

安全的非经济效益也就是安全的社会效益，它是指安全条件的实现，对国家和社会发展、企业或集体生产的稳定、家庭或个人的幸福所起的积极作用。可以说，安全的非经济效益比其经济效益更早、更多地被社会所承认，因而长期以来一直受到重视。

安全的非经济效益是通过减少人员的伤亡、环境的污染和危害来体现的。长期以来，人们只强调了安全的社会伦理和人类道德的非经济效益的意义方面，并使其与经济的关系隔离开来，如只强调了人的生命与健康的“无价之宝”的方面，而未认识到，安全作为人类的一种需求，是与社会经济的状况密切相关的。对什么是安全这一问题的回答，在人类的不同发展时期，其答案是不一样的。在过去，人们不以为然的一种危害或危险的生活环境，今天完全会被认为是无法想象和不能接受的状况。换言之，在过去一种被认为是不必要的安全措施，今天完全会被认为是必须的，甚至认为是不够的。即随着社会经济的发展，同样的安全条件，其价值和意义会发生变化。

安全的非经济效益其实与经济有着密切的关系。在考察安全的非经济效益时，为了明确、清楚地分析问题，以及便于对问题的定量，通常把安全的非经济效益进行“经济化”处理。根据安全的非经济效益的特性，这种处理是可能的。如对人的生命与健康，可以从人创造财富和价值的能力来进行考察；环境的经济意义可从工程消耗量来对其定量等。

安全的经济效益与非经济效益既有区别，又有联系，它们是辩证统一的两个方面，不讲社会效益就背离了社会道德和人类的文明伦理，这不是安全事业的目的，但是不讲经济效益就不能收到最好的社会效益。在安全活动中，只有按客观规律办事，合理进行安全投入设计，才能使安全社会效益和经济效益都得到提高，否则，单方面追求高标准、高投入，最终不但不能获得好的安全经济效益，也会损害安全的社会效益。

安全的经济效益和非经济效益从表现形式来看是不一样的，但都是安全的“产出”。有的时候，需要把它们分开考查，有时则反之。怎样把安全的效益全面、综合地反映出来，是安全经济学的重要课题之一。

第二节　安全效益的特点及其实现过程

安全作为一种可能是物质生产部门，也可能是非物质生产部门的需要，其对社会和人类的作用和意义是广泛和复杂的，表现出来的安全效益有着特殊的性质，其实现的过程也就有着特别的要求。本节探讨这种性质和要求。

一、安全效益的特点

安全效益具有间接性、滞后性、长效性、多效性、潜在性、复杂性等特性。

1. 间接性

安全效益的间接性表现在：安全不是直接为物质生产活动。安全的经济效益是通过减少事故造成的人员伤亡和财产的损失来体现其价值的。这种客观后果一方面使社会、企业或个人遭受的无益的浪费（损失）得以减轻，实现了间接增值的作用；另一方面，由于保护了生产的人和生产的技术或工具，间接促进了生产的增值。因此说，安全的效益是从物质资料生产或非物质资料生产的过程中间接地产生。

某些安全的费用不是直接投入物质生产资料的生产过程，而是投入安全保障过程。如消防、治安、保险、交通安检等社会生活领域的安全活动，其投资的直接目的不是为了物质的生产。但是，这种过程的结果，能间接地为社会取到经济节约的作用，以及促进经济生产的作用。

用于实现安全条件的安全费用，不都是直接“转化”为使用价值。安全费用的一大部分是为了实现使用价值，如为了降低伤亡和损失的安全措施和手段。但诸如安全宣传和教育、劳动卫生保健与劳动保护福利、环境保护等方面的一部分投入，则是为了体现社会文明和进步，使人得到精神上、道德上的满足。因而这部分投入属于消费部分。这种消费投入在一定的条件下也可起到间接为促进生产发展的作用。但相对于直接“转化”为使用价值的安全投资来说，它的作用是间

接的。

2. 滞后性

滞后性也可称为迟效性。安全效益的迟效性可通过下面两方面来说明。

安全的减损（伤亡和财产损失）作用，不是在安全措施运行之时就能体现出来，而是在事故发生之时才表现出其价值和作用。但是安全投入活动不能等到事故发生之时才作，所谓“亡羊补牢”，而应是超前预防，防患于未然，因而必须承认安全效益的滞后性，按其滞后规律考虑问题和解决问题。

安全投资的回收期较迟。在安全技术或措施的寿命期内不一定就能使其投入能得到效益上的补偿。安全的效益往往在安全条件消失之后还存在。

虽然安全投资见效较迟，但其效益是很大的。据国外的研究表明，一般物力投资获得的效益为投资的 3.5 倍，而安全投资能获得的效益是其投入的 6.7 倍。

3. 长效性

安全措施的作用和效果往往是长效的，不仅在措施的功能寿命期内有效，就是在措施失去“功能”之后其效果还会持续或间接发挥作用。如采取的核污染对策，其作用不仅是措施本身当时所产生的效能，而具有造福人类子孙的长久效益；安全教育措施的功效，也不是当时当事的作用，如受安全教育者获得的知识、技能和意识，将会使受教育者受益一辈子。

4. 多效性

安全的多效性是指安全的活动能通过多种形式促进社会和经济的发展，其表现在：

- 安全保障了技术功能的正常发挥，使生产能得以顺利进行，从而直接促进生产和经济的发展；
- 安全保护了生产者（人员），并使其健康和身心得以维护，从而提高人员的劳动生产率，取到使经济增长的作用；
- 安全的措施使人员伤亡和财产的损失得以避免或减少，减“负”为“正”，直接起到为社会经济增值的作用；
- 安全使人的心理及生理需要获得满足，产生安定、幸福乃至舒适的效果，从而使人们更加热爱社会、工作和自己所从事的事业，调动了公民的劳动积极性，从而间接地促进了社会经济的发展。

这些功能充分说明了安全具有多效性。

5. 潜在性

安全措施的经济效果更多不是直接地从其本身的功能中表现出来，而是潜在于安全过程和目的的背后。安全的目的主要是指人的安全与健康，而人的生命与健康是很难直接用货币来衡量的，这样，从形式上来看，安全直接所体现的意义并不是经济的。但是，我们进一步深入、具体地分析和探讨之，就会发现：一是安全的实现需要经济的支持，安全实质上是人类经济发展的产物，特定的经济发展水平，决定了特定的安全水平；二是安全保护人的目的，与发展经济是为了发展人类的宗旨，其目标是一致的，在保护人的安全的同时，保护了人类的经济条件和资源。因此，安全的经济效益潜在于安全的过程和目的之中。

目前，一些企业认为安全“不生钱”，安全不出效益，而且还要投入一定的人力、物力、财力。因此，企业在日常管理中，往往重生产、重效益，淡化安全投入。其实不然，安全所创造的效益具有潜在性。例如：某企业在安全方面发生问题，造成了重大、特大事故，一方面企业停产停工，不能组织正常生产，另一方面事故发生后企业为了恢复生产，又要重新购置或修复损坏的设备，对事故的伤亡人员抢救、护理和善后处理，这都要一笔很大的开支，对于安全工作到位的企业而言，仅需投入相当于事故损失的一小部分，则可保障安全。

安全效益的潜在性，使得在现实的生产生活中，人们容易对安全工作产生错误的认识，以致经常出现这样的错位现象：事故越多越大，安全越重要，投入也就越多；事故越少越小，安全越次要，投入也就越少。从根本上讲，这种“短期行为”是因为没有充分认识到安全所具有的巨大的潜在经济效益。因而对安全效益潜在性的充分认识是企业提高效益的基础。

6. 复杂性

安全的效益具有多样性和复杂性的特点，既有直接的，又有间接的；既有经济的，又有非经济的；既有能用价值直接测量的内容，又有不能直接用货币来衡量的方面。因而，决定了安全效益是类型多样、成分复杂的研究对象。正因为具有这种特性，使安全经济学的研究更具困难，因而也表明了更有价值和意义。

二、安全效益的实现过程

安全效益的实现过程分为两种形式。

1. 安全非经济效益的实现过程

安全的非经济效益指对人的安全与健康的保障、对社会安定、环境污染和危害控制的功能等。这样，对于安全的非经济效益的实现，则是通过安全技术的、管理的、教育的手段，把事故发生量、危害事件发生量减少，即能达到目的。社会长期以来对安全要求一直是建立在这种思路和认识的基础之上。由于安全的最根本目的就是为了人的生命安全与健康，因此这种对安全的认识及其实现过程的要求和指导，是自然与合理的。随着科学技术的发展和经济的日益增长，一方面是事故或灾害所提出的问题，不仅仅是人的生命与健康的问题，由此带来的更为严重的是经济损失对人类的影响，人类的科学技术在对人类自身的安全实现有了一定保障的基础上，所应考虑的是经济的发展和高效；另一方面是，当今的文化和经济的条件，一是使人对安全要求大为提高，二是安全的实现手段在当今的生产、生活方式下，其经济的消耗与过去相比，负担大大加重，因此，安全的成本向安全科学技术提出了挑战。基于这种背景，对安全的要求，只考虑其非经济效益的实现过程就显得极为不够了。

2. 安全经济效益的实现过程

安全经济效益的体现在于“减损”和“增值”。为达到这两个目的，首先保证事故或灾害得以有效的控制和减少，实现“安全高效”的目标；同时要进行安全过程的优化，实现“高效地安全”。前者是从安全的目的出发，表明了对安全的“结果”的要求；后者是从安全的过程出发，是对安全手段的要求，是安全的“方法”论。

“安全高效”的概念是：尽一切能力去减少事故和灾害的发生，实现安全的高效果。“高效地安全”的概念如下。

(1) 通过合理的安全设计，采取优化的技术或措施达到可接受的安全水平。显然，从安全经济学的概念出发，安全过程的内涵是指实现“高效地安全”。

(2) 以高效地安全为目标，其安全经济效益的实现过程有：安全性目标（标准）的科学确定。安全性目标并非越高越好，在特定的条件和环境下（特定的时期和特定的地区或行业），其安全性标准应有所区别。

(3) 什么样的安全措施方案是最合理的？并非可达到的安全性指标越高越好，而要看其综合效益水平如何。应该在考虑其安全性指标的基础上，综合考察其方案的经济性、适用性，根据其功能-成本比等综合指标来进行方案优选。

(4) 以超前性预防作为主要的和根本的对策。“预防为主”的方针，就包含有“高效地安全”的涵义。从道理上已不难理解：进行超前型的主动预防投入，比事后型的被动整改投入效益要好得多。

(5) 采用系统性、综合性的治理对策。安全系统是一复杂的系统，既涉及人的因素，又涉及物的因素，还与环境有密切的关系；安全过程在技术的设计、制造、运行各阶段都应体现，缺一环节都会导致问题。因此，应建立系统思想，采用综合治理的方法，进行全面安全的对策，这样安全的效益才会充分体现出来。“三同时”就是安全化过程系统对策的重要手段之一。

以治标为辅、治本为主作为基本的策略。治“本”即是指：对于物（机）来说，从本质安全化着手，从技术本身、工艺本身采取措施和对策；对于人来说，进行安全的培训和教育，提高安全技能和意识。但在治本的同时，也不能放弃治标的对策，即利用宣传、管理的手段，警报、救护和事后整改的措施，使伤亡和损失最小化。

可以看出，要实现安全效益的最优过程，应用安全经济学的理论和方法是非常必要和重要的。

安全效益的实现要经过以下几个过程。

(1) 制定安全目标　根据一定时期的总方针，确定一个既先进又可行的整体安全目标，将安全目标按管理层次纵向分解、按职能部门横向分解、按时间顺序层层分解到各级、各部门直到每个人，形成自下而上层层保证的目标体系。目标实施过程中人人参与安全管理，人人关心安全工作，激发个人的主人翁责任感；按目标管理授权关系，由上而下逐级控制被授权人员，逐级检查、逐级调节、环环相扣；同时对重点目标、重点措施进行重点监控，达到控制企业安全事故发生，提高企业安全经济效益的目的。

(2) 拟订安全措施方案　以超前性预防为主要的和根本的对策，采用系统性、综合性的治理对策，以治本为主，治标为辅作为基本的策略。

(3) 提高安全水平和企业员工的安全意识，合理进行安全投入，并使安全的消耗得到降低。

在保证应有的安全水平的前提下，降低安全资源消耗包括降低安全劳动消耗和物化劳动消耗，主要是采用先进的工艺技术和先进的装备，发挥安全技术人员和安全管理人员的积极性，提高工作效率等。

例如，贵州某矿通过科技合作研究了该矿 11＃煤层突出敏感指标及临界值，在保证安全的前提下，适当提高防突临界指标、改善防突工艺，平均减少 50%以上的防突措施工程量，同时也减少了效果检验的次数，从而减少了实施防突措施和效果检验所占用的时间，所以无疑会提高掘进速度，从而降低了通风与巷道维护等费用；缓解采掘接替紧张局面、降低掘进成本；适当增加科技投入，极大降低了防突工程及其他相关费用。整体来说，节约了安全成本，取得了显著的安全经济效益。由此可见，先进科学技术可以解放生产力，增强煤矿抗灾能力，改善安全生产条件，降低煤矿安全成本。

(4) 开展安全经济评价　安全经济评价首先是对企业各个生产环节、各类灾害等的危险性，以及一旦事故发生可能造成的后果及经济损失进行评估。我国在煤矿灾害评价领域内已经形成较科学的评价理论体系和实际操作办法。根据灾害的严重程度及危害程度，合理分配安全投入，做到投向合理，把有限的安全投资集中于事故预防措施上（包括科研、管理、技术、教育等方面的措施），重点解决直接影响人—机—环的事故隐患；做到安全措施经费的提取有保证，使用有监督，效果有评价。

(5) 制订安全措施，加强安全教育、管理和监督　要做到安全措施必须与主体工程同时设计、同时施工、同时投产使用的“三同时”原则，并在此基础上加强安全教育、管理和监督。

新疆建设兵团一建设备管理站是主要从事塔吊、电梯等大型设备高空吊装、垂直运输作业的单位，曾连续四年被评为安全优胜单位。他们的成功经验用公式表示为：安全意识＋安全措施＋监督管理＝安全效益。这个单位针对高处作业技术要求高、操作难度大的特点，坚持不断开展安全教育，以此强化职工安全意识；该站采取了强有力的安全防范措施，从源头上杜绝隐患的发生；根据工地分散、点多面广、难于集中统一管理的特点，该站加大监督管理力度，全面落实安全管理目标。多年来，正是如此完善的安全监督管理体系才保证了新疆建设兵团一建设备管理站取得多年安全无事故的好成绩。

(6) 加大奖惩力度　安全必须纳入经济激励机制中，应用安全管理理论中的强化理论矫正职工的行为。对通过自己努力达到期望的安全目标的职工，进行积极强化，给予适当奖励，使其在经济收入上得到实惠，精神上得到鼓励，激发继续搞好安全工作的积极性。对于缺乏严肃认真态度、违反安全法规最终导致严重后果者，进行消极强化，主要是经济处罚，这样可以制约和限定矿工安全活动的错误方向和程度，从而有效改变矿工的安全态度、规范矿工的安全行为。

第三节　安全经济效益的计量方法

近年来，随着我国以经济建设为中心的工作重点的转移，各级政府部门、安全科技学术界以及生产企业对安全投资经济效益给予了极大关注，由于安全投资的短缺使得对于如何提高安全投资效益的问题已成为社会应予重视的课题，以研究安全技术实践活动的经济效益为重点的安全经济学处于迅猛的发展之中。目前的一些研究和探讨主要局限于定性的论述，这显然是不够的，本节从宏观经济效益（总量经济效益）和微观经济效益（个量经济效益）两方面，探讨安全的计量方法。

一、安全宏观经济效益的计量方法

从第一节对安全效益的定义中，我们可以得到安全经济效益的两种具体表现方式：

(1) 用“利益”的概念来表达安全的经济效益，即有如此“比值法”公式：

$$安全经济效益\ E=安全产出量\ B/安全投入量\ C \quad (10\text{-}5)$$

(2) 用“利润”的概念来表达安全的经济效益，从而得到下面“差值法”公式：

$$安全经济效益\ E=安全产出量\ B-安全投入量\ C \quad (10\text{-}6)$$

上面的两种形式都表明：

①“安全产出”和“安全投入”两大经济要素具相互联系、相互制约的关系。安全经济效益是这两大经济因素的相互联系和相互制约的产物，没有它们就谈不上什么安全经济效益，因此，评价安全经济效益，这两大经济要素缺一不可。

② 用“利益”的概念所表达的安全经济效益，表明了每一单位劳动消耗所获得的符合社会需要的安全成果；安全经济效益与安全的劳动消耗之积，便是安全的成果，而当这项成果的价值大于它的劳动消耗时，这个乘积便是某项安全活动的全部经济效益。这种结果和经济效益的概念是完全一致的。

③ 安全经济效益的数值越大，表明安全活动的成果量越大。所以，安全经济效益是评价安全活动总体的重要指标。

由此可看出，对安全经济效益的计量，其关键的问题是计算出安全的产出量。根据第三章的理论分析，我们有：

$$安全产出\ B=减损产出\ B_1+增值产出\ B_2 \quad (10\text{-}7)$$

这样，可以把安全的产出分为如下两部分来考察：

1. 安全的“减损产出”

安全的减损产出 $B_1=\sum$损失减少增量

$=\sum$[前期(安全措施前)损失－后期(安全措施后)损失] (10-8)

而损失项目应包括：

① 伤亡损失减少量；

② 职业病损失减少量；

③ 事故的财产损失减少量；

④ 危害事件的经济消耗损失减少量；

$$安全减损产出=k_1J_1+k_2J_2+k_3J_3+k_4J_4=\sum k_iJ_i \quad (10\text{-}9)$$

式中 J_1——计算期内伤亡直接损失减少量，J_1＝死亡减少量＋受伤减少量［价值量］；

J_2——计算期内职业病直接损失减少量［价值量］；

J_3——计算期内事故财产直接损失减少量［价值量］；

J_4——计算期危害事件直接损失减少量［价值量］；

k_i——i 种损失的间接损失与直接损失比例倍数。

（1）计算期内伤亡损失减少量的计算　计算期内伤亡损失减少量，就是计算期内假如没有投资情况下的预测（或实际）事故损失与进行投资后的实际事故伤亡损失之差：

$$J_1=预测事故伤亡损失－实际事故伤亡损失$$

$$=(R_{死1}-R_{死0})NV_{命}+(R_{伤1}-R_{伤0})NV_{健} \quad (10\text{-}10)$$

式中 $R_{死1}$——投资后的死亡率；

$R_{死0}$——投资前的死亡率；

$R_{伤1}$——投资后的受伤率；

$R_{伤0}$——投资前的受伤率；

N——考察期内的总体，其量纲取决于 R（或职工数，或工时数）；

$V_{命}$——人的生命价值；

$V_{健康}$——人的健康价值。

生命与健康价值的计算可参考第八章介绍的方法。

假如没有投资后的事故率（死亡率和受伤率），计算时可以前一时期的事故发生率为基础，结合计算期内的生产危险性质与规模，用外推预测法等方法加以确定。

间接损失与直接损失的比例倍数 k_1 的确定，通常在 3～10 之间取定，具体可参考第七章介绍的方法。

（2）计算期内职业病直接损失减少量的计算

$$J_2=职业病下降率\times接尘总人数\times单位人职业病消费期值 \quad (10\text{-}11)$$

（3）计算期内事故财产损失减少量的计算

$$J_3=\sum各类财产损失减少量 \quad (10\text{-}12)$$

财产损失的直间比例倍数的取值可见第七章介绍的方法。

(4) 计算期危害事件损失减少量的计算

计算期危害事件损失主要指环境危害事件造成的损失，可参考第八章介绍的环境损失测算的有关方法进行具体计算。

2. 安全的“增值产出”

安全增值产出是安全对生产产值的正贡献，目前对安全的这一经济作用在定量方面探讨的还较少，其计算理论和方法还未有公认的结果。在此提出一种估算方法。这一方法是基于安全的技术功能保障与维护作用转价为增值作用的思想，对这种作用在全部经济增长因素中所占的比例进行考察，从而确定其贡献率，最终换算出绝对的“增值产出”。我们把这种方法称为安全增值产出计算的“贡献率法”。即安全的增值产出计算公式为：

$$安全增值产出\ B_2=安全的生产贡献率\times 生产总值 \tag{10-13}$$

可以看出，要求出安全增值产出 B_2，必先求出安全的生产贡献率。所以，一个关键的技术问题是“安全的生产贡献率”的确定。下面介绍三种确定安全的生产贡献率的方法。

(1) 根据投资比重来确定其贡献率，我们称为“投资比重法”。如安全投资占生产投资的比重，或安措经费占更新改造费的比例，以其占用比重系数，作为安全增值的贡献率系数取值的依据。例如，生产投资对应有生产的产值，我们可根据安全投资占生产投资的比重，从生产产值中划出安全的增值产出。这种处理方法，使安全的增值产出计算较为简单、可操作性好。但存在计算出的结果较为粗略的缺点，并要求在安全投资是合理的前提下才能采用。

(2) 采用对安措经费比例系数放大的方法，来计算安全的贡献率。其思想是：更新改造作为扩大再生产和提高生产效率的手段，对生产的增长作用是可以进行测算的，我们可从更新改造活动的经济增长作用中根据安措费所占的比例划分出安全贡献的份额，作为安全的增值量。由于安全投资不只是安措投资，因此还需要考虑其他方面的投资，其计算则是在更新费占用比例的基础上，根据其他安全投资的规模或数量，用一放大系数对更新改造费确定的系数进行适当的放大修正，作为安全的总的贡献率。

(3) 采用统计学的方法进行实际统计测算。即对事故的经济影响和安全促进经济发展的规律进行统计学的研究，在掌握其“正作用”和“负作用”本质特性的基础上，对其安全的增值“贡献率”作出确切的判断。这种方法必须建立在较为完善和全面的安全经济理论基础上，才可能进行。这是一种较为合理、科学的方法，但目前还未提出可操作的具体方法。

二、安全微观经济效益的计量方法

安全微观经济效益是指对于具体的一种安全活动、一个个体、一个项目、一个企业等小范围、小规模的安全活动效益。

(1) 各类安全投资活动的经济效益　安全投资活动主要表现为五种类型：安全技术投资、工业卫生投资、辅助设施投资、宣传教育投资、防护用品投资。从安全“减损效益”和“增值效益”又可分为：

① 降低事故发生率和损失严重度，从而减少事故本身的直接损失和赔偿损失；

② 降低伤亡人数或频率，从而减少工日停产损失；

③ 通过创造良好的工作条件，提高劳动生产率，从而增加产值与利税；

④ 通过安全、舒适的劳动和生存环境，满足人们对安全的特殊需求，实现良好的社会环境和气氛，从而创造社会效益。

不同的安全投资类型会有不同效益内容，表 10-2 列出各类安全投资的效果内容。

表 10-2　各类安全投资的效果内容

投资类型	安全技术	工业卫生	辅助设施	宣传教育	防护用品
效果内容	①②③④	①②③④	③	①②④	①②③④

计算各类安全投资的经济效益，其总体思路可参照安全宏观效益的计算方法进行，只是具体把各种效果分别进行考核，再计入各类安全投资活动中。可以看出，①和②种安全效果是“减损产出”，③和④种效果是“增值产出”。

(2) 项目的安全效益评价　一项工程措施的安全效益可由下式计算：

$$E=\frac{\int h\{[L_1(t)-L_0(t)]+I(t)\}\mathrm{e}^{it}\,\mathrm{d}t}{\int h[C_0+C(t)]\mathrm{e}^{it}\,\mathrm{d}t} \tag{10-14}$$

式中，E 为一项安全工程项目的安全效益；h 为安全系统的寿命期，年；$L_1(t)$ 为安全措施实施后的事故损失函数；$L_0(t)$ 为安全措施实施前的事故损失函数；$I(t)$ 为安全措施实施后的生产增值函数；e^{it} 为连续贴现函数；t 为系统服务时间；i 为贴现率（期内利息率）；$C(t)$ 为安全工程项目的运行成本函数；C_0 为安全工程设施的建造投资（成本）。

根据工业事故概率的波松分布特性，并认为在一般安全工程措施项目的寿命期内（10 年左右的短时期内），事故损失 $L(t)$、安全运行成本 $C(t)$ 以及安全的增值效果 $I(t)$ 与时间均成线性关系，即有：

$$L(t)=\lambda t V_{\mathrm{L}} \tag{10-15}$$

$$I(t)=ktV_{\mathrm{I}} \tag{10-16}$$

$$C(t)=rtC_0 \tag{10-17}$$

式中　λ——系统服务期内的事故发生率，次/年；

V_{L}——系统服务期内的一次事故的平均损失价值，万元；

k——系统服务期内的安全生产增值贡献率，%；

V_{I}——系统服务期内单位时间平均生产产值，万元/年；

r——系统服务期内的安全设施运行费相对于设施建造成本的年投资率，%。

这样，可把式(10-14) 变为：

第十章　安全经济效益分析技术

$$E_{项目}=\frac{\int h\{[\lambda_0 tV_L-\lambda_1 tV_L]+ktV_I\}e^{-it}dt}{\int h[C_0+rtC_0]e^{-it}dt} \tag{10-18}$$

对上积分可得：

$$E_{项目}=\frac{\{[\lambda_0 hV_L-\lambda_1 hV_L]+khV_I\}\{[1-(1+h_i)e^{-hi}]/i^2\}}{C_0[(1-e^{-hi})/i]+rhC_0\{[1-(1+h_i)e^{-hi}]/i^2\}} \tag{10-19}$$

分析可知：λh 是安全系统服务期内的事故发生总量；hV_I是系统服务期内的生产产值总量；rh 是系统服务期内安全设施运行费用相对于建造成本的总比例。

(3) 个体的安全效益可用人均安全代价、人均事故损失等指标的变化（减少）率来反映。其指标的计算方法可见第四章的定义。

(4) 一个企业的安全效益可根据计算期的安全项目、安全投资类型的效益来综合求得。

三、安全经济效益计算实例的计量方法

1. 安全宏观经济效益的计算实例

我国国营工业企业 1988 年有如下基本数据。

工业总产值：18224.57 亿元。

职工总人数：6158 万人。

物质消费总值：6963.6 亿元。

安措投资人均数：93.47 元/人；总投资：57.56 亿元。

事故人均直接损失：1987 年 6.28 元/人；1988 年 5.60 元/人。

求：1988 年我国国营工业企业的安全效益？

解：基本思路是，先用式(10-5) 分别求出安全的“减损产出”和“增值产出”，再用比值法式(10-5) 求出安全的年效益。

(1) 求“减损产出”B_1　由式(10-8) 可得：1988 年我国国营工业的事故直接损失相对 1987 年的减少量为(6.28－5.60)×6158(人)＝4187.44 万元。

根据式(10-9) 的概念，以及第七章事故损失直间比的取值范围，考虑取直间比为 1∶5，则 1988 年我国国营工业的事故损失（直接损失＋间接损失）相对 1987 年的减少量为：

$$B_1=4187.44(1+5)=4187.44\times6=2.5125\text{ 亿元}$$

(2) 求“增值产出”B_2　根据式(10-13)，采用“投资比重法”来确定安全活动对生产的贡献率，即：

安全贡献率＝安全投资/生产投资＝57.56/6963.6＝0.83%

这样有：

$$安全增值产出\ B_2=0.0083\times18224.57=151.26\text{ 亿元}$$

(3) 求安全的总产出 B　由式(10-8) 得：

$$B=B_1+B_2=2.51+151.26=153.77\text{ 亿元}$$

(4) 求年度安全效益　由式(10-5) 可得 1988 年我国国营工业的安全效益

E 为：

$$E=153.77/57.56=2.67$$

计算结果可以理解为：我国 1988 年工业安全投资 1 元，获得的效益为 2.67 元。显然，这样的投资是合理的。

2. 安全微观经济效益计算实例

某矿山企业，1983 年进行了一次工业卫生方面的通风防尘

工程投资，其有关的数据如下。

工程总投资：1214.7 万元。

服务职工人数：2447 人。

工程设计有效期：12 年。

投资前职业病发病率：39.04 人/年。

投资后的防尘效果为：90%。

按 1983 年水平计，人年均工资：840 元；人年均职业病花费：300 元。

职业病患者人年均生产效益减少量：728.5 元。

工程运行费每年约为建造投资额的：5%。

考虑资金利率为：7%。

求：这次工程投资的安全效益？

解：根据式(10-19)，得相对应的参数值分别为：

$\lambda_1=39.04\times(1-0.9)=3.9$ 人/年；

$\lambda_0=39.04$ 人/年；

$V_L=0.084+0.03=0.1140$ 万元；

$kV_I=2447$ 人$\times728.5$ 元$=178.26$ 万元；

$h=12$ 年；

$i=0.07$；

$C_0=1214.7$ 万元；

$r=0.05$；

$$E_{项目}=\frac{[12\times0.114\times(39.04-3.9)+178.26\times12]\times41.97}{1214.7\times8.12+0.05\times12\times1214.7\times41.97}$$

$$=91796.36/40451.94=2.27$$

可得 $E_{项目}=2.27>1$，说明该矿山这一安全工程投资项目的效益是显著的。

上面用两个实例说明了安全经济效益的计算方法，从中可看出：安全的“产出”往往是“增值产出”远远大于“减损产出”，这是容易理解的。从经济效益的角度来看，安全对于生产的保障作用、对于技术功能的维护作用是很重要和突出的。我们所进行的安全经济效益评价，就是要充分使安全的这种“增值”作用得以充分地表现出来。对于安全的减损作用，从其经济效益上看，尽管较小，但是有着显著的社会效益，增值作用的很大部分是减损过程间接实现的，所以从安全的效益整体上看，两者是不能截然分开的，这是我们在理解安全效益时必须注意的。

第四节　提高安全效益的基本途径和领域

前面，我们所阐明的安全效益的科学概念，旨在说明什么是安全效益的问题。通常所讲的“用尽量少的活劳动消耗和物质消耗，创造尽可能大的安全保障水平”则说明了提高安全效益的基本要求。符合这一要求，需要我们按照自然规律和经济规律办事，合理利用有限的安全投入，在有限的安全投资量状况下，求得尽可能大的安全性水平，或是在保障满足安全性要求的前提下，消耗尽可能少的安全投资。提高安全效益是人类社会进步、安全科学技术进步、社会经济发展的客观要求。因此，提高安全效益乃是一种客观的必然性。

为了提高安全效益，我们必须遵循一些基本的途径，并且要充分注意在安全活动的各个领域不断地提高安全效益。

一、提高安全效益的基本途径

安全就是效益，提高安全效益的基本途径有两个：一是提高安全水平，二是合理配置安全投入，也就是说，通过安全科学技术的发展、社会经济的进步，努力提高安全生产、安全生活的水平；同时要对安全投入进行合理的配置，即在适当的时间，对不同的项目进行合理的投入，并且处理好各项费用的比例关系。因此，可从以下几方面着手。

1. 合理分配安全投入

实现生产和生活过程中的安全条件，需要进行各种各样的安全活动，如技术活动、教育活动、管理活动等。而安全活动是以投入一定的人力、物力、财力为前提的，在安全活动实践中，安全专职人员的配备、安全与卫生技术措施的投入、安全设施维护、安全教育及培训的花费、个体劳动防护及保健费用、事故搜救及预防、事故伤亡人员的救治花费等都是安全投资。安全投入是为了提高系统的安全性，防范各类事故的发生，保障生产经营持续顺利进行的一种经济行为，安全投入不一定越多越好，因此这就存在怎样配置安全投入的问题。在我国的职业安全管理中，需要处理好下面四个方面安全投资的合理比例。

(1) 安全措施金费中各项安全费用的比例关系。国家对从更新改造费中提取的安全措施费用，分为安全技术费用、工业卫生费用、宣传教育费用和辅助设施费用四种。每年提取的总费用，怎样合理地分配，是提高企业安全效益的基本保证。据我们的抽样调查，在20世纪80年代，我国企业安措费中上述的四类费用比分别为：28∶12∶6∶4。

(2) 安全技术性（本质安全化）费用与防护费用（辅助性）的比例关系。安全技术性费用是指实现本质安全化的投入，如执行“三同时”的安全设施（设备）费用，即更新改造费中提取安措费的安全技术、工业卫生费用等从系统的本质着手所进行的投入；被动防护性费用是个体防护、辅助设施等作为外延性、辅助性的安全投入。根据这种划分，我国20世纪80年代的“安全技术”＋“工业卫生”两项技术性投入与“个体防护”＋“辅助设施”两项防护性投入的比例分别为：40∶54，还不到1∶1的水平。我国在过去的时间里，在本质安全化方面的投入是较弱的，而要提高安全生产的水平，必须从本质安全入手，这就需要重视技术性投入。

（3）安全硬技术投入与安全软管理投入的比例关系。安全的活动是多方面的，既有直接“造物”性的活动，如为了产出具体的安全设施、设备、用具等；也有实现非“造物”性的活动，如进行管理、教育等活动。怎样来合理分配这两类活动的投资比例，是提高安全效益的重要方面。目前还不具体掌握其比例关系的数据，但有一点可以肯定的是：要重视安全软技术（软科学）的投入，如安全基础科学研究、安全管理、安全教育等方面，同时对安全硬技术方面的投资要在保证基本强度的基础上，进行方案优化论证和管理，这样才能使有限的投资获得较大的效益。

（4）主动性投入与被动性投入的比例关系。预防费用为主动预防性投入，事故费用为被动预防性投入，如安措费用、劳动防护用品等事前的投入均为主动预防性投入，而像事故抢救、事故处理等事中和事后的投入均为被动性消耗。在前面的研究中可知，在劳动安全卫生费用一定的情况下，主动性投入高的其安全度就高。研究这两类投入关系的意义在于：确定在某一事故被动消耗投入水平下，主动性投入应该具有的水平或比例关系。即研究在掌握当前事故水平条件下，预防性投资的规模或数量，做到有效地进行安全投资。

2. 在保证应有安全水平下降低安全活劳动消耗

安全的活劳动消耗是指安全活动中所消耗的安全专兼职人员的体力和脑力劳动。我们可用安技人员的“全员安全生产率”、“年均完成安全投资量”、“人均保护职工数”等指标来反映安全活劳动消耗的水平。显然，从降低安全活劳动消耗的要求出发，安全专职人员的配备量是越少越好，这与长期以来我们为了把企业的安全生产工作做好，一直要求企业多配备安全专职人员的做法是相违背的。在这里，我们认为这两种要求和思路是能够协调和统一起来的。我们一方面要从保证企业安全生产的基本要求出发，配备足够的安全专兼职人员，同时要意识到，并非安全专兼职人员配备的越多越好，而要考虑在现有安全工作量的基础上，充分发挥安全技术人员的积极性和创造性，因此，在进行安全活劳动消耗或投入的决策时，要进行科学的分析和论证，要进行严格的考核和评价，使安全人员的潜力得以充分发挥和利用，在安全工作和任务得以较好地完成的基础上，在安全生产的水平得到可靠保证的基础上，尽量降低安全活劳动的消耗。

3. 降低安全生产的物化劳动消耗

物化劳动亦称“死劳动”、“过去劳动”或“对象化劳动”，是指活动过程中所占用的劳动（生产）资料。因为劳动资料是过去劳动的产物，同生产劳动过程中的活劳动相对而言，故称物化劳动。安全条件是要靠安全物化劳动的占用来实现的。在社会经济有限、安全投资有限的今天，某种安全条件多占用或多消耗了有限的物

化劳动，就意味着其他的安全条件没有足够或充分的物化劳动进行投人。因此，为了提高安全的总体效益，要在保证实现安全条件的基本前提下，尽量减少物化劳动的消耗，把节约出的物化劳动，用于其他安全条件的实现，或投向生产。这样，在有限的安全资源的前提下，就能获得较多的安全产出，从而提高安全效益。

二、提高安全效益的领域

通过前面的分析和阐述可知，提高安全效益主要是从合理分配安全投入、降低安全活劳动消耗等多个方面来实现的，并且安全效益产生并存在于安全活动的各个领域，因此提高安全效益的领域也是多方面的，如安全的科学技术研究、安全的技术设计、安全技术的建造、安全技术的运作、安全教育和安全管理、安全文化等。因此，提高安全效益要从各个领域和方面入手，才能使人类的总体安全效益得到发展和提高。

1. 重视安全的科学技术研究

安全的科学技术研究包括基础研究和应用研究。长期以来，我们较为重视应用研究，而对基础研究关注不够。这自然有安全事务客观发展限制的一方面，也有人类主观努力的问题。随着科学技术的发展和生产发展要求的提高，应把安全科学技术的研究，特别是基础研究的方面摆到应有的重要位置，这对于人类社会、国家和民族，以及企业和个人长远的安全效益是至关重要的。

2. 提高安全技术实施的科学设计水平

重视安全技术设计阶段的工作，使安全措施的合理性、科学性在方案的选择阶段就得以理想解决。这就需要综合采用系统工程、优化技术、经济学、决策科学等一般性理论和方法，以及危险分析、安全评价、安全技术经济可行性论证等专业理论和方法，把安全技术的实施在一开始就置于科学、合理的基础之上。

3. 严格安全技术的建造和运作程序

有了合理的设计方案，还需要严格的建造过程配合，否则设计只是“空谈”。为此就需要加强监督和管理，保证安全设施、设备、用具的质量。同时还需在安全技术的应用过程中严格按操作规程办事，使安全技术功能得到充分地发挥和利用。

4. 加强安全教育和安全管理

根据大量事故资料统计分析发现，事故发生的原因除了技术上存在的问题外，另一个重要的原因就是安全管理和教育上存在漏洞。如安全管理系统不完善、责任归属不到位；人的思想意识、心理素质、态度和行为不能适应生产客观规律的状态和发展等。因此，职工的安全意识是否提高，即是否受到好的安全教育是影响事故致因的重要方面，因而也是经济效益提高与否的关键因素。所以在从事生产活动的过程中，一定要重视对员工的安全教育培训。通过安全教育和管理，努力提高员工的安全意识和对事故发生的警惕性；通过安全教育培训，提高员工的知识和技能，从而减少事故中人的不安全行为的发生。只有在人的行为符合安全运作基本要求的前提下，安全技术的功能才能得到应有的发挥。安全管理环节不仅对人的要素有着重要的作用，对技术实现过程（设计、制造、运行、监控等）也有着重要的意义。

因此，加强安全教育和安全管理是发挥安全系统能力、提高安全系统效能，最终提高安全效益的重要途径。

5. 培育安全文化的氛围

安全是生产的灵魂，安全生产的灵魂源自安全文化。大力倡导和弘扬安全文化，是企业做好安全生产工作的基础。安全文化是个人和集体的价值观、态度、想法、能力和行为方式的综合产物，文化氛围的好坏直接影响到企业的安全效益。因此，培养良好的安全文化氛围是提高企业安全效益的途径之一。

第五节　安全生产投入产出分析

长期以来，在相当一部分人的心目中，企业安全生产工作既不产出商品，又不产生效益，被称为“无效益”。持有这种观点的人，对安全生产工作往往是说的一套，做的则是另一套，尤其是在人力、物力和财力的投入上，更是一种消极被动态度，以致安全活动得不到及时开展。防护装置得不到及时配备，事故隐患得不到及时整改，工伤事故得不到及时控制。由此，不仅蒙受巨大经济损失，而且给企业的生产活动带来严重影响。事实证明，要弄清安全生产工作是“无效益”，还是“正效益”，首先要弄清安全生产工作投入与产出的关系。

丰硕的产出，来自于积极的投入。辩证唯物主义者认为，任何事情都存在一个投入与产出的问题。投入是产出的前提，产出是投入的体现，没有投入就没有产出，搞经济工作如此，安全生产工作同样是这个道理。例如，某企业发生一起不该发生的因工死亡事故，问题就出在投入上。这个厂，有一条为检修起重机械所铺设的木质走道，由于年长日久，已经出现腐烂现象，曾发生一起险情。但是，企业领导人只知资金紧张，却不顾可能造成后果的严重性，未能及时整改，结果导致维修工高处坠落的可怕惨剧。血的事实证明，安全生产工作没有可靠的投入，就不可能有可喜的大好局面。

武汉锅炉厂自1991年跨入“特级安全级企业”的行列后，一直十分重视安全生产工作的投入与产出。俗话说：“种豆得豆，种瓜得瓜”，这个“种”与“得”就十分形象地阐述了“投”与“产”的关系。武汉锅炉厂之所以能取得事故连续七年无死亡事故，连续五年元重伤事故，连续十五年的轻伤频率控制在0.4‰以下的可喜成绩，关键在较好解决了“投入”与“产出”的问题，才使企业牢牢掌握安全生产工作的主动权。

影响安全投入产出的因素分析：无论在哪一个领域，人们总是期望投入能带来高的产出，在安全领域也是如此。在安全活动实践中，安全投入主要是指用于安全专职人员的配备、安全与卫生技术措施的投入、安全设施维护保养及改造、安全教育及培训、个体劳动防护及保健、事故预防及救援、事故伤亡人员的救治等的资金。安全产出一般分为增值产出和减损产出，但由于安全产出的潜在性和长期性等

特点，可以直接表现出的是事故损失的减少。

影响安全投入产出的因素主要有两个：安全投入总量的大小和各项安全投入分配的合理程度。安全投入总量的大小视企业的规模和效益而定。国务院曾规定“企业每年在固定资产更新和技术改造中提取 10%～20%用于改造劳动条件”，1993 年新的会计制度实行后，取消了这一规定。但新的财务制度规定“企业在基本建设和技术改造过程中发生的劳动安全措施有关费用，直接计入在建工程成本，企业在生产过程中发生的劳动保护费用直接计入制造费用”。新制度使劳动安全措施经费不受任何比例限制，拓宽了费用来源。但事实上，近年来由于各种原因，企业实际用于安全措施上的经费却相对减少。例如，在煤矿企业中，安全欠账的情况也不容乐观，很多小煤矿在简陋的环境下，使用着最基本的初级工具，在毫无安全保障的条件下生产，造成事故猖獗。在这种情况下，安全投入少，也谈不上安全产出。

一般来说，安全投入量大，安全水平就相对较高，即有较大的安全产出。但是各个企业的生产情况不同，优势和薄弱环节差异更大，所以用于安全的各分项投入没有统一的尺度。当安全投入总量一定时，各分项投入合理程度是安全产出大小的决定因素。

一、安全生产投入产出理论

全部均衡理论认为，各种经济现象之间的关系都可以表现为数量关系，这种数量关系全面地相互依存、相互影响、并在一定条件下达到均衡。因此，要确定某些经济变量的值，就不应只采用因果的方法去寻求每个经济变量的唯一决定因素，而必须把这些经济变量间的关系表现为函数关系，并用方程组来同时求得他们的解。

投入产出法是研究经济体系中各个部分间投入与产出相互依存关系的经济数量方法。自 20 世纪 30 年代列昂惕夫（W. Leonitief）提出该方法以来，该方法在国民经济管理及企业微观决策中已在世界范围内得到成功运用。它以系统性、全面性、均衡性为其方法论特征，以协调一致的数学工具，为研究社会经济系统内部错综复杂的关系提供了有效的分析手段。

投入产出模型是一种数学模型，目的是表现经济变量之间数量关系，在投入产出模型的求解过程中，为了保证模型有唯一解，必须建立一系列的假设条件：

(1) 假设每个部门只生产一种产品，而且只用一种生产技术方法进行生产，以保证每个部门只有单一的消耗结构。

(2) 假设反映各部门消耗关系的消耗系数在一定时期内相对稳定，不发生变动。之所以作这样的假定，一是为了使投入产出模型建立在生产技术联系的基础上，二是为了在模型应用中保持消耗系数的稳定性。

(3) 假设国民经济各部门投入与产出成正比，投入产出模型是一个线性结构模型。在实际经济生活中，各种投入和产出之间并不一定存在固定的线性关系。在生产发展的不同阶段，一般都有不同的投入产出关系，因此，在承认此假设条件时，就意味着利用投入产出模型来分析某个生产发展阶段上的投入产出关系。

安全生产投入指的是一国（行业、部门、企业等）用于安全生产方面的投入，包括：安全措施经费、劳动保护用品费用、职业病预防及诊治费用等；安全产出指的是通过安全的投入一国（行业、部门、企业）获得的安全产出。与产品企业相似，一项安全投入必然获得对称的一项安全产出。所不同的是，安全产出反映的形式与其他有形产品不同，安全产品的出现可能以一国（部门、企业）一定时期内事故的减少、安全环境的有效改善、企业工作效率的提高、企业商誉的提高等各种方式体现。从理论上说，安全生产投入与产出的关系理应可通过投入产出法建立投入产出模型而获取。

二、安全生产投入产出模型

为了系统研究安全生产投入与产出之间相互依存的关系，在上述假设条件下，应用投入产出基本理论和统计学方法，可以建立全国安全生产投入产出模型。只需在投入产出表的一栏增加工伤事故损失项目，在主栏同时增加安全投入的项目，这样就可以编制成一张棋盘式的全国价值型安全生产投入产出表。该表将安全与生产的关系、全国安全投入与全国总产出 GDP 的关系、行业安全投入与行业产出的关系、全国安全投入与全国安全产出的关系、分类别安全投入与其产出的关系、全国（行业）事故损失情况及分类别事故损失情况等集中反映在一张表格中，看起来一目了然，其具体结构如表 10-3。

表 10-3　全国安全生产投入产出表

投入＼产出			消耗情况：行业生产部门	消耗情况：事故损失	最终产品	总产品
			1　2　…　…　n	1　2　…　…　m		
生产情况	行业生产部门	1	x_{11}　x_{12}　…　…　x_{1n}	k_{11}　k_{12}　…　…　k_{1m}	y_1	x_1
		2	x_{21}　⋮	k_{21}　⋮	⋮	⋮
		⋮	⋮　⋮	⋮　⋮	⋮	⋮
		⋮	⋮　⋮	⋮　⋮	⋮	⋮
		n	x_{n1}　…　…　…　x_{nn}	k_{n1}　…　…　…　k_{nm}	y_n	x_n
	安全投入	1	P_{11}　P_{12}　…　…　P_{1n}		Z_1	Q_1
		2	P_{21}　⋮		⋮	⋮
		⋮	⋮　⋮		⋮	⋮
		⋮	⋮　⋮		⋮	⋮
		m	P_{m1}　…　…　…　P_{mn}		Z_m	Q_m
固定资产折旧			D_1　D_2　…　…　D_n			
劳动报酬			V_1　V_2　…　…　V_n			
税金和利润			C_1　C_2　…　…　C_n			
总产品			x_1　x_2　…　…　x_n	W_1　W_2　…　…　W_m		

表 10-3 中，x_i 表示第 i 行业生产产值；y_i 表示第 i 行业生产的最终产品产值；x_{ij} 表示第 j 行业消耗第 i 行业产品的产值；k_{ij} 表示第 j 类安全事故消耗第 i 行业产品的价值，安全事故的类别分类方法可参照国家有关事故的分类方法；P_{ji} 表示第

i 行业在第 j 类别安全生产上的投入，安全投入包含的内容前文已有介绍；Q_j 表示因第 j 类别安全投入所得到的产出；Z_j 表示因第 j 类别安全投入所得到的最终产品的价值；W_j 表示第 j 类安全事故损失的总值。

利用经济学的原理，根据上述全国价值型安全投入产出表的平衡关系我们可以建立安全投入产出的数学模型，利用这些模型以及矩阵运算可综合考查分析一国（行业、部门、企业等）的安全与生产的相互依存关系，进行国民经济各部门的综合平衡；利用掌握的经济数据的变化规律，可对一国（行业、部门、企业等）的安全生产形势作出预测。另外，把这些数据提供给政府、企业，可以作为政府部门制定未来安全政策的重要依据，企业可以根据这些数据决定其经营方针、投资方向。更进一步的，如果能将投入产出分析的结果与计量经济学模型混合在一起使用，则可解决择优的问题，编制出最优规划模型。

从第 1 行到第 n 行反映我国各行业生产分配和事故耗费情况，有如下平衡方程：

$$\begin{cases} x_{11}+x_{12}+\cdots\cdots+x_{1n}+k_{11}+k_{12}+\cdots\cdots+k_{1m}+y_1=x_1 \\ x_{21}+x_{22}+\cdots\cdots+x_{2n}+k_{21}+k_{22}+\cdots\cdots+k_{2m}+y_2=x_2 \\ \cdots\cdots\cdots\cdots\cdots\cdots\cdots\cdots\cdots\cdots\cdots\cdots \\ x_{n1}+x_{n2}+\cdots\cdots+x_{nn}+k_{n1}+k_{n2}+\cdots\cdots+k_{nm}+y_n=x_n \end{cases}$$

表 10-3 中 $n+1$ 行到 $n+m$ 行，表示各行业安全生产投入情况，有如下方程：

从竖直方向看，从第 1 列到第 n 列，反映我国行业生产消耗构成。有如下平衡方程：

$$\begin{cases} P_{11}+P_{12}+\cdots\cdots P_{1n}+Z_1=Q_1 \\ P_{21}+P_{22}+\cdots\cdots P_{2n}+Z_2=Q_2 \\ \cdots\cdots\cdots\cdots\cdots\cdots\cdots\cdots \\ P_{m1}+P_{m2}+\cdots\cdots P_{mn}+Z_m=Q_m \end{cases}$$

表 10-3 中从 $n+1$ 列到 $n+m$ 列表示安全总耗费，其中主要指工伤事故费用，有下列平衡方程：

$$\begin{cases} k_{11}+k_{21}+\cdots\cdots k_{n1}=W_1 \\ k_{21}+k_{22}+\cdots\cdots k_{n2}=W_2 \\ \cdots\cdots\cdots\cdots\cdots\cdots \\ k_{n1}+k_{n2}+\cdots\cdots k_{nm}=W_m \end{cases}$$

$$\begin{cases} x_{11}+x_{21}+\cdots\cdots+x_{n1}+P_{11}+P_{21}+\cdots\cdots P_{m1}+D_1+V_1+C_1=x_1 \\ x_{12}+x_{22}+\cdots\cdots+x_{n2}+P_{12}+P_{22}+\cdots\cdots P_{m2}+D_2+V_2+C_2=x_2 \\ \cdots\cdots\cdots\cdots\cdots\cdots\cdots\cdots\cdots\cdots\cdots\cdots\cdots\cdots \\ x_{1n}+x_{2n}+\cdots\cdots x_{nn}+P_{1n}+P_{2n}+P_{mn}+D_n+V_n+C_n=x_n \end{cases}$$

在这个模型中，我们定义几个系数：

● a_{ij}　安全事故损失系数，表示第 j 类安全事故消耗第 i 行业的价值。

$$a_{ij}=\frac{k_{ij}}{x_i};$$

● b_{ij}　安全投入消耗系数，表示第 j 类别安全投入消耗第 i 行业生产的价值的值，或表示防止 j 类事故安措费（事故预防费等）消耗第 i 行业生产的价值。

$$b_{ij}=\frac{P_{ji}}{x_i};$$

● c_{ij}　安全投入效果系数，表示为了获得 Q_j 的产出需要在第 j 类别安全生产上的投入。

$$c_{ij}=\frac{P_{ji}}{Q_j}$$

以上各式中，$i=1,2,\cdots,n$；$j=1,2,\cdots,m$。

利用安全事故损失系数可求出一国（或某行业）安全事故消耗的值占一国（或某行业）产出之比：

$$\frac{\text{全国安全事故损失}}{\text{全国总产出(产值)}}=\frac{\sum\limits_{i=1}^{n}\sum\limits_{j=1}^{m}k_{ij}}{\sum x_i}$$

利用上述比值关系，可求出某一年度一国（或某行业）发生安全事故的损失与其产出之比。

利用安全投入消耗系数可求出一国（或某行业）安全生产投入与全国（或某行业）产出之比：

$$\frac{\text{全国安全生产投入}}{\text{全国总产出(产值)}}=\frac{\sum\limits_{i=1}^{n}\sum\limits_{j=1}^{m}P_{ji}}{\sum x_i}$$

$$\frac{\text{某行业安全事故损失}}{\text{某行业总产出}}=\frac{k_{i1}+k_{i2}+\cdots k_{im}}{x_i}=\frac{\sum\limits_{j=1}^{m}k_{ij}}{x_i}$$

$$\frac{\text{某行业安全生产投入}}{\text{某行业总产出}}=\frac{P_{1i}+P_{2i}+\cdots P_{mi}}{x_i}=\frac{\sum\limits_{j=1}^{m}P_{ji}}{x_i}$$

上述两公式均为正比关系，在一个较长的时期内，上述比值为一固定值，依此我们得到：

假如已知全国（或某行业）某一年度的总产出，我们可以依照上述比例关系得出该年度安全上应投入的资金，如果该年度投入的资金不够，则应增加安全投入。从另一个角度说，如果一国或一行业计划未来某年产值达到一定值，则其安全投入也应做相应的调整，一国或一行业为了增加产出量必须在安全上增加投入。这为政

府或行业主管部门制定合理、科学的安全生产政策提供了理论依据，从这个角度来说，这一模型的意义是非常大的。

利用安全投入效果系数可求出全国安全生产投入产出比：

$$全国安全生产投入产出比=\frac{\sum_{i=1}^{n}\sum_{j=1}^{m}P_{ji}}{\sum Q_j}$$

在一个较长的时期内，该值同样为一固定值，利用安全生产投入产出比可计算出一国为获得一定的安全产出需要进行多少投入；反过来如果已知一国某年的安全投入，则可预测出该国该年的安全产出。这对于政府部门制定其安全生产政策同样是很有意义的。

三、安全生产投入产出模型的实证分析

为了更清楚地阐述建立全国安全生产投入产出表的用途和意义，可举一个实例来说明。有鉴于我们无法准确地知道各行业的安全投入和事故损失情况，不妨以某一企业某一年度的安全生产情况为例来说明安全生产投入产出表的用途。

假设某建筑企业某一年度在安全上的投入主要有三大块：安全措施经费投入、劳动防护用品投入、职业病预防费用投入，投入值分别为：3.62 万元、1.69 万元、8412 元，该年该企业的总产值为 4500 万元，当年发生三起物体打击事故、经济损失 3250 元，一起高空坠落事故、经济损失 2031 元、小的交通事故数起、经济损失约 6048 元，上一年度工伤事故的经济损失为 3.61 万元，该企业当年污染物排放合格、比上一年度少去罚款费用 1.5 万元，安全生产信誉在企业的招投标过程中为企业获得了好的分值，约相当于 16.5 万元。

可粗略计算该建筑企业当年的安全生产产出为：(3.61－0.3250－0.2031－0.6048)＋1.5＋16.5＝20.4771 万元，在这里忽略了企业因为安全管理水平的提高、安全意识的加强所对应的安全增值产出的值。并且，为了计算上的方便，我们在此不列出生产上的一些值的情况（如不列出生产的耗费情况、最终产品情况、固定资产折旧情况、劳动报酬情况、税金和利润等情况），只列出与计算上节所述的几个系数、几个比值有关的值。

这样我们得到该建筑企业当年的安全生产投入产出表见表 10-4。

表 10-4　某建筑企业安全生产投入产出表　　单位：万元

投入＼产出		消耗情况				总产品
		生产部门	事故损失			
			物体打击	高空坠落	交通事故	
生产部门			0.3250	0.2031	0.6048	4500
安全投入	安全措施经费	3.62				20.4771
	劳动防护用品	1.69				
	职业病预防费	0.8412				

因此，我们得到：

(1) 该企业的安全事故损失系数为：

$a_1=0.3250/4500=7.22\times10^{-5}$，表示该企业物体打击的损失系数；

$a_2=0.2031/4500=4.51\times10^{-5}$，表示该企业高空坠落的损失系数；

$a_3=0.6048/4500=1.34\times10^{-4}$，表示该企业交通事故的损失系数。

(2) 该企业的安全投入消耗系数为：

$b_1=3.62/4500=8.04\times10^{-4}$，表示该企业安全措施投入消耗该企业生产的价值的值；

$b_2=1.69/4500=3.76\times10^{-4}$，表示该企业劳动防护用品投入消耗该企业生产的价值的值；

$b_3=0.8412/4500=1.87\times10^{-4}$，表示该企业职业病预防费用消耗该企业生产的价值的值。

(3) 该企业的安全投入效果系数为：

$c_1=3.62/20.4771=0.177$，表示该企业为了获得当年的安全产出需要在安全措施经费上的投入；

$c_2=1.69/20.4771=0.083$，表示该企业为了获得当年的安全产出需要在劳动防护用品上的投入；

$c_3=0.8412/20.4771=0.041$，表示该企业为了获得当年的安全产出需要在职业病预防费用上的投入。

另外，利用安全投入消耗系数可求出该企业安全生产投入与该企业当年产出之比：

$$\frac{\text{企业安全生产投入}}{\text{企业总产出(产值)}}=\frac{P_{1i}+P_{2i}+\cdots P_{mi}}{x_i}=\frac{\sum_{j=1}^{m}P_{ji}}{x_i}$$
$$=b_1+b_2+b_3=8.04\times10^{-4}+3.76\times10^{-4}+1.87\times10^{-4}$$
$$=1.556\times10^{-3}$$

上式表明该企业当年的安全投入与企业当年的产值的关系，如果在一个较长的时期内，上述比值应为一固定值，因此，一个企业为了增加产出量必须在安全上增加投入。

利用安全投入效果系数可求出该企业安全生产投入产出比：

$$\text{企业安全生产投入产出比}=\frac{\sum_{i=1}^{n}\sum_{j=1}^{m}P_{ji}}{\sum Q_j}=\frac{3.62+1.69+0.8412}{20.4771}=1/3.33$$

从上式可以看出，该企业的安全生产投入产出比为 1∶3.33，如果我们取的样本时间较长，则该值同样为一固定值，因此，如果已知该企业某年的安全投入，则可根据该值预测出该企业当年的安全产出，这对于测定企业的安全产出是非常有意

义的。

从上面的实例我们可以看出，如果我们已知一国（或几个行业）的安全生产投入情况、事故损失情况、安全产出情况、行业之间的消耗情况以及最终产品情况等，则我们可以根据上述方法绘制出该国（行业）的安全生产投入产出表，并且可进一步求出几个与安全生产有关的系数和比值，清楚地获得安全与生产的关系、安全与产值的关系、安全投入与产出的关系等等一系列数据，这对于预测一国（行业）的安全产出及制定国家和行业的安全生产政策是非常有意义的。

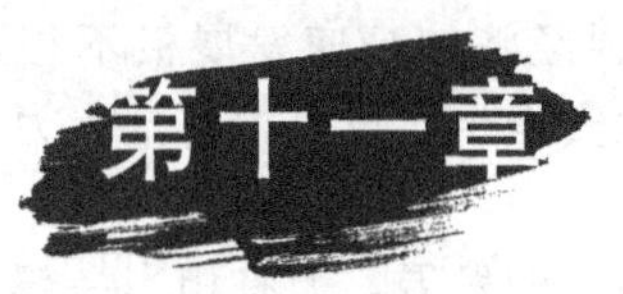

第十一章　安全经济管理

为了安全生产和安全生活，社会需要投资大量的资金，上面的一些理论和方法从安全经济事物的基本规律和本质入手，探讨了安全经济的形式、内容、功能、作用，以及运行的过程和特性，并提出了分析、评价的技术和方法。在实际工作中怎样利用上述的理论和方法进行安全经济的控制和管理？目前我们已有的安全经济操作方式是怎样的？安全经济理论与安全经济实践如何有效地结合？这是本章所要探讨的问题。

第一节　安全生产资源保障对策

提高安全生产保障水平，改善生产安全条件，提供必须和充足的安全生产资源是根本的基础。因此，制定合理激励政策，提高全社会安全生产资源投入水平是重要的战略之一。

原国家安全生产监督管理局 2003 年主持鉴定的《安全生产与经济发展关系研究》课题研究报告表明，我国安全生产与经济发展有密切的关系。20 世纪 90 年代安全生产的投入占整个国民经济总产值 GDP 的比例仅为 0.703%，带来的事故实际经济损失却占到了 GDP 的 1%至 2.5%，而安全生产对经济发展的贡献率为 2.4%。显然，事故居高不下，主要原因之一是由于我国的安全投入不足，以至企业生产安全保障条件水平不足造成的。为加强安全生产，防止事故，减少人员伤亡，应该加强政府要加强安全生产经济投入对策。

一、加大国家和企业对安全生产的投入

目前我国正处于经济高速发展时期，面临向工业化过渡，处于各类事故高发阶段，因而加大安全生产投入，实现安全保障，遏制事故发生，显得尤为重要。

众所周知，安全生产，人命攸关，安全的投入对安全生产工作的重要性毋庸置疑。实践证明，安全生产投入越多，安全系数就越大。安全投入决定安全生产水平，反之，安全水平也折射出安全的投入。目前我国安全总体投入水平相对较低，比如在安全活劳动投入方面，我国的安全监察人员的万人（职工）配备率相当低，美国是我国的 10 余倍，英国是我国的 22 倍。在安全经费投入方面，用万人投入率

比较，美国是我国的3倍，英国是我国的5倍。我国20世纪90年代企业年均安全总投入（包括安措经费、劳动防护用品等）占GDP的比例为0.703%，而发达国家的安全投入一般占到GDP的3%。这与我国经济的高速发展极不相适应，因而为实现较高的安全水平，需要国家和企业加大安全生产投入，包括人力、物力和财力三个方面。

在过去几十年里，虽然我国经济取得了高速的发展，但有相当一部分企业安全生产投入严重不足，历史欠账较多，安全生产基础薄弱且难以得到保障。对此，国家安全生产部门不但要依法加大对安全"欠账"的清欠力度，还应与企业一同加大对安全生产的投入。保证安全生产投入与经济发展速度和规模相适应。当前国家、企业安全生产投入的首要任务是保障安全生产条件，新账不欠，老账要还；进一步显著地提高安全保障水平。企业必须依照《安全生产法》确保安全生产条件的投入，并对安全投入不足导致的后果负责。

与此同时，国家对安全生产监管部门和安全生产科研工作的直接投入也应加大力度。2002年美国职业安全健康监察局经费预算总额为4.26亿美元，矿山安全健康监察局为2.46亿美元，合计6.72亿美元，而我国在这方面的经费预算无法相比，如同年我国煤矿安全生产监督管理局的经费预算仅是美国的六十分之一，煤矿数量约是美国的300倍。2002年美国联邦政府预算中直接分配给国家职业安全研究院和事故伤害控制中心的经费为4.1亿美元，而我国"十五"期间直接用于安全科研和事故预防的经费只有8200万元人民币，年平均不足2000万元，约为美国的二百分之一。借鉴发达国家经验，我国在安全生产方面（监督管理、科技研究、事故预防、事故救援及调查处理、关系公共利益的重大事故隐患治理和建设项目等）的直接经费投入应该明显增加，并向我国环保治理那样列为中央预算。

二、明确规范企业安全生产的投入结构比例

科学的安全投入原则和机制，合理的安全投入比例和结构，是发展安全保障战略必须解决的问题。

规范企业安全生产的投入结构比例，是安全经济活动的一项重要内容。安全生产资源作为企业安全生产的保障，应明确安全资源投向与投资合理性，规范安全投资实施过程与方式，为取得预期的投资效果，科学合理分配投资，使安全投资结构比例最优化。

目前，我国还存在着安全投入结构和比例不科学的现象。20世纪90年代我国企业安全措施经费、劳保用品费、职业病费用分别占安全投入的59%，37%，4%，安全宣传教育经费仅占安全措施经费的4.3%。安全措施经费投入与劳保用品投入之比为1.58∶1，安全措施经费投入与工业卫生费用投入之比为1.5∶1。近几年，随着国家对安全生产重视，对安全生产监管力度的加大，安全投资有了大幅增长，但存在着"重硬轻软"的不合理现象，如安全教育培训投入不足，安全组织管理工作缺失。

考虑到我国现阶段的社会经济发展水平，结合发达国家在这一方面的经验，合理的安全投资结构比例是：安全投资应达到GNP（国内或企业生产总值）的5%，安全措施经费投入与劳保用品投入之比应为2∶1，安全措施经费投入与工业卫生费用投入之比应为1∶1。总之，安全投入应在效益最大化原则之下，坚持安全投入水平与企业发展水平协调一致的原则，以及安全投入结构比例科学合理的原则。

例如，新修订的《安全生产法》第二十条一规定：矿山、金属冶炼、建筑施工、道路运输单位和危险物品的生产、经营、储存单位，应当设置安全生产管理机构或者配备专职安全生产管理人员。前款规定以外的其他生产经营单位，从业人员超过一百人的，应当设置安全生产管理机构或者配备专职安全生产管理人员；从业人员在一百人以下的，应当配备专职或者兼职的安全生产管理人员。

危险物品的生产、储存单位以及矿山、金属冶炼单位的安全生产管理人员的任免，应当告知主管的负有安全生产监督管理职责的部门。

三、明确安全生产专项经费投入项目，实行安全专项经费稽查制度

安全生产专项经费是为安全活动中某一特定的作业过程、作业环境及劳工者提供安全保障所使用的费用。如特种作业人员培训，新员工入厂培训，企业定期的安全大检修，职工定期体检等。

企业安全生产专项经费应专款专用，在编制生产计划时，应明确列出，相应的费用也包括在财务预算之内，任何机构和个人不得挪用，并保证其按计划顺利实施。相关部门，如安全生产监察机构、企业工会，以及企业职工有权对安全生产专项经费的使用进行监督。

《安全生产法》第二十条规定，生产经营单位应当具备的安全生产条件所必需的资金投入，由生产经营单位的决策机构、主要负责人或者个人经营的投资人予以保证，并对由于安全生产所必需的资金投入不足导致的后果承担责任。有关生产经营单位应当按照规定提取和使用安全生产费用，专门用于改善安全生产条件。安全生产费用在成本中据实列支。安全生产费用提取、使用和监督管理的具体办法由国务院财政部门会同国务院安全生产监督管理部门征求国务院有关部门意见后制定。

《安全生产法》虽然没有对企业安全生产的投入作出具体的数额规定，实际上限定的要求是更加严格了。但是在实际执行中，由于没有实行稽查制度，这项规定在事先难以落实，只是出了事故后的总结，成为了企业安全生产管理方面的一条事故原因，这样使企业就产生了侥幸和投机的心理。安全生产的投入应该定性与定量相结合，必须制定政策，明确企业安全生产投入的项目，主要包括：一是安全生产措施经费，如建设工程项目“三同时”、安全评价等安全技术服务费用，以及工业卫生、安全设施装备和维护、宣传、培训、教育费用等；二是劳动保护用品经费；三是为企业职工投入工伤保险经费等。安全生产投入经费的稽查，可利用财务审计，形成独立报告，报告应报送当地安全生产监督管理部门，使安全生产监督管理

部门的安全检查与事前安全投入的防范工作有机结合，确保企业的安全生产投入，防止事故的发生。

四、建立国家安全生产隐患整改专项基金

任何事故的发生都是有原因的，隐患是事故发生的前提条件，因而辨识、评价、控制企业生产环境中的隐患，是预防事故的有效措施。对于生产性企业而言，隐患无时无处不在，及时发现、研究和分析隐患的类型与事故的严重程度之间的关系，并制定相应的整改措施，对消除隐患和预防事故具有重要的意义。

20 世纪 80 年代初，安全生产监督管理部门每年有 5000 万元技术措施改造项目经费，主要用于帮助困难企业的安全卫生技术措施项目改造，国家的少量投入，充分调动了企业安全卫生技术改造的积极性，工作实践中，发挥了很大的作用。随着改革开放的不断深入，国家取消了这部分的资金投入，实行了企业“自主经营、自我盈亏、自我约束、自我发展”的模式。从现阶段安全生产工作的情况看，国有企业转换经营机制，采取有进有退，有所为，有所不为的战略性调整，在这战略调整期中，国有企业承担着安置职工，维持社会稳定的重任，一部分企业因经济效益差，安全生产的基础十分薄弱，存在着大量的事故隐患。另外，一些地区的公共设施缺损严重，一旦发生事故，后果不堪设想，社会影响极大。应该加快建立国家安全生产隐患整改基金，切实解决改革和发展中遇到的这些新问题。国家安全生产隐患整改基金可在国家和省（自治区、直辖市）建立两级专用账户，按照统筹规划，轻重缓急，分步实施，有计划地逐步治理和消除重特大事故隐患。国家安全生产隐患整改基金的经费来源是国家和地方政府应先期注入一部分启动经费，然后将安全生产监督管理部门行政执法的经济罚没收入转为国家安全生产的投入资金，同时也可吸纳社会捐赠等。

安全生产监督管理部门行政执法的经济罚没，目前实行的是收支两条线，罚没收入交国家财政，这不利于企业的事故隐患治理和技术改造。主要是因为安全生产监督管理部门的经济罚没，是由于企业违反国家有关安全生产的法律法规，在安全生产管理中，有不符合安全生产条件的基本事实而作出的一种行政处罚。安全生产行政处罚不是目的，而是要促进企业整改，督促企业自觉加强安全生产的投入，满足安全生产的条件，切实搞好安全生产。但是由于种种原因，特别是在企业自身效益不好，无力投入，未能达到国家有关规定标准的情况下，罚款后对企业更是雪上加霜。安全生产的罚没收入来自于企业，应该用之于企业，将罚没收入建立安全生产隐患整改专项基金，能为安全生产形势的根本性好转发挥其应有的作用。

五、实行积极的国家财政、金融、税收扶持政策

由于安全资源投入具有地域性、时效性、从属性、协调性，一个国家的社会、经济发展水平都将对安全投入产生重要的影响。因而实行积极的国家财政、金融、税收扶持政策，将有利于加大国家和企业安全投入，提高安全生产保障水平。

长期以来，国家和相当一部分企业对安全生产不够重视，其中，一个重要原因是过多追求局部的、短期的经济效益，忽视了对安全的投入，片面地认为安全投资只加重企业的负担，产生不了经济效益，因而大多企业存有侥幸心理，不按规定和实际需要进行必要的安全投入。

市场经济条件下，私营企业大量兴起，对推动我国经济发展作出了巨大的贡献。但是许多私营企业举步维艰，尤其是一些私营业主在企业新建之初，除对必不可少的生产设施投入，在安全生产设施上能省则省，投产之时，安全就留有隐患，造成了一批“先天不足的残疾儿”。从目前事故的分布状况看，中小企业和私营企业占到了事故总量和重特大事故的70%左右。轻、重伤事故因统计要求不严，虽无准确的数据，但仅从1999年初工人日报记者报道的深圳特区台资和私营企业安全生产状况令人忧的文章反映的情况来看，1998年深圳特区台资和私营企业因冲床无安全保护装置，一年所造成的断手指和断胳膊的事故就达一万多起。对此，除了要加强对中小企业的安全生产监督管理，严把安全生产市场的准入关之外，国家应该还应在财政、金融、税收等政策方面给予扶持。

一是给予安全生产设施装备的贷款支持，帮助企业加强技术改造，完善安全生产设施。二是对重大技术改造项目尽可能给予财政和税收扶持。具体包括以下四个方面：①在安全科技的研发上给予一定的资金支持，确保其顺利进行；②给予安全生产设施装备的贷款支持，帮助企业加强技术改造，完善安全生产设施；③对重大技术改造项目尽可能给予财政和税收扶持，或是阶段性的扶持优惠政策，使企业加快技术更新，保障安全生产；④对劳保用品给予税收扶持政策，必要时国家提供一定的补贴。

六、推行安全生产国家投入的公益化政策

安全作为一种特殊的“公共商品”，不仅为个人、企业所消费，还被国家所消费。推行安全生产国家投入的公益化政策，不但惠及企业、企业职工，而且使国家受益。从而保证了企业的安全生产，劳动者的安全与健康，以及国家经济的健康快速发展，有利于实现国家安定、社会和谐的大好局面。推行这一政策，应从以下两点入手。

（1）安全生产宣传教育产品公益化：鼓励各种机构参与安全文化产品的开发和创作；对安全生产文化产品的开发机构推行国家补助政策；在一定程度上，对使用安全文化产品单位或企业推行免费或部分免费使用政策。

（2）安全生产科学技术成果公益化：鼓励各种机构参与安全科学技术研究；对安全生产新技术、新成果的研制单位，国家推行补助政策；对使用安全科技产品的单位或企业推行免费或部分免费使用政策。

七、改善安措费筹集渠道的原则和意义

为了保证安全措施费用的到位，针对现实存在的总量，需要改善安措费筹集渠

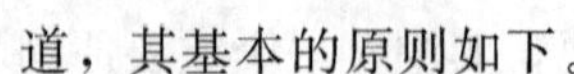

道，其基本的原则如下。

(1) 按价值规律办事，利用经济杠杆控制安全资金投向。

(2) 谁获利谁投资的原则。

(3) 谁危害谁投资的原则。

(4) 强制与自愿相结合的原则。

完善和理顺安全措施经费渠道的意义如下。

(1) 科学、合理地筹集安措金费，使安全的负担公平。

(2) 调动安全投资的积极性。

(3) 既增加安全投资，又不给企业造成过重的经济负担，保证业安全生产。

(4) 为提高职工生产的安全保障水平，提供充足、可靠的资金保证。

(5) 有利于利用安全科学技术、安全经济学理论和方法，提高安全活动效益。

第二节　安全生产费用的合理管理

一、经费合理使用

安全费用是安全技术措施得以正常开展和实施的前提保证。它的根本意义，不是简单的货币形式，而是保护劳动者在生产过程中安全健康的措施在经济方面的表现。它符合广大职工的切身利益，与职工的身体健康、生命安全密切相关。

安全经费应是单列专用款项，企业在编制产生的任务计划时，应将安全技术措施列入生产财务计划之内，同时进行编制。安全措施资金专款专用，受到《经济法》和有关安全法规的保护，任何组织或个人不得挪作他用。

安全经费由安全部门掌握，其使用控制范围包括改善劳动条件，防止工伤事故，预防职业病和职业中毒为主要目的一切技术、管理、教育等方面。

1. 硬技术方面

(1) 安全技术　各类设备的防护装置，保险设施的更新改造。如各种防护网、栏、罩，触电保安器等。

(2) 工业卫生　防止环境污染（粉尘、辐射、放射性等）所采取的一切措施。如通风设备、除尘器、消声器、放射源屏蔽等。

(3) 辅助房屋及设施　如寒冷季节露天作业的取暖室、防火、防洪等设施。

2. 软技术方面

(1) 安全管理　如为防止人为失误，提高操作者在操作上的准确度，在行为控制上的一些法规编制、信息警告、安全管理等措施的花费。

(2) 安全奖励　安全操作奖、安全管理奖、安全革新奖、安全达标奖等。

(3) 宣传与教育　购置或编印安全技术、安全管理的参考书、刊物、宣传标牌；安全教育、培训；安全检查、安全研究与试验工作以及所需的工具、仪器、设备花费等。

二、合理的项目管理

财政部和国家安监总局在2012年4月出台的《企业安全生产费用提取和使用管理办法（财企［2012］16号）》中规定，安全生产费用的提取和使用范围，提取范围包括如下九大行业。

（1）煤炭生产　指煤炭资源开采作业有关活动。

（2）非煤矿山开采　指石油和天然气、煤层气（地面开采）、金属矿、非金属矿及其他矿产资源的勘探作业和生产、选矿、闭坑及尾矿库运行、闭库等有关活动。

（3）建设工程　指土木工程、建筑工程、井巷工程、线路管道和设备安装及装修工程的新建、扩建、改建以及矿山建设。

（4）危险品　指列入国家标准《危险货物品名表》（GB12268）和《危险化学品目录》的物品。

（5）烟花爆竹　指烟花爆竹制品和用于生产烟花爆竹的民用黑火药、烟火药、引火线等物品。

（6）交通运输　包括道路运输、水路运输、铁路运输、管道运输。道路运输是指以机动车为交通工具的旅客和货物运输；水路运输是指以运输船舶为工具的旅客和货物运输及港口装卸、堆存；铁路运输是指以火车为工具的旅客和货物运输（包括高铁和城际铁路）；管道运输是指以管道为工具的液体和气体物资运输。

（7）冶金　指金属矿物的冶炼以及压延加工有关活动，包括黑色金属、有色金属、黄金等的冶炼生产和加工处理活动，以及炭素、耐火材料等与主工艺流程配套的辅助工艺环节的生产。

（8）机械制造　指各种动力机械、冶金矿山机械、运输机械、农业机械、工具、仪器、仪表、特种设备、大中型船舶、石油炼化装备及其他机械设备的制造活动。

（9）武器装备研制生产与试验　包括武器装备和弹药的科研、生产、试验、储运、销毁、维修保障等。

安全生产费用的使用范围包括如下方面。

1. 安全技术经费使用项目

（1）机器、机床、提升设备、机车、拖拉机、农业机器及电气设备等传动防护装置；在传动梯吊台，廓道上安设的防护装置及各种快速自动开关等。

（2）电刨、电锯、砂轮、剪床、冲床及锻压机器上的防护装置；有碎片、屑末、液体飞出及有裸露导电体等处所安设的防护装置。

（3）升降机和启动机械上的种种防护装置及保险装置（如安全卡、安全钩、安全门，过速限制器，过卷扬限制器、门电锁、安全手柄、安全制动器等）；桥式起重机设置固定的着陆平台和梯子；升降机和起重机械为安全而进行的改装。

(4) 锅炉、受压容器、压缩机械及各种有爆炸保险的机器设备的保险装置和信号装置(如安全阀、自动空转装置、水封安全器、水位表、压力计等)。

(5) 各种联动机械和机器之间、工作场所的动力机械之间、建筑工地上、农业机器上为安全而设的信号装置,以及在操作过程中为安全而进行联系的各种信号装置。

(6) 各种运转机械上的安全启动和迅速停车设备。

(7) 为避免工作中发生危险而设置的自动加油装置。

(8) 为安全而重新布置或改装机械和设备。

(9) 电气设备安装防护性接地或接中性线的装置,以及其他防止触电的设施。

(10) 为安全而安设低电压照明设备。

(11) 在各种机床,机器旁,为减少危险和保证工人安全操作而安设的附属起重设备,以及用机械化的操纵代替危险的手动操作等。

(12) 在原有设备简陋,全部操作过程不能机械化的情况下,对个别繁重费力或危险的起重、搬运工作所采取的辅助机械化设计。

(13) 为搬运工作的安全或保证液体的排除,而重铺或修理地面。

(14) 在生产区域内危险处所装置的标志、信号和防护设备。

(15) 在工人可能到达的洞、坑、沟、升降口、漏斗等处安设的防护装置。

(16) 在生产区域内,工人经常过往的地点,为安全而设置的通道及便桥。

(17) 在高空作业时,为避免铆钉、铁片、工具等坠落伤人而设置的工具箱及防护网。

2. 工业卫生经费使用项目

(1) 为保持空气清洁或使温湿度合乎劳动保护要求而安设的通风换气装置。

(2) 为采用合理的自然通风和改善自然采光而安设开窗和侧窗;增设窗子的启闭和清洁擦拭装置。

(3) 增强或合理安装车间、通道及厂院的人工照明。

(4) 产生有害气体、粉尘或烟雾等生产过程的机械化、密闭化或空气净化设施。

(5) 为消除粉尘及各种有害物质而设置的吸尘设备及防尘设施。

(6) 防止辐射热危害的装置及隔热防暑设施。

(7) 对有害健康工作的厂房或地点实行隔离的设施。

(8) 为改善劳动条件而铺设各种垫板(如防潮的站足垫板等),在工作地点为孕妇所设的座位。

(9) 工作厂房或辅助房屋内增设或改善防寒取暖设施。

(10) 为改善和保证供应职工在工作中的饮料而采取的设施(如配制清凉饮料或解毒饮料的设备,饮水清洁、消毒、保温的装置等)。

(11) 为减轻或消除工作中的噪音及震动设施。

3. 辅助房屋及设施经费使用项目

(1) 在有高温或粉尘的工作、易脏的工作和有关化学物品或毒物的工作中,为工人设置的淋浴设备和清洗设备。

(2) 增设或改善车间或车间附近的厕所。

(3) 更衣室或存衣箱；工作服的洗涤、干燥或消毒设备。

(4) 车间或工作场所的休息室、用膳室及食物加热设备。

(5) 寒冷季节露天作业的取暖室。

(6) 女工卫生室及其设备。

4. 宣传教育经费使用项目

(1) 购置或编印安全技术劳动保护的参考书、刊物、宣传画、标语、幻灯及电影片等。

(2) 举行安全技术劳动保护展览会、设立陈列室、教育室等。

(3) 安全操作方法的教育训练及座谈会、报告会等。

(4) 建立与贯彻有关安全生产规程制度的措施。

(5) 安全技术劳动保护的研究与试验工作，及其所需的工具、仪器等。

5. 严格编制安全技术措施计划表

(1) 安全技术的措施与改进生产的措施应根据措施的目的和效果加以划分。凡符合上述所列的项目，但从改进生产的观点来看，是直接需要的措施（即为了合理安排生产而需要的措施），不得作为安全措施费专列，而应列入生产技术财务计划中的其他有关计划。

(2) 企业在新建、改建时，应将安全技术措施列入工程项目内，在投入生产前加以解决，由基本建设的经费开支，不得作为安全措施费专列。

(3) 制造新机器设备时，必须包括该项机器设备的安全装置，由制造单位负责，不属于安全措施费专列范围。

(4) 企业采取新技术措施或采用新设备时，其相应必须解决的安全技术措施，应视为该项技术组织措施不可缺少的组成部分，同时解决，不属于安全措施费范围。

(5) 安全措施名称表第三部分“辅助房屋及设施”所规定的项目，应严格区别于集体福利事项，如公共食堂、公共浴室、托儿所、休养所等均不属于安全措施费范围。

(6) 个人防护用品及专用肥皂、药品、饮料等属于劳动保护的日常开支，按企业所订制度编入经费预算，不属于安全措施费范围。安全技术各项设备的一般维护检修和燃料、电力消耗，应与企业中其他设备同样处理，亦不属于安全措施费专列范围。

第三节 安全设备、设施的折旧

一、折旧的概念

安全设备、设施作为企业的固定资产，在其使用期限内将不断产生损耗，它的

价值将逐渐转移到安全成本中来。安全设备、设施的折旧费作为安全投入资金的一部分，通过实现安全的生产，从安全经济效益中得到相应的补偿。

安全设备、设施的原始价值因损耗而转移到安全成本中的那部分价值叫安全设备、设施的折旧。

在安全效能完全丧失或下降到一定程度（一般以可靠性度量）后，安全设备、设施需要报废，从投入使用到报废的服务年限称为安全设备、设施的折旧年限。科学、合理、准确地确定折旧年限，是正确计算安全设备、设施折旧的前提。

安全设备、设施的损耗分为有形损耗和无形损耗两种形式。

1. 有形损耗

有形损耗是指安全设备、设施由于使用和自然力的作用而逐渐失去安全效能。在其服务年限内，随着使用时间的延续，将产生一定的磨损、耗伤、腐蚀等有形损耗，致使其可靠度下降，安全可靠性得不到保障，从而引发事故的可能性增加。

2. 无形损耗

安全设备、设施的无形损耗是由于劳动生产率提高和安全科学技术的进步所引起的损耗。无形损耗包括两个方面：一是劳动生产率的提高，生产（建设）同样效能的安全设备（设施）所消耗的成本减少，企业投入相同的安全设备、设施的安全成本下降，从而使原设备设施的价值相应降低。二是由于安全科学技术的进步，出现了新的安全效能更高的安全设备、设施，原有设备设施可能提前报废，因此引起资产的损失。

可以看出，无形损耗并不影响安全设备、设施的安全效能，但会影响到折旧年限，加速安全设备、设施的报废期限，减少折旧年限。

二、折旧的方法

从经济管理的观点出发，采用折旧方法应符合下列要求：①尽快回收投资；②方法不能太复杂；③保证账面价值在任何时候都不能大于实际价值；④为国家税法所允许。

常用的折旧方法很多，下面介绍三种。

1. 直线折旧法

企业安全设备、设施的直线折旧法也叫平均年限法。其基本含义是，安全设备、设施在每一计算年限上的价值损耗相同。

采用直线折旧法计算折旧额，是根据安全设备、设施的原始价值、清理费用和残余价值，按照其折旧年限平均计算的，计算公式如下：

$$D_t=(C_0+V_c-V_r)/n \tag{11-1}$$

式中 D_t——设备或设施的折旧额；

C_0——设备或设施的原值；

V_c——设备或设施的清理费用；

V_r——设备或设施的残值；

n——设备或设施的服务年限。

【例 1】 某安全设备原始价值为 15000 元，预计清理费用为 300 元，残余价值为 800 元，使用年限为 10 年。计算其折旧额？

解：由式(11-1) 可得

$$D_t = \frac{15000+300-800}{10} = 1000(\text{元})$$

该设备的年折旧额为 1000 元。

用直线法计算出来的折旧额，在各年都是相等的，如图 11-1 所示。

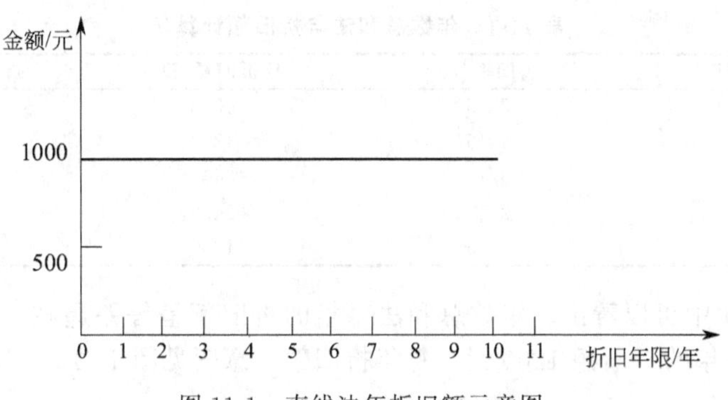

图 11-1　直线法年折旧额示意图

直线折旧法的优点是计算简便，易于理解，适于广泛应用。其特点如下。

(1) 各年折旧额不能很好反映出实际折旧价值。安全设备、设施使用前期的安全效能要高于后期，且维修费用低于后期，因而前期的折旧额也应高于后期。但此方法由于折旧额是按折旧年限平均分摊折旧总额，各年折旧额相等，因而不能很好反映出各年实际折旧费用，其应用受到了一定的限制。

(2) 残值不计入折旧总额。安全设备、设施的使用达到服务年限后，应予以报销，其残余价值不计入折旧总额，年折旧额不含残值。

2. 年数合计法

年数总和法是根据折旧总额与折旧率，确定每年的折旧额，其中折旧总额与上相同，折旧率的计算公式如下：

$$\text{折旧率} = \frac{\text{剩余服务年限}}{\text{服务年限总和}}$$

$$r = \frac{n-t+1}{n(n+1)/2} \tag{11-2}$$

$$D_t = (C_0 + V_c - V_r)\frac{n-t+1}{n(n+1)/2} \tag{11-3}$$

式中　D_t——设备或设施的折旧额；

C_0——设备或设施的原值；

V_c——设备或设施的清理费用；

V_r——设备或设施的残值；

r——固定数值的折旧比率；

t——使用年度；

n——设备或设施的服务年限。

【例 2】 某安全设备的原始价值为 18400 元，清理费用为 300 元，残余价值为 700 元，折旧年限为 5 年，计算每年折旧额?

解：该设备的折旧总额为：18400＋300－700＝18000(元)

每年的折旧率和折旧额计算结果见表 11-1。

表 11-1　年数总和法年折旧额计算表

折旧年份/年	折旧率(r)	年折旧额(D_t)	折余价值(D_{t-1})
1	5/15	6000	18400
2	4/15	4800	12400
3	3/15	3600	7600
4	2/15	2400	4000
5	1/15	1200	1600

从表 11-1 中可以看出，年数总和法每年的折旧额呈等差递减，递减的差额正好等于最后一年的折旧额 1200 元，每年折旧额示意图见图 11-2。

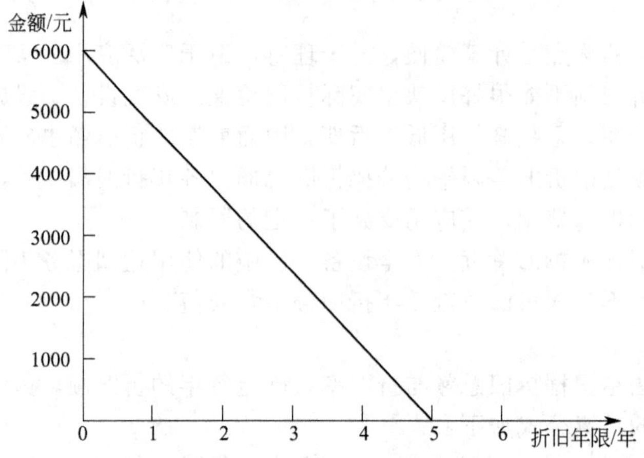

图 11-2　年数总和法年折旧额示意图

这种折旧方法的特点：

(1) 各年折旧额不能很好反映实际折旧价值，在安全设备、设施的服务年限内，折旧额呈等差递减，最后一年的折旧额等于递减差额；

(2) 年折旧率等差递减，各年的折旧率分别为：

$$\frac{n-1}{n(n+1)/2},\frac{n-2}{n(n+1)/2},\cdots,\frac{2}{n(n+1)/2},\frac{1}{n(n+1)/2}$$

(3) 残值不计入折旧额；

(4) 安全设备设施的费用更多地分摊于早期，较少地分摊于后期，因而一定程度上避免了安全设备、设施因意外事故而提前报废所造成的损失。

3. 余额递减法

这种方法根据年初安全设备、设施的折余价值乘以余额递减法的折旧率，确定每年的折旧额。

计算公式：

$$D_t = C_{t-1} \cdot r, 其中\ r = 1 - \sqrt[t]{\frac{V_r}{C_0}} \qquad (11\text{-}4)$$

式中 D_t——设备或设施的折旧额；

C_0——设备或设施的原值；

V_r——设备或设施的残值；

C_{t-1}——设备或设施第 $t-1$ 年的账面价值；

r——固定数值的折旧比率。

【例 3】 有一套安全防护设施，购入价为 30000 元，可使用 15 年，估计 15 年末残值为 1000 元，计算每年折旧费。

解：由余额递减法计算公式：

$$r = 1 - \sqrt[15]{\frac{1000}{30000}} = 20.29\%$$

因而各年折旧额：

第一年折旧额：$D_1 = 30000 \times 20.29\% = 6087$ 元

第二年折旧额：$D_2 = 23913 \times 20.29\% = 4852$ 元

第三年折旧额：$D_3 = 19061 \times 20.29\% = 3867$ 元

这种折旧方法的特点：

(1) 各年折旧费不等，资产的账面价值逐年递减，各年的折旧额是一个等差级数；

(2) 清理费不计入资产账面价值，清理费用的大小不影响折旧额；

(3) 因计算折旧的基数为各年的账面值，而没有减去残值，残值的大小不影响折旧额；

(4) 设备设施的账面价值少于残值时不再进行折旧。

第四节 企业安全经济管理

一、安全经济管理的意义和作用

企业为了获得更大的经济效益，不仅要生产社会需要的产品，而且要按计划完成任务，这是企业发展的重要前提。为了满足这个前提，其基本条件之一就是不发生事故。所以防止事故是企业生产活动的基础，而安全管理是防止事故必不可少的手段。在所发生的事故中，有些是不可抗拒的，但绝大多数有避免的可能性。把现代科学技术中的重要成果，如系统工程、人机工程、行为科学等运用到安全管理中，是预防和减少这些可避免性事故有效办法。而安全的经济分析和管理运用于安全管理之中已成为安全工程的重要内容和提高安全活动效果的重要手段。因此，企业安全经济的管理在安全管理工作中有着重要的实际意义。

以某钢厂转炉车间为例。按目前的生产水平，每 30 分钟左右生产一炉钢，每炉钢价值 1740 元，如果发生一起伤亡事故停产一天，就会减产近 50 炉钢，价值约 8.5 万元。如果按海因里希 1∶4 计算法换算出的间接损失，则总的损失就可达 42.5 万元。其中还不包括造成人员伤亡的损失。通过安全活动，所减少的人员伤亡、财产损失，对其换算出的直接经济损失和间接经济损失之和，就是“安全”的经济效益。这一分析过程就是安全经济管理的基本工作之一。安全经济管理是安全管理的重要内容，它有助于改善安全经济运行环境，提高安全活动效率。由此可以说，把安全经济管理与其他科学管理方法一道同经验性的传统管理结合起来，去研究、分析、评价、控制和消除生产过程中的各种危险，防止事故发生，具有强大的生命力，是提高企业安全生产水平，创造巨大社会经济效益的重要策略。对于发展中国家来说，百废待兴，国力有限，在其他条件不变的情况下，以较小的投入，谋求较好的收益，这正是现代安全管理方法所要达到的根本目的。

二、安全经济管理的特点和类型

运用经济手段管理安全，主要是利用价值规律、商品经济的手段，采用经济杠杆来管理安全，由此来阐述它的特点和分类。

1. 安全经济管理的特点

安全经济学以及管理科学的性质和任务，决定了安全经济管理具有综合性、整体性、群众性的特点。

(1) 综合性　安全经济管理涉及到经济、管理、技术乃至社会生活、社会道德、伦理等诸多因素；安全经济分析、论证的对象往往是多目标，多因素的集合体。这里面既有经济分析的问题，又有技术论证的要求；既要注意安全管理对象的特点，又要考虑社会经济、科学技术水平、人员素质现状等背景对这些方法是否提供了可行性的条件。显然，它需要做综合的分析与思考，采用系统的、综合的方法进行处理和解决。否则，以狭义的、片面的思维方式不但得不到正确的结果，还会产生不良的负效应，给企业和社会带不利的影响。

(2) 整体性　尽管安全经济管理是上述众多因素的集合体，但它又同样具有一般管理的五个步骤：即计划（预测）、组织、指挥、协调、控制；并且又总是围绕着安全与经济而进行的；它反映的是经济规律、价值规律在安全管理中的作用和过程；制定的是有关安全管理的经济性规范、条例和法规；分析、研究的是安全经济活动的原理、原则、优化计算。总之，突出了“安全与经济”这样一个整体。支离的思维，破碎的方法是安全经济管理所不可取的。

(3) 群众性　在我国，广大职工群众既是国家的主人，又是社会物质财富和精神文明的直接创造者，权力是属于人民的。我们的安全工作是在群众的督促下进行的，群众有权监督各级领导机构职能部门贯彻、执行安全方针、政策和法规，协助安全经费的筹集，监督以及管理安全经费的使用。工人是事故的直接受害者，也是事故的直接控制者，因而他们既是预防事故、减少损失的执行者，也是安全的直接受益者。显然他们会自觉地为促进安全活动，降低和杜绝事故而努力。并且，人人都有自身防卫的本能，管理过程中也需要这种“本能”得以极大发挥和发展。因此，安全活动、安全经济的管理必须发动群众参与，体现出群众性的特点。

2. 安全经济管理的分类

由安全经济管理的任务和特点不难分析出，安全经济管理大致分为以下四类：法律管理、财务管理、行政管理、全员管理。

(1) 法律管理　劳动安全法律是各级劳动部门实行安全监察的依据，其任务是督促各级部门和企业，用法律规范约束人们在生产中的行为，有效预防事故。安全经济也需要法律规范来进行指导。事故发生后，与事故有关的人员最关心的问题是责任谁来承担（包括刑事责任和经济责任）。在实际工作中事故的责任处理往往由于经济方面的原因，难以迅速完成。安全的有关法律明确地规定出事故经济责任的处理办法和意见，使事故经济责任对象以及责任大小的处理有明确的依据，最终使事故经济责任的处理公平合理，加强安全经济和法律管理，明确事故发生后，经济责任人和责任大小的处理准绳，这是改善安全管理的重要方面。除了安全经济责任处理的法律之外，事故保险、工伤等人身伤害保险的法规也是安全经济管理的内容和范畴。

(2) 安全经济的财务管理　安全经济的财务管理是指对安措费、劳动保险费、防尘防毒、防暑、防寒、个体防护费、劳保医疗和保健费、承包抵押金、安全奖罚金等经费的筹集、管理和使用。对安全活动所涉及的经费，按有关财务政策和制度进行管理，是安全经济管理必不可少的方面。特别是把安全的经济消耗如何纳入生产的成本之中，是安全经济财务管理应以探讨的问题。

(3) 安全经济的专业管理　是指根据安全的专业特征，采用必要的行政手段进行安全的经济管理。安全经济管理除了立法保证、财务管理的方面外，还必须通过从国家到地方、从行业到企业各阶层的安全经济的行政业务进行协调、合作，从而得以补充和完善。在满足安全专业的业务要求的前提下，通过行政手段的补充，使安全经济的法律管理、财务管理的作用得以充分发挥，促成最终安全经济管理目的圆满实现。行政管理机构是各级安全管理的职能部门。完成安全经济的专业投向和强度的规划是安全经济专业管理的目的。

(4) 安全经济的全员管理　由于安全经济管理有群众性这一特点，而且安全活动是一全员参与的活动，只有企业全体职工共同努力和参与，安全生产的保障才能得以实现。因此，安全经济作为一种物质条件，需要充分地提供给安全活动参与的

每一个人，使安全经济的物质条件作用得以充分发挥，因而安全经济的管理需要全员的参与。安全经济全员管理的目的是：使职工群众能利用经济的手段，充分发挥主观能动性、积极性和创造性；使职工建立安全经济的观念，有效地进行安全生产活动；使全员都能参与安全经济的管理和监督，保障安全经济资源的合理利用。

三、安全经济强化手段—奖与罚

从心理学的角度来看，人们普遍有意无意地用“行为的代价和利益”的思想作为工作的指导。这种情况使得人们在处理问题时，代价和利益成为行动的重要的决策依据。因此，在管理工作中，利用这种因素进行正确的信息反馈和作用，成了有效的方法之一。安全的行为，安全工作做得好的部门、单位或个人，及时进行表扬，施以重奖（包括精神奖和物质奖），进行正强化；对不安全的行为，安全工作做得不好，经常出事故或隐患累累的集体或个人，要及时指出，批评教育，施以重罚（包括罚款、行政或刑事处罚），施以负强化。不能以动机“好”与“差”作为信息反馈的根据。通过重奖重罚，强化安全信息的作用，利用不同方向的强化手段，破坏旧的不良的平衡方式、建立新的良性平衡，这是强化手段的目的。

安全承包是实施安全经济强化手段的具体方式之一。它是把安全生产的各项指标进行层层分解，列为经济承包合同中必不可少的考核项目，有奖有罚。强化安全，使安全与经济挂钩，防止只顾抓生产、不顾职工生命安全、国家财产蒙受损失现象的产生和恶性循环，使企业经营在安全生产方面的低风险水平下，这样须由企业全部承担改为由企业和承包集体和个人共同承担，避免集中风险。具体做法如下。

1. 完善经济承包合同

把安全生产指标逐条落实到经济承包合同中，规定具体，奖惩明确，杜绝以往经济承包合同中仅以“保证安全生产”之类的口号式辞令敷言塞责，一带而过的现象，使经济承包合同完善、全面、具体，有可操作的条件。在经济承包合同中，明确安全指标及奖罚条件和程度，根据合同执行情况，或奖或罚。罚款金额的一部分可纳入安措费。

2. 交纳安全抵押金

根据承包项目的大小，风险程度的不同，承包单位或个人向企业（或项目一方）交纳一定数额的安全抵押金（相当于风险金）。承包项目全面完成后，抵押金退还交纳者；若出了责任事故，则就根据责任大小在抵押金中扣出罚款部分（抵押金不够罚款则另作处理）。这种做法促使承包集体或个人把本单位或个人的利益与企业安全状况连在一起，同企业共盛衰，充分发挥自主性和创造性；另一方面，又使企业减少一些不必要的中间监督环节，利于宏观控制，同时还为避免风险集中提供了保障。

3. 制订考核办法

为保证承包合同的全面、正确实施，需相应制订必要的配套措施。如《百分考核计奖方法》、《系数计奖考核办法》等，分解项目，计分考核。用数理统计分析和趋势控制图计算出各单位事故经济损失中心线，给出各单位一年（或一段时间）的事故经济损失控制目标，一年（或一段时间）内事故经济损失低于控制目标的集体或个人，给予奖励；超过控制线的集体或个人则予以罚款。

具体的奖罚强度，不同的部门和企业可依照有关政策和经验，自行制定。

四、安全措施的“三同时”管理

早在20世纪70年代，我国就明确规定要实行安全措施的“三同时”管理，安全生产“三同时”制度还被写入了《安全生产法》。而且，实践表明，坚持建设项目安全生产“三同时”制度，是确保建设项目建成后达到安全生产条件，从源头上保障从业人员生命安全健康与国家财产安全的有效措施。

“三同时”是在新建、改建、扩建技术改造和引进项目中（以下简称“项目”），其职业安全健康设施必须与主体工程同时设计，同时施工，同时投产使用。显而易见，所谓“三同时”管理即是在上述定义的范畴之中，加强管理，严格程序，算时间账、经济账，把好“三同时”的关。安全措施的“三同时”是从总体安全效益的角度，对安全活动提出的一种合理的要求。

对矿山建设项目和生产、储存危险物品、使用危险化学品等高危险行业的建设项目以及具有较大安全风险的建设项目，建设单位在进行项目可行性研究时，应对安全生产条件进行专门论证，委托安全评价中介机构进行安全生产评价，对建设项目安全设施的安全性和可操作性进行综合分析，提出安全生产对策的具体方案；对报告书应对建设项目安全生产设施的科学性、必要性和可行性进行综合分析，提出安全生产措施方案；对安全风险较小的建设项目，建设单位在进行项目可行性研究时，应对建设项目安全生产条件及安全设施进行综合分析，并编制安全专篇。建设项目竣工验收前，建设单位应向安全生产监督管理部门或煤矿安全监察机构提出安全设施单项验收申请，经安全生产监督管理部门或煤矿安全监察机构验收合格后，方可进行建设项目竣工的总体验收。

设计单位应严格依据可行性研究和安全评价的要求进行安全设施设计，落实安全生产措施。安全设施设计应报经安全生产监督管理部门或煤矿安全监察机构审查。

施工、监理和设备材料供应等单位，应严格依据设计文件进行施工、监理和设备材料供应，确保安全设施设计方案的有效实施。

各级政府安全生产监督管理部门、各级煤矿安全监察机构应对矿山建设项目和生产、储存危险物品、使用危险化学品等高危险行业的建设项目、具有较大安全风险的建设项目的安全设施设计，以及安全风险较小的建设项目的安全专篇进行审查；根据建设单位提出的安全设施单项验收申请，对建设项目安全设施进行单项验收，切实加强对承担建设项目可行性研究、设计、施工、监理和设备材料供应等单位执行建设项目安全设施“三同时”情况的监督管理。

各级政府发展改革部门应将建设项目安全设施“三同时”纳入建设项目管理程序，对未进行安全设施“三同时”审查的建设项目，不予办理有关行政许可手续。

在实行安全三同时管理的过程中，有如下具体技巧。

1. 把好设计关

在“项目”的设计阶段，必须综合考虑安全、卫生设施及其与主体工程相配合的合理性和施工与使用的可行性。同时要加强设计方案的审核，“项目”有关安全措施的设计方案须与主体工程的设计方案同时提出，并经“项目”的主管部门、安全部门和其他技术鉴定部门共同会审后方可交付施工。“同时设计”是“同时施工”和“同时投产使用”的基础，在安全经济方面进行可行性论证，是避免浪费、提高效率的重要基础。

2. 把好施工关

“项目”在施工过程中，要严格质量管理，严防安全设施的“临时性”，全面执行设计方案。

3. 把好投产使用关

“三同时”管理的主要意义在于：项目配套，避免重复劳动。安全设施投产后，应充分发挥其作用，使用好，管理好，维修好，使其发挥应有的功能和作用。

为使“三同时”全面落实，搞好企业安全生产工作，可以采取以下几项措施。

(1) 为避免误解，应明文规定“三同时”不仅应用于建设工程，而且还应用于生产性工程和维修维护项目中，使企业管理者有一个正确的概念：无论是企业建设期间，还是投入生产期间，凡是有工程项目的，都要执行“三同时”的规定。

(2) 企业要指定职能部门，专门负责对“三同时”的监督与管理，就是说从设计、施工、到工程验收的每个环节，都要有专人负责，这样可堵塞各个环节的漏洞，将“三同时”真正落实到实处。

(3) 对凡未严格执行“三同时”的单位，应对其进行教育和经济处罚，对此引发的事故特别是重大、特大伤亡事故的责任者，应追究其法律责任。采取经济和法律手段相结合的办法，促使“三同时”落到实处。

总之，“三同时”工作是一个庞大的系统工程，它贯穿于建设项目全过程，并要求生产、设计、施工部门积极参与、劳动安全监督部门有计划有组织的监督检查，并且政府部门对“三同时”制度与时俱进地加以改善，才能使“三同时”制度对安全生产确实起到了积极的促进作用。

五、企业安全经济统计

安全经济统计是分析安全状况（安全性、事故损失水平、安全效益等）、安全系统条件（安全成本、安全投资、安全劳动等）、设计和调整安全系统、指导和控制安全活动的重要技术环节。安全经济统计作为安全定量科学的一个分支，是分析研究安全系统的重要方法之一。建立安全经济统计工作体制不仅是安全经济学发展的需要，也是安全科学技术发展的需要。安全经济统计不仅对提高安全科学定量技术水平具有基础性的作用，对促进安全生产，提高安全效益也有十分重要的作用与意义。

企业安全经济统计是对企业安全经济指标体系内容的数量化的描述，是认识企业安全状况、安全保障条件以及开展企业安全经济研究的重要工作，是企业安全经济管理与决策的前提。企业应根据自身的规模、经济状况和安全生产水平建立相应的绝对指标和相对指标，并不断地完善企业安全经济统计指标体系，为企业安全经济活动的开展提供重要的依据，为安全经济管理提供基本数据信息。在实际运用过程中，企业安全经济统计结合企业安全经济管理、安全经济强化手段、安全措施的"三同时"以及安全经济监察可以发挥出更大的作用。

第五节　安全生产绩效测评

一、安全生产绩效测评基础

1. 基本概念

对企业的安全生产工作进行考核评估，传统的方式方法通常采用事故指标、事故考核的办法，显然这是一种片面、滞后，没有体现超前预防、科学全面的原则，而且不利于对安全生产工作的过程促进和主动激励。应用安全生产综合绩效测评的方式，首先是安全生产科学管理发展的需要，同时对提高安全生产工作测评的科学合理性，对提升安全生产管理效能都具有理论和方法的意义，也具有应用研究和实际的价值。

绩效既注重行为的结果，又重视行为的过程；既体现事物定性的特征，又反映事物定量的特征；既要求测量组织的工作条件和方法，也要求测定组织的工作成效和成果。基于上述认知和理解，将安全生产绩效定义为：是组织或企业基于国家安全生产法规要求和安全生产工作目标和发展愿景，通过安全工程技术、安全科学管理和安全文化建设实践，所造就的安全生产现实可测量的成绩和效果。

2. 安全生产综合绩效测评

安全生产综合管理测评技术是对企业特定时期安全生产综合管理状况的综合测评，安全生产综合管理测评体系是基于综合评价技术，实现对企业安全生产综合管理状况的评价和考核，满足对企业或单位安全生产综合状况进行科学、系统、全面分析评价，以及安全生产动态综合管理的测评，从而为企业的安全生产管理提供科学、合理的决策依据。

安全生产绩效测评是对组织和个人与安全有关的优缺点进行系统描述，是企业推动执行各项安全管理措施执行成效好坏的一项必要工作，是对危险设备和操作进

行有效安全管理的关键。在进行安全绩效评估时，首要任务是制订绩效评估指标，并要选择适宜的评估方法。

安全绩效所包含内容可以归并为两大主要方面：一是安全工程、安全管理和安全文化（或培训教育）的成效指标，反映安全生产系统运行状态；二是事故发生的状况指标。

二、安全绩效测评的理论基础

1. 指标权重理论

安全生产绩效测评方法需要利用数理分析方法来确定指标及其的权重。权重又称为加权系数，某一个指标的权重或某个客体的加权系数是指该指标在同类指标中重要度的量化，或者是某个客体在同类可比客体中的客观事实的量化。目前指标权重的确定方法有很多，主要分为主观权重赋值法和客观权重赋值法两大类。主观权重赋值法是指由专家、决策者根据经验判断各评价指标相对于评价目的而言的相对重要程度，然后用某种特定的法则处理后获得指标权重的方法。主观权重赋值法主要包括层次分析法（AHP）、属性层次模型（AHM）、德尔菲法（Delphi）、专家会议法等。客观权重赋值法是指经过对各指标客观存在的数据进行整理、计算和分析来确定指标权重的方法。客观权重赋值法主要包括系统效应权重法、变异权重法、距离测度法、相关性权重法等。

（1）层次分析法（analytical hierarchy process，AHP） 是20世纪70年代中期由美国运筹学家T. L. Saaty教授创立的，它是一种定性与定量分析相结合的多目标决策分析方法。AHP的基本理论是：把需要研究的无法定量的复杂问题分解为不同的组成单元，并根据总目标的要求按相互关系影响划分成有序递阶层次结构图，然后通过两两比较，确定层次中每个指标相对上一层所属因素的相对重要性，构成两两比较矩阵，通过综合这些判断，决定各指标相对重要性的总排序。

（2）AHM（analytic hierarchy model） 源于无结构的层次分析法。AHP方法是一种有效处理不易定量化变量下的多准则决策方法，它通过特征根法求解，因此必须进行判断矩阵的一致性检验，但在实际应用中，判断矩阵很难满足一致性的要求。而AHM模型对一致性的要求很低，只要$a>b$，$b>c$，则$a>c$，至于大多少则不具体要求。AHM的一致性通过比较判断矩阵$(c_{ij})_{n\times n}$观察检验。

（3）德尔菲法（delphi method）（Jan A Kors，1989年）又名专家意见法 是20世纪40年代由O. 赫尔姆和N. 达尔克首创的，它是依据系统的程序，采用匿名发表意见的方式，即团队成员之间不得互相讨论，不发生横向联系，只能与调查人员发生关系，通过反复填写问卷，集结问卷填写人的共识及搜集各方意见，作为决策的依据。

（4）系统效应权重法 根据某一指标的变动带来整个系统综合评价变动效应的原理确定指标权重的方法。它体现某种指标变动引起整个系统变动的变异程度。具体的方法有人工神经网络法等。

（5）变异权重法　根据某项指标实际观测值变异的大小来确定各指标权重的方法。某项指标提供的信息在各被评价对象的变异程度越大，表明该指标越能明确区分出被评价的各个对象，说明该指标的分辨信息越丰富，应赋予较大权重。具体方法有熵值法等。

（6）相关性权重法　利用指标间的相关性确定权重的方法，它通过大量的样本数据进行指标间的相关系数测算，根据相关系数确定指标权重，具体方法如灰色关联度法、主成分分析法、因子分析法等。

2. KPI-关键绩效指标理论

关键绩效指标方法（key performance indicators，KPI）是重要的绩效考核工具，是通过对组织内部某一流程的输入端、输出端的关键参数进行设置、取样、计算、分析，衡量流程绩效的一种目标式量化管理指标，是把企业的战略目标分解为可运作的远景目标的工具，是企业绩效管理系统的基础。它结合了目标管理和量化考核的思想，通过对目标层层分解的方法使得各级目标（包括团队目标和个人目标）不会偏离组织战略目标，可以很好地衡量团队绩效以及团队中个体的贡献，起到很好的价值评价和行为导向的作用。该方法的核心是从众多的绩效考评指标体系中提取重要性和关键性指标（杰弗里·梅洛，2004 年）。

KPI 方法之所以可行，是因为它符合一个重要的管理原理，即“二八原理”，这是意大利经济学家帕累托提出的，又称冰山原理，是“重要的少数”与“琐碎的多数”的简称。帕累托认为：在任何特定的群体中，重要的因子通常只占少数，而不重要的因子则常占多数。只要控制重要的少数，即能控制全局。反映在数量比例上，大体就是 2∶8，在一个企业的价值创造中，就存在着“20/80”的规律，即 20%的骨干员工创造企业 80%的价值。而对每一个员工来说，80%的工作任务是由 20%的关键行为完成的（古银华，2008 年）。那么对于政府的安全监察绩效来说，同样符合这个规律，即 80%的安全监察绩效是由政府 20%的关键行为实现的。因此，只要抓住政府 20%的关键行为，对之进行分析和衡量，也就抓住了绩效评估的重心。

3. KPI 的 SMART 原则

关键绩效指标的设立原则即是 SMART 原则。绩效测评指标体系中每一个指标的选取都要遵从 SMART 的五条基本原则。

（1）S（specific）原则　指标是明确具体的，即各关键绩效指标要明确描述出员工与上级在每一工作职责下所需完成的行动方案。

（2）M（measurable）原则　指标是可衡量的，即各关键绩效指标应尽可能地量化，要有定量数据，比如数量、质量、时间等，从而可以客观地衡量。

（3）A（attainable）原则　指标是可达成或可实现的，包含两方面的含义：一是任务量适度、合理，并且是在上下级之间协商一致同意的前提下，在员工可控制的范围之内下达的任务目标；二是必须是“要经过一定努力”才可实现，而不能仅仅是以前目标的重复。

(4) R (relevant) 原则　指标是关键职责的相关性，也有两层含义：一是上级目标必须在下级目标之前制订，上下级目标保持一致性，避免目标重复或断层；二是员工的 KPI 目标需与所在团队尤其是与个人的主要工作职责相联系。

(5) T (time-bound) 原则　指标是有时间限制的，没有时限要求的目标几乎跟没有制订目标没什么区别。

4. BSC 平衡计分卡理论

平衡计分卡是一个多维度的业绩评价指标体系，平衡计分卡的核心思想是通过财务、客户、流程和学习与成长四个维度指标之间的相互驱动的因果关系来展现组织的战略轨迹。其特点和优势体现在其中蕴含的平衡思想和因果关系链。

图 11-3 为平衡计分卡的基本框架。

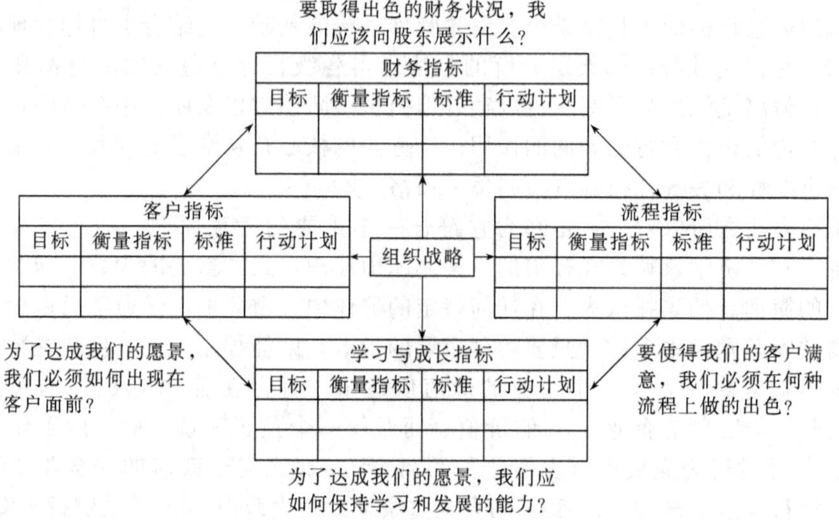

图 11-3　平衡计分卡的基本框架

三、政府安全监管绩效测评

根据安全监察体系的结构、职能和功能，以及客观的现实性和发展的科学性要求，设计构建省级（兼顾国家级）和地市级（兼顾县级）的两个层级的测评体系。即省（市）自治区政府安全监察绩效测评指标体系和地（市）县政府安全监察绩效测评指标体系。

其设计的思路如下。省（市）级：强调宏观、综合监察职能；突出基础建设和内部管理；重视监察效能和效果；地（市）县：强调微观、现场监察职能；突出执行能力和管理成本；重视监察效率和效果。

以特种设备安全监察领域为例，设计出两个层级的安全监管绩效测评指标体系，其结构图 11-4 为省（市）自治区政府安全监察绩效测评指标体系框图和图

11-5地（市）县政府安全监察绩效测评指标体系框图。

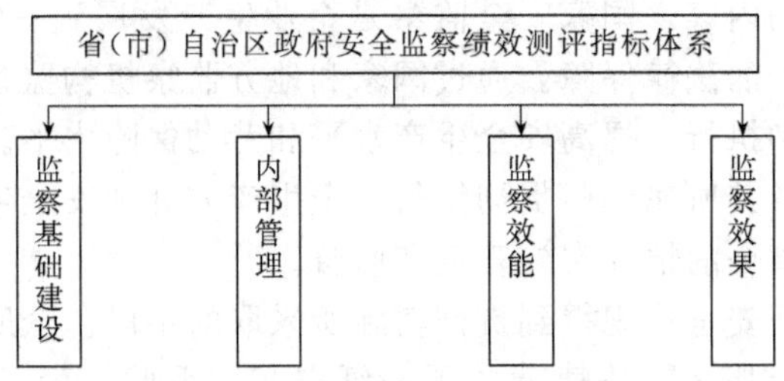

图 11-4　省（市）自治区政府安全监察绩效测评指标体系框图

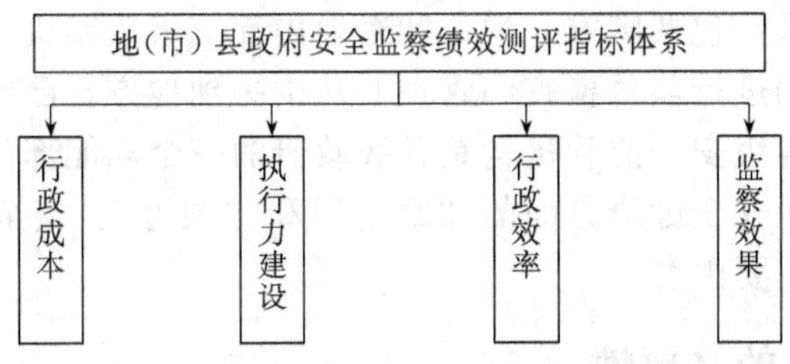

图 11-5　地（市）县政府安全监察绩效测评指标体系框图

从测试方法和准确性的角度，将所有指标分为两类属性类型。

① 查证型（查阅证实型）　通过查阅相关文件、记录而确定指标得分情况的指标。

② 抽查型（抽样调查型）　需要抽查一定数量的记录来确定得分的指标。政府安全监察绩效测评指标体系综合统计见表 11-2。

表 11-2　政府安全监察绩效测评指标体系综合统计

层级	指标特性 / 一级指标	二级指标数	指标属性综计	
			查证型	抽查型
省(市)自治区	A 监察基础建设	10	9	1
	B 内部管理	12	8	4
	C 监察效能	11	9	2
	D 监察效果	6	3	3
	总计	39	29	10
地(市)县	A 行政成本	4	4	0
	B 执行力建设	14	10	4
	C 行政效率	12	6	6
	D 监察效果	5	2	3
	总计	35	22	13

第六节　国家安全经济监察管理

我国实行“国家监察、部门监管、行业管理、企业自律、社会监督”的安全监

察管理体制，国家监察是安全监察管理体制中的非常重要的一个方面，安全经济监察是国家安全监察的内容。国家安全监察是企业生产发展到一定阶段的必然产物，是保证企业安全生产的法律保障。通过国家和地方监察机构监督企业对安全法律法规和劳动保护的贯彻执行，提高安全生产水平和劳动保障水平。同时，安全监察还包括企业对其内部及其所属部门贯彻执行安全生产方针和安全生产法规、贯彻落实企业规章、制度、指令的情况实施管理和监督。

安全监察是保证安全法规得到贯彻实施所采取的手段。众所周知，如果国家制定的法律不被遵守，那么，法律就成了一纸空文。因此，为了使法律得到贯彻执行，必须建立健全安全监察体系，完善安全监察体制。目前，我国已经建立了自上而下的安全监察体系，包括国家、地方和企业内部三级监察机构，分别对自身职能控制范围的安全活动进行监督检查和管理。从中央到地方，已经形成完整的安全生产监督管理体系。各级安全监管机构是各级政府的一个职能部门，是各级政府对本地区的安全生产职业安全健康方面的“眼睛”和“喉舌”。安全经济监察应作为安全生产监督管理的重要内容。

一、安全监察的必要性

监察即监视监督的意思。中国古时以此设立官职，行使“监观四方、而懂（管理）是非”之权，在现代仍沿用其意并有所推广。安全监察对于人们行为和人们的各项活动而言，是一个普遍适用的概念和行为规范化的调整器，也是一种助动式控制机能，即由他人对被监察对象作出控制。安全监察一般是依据有关的法规标准和更高级权力机关的临时授权。安全监察的实施具有十分重要的意义，原因有以下几点。

（1）信息不对称。一般而言，政府对安全经济活动所掌握的信息要少于企业，企业为了片面的追求经济效益，存在侥幸心理，安全设备设施不健全，安全“欠账”多，对事故隐瞒不报等违反安全法规的行为。通过安全监察，监察机构可以了解掌握企业更多安全活动的信息，还可促使企业更好地贯彻安全法规，实现安全生产。

（2）人的行为受诸多生理心理和环境因素的影响，未必能保持持久如一，必须对其进行经常性的提示和调整，以保持其行为的正确性。安全监察则是这种助动式的有效的调整措施之一。

（3）人们的活动中往往缺乏自省能力，不能做出有效的良好的自我调整、自我控制的行动，需要他人在旁观者的位置做出冷静的观察和思考，并采取帮助性的调整行动，以防其活动出现偏差。即当事者迷，旁观者清。

（4）从社会学角度看，安全监察是社会性自洁功能之一，是完善的社会结构的重要一环，也是人类社会存在和保持活力的需要。

二、安全监察的性质

（1）公正性　始终代表正确的一方，在法规标准规定的范围内工作，维护正义，主持公道，秉公办事。

（2）唯法性　以法规标准作为其工作的依据。

（3）权力性　是一项职权十分明确的功能。唯有实在的权力才能进行有效的安全监察。

（4）权威性　安全监察是以权力为基础，以法律为准绳，以事实为根据，以科学的态度和技术为基础的，只有具有不可更易的权威性方能有效地开展工作。

（5）非敌对性　在被监察者遵守法规的前提下，安全监察都是非敌对性的，超越这个范围，便成为敌对性的依法惩办的问题。

三、安全监察的手段

（1）法律手段　国家安全监察机构是国家法律赋予特定权利的专门机构，有着特殊的法律地位，有权对违反安全法规的企业和个人使用法律手段，对造成事故且后果严重的提请司法部门依法起诉，并追究相关责任人的刑事责任。

（2）行政手段　通过对企业安全监察，若发现问题，监察机构有权向企业提出监察意见，并责令其整改。对有严重问题的企业，如生产过程中存在重大隐患，监察机构有权对企业给予停产整顿处理，提请企业主管部门给当事者以纪律处分。

（3）经济手段　对违反安全法规的企业，国家安全监察机构有权对其进行罚款和经济制裁，情况严重的报审计部门审计。

四、安全经济监察的主要内容

国家安全经济监察管理，就是监察机构，监察人员依据有关经济法律和安全法规，对安全经济活动的部门、企事业单位及个人在安全经济方面行使监察权，内容主要如下。

（1）监督检查有关安全措施、劳保用品、医疗保健等经费的筹集和使用情况，在必要的情况下，报审计部门审计；若有问题，根据实质分析，做出处理意见或请法律部门依法办理。

（2）监督检查生产合同中安全项目的执行及安全经济指标的落实情况。

（3）制订安全经济监察条例，并督促贯彻、实施，根据实施后的反馈信息再做修定、完善。

（4）有权责令本机构管理范围内违反安全经济规程、经济合同或破坏生产环境的企业或个人上缴罚金或令其停产，限期整顿。

监察部门、监察人员的职责之一是调查事故。其目的是通过调查确定采取什么措施能防止事故重复发生。那么，围绕事故的经济监察，则是通过事故调查，弄清经济损失，并把直接损失与间接损失区分开来，明确经济责任及其责任大小，审核处理方案，努力促进安全措施的改进和完善，充分发挥经济杠杆的作用。

在加强国家安全生产监督管理工作的同时，企业及主管部门必须加强自身的安全监督。因为只有搞好企业自身的安全工作，才能有效促进企业的安全工作。另一

方面，国家监察，企业内部监督又都要以群众监督为基础，三者相辅相成，互相配合。

五、安全经济监察的原则与意义

1. 安全经济监察原则

(1) 坚持依法行使监察权原则。

(2) 坚持预防为主原则。

(3) 坚持行为监察与技术监察相结合的原则。

(4) 坚持惩罚与教育相结合的原则。

(5) 监察执法与社会监督相结合的原则。

2. 安全经济监察的意义

(1) 加强与完善安全法规建设，强化安全生产法律意识；通过安全经济监察，不仅保证安全法规得以贯彻执行，也可以在监察中及时发现实际安全经济工作中存在的问题，从而有利于健全安全法规体系。通过对违法违规行为的惩治，强化企业安全生产法律意识，提高企业职工安全意识。

(2) 保障劳动者的生命、财产安全，实现安全生产，保护生态，促进经济发展；安全生产监管部门依法行政，加强监督管理，严格实行安全生产市场准入制度，依法规范企业安全经济活动，对违法违规行为的及时制止，有利于预防、减少事故发生，保护人民的生命、财产安全，实现安全生产，保护生态，促进经济发展。

(3) 保障社会稳定，实现社会和谐。安全不仅在社会经济生活中占有重要地位，而且在社会政治生活中也占有重要地位。事故频发，不仅造成了重大经济损失和严重影响企业、国家的形象，更重要的是劳动者的生命安全与健康得不到保障，危及社会的稳定。因而，国家有必要实行安全监察，保障企业安全生产，规范安全经济活动，这对于实现社会的稳定与和谐有着重大的现实意义。

总之，安全经济监察，既是安全工作，又是经济工作（实质上，安全工作本身就是经济工作），是深层次的安全监察。因而应当建立健全符合市场经济需要的国家安全监察体制，提高国家监管层次，加强监察力度，优化国家监察职能，理顺政府和企业的监管关系。同时，监察人员应具备较高的素质，既要有较强的专业技术、理论知识，又要有一定的经济工作经验，而且还要有较强的政策性和组织纪律性，提高安全监察队伍的整体素质和工作能力。

第十二章 安全经济决策

安全经济决策是指导安全活动的依据和基础。在前文，探讨了一些安全经济的分析、评价理论，如何应用这些理论及分析结果进行安全方案的决策是本章要讨论的问题。

第一节 “利益—成本”分析决策方法

“利益—成本”是根据第十章提出的概念和方法，进行计算、分析，从而以安全效益值（利益—成本比）的大小作为方案优选依据的一种决策方法。下面用实例来对这种方法进行说明。

一、方法的基础与步骤

在安全投资决策中利用“利益—成本”分析方法，最基本的工作是把安全措施方案的利益值计算出来，基本的思路如下。

（1）计算安全方案的效果：

$$安全方案的效果\ R=事故损失期望\ U\times 事故概率\ P \tag{12-1}$$

（2）计算安全方案的利益：

$$安全方案的利益\ B=R_0-R_1 \tag{12-2}$$

（3）计算安全的效益

$$安全效益\ E=B/C \tag{12-3}$$

式中，C 为安全方案的投资。这样，安全方案的优选决策步骤是：

① 用有关危险分析技术，如FTA技术，计算系统原始状态下的事故发生概率 P_0；

② 用有关危险分析技术，分别计算出各种安全措施方案实施后的系统事故发生概率 $P_1(i)$，$i=1,2,3\cdots$；

③ 在事故损失期望 U 已知（通过调查统计、分析获得）的情况下，计算安全措施前的系统事故后果（状况）：

$$R_0=U\times P_0; \tag{12-4}$$

④ 计算出各种安全措施方案实施后的系统事故效果：

$$R_1(i)=U\times P_1(i);\qquad(12\text{-}5)$$

⑤ 计算系统各种安全措施实施后的安全利益：

$$B(i)=R_0-R_1(i);\qquad(12\text{-}6)$$

⑥ 计算系统各种安全措施实施后的安全效益：

$$E(i)=B(i)/C(i);\qquad(12\text{-}7)$$

⑦ 根据 $E(i)$ 值进行方案优选：

$$最优方案\rightarrow \mathrm{Max}(E_i)。\qquad(12\text{-}8)$$

二、应用实例

【例 1】 如图 12-1 系统，已知发生一次事故的经济损失为 5 万元；系统未进行改进前的原因事件概率见表 12-1；拟分别考虑对各原因事件进行改进，其改进后的事件概率也分别见表 12-1。对三种方案进行分析对比，作出优选。

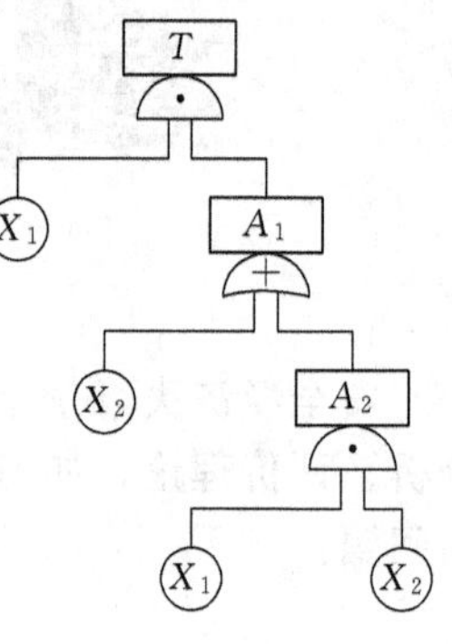

图 12-1　事故树系统

表 12-1　【例 1】背景数据

状态 / 发生概率 / 基本事件	原始事件概率	采取方案及后的概率和所需投资		
		方案 1	方案 2	方案 3
X_1	0.01	0.001	(0.01)	(0.01)
X_2	0.02	(0.02)	0.002	(0.02)
X_3	0.03	(0.03)	(0.03)	0.003
所需安全投资 C/万元		0.4	0.2	0.3

解：按上面步骤，可分别计算得表 12-2 的结果。

从中可看出：第一方案的费用虽高于第二和第三方案，但由于能使系统事故发生率得以较大幅度下降，并且综合效益值较高。因此，只要技术上有实现的可能，应以第一方案作为优选方案。

表 12-2　【例 1】计算结果

项　目	原始系统	采取安全措施方案后		
		1	2	3
顶事件概率 $P_i\times10^{-3}$	0.494	0.0494	0.3194	0.2294
安全效果 R_i		2.47	15.97	11.47
安全利益 B_i		22.23	8.73	13.23
安全效益 E_i		55.58	43.65	44.10
安全效率 $(P_0-P_i)/P_0$		90	35.3	53.56

【例 2】 某机械车间的研磨作业，金属铁屑溅入操作人员的眼内是多发性事故，为改善作业环境，准备进行投资改造。作业系统有如图 12-2 事件关系，原因事件概率分别为：$P(B)=0.01$；$P(D)=0.08$；$P(H)=0.05$；$P(I)=0.05$；$P(J)=0.01$；$P(F)=0.1$；$P(G)=0.05$。进行了三种方案设计，其基本计算数据

见表 12-3。试进行方案优选。

表 12-3 【例 2】安全措施方案及其基本数据

方案	措施	原因事件结果	费用 C(价值当量)	顶事件概率 P
1	在人临近机旁时保证操作者停止操作	$P(G)=0.05$	25	0.0142
2	将储存间从研磨作业区移开	$P(H)=0;P(I)=0$	15	0.0140
3	措施 1、2 均考虑	1、2 同时发生	30	0.0104

计算结果见表 12-4。从效益结果可以得到优选结论：方案 2 最优。

表 12-4 【例 2】安全措施方案分析结果

方案 (1)	费用 C_i (2)	原系统效果 R_0 (3)	改进后效果 $R_1(i)$ (4)	方案利益 B_i (5)=(3)-(4)	方案效益 E_i (6)=(5)/(2)
1	25	17.38	4.73	12.65	0.5060
2	15	17.38	4.65	12.73	0.8487
3	30	17.38	3.46	13.92	0.4640

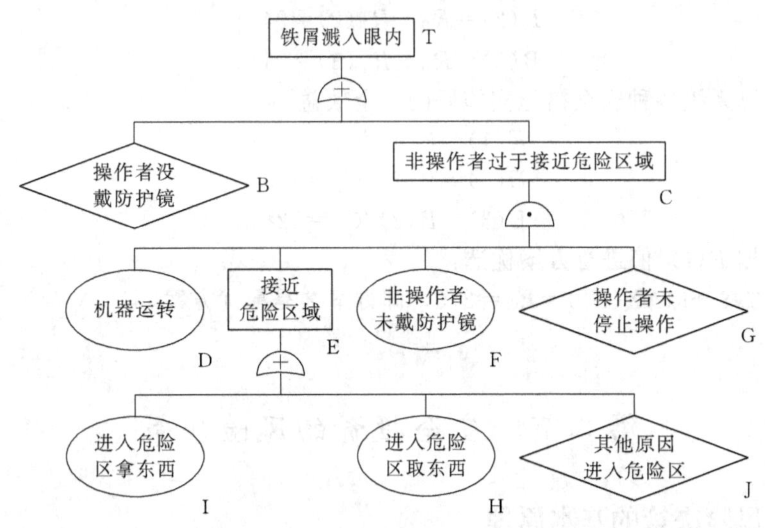

图 12-2 例 2 作业系统事件关系图

【例 3】 某企业进行安全综合措施改进其作业安全水平，初步设计了三种方案，试根据事故控制水平及其投资效益对方案进行优选。

解：

① 根据原作业状况，已计算出系统原始状态下的事故发生概率 $P_0=0.05$；

② 用危险分析技术，可计算出三种安全措施方案实施后的系统事故发生概率，分别为：

$P_1(1)=0.030$；所需投资 $C_1=1$ 万元；

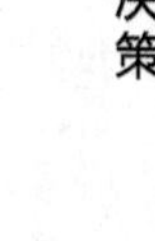

$P_1(2)=0.040$；所需投资 $C_2=0.4$ 万元；

$P_1(3)=0.035$；所需投资 $C_3=1.1$ 万元。

③ 事故损失期望 U 按一般事故规律进行估算，即有：

轻伤严重度 $U_1=1$；重伤严重度 $U_2=60$；死亡严重度 $U_3=7500$；

轻伤频率 $f(1)=100$；重伤频率 $f(2)=30$；死亡频率 $f(3)=1$；

这样，有系统损失期望为：

$$U=\sum U_i\times f(i)=9400。$$

可得系统原始状态下（改进前）的事故后果：

$$R_0=U\times P_0=470。$$

④ 计算出三种安全措施方案实施后的系统事故后果：

$$R_1(1)=U\times P_1(1)=282；$$

$$R_1(2)=U\times P_1(2)=376；$$

$$R_1(3)=U\times P_1(3)=329。$$

⑤ 计算系统各种安全措施实施后的安全利益：

$$B(1)=R_0-R_1(1)=148；$$

$$B(2)=R_0-R_1(2)=94；$$

$$B(3)=R_0-R_1(3)=141。$$

⑥ 计算系统各种安全措施实施后的安全效益：

$$E(1)=B(1)/C_1=148；$$

$$E(2)=B(2)/C_2=270；$$

$$E(3)=B(3)/C_3=128。$$

⑦ 根据 $E(i)$ 值进行方案优选：

最优方案→$\mathrm{MAX}(E_i)=E_2=270$，即方案 2 是最优方案。

第二节　安全投资的风险决策

一、风险决策的基本原理

风险决策也称概率决策。这是一种在估计出措施利益的基础上，考虑到利益实现的可能性大小，进行利益期望值的预测，以此预测值作为决策的依据。具体技术步骤如下。

(1) 计算出各方案的各种利益 B_{ij}（第 j 种方案的第 i 种利益）。

(2) 计算出各利益实现的概率（可能性大小）P_i。

(3) 计算各方案的利益（共有 m 种利益）期望 $E(B)_i$。

$$E(B)_i=\frac{1}{m}\sum_{i=1}^{m}P_iB_{ij} \tag{12-9}$$

(4) 进行方案优选：

$$最优方案\rightarrow MAX[E(B)_i] \tag{12-10}$$

二、应用实例

【例 1】 某煤矿设计出四种方案对瓦斯进行治理。有四种瓦斯涌出的状况需考虑。上述四种方案、四种利益条件下的利益值见表 12-5。

表 12-5　四种方案下不同条件时的可能利益

预估利益 B_i	条件状况 S_i	方案 A_i			
		新建 A_1	扩建 A_2	外包 A_3	挖潜 A_4
大	S_1	600	850	350	400
中	S_2	400	420	220	250
小	S_3	−100	−150	50	90
很小	S_4	−350	−400	−100	−50

根据上述介绍的方法可得如表 12-6 的计算结果：最优方案为 A_2（新建）

表 12-6　【例 1】计算结果

求算方法	S_i 可能概率	方案			
		A_1	A_2	A_3	A_4
P_iB_{ij}	0.3	180	225	105	120
	0.4	160	168	88	100
	0.2	−20	−30	10	18
	0.1	−35	−40	−15	—
$E(B)_i=(\sum P_iB_{ij})/m$		71.25	88.25	16.68	37.25
$Max[E(B)_i]$(最优方案)	88.25				

【例 2】 有一防尘工程的方案决策问题：某企业生产运输胶带，混炼车间的尘毒危害相当严重，企业计划进行治理，提出了三种方案：

① A_1——个体防护（防护头盔或防尘面罩）；

② A_2——采用通风防尘设施；

③ A_3——更新工艺（采用密闭式作业）。

需对上述三种可能方案进行最优决策。

解：

(1) 利益初步分析。进行防尘措施的可能利益有：个人健康利益、环保利益，这两种利益的利用率受不同市场前景生产效益的控制。

(2) 基本数据计算。其各种参数的估算结果（根据现有技术及同类措施对比求出）分别见表 12-7 和表 12-8。

表 12-7 各方案的效益及投资值

方案	个人健康利益①		环境利益	预计投资	综合利益②	利益费用比
	设备 b_1	管理 α	b_2	C/万元	b_{ij}	b_{ij}/C
A_1	0.85	0.70	0	0.4	0.595	1.49
A_2	0.90	0.80	0.85	4.0	1.49	0.93
A_3	0.95	1	1	15.0	1.95	0.13

① 个人健康利益按尘毒的防治（护）效率计，其管理作用指由于管理上的问题对设备作用（效益）的影响，因而个人健康效益应是“设备利益”b×“管理影响”α。

② 综合利益为个人健康利益+环境利益。

表 12-8 不同产品销售前景下设施利用率

项目	状况(可利用率)		
	销路差	销路一般	销路好
A_1	100	100	100
A_2	60	100	100
A_3	20	80	100

根据市场调查，各种销路前景的可能性（概率值）P_i 为：$P(S_1)$ 为 0.2；$P(S_2)$ 为 0.5；$P(S_3)$ 为 0.3。

(3) 求出这一决策命题的风险益损值，并进行决策，结果见统计表 12-9。

表 12-9 各方案的综合风险效益值表

项目	状况(概率 P_i)			效益期望值 P_iB_i E_i	决策 Max(E_i)
	S_1	S_2	S_3		
A_1	0.6	0.6	0.6	0.6	1.443
A_2	0.942	1.26	1.57	1.2894	
A_3	0.39	1.56	1.95	1.4430	

表 12-8 和表 12-9 的数据说明：如用利益投入比作为决策依据，应选方案 A_1；而用风险综合效益值作为决策依据，则应选方案 A_3。而在客观实践中，企业决策者有潜意识：方案 A_1 没有环境效益；而考虑到生产效益的风险选择 A_3 为较好的方案。

实际生活中还有“效用”因素对人们决策的影响，因而完全有可能实际上既没取 A_1 方案，也没有取 A_3 方案，而选择了 A_2 方案，这种结论的产生是效用理论解决的问题，将在后文介绍。

第三节　安全投资的综合评分决策法

这是美国格雷厄姆、金尼和弗恩合作，在安全评价方法“环境危险性 LEC 评价法”基础上，开发出的用于安全投资决策的一种方法。

一、基本理论和思想

这种方法是基于加权评分的理论，根据影响评价和决策的因素重要性，以及反映其综合评价指标的模型，设计出对各参数的定分规则，然后依照给定的评价模型和程序，对实际问题进行评分，最后给出决策结论。

具体的评价模型是“投资合理性”计算公式：

$$投资合理度=\frac{事故后果严重性 R\times 危险性作业程度 E_X\times 事故发生可能性 P}{经费指标 C\times 事故纠正程度 D} \tag{12-11}$$

可看出，式(12-11) 分子是危险性评价的三个因素，反映了系统的综合危险性；而分母是投资强度和效果的综合反映。此公式实际是“效果—投资”比的内涵。

二、方法的技术步骤

应用此方法的技术步骤是：

1. 确定事故后果的严重性分值

“事故后果”的定义：事故后果严重性是反映某种险情引起的某种事故最大可能的结果，包括人身伤害和财产损失的结果；事故造成的最大可能的后果是用额定值来计算的；特大事故定为 100 分，轻微的割破擦伤则定为 1 分，根据严重程度往下类推，见表 12-10。

表 12-10　事故后果严重度 R 取分值

后果严重程度	分值
特大事故;死亡人数很多;经济损失高于 100 万美元;有重大破坏。	100
死亡数人;经济损失在 50 万～100 万美元之间。	50
有人死亡;经济损失在 10 万～50 万美元之间。	25
极严重的伤残(截肢,永久性残废);经济损失在 0.1 万～10 万美元之间。	15
有伤残。经济损失达 0.1 万美元。	5
轻微割伤,轻微损失。	1

2. 确定人员暴露于危险的危险性作业程度 E_X

危险性作业的定义是：危险性作业指人员暴露于危险条件下的出现频率。分值见表 12-11。

表 12-11　危险性作业程度 E_X 取分值

危险事件出现情况	分值
连续不断(或一天之内出现很多次)	10
经常性(大约一天一次)	6
非经常性(一周一次到一月一次)	3
有时出现(一月一次到一年一次)	2
偶然(偶然出现一次)	1
罕见	0

3. 事故发生的可能性 P 值的确定

危险性作业条件下，由于时间与环境的因素事故发生的可能性大小。分值见表 12-12。

表 12-12　事故发生的可能性 P 取分值

意外事件产生后果的可能程度	分值
最可能出现意外结果的危险作业	10
50%的可能性	6
只有意外或巧合才能发生	3
只有极为巧合才出现。可记起发生过	1
偶然(偶然出现一次)。记不起发生过	0.5
不可能	0.1

4. 投资强度分值 C

投资强度分值 C 见表 12-13。

表 12-13　投资强度分值 C

费　　用	分值
50000 美元以上	10
25000～50000 美元	6
10000～25000 美元	4
1000～10000 美元	3
100～1000 美元	2
25～100 美元	1
25 美元以下	0.5

5. 事故纠正程度分值 D

事故纠正程度分值 D 见表 12-14。

表 12-14　事故纠正程度分值 D

纠正程度	额定值
险情全部消除(100%)	1
险情降低 75%	2
险情降低 50%～75%	3
险情降低 25%～50%	4
险情稍有缓和(<25%)	6

使用这个公式时，先将对应情况分值查出，代入计算即得合理度的数值。合理度的临界值被选定为 10。如果计算出的合理度分值高于 10，则经费开支被认为合理的；如果是低于 10，则认为是不合理的。

三、实例

一座建筑物里有一间进行爆炸实验的实验室；里面有许多加热炉，这些加热炉用于进行爆炸物质的环境实验（需要加热）。每个加热炉里有高达五磅之多的高爆炸性物质。人们已经知道这种类型的加热炉由于加热温度控制的失误到能会引起温度过高，从而使加热炉内的炸药发生爆炸；假设一旦事故发生，接近有爆炸品建筑物的所有人都有生命危险．由此要设计出一种防范措施，即在建筑物的周围筑一道屏蔽堵，这样当里面发生爆炸事故时可以使行人免遭伤害。预算经费是 5000 美元。运用投资合理度计算公式计算：

(1) 事故后果查表取分值 25 分；

(2) 危险作业取分值 1 分；

(3) 事故可能性情况取分值 1 分；

(4) 经费指标，因为预算经费是 5000 美元，根据分值表经费分值指标为 3 分；

(5) 纠正程度，因为保护人的屏蔽墙的有效性被认为是 75%以上，所以纠正程度分值取为 2 分；

(6) 将以上各分数值代入式(12-11)，则有：投资合理度＝4.2(分)。

结论：为保护行人而建筑一道屏蔽墙的 5000 美元经费的合理度大大低于 10，因此是不合理的。应考虑采取其他措施。

在判断安全工程项目的经费预算是否合理时，“投资合理度”评价方法对安全部门和经营部门都有参考价值；这个公式提供了一个可靠的依据。根据这个依据安全部门可提出纠正措施的方案，使用这种公式可以使行政管理部门放心，凡是不切合实际的安全方案都不会被采纳。这样就使行政部门对安全部门更加信赖，也会给予更多助支持。

四、投资合理度求算的诺模图方法

上述的计算过程可以用诺模图的方法来实现。其技术步骤如下。

(1) 根据图 12-3 中的事故发生可能性、危险作业性和事故可能后果确定出危险性分级。

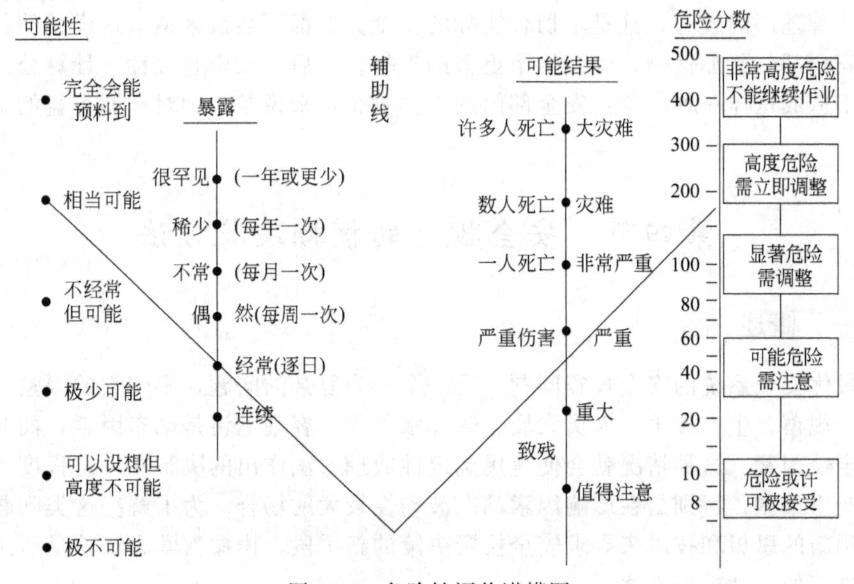

图 12-3　危险性评价诺模图

（2）再把危险分级结果带入图 12-4，根据危险分级、措施的可能纠正效果和投资强度确定投资合理性，从而作出投资的“很合理”、“合理”和“不太合理”三种决策。

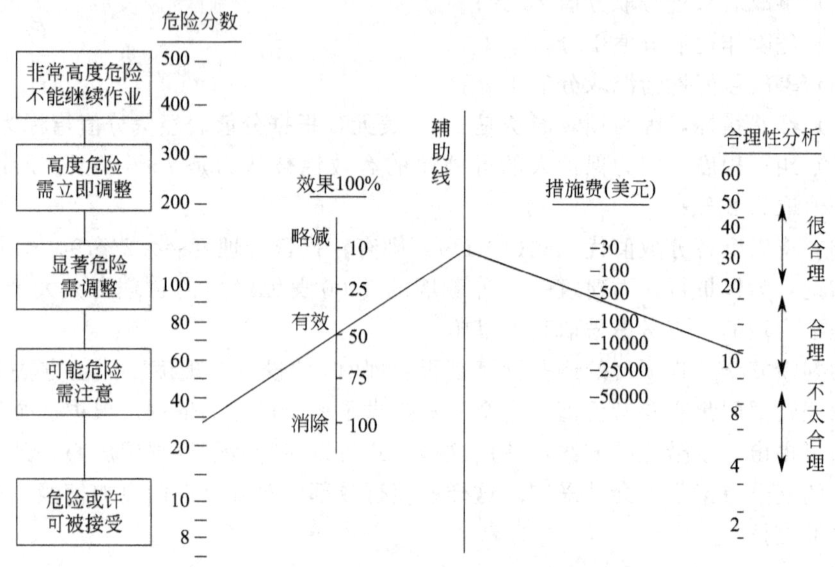

图 12-4 投资效果合理性决策诺模图

在判断安全工程项目的经费预算是否合理时，“投资合理度”评价方法对安全部门和经营部门都有参考价值。“投资合理性”计算公式提供了一个可靠的依据。根据这个依据安全部门可提出纠正措施的方案；使用“投资合理性”计算公式可以使行政管理部门放心；凡是不切合实际的安全方案都不会被采纳。这样就使行政部门对安全部门更加信赖，也会给予更多的支持。最后“投资合理性”计算公式还会有助于造成这样一种印象：安全部门的工作对企业来说是一种对利润有益的工作。

第四节 安全投资的模糊决策方法

一、概述

最优安全系统的安全投资问题，是一个极为复杂的问题，影响它的因素，像企业生产规模、生产技术、人员素质、管理水平等，客观上讲是动态因素，而非严格的确定性因素。这种情况就会使得用确定性数理方法作出的决策在一定程度上会与实际产生偏差，特别是在影响因素动态波动性较大的场合。为了解决这类问题，有必要用新的思想和技术来寻求安全投资决策的新手段，模糊数学方法就是适用于这种条件下的一种决策方法。

模糊的客观性在安全投资关系中是普遍存在的，即影响投资的因素往往在投资对象的应用期内是变化或动态的。只有考虑了这种变化作出的决策才是较为准确和合理的。如果投资与影响因素的关系是线性的，这种问题就成为模糊线性规划问题。在实际工作中这种线性问题是较为普遍的，下面着重探讨这类问题。

二、数学模型与计算公式

设所考虑问题的目标和约束都是线性函数，那么这个问题就属于模糊线性规划问题。

线性规划问题的数学模型为：

在约束条件下，

$$C:\begin{cases}Ax\leqslant b\\x\geqslant 0\end{cases}$$

求目标函数 M 的最大值，即 $M_{\max}$。

式中 a、b 分别为 n 维和 m 维向量，A 为 $m\times n$ 矩阵。

如果约束条件可以有某种伸缩，即所谓“模糊”约束，比如：将“≤b”改为“大致≤b”，便可得到线性规划问题的变形——模糊线性规划。这样，将“大致≤b”记为“<b”，即得：在模糊约束

$$C:\begin{cases}Ax<b\\x>0\end{cases}$$

下，求目标函数 M 的最大值 $M_{\max}=ax$。

同理，可得出求目标函数 M 最小值的数学模型为：

在模糊约束：

$$C:\begin{cases}Ax>b\\x>0\end{cases}$$

下，求目标函数 M 的最小值 $M_{\min}=ax$。

同理，可得出求目标函数 M 最小的模糊数学模型为：

在模糊约束条件

$$C:\begin{cases}A>xb\\x>0\end{cases}$$

下，求目标函数 M 的最小值 $M_{\min}=ax$。

在一个企业的安全投资中，可以概括为两项投资，即非安全项目投资 x_1 和安全项目投资 x_2。

设 x_1、x_2 为两种所求之值，在模糊约束条件下：

$$C:\begin{cases}a_1x_1+a_2x_2<b_1 & (12\text{-}12)\\a_3x_1+a_4x_2<b_2 & (12\text{-}13)\\a_5x_1+a_6x_3<b_3 & (12\text{-}14)\\x_1\geqslant 0\qquad x_2\geqslant 0 & (12\text{-}15)\end{cases}$$

使目标函数

$$M=a_{\mathrm{I}}x_1+a_{\mathrm{II}}x_2 \tag{12-16}$$

为最大 M_{max}。

同理，在模糊约束条件下：

$$C:\begin{cases}a_1x_1+a_2x_2>b_1 & (12\text{-}17)\\ a_1x_1+a_4x_2>b_2 & (12\text{-}18)\\ a_5x_1+a_6x_2>b_3 & (12\text{-}19)\\ x_1\geqslant 0 \quad x_2\geqslant 0 & (12\text{-}20)\end{cases}$$

使目标函数

$$M=a_{\mathrm{I}}x_1+a_{\mathrm{II}}x_2 \tag{12-21}$$

为最小 M_{min}。

上述公式中 a_i、a_{I}、a_{II}、b_i 均为常数。

设 d_i 为增量或减量，当 b_i 增加到 b_i+d_i 时，能增加的隶属度为 $M_i(d_i)$，$d_i\geqslant 0$。当 b_i 减少到 b_i-d_i 时，能减少的隶属度为 $M_i(d_i)$，$|d_i|\geqslant 0$。

为了定义模糊约束条件的隶属度，对式(12-12)～式(12-21) 的右侧所容许增加或减少的量 d 都作同样的考虑，即：

$$M_1(d)=M_2(d)=\cdots=M_i(d) \tag{12-22}$$

且

$$M_i(d)=1-0.2d_i\geqslant 0 \tag{12-23}$$

最大、最小标准化的目标函数分别为

$$M(x_1,x_2)=(1/M_{max})(a_{\mathrm{I}}x_{\mathrm{I}}+a_{\mathrm{II}}x_{\mathrm{II}}) \tag{12-24}$$

$$M(x_1,x_2)=(1/M_{min})(a_{\mathrm{I}}x_{\mathrm{I}}+a_{\mathrm{II}}x_{\mathrm{II}}) \tag{12-25}$$

精度为

$$|\varepsilon k|=|ak-Mk(u)|\leqslant\varepsilon \tag{12-26}$$

三、应用实例

为了较简便地说明应用上述公式的计算方法，求出最优安全投资，以下举例说明。

某企业，按要求设计出三个可供选择的可行安全投资方案，各个投资方案的投资情况如表 12-15。

设安全投资的变量为 x_1，非安全投资的变量为 x_2。参照同类企业每吨（批）成品各方案单位投资所占百分比为表 12-16。参照同类企业和有关资料定最优投资的目标函数为：

$$M_{max}=0.3x_1+0.85x_2 \tag{12-27}$$

由式(12-17)～式(12-20)得约束条件：

表 12-15　安全投资与非安全投资情况表　　单位：万元/百吨

投资方案　类别	安全性投资	非安全性投资	总投资
Ⅰ	16	20	36
Ⅱ	20	24	44
Ⅲ	20	21	41

表 12-16　每吨（批）成品单位投资百分比情况表

投资类别 \ 投资数据/% \ 方案	Ⅰ	Ⅱ	Ⅲ
x_1/(百元/吨)	34	16	53
x_2	19	50	31

$$0.34x_1+0.19x_2=36 \tag{12-28}$$

$$0.13x_1+0.50x_2=44 \tag{12-29}$$

$$0.53x_1+0.31x_2=41 \tag{12-30}$$

$$x_1\geqslant 0,\quad x_2\geqslant 0 \tag{12-31}$$

对式(12-28)、式(12-29)的右侧所容许增加的量 d_i 都用同样的考虑，得：

$$0.34x_1+0.19x_2+d_i=36 \tag{12-32}$$

$$0.13x_1+0.50x_2+d_i=44 \tag{12-33}$$

$$0.53x_1+0.31x_2+d_i=41 \tag{12-34}$$

解方程组式(12-32)、式(12-33)得：

$$0.31x_2-0.12x_1=8 \tag{12-35}$$

式(12-34)－式(12-33)得：$0.19x_2-0.4x_1=3$

$$x_1=(0.19x_2-3)/0.4 \tag{12-36}$$

把式(12-36)代入式(12-35)得 $x_2=30.56$(百万元)

$$x_1=7.02(\text{百万元})$$

将 x_1、x_2 值代入式(12-36)得：

$$M_{\max}=0.3x_1+0.85x_2=0.3\times 7.02+0.85\times 30.56=28.08$$

由式(12-24)得标准化的目标函数

$$M(x_1,x_2)=(1/28.08)(0.3x_1+0.85x_2)$$

$$=0.0107x_1+0.0303x_2 \tag{12-37}$$

对于任意给出 $ak=0.9$，精度要求 $\varepsilon=0.001$，有：

$$Mk(x_1,x_2)=0.0107\times 7.02+0.0303\times 300.56=1.0011$$

由式(12-26)验算精度

$$|\varepsilon k|=|0.9-1.0011|=0.1011>\varepsilon=0.0011$$

所以 $|\varepsilon k|=0.1011$ 不为所求，故选 $a=1.0011$

由式(12-22)～式(12-26)得 $1-0.2d_i=0.0011$

解得 $d_i=-0.0055$

代入式(12-32)～式(12-34)得

$$0.34x_1+0.19x_2=36.055 \tag{12-38}$$

$$0.13x_1+0.50x_2=44.0055 \tag{12-39}$$

$$0.53x_1+0.31x_2=41.0055 \tag{12-40}$$

解联立方程组式(12-38)～式(12-40)得三组解：

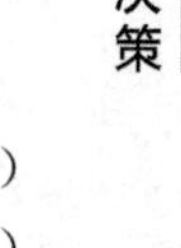

$$\begin{cases}x_1=66.36\\x_2=70.76\end{cases}\quad\begin{cases}x_1=30.53\\x_2=80.07\end{cases}\quad\begin{cases}x_1=717.161\\x_2=-1093.84\end{cases}$$

第三组解为实际不存在值，不加考虑。重复上述的精度验算得：

$$|\varepsilon k|=|1.0011-1.00011|=0<\varepsilon=0.001$$

故此 εk 为所求。

将第一组和第二组 x_1、x_2 代入式(12-33) 得：

当 $x_1=66.36$，$x_2=70.76$ 时，盈利=88.054 万元/百吨；

当 $x_1=66.36$，$x_2=80.07$ 时，盈利=77.212 万元/百吨。

由此可知最优的投资方案是每吨（批）成品中安全投资 66.36 万元，非安全投资 70.76 万元较为合理。总盈利最大，达 88.054 万元/百吨成品。

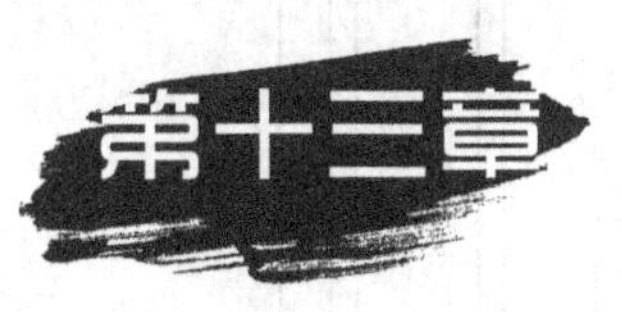

第十三章 安全经济风险分析与控制

安全科学技术研究的对象是事故和灾害。事故和灾害具有偶然性，是一种意外事件。尽管长期以来，人类为预防和控制事故和灾害做了不懈的努力，但由于受到科学技术能力和经济能力的限制，从客观上讲，生产劳动中和生活中的危险和事故还是无法绝对避免。安全科学技术的意义在于使事故的发生率降低和减少到人类可接受的水平。这一水平就是人类生产劳动或生活所认可的及愿承担的事故和灾害风险。换言之，安全科学技术的价值就在于发展和研究有关的理论方法及技术手段，使人类的生产和生活安全处于允许的风险水平下，追求人类的最佳整体利益。

综上，从某一角度看，安全问题是一个人类的生命及财产的风险问题。为此，需要从风险研究和分析的角度探讨实现安全的规律，对事故进行有效的预防和控制。

第一节 概述

一、事故风险存在的普遍性

不仅人类的生产劳动活动不可避免会发生事故，造成生命及财产的损失，而且人类生活各领域的活动都存在着事故风险。它们的差别，仅仅是发生可能性的大小不同，即风险度不同，如图 13-1 所示，为英国化学工业工人一天中死亡风险的分布情况。

图 13-1 中横坐标为天的时间刻度，纵坐标为经大量统计数据得到的每小时死亡事故概率。从社会大样本来考查，不论是什么活动，就是在家睡觉，也承担着死亡风险，不过概率甚小。除死亡风险以外，健康危害、经济或财产损失等风险也伴随于事故或灾害之中。安全科学技术的责任就是在人类经济和技术能力允许的条件下，尽量使这些人类不期望的风险减小到最小的程度或可接受的水平。

上面的问题也说明：从整个人类来看，大到社会、国家、生产行业或部门，小到家庭和每个人来讲，生产或生活活动中都会面临着事故带来的各种不利的风险，安全或防灾的任务就是控制、减小甚至消除这种事故风险。为此，需要研究风险规律。

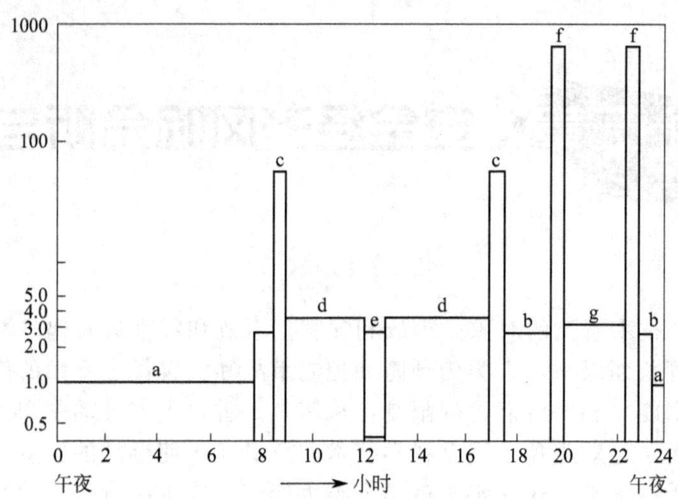

图 13-1　人一天中死亡风险分布情况

a—睡眠时间；b—在家中吃、洗、穿衣等；c—驾车上下班；d—在化工厂工作；e—中午吃饭休息；f—骑摩托车兜风；g—晚间娱乐

二、风险的定义及概念

提到“风险”一词，我们都能理解，但要科学严密地给其下一定义，却并非易事。通常“风险”的概念与“冒险”或“危险”的概念联系在一起。或通俗地讲，风险就是发生不幸事件的概率，即是一个事件产生我们所不期望的后果的可能性。风险分析就是去研究它发生的可能性和它所产生的后果。

严格地说，风险和危险是不同的，危险只是意味着一种坏兆头的存在，而风险则不仅意味着这种坏兆头的存在，而且还意味着有发生这个坏兆头的渠道和可能性。因此，有时虽然有危险存在，但不一定要冒此风险。例如，人类要应用核能，就有受辐射的危险，这种危险是客观固有的，但在实践中，人类采取各种措施使其应用中受辐射的风险小些，甚至人绝对与之相隔离，尽管它仍有受辐射的危险，但由于无发生的渠道，所以我们并没有受辐射的风险。这里说明了人们应该关心的是“风险”，而并非“危险”，因为直接与人发生联系的是“风险”，而“危险”是事物客观的属性，是风险的一种前提表征。我们可以做到客观危险性很大，但实际承受的风险较小。

这样，风险可表示为事件发生概率及其后果的函数：

$$风险\ R=f(p,l) \tag{13-1}$$

式中，p 为事件发生概率；l 为事件发生后果。对于事故风险来说，l 就是事故的损失（生命损失及财产损失）后果。

风险分为个体风险和整体风险。个体风险是一组观察人群中每一个体（个人）所承担的风险。总体风险是所观察的全体承担的风险。

在 Δt 时间内，涉及 N 个个体组成的一群人，其中每一个体所承担的风险可由下式确定：

$$R_{个体}=E(l)/N\Delta t[损失单位/个体数\times时间单位] \tag{13-2}$$

式中，$E(l)=\int l\mathrm{d}F(l)$；$l$ 为危害程度或损失量；$F(l)$ 为 l 的分布函数(累积概率函数)。其中对于损失量 l 以死亡人次、受伤人次或经济价值等来表示。由于有：

$$\int l\mathrm{d}F(l)=\sum l_{\mathrm{k}}npl_i \tag{13-3}$$

式中，n 为损失事件总数；pl_i 为一组被观察的人中，一段时间内发生第 i 次事故的概率；l_{k}为每次事件所产生同一种损失类型的损失量。因此，式(13-3) 可写为：

$$R_{个体}=l_{\mathrm{k}}\frac{\sum ipl_i}{N\Delta t}=l_{\mathrm{k}}H_{\mathrm{s}} \tag{13-4}$$

式中，H_{s} 为单位时间内损失或伤亡事件的平均频率。所以，个体风险的定义是：

$$个体风险=损失量\times损失或伤亡事件的平均频率 \tag{13-5}$$

如果在给定时间内，每个人只会发生一次损失事件，或者这样的事件发生频率很低，使得几种损失连续发生的可能性可忽略不计，则单位时间内每个人遭受损失或伤亡的平均频率等于事故发生概率 p_{k}。这样个体风险公式为：

$$R_{个体}=l_{\mathrm{k}}p_{\mathrm{k}} \tag{13-6}$$

式(13-6) 的意思是：个体风险=损失量×事件概率。还应说明的是 $R_{个体}$ 是指所观察人群的平均个体风险；而时间 Δt 是说明所研究的风险在人生活中的某一特定时间，比如是工作时实际暴露于危险区域的时间。

对于总体风险有：

$$R_{总体}=E(l)/\Delta t[损失单位/时间单位] \tag{13-7}$$

或

$$R_{总体}=NR_{个体} \tag{13-8}$$

即，总体风险=个体风险×观察范围内的总人数。

三、风险度

从前面对风险的定义可看出，风险的物理意义是单位时间内损失或失败的均值。也就是说，人们以损失均值作为风险的估计值。但是，有的情况下，为了比较各种方案，为了综合地描述风险，常需要对整个区域（风险分布）的风险用一个数值来反映，这就引进了风险度的概念。

当使用均值作为某风险变量的估计值时，如以上对风险的定义，风险度定义为标准方差 $\sigma=\sqrt{Dx}$ 与均值 $E(x)$ 之比。即风险度 R_{D}由式(13-9) 决定：

$$R_{\mathrm{D}}=\frac{\sigma}{E(x)} \tag{13-9}$$

在有的文献中也将风险度 R_D 称为变异系数（coefficent of variation）。

如果在有的场合，由于某种原因，并不采用均值作为风险变量的估计值，而用 x_0（与均值同一量纲的某一标准值）作为估计值，则风险度的定义为：

$$R_D=\frac{\sigma-[E(x)-x_0]}{E(x)} \tag{13-10}$$

风险度愈大，就表示对将来的损失愈没有把握，或未来危险和危害存在和产生的可能性愈大，风险也就愈大。显然，风险度是决策时的一个重要考虑因素。

上面对风险及风险度论述的主要思想在于：事故具有风险的特点，一方面是它的客观性和不可避免性，另一方面人类是可尽其所能使之减少到最低的和可接受的水平。

四、事故风险分析的内容及目的

一段时期以来，人类对事故的态度更侧重于重视对其预测和预防，似乎认为对事故能够预测准确，误差很小，就能正确采取措施，从而消除事故。其实这种做法是不够全面的，是对事故风险缺乏应有的认识，是停留在对危险认识的水平上。我们认为，人类的劳动安全认识层次应是：事故一危险一风险。当前的安全科学技术更大程度上只认识了事故和危险这两个层次，而这里提出风险这一层次是基于如下理解的。

(1) 风险是一种客观存在，人类要生产，要发展技术，就不可避免要有事故风险。

(2) 人类生产和生活中的客观现象是：有一定的风险，可能造成事故损失，也可能带来更大利益。如果用“危险”一词，它不包含后一种意义，显然是不全面的。这一理解说明，我们在强调预防事故时，应以“危险”作为重要的对象。但站在全面、系统的高度认识问题，“风险”才是更为客观和根本的研究对象。以风险作为研究的核心和目标，在处理实际问题时，如处理生产与安全的关系、安全与经济的关系时，才能抓住问题的本质，较好地解决问题。

(3) 从经济学的角度探讨安全生产问题，需要建立风险的概念。因为人类在任何社会阶段，经济能力是有限的，安全的技术能力也是有限的，而生产的技术则在不断的发展。因此，不得不面临“风险的选择”。

综上所述，为了更好的做好安全生产工作，需要对风险进行分析研究。

风险分析的主要内容有以下几方面。

(1) 风险辨识　研究和分析哪里（什么技术、什么作业、什么位置）有风险？后果（形式、种类）如何？有哪些参数特征？

(2) 风险估计　风险率多大？风险的概率大小分布？后果程度大小？

(3) 风险评价　风险的边际值应是多少？风险—效益—成本分析结果怎样？如何处理和对待风险？

在风险分析的基础上，就可作出风险决策。当然，对于人类的风险研究，其目的有两类，一是主动创造风险环境和状态，如现代工业社会就有风险产业、风险投资、风险基金之类活动；二是对客观存在的风险作出正确的判断，以求控制、减弱、乃至消除其影响和作用。我们所研究的事故风险属后一种。

鉴于本书的主题所限，本章的篇幅无力包容风险分析的所有内容。仅对与“安全经济学”有关的“效益”、“价值”之类问题有所探讨，其实仅此也受到现阶段研究水平的限制，唯恐不能陈述透彻。

第二节　减少风险的成本-效益分析

为了减少风险，就需要采取措施，付出一定的代价。把风险控制到何等水平？应付出多少投入，才能达到应有效果？这是成本效益分析所要解决的问题。一方面是不同的目标要求不同的风险水平，另一方面是不同水平的风险所付出的努力是不同的。当作风险决策和风险控制分析时，以上两方面问题的探讨是交错进行，相互作用和制约的。这一点可通过如下两个问题的分析体会到。

（1）不同行业的事故风险水平是不一样的，由此人们所作的努力（投入及付出）也不尽相同。如从表 13-1 和表 13-2 中看出，采矿业和建筑业人的死亡风险较大，所以社会对它们的重视及付出往往高于其他行业。另一方面，社会对不同行业的风险要求也不一样，对商业及服务业，人们不能接受较高风险，但对采矿、飞机民航等行业人们自然认可了较高的风险。

表 13-1　英国某些行业死亡风险指标

（年工时 1925h）

行业类型	FAFR	死亡人数/人年×10^{-4}
化工	3.2	0.64
冶金	8	1.54
捕鱼	35	6.72
煤矿	40	7.86
铁路	45	8.64
建筑	67	12.80
飞机乘务员	250	48

注：FAFR 为一亿工时死亡率，即死亡人数/1亿工时。

表 13-2　美国某些行业死亡风险指标

（年工时 2000h）

行业类型	FAFR	死亡人数/人年×10^{-4}
商业	3.2	0.6
服务业	4.3	0.86
制造业	4.5	0.9
机关	40	7.86
工业	45	8.64
运输及公共业	67	12.80
农业	250	48
建筑业	28	5.6
采矿	31	6.2

（2）社会对不同的风险水平有不同态度，但特定的人群通常认可同一的风险水平。例如：对死亡事故率为 1/1000 人年的情况，即一千人一年要发生一人次死亡事故，这对社会来说是不能接受的，这相当于一人一生有 5%～10%的可能性发生一次死亡事故，即一生有 5%～10%的意外死亡风险。因此必须立即采取对策，使之减少到可接受水平。

如事故率减少到 1/10000 人年，即 10^{-4}/人年，一生中的死亡风险为 0.5%～1%。对此，人们也不一定能接受，所以愿拿出一定资金去改善。社会交通安全风险大约是此水平。

直到死亡风险达到 0.05%～0.1%的水平，即 10^{-5}/人年的水平，人们或许就不去管它了。人们不愿付出代价去改变这种状况，“听天由命，不予理会”。则这样来说，10^{-5}/人年是人们接受的意外死亡风险水平。

当然，以上分析仅是总体而论。不同的国家，不同的人愿接受的风险水平是不一样的。特别是有较大利益引诱的条件下，人们愿承担较大的风险。例如乘航班比乘火车事故风险大，但因为受到快速、舒适等利益的引诱，人们愿意接受这种风险水平。在美国驾汽车上班和旅行的 FAFR 值为 13.8，即事故风险水平是 2.5×10^{-4}/人年，但人们普遍愿意驾车，不愿以步代车，或去乘较为麻烦的火车，说明人们接受了汽车的高风险水平。

为了减少风险，是要付出经济代价的。风险减少到何种程度，与国民经济发展水平有关。对于一个国家或是一个行业或企业，安全生产的重大措施和规划要有一个正确的“风险水平”认识，使其与国民经济相协调，与企业和行业的总体效益相协调。因此，要重视安全经济风险问题，要进行事故风险的研究和分析。

人类要发展生产技术，采用新工艺、新设备、新材料，这就意味着“敢担风险”，之所以如此，是因为能获得更高效益。那么，多么大的风险对应于多么大的效益呢？这就是风险—效益分析所要解决的问题。在技术经济评价中常要进行成本—效益分析，风险—效益分析与成本—效益分析十分相似，这里风险就相当于社会成本的一种表现形式。所以说，事故风险可以说是社会生产的一种“成本”。安全工程技术的实施需要投入，这种投入是社会生产的成本，国为有了这种成本的消耗，人类获得了事故风险降低的效益，或者说，用经济成本转换了生命成本。当然，这种转价是值得的，人们乐意接受的。鉴于这种分析和理解，我们可以把安全成本分为两部分，即安全工程技术的经济消耗成本和事故风险成本，即有下式：

$$安全成本=经济消耗+事故风险(或称安全代价) \tag{13-11}$$

我们所追求的效益则包括两方面：一是降低安全成本，为此一方面要尽力降低经济消耗，另一方面是控制和把握合理的事故风险；二是促进生产和安全活动的效率。

对于事故风险，我们是用事故概率与后果之积来估计的。这里，重要的是事故概率这一参数，承认一定风险，意味着接受一定的事故发生概率。

事故风险与效益有没有一定的规律？它们之间遵循怎样的关系？这是人们关心的问题。经过调查分析，研究人员已获得一些认识。如美国人斯塔尔对人们对风险与效益的关系做了分析评价，认为风险与效益立方成正比。即有关系：

$$R\sim E^3 \tag{13-12}$$

式中，R 为风险，E 为效益。而布顿等人将风险分为自愿承担风险和非自愿承担风险。如滑雪、打猎等生活和娱乐性活动可能的事故风险，往往是人们自愿承担的；而触电、商业飞行等职业性活动存在的风险往往是人们非自愿接受的。人们对这两种风险所要求的效益是不一样的。即自愿承担的风险，人们要求的效益较低，有：

$$R \sim E^{1.8} \tag{13-13}$$

而对非自愿承担的风险人们总是要求较高的效益，即有：

$$R \sim E^{6.3} \tag{13-14}$$

总之，无论是何种风险都表明，只有在效益大大增加的条件下，人们才会去冒风险。当然，实际工作和生活中的问题还要复杂得多。对于社会经济大系统，风险与效益的关系往往受社会制度、阶级关系、经济体制与政策等因素的影响，而且有可能出现不合理现象。比如，在空间上，有些效益是集中的，而风险是分散的：像农民施农药、工厂关闭污染治理设施任其超标排污等。相反也有风险集中，而效益分散的情况，如很多危险行业，工人们承担了职业病和事故伤害的风险，却生产出财富造福社会；发洪水期间，为了保障下游的安全，上游泄洪等。在时间上，常有为了眼前利益而造成长远的风险；像环境污染现象，经济承包中的拼设备、拼资源行为等；也有为了长远利益而承担当前风险的情形。在社会各行业、各阶层，都存在着风险与效益的关系不合理的现象，使得社会的总体风险不是处于最低的水平，从而阻碍了社会经济的发展。

安全经济学的任务之一，是要合理协调风险与利益的关系，使风险与利益不会产生偏差，使其合理地配合而不至于集中在某一部分人身上或分散到社会上。

为此，在国家制定安全环保法规时，应形成交纳环境污染费、补贴高事故风险金、支付职业保健费等补偿性制度。

第三节　效用理论与风险评价

一、效用的概念

在研究劳动安全问题时，效用的思想普遍可见。一台防爆型电机，对于具有瓦斯爆炸风险的煤矿，它有很大的效用，而对于一般的机械厂，它的效用就远非如此；同样是5万元的安措费，是在系统建造之初就投入使用，还是在系统建造之后的运行之中用于整改，其效用是极其不一样的，前者条件下效用比后者往往要大得多；同样是一起重大伤亡事故，它对于高风险的建筑或矿山行业所产生的“负效用”可能是不足为奇的，而对于低风险的机电或化工行业可能就会产生极大的“负效用”。

对效用的衡量，不仅根据经济价值，而且还应考虑社会价值。安全工作的效用不仅能通过减少损失及伤亡来体现，重要的另一方面是对党和国家方针政策的落实，社会环境和生存环境的维护等社会效益。

效用是表示某事物对人所起的作用，如饭有“充饥”的效用，茶有“止渴”的效用，除尘器有“除尘，减少尘肺病发生率”的作用。效用有定性的含义，还有定量的含义，即有大小之分，起作用大就是效用大，起作用小就是效用小。比如人在饿的时候，一碗饭的效用是很大，已半饱的情况下，它的效用就小，一旦已全饱了，它的效用就等于零；当作业现场空气中的含尘量相当高的时候，防尘罩有很大的效用，如空气中的含尘量达标的，则此防尘口罩毫无效用。以上的分析说明，效用的评价是一个很复杂的问题，它不但与决策者所处的社会、经济地位及整个社会经济情况和需要有关，而且还与决策者本人的品格素质、心理状态等主观因素有关。

研究安全措施的效用问题，一是要解决合理评价安全技术措施及各项安全活动的效用，使安全微观决策做的合理有效；二是正确反映安全的效用，特别是能对安全的效用作出定量的描述，有助于社会、政府、企业的领导人员认识和理解安全的作用，从而建立正确的安全意识，同时促进安全决策与国家总体经济决策相协调，使安全应有的地位和作用得以合理地确立和充分地发挥。

二、效用尺度与效用函数

以上的分析说明了一点：有时用客观的绝对指标尺度，是不能说明事物对人的实际价值和作用的。例如，用绝对货币（如利润、成本、产值）和数量（如产量、效益、体积、重量等）并不能作为衡量事物作用的唯一标准。因此，人们在决策时往往要根据自己的客观需要及事物所起的作用大小，即根据效用来进行方案优劣的判断和选择。为此，就要研究效用的计量问题。

效用的度量和计算有两种理论。

(1) 认为效用也像其他物质一样可以计算出大小值来，哪怕其计量单位是相对的和抽象的。例如，可以说一个馒头对某人的效用等5个单位，而一根香肠的效用等于3个单位；一台防爆电机在煤矿矿井中运行，其效用为100%，而在非防爆要求的环境中运行其效用只发挥了80%，等等。这里用于计算效用值的大小的单位称为效用单位，计算出来的效用称为基效用（Cardonal Utility）。

(2) 认为效用无法直接用效用单位计量，只能按大小给予先后的排列顺序，称为序效用（Ordinal Urility）。主张用无差异效用曲线作为决策的工具。由于第一种理论应用较为方便及普遍，在此我们仅介绍基效用的计算方法。

计算基效用，通常采用数学家冯·诺伊曼的新效用理论。首先这一理论认为效用有如下性质：

① 不相容性。如果决策者会获得两种结果 C_1 和 C_2，这两种结果对决策者的效用只能是下列三种情况之一，不可能两个以上兼而有之：

a. C_1之效用大于 C_2，即 $u(C_1)>u(C_2)$；

b. C_1之效用等于 C_2，即 $u(C_1)=u(C_2)$；

c. C_1之效用小于 C_2，即 $u(C_1)<u(C_2)$。

上几式中 u（C_i）称为 C_i 的效用函数。

② 传递性。如有三种后果 C_1、C_2 和 C_3，则有如下关系：

如 $u(C_1)=u(C_2)$，$u(C_2)=u(C_3)$，则 $u(C_1)=u(C_3)$；

如 $u(C_1)>u(C_2)$，$u(C_2)>u(C_3)$，则 $u(C_1)>u(C_3)$。

③ 相对性。效用值的尺度是任意选择的，也就是说效用值为零的起点可任意选定，其尺度单位也可任意选择。换句话说，一个决策问题的诸效用值可同时乘以同一的任意正值常数，并加上同一的任意常数（正值或负值），其结果并不影响方案的优劣顺序。即设 u 为原效用值，则线性函数 $u'=A+Bu$ 为新的效用值，其中 $B>0$，A 可取任意值，则用 u 或 u' 为效用尺度均可作出相同决策。

④ 等价性。一个随机事件的效用可等价于一个确定型事件的效用。假设一个随机事件存在两种可能后果，其效用分别为 u_1 和 u_2，而且 $u_1>u_2$。对于任一具有效用 u_c 的其他确定型后果来说，只要 $u_1>u_c>u_2$，则总是存在某个概率 P，使得决策者对于获得下列两项结果中的哪一个结果感到无所谓（即认为两者的效用是相等的）：

① 确定无疑获得 u_c；

② 以概率 P 获得 u_1 和以概率（$1-P$）获得 u_2，即：

$$u_c=\begin{cases}P & u_1\\1-P & u_2\end{cases} \tag{13-15}$$

$$u_c=Pu_1+(1+P)u_2 \tag{13-16}$$

式中，P 为中值概率。现举例对上述公式予以解释。

设某企业保持目前的安全生产水平（取决于现阶段的安全技术措施、管理水平、投资水平、人员状况等），则每年的事故水平稳定为 10 个单位（可用伤亡人次、损失货币量、损失工日量等换算）；如要采取新的措施，即有可能使事故水平下降到 5 个单位，也可能只下降至 8 个单位。此时决策者究竟是否采取新措施？显然要视具体情况定：如国家要求的事故水平标准是 8 个单位，显然决策者必定采取新措施；如果国家要求低于 8 个单位，而高于 5 个单位，这时决策者就要看两种结果 $C(8)$ 和 $C(5)$ 的概率大小来决定了。如果 $C(5)$ 的概率为 1，决策者必定采取新措施；如果概率略小于 1，决策者也会采取新措施；如果概率再下降，直到某值（设为 P_0），此时决策者感到新措施的效用不一定能达到国家要求，与原措施效用一样，这一 P_0 就是中值概率；如 $C(5)$ 的概率大于 P_0，则新措施效用大于原措施；相反小于 P_0，则新措施效用不如维持原措施（因为新措施需增加投入）。假设 $P_0=0.30$，则有关系：

$$u(10)=0.3\times u(5)+0.7\times u(8)$$

其新措施随机事件的事故水平期望值为：$0.3\times5+0.7\times8=7.1$。当然，它并不等于确定事件（原措施）的事故水平值。只是说明尽管采取新措施，由于效果差，并未达到所要求的水平（国家标准），它的效用与原措施下的效用一样。只有当 $P_0>0.3$ 后，将事故水平期望值降低，使其效用再提高，决策者才下决心进行改进。

上面的说明仅仅针对只存在两种可能后果的随机事件而言，但这个结论可推广到具有任意多个可能结果的随机事件。即有 n 个可能结果 C_j，而每种结果具有出现概率 P_j（$j=1$，2.3，…，n），其效用也可等价于确定型当量 C_j 的效用。即有：

$$u(C_j)=\sum_{j=1}^{n}P_j u(C_j) \tag{13-17}$$

冯·诺伊曼的效用理论告诉我们，只要测出各决策后果的效用值，即可按效用期望值的大小来评价与选择方案。所以在进行一次性（或重复性不大）的风险决策时，需要先求出各决策后果的效用值，而效用值可通过效用函数求出。下面将介绍效用函数的求法。

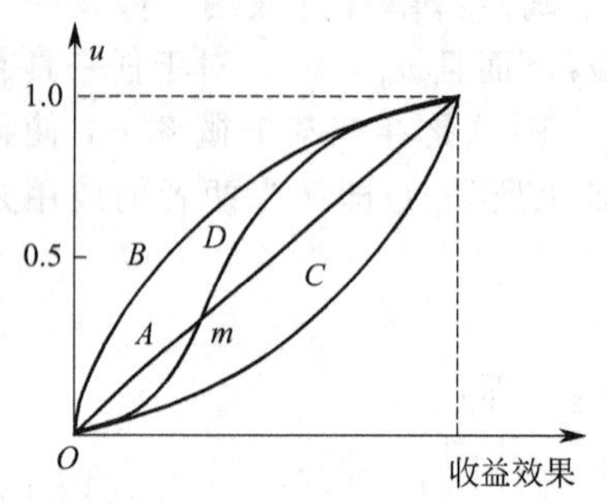

图 13-2　不同类型的效用函数曲线

上面的分析已使我们认识到，效用与决策者的态度和个性紧密相关，即使同一决策者在不同时期，其效用函数也往往不同，因此作决策时首先应求出效用函数。由于决策者对风险的态度不同，效用函数也有不同类型。如果把效用函数绘于图中，则不同类型的效用函数表现为不同类型的效用曲线。如图 13-2 所示。图 13-2 中的几种效用函数分述如下。

（1）直线型效用函数。即图 13-2 中的直线 A，这类效用函数与决策的利益效果成线性关系。持这种效用函数的决策者，对决策风险持中立的态度，他或是认为决策的后果对大局无严重影响，或是因为该项决策可以重复进行，从而可获得平均意义上的成果。因此不必对决策的某项不利后果特别关注，由于这类效用函数呈线性关系，因此效用期望值最大的方案也是利益期望值最大的方案。这样，决策分析者就没有必要去求出效用函数，而可以利用利益成果（货币金额、效益、利润率经济效益和社会效益等）的期望值来作为评价与选择方案的标准。

（2）减速递增型效用函数。即虽随着利益程度的增多而效用也递增，但递增的速度却越来越慢，如图 13-2 中的曲线 B。这类决策者对于亏损特别敏感，而大量的利益对他的吸引力却不是很大，所以它代表稳妥型决策者的效用函数。这种效用函数曲线相对直线型来说，曲线中部呈上凸形状，表示决策者讨厌风险，上凸越厉害，表示讨厌风险的程度越高。一般来说大多数人属此类型。对于安全决策，主张持这种态度，即在安全问题上应持稳妥态度，不要偏于多承担风险，不要对大的利益成果较为敏感而不惜冒大的事故风险。这里指的利益成果是人类的“正利益”。

（3）加速递增型效用函数。即随着利益成果的增多而效用也跟着递增，而且递增的速度越来越快，如图 13-2 中曲线 C。这种效用函数曲线中间部分呈下凹形状，表示决策者专注于想获得大的收益，而不十分关心亏损，他喜欢冒风险，乐于大胆尝试。曲线下凹越厉害，表示决策者冒险性越大。如果我在此讨论的问题是人类的“守业”及“负效益”问题（安全的经济功能很大程度就是如此），即效用曲线坐标的横坐标改为“负效益成果”，即用安全性、可靠性等期望指标来表示。则我们说社会需要这种态度，即希望决策者在考虑安全的投入上应舍得本钱，追求高的安全度，也就是说在安全上是稳妥不愿冒事故风险，而在本钱上不应太保守，应敢于改进和大胆投入。

以上分析递增和递减型两种效用曲线时，我们采用不同“角度”和“基点”（出发点）的辩证思想，形式上说明对象和结果不同，但本质是一致的，这就是：对待安全问题应持保守、稳妥态度，不应冒险行事；而在安全投入上要敢冒“风险”，不要一味追求“正效益”。

（4）有拐点的效用函数，如图 13-2 中曲线 D。这种效用函数表明，在利益不大时，决策者具有冒险胆略，但当利益额度增至相当数量时，就转为稳妥策略了。曲线上的 m 点即为分界点。大部分人均属于这种效用函数类型的人，只是对不同的人，其拐点 m 的位置不同而已。

上述不同的效用函数反映了决策者对风险的不同态度，亦即反映了决策者的主观倾向，带有一定主观性，受决策者个人心理因素的作用。但效用并非纯主观的东西，它仍含有一定的客观性，这不仅因为效用大小首先还得取决于决策的客观后果（如具体的收益额度），而且不同决策者之所以对效用产生不同态度，就是因为受到许多客观条件的影响。正因为效用函数包含有一定的客观性，所以才有在决策中应用的的价值。这一点，可通过下面介绍的应用实例表现出来。

那么效用函数怎么求出来呢？下面作一介绍。

求效用函数办法一般有两种。一种是采用询问式，即设定一利益成果的数值（横坐标的某一点），询问决策者确定中值概率 P_0，求出相应利益成果的效用值，即得到坐标中的一个点；再确定第二个横标点，询问求出相应 P_0，又获得第二个坐标点，继续重复过程，直至获得数点后连成曲线，即获得此决策者的效用函数曲线。这种方法过于烦琐，实用较困难。

另一种方法是，对各类效用曲线给出一近似数学模型，根据具体的一次决策，确定出几个参数，即可得到此次决策的效用函数。这里的几个参数一般可建立一组方程组求得，而方程组的建立有的根据问题的特征值（如利益效果范围的起点和终点）来求得。具体的方法将在下一个专题的实例中介绍。这里关键是各种效用曲线是怎样的数学模型？

有的学者经过调查、分析和统计，建立了图 13-2 中 A、B、C 三种曲线的数学模型为：

$$u(x)=\begin{cases}1-\dfrac{x-br}{a-b} & r>1 \quad B\text{ 曲线} & (13\text{-}18)\\[2ex] \dfrac{x-a}{b-a} & \quad A\text{ 直线} & (13\text{-}19)\\[2ex] \dfrac{x-ar}{b-a} & r>1 \quad C\text{ 曲线} & (13\text{-}20)\end{cases}$$

而冯·诺伊曼的新效用理论中，认为大多数人是不愿冒风险的，即偏于图 13-2 中的 D 曲线型效用函数。此类效用函数的数学式为：

$$u(x)=\alpha+\beta\ln(x+\theta) \tag{13-21}$$

以上几种数学模型都有一个共同特点，即都是近似地表达。实际上，具体效用曲线会是非常复杂的，这几种模型只是为我们研究典型的效用曲线带来了很大方便。

怎样用以上的假设模型来求出具体的效用函数和曲线？在下面实例中将探讨这一问题。

三、效用理论的应用实例

效用理论的分析方法遵循如下程序：

(1) 确定利用效用理论分析的必要性。以上分析已指出，效用理论是根据目标的价值、作用、意义及满意程度的综合效价来帮助决策的。这种方法适用于“一次性决策”，有助于克服由于光凭效益或绝对价值决策带来的偏差。所以在利用此方法前，应确认是否决策的问题用绝对效益（效果）尺度来判断能符合实际，满足要求，如果能则可用常规的决策方法，否则应用效用理论评价方法。

(2) 根据探讨的问题，提出效用尺度，即提出分析效用的指标。例如根据分析问题的特征，可以用利润、产值、销量、产量等，对于安全工程专业领域，可用伤亡率、损失率、净化率（尘毒控制率）、危险度、可靠性、事故率等。

(3) 根据确定的评价尺度，在调查、分析的基础上，求出各种情况下的益损值（效益成果值），并作出相应表格。

(4) 根据决策者的风险态度，选定效用函数曲线类型（见图 13-2）。确定效用曲线模型。

(5) 用“标准赌术法”及益损最大和最小值三种条件下的效用值建立方程组，求出效用曲线函数参数，最后求出具体此次决策的效用函数。

(6) 根据所得的效用函数，求出各益损值（效益成果值）情况下的效用值，并求出各决策方案的效用期望值，最后制作出相应表格。

(7) 根据效用期望选择方案。

下面用一实例来说明以上过程和方法。

【实例】 有一防尘工程的方案决策问题：某企业生产运输胶带，混炼车间的尘毒危害相当严重，企业计划进行治理，提出了三种方案：

A_1——个体防护（防护头盔或防尘面罩）；

A_2——采用通风防尘设施；

A_3——更新工艺（采用密闭式作业）。

需对上述三种可能方案进行最优决策。

解：

(1) 根据初步分析，此命题采用效用分析方法较好，理由如下。

① 这一命题具有一次性风险决策的特点，即方案一经实施就有长期的作用，并一般只选定（必须选定）其中一种方案；其风险意义在于要考虑产品的销售（市场发展）前景。

② 仅用绝对的效益或利益成果（如投入效益比、净化率等），不能做出合理决策。见前文的结果和分析。

(2) 对此命题的效用分析，其效用尺度应该有：个人健康效益、环保效益、不同市场前景下的措施可利用率。其各种参数的估算结果（根据现有技术及同类措施对比求出）见表 12-7 和表 12-8。

(3) 求出这一决策命题的综合益损值统计表。见表 13-3。根据此命题特点，无损失状况。

表 13-3　各方案的综合效益值表

概率 P_i ＼ 状况 / 项目	S_1	S_2	S_3	效益期望值[①] $\sum P_iB_iE_i$
	0.2	0.5	0.3	
A_1	0.6	0.6	0.6	0.6
A_2	0.942	1.26	1.57	1.2894
A_3	0.39	1.56	1.95	1.4430

[①] 效益期望 $=\sum$ 效益×概率。

注：综合效益求算公式为：(个人效益＋环保效益)×可利用率。

表 12-7 和表 13-3 的数据说明：如用利益投入比作为决策依据，应选方案 A_1；而用风险综合效益值作为决策依据，则应选方案 A_3。而在客观实践中，企业决策者有潜意识：方案 A_1 没有环境效益，似乎不可取；采用方案 A_3 要更新工艺，由于投入较大，似乎风险较大，一旦产品销售不良，就会蒙受较大损失。这里的潜意识即表现了有效用要求，而上述两种决策依据中未被体现出来。因此，需用效用理论指导决策。

(4) 选定效用函数模型。根据对决策者的了解，由于该企业经济力量较小，决策者在这一决策中希望投入上少担风险（保守型），而在尘毒治理效益上愿"冒一定风险"。即在防治效益与效用的关系上，愿取风险性决策模型。这样，选定图 13-2 中的 D 型曲线模型，则有效用曲线函数式：

$$u(x)=\alpha+\beta\ln(x+\theta),$$

式中，x 为尘毒防治综合效益。

(5) 求出效用曲线参数，建立这次具体决策的效用函数。为此需建立方程组。根据表 13-3 综合效益值可看出，这次决策的效益范围在 0.39～1.95 之间。由此可选定最大效用值（为 1）对应的效益值为 1.95；最小效用值（为 0）对应的效益值 0.39。这样可得两个方程：

$$1=\alpha+\beta\ln(1.95+\theta) \tag{13-22}$$

$$0=\alpha+\beta\ln(0.39+\theta) \tag{13-23}$$

第三个方程可用“标准赌术法”求得。

“标准赌术法”采用询问的方式，求出效用值为 0.5 时，决策者相应按受的效益当量（水平）。其方法如下。

设想方案之一，以 0.5 概率获得 1.95 净化效益值和 0.5 的概率仅有 0.39 的净化效益值。而设想有方案之二，肯定（概率为 1）获得 1.95～0.39 之间某一中间的效益值。

然后询问决策者，他认为哪个设想方案对他有利？也就是问哪个设想方案对他效用大？显然，这取决于设想方案之二中的那个中间的效益值到底是多少。当这一中间值偏小（接近 0.39），决策者愿采用方案之一；当中间值偏大（接近 1.95），决策者愿采用方案之二。如当这一中间值是处于使得决策者认为方案之一和方案之二随便采取哪一方案均可时，这一中间值就是对应于效用为 0.5 时的效益值。因为这时两方案哪个都一样（即效用一样），而方案之一的效用期望为：1×0.5＋0×0.5＝0.5（1.95 的效用×1.95 的概率＋0.39 的效用×0.39 的概率＝方案之一的效用期望）。

根据对这一企业决策者状况（客观及主观的现状）的了解，并询问征求意见及想法。0.5 效用值对应的净化效益值在 1.0 左右。即取得最大和最小效益各占一半（0.5）可能性的方案与有 100％的把握取得 1.0 左右效益的方案差不多。这样可得第三个方程：

$$0.5=\alpha+\beta\ln(1.0+\theta) \tag{13-24}$$

对式(13-22)～式(13-24) 构成的方程组求解，即可得到此决策效用函数参数 α、β、θ 的具体值。其解法是：

式(13-22)减去式(13-24)得：$0.5=\beta\ln(1.95+\theta)-\beta\ln(1.0+\theta)$ (13-25)

式(13-24)减去式(13-23)得：$0.5=\beta\ln(1.0+\theta)-\beta\ln(0.39+\theta)$ (13-26)

由式(13-25) 和 (13-23) 可得：

$$(1.95+\theta)/(1.0+\theta)=(1.0+\theta)/(0.39+\theta),$$

上式可求得：$0.34\theta=0.2395$，最后得 $\theta=0.7044$。将值代入式(13-25) 得：

$$\beta\ln[(1.95+0.7044)/(1.0+0.7044)]=0.5,$$

则可求得：$\beta=1.1287$；将 β、α 代入式(13-23) 得：

$$\alpha+1.1287\ln(0.39+0.7044)=0,$$

可求得：$\alpha=-0.1018$。

最后得效用函数为：

$$u(x)=1.1287\ln(x+0.7044)-0.1018$$

(6) 由效用函数求出表 13-3 中各净化综合效益值时的效用值有：

利益	效用值
1.95	1.0
1.57	0.8257
1.56	0.8043

0.942　　　　　　0.4610

0.6　　　　　　　0.1981

0.39　　　　　　0.0000

最后得三种方案的效用期望值统计表，见表 13-4。其中效用期望值$=\sum P_{si}\times u_{si}$。

(7) 根据表 13-4 的最右一栏效用期望值，可进行方案选择。显然，方案 A_2 的效用期望最大，为 0.7528，因此，“通风除尘”的方案中选。

表 13-4　各方案的效用统计表

项　目	状况（概率 P_i）			效用期望值
	S_1	S_2	S_3	$P_{si}\times u_{si}$
A_1	0.1981	0.1981	0.1981	0.1981
A_2	0.4610	0.8257	0.8257	0.7528（中选）
A_3	0	0.8043	1	0.7022

第四节　事故风险管理理论及保险对策

一、事故风险管理的基本理论

（一）事故风险管理的数学基础

为了管理未来可能发生的事故风险。我们需要对可能的结果以及每种结果有多大可能发生有一些了解。对将来的估计通常主要建立在历史和理论的资料上。这些资料用来计算每一事件未来发生的可能性。所有可能结果及其可能性的说明构成了“概率分布”，见表 13-5。对于事故的风险管理者而言，最重要的概率是那些关于损失发生的频率和程度的概率。频率用于度量事件是否经常发生（例如，在某一特定时期，某特定工厂发生伤害事故的次数）。通常。事故风险管理者会将事故发生次数与基数联系起来（例如，计算平均频率，工厂伤害事故发生次数可能与平均的雇员人数有关）。损失程度用于度量每一事故造成的损害。

1. 均值

概率分布使得我们可以度量未来预期未来预期得变化性，还可以度量那些预期。我们对于未来得最佳推测通常表示为平均数，样本平均数等于所有观察结果总和除以观测数。有些情况下平均数被定义为每种可能结果与其概率之积得总和。用公式表示，平均数是：

$$样本平均数=\sum_{i=1}^{n}X_i/n$$

式中，X_i 为第 i 个观测值的值；n 为观测值个数。

或：

$$平均数=X_j P(X_j)$$

式中，X_j 为第 j 类可能事件的值；m 为类型个数；P（X_j）为第 j 类事件发生的概率（相对概率）。

可以利用表 13-5 来说明这些公式。平均数可以通过样本平均数公式或平均数公式来计算：

$$4300/8=537.50$$

或

$$100\times0.375+500\times0.25+1000\times0.375=537.50$$

表 13-5　损失及损失概率

观察值	损失值	损失类型	观察值数目	概　率
1	100	100	3	3/8　0.375
2	100	500	2	2/8　0.25
3	100	1000	3	3/8　0.375
4	500			
5	500			
6	1000			
7	1000			
8	1000			
总计	4300		8	1.00

2. 变化性

结果的变化性，即风险，可以通过许多方法来度量。一种方法是通过“差度”来度量，差度等于可能结果的最大值和最小值之差。在表 13-5 中差度等于 1000－100，即 900。请注意，在大多数情况，零也是一种可能结果，尽管在我们的例子中被省略了。

一种更常常用的度量变化性的方法是计算“方差”。一个概率分布的方差等于每一观测值与平均数之差的平方的平均数。用公式表达，样本方差表示为：

$$方差=\sum_{i=1}^{n}(X_i-\overline{X})^2/n$$

式中　X_i——第 i 个观测值的值；

$\overline{X}$——分布的平均效；

n——观测值个数。

或

$$方差=\sum_{i=1}^{m}(X_j-\overline{X})\times P(X_j)$$

式中　X_j——第 j 类可能事件的值；

m——类型个数；

$P(X_j)$——第 j 类事件发生概率（相对概率）。

方差可用来度量将均值作为估算可能结果的适用性。如果平均而言。每个观测值偏离平均数很大。那么，用我们的估计来预测未来就不那么可靠了。方差的计算使用差的平方。是因为不这样的话，正负误差值将会相互抵消，而这样一来，我们就无法知道变化性究竟有多大。在我们的例子中，方差等 152343.74。这是一个很大的数值，它意味着什么呢?

为了更好地度量风险，统计学家经常使用方差的平方根。方差的平方根可以和最初预期结果进行比较。请记住，方差使用的是差的平方。因此，将方差开平方根就可以将其还原为初始的度量单位。我们称方差的平方根为标准差。在我们的例子中，标准差等于 390.31。也就是说平均而言。每个观测值大约偏离 537.50 这个均值 390 个单位。

如果我们将某一均值和另一个均值相等，但另一标准差更大的概率分布相比较。则可以说第二个分布比第一个风险更大。之所以说风险更大是因为平均而言。第二组观测值比第一组更大程度地偏离均值。因此，在其他条件相同的情况下，更大的标准差代表了更大的风险。当然。概率分布很少拥有相等的均值。

如果比较两个均值相异的概率分布，结果将会怎样呢? 在这种情况下我们需要考虑“离散系数”，它等于标准差除以均值。“离散系数”给出了一个风险的相对值。我们的例子中，“离散系数”等于 0.73。“离散系数”越小，损失分布的相对危险就越小。

3. 资料来源

有了以上度量变化性的工具。事故的风险管理者就可以更好进行决策。然而，一个重要的问题是，人们通常缺乏计算概率分布的资料。需要考虑的事件往往都是新的或罕见的，这使得资料的收集十分困难。例如，一个小公司会遭受一种平均五年发生一次的特殊损失。不幸的是，可能在某一年发生三次损失，而在接着 15 年中不发生任何损失。在这种情况下，即使最复杂的资料分析技术也无计可施。因此在事故损失的风险管理决策中大量原始数据的积累是至关重要的。

4. 大数定律

大数定律是成功进行事故的风险管理的一条基本、重要的统计定律，它阐明了使用大量观测值的重要性。大数定律认为，随着观测值样本的增加，对均值的相对偏差就会减少。其要点是，样本数量越大，我们对估计就越有信心。大数定律有效作用的一个前提条件是，所有观测样本必须产生于本质相同的条件（也就是说，所有观测样本都是相似或“同质”的）。因此，事故的风险管理者需要知道潜在损失的具体特征。这些特征可以被描述为风险载体/风险事故和风险因素。

（二）风险载体

虽然大多数保险专家将风险描述为某种形式的变化性，许多人仍用“风险”这个词来表示承载损失的财产和人身。然而，大多保险业的教育和训练材料用“载体”来描述可能遭受损失的财产和人身，我们也在这个意义上来使用“载体”这个词。保险风险的种类常常以不同的载体来划分。例如，个人、家庭、公司及其他组

织面临的事故风险会使人身载体、财产载体或责任载体遭受损失。

1. 人身损失载体

因为所有损失最后都是由人来承受的，所以可以说所有的载体都是人身。但是。有一些损失更直接地影响人身。事故造成的死亡、疾病、伤残、收入减少等的承载主体都属于人身损失载体。当这些事件影响一个组织的雇员时，该组织也会遭受损失。

2. 财产损失载体

财产拥有者面临直接和引致（间接）损失的可能性。例如，如果你的车在一次交通事故中损坏了。直接损失是修理成本。间接损失包括为安排修理而付出的时间、精力、修理时不能用车的损失。以及修理时租借另一辆车的额外成本、财产损失包括不动产如建筑物，以及动产如汽车和建筑物内的财产。

3. 责任损失载体

如果伤害了别人。那么必须承担责任。因此，为了保护自己免受起诉。可能成为责任损失载体。另外。如果对别人的人身和财产造成了伤害和损害。法律会要求你进行赔偿

（三）风险事故

风险事故是损失的直接原因，因为人类处于的周围环境存在着不确定的风险因素，而这些风险因素是诱发风险事故的直接因素。风险事故包括自然风险事故和人为风险事故。自然风险事故包括如风暴、天然火灾、洪水、雷击等自然因素引发的风险事故；人为风险事故包括例如：工人工作中的违规操作、粗心大意等人为因素造成的事故。

（四）风险因素

风险因素是指那些隐藏在损失事件后面、增加损失可能性和损失程度的条件。一些条件被称作是“危险的”。例如，在天然气加工车间违章吸烟。发生火灾和爆炸事故的可能性就增大了，这样的条件使得事故容易发生且难以控制。风险因素包括两种——有形的和无形的，影响着损失的可能性和损失程度。

1. 有形风险因素

有形风险因素指那些看得见的、影响损失频率和程度的条件。例如，老化的设备增加了发生事故的可能性、易滑的道路增加了汽车事故的发生机会；劣质的建筑用楼梯井增加了打滑和下坠的可能性、旧电线增加了火灾发生的可能性。

2. 无形风险因素

无形风险因素，即观念和文化（看不见的条件）。也影响着损失的发生。

（五）损失控制方法

事故风险管理的方法可分为三种：即损失规避、损失控制和损失融资。

1. 损失规避

当某种行为使得某些事件不可能发生时（也就是，发生概率等于零时），这种行为就是损失规避行为。一般的财产、责任和人身的潜在损失是不可避免的，但其

中一些具体方面却是可以避免的。

例如，远离水，可以避免溺水，但这种行为可能排除所有水上交通和水上运动。要完全避免潜在损失，就要求禁止飞越水域的航空旅行，禁止使用桥梁从水上通道。甚至更极端的，不能洗澡。很明显，此避免溺水的作法是不可行的。可行的是规避那些狭义的溺水危险，如避免参加水上运动或乘坐水上交通。

这个例子表明只有当规避的事件被限定在一个相当狭窄的范围内时，这种规避才是可行的。在作出选择之前，我们必须考虑规避的后果。规避一种潜在损失可能会产生另一种潜在损失。例如，有些人害怕乘飞机，因此选择乘汽车旅行。然而，当他们成功地避免飞机失事的可能性时，却躲不过汽车事故的可能性。而经验表明，每英里汽车事故的死亡率大大高于飞机失事的死亡率。因此，选择乘汽车而不乘飞机的这些人。实际上增加了他们受伤的可能性。

2. 损失控制

损失控制指那些用以使损失的频率及程度达到最小化的努力。这些努力通常分为防损和减损两类。

防损措施着眼于降低损失发生的可能性，减损措施的目的则在于减轻损失程度。如果不顾风险因素仍要滑雪，可以接受指导以提高技能并降低摔跌和撞树的可能性。同时，可以参加健身活动以强健体魄，这样即使摔倒，也不至受严重伤害。使用防损和减损措施，你可以同时降低损失的可能性和损失程度。

一年中一个公司遭受损失的大小是意外事故、火灾及其他引起损失事件的频率和程度的函数。防损和减损措施直接目的即减低损失的频率和程度。例如，采取一些措施防火，然而即使采取了一些防火措施，有些建筑物仍然会发生火灾。因此，就需要自动洒水装置以降低损失程度。防损和减损的目的是在合理的人类活动和费用水平上将损失降低到最小程度。虽在某一时候被认为费用太大的措施在往后会被人们很容易地接受，但是在任一给定时期，经济约束总是限制着人类活动。

3. 损失融资

在生产活动中，意外导致的损失是一定会发生的。当它们发生时，人们必须采取一些融资措施。损失融资可通过自留和转移来实现。

4. 自留

当损失是由个人或组织的自有基金来支付时，那么这些损失就是通过自留来融资的。自留可以是有意选择的，也可能是由于没有意识到潜在损失的存在。一些潜在损失被自留，是因为它们的重要性被人们低估了。许多单位自留某些风险，不是因为他们没有意识到，而是因为他们认为不可能遭受这一损失。

5. 转移

如前所述，风险规避意味着不参加活动。人们通过避免产生风险的活动来规避风险。而转移风险则是：人们仍处于活动之中，但将风险的经济负担转给了别人。而要指出的是，只有当风险和包含风险的活动可分离时。风险转移才能实现。例如，工业事故包括雇员受的风险，它会引起疼痛、收入损失和医疗费用。收入损失

和医疗费用的成本可与工业活动相分离，从而通过使别人，如保险公司或采取自保方式的雇主承担损失。而实现风险转移。但是，疼痛是不能让别人来承受的，这种风险与活动本身不可分离。而且，风险转移并不总是完全和可靠的。比如转移给一个经济脆弱的承保人则是不可靠的。

（六）事故风险管理的实质

事故风险管理可以被描述为一个组织或个人用以降低风险的负面影响的决策过程。我们将风险定义为未来结果的多样性，而事故风险管理的过程就是为达到特定目标而进行的领导、控制、引导和组织行为，在事故风险管理中这一目标即降低与风险有关的“成本”，我们将在下面讨论这些“成本”。

当我们不能确知未来会发生什么，我们就需要制订应急计划，而这就有成本。例如，我们为了降低工人在可能的事故中的人身损失，我们在劳保用品、防毒用具等方面进行投入，这种用以降低损失成本的技术被定义为损失控制成本，它是风险的四种成本之一。

第二种风险成本是某些活动因其不确定的后果而被迫取消，由此而引起的机会损失成本。例如潜在的产品责任诉讼的可能性被视为美国减少研究和开发活动的一个原因。其结果是公司失去了盈利的机会，而消费者失去了购买产品的机会。

风险还包括心理成本。对于损失的不确定会引起担忧和焦虑。如上所述，担忧和焦虑可能导致机会损失。就是这些消极情绪本身也构成风险的附加成本。

风险的第四种成本是实际发生的损失融资。人们经常通过购买保险来进行损失融资的。保险的价格除了包括对损失的赔付以外，还包括保险人的费用和利润。如果没有保险，购买者就不会有诸如保险人的费用和利润的开支。

所发生的实际损失代表的是事故风险管理成本而非风险的真实成本。然而它们的重要性应该得到明确的肯定。所以事故风险管理职能的目标在于下列成本：①损失/风险控制成本；②机会损失；③心理成本；④损失/风险融资；⑤实际损失。在这些成本中，最容易衡量的是融资的实际成本和实际损失成本。损失控制成本与总经营费用（如雇员培训）联系得如此紧密，以至要把它们清楚分开成为一件极为麻烦的事情。于是，那些旨在估算“风险成本”的行为倾向于仅计算在保险费、未保险损失以及事故风险管理部门费用方面的货币支出。以这些标准为依据的一次近期调查发现，平均每家被调查公司的风险成本为 9591421 美元，大约相当于盈利的 0.52%。或资产的 0.21%。

（七）事故风险管理的过程

事故风险管理的过程可用如表 13-6 来表示。

表 13-6　事故的风险管理过程

步骤	行　动	实施过程
1	设定目标	1. 与组织或个人的整体目标相一致 2. 重点强调风险与损失大小的平衡 3. 考虑对安全性的态度及接受风险的意愿

续表

步骤	行　动	实施过程
2	识别问题	1. 问题是风险事故、保险标的及风险因素的综合 2. 需要运用多种手段进行识别 3. 识别对于有效管理而言是关键问题
3	评价问题	1. 衡量损失的频度和强度 2. 与组织的特征和目标相关 3. 利用概率分析 4. 考虑最有可能发生的事和最大可能的损失
4	识别和评价可选方案	1. 基本选择：规避、损失控制、损失融资 2. 损失控制包括防损和减损 3. 损失融资包括转移和自留 4. 一般运用不止一种方式 5. 评价基于成本、对损失频度和强度的影响、以及风险的特征
5	选择方案	1. 运用决策规则在可选方案中作出选择 2. 选择应当基于第 1 步所设定的目标
6	实施方案	1. 要求处理问题的技巧 2. 成功包括对组织行为的全局观点
7	监督系统	1. 重返第 1 步，重新评价过程中的每一因素 2. 选择是在动态环境中作出的，要求持续不断的评价

（八）我国生产事故风险分析

各种生产事故灾害间有并生、传递的关系，其机理有：①生产事故的大部分类型是具有连锁反应机制的。②生产事故具有长期潜伏性与后效性，如环境公害可以造成腐蚀甚至会引发突发性爆炸后果。③生产事故的灾害类型有若干子系统，其原因及表现形式有多重方面，如爆炸灾害既可以是因物理原因引起，也可以是化学原因引起；环境公害既可以由工业废物引起，更可以是因重大工程事故诱发的。中国生产事故的规律性研究表明，中国自 1950 年以来已发生过 5 次事故高峰，分别是 1957～1958 年、1966～1968 年、1980～1982 年、1992～1994 年和 2000～2002 年。

从生产事故灾害的风险评价入手，可进一步对工业事故灾害的量值有个清醒认识。在工业灾害的风险评估中，国外多用风险率或 FAFR（一亿工时死亡人数）等指标来衡量。风险率为严重度与频率的乘积，单位为经济损失/单位时间、伤亡人数/单位时间、歇工日/单位时间等。风险率是损失的一种表示。工业灾害风险是一种纯粹风险，它不同于技术风险、经营风险，它只有损失，而无获利。绝大多数风险的损失（包括人员伤亡）都可用经济损失来表示。1971 年，英国帝国化学公司（ICI）提出了 Kletz 方案，即 FAFR，从此 FAFR 在风险评估中应用较为普遍。FAFR 用于表示事故风险的大小，原因之一是有些损失不便用货币金额表示；原因之二是目前人们普遍认为衡量风险的严重性主要看是否造成人员伤亡。风险即使造成巨大的财产损失而无人伤亡，人们还可能接受。反之，人们则很难接受。我国工业企业的风险管理才刚刚起步，工业灾害的控制着重于工伤死亡事故的控制，通常用伤亡率衡量企业的安全状态和安全管理水平。其实伤亡率也就是风险率，其意义

与FAFR值是等同的，但FAFR值表示的是实际暴露或接触时间内的死亡数，比以年统计的死亡率更科学且又有可比性。一般工业企业的安全风险率 R 计算式是：

$$R=\frac{\text{年工伤人数}}{\text{当年职工总人数}}$$

$$\text{FAFR}=(R/\text{每人每年接触工作小时数})\times 10^{8}$$

二、事故保险

对风险管理的实质的认识，我们不难发现：在实际安全工作中，其中的一些风险管理手段，我们在不知不觉中使用着，例如损失控制方法的损失规避、损失控制。但损失融资方式（转移事故保险）在我们日常的安全管理工作中还没有被广泛应用。实际上风险意识的产生取决于安全素质的提高。只有当整个社会的安全素质发展到了一定的阶段，人们能够自觉、理智地支配自己的行为时，才能够真正地产生风险意识。不同质的风险意识，代表着不同时期的社会发展水平。如今科学技术飞速发展，潜在的风险也必然在同步上升。人们已不再满足于简单的安全保障和事故预防，而是在追求人—机—环境相匹配的、安全、舒适、健康、高效的生活和工作方式。因此综合地提高全社会的安全素质，积极预测风险，降低不安全因素，确定安全程度，已成为整个人类的共识，事故保险业的产生、发展便是应运而生。

(1) 保险业产生的前提。自然灾害和意外事故等的客观存在，是保险业产生的必要条件。据记载：大约在公元前2000年，地中海一带从事海上贸易的商人常因风暴、触礁等因素，使船货损毁，受灾商人倾家荡产。这极大的风险，严重地阻碍了海上贸易的发展，也制约了经济的发展。实践中，随着人们安全素质的提高，逐渐意识到采用一人受损众人分摊的办法能够使受灾者相对减少损失，从而迅速恢复正常经营，于是人们便自发地组织起来，通过签订约契的形式来共同承担风险。这就是最初的海上保险。公元1400年，佛罗伦萨保险单的出现，标志着现代保险业的形成，同时也标志着现代安全文化发展到了一个新的高度。

(2) 保险业产生的经济条件，各种风险及不安全因素的客观存在是保险经济关系产生的必要条件。但保险经济关系能否确立还取决于经济物质条件。从人类历史的发展过程考察，只有在社会物质生产力发展到一定高度的基础上，人们的安全意识和风险意识才能大大增强，此时保险经济关系也才产生和发展起来。试想，如果物质生产力水平很低，连最起码的物质生活水平都难以维持，人们为了生存只能以各种可能的方式去获取生活必需品，根本无从考虑安全和风险，保险业又如何产生和发展呢。所以，只有当生产力水平越来越高，物质基础越来越雄厚，人们不必为获取生活必需品而去冒险的时候，保险经济关系才应运确立。

(3) 保险业产生的数理条件。以货物运输保险CIF价格条件下，保险金额的计算公式为例：

$$CIF(\text{保险金额})=[C(\text{成本})+F(\text{运费})]/1-R(\text{保险费率})$$

式中，保险费率 R 取 0.5%～0.9%。从公式上看，投保人只要交纳少量的保险费，一旦出险就可获得该保险费几十倍、上百倍、甚至更多的经济赔偿，似乎令人难以置信。实际上保险经济活动中通行着一条这样的原理，即分散风险和分摊损失。就是说处于同质风险下的投保人，多数没有受损失的人对少数受损失的人的经济损失进行共同均摊。目前通常采用事前分摊（事后分摊，较为原始，一般不采用），也就是在灾害事故发生前，利用概率论和大数法则，计算出灾害事故发生的或然率（概率）和损失率，再计算出合理的保险费率，均摊给具有同质风险的投保人，由他们定期按上述费率缴纳一定数额的保险费，形成保险基金。一旦风险损害发生，即可用事先积累起来的保险基金对所受经济损失给予补偿或给付。这就可以变损失的不确定性为确定性或一定性。也就是把不知何时发生和造成多大损失的风险损害的不定性，通过固定缴纳一定数量的保险费的办法变成一定性，把不定性的损失变成可定的保险费，从而使得保险经济关系通行商品等价交换的原则。而保险的等价交换又以概率论、大数法则为其数理基础，进而使保险经济活动由经验性的盲目行动变成了科学的自觉的行动。

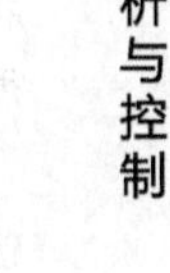

第十四章 工伤保险的经济学

第一节 我国的工伤保险制度

我国1996年10月实施了《企业职工工伤保险试行办法》(劳部发［1996］266号)，在一些地区试点工伤保险制度。2003年4月27日中华人民共和国国务院令第375号令公布，自2004年1月1日起施行的《工伤保险条例》，是我国工伤保险制度的基本法规。该条例2010年12月20日修订后重新公布，于2011年1月1日起施行。修订的《工伤保险条例》既保持了政策的连续性，又对工伤保险制度做了改革，全文共8章67条，对于工伤保险任务、实施范围、工伤认定、评残标准、劳动鉴定、待遇项目、支付标准、基金制度、当事人责任、争议处理、管理实施等问题做了基本规定。

《工伤保险条例》的实施，为我国的工伤社会保险制度提供了重要的法规支持。

一、工伤保险的作用和地位

1. 工伤保险是社会保障的重要措施

工伤保险亦称为职业安全健康保险或职业伤害保险，是指由国家通过立法建立，并由社会集中建立基金，针对特定的劳动风险而设立的保险项目；对在经济活动中因工负伤致残或因接触职业有害因素患职业病丧失或部分丧失劳动能力的劳动者，以及对职工死亡后无生活来源的遗属提供物质帮助的制度。

工伤保险是社会保险体系的重要组成部分。按国际劳工组织（ILO）定义：社会保障制度体系是指对养老保险、工伤保险、失业保险、医疗保险和生育保险等社会保险项目的九方面待遇提供保障，即医疗护理、疾病津贴、失业津贴、老年津贴、工伤津贴、家庭津贴、生育津贴、残废津贴和遗属津贴。其中工伤、残废、遗属津贴等直接与工伤保险有关。

在社会保险体系中，工伤保险与其他社会保险相比有着自身的许多特点。

(1) 工伤保险的强制性最强。由于工伤事故是一危害严重的劳动风险，国家从雇主责任制起即以立法形式强制雇主必须对雇员的工伤事故负责。多年来，雇主必须对工伤费用负责，并从法律强制变成了一种习惯，许多国家均有专项立法。

(2) 工伤保险的保障性最强。工伤保险待遇包括工伤医疗如医药、诊治、手术费用和工伤生活待遇，如长期生活费补贴、工伤残疾补助金、丧葬补贴、遗属抚恤金，以及工伤康复和转业培训费用等，是对因工伤亡者全过程的保障。值得特别指出的是，工伤保险的长期生活津贴与短期补偿相结合的办法是其他如养老、医疗和失业保险所没有的内容。

(3) 工伤保险在社会保险体系中待遇最优厚。工伤保险个人不交纳保险费，且较养老和失业保险待遇都要高。养老保险是保障基本生活，失业保险是带有救济性质的保障失业者生活；而工伤保险既保障伤残者的生活，又根据伤残情况补偿因工受伤的经济损失。

(4) 工伤保险给付条件最宽。工伤保险采用的是无责任补偿原则，即“不以追究事故责任者确定赔付”。在享受工伤待遇上，不受年龄、工龄条件的限制，凡是因工伤残的均予以相应待遇。

(5) 支付工伤保险待遇由雇主一方承担，这已成为世界通行做法，这有别于其他社会保险项目强调雇主、雇员双方分担风险，由双方交纳保险费用的做法。

(6) 工伤保险与事故预防和工伤康复相结合。工伤保险管理机构直接设置安全培训与研究、技术监督与咨询、工伤医疗与康复及转业培训部门。通过这些措施既可以预防或减少工伤事故的发生，又可减少工伤保险费用的支出；同时从工伤保险费提取一定比例的经费用于事故预防、安全培训与研究等，也有利于从长期和总体上减少工伤保险费用的支出。而且有助于形成企业加强事故和职业病预防的机制。

推行工伤保险有四个方面的重要作用。一是，保障了职工的合法权益。职工在发生工伤之后能及时得到医疗及基本生活待遇、伤残抚恤、体能康复及生活辅助器具、职业康复和转业培训等现金补贴及物质帮助；二是，有利于缓和劳资关系。使妥善处理工伤事故成为可能，能适当弥补对受伤害者本人及其家庭所造成的经济各方面损失，缓解企业内工人由于工伤事故的发生而造成的巨大心理压力，维持社会生产所必须的社会安定局面；三是，有利于促进安全生产，保护和发展社会生产力。工伤保险的实行对促进用人单位改善劳动条件、进行安全教育、防止事故发生、保护职工身体健康有重要的积极作用，并对社会有关方面提供医疗康复、提供社会服务有极大的推动作用；四是，通过法律强制征收工伤保险费，实现企业之间、地区之间的工伤风险分散，避免企业由于一旦发生工伤事故而导致破产。工伤保险关系到维护千百万劳动者的基本权利和切身利益，关系到人民生活、经济发展和社会稳定，正因如此，缺乏工伤保险的任何社会保险体系不能称之为完整的社会保险体系。工伤保险以保障工伤职工或其遗嘱基本生活和分散劳动风险为宗旨，工伤保险制度的实施是人类文明及社会发展和进步的标志。

2. 工伤保险是安全生产长效机制基础保障

建立安全生产的长效合同制，除了需要完善的安全生产立法、国家强制监察以外，重要的手段之一就是推行工伤保险制度。通过工伤保险的措施促使企业建立起自我约束、自我完善的安全生产工作机制。在市场经济条件下，工伤保险在促进安全生产、事故预防方面具有不可替代的作用。

工伤保险是强制性社会保险，其保险费完全由雇主承担。这是工伤保险发挥事故预防职能的前提。工伤保险的事故预防机制通过收与支两个方面来实现，前者通过调整企业缴纳保险金的差别费率与浮动费率，激励和督促企业从自身经济效益上考虑必须改善安全生产状况，减少工伤事故和职业危害的发生；后者则是基于"损失控制"原理，从保险基金中划拨出一定比例的经费有针对性地用于开展工伤事故与职业危害的预防工作，促进安全生产，从而降低工伤事故和职业危害的发生，减少工伤赔付，最终降低工伤保险费率。

工伤保险与安全生产工作是统一整体。事后保险与事前预防都是为了保障劳动者的合法权益，维护国家、企业和职工的根本利益。工伤保险侧重于保障职工受工伤及患职业病后的医疗康复和基本生活保障，而安全生产、事故预防则强调的是保护职工免受工伤事故和职业病的权利。

工伤保险与事故预防是密不可分的。工伤保险与事故预防相结合首先是工伤保险自身发展的需要。工伤保险的主要任务是事故预防、医疗和康复。其中抓事故预防是工伤保险的"源头工作"，是促进工伤保险工作顺利开展的"主线"，只有采取一切有效措施，促进企业重视安全生产，防止、减少企业生产中的各种事故隐患和有害因素，才能减少由于工伤事故和职业危害所造成的经济损失，真正建立起工伤保险基金的良性循环，提高社会保障水平，发挥工伤保险的积极作用。其次，工伤保险与事故预防相结合也是安全生产工作发展的需要。建立工伤保险与事故预防相结合的运行机制，是对企业实施有效的安全管理的根本途径。利用工伤保险的差别费率，浮动费率等经济杠杆的作用，可以促使企业经营者重视职业安全卫生工作，强化企业安全生产的有力调控，形成安全管理制约机制。

二、工伤保险的基本原则和任务

《工伤保险条例》的"第一章总则"对于工伤保险的法律依据、目的任务、适用范围、基金制度和管理体制等重要原则问题做出了规定。

(1)《工伤保险条例》以《劳动法》为法律依据，保护劳动者合法权益。《劳动法》的基本宗旨是保护劳动者的合法权益，同时也考虑到企业权益的保障。《工伤保险条例》就是根据《劳动法》而制定并实施的。《劳动法》规定劳动者有 8 项权利，其中之一是享受社会保险和福利，即第九章的规定。国家发展社会保险事业，建立社会保障制度，设立社会保险基金，使劳动者在年老、患病、工伤、失业、生育等情况下获得帮助和补偿（第 73 条）。劳动者在下列情形下，依法享受社会保险待遇：（一）退休；（二）患病、负伤；（三）因工伤残或者患职业病；（四）失业；（五）生育；（第 73 条）。这是最主要的法律依据，还有其他相关的法律规定。

(2) 工伤保险制度三大职能：补偿、预防、康复。《工伤保险条例》明确规定工伤保险制度具有三项职能或任务。第一条规定工伤保险制度的目的是：为了保障劳动在工伤中遭受事故伤害或者患职业病的职工获得医疗救治和经济补偿，促进工伤预防和职业康复，分散用人单位工伤风险。第四条进一步规定：用人单位和职工应当遵守有关安全生产和职业病防治的法律法规，执行安全卫生规程和标准，预防工伤事故发生，避免和减少职业病危害。职工发生工伤时，用人单位应当采取措施使工伤职工得到及时救治。

工伤补偿是根据因工负伤、致残、死亡的不同情况提供法定标准的经济补偿，主要是以现金支付的有关工伤保险待遇。工伤保险实行“无责任补偿”或称“无过错补偿”的原则，只要认定为工作中的意外伤害，无论事故责任是出于本人过失(须排除故意自伤、自杀和违法犯罪行为)，还是出于同事或雇主，都要对受伤害者给予经济补偿。工伤预防就是按照《劳动法》对职业安全卫生的要求，采取必要的措施防范工伤事故和职业病，目的在于减少工伤保险费用支出并积极主动地保护职工的安全与健康权利。工伤康复包括医疗康复和职业康复，目的在于尽量恢复负伤或患职业病职工的健康和劳动能力，并相应减少伤残待遇的开支。显然，工伤预防和工伤康复不仅有利于降低工伤保险成本，而且符合保障职工安全健康的根本要求。工伤保险的三项职能是为了实现《劳动法》保护劳动者基本权益的主要宗旨，是与经济发展、社会进步和人民生活质量提高的需求相适应的。

(3) 所有企业及其职工实行工伤保险制度，并参加工伤保险费用社会统筹。工伤保险制度适用范围是“境内的各类企业、事业单位、社会团体、民办非企业单位、基金会、律师事务所、会计师事务所等组织和有雇工的个体工商户”(第2条)。境内企业包括各种所有制类型的企业；职工是指与企业形成劳动关系的劳动者，包括形成了事实劳动关系的，即劳动者事实上已成为企业的成员，并为其提供有偿劳动。有些企业为逃避工伤责任而故意不与临时工、聘用人员签订劳动合同，这种作法是不能得逞的，也是违反《劳动法》的。以上规定说明，《劳动法》规定的企业和个体经济组织的劳动者均实行工伤保险制度。机关、事业和社会团体的劳动者的工伤保险问题在《工伤保险条例》第六十五条作了原则规定，具体办法需要国务院劳动保障行政部门会同相关部门制定。

《工伤保险条例》第十条规定：“用人单位应当按时缴纳工伤保险费。职工个人不缴纳工伤保险费”。这些规定，明确了实行社会保险和社会化管理以及企业承担工伤保险责任、职工不缴纳工伤保险费的基本原则，这也是国际通用的惯例。这里要指出，我们实行工伤保险统筹由各地根据实际情况逐步推进，统筹项目由少到多，目前只能力争做到对大额支付或者长期支付的待遇的项目实行统筹，其余项目仍由企业直接支付。这就是说，企业的责任是，既要参加工伤统筹，又要支付尚未统筹项目的待遇；尚未参加工伤统筹的企业，必须按《工伤保险条例》规定的待遇项目和标准足额支付职工的工伤保险待遇。

(4) 工伤保险制度按照政事分开和属地原则实行统一管理实施。按照国务院对机构改革“三定方案”的规定，工伤保险工作过去由原劳动部、现在由劳动和社会保障部统一管理。规定了各级劳动保障行政部门和社会保险基金经办机构经办工伤保险业务的职能，规定了工伤保险实行属地管理，以中心城市或者地级市为主实行工伤统筹。属地管理就是按行政区域管理，不实行行业垂直管理。以中心城市为主实行工伤保险统筹，目的在于有利于因地制宜及时地处理工伤问题，并有利于集中基金应付风险，同时也为省级市做一些统筹调剂留有余地。应当指出，企业和职工了解这种管理体制十分重要，参加工伤保险统筹问题要找当地社会保险机构，咨询工伤保险政策或者发生工伤时报告申请的事项要找当地劳动保障部门主管工伤保险的行政处室。处理问题的程序从县到市再到省，就地就近解决。企业和职工越级反映也是可以的，但最终还得回到当地处理，其效率自然是事倍功半。这就要求地方各级劳动保障有关部门要真正负起责任，反对推诿敷衍的失职行为。

三、工伤保险的基本政策和标准

(1) 工伤范围和认定。这是职工享受工伤保险待遇的前提或合格条件，也是劳动保障部门处理工伤问题的首要工作。这方面的主要政策和程序在《工伤保险条例》做了规定。由于这一内容以后要专门讲解，这里只强调一点，即工伤认定政策是工伤保险制度的基本政策之一，必须由劳动保障部门主管工伤保险的职能机构实施管理和操作，因为认定工伤是为了保障职工享受工伤保险权利。

(2) 劳动鉴定和工伤评残。由于工伤补偿是根据丧失劳动能力或谋生能力的程度来提供的。有伤害，就给补偿；无伤害，不补偿；伤害重，多补偿；伤害轻，少补偿。伤残待遇的确定和工伤职工的安置以评定的伤残等级为主要依据，因此，工伤保险要制定评残标准并设立劳动能力鉴定委员会来操作实施。这方面的内容在《工伤保险条例》做了规定，以后也要专门讲解，这里要说明的是劳动鉴定委员会是政府委托的由劳动、人事、卫生、工会等部门以及经办机构代表用人单位代表组成的，聘请合格的医生进行鉴定。鉴定工作不是行政行为，而是执行鉴定政策性标准的技术工作。因此，职工对鉴定结论有异议或不服的，只能要求申请复查或重新组织鉴定，而且最高由省级鉴定机构决定，因为劳动和社会保障部不设鉴定机构。这就是说，对于处理鉴定结论不服的问题，不走劳动争议仲裁或上诉法院的程序。

(3) 工伤待遇项目和基本标准。主要是：

① 工伤医疗待遇　包括挂号费和就医路费在内的有关费用全额报销；住院治疗期间发给住院伙食补助费，费用从工伤保险基金支付，基金支付的具体标准由统筹地区人民政府规定。(见二十九条)。此项待遇可进入统筹。

② 工伤津贴待遇　在工伤医疗期内发给相当于本人受伤前月工资收入，医疗期满后或评残后停发，改为伤残待遇或上班时领取工资。医疗期根据伤病情况定为1～12个月。此项待遇暂不统筹，由企业支付。

③ 工伤护理费　评残时确认符合护理条件的，定为全部、大部分和部分护理3级，1级每月发给当地上年度职工月平均工资的50%，2级为40%，3级为30%。此项待遇可进入统筹。

④ 残疾辅助器具费　因工残疾职工为辅助日常生活或生产劳动需要经批准配置辅助器具的，按国家规定的标准报销。此项待遇可进入统筹。

⑤ 因工伤残抚恤金　对被评定为1～4级伤残的办理工伤退休，按月发给伤残抚恤金（概念上区别于养老金），1级为本人工资的90%，2级为85%，3级为80%，4级为75%。此项待遇可进入统筹。评为5级的，企业难以安排工作时也按月发给70%，评为6级的，为本人工资的60%。

⑥ 一次性伤残补助金　对评上伤残等级的按伤残程度分别不同标准一次性支付，1级发给本人工资27个月，2级25个月，以后各级级差2个月工资，至10级为9个月。此项待遇可进入统筹。

⑦ 丧葬补助金　按当地职工平均工资，6个月的标准一次发给。此项待遇可进入统筹。

⑧ 供养亲属抚恤金　按月发给工亡者生前符合供养条件的亲属，配偶为当地职工平均工资的40%，子女等其他供养亲属为30%，抚恤金总额不能超过死者生前本人工资。此项待遇可进入统筹。

⑨ 一次性工亡补助金标准为上一年度全国城镇居民人均可支配收入的20倍。

（4）工伤保险基金和费率。工伤保险基金的设立是"企业保险"转向社会保险的关键和经济基础。工伤保险基金按照所统筹支付的项目费用和发展工伤保险事业必须提取的费用及风险储金的总量，实行"以支定收、收支基本平衡"的原则征收和管理。征收工伤保险基金不实行统一费率制，而是根据各行业和企业的工伤风险实行差别费率和浮动费率制度，风险高多收费，风险低少收费，并实行统筹调剂，共担风险。工伤保险基金属于社会保险基金之一，应按照国务院和地方人民政府的规定实行强制性征收缴纳。这方面的内容见于第二章的规定。

（5）工伤预防机制和措施。工伤保险制度对于预防事故和职业病主要是发挥保险机制的作用，并采取宣传、教育、检查等措施，引导、激励和帮助企业搞好职业安全卫生工作。工伤保险机制是指差别费率、浮动费率和安全奖励等经营机制。按不同产业工伤风险确定的行业差别费率5年调整一次，其收费机制可促进各行业的安全生产。浮动费率是对各个企业单位上年度安全评估后决定下个年度费率的升降，目前规定浮动幅度为行业标准费率的5%～40%，每年费率动态调整，成为企业重视安全生产的经济动力。安全奖励是对当年未发生事故或事故率低于本行业平均水平的企业，拿出工伤基金节余的5%～20%奖励给安全生产好的或比较好的企业或个人，这也是激发安全生产积极性的经济手段。这种机制是市场经济机制和竞争法则的具体运用。对于所采取的其他预防措施，又规定从基金中提取"事故预防费"、"宣传和科研费"加以保障。

（6）工伤康复。首先是对工伤职工进行及时救治，"企业必须落实工伤医疗抢救措施，确保工伤职工得到及时救治"。目前主要措施是加强企业医务室的工作，工伤治疗送到指定医院或专科医院，在经费上有工伤保险基金提供充分保障。例如，珠海市曾发生一名职工烧伤事故，珠海市社保局联系一架直升机专程送到广州抢救。两年前，成都市社保局为了治疗一名工伤职工的手指不惜花去14万元。这都是工伤保险统筹后加强医疗康复措施的结果。职业康复是帮助工伤残疾职工恢复

或者补偿功能，使他们重返生产岗位或者从事力所能及的工作。以前只有配置辅助器具的规定，工会组织也有疗养康复事业，今后要发展完善还需投入更多的资金，目前只能创造条件逐步开展。有条件的地区通过多渠道筹集资金，逐步兴办康复事业。职业康复事业要配合工伤残疾职工再就业工作来开展，围绕工伤再就业问题制定配套政策措施。

(7) 企业和职工应尽责任。工伤问题的当事人，一方是企业，另一方是职工。工伤保险制度必须规定企业和职工的各自责任。《工伤保险条例》第八章和其他有关条文对此都做了主要规定。例如，做好安全生产，发生工伤时要及时报告，这是企业和职工的共同责任。由于工伤赔偿历来是企业一方的责任，政府的责任是制定法律法规标准，监督检查和组织实施，所以规定企业承担的责任或义务比较多，是主要方面。例如，办理工伤保险登记，按时缴纳保险费，及时救治工伤职工，足额支付有关待遇等等。对于职工来说，并不是只有享受待遇的权利而不承担必要的义务。针对现实突出的问题，要求职工“服从企业安全生产管理人员的指导，严格遵守安全操作规程”；发生工伤时要配合治疗，转院要经过批准；职工家属办理丧事要执行国家规定；经治疗恢复劳动能力的，应服从企业的工作安排等等。这些都是职工甚至家属应当遵守或给予配合的。工伤保险立足于企业，为企业和职工服务，只要企业和职工真正履行自己的责任和义务，工伤保险事业才能办好。

第二节　工伤保险费的征缴与管理

《工伤保险条例》第三条规定：工伤保险费的征缴按照《社会保险费征缴暂行条例》关于基本养老保险费、基本医疗保险费、失业保险费的征缴规定执行。本章围绕《工伤保险条例》中工伤保险费的征缴、管理予以说明。

一、征缴的主体范围

《工伤条例》第二条规定：中华人民共和国境内的企业、事业单位、社会团体、民办非企业单位、基金会、律师事务所、会计师事务所等组织和有雇工的个体工商户（以下称用人单位）应当依照本条例规定参加工伤保险，为本单位全部职工或者雇工（以下称职工）缴纳工伤保险费。

中华人民共和国境内的企业、事业单位、社会团体、民办非企业单位、基金会、律师事务所、会计师事务所等组织的职工和个体工商户的雇工，均有依照本条例的规定享受工伤保险待遇的权利。

有雇工的个体工商户参加工伤保险的具体步骤和实施办法，由省、自治区、直辖市人民政府规定。

第一款是关于工伤保险的适用范围。即条例规定的“中华人民共和国境内各类企业：有雇工的个体工商户”这里说的工伤保险制度中的企业，包括在中国境内的所有形式的企业，按照所有制划分，有国有企业、集体所有制企业、私营企业、外资企业；按照所在地域划分，有城镇企业、乡镇企业、境外企业；按照企业的组织结构划分，有公司、合伙、个人独资企业等。

二、工伤保险费的征缴程序和方法

为了加强和规范社会保险费（基本养老保险费、基本医疗保险费、失业保险费）征缴工作，保险社会保险金的发放，国务院于1999年1月22日以259号令发布并施行了《社会保险费征缴暂行条例》。该条例共5章31条。包括总则、征缴管理、监督检查、罚则、附则共5部分。对社会保险费的征缴、管理、法律责任作了专门详细的规定。《工伤保险条例》明确规定工伤保险费的征缴要按照《社会保险费征缴暂行条例》规定执行。因此《社会保险费征缴暂行条例》征缴规定也适用于工伤保险费的征缴。

根据《社会保险费征缴暂行条例》和《工伤保险条例》规定，参加工伤保险的用人单位的征缴程序、办法、要求等。主要有以下几个方面。

(1) 缴费单位申报应缴纳数额。缴费单位应当在每月5日前，向社会保险经办机构办理缴费申报，报送工伤保险费申报表以及社会保险经办机构规定的其他资料。缴费单位到经办机构办理申报有困难的，经经办机构批准，可以邮寄申报。缴费单位因不可抗力因素，不能按期办理申报的，可以延期办理，但应当在不可抗力情形消除后立即向社会保险经办机构报告。

(2) 社会保险经办机构审核缴费单位报送的申报表和有关资料。对缴费单位申报资料齐全、缴费基数和费率符合规定、填报数量关系一致的申报表签章核准；对不符合规定的申报表提出审核意见，退缴费单位修正后再次审核。缴费单位不按规定申报应缴纳的工伤保险费数额的，社会保险经办机构可暂按该单位上月缴费数额的100%确定应缴数额；没有上月缴费数额的，可暂按该单位的经营状况、职工人数等有关情况确定应缴数额。

(3) 缴费单位缴费。缴费单位必须在社会保险经办机构核准其缴费申报后的3日内缴纳工伤保险费。可以采取缴费单位到其开户银行、到社会保险经办机构以支票或者现金形式、缴费单位与经办机构约定的其他形式等方式缴费。

(4) 工伤保险费实行全额申报、全额缴纳。缴费单位必须按照规定的缴费基数、费率申报缴费数额；缴费单位必须向社会保险经办机构全额缴纳工伤保险费。工伤保险费不能减免，必须全额缴纳，对未按规定申报应缴纳的工伤保险费的或未及时全额缴纳工伤保险费的，视情节给予缴费单位直接负责的主管人员和其他责任人员20000元以下幅度不等的罚款，同时还要追缴所欠缴费款，并加收滞纳金。

1999年1月国务院发布施行的《社会保险费征缴暂行条例》，对基本养老保险、基本医疗保险、失业保险三项险种的保险费的征缴，作了专门而详细的规定。但同时，在该条例中还规定：省、自治区、直辖市人民政府根据本地的实际情况，决定《社会保险费征缴暂行条例》是否适用于工伤保险费和生育保险费的征缴。根据这一规定，对工伤保险费的征缴，实际上处于各地自行其是的状态。为了扭转这种局面，建立统一的工伤保险制度，条例第三条统一了工伤保险费的征缴工作，明确规定：工伤保险费的征缴按照《社会保险费征缴暂行条例》关于基本养老保险费、基本医疗保险费、失业保险费的征缴规定执行。这样，工伤保险费的征缴就需完全按照《社会保险费征缴暂行条例》的规定程序，由法定的部门及时足额地进行征缴，有利于工伤保险制度的运行。

第三节　工伤保险待遇标准和政策

从待遇制度来说，工伤保险是对职工伤害实行劳工赔偿的社会保障制度，因而工伤待遇项目、标准和支付就是这项制度的中心内容。这次工伤保险改革的主要目标是改革待遇制度和实行社会统筹。这里主要围绕《工伤保险条例》中“工伤保险待遇”的规定，说明工伤赔偿的有关原则，我国企业工伤待遇改革，改革后执行的项目、标准和有关政策问题。

一、《工伤保险条例》规定的待遇标准

1. 工伤医疗待遇

● 享受范围　治疗工伤或职业病，包括旧伤复发治疗和医疗期满后继续治疗，享受工伤医疗费用报销和补助待遇，而治疗非工伤的疾病按照职工基本医疗保险办法处理，即个人要负担一定的费用。对 1～4 级全残者可酌情补助。

● 报销和补助标准　挂号费、住院费、医疗费、药费、就医路费等医疗费用全额报销；住院伙食补助费从工伤保险基金支付，基金支付的具体标准由统筹地区人民政府规定。这项费用应列入统筹项目，但由于这些费用支出金额较大，医疗统筹管理的经验正在试点探索，统筹办法由各地制订实施。尚未统筹的仍由各单位管理支付。实行统筹或部分费用统筹的，单位还要配合社会保险机构共同加强管理工作。

● 定点医疗　一般应在工伤医疗合同医院治疗，紧急时可到就近医院或医疗机构治疗；需转院或到外地就医的，实行医疗费统筹时要由合同医院提出意见，并经工伤保险经办机构批准。

● 单位要及时救治　企业必须落实工伤医疗抢救措施，确保工伤职工得到及时救治，并做好工伤预防、工伤职工管理等工作。

2. 工伤津贴待遇

● 待遇标准　工伤津贴是工伤医疗期间生活津贴，标准为工伤职工本人受伤前 12 个月内平均月工资收入。这项待遇目前由企业支付，暂不统筹。

● 享受时间　在治疗工伤或职业病停工休息的医疗期内发给。工伤医疗期一般为 1～12 个月，最长为 24 个月。具体执行时间长短，要由治疗工伤的合同医院提

出意见，经当地劳动鉴定委员会确认。医疗期满应进行评残，停发工伤津贴。评残后，大多数返回工作岗位领取工资，少数人全残可领取伤残津贴。

3. 伤残津贴待遇

● 享受范围　发给因工致残完全丧失劳动能力并退出生产工作岗位的工伤职工。退出生产工作岗位就是指办理退休。因工致残大部分丧失劳动力时在企业难以安排工作的，也应享受伤残津贴。

● 待遇标准　1级伤残每月发给本人工资90%，2级85%，3级80%，4级75%，5级和6级发70%。伤残津贴低于当地最低工资标准的由工伤保险基金补足差额。这项待遇应进行统筹支付。

● 调整办法　根据上年度职工平均工资增长的一定比例每年调整一次，具体办法由各省、自治区、直辖市定。到达退休年龄并办退休手续后，停发伤残津贴，享受基本养老保险待遇。如果退休金标准低于伤残津贴，由工伤保险基金补足差额。

4. 护理费待遇

● 享受范围　发给因工全残退休并符合护理依赖条件的工伤职工。

● 待遇标准　护理1级按月发给当地职工平均工资的50%，2级40%，3级30%。各省、自治区、直辖市也应根据职工平均工资的变动而定期调整。这项费用要求列入统筹项目。

5. 残疾辅助器具费

● 配置条件　工伤职工因日常生活或者辅助生产劳动需要，必须安装假肢、义眼、镶牙和配置代步车等辅助器具的，由指定医院提出意见并经过批准。不能由自己决定购买并要求报销。

● 报销标准　按国内普及型标准的购置费用报销。这就是说，超过部分的费用自理。这项费用要求列入统筹项目。

6. 一次性伤残补助金

● 享受范围　因工致残被评定等级的，即按国家评残标准评为1～10级者（见《工伤保险条例》33条、34条、35条）。

● 待遇标准　1级为伤残职工本人工资27个月，2级为25个月，3级为23个月，4级为21个月，5级为19个月，6级为17个月，7级为15个月，8级为13个月，9级为11个月，10级为9个月。一次性发给。这项费用要求列入统筹项目。

7. 丧葬补助金

● 因工死亡范围　工伤事故或职业中毒直接死亡，工伤或职业病医疗期间死亡，工伤或职业病旧伤旧病复发后死亡，因公外出或在抢险救灾中失踪并经人民法院宣告死亡的，以及被评定为1～4级并享受伤残抚恤金的期间内因病死亡的，都称为因工死亡并发给丧葬补助金（见《工伤保险条例》39条、41条）。

● 丧葬补助金标准　当地职工平均工资6个月，一次性发给。这项费用要求列入统筹项目。办理丧事的死者家属和亲友应执行政府对殡葬的规定，就是说，要反对违反殡葬管理规定的行为。

8. 供养亲属抚恤金

• 享受范围和条件　供养亲属的范围由国务院劳动保障行政部门规定。目前主要是《劳动保险条例实施细则》第 45～48 条和有关复函。对这个问题的改革和规范，要由制定《社会保险法》或工伤保险法律法规来解决。

• 待遇标准　配偶每月为当地职工平均工资的 40%，子女和其他亲属每人为 30%。孤老或孤儿再加发 10%。抚恤金总额不得超过死者本人工资。这项费用要求列入统筹项目。

9. 一次性工亡补助金

• 享受范围　与供养亲属抚恤金相同，一般为工亡职工配偶、父母、子女。

• 待遇标准　一次性工亡补助金标准为上一年度全国城镇居民人均可支配收入的 20 倍。

二、处理工伤保险待遇的政策

（一）计发工伤待遇的工资基数问题

(1) 以“工资比例制”筹集保险基金并支付保险待遇是社会保险主要管理方式。工资是用人单位以货币形式支付给劳动者的劳动报酬。社会保险费以工资总额的一定比例征收，称为保险费率；社会保险待遇以职工工资的一定比例计发，称为工资代替率，反映了保险待遇标准或水平的高低。这种管理运作制度是各国社会保险制度的通行做法。当然，确定一个绝对金额征收保险费或者确定一个绝对保障金额支付保险待遇，也是一种管理方式，但不是普遍性方式，它可以作为“工资比例制”的辅助方式。工伤保险津贴、补助金、抚恤金等待遇，以工资的一定比例或若干月收入来计发，反映了补偿工资收入损失的一定比例。许多国家规定，伤残待遇按照伤残程度（以百分比表示）乘以本人工资收入确定，更能直观地把丧失劳动力和工资收入损失联系起来。这一情况也表明，职工社会保险制度和劳动工资制度有着密切联系。

(2) 以本人工资收入为基数计发工伤津贴、伤残抚恤金、一次性伤残补助金。本人工资收入按职工受伤前 12 个月的平均工资计算，这是为了分散职工受伤当月或前一二个月收入突然下降的风险，保持工资基数稳定合理。同时，为了保障低工资工伤职工的待遇和适当限制高工资工伤职工的待遇，《工伤保险条例》又规定，以当地职工平均工资 60%作为保底基数，以当地职工平均工资 300%作为封顶基数（见《工伤保险条例》第 64 条）。

(3) 以当地职工平均工资为基数计发丧葬补助金、供养亲属抚恤金、一次性工亡补助金和护理费等待遇。这样规定主要是为了处理多人死亡的重大和特大事故时保持待遇的公平合理，便于及时妥善处理事故。如果以本人的工资收入作为计发基数，每个因工死亡者的待遇就不一样，势必增加处理事故的难度。而且，这些待遇项目具有明显的保障性，政策上要体现公平合理。“当地职工平均工资”一般是统计部门定期公布的反映本省和地市上年度职工的平均工资水平，按此基数计发因工死亡待遇等项目，有利于做到属地管理范围内待遇水平的均衡和公平合理，使待遇政策的实施与属地管理相配套。这里要说明，《工伤保险条例》第 64 条解释本人工资“是指职工因工负伤或者死亡前 12 个月的月平均工资收入”。

(4) 要注意掌握工资范围。“工资总额”要按照国家统计局的文件执行。对于职工的劳动收入哪些进入工资范围，哪些不属于工资范围，应按照劳办发［1995］309 号文件第 53 条的规定执行。该文件指出：劳动法中的工资，一般包括计时工资、计件工资、奖金、津贴和补贴、延长工作时间的工资报酬以及特殊情况下支付的工资等。劳动者的以下劳动收入不属于工资范围：单位支付给劳动者个人的社会保障福利费用，如丧葬抚恤救济费、生活困难补助费、计划生育补贴等；劳动保护方面的费用，如用人单位支付给劳动者的工作服、解毒剂、清凉饮料费用等；按规定未列入工资总额的各种劳动报酬及其他劳动收入，如根据国家规定发放的创造发明奖、中华技能大奖等，以及稿费、讲课费、翻译费等。

(二) 伤残抚恤金与基本养老金的关系

按照改革前的养老保险办法和工伤保险政策，职工因工全残实行退休制度，领取养老金。这是工伤保险尚未建立基金的情况下依附于养老保险制度的结果。根据《劳动法》第 72 条规定：社会保险基金按照保险类型确定资金来源，逐步实行社会统筹。养老、工伤等社会保险项目按照各自的范围、条件、待遇等筹集基金和支付，分账管理，单独核算。工伤保险的伤残抚恤金和基本养老金都是按月支付直至享受者死亡，均属年金待遇，但享受合格条件不同。工伤保险制度个人不交保险费，只要鉴定为 1～4 级就可以享受，没有年龄和参保年限的限制；而养老保险要求单位和个人都缴费，参保年限至少 15 年，退休年龄对男女有不同要求。在不同社会保险制度情况下，如果一位企业职工 40 岁时就工伤全残，他肯定有资格获得伤残抚恤金了，而不符合领取养老金的条件，但是到 50 岁或 60 岁时，是否还可以领取一份养老金呢？这就是两项保险制度要解决的政策问题。

《工伤保险条例》第三十五条规定：工伤职工达到退休年龄并办理退休手续后，停发伤残津贴，享受基本养老保险待遇。基本养老保险待遇低于伤残津贴的，由工伤保险基金补足差额。这就是说，不能两项重复享受，也不能一项全额享受另一项减额享受，只能享受一项，就高不就低，补足差额。

(三) 工伤保险与民事赔偿的关系

由于工伤范围包括了一些不属于生产事故而又与生产工作密切联系的伤害，如上下班交通事故、履行职责遭受对方伤害、因公外出期间发生交通事故或意外事故等，这就发生用人单位和肇事者共同承担赔偿责任的问题。换句话来说，伤害职工有权向上述双方提出赔偿要求，这种情况在民法中称为“连带责任”。交通事故赔偿按照中华人民共和国道路交通安全法实施条例处理，民事伤害按照《民法通则》(2009 年修正) 处理，相对工伤赔偿而言，我们把这两种情况通称为民事赔偿。由于适用不同的法律法规，赔偿的标准和金额也是不同的。也就是说，同样称为工伤，发生在工厂和马路或出差期间，职工所得赔偿差别很大；如果交通肇事者逃逸

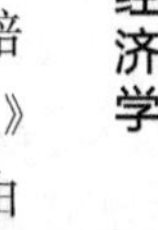

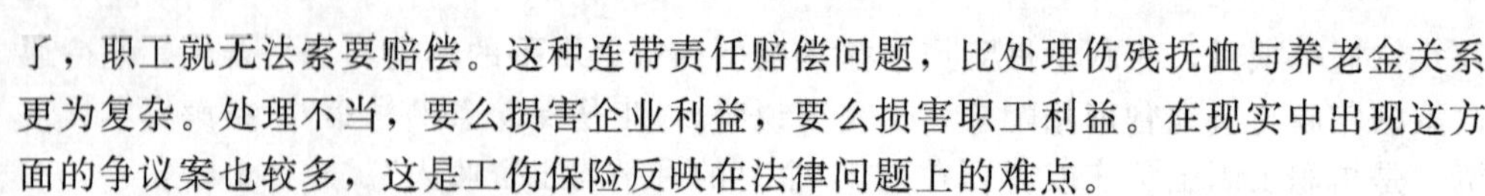

了，职工就无法索要赔偿。这种连带责任赔偿问题，比处理伤残抚恤与养老金关系更为复杂。处理不当，要么损害企业利益，要么损害职工利益。在现实中出现这方面的争议案也较多，这是工伤保险反映在法律问题上的难点。

（四）出国工作的工伤待遇问题

(1) 问题的产生。在20世纪六七十年代，我国有一些企业职工“援外出国”。改革开放后，主要是“劳务输出”，其中多数为出国承包工程建设。我们所说的“出国工伤”，主要是指成建制出国承包工程的职工发生工伤或意外事故伤亡。不包括个人出国就业，这种情况要加入所在国的工伤保险。出国包承工程的职工，劳动关系在国内企业单位，他们在国外不幸发生工伤或意外事故，多数由我们企业自己处理，实行我国工伤保险，有少数由外国当局处理，外方给予赔偿。外方赔偿适用当地规律，一次性结清我有关人员待遇，所得外币折合人民币往往较为可观，一般比国内工伤待遇高出几倍、几十倍。这种待遇支付和民事赔偿相雷同，计发项目很难与国内工伤保险相对照。由于这些工伤职工最终还要单位管起来，所以，许多单位就把外方赔偿占为公有，以为按国内工伤待遇（实际上还要高）处理就可以了。实践中，这样做的单位却在法律官司中败诉，因为单位占有职工的赔偿金是违法的。这样，工伤保险又有处理与外国工伤赔偿的问题。

(2) 现行政策规定和主要内容。《工伤保险条例》第44条对此做了规定，同时，还要沿用1981年《国务院关于驻外、援外人员在国外牺牲、病故善后工作的暂行规定》(国发〔1981〕147号) 和1974年财政部、外经部发出《关于援外出国人员牺牲、病故善后抚恤问题的处理意见》([74] 财事字第26号、[74] 外经政字第53号) 的有关规定。研究处理这个问题的方案，现行政策所体现的原则和方法，同处理与民事赔偿关系相类似，这里不必重复。现行政策根据两种情况作出规定，一种是由我方单位承担赔偿责任的，应按《工伤保险条例》发给各项待遇，由于工资基数比较高，他们所得待遇自然也高于国内企业职工；另一种是外方承担赔偿责任并索得赔偿金的，要对双方的待遇进行适当调整，具体做法见文件规定。此外，出国援外的人员，如果由于因病死亡，按照1974年财政部、外经部《关于援外出国人员牺牲、病故善后抚恤问题的处理意见》规定：“其抚恤费可参照国内因工死亡的标准发给”。此规定沿用至今，公派出国工作的人员病故时，不定为因工死亡，但其抚恤待遇可参照因工处理，由派出单位发给。

（五）其他有关人员工伤待遇政策

(1) 领取伤残抚恤金的工伤职工和领取抚恤金的供养亲属到境外定居后，可以继续定期领取抚恤金，但每年应提供一次生存证明以确认资格；也可以一次结清领走待遇，并从此终止待遇支付。一次性计发办法由各省、自治区、直辖市规定。

(2) 因工外出发生事故或在抢险救灾中下落不明的，其待遇分两个步骤处理。首先由亲属和企业正式报告后，从当月起，继续照发3个月工资，从第4个月停发工资，如有供养亲属可发给抚恤金；生活有困难的，可以预支50%的工亡补助金，因为这时不能确认其死亡。一次性工亡补助金按照《工伤保险条例》第三十九条规定处理。第二步，经人民法院宣告死亡，最后才发给丧葬补助金和其余的一次性工亡补助金。向人民法院申请宣告失踪和宣告死亡，要按照《民法通则》的有关规定办理，据第 23 条规定："因意外事故下落不明，从事故发生之日起满 2 年的"，可以申请宣告死亡。这就是说，因工意外失踪的，至少要经过 2 年以上才能做好善后处理。如果失踪人重新出现并经人民法院撤销死亡结论的，其亲属领取的工伤待遇应当退回（见《工伤保险条例》第 41 条）。

（3）原在军队因战、因公负伤致残，有革命伤残军队证，到用人单位后旧伤复发的，可以视同工伤。可以按照《工伤保险》条例有关规定享受工伤保险待遇，但不能享受一次性伤残补助金（见《工伤保险条例》第 15 条）。

第四节　工伤保险与事故预防结合机制

一、工伤保险与事故预防结合的意义

工伤保险与事故预防相结合是实施工伤保险制度的三大功能之一。工伤保险制度首先是具有对受害人的经济补偿和救助的功能；第二是为受伤害人员提供的医疗与康复保障，为再就业创造条件；同时，工伤保险制度还承担促进事故预防和发挥职业病防范的功能和作用。因此，工伤保险与事故预防结合，既是工伤保险制度本身的任务和要求，也是工伤保险制度应有作用和归宿。

工伤保险与事故预防相结合，一方面，通过事故预防减少事故发生，从而减少了经济损失和人身伤亡，也就减少了工伤赔付，社会保险机构可以将更多的资金用于工伤事故预防的宣传教育和支持企业改造有关设备设施、促进工伤事故预防项目的建设，使工伤保险进入良性循环发展状态；另一方面，工伤保险的事故预防是用经济、法制、技术、管理等一切手段对企业安全生产进行有效约束，而不是干预企业的经营自主权，能够把安全监督的外部压力和企业的内在动力有机地结合起来形成一种事故预防新机制，从根本上改善企业的环境，降低企业的风险等级，降低企业所缴纳的工伤保险费率，从而减轻企业负担，增强企业加入工伤保险的积极性；第三，事故预防保护职工免遭工伤和职业病的威胁，为职工创造了安全舒适的生产环境，从而使职工安心踏实地工作，提高工作效率为企业、社会创造更大的价值；第四，成功的工伤预防减少了社会整体资源的破坏，保障了职工合法权益，对安定社会和促进经济发展起了积极作用，有利于社会的可持续发展，有利于社会的稳定，同时树立了政府的良好形象。

工伤保险与事故预防相结合的目的就是：

（1）通过工伤保险的经济杠杆和强制手段形成内部激励外部监督的企业事故预防机制；

（2）通过事故预防，促进我国工伤保险机制的改革，由目前的单一赔偿机制转

变为工伤预防、职业康复和赔偿三位一体的工伤保险机制，充分发挥工伤保险的三大职能作用；

(3) 通过事故预防，控制并逐渐减少工伤和职业病的发生，不断改善我国各行业尤其是高危行业的生产环境，保护我国广大职工的合法权益，改善安全生产状况。

二、国外工伤保险与事故预防的经验和做法

在欧美等一些工业技术先进的国家，已开始把“控制损失”作为工伤保险最主要的口号，很多国家把工伤保险与事故预防紧密结合起来，总体可归纳为两大类型，一是工伤保险中强调事故预防，使事故预防成为工伤保险的首要任务；另一种是建立专门的事故预防基金。

国外主要有以下工伤预防措施。

(1) 制定、公布、印制劳动保护方面的规程与规定。所有制定、公布、印刷劳动保护规程与规定的费用，都有事故预防经费承担。

(2) 提供劳动保护监察和咨询服务。德国工商业同业公会中的技术监督机构(TAD) 负责对企业的劳动保护监察和咨询服务。此外，同业公会还建立了 20 多个检查站，免费为中小企业提供服务。

(3) 提供劳动医疗服务。劳动医疗只是健康检查，而不是工伤事故后的医疗康复。劳动医疗的目的在于发现职业病，在工伤事故预防中，它主要针对职业病的防治。

(4) 开展安全教育培训，是同业公会预防工伤事故的又一重要手段。同业公会设立了 22 个培训中心，通过电视、微机等工具，对学员进行基础和劳动安全教育培训。培训学员在培训期间的食、宿、培训、交通一律免费，有工伤事故预防经费中列支。

多数国家通过设立专门的事故预防基金来实现工伤保险与事故预防结合的目标。表 14-1 是部分国家将工伤保险制度与事故预防结合的基本情况。

表 14-1 部分国家工伤保险制度与事故预防结合做法

国别	运行模式	预防基金	管理机构	预防的实现
德国	赋予工伤保险预防职能	工伤保险基金中提取 15%	同业公会	制定、公布、印刷劳动保护方面的规程与规定，劳动保护监察和咨询服务，劳动医疗，安全教育培训，预防工伤与职业病科研等
英国	赋予工伤保险预防职能	工伤保险开支	工人补偿局	制定安全措施并责令其监督员实施
哥伦比亚	赋予工伤保险预防职能	工伤保险中的专款	社会保障基金会	制定安全条例并责令雇主或雇员执行
新西兰	赋予工伤保险预防职能	工伤保险开支	事故补偿协会	宣传教育，出版和发布安全信息，调查研究事故原因，组织安全生产运动

续表

国别	运行模式	预防基金	管理机构	预防的实现
日本	赋予工伤保险预防职能	工伤保险开支	劳动卫生社会福利省	改善劳动条件,确保合理劳动条件所必须的事业
法国	专门的事故预防基金	雇主缴纳工资总额的1.5%,不遵守职业安全的雇主的罚款	国家受雇劳动者疾病保险基金会	为企业提供安全方面的咨询,提供安全技术和安全专家,监督实施安全条例和工伤统计分析等
瑞士	工伤保险中的专门从事预防的分支机构	对高风险和安全纪录不良的企业专门征收	劳动社会保障部	为企业提供安全服务
美国(俄亥俄州)	专门的事故预防基金	财政收入的1%	安全和健康基金会	建立预防数据库,教育、指导与培训,财政支持及其他

三、工伤保险应推行有效的预防机制

1. 充分利用差别费率的功能

我国目前工伤保险统筹地区的差别费率大体上将行业划分为三类，一类为风险较小行业，二类为中等风险行业，三类为风险较大行业，各地根据具体情况按照分类表确定行业差别费率，将差别费率分为两挡到十五挡不等，差别费率从0.1%～3.6%将国民经济的行业划分到不同的挡次。韩国有67个费率挡次，差别费率从0.4%～28.6%。德国有700个费率挡次，差别费率从0.71%～14.38%。我国划分挡次普遍过少，可能导致不同风险水平的行业划分到一个挡次，对处在同一挡次中风险较小的企业显然是不公平的，势必会影响到企业参与工伤保险的积极性，不利于工伤保险的长期稳定。

在现行差别费率机制中采用补充差别费率只是对单挡的差别费率的细化，短期不会影响地区差别费率的整体框架，在一段时间内能基本保持基准费率的稳定，从而不影响地区工伤保险基金的收支平衡可使地区差别费率机制在稳定中逐步完善。

建立补充差别费率是对单挡的费率进行细化，在费率机制的调整过程中属于微观操作，因而针对地区工伤统计数据、地区的安全生产具体环境以及工伤经办机构的人员、经费、经验等可以有选择性的对一些挡次进行操作，尤其是处于同挡中的行业风险等级差距较大的挡次可以先进行补充差别费率划分，将风险水平相近的行业聚合到一挡，逐渐过渡到建立起比较细化、风险层次分明的系统的费率机制。

建立差别费率的依据是行业风险水平，建立补充差别费率当然也是行业风险水平，关键是行业风险水平应该如何评估才是符合实际的，科学的。根据风险理论、我国目前行业差别费率的弊端以及工伤保险的特点，提出了行业相对事故损失严重度（L 值）和行业相对事故率（P 值）两个相对量来评估基准档中行业的风险等级以便建立补充差别费率等级。

2. 有效施行浮动费率的机制

浮动费率制是在差别费率的基础上每年对各行业企业的安全状况和工伤保险费用支出状况进行分析评价，根据评价结果，由主管部门决定企业的工伤保险费率浮动。浮动幅度为原费率的5%～40%。通过浮动费率企业的安全状况直接体现在缴费上，对企业积极预防事故是一个直接的经济刺激。

我国浮动费率的发展历史不长，发展比较缓慢、机制还不成熟、形式比较简单，目前我国浮动费率的形式主要有两种，一种按照企业的伤亡事故率和工伤保险金的支付情况另一种按事故点数和工伤保险金的支付情况来确定浮动挡次。目前我国一些统筹地区采用第一种方式的主要做法是：①根据企业当年实际发生的工伤事故率（取死亡、重伤、轻伤中的最高值）来确定其次年的浮动值；②对评定为1～4级的伤残者，患有职业病者经确定的比照重伤值计算浮动费率；③根据企业本年度工伤保险基金的收支情况，适当调整浮动费率。采用的第二类方式，事故点数是依据事故伤害人的伤害程度确定的，分别为1、2、4、6、8、12、15、30、40、45、50、60个点，轻伤为1点，死亡为60点，中间10个挡次分别为伤残1-10个等级，企业的事故点数以一个统计年为准，所有事故伤害人的点数累加计算。

3. 提取工伤保险直接用于预防

工伤保险基金除依据规定给付工伤职工医疗费用、抚恤补偿外，还应致力于重大事故隐患整改安全卫生检测检验及安全教育培训等事故预防工作，从工伤保险基金中提取事故预防必要费用可以更为直接支持工伤事故预防活动。提取的事故预防费用应主要用于对企业的安全卫生免费检测检验，包括对特种设备的定期检测检验及安全认证工作，确保特种设备的安全运行；和开展工伤保险、事故预防的宣传教育及培训考核工作，提高企业及职工的工伤保险意识和自我防范技能，形成“安全为保险，保险促安全”的良好氛围。这种取之于企业，用之于企业的做法有利于工伤保险工作的深化发展，特别是对那些事故预防费用出现畸轻畸重、过于分散的企业，把一部分基金返还或调剂给他们，有利于统筹使用，保证重点。尤其对于事故隐患大、工伤频率高且又无资金投入的企业，这一做法具有重要意义。工伤保险工作也只有通过预防和减少事故，才能降低费用支出，从根本上保障企业职工的生命安全与健康，促进工伤保险基金的良性循环。

虽然我国的工伤预防发展较晚，目前我国一些省、市、地区已经从工伤保险基金中提取专项经费用于事故预防。如，南昌从工伤保险基金中提取8%的事故预防费和宣传、教育奖励费；大连规定可按工伤保险基金总额2%提取职业安全卫生检测费，工伤保险和安全生产宣传教育费，并在年终结余额中提取5%～20%用作安全生产突出企业和个人奖励金。广东工伤预防费由各市级社会保险经办机构按不超过当年工伤保险基金实际收缴总额的13%提取，所提取的工伤预防费的30%用于工伤预防的宣传教育及伤残评定等费用开支，70%用于安全生产奖励。江西、四川规定从保险金费中提取5%用于安全技术服务培训，此外，其他省市都采取了安全奖励措施，对安全生产状况良好的企业按当年企业缴纳工伤保险基金总额的一定比例返还。

第五节 工伤保险浮动费率方法研究

一、工伤保险浮动费率基本指标

浮动费率指标是浮动费率机制的核心，指标应涉及用人单位安全生产状况和工伤保险费使用情况两方面的内容。一方面只有把安全生产状况直接反映在费率上才能促使用人单位从源头上预防工伤事故。促使企业进行事故预防应该是一个激励企业不断持续改进安全生产状况的过程，因此考核企业安全生产状况的改进情况，能直接刺激企业改进安全生产。由于事故的随机性、安全管理与安全技术的滞后性事故是不可能完全杜绝的，在一段时期内世界各国（发达国家也不例外）每一行业都会具有一定的事故率，因此考查用人单位的事故率不应该采用用人单位的绝对事故率而应该采用相对于行业平均水平的相对事故率。另一方面工伤保险费的使用与工伤保险基金直接相关，会影响工伤保险事业的成本，因而应该作为费率浮动的一个考虑因素。

鉴于以上考虑，研究设计了以下三个浮动费率浮动指标。

X 指数：工伤事故综合指数。

X 指数＝当期企业人均工伤损失工作日/当期行业人均工伤事故损失工作日

此浮动指标评估用人单位工伤事故发生水平相对于行业平均水平的横向比较情况，可直观体现企业工伤风险在行业处于什么水平，根据此指标调整企业费率一方面可以实现在行业内部的工伤风险公平分担，另一方面有利于促进行业内企业安全生产竞争机制的形成。

Y 指数：工伤事故同比指数

Y 指数＝用人单位当期工伤损失工作日－上期工伤事故损失工作日

此浮动指标评估用人单位工伤事故发生总体水平的纵向变化情况，用于实现企业事故预防的自我激励。

Z 指数：工伤保险支缴率。

Z 指数＝统计周期内工伤保险基金支付用人单位工伤待遇的费用/该单位按基础费率缴纳工伤保险费

支缴率指标直接体现了企业工伤费用的使用情况，依据此指标调节企业费率有利于基金的收支平衡。

二、工伤保险浮动费率分析计算模型

通过对我国已实施的工伤保险浮动费率模式分析，现有的浮动模式主要存在以下问题：

① 工伤严重程度未予以考虑；

② 职业病的程度差别和强度均未考虑；

③ 不构成伤残等级没有充分考虑；

④ 是有级方式，实施级差较少、级限较低；

⑤ 反映的负担强度不精确；

⑥ 公平性指标未考虑。

中国地质大学（北京）安全研究中心的研究课题提出的浮动费率的确定模式，以三个浮动费率浮动指标为基础，提出了“核心指标 X×YZ 调节系数”浮动费率计算模型。

“核心指标 X×YZ 调节系数”浮动费率模型是以 X 指数也就是工伤事故综合指数为核心指标与以 Y 指数和 Z 指数的权重二维确定的调节系数作为浮动费率的浮动依据。选择 X 指数作为核心指标的理由是工伤保险浮动费率机制就是要根据同行业内企业不同的工伤风险调整企业的工伤费率，而 X 指数反映的企业工伤风险水平与行业平均水平的对比关系，最能体现出企业的工伤风险差异，因此选择 X 指数作为核心指标。而 Y 指数和 Z 指数可以很好地起到调节作用，一方面激烈企业安全生产的自我改进，一方面有利于基金的平衡，因此选择 Y、Z 指数确定的权重作为调节系数。

X 指数＝当期企业人均工伤损失工作日/当期行业人均工伤事故损失工作日。

Y 指数＝用人单位当期工伤损失工作日－上期工伤事故损失工作日。

Z 指数＝统计周期内工伤保险基金支付用人单位工伤待遇的费用/该单位按基础费率缴纳工伤保险费

YZ 调节系数＝Z 调节系数×Y 调节系数

“核心指标 X×YZ 调节系数”浮动费率模型的特点是：

① 无级方式；可设下限和上限，有利平衡和激励；

② X 指标为浮动费率的核心指标，重点评估企业工伤风险相对于行业工伤风险的水平；

③ 采用人均损失工作日对企业不同严重程度工伤事故进行了综合评估；

④ 具有预防性、平衡性、公平性兼顾；

⑤ 具有科学性、合理性、有效性结合。

与传统方法最不同的地方是这种浮动模式没有设定具体的挡次，而是根据计算得出实际的浮动系数，不仅计算简便且浮动系数是任意的也可以是连续的。相对于传统的有极方式，这种无极方式更能有利于基金的平衡。为控制浮动系数的最高最低限值，建议设计浮动系数的上下限。

由于这种浮动模式采用的三个指标基本满足了浮动费率预防、激励、平衡的功能，相对于传统模式的单一性、片面性该模式更科学合理，简便的计算可以大大提高劳动保障部门的效率。

该模式最大的难点在于 Y 权重 Z 权重的确定，Y、Z 权重的确定不仅需要专家的经验知识，还需要大量的实践数据来验证。该方法较适合工伤保险实施条件较成熟，统计数据累积较多的统筹地区。

三、工伤保险支缴率（Z 指数）取值探讨

支缴率取值的确定最重要的是临界值（费率不浮动支缴率值）的确定，可参照现有的一些市（县）的做法，天津、深圳、南京等地临界值见表 14-2。

表 14-2　我国部分市（县）支缴率零界值取值表

市(县)	天津	深圳	南京	青海	厦门	重庆	成都	许昌	沙县
临界值/%	70～90	30～100	80～100	50～150	40～70	80～120	60～100	0～200	100～150

该表直观折线图如图 14-1 所示。

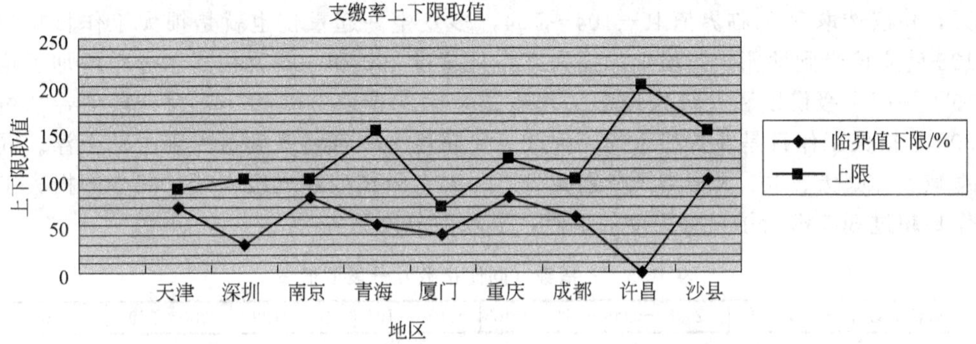

图 14-1　我们部分市（县）支缴率零界值取值折线图

由直观图很容易分析得出，最小下限值为 0%，最大上限值为 200%，下限值集中在 80%左右，上限值集中在至 100%左右。

工伤保险的一个重要原则是风险分担、互助互济原则，目的是为了尽可能减少用人单位工伤费用负担，因此本文建议零界值的最大值的选取应该超过 100%，以体现对企业工伤风险的社会负担。下限值的选取可依据统筹区基金结余情况确定。结余较多可适当提高上下限值，结余较少基金比较紧张可适当降低上下限值。

我国工伤保险基金从 1995 年至今一直处于结余状态，2001～2006 年的基金结余情况见表 14-3。

表 14-3　2001～2006 年全国基金结余情况

年份/年	2001	2002	2003	2004	2005	2006
基金结余/亿元	68.9	81.1	91.2	119	163.6	193

目前各个省份基本都处于结余状态，结合经验本文建议临界值取 80%～120%，其他分段取值建议如表 14-4 所示。

表 14-4　Z 指数（支缴率）分段取值表

Z 取值分段	50%以下	50%～80%	80%～120%	120%～160%	160%以上

四、工伤事故同比指数（Y 指数）取值探讨

Y 指标评估用人单位工伤事故发生水平的纵向变化情况，督促企业不断改进安全生产状况，该指标相对于目前已经实施的费率模式来说是一个新的指标，它将企业的自我工伤预防激励机制引入了浮动费率机制，合理的使用 Y 指数对事故预防可以起到重大作用。

如果企业的工伤风险水平没有发生变化，就这一指标来说费率不浮动，因此 Y 指标的临界值为 0，但由于事故的偶然性及一些轻伤事故的不可避免，允许企业的 Y 指标在不发生重伤的有一个小的范围波动，由于轻伤的损失工作日不超过 105 天，建议选取 Y 的临界值取－104～104，多发生一起重伤也就是损失工作日超过 105 就应该受到惩罚，当增加的损失工作日超过 200 和 300 就相当于分布增加了增加了一起十级伤残和九级伤残的工伤事故，因此选取 200 和 300 为分段值，超过 300 个损失工作日是非常严重的，因此只要超过 300 都将受到最大限度的上浮。同理减少 200 天、300 天相当于分别减少了一起十级伤残和九级伤残，减少的损失工作日超过 300 都给予最大限度的下浮，Y 取值分段见表 14-5。

表 14-5　Y 指数（同比指数）分段取值表

Y 取值分段	－300 以下	－299～－200	－199～－105	－104～104	105～199	200～299	＞300

五、YZ 调节系数的确定

YZ 调节系数的选择方法有三种。

① 各个统筹区可根据经验效仿以前或其他地区做法适当选择权重。

② 可采用专家打分法利用专家的专业知识和经验。

③ 最科学的方法是根据地方实践数据进行测算，但目前情况下，由于我国的工伤统计数据不全不细，现阶段可能难以实施。

我们建议各个统筹区根据实际条件选择经验法或专家法，在此基础上根据实际工伤情况适时调整权重，使其更科学更合理。

YZ 调节系数的确定步骤如下。

1. 确定 Z 调节系数

各个地区可根据实践经验自行确定，本文根据实际数据的测算及结合专家建议建议 Z 调节系数如表 14-6 所示。

表 14-6　Z 调节系数分段取值表

Z 取值分段	50%以下	50%～80%	80%～120%	120%～160%	160%以上
Z 调节系数	50%	80%	100%	120%	150%

企业支缴率在80%～120%之间时Z指标对企业费率的浮动没影响，也就是说企业工伤费用超出上缴费用的20%，对企业费率不会产生影响，当企业支缴率在120%～160%之间时，Z调节系数为120%，为该取值段的最小值，大于160%的取160%，上浮的系数都小于企业的实际支教率，为的是在惩罚企业的同时还要体现工伤保险互助共济，分担企业风险的职能。当企业支缴率低于80%就可下调企业的费率，这对企业降低工伤事故以减少工伤费用支出是一个很好的激励手段。

2. 确定Y调节系数

各个地区可根据实践经验自行确定，本文根据实际数据测算和经验及结合专家建议Y调节系数取值如表14-7。

表14-7　Y调节系数分段取值表

Y取值分段	−300以下	−299～−200	−199～−105	−104～104	105～199	200～299	300以上
Y调节系数	60%	80%	90%	100%	110%	120%	140%

3. 确定YZ调节系数

YZ调节系数=Z调节系数×Y调节系数。见表14-8。

表14-8　YZ调节系数确定表

<table>
<tr><td rowspan="14">YZ调节系数=Z调节系数×Y调节系数</td><td rowspan="6">Z调节系数</td><td>Z指标分段值</td><td>Z调节系数</td></tr>
<tr><td>50%以下</td><td>50%</td></tr>
<tr><td>50%(含)～80%</td><td>80%</td></tr>
<tr><td>80%(含)～120%</td><td>100%</td></tr>
<tr><td>120%(含)～160%</td><td>120%</td></tr>
<tr><td>160%以上(含)</td><td>150%</td></tr>
<tr><td rowspan="8">Y调节系数</td><td>Y指标分段值</td><td>Y调节系数</td></tr>
<tr><td>−300以下</td><td>60%</td></tr>
<tr><td>−299～−200</td><td>80%</td></tr>
<tr><td>−199～−105</td><td>90%</td></tr>
<tr><td>−104～104</td><td>100%</td></tr>
<tr><td>105～199</td><td>110%</td></tr>
<tr><td>200～299</td><td>120%</td></tr>
<tr><td>300以上</td><td>140%</td></tr>
</table>

六、费率浮动的方法

“核心指标Z×YZ调节系数”模型的费率计算公式为：

企业浮动后费率=企业基准费率×浮动系数

浮动系数=X指数×YZ调节系数

当计算的浮动系数超过上下限时，取上下限值。为保证基金平衡，此模型的下限值必须大于行业平均支缴率。根据《关于工伤保险费率问题的通知》，用人单位属一类行业的，按行业基准费率缴费，不实行费率浮动。用人单位属二、三类行业的，费率实行浮动。用人单位的初次缴费费率，按行业基准费率确定，以后由统筹

地区社会保险经办机构根据用人单位工伤保险费使用、工伤发生率、职业病危害程度等因素，一至三年浮动一次。在行业基准费率的基础上，可上下各浮动两挡：上浮第一挡到本行业基准费率的120%，上浮第二挡到本行业基准费率的150%，下浮第一挡到本行业基准费率的80%，下浮第二挡到本行业基准费率的50%。费率浮动的具体办法由各统筹地区劳动保障行政部门会同财政、卫生、安全监管部门制定。本文建议浮动系数的上下限值取150%和50%。为此，当行业平均支缴率小于50%的统筹区，建议取下限值为50%上限值为150%。行业平均支缴率大于50%的统筹区，建议取行业平均支缴率为下限值，150%为上限值。

七、工伤保险浮动费率模型实践检验及应用

根据设计的浮动费率数学模型，我们结合进行了应用性实证研究分析。

(一) 企业原始数据

在某市社保部门的大力支持下，通过对某市企业的调查访问，获得了该市2004～2006年风险等级为四级，经济待业类型为03，行业基准费率为0.8的45家企业的工伤统计数据。

企业原始数据见表14-9～表14-11。

表 14-9 2004 年企业原始工伤数据

单位编号	参保人数/人	缴费比例	缴费基数/元	缴费金额/元	实付待遇总额/元	支缴率	损失工日/天	人均损失工日/(天/人)
1	9	0.8	104730.5	837.844	0	0.0%	0	0
2	256	0.8	2262592	18100.74	0	0.0%	0	0
3	44	0.8	627654	5021.232	0	0.0%	0	0
4	1	0.8	85788	686.304	0	0.0%	0	0
5	2	0.8	248472	1987.776	0	0.0%	0	0
6	6	0.8	13338	106.704	0	0.0%	0	0
7	25	0.8	434860	3478.88	0	0.0%	0	0
8	3	0.8	22701	181.608	0	0.0%	0	0
9	3	0.8	12000	96	0	0.0%	0	0
10	39	0.8	343962.4	2751.699	0	0.0%	0	0
11	13	0.8	106382	851.056	0	0.0%	0	0
12	65	0.8	263444	2107.552	0	0.0%	0	0
13	6	0.8	38532	308.256	0	0.0%	0	0
14	52	0.8	453935.4	3631.483	70164.5	1932.1%	6009	115.56
15	3600	0.8	33359992	266879.9	148163.3	55.5%	3253	0.90
16	515	0.8	5737371	45898.97	36425.21	79.4%	170	0.33
17	158	0.8	956749	7653.992	0	0.0%	0	0
18	17	0.8	191199.9	1529.599	0	0.0%	0	0
19	252	0.8	2080415	16643.32	1499	9.0%	5	0.02
20	6	0.8	61197.6	489.5808	0	0.0%	0	0
21	23	0.8	224927.7	1799.422	0	0.0%	0	0
22	9	0.8	79900.6	639.2048	0	0.0%	0	0

续表

单位编号	参保人数/人	缴费比例	缴费基数/元	缴费金额/元	实付待遇总额/元	支缴率	损失工日/天	人均损失工日/(天/人)
23	8	0.8	63547.8	508.3824	0	0.0%	0	0
24	2	0.8	17157.6	137.2608	0	0.0%	0	0
25	6	0.8	51472.8	411.7824	0	0.0%	0	0
26	19	0.8	251455	2011.64	0	0.0%	0	0
27	1	0.8	357497.5	2859.98	0	0.0%	0	0
28	10	0.8	83721.6	669.7728	0	0.0%	0	0
29	1	0.8	12022.8	96.1824	0	0.0%	0	0
30	70	0.8	670879.4	5367.035	0	0.0%	0	0
31	1	0.8	888517.8	7108.142	0	0.0%	0	0
32	89	0.8	1084764	8678.112	0	0.0%	0	0
33	1	0.8	90922.8	727.3824	0	0.0%	0	0
34	158	0.8	1451531	11612.25	0	0.0%	0	0
35	47	0.8	472000	3776	0	0.0%	0	0
36	71	0.8	777949.8	6223.598	0	0.0%	0	0
37	3	0.8	22292.4	178.3392	0	0.0%	0	0
38	84	0.8	769618.2	6156.946	0	0.0%	0	0
39	10	0.8	94366.8	754.9344	0	0.0%	0	0
40	29	0.8	325920.6	2607.365	0	0.0%	0	0
41	3782	0.8	34726424	277811.4	100689.9	36.2%	6141	1.62
42	15	0.8	184512.4	1476.099	0	0.0%	0	0
43	6	0.8	464585.6	3716.685	0	0.0%	0	0
44	3	0.8	36788.4	294.3072	0	0.0%	0	0
45	5	0.8	42894	343.152	0	0.0%	0	0

表 14-10　2005 年企业原始工伤统计数据

单位编号	参保人数/人	单位缴费比例	单位缴费基数/元	缴费金额/元	实付待遇总额/元	支缴率	损失工日/天	人均损失工日/(天/人)
1	6	0.009	102000	918	0	0.0%	0	0
2	256	0.008	2565240	20521.92	0	0.0%	0	0
3	24	0.008	633078	5064.624	0	0.0%	0	0
4	1	0.008	90261.6	722.0928	0	0.0%	0	0
5	2	0.008	272462.4	2179.6992	0	0.0%	0	0
6	6	0.008	51296.4	410.3712	0	0.0%	0	0
7	62	0.007	706617.6	4946.3232	0	0.0%	0	0
8	5	0.009	42000	378	0	0.0%	0	0
9	3	0.009	30254.4	272.2896	0	0.0%	0	0
10	41	0.008	418428.6	3347.4288	0	0.0%	0	0
11	41	0.009	347910	3131.19	0	0.0%	0	0
12	38	0.008	623108	4984.864	1532	30.7%	5	0.13
13	106	0.008	808885.2	6471.0816	0	0.0%	0	0
14	52	0.008	514991.4	4119.9312	2158.74	52.4%	7	0.13
15	3600	0.009	37744608	339701.47	39172.39	11.5%	505	0.14

续表

单位编号	参保人数/人	单位缴费比例	单位缴费基数/元	缴费金额/元	实付待遇总额/元	支缴率	损失工日/天	人均损失工日/(天/人)
16	542	0.009	6464151	58177.359	2385.62	4.1%	8	0.01
17	164	0.008	1032340	8258.72	0	0.0%	0	0
18	18	0.009	207655.1	1868.8959	0	0.0%	0	0
19	252	0.009	2909621	26186.589	922	3.5%	3	0.02
20	4	0.008	49477.2	395.8176	0	0.0%	0	0
21	21	0.008	224144.8	1793.1584	0	0.0%	0	0
22	9	0.008	87577.2	700.6176	0	0.0%	0	0
23	8	0.009	77846.4	700.6176	0	0.0%	0	0
24	2	0.008	19461.6	155.6928	0	0.0%	0	0
25	5	0.008	50877	407.016	0	0.0%	0	0
26	19	0.009	279381.6	2514.4344	0	0.0%	0	0
27	1	0.008	324849	2598.792	0	0.0%	0	0
28	10	0.008	97308	778.464	0	0.0%	0	0
29	1	0.008	9730.8	77.8464	0	0.0%	0	0
30	66	0.008	735568.8	5884.5504	6052.13	102.8%	60	0.9
31	1	0.008	936920.5	7495.364	0	0.0%	0	0
32	84	0.008	982667.3	7861.3384	0	0.0%	0	0
33	1	0.008	118713	949.704	0	0.0%	0	0
34	147	0.008	1507703	12061.624	0	0.0%	0	0
35	44	0.008	429600	3436.8	0	0.0%	0	0
36	69	0.008	801545.4	6412.3632	0	0.0%	0	0
37	3	0.008	29192.4	233.5392	0	0.0%	0	0
38	80	0.008	791480.5	6331.844	0	0.0%	0	0
39	11	0.009	107038.8	963.3492	0	0.0%	0	0
40	31	0.008	360557.6	2884.4608	0	0.0%	0	0
41	3887	0.009	39951154	359560.39	272961.9	75.9%	12106	3.11
42	15	0.007	183480.8	1284.3656	0	0.0%	0	0
43	6	0.009	558776.8	5028.9912	0	0.0%	0	0
44	2	0.008	37483.2	299.8656	0	0.0%	0	0
45	5	0.008	48654	389.232	0	0.0%	0	0

行业平均损失工作日：1.30，行业平均支缴率为36%。

表 14-11　2006 年企业工伤统计数据

单位编号	参保人数/人	单位缴费比例	单位缴费基数/元	缴费金额/元	实付待遇总额/元	支缴率	损失工日/天	人均损失工日/(天/人)
1	6	0.01	72396	723.96	0	0.0%	0	0
2	256	0.01	2760152	27601.52	0	0.0%	0	0
3	24	0.008	456078	3648.624	0	0.0%	0	0
4	1	0.008	90806.4	726.4512	0	0.0%	0	0
5	2	0.008	302427.6	2419.421	0	0.0%	0	0
6	6	0.008	22020	176.16	0	0.0%	0	0
7	62	0.008	633592.2	5068.738	1928.62	38.0%	7	0.11

续表

单位编号	参保人数/人	单位缴费比例	单位缴费基数/元	缴费金额/元	实付待遇总额/元	支缴率	损失工日/天	人均损失工日/(天/人)
8	5	0.01	55497	554.97	0	0.0%	0	0
9	3	0.01	27986.4	279.864	0	0.0%	0	0
10	41	0.008	577645.2	4621.162	0	0.0%	0	0
11	40	0.01	513500	5135	0	0.0%	0	0
12	38	0.008	526817	4214.536	0	0.0%	0	0
13	107	0.01	1275134	12751.34	0	0.0%	0	0
14	51	0.01	362832.2	3628.322	0	0.0%	0	0
15	3600	0.01	41644733	416447.3	36337.66	8.7%	261	0.07
16	551	0.01	7574780	75747.8	0	0.0%	0	0
17	157	0.01	796858	7968.58	0	0.0%	0	0
18	19	0.01	235517.8	2355.178	0	0.0%	0	0
19	260	0.008	4648622	37188.98	11737.5	31.6%	123	0.47
20	4	0.01	45403.2	454.032	0	0.0%	0	0
21	21	0.008	234591	1876.728	0	0.0%	0	0
22	9	0.008	102157.2	817.2576	0	0.0%	0	0
23	8	0.01	88784.4	887.844	0	0.0%	0	0
24	2	0.008	22701.6	181.6128	0	0.0%	0	0
25	5	0.008	56754	454.032	0	0.0%	0	0
26	19	0.009	316611.6	2849.504	0	0.0%	0	0
27	1	0.008	231535.8	1852.286	0	0.0%	0	0
28	10	0.008	125249.4	1001.995	0	0.0%	0	0
29	1	0.008	6295.8	50.3664	0	0.0%	0	0
30	69	0.008	798917.8	6391.342	0	0.0%	0	0
31	1	0.01	1028153	10281.53	0	0.0%	0	0
32	83	0.008	1040896	8327.168	0	0.0%	0	0
33	1	0.008	109203.6	873.6288	0	0.0%	0	0
34	147	0.008	1603001	12824.01	0	0.0%	0	0
35	44	0.008	407200	3257.6	0	0.0%	0	0
36	69	0.008	798709	6389.672	0	0.0%	0	0
37	3	0.008	34052.4	272.4192	0	0.0%	0	0
38	80	0.006	923719.2	5542.315	0	0.0%	0	0
39	11	0.01	140023.8	1400.238	0	0.0%	0	0
40	30	0.007	395605	2769.235	0	0.0%	0	0
41	3884	0.008	54872397	438979.2	167043.6	38.1%	214	0.06
42	15	0.005	205374.6	1026.873	0	0.0%	0	0
43	6	0.01	675015.8	6750.158	0	0.0%	0	0
44	2	0.008	32014.8	256.1184	0	0.0%	0	0
45	5	0.008	56754	454.032	0	0.0%	0	0

通过对上述数据的计算分析，得到行业平均损失工作日为0.06。

本部分的统计数据存在的一个遗憾是损失工作日是估计的数据，并非原始统计数据，因为目前社会保险管理信息系统中还没有损失工作日这一统计指标，但损失工作日日益成为安全事故严重程度，经济损失评估指标，对于科研的意义重大，此外伤亡事故和职业病统计报告和处理制度对伤亡事故分类的原则是按伤害程度分

类，轻伤指损失工作日为一个工作日以上105个工作日以下的失能伤害；重伤指损失工作日在105以上的失能伤害，重伤的损失工作日最多不超过6000日。死亡损失工作日为6000日。可见重伤轻伤的区别也是通过损失工作日来体现的，建议劳动统计部门今后将损失工作日这一指标纳入到统计范围。

（二）企业工伤费率浮动情况

统筹区可以自行规定浮动周期，由于统计数据有限，暂以一年为浮动周期，拟根据模型计算2005年、2006年企业的浮动费率，具体浮动情况见表14-12、表14-13。

表14-12　2005年企业工伤费率浮动情况表

单位编号	参保职工人数/人	损失工日/天	人均损失工日/天	Z指标	X指标	Y指标	YZ调节系数	浮动系数
1	6	0	0	0.0%	0			50%
2	256	0	0	0.0%	0			50%
3	24	0	0	0.0%	0			50%
4	1	0	0	0.0%	0			50%
5	2	0	0	0.0%	0			50%
6	6	0	0	0.0%	0			50%
7	62	0	0	0.0%	0			50%
8	5	0	0	0.0%	0			50%
9	3	0	0	0.0%	0			50%
10	41	0	0	0.0%	0			50%
11	41	0	0	0.0%	0			50%
12	38	5	0.13	30.7%	10%	5	50%	50%
13	106	0	0	0.0%	0	0		50%
14	52	7	0.13	52.4%	10%	−6002	48%	50%
15	3600	505	0.14	11.5%	11%	−2748	30%	50%
16	542	8	0.01	4.1%	0.8%	−162	45%	50%
17	164	0	0	0.0%	0			50%
18	18	0	0	0.0%	0			50%
19	252	3	0.02	3.5%	2%	−2	50%	50%
20	4	0	0	0.0%	0			50%
21	21	0	0	0.0%	0			50%
22	9	0	0	0.0%	0			50%
23	8	0	0	0.0%	0			50%
24	2	0	0	0.0%	0			50%
25	5	0	0	0.0%	0			50%
26	19	0	0	0.0%	0			50%
27	1	0	0	0.0%	0			50%
28	10	0	0	0.0%	0			50%
29	1	0	0	0.0%	0			50%
30	66	60	0.90	102.8%	69%	60	100%	69%
31	1	0	0	0.0%	0			50%
32	84	0	0	0.0%	0			50%
33	1	0	0	0.0%	0			50%
34	147	0	0	0.0%	0			50%

续表

单位编号	参保职工人数/人	损失工日/天	人均损失工日/天	Z指标	X指标	Y指标	YZ调节系数	浮动系数
35	44	0	0	0.0%	0			50%
36	69	0	0	0.0%	0			50%
37	3	0	0	0.0%	0			50%
38	80	0	0	0.0%	0			50%
39	11	0	0	0.0%	0			50%
40	31	0	0	0.0%	0			50%
41	3887	12106	3.11	75.9%	247%	5965	112%	150%
42	15	0	0	0.0%	0			50%
43	6	0	0	0.0%	0			50%
44	2	0	0	0.0%	0			50%
45	5	0	0	0.0%	0			50%

表 14-13　2006 年企业工伤费率浮动情况表

单位编号	参保职工人数/人	损失工日/天	人均损失工日/天	Z指标	X指标	Y指标	YZ调节系数	浮动系数
1	6	0	0	0.0%				50%
2	256	0	0	0.0%				50%
3	24	0	0	0.0%				50%
4	1	0	0	0.0%				50%
5	2	0	0	0.0%				50%
6	6	0	0	0.0%				50%
7	62	7	0.11	38.0%	183%	7	50%	91.5%
8	5	0	0	0.0%				50%
9	3	0	0	0.0%				50%
10	41	0	0	0.0%				50%
11	40	0	0	0.0%				50%
12	38	0	0	0.0%				50%
13	107	0	0	0.0%				50%
14	51	0	0	0.0%				50%
15	3600	261	0.07	8.7%	117%	−244	40%	50%
16	551	0	0	0.0%				50%
17	157	0	0	0.0%				50%
18	19	0	0	0.0%				50%
19	260	123	0.47	31.6%	783%	120	55%	150%
20	4	0	0	0.0%				50%
21	21	0	0	0.0%				50%
22	9	0	0	0.0%				50%
23	8	0	0	0.0%				50%
24	2	0	0	0.0%				50%
25	5	0	0	0.0%				50%
26	19	0	0	0.0%				50%
27	1	0	0	0.0%				50%
28	10	0	0	0.0%				50%

续表

单位编号	参保职工人数/人	损失工日/天	人均损失工日/天	Z指标	X指标	Y指标	YZ调节系数	浮动系数
29	1	0	0	0.0%				50%
30	69	0	0	0.0%				50%
31	1	0	0	0.0%				50%
32	83	0	0	0.0%				50%
33	1	0	0	0.0%				50%
34	147	0	0	0.0%				50%
35	44	0	0	0.0%				50%
36	69	0	0	0.0%				50%
37	3	0	0	0.0%				50%
38	80	0	0	0.0%				50%
39	11	0	0	0.0%				50%
40	30	0	0	0.0%				50%
41	3884	214	0.06	38.1%	100%	−11892	30%	50%
42	15	0	0	0.0%				50%
43	6	0	0	0.0%				50%
44	2	0	0	0.0%				50%
45	5	0	0	0.0%				50%

（三）研究结果分析

企业浮动结果是未发生工伤事故的企业下浮到下限值50%，发生了工伤事故的企业浮动情况见表14-14、表14-15。

表14-14　2005年发生工伤事故的企业浮动情况表

单位编号	参保职工人数/人	损失工日/天	人均损失工日/天	Z指标	X指标	Y指标	YZ调节系数	浮动系数	浮动系数
12	38	5	0.13	30.70%	10%	5	50%	5%	50%
14	52	7	0.13	52.40%	10%	−6002	48%	4.80%	50%
15	3600	505	0.14	11.50%	11%	−2748	30%	3.30%	50%
16	542	8	0.01	4.10%	0.80%	−162	45%	0.40%	50%
19	252	3	0.02	3.50%	2%	−2	50%	1%	50%
30	66	60	0.9	102.80%	69%	60	100%	69%	69%
41	3887	12106	3.11	75.90%	247%	5965	112%	277%	150%

表14-15　2006年发生工伤事故的企业浮动情况表

单位编号	参保人数/人	损失工日/天	人均损失工日/天	Z指标	X指标	Y指标	YZ调节系数	浮动系数	浮动系数
7	62	7	0.11	38.00%	183%	7	50%	91.50%	91.50%
15	3600	261	0.07	8.70%	117%	−244	40%	46.80%	50%
19	260	123	0.47	31.60%	783%	120	55%	430.70%	150%
41	3884	214	0.06	38.10%	100%	−11892	30%	30%	50%

八、浮动费率三大功能分析

浮动费率具备三大功能：

① 事故预防功能，促进企业预防事故。

② 基金平衡功能，以保持基金的稳定。

③ 负担公平功能，以激励企业参与工伤保险的积极性。

评价浮动费率机制是否合理看它是否发挥了浮动费率的三大功能，因此对以上得出的浮动结果进行三方面的分析。

1. 事故预防功能分析

实施浮动费率的核心目的就是为了预防事故，而支缴率并不能体现企业的工伤发生情况也不能准确的反应工伤事故的严重程度，一些较大的企业尽管事故率高甚至发生了死亡事故支缴率依然较低，如果仅以支缴率为浮动依据，不仅不能促进这些企业预防事故反而会使这些企业放松对安全生产的管理，本文引入的企业工伤综合指数 X 和企业纵向指数 Y 重点评估了企业的工伤风险行业水平及工伤变化情况，理论上更有利于工伤预防。从实践结果分析：单位编号为 19 的企业 2006 年尽管其支教率只有 31.6%，但工伤风险水平是行业平均水平的 7.8 倍且相对于 2005 年总损失工作日增加了 120 天，相当于增加了一起重伤工伤事故，以本文设计的模型计算，企业的费率应上浮到最大值 150%，而如果以目前很多地区仅以支缴率为浮动指标该那么该企业的费率应该下调。同样，单位编号为 41 的企业在 2005 年的支缴率为 75.90%，但企业工伤风险水平是行业平均水平的 2.5 倍，且总损失工作日相对于 2004 年增加了 5965 天，增加了一起死亡事故，按照本文设计的模型企业费率必须调整到最大值 150%，而如果以目前很多地区仅以支缴率为浮动指标那么该企业的费率应该下调。显然本文设计的费率调整模式对那些虽然支缴率较低，但工伤风险水平在行业中处于较高水平且工伤风险发生恶化的企业进行了一定的惩罚。尤其对于那些缴费基数较大即使发生工伤死亡事件其支缴率还很有可能较低的大型企业，单以支缴率没办法对其费率进行浮动的问题，该模型很好地解决了这个问题，激励这些企业进一步改善安全生产条件。另一方面，对于那些工伤风险水平低于行业平均水平，工伤风险降低了且支缴率不高的企业，根据本模型的计算通过上面的实际测算可看到费率都可以下调，如 2005 年企业编号为 12，14，15，16，19 的企业和 2006 年的 41。有利于进一步激励这些工伤风险水平较低的企业进一步保持和改善其安全生产条件。因此本浮动模式对比于其他浮动费率模式对企业的工伤风险水平进行了综合评估，对企业的工伤变化情况也进行了评估，更有利于促进企业预防工伤事故。

2. 基金平衡功能的分析

浮动费率在实施的过程中必须考虑到基金的平衡问题，否则将影响工伤基金的支付能力。本问的浮动费率模式下限值规定为大于行业平均支缴率，这一设计不仅可以最大限度下调企业的费率而且保证了行业费率浮动后工伤保险的支付能力，对

于抽样的该统筹区 2005 年的行业平均支缴率为 36%，2006 年的行业平均支缴率为 19.3%，下限值设计为 50%，可以充分保证基金平衡。

3. 负担公平功能的分析

实施浮动费率的核心目的是促使企业预防工伤事故，但必须保证实施该模式时对所以企业的公正性。X，Y，Z 指标的综合评估考虑到了企业工伤情况的横向和纵向及涉及工伤费用的支缴率，相对于目前实施最多的支缴率单一指标考虑问题更全面更均衡因此也更公平。如 2005 年的编号为 30 的企业虽然它的支缴率为 102.80%但其工伤风险水平仅为行业 69%，相对于上一年其工伤总损失工作日对了 60 天相当于一起轻伤，就这三个指标而言支缴率和工伤纵向指标都处于零界值，而工伤综合指标处于下浮的范围，计算出该企业应该下浮到 69%是非常公平的。此外该模式的核心指标不是支缴率而是企业综合指数 Z 指标即企业的工伤风险水平相对于行业的平均水平，Z 指标的引入增加了浮动费率模式的公平性。首先 Z 指标是动态的，它随着企业自身和行业工伤风险水平的变化而变化具有实时性，其次采用人均损失工作日不仅考虑了事故的严重程度而且考虑到企业规模对企业更公平。

九、XYZ 浮动费率模型与地区现行浮动方案的对比分析

根据上述研究分析结果可得下面 XYZ 浮动费率模型与地区现行浮动方案的对比分析对比表。

表 14-16　2006 年企业浮动情况对比表

单位编号	人均损失工日/天	Z 指标	X 指标	Y 指标	地区目前浮动情况	本文模型浮动情况
1	0	0.0%			111.1%	50%
2	0	0.0%			125.0%	50%
3	0	0.0%			100.0%	50%
4	0	0.0%			100.0%	50%
5	0	0.0%			100.0%	50%
6	0	0.0%			100.0%	50%
7	0.11	38.0%	183%	7	114.3%	91.5%
8	0	0.0%			111.1%	50%
9	0	0.0%			111.1%	50%
10	0	0.0%			100.0%	50%
11	0	0.0%			111.1%	50%
12	0	0.0%			100.0%	50%
13	0	0.0%			125.0%	50%
14	0	0.0%			125.0%	50%
15	0.07	8.7%	117%	−244	111.1%	50%
16	0	0.0%			111.1%	50%
17	0	0.0%			125.0%	50%
18	0	0.0%			111.1%	50%

续表

单位编号	人均损失工日/天	Z指标	X指标	Y指标	地区目前浮动情况	本文模型浮动情况
19	0.47	31.6%	783%	120	88.9%	150%
20	0	0.0%			125.0%	50%
21	0	0.0%			100.0%	50%
22	0	0.0%			100.0%	50%
23	0	0.0%			111.1%	50%
24	0	0.0%			100.0%	50%
25	0	0.0%			100.0%	50%
26	0	0.0%			100.0%	50%
27	0	0.0%			100.0%	50%
28	0	0.0%			100.0%	50%
29	0	0.0%			100.0%	50%
30	0	0.0%			100.0%	50%
31	0	0.0%			125.0%	50%
32	0	0.0%			100.0%	50%
33	0	0.0%			100.0%	50%
34	0	0.0%			100.0%	50%
35	0	0.0%			100.0%	50%
36	0	0.0%			100.0%	50%
37	0	0.0%			100.0%	50%
38	0	0.0%			75.0%	50%
39	0	0.0%			111.1%	50%
40	0	0.0%			87.5%	50%
41	0.06	38.1%	100%	−11892	88.9%	50%
42	0	0.0%			71.4%	50%
43	0	0.0%			111.1%	50%
44	0	0.0%			100.0%	50%
45	0	0.0%			100.0%	50%

由表14-16可知，企业编号为1，2，8，9，11，13，14，16，17，20，23，31，38，39，40，43的企业在2006年没有发生工伤事故，目前的现行浮动办法只对其中38，40费率进行了下调，而对其他的企业都进行了上调，而根据本文模型是对它们的费率都进行下调，可见本模型更合理公平更有利于激励企业进行事故预防。另外企业编号为19的企业支教率为783%，损失工作日2006年比2005年增加了120天而目前的现行办法将其费率下调到了88.9%，根据本模型是将其费率上调到150%，19企业支教率比较高，而且损失工作日增加了安全生产状况恶化了，上调费率更有利于促进企业注意安全生产，因此本模型的浮动结果更合理些。

通过本文浮动结果与现行浮动结果分析，证明新的以XYZ浮动模型的分析计算结果更合理公平，更有利于促进企业预防工伤事故。

[1] Jette B, Kornum S, Steffen Christensen M, et al. The incidence of interstitial lung disease 1995 2005: a Danish nationwide population-based study. BMCPulm Med, 2008, 8 (4): 24.

[2] Ken Takahashi. Asbestos-related diseases: time for technology sharing. Occup Med (Lond), 2008, 58 (6): 384～385.

[3] M Meric, M Monteau, J Szekely. Technique de Gestion de la Securite—L' analyse des accidents du travail et l' emploi de la notion des facteurs potentiels d' accidents pour la provention des risques professioneles, Repportn. 243/RE de l' INRS, Doctobre 1976.

[4] Kingsley Hendrick, Ludwig Benner Jr. Investigating accidents with Step. Marcel Dekker, Inc. , 1987.

[5] D. Pham. Evaluation du Cout Indirect des Accidents du Travail. INRS. Cahiers de Notes Documentaires n° 130, 1er Trimestre 1988.

[6] Neil V Davies and Paul Teasdale (HSE) . The Costs to the British Economy of Work Accients and Work-Related Ill Health. HSE Books 1994.

[7] 罗云等．王家玲矿难经济损失分析．中国安全生产，2010 (7)．

[8] 罗云．安全经济学导论．北京：经济科学出版社，1993.

[9] D. 安德列奥尼．职业性事故与疾病的经济负担．宋大成等译．北京：中国劳动出版社，1992.

[10] HSE (OU) . The Costs of Accidents at Work. HSE Books 1997.

[11] Charles P. Bernard. Evalution Economique de la sécurite au Travail (Contribution Stude des coûts indrects et du coût réel des accidents), Ergonomie, Hygiéne et Sécurité—Conditions de travail et environnement, Février 1988.

[12] Brody B, Letourneau Y and Poirier A, An indiret cost theory of work accident prevention. Journal of Occupational Accidents 1990, 13: 255-270.

[13] Frank E. McElroy, P. E. , C. S. P. Editor in Chief, National Safety Council. Accident Prevention Manual for Industrial Operations (Administrations and Programs), 1981.

[14] 中华人民共和国卫生部．全国尘肺流行病学调查研究资料集 (1949—1986)．北京：中国协和医科大学和北京医科大学联合出版社，1992.

[15] 宋大成，企业安全经济学．北京：气象出版社，2000.

[16] Heinrich H W. Industrial Accident Prevention (fourth edition) . New York, McGraw Hill, 1959.

[17] Education and Training Section, Ocupational Safety and Health Division. Workers' Compensation Board. Vancouver B C. Cost of Accidents. 1978.

[18] 宋大成，事故信息管理．北京：中国科学技术出版社，1989.

[19] 国际劳工公约 (第 121 号)，工伤事故和职业病津贴公约．

[20] 国际劳工局 (ILO) 建议书 (第 121 号)．工伤事故和职业病津贴建议书．

[21] 劳动部．关于发布《企业职工工伤保险试行方法》的通知．劳部发 [1996] 266 号．1996.

[22] GB 6721—1986. 企业职工伤亡事故经济损失统计标准．

[23] 宋大成，赵朝义，吴宗之．某化工厂事故经济损失调查研究报告．国家经贸委安全科学技术研究中心，1999.

[24] 宋大成．职业安全健康费用模型．中国安全科学学报，2000，10 (2)．

[25] 宋大成、朱世伟．安全生产：分析与决策—关于当前企业安全生产问题与对策的研究．中国安全科学学报，1996.

[26] GB/T 16180—1996. 职工工伤与职业病致残程序鉴定．

[27] 杨德明．当代西方经济学基础理论的演变—方法论和微观理论．北京：商务印书馆，1988.

[28] 中国石油化工总公司安全生产监督管理部．石油化工毒物手册．北京：中国劳动出版社，1992.

[29] U. S. Department of Labor，Bureau of Labor Statistics. Occupational Safety and Health Statistics：Concepts and Methods（Report518），1978.

[30] American National Standard：Method of Recording and Measuring Work Injury Experience，ANSI Z16. 1-1967.

[31] 孙仕敏，王砥．煤矿职业安全与健康对经济的影响研究．中国安全科学学报，2006，16（6）：60-64.

[32] 宋志方，倪春辉，贾晓民等．徐州矿务集团住院尘肺病人经济损失调查．江苏预防医学，2006，17（3）：56～58.

[33] 王忠郴，万春树．模糊金融数学．北京：中国审计出版社，1996.

[34] 李子奈．计量经济学——方法与应用．北京：清华大学出版社，1992.

[35] ［美］罗伯特．M. 索洛等著．经济增长因素分析．史清琪等译．商务印书馆，2003.

[36] 王涛．统计学原理．北京：中国财政出版社，1998.

[37] 中华人民共和国统计局．中国统计年鉴1999年．北京：中国统计出版社，2000.

[38] 中华人民共和国统计局．中国统计年鉴1996年．北京：中国统计出版社，1997.

[39] 中华人民共和国统计局．中国统计年鉴1997年．北京：中国统计出版社，1998.

[40] 中华人民共和国统计局．中国统计年鉴1998年．北京：中国统计出版社，1999.

[41] 曹东等．中国工业污染经济学．北京：中国环境科学出版社，1999.

[42] 夏光．中国环境污染损失的经济计量与研究．北京：中国环境科学出版社，1998.

[43] ［美］斯坦·戴维斯，克里斯托弗·麦耶．模糊经济．张帆等译．天津：天津人民出版社，1999.

[44] Robin Tait，Deborah Walker. Motivating the Workforce：The Value of External Health and Safety Awards，Journal of Safety Research，Winter 2000，Volume 31，Number 4.

[45] 李子奈著，计量经济学——方法与应用，清华大学出版社，1992. 3（217）.

[46] 统计局．中国统计年鉴2000年，北京：中国统计出版社，2001.

[47] 民国丛书续编编委会．中国经济年鉴．北京：中国经济年鉴社，2000.

[48] 谭浩强．access 2000导引．北京：电子工业出版社，2005.

[49] 马龙，access 2000技巧与实例．北京：中国水利水电出版社，2006.

[50] 希望图书创作室．visual basic 6. 0教程．北京：宇航出版社，1999.

[51] 叶佳．Visual Basic6. 0编程实用教程．北京：中国水利水电出版社，1999.

[52] 沈士诚等．东西方国民经济核算体系．南京：南京大学出版社，1992.

[53] 孙学范．工业统计学．北京：中国人民大学出版社，1994.

[54] 张海林．经济信息定量分析．上海：上海大学出版社，1998.

[55] 闪淳昌．关于机构改革，我想谈三个观点．现代职业安全，2001，9.

[56] 黄毅．要在机制创新上下工夫，现代职业安全，2001，8.

[57] Daniel J. Nelson，Who is Responisible for Safety? Professional Safety，2000，8（46），4.

[58] Thomas R. Krause. Motivating Employees for Safety Success. Professional Safety，2000，45（3）23-25.

[59] 洪银兴．现代财政学．南京：南京大学出版社，1990.

[60] 罗志如，厉以宁等．当代西方经济学说．北京：北京大学出版社，1989.

[61] 李强．当代中国投入产出应用与发展．北京：中国统计出版社，1992.

[62] 方一平．经济应用数学．北京：中国农业出版社，1999.

[63] 明安联等．经济学中的矩阵理论．成都：四川科学技术出版社，1990.

[64] 刘厚俊．现代西方经济学原理．南京：南京大学出版社，1997.

[65] Zeng Qingxuan，Xie Xianping. Progress in Safety Science and Technology. Science Press，1998.

[66] David L. Berger. Industrial Security. Burlington：Butterworth-Heinemann，1999.

[67] 崔国璋．安全管理．北京：海洋出版社，1997.

[68] 杨富．我国安全生产的形势和任务．中国安全科学学报，2000，2.
[69] 刘铁民．对安全生产工作现状与问题的思考．劳动安全与健康，1995，5.
[70] 全国总工会经济工作部调查组．国有企业劳动保护的现状调查与建议．劳动保护，1996，4.
[71] 谢晋宇等．企业雇员的安全与健康．北京：经济管理出版社，1999.
[72] L. Vassie，J M Tomas，A Oliver. Health and Safety Management in UK and Spanish SMES：A Comparative Study，Journal of Safety Research，2000，1（31）.
[73] Jacques Van Steen. TNO Safety Performance Measurement. EPSC，1996.
[74] G. Bradley Chadwell，Fred L，Leverenz. Contribution of Human Factors to Incidents in the Petroleum Refining Industry. Progress Safety Progress，1999，18（4）.
[75] EBSCO. Safety is Good Business，Professional Safety，May 2000，45（5）.
[76] Faisal I. Kban，S. A. Abbasi. The World's Worst Industrial Accident of the 1990s-What Happened and What Might Have Been：A Quantitive Study. Progress Safety Progress，1999，18（3）.
[77] J. P. Depasquale，E. S. Geller. Critical Success Factors for Behavior—Based Safety：A Study of Twenty Industry-wide Applications. Journal of Safety Research，1999，30（4）.
[78] M. F. O' Toole. Successful Safety Committee：Participation Not Legislation. Journal of Safety Research，1999，30（1）.
[79] 苗若愚等．建筑安全经济理论初探．中国安全科学学报，1991，1.
[80] 刘灵灵、罗云．事故非价值对损失的价值化技术．中国安全科学学报安全经济学专辑，1992.
[81] 吴桑谨．无形资产评估教程．杭州：浙江大学出版社，1997.
[82] 罗云、黎忠文．安全经济及其指标体系．中国安全科学学报安全经济学专辑，1992.
[83] 梁东黎、刘东．微观经济学．南京：南京大学出版社，1991.
[84] 邹一峰．中外投资项目评价．南京：南京大学出版社，1994.
[85] 罗云、刘潜．关于安全经济学的探讨．中国安全科学学报，1991，2.
[86] Penny R K，Risk. Economy and Safety，Failure Minimization and Analysis. A. A. BALKEMA/ROTTERDAM/BROOK FIELD，1998.
[87] Dan Petersen. Safety Management 2000：Our Strengths & Weaknesses. Professional Safety，2000，45（1）.
[88] 姜均露．经济增长中技术进步作用测算．北京：中国计划出版社，1998.
[89] Hossam A. Gabbar，Kazuhiko Suzuki，Yukiyasu Shimada，Design of Plant Safety Model in Plant Enterprise Engineering Environment. Reliablity Engineering and System Safety，2001，73：35-47.
[90] Donald J. Garvey. New Ideas in Construction Hearing Conservation. Professional Safety，2000，5（2）.
[91] Fred A. Manuele. Task Analysis for Productivity，Cost Efficiency，Quality & Safety. Professional Safety，2000，45（4）.
[92] Lindam. Tapp. Pregnancy Ergonomics：Potential Hazards & Key Safeguards. Professional Safety，2000，45（8）.
[93] Sue Coxand，Robin Tait. Safety Reliablity & Risk Management. Butterworth-Heinemann，1998.
[94] Charles A. Wentz. Safety，Health，and Environmental Protection. WCB/McGraw-Hill，1998.
[95] Richard P. Pohanish，Stanley A. Greene. Hazardous Substances Resource Guide，1997.
[96] A. Mosleh，R. A. Bari. Probabilistic Safety Assessment and Management. Springer，1998，1.
[97] James F. Broder，CFE，CPP，BCFE. Risk Analysis and the Security Survey. Butterworth-Heinemann，2000.
[98] 金乃成等．无形资产管理与评估．北京：中信出版社，1995.
[99] 国家国有资产管理局资产评估中心编写组．资产评估概论．北京：经济科学出版社，1995.
[100] 崔建民．资产评估．北京：中国审计出版社，1997.
[101] Adrian V. Gheorghe，Ralf Mock. Risk Engineering Bridging Risk Analysis with Stake Holders Values. Kluwer Academic Publishers，1999.
[102] Pascal Dennis. Quality，Safety，and Environment. ASQC Quality Press，1997.
[103] 常大勇，张丽丽．经济管理中的模糊数学方法．北京：北京经济学院出版社，1995.
[104] 钟契夫．投入产出分析．北京：中国财政经济出版社，1987.

[105] 陈志标．宏观经济学．上海：上海人民出版社，1989.
[106] 中国地质大学、中国劳动保护科学技术学会《八十年代我国企业安全经济状况调查与分析研究报告》，1992.
[107] 宋大成．企业安全经济学（损失篇）．北京，气象出版社，2000.
[108] 姜均露．经济增长中技术进步作用测算．北京：中国计划出版社，1998.
[109] 陈锡康．当代中国投入产出理论与实践．北京：中国国际广播出版社，1988.
[110] 李国璋．软投入与经济增长．兰州：兰州大学出版社，1995.
[111] 沃西里·里昂契夫．1919-1939年美国经济结构．北京：商务印书馆，1993.
[112] 赵焕章．层次分析法．北京：科学出版社，1986.
[113] 李列平．安全投资决策分析方法．工业安全与防尘，1990，5.
[114] Aldrich，Mark. Safety First：Technology，Labor，and Business in the Building of American Work Safety，1870-1939（Studies in Industry and Society，13）．Baltimore：Johns Hopkins University Press，1997.
[115] Piore，Michael J. Labor Standards and Business Strategies，in Stephen A. Herzenberg and Jorge F. Perez-Lopez（eds.），Labor Standards and Development in the Global Economy. Washington，D. C.：Bureau of International Labor Affairs，U. S. Department of Labor，1990.
[116] U. S. Congress，Office of Technology Assessment. Gauging Control Technology and Regulatory Impacts in Occupational Safety and Health：An Appraisal of OSHA's Analytic Approach. Washington，1995.
[117] Petersen，Dan. Techniques of Safety Management：a Systems Approach，3rd Ed.，Aloray，New York，1989.
[118] Selvin，Steve. Statistical Analysis of Epidemiologic Data，Oxford University Press，New York，1991.
[119] Kavianian，H. R.，C. A. Wentz，Jr. Occupational and Environmental Safety Engineering and Management，Van Nostrand Reinhold，New York，1990.
[120] Chartered Institute of Management Accoutants，CIMA Study Text：Stage1，Quantitative Methods，4th Ed.，BPP，London，1990.
[121] 《安全生产与经济发展关系研究》课题组．安全生产与经济发展关系研究综合报告，2003.
[122] 《安全生产与经济发展关系研究》课题组．研究报告之一：事故经济损失研究，2003.
[123] 《安全生产与经济发展关系研究》课题组．研究报告之二：我国安全投入抽样调查研究，2003.
[124] 《安全生产与经济发展关系研究》课题组．研究报告之三：安全经济贡献率研究，2003.
[125] 罗云．安全生产与经济发展关系研究．中国劳动保护科学技术学会第四届年会论文集，2003.
[126] 罗云．小康社会安全生产指标体系探讨．安全生产报，2002，8.
[127] 罗云．21世纪安全管理科学展望．中国安全科学，2000.
[128] 罗云．安全生产与社会经济关系研究．中国安全生产论坛文集，2002.
[129] 罗云．安全生产经济效益分析与研究．中国劳动劳动保护科技学会第四届年会论文集，2003.
[130] 罗云．小康社会安全生产指数研究与应用．2003年中国科学技术协会学术年会论文集，2003.
[131] 罗云．安全小康社会安全发展战略及目标研究．中国安全文化国际学术研讨会论文集，2003.
[132] 罗云．工伤预防与经济效益的关系．中国安全生产论坛论文集，2003年11月．
[133] 罗云．安全生产指数设计及理论．劳动保护，2003，12.
[134] 宋大成．安全生产与经济发展．劳动保护杂志．2001：35-36.
[135] 周卫红．安全生产投入问题初探．电力安全技术．2004，(6)．
[136] 冯健罗，仲伟．企业安全生产投入的经济分析．企业经济．2006，312.
[137] 裴晶晶，蔡娇．基于事故综合当量指数理论的安全生产状况评价方案设计．现代商贸工业．2008，20(4)：56-57.
[138] 郭咸纲．G当量——关于管理最优境界理论的研究和探索．广东：广东经济出版社，2002.
[139] 钱颂迪等．运筹学．北京：清华大学出版社，2003.
[140] 梅强．安全投资项目经济评价的研究．技术经济，1994 (1)．
[141] 姜洋等．企业投入的安全经济效用及边际效用．中国安全科学学报，1998 (4)．
[142] 梅强．安全投资方向决策的研究．中国安全科学学报，1999 (10)．

[143] 施国洪等．系统动力学方法在环境经济学中的应用．系统工程理论与实践，2001（12）．

[144] 靳乐山．生命价值：无需回避评估．重庆环境科学．1999，21（4）：47-52.

[145] Christian Illies. Das sogenannte Potentialitaets argument am Beispiel des therapeutischen Klonens. Zeit schrif t fuer philosophische Forschung，Band 57，2003，（2）．1（P236）．

[146] 李德顺．从"人类心"到"环境价值"．哲学研究，1998，（2）．

[147] L. R. Eeckhoudt. Does risk aversion increase the value of mortality risk? . Journal of Environmental Economics and Management. 2004，47：13-29.

[148] 梅强，陆玉梅．人的生命价值评估方法述评．中国安全科学学报，2007，17（3）：56-60.

[149] 威廉·配第．王亚南译．配第经济著作选集．北京：商务印书馆，1981：80-85.

[150] 李金昌，姜文来等编著．生态价值论，重庆大学出版社，1999.

[151] 杨宏伟，宛悦．经济学评价方法在环境健康影响评价中的适用性．环境与健康杂志，2005，22（3）：222-226.

[152] 石磊．人命几何——政策分析中如何确定生命的市场价值．青年研究，2004，（4）：1-5.

[153] Garbacz，C. Smoke detector effectiveness and the value of saving a life. Economics Letters，1989，31：281-286.

[154] Viscusi，W. Kip.．"Economic Foundations of the Current Regulatory Reform Efforts"，Journal of Economic Perspectives 10，1996 3，10：119-134.

[155] Schelling，Thomas C. Life you save may be your own. Problem in Public Expenditure Analysis. Washington，D. C.：Brookings Institution，1968：127-162.

[156] Viscusi，W. Kip.，Aldy，Joseph E. Value of a statistical life：a critical review of market estimates throughout the word. Journal of Risk and Uncertainty，2003，27：5-76.

[157] Marin，Alan and Psacharopoulos，George. Reward for risk in the labor market：evidence from the United Kingdom and a reconciliation with other studies. Journal of Political Economy，1982，90：827-853.

[158] Lanoie，P.，C. Pedro，R. Latour. Value of a statistical life：a comparison of two approaches. Journal of Risk and Uncertainty 1995，10：235-257.

[159] Shanmugam K. R. Valuation of life and injury risks—empirical evidence from India. Environmental and Resource Economics，2000，16：379-389.

[160] Kim，S. W. P. V. Fishback. Impact of institutional change on compensating wage differentials for accident risk：south Korea，1984—1990. Joumal of Risk and Uncertainty，1999，18：231-248.

[161] Hammitt，James K.，John，D. Graham. Willingness to pay for health protection：inadequate sensitivity to probability. Journal of Risk and Uncertainty，1999，8：33-62.

[162] Jones-Lee，M. W.，Hammerton，M. and Philips P. R. Value of safety：results of a national survey. Economic Journal，1985，95：49-72.

[163] 王国平．职业安全投资的经济效益计量及其评价．上海：同济大学，1988.

[164] 屠文娟，张超，汤培荣．基于生命经济价值理论的企业安全投资技术经济分析．中国安全科学学报，2003，13（10）：26-30.

[165] 王亮．生命价值的实证研究．中国安全科学学报，2004，14（7）：43-49.

[166] 王玉怀，李祥仪．煤矿事故中生命价值经济评价探讨．中国安全科学学报，2004，14（8）：28-30.

[167] R. Dworkin，"The Price of Life：How High the Cost Before It Becomes Too High?" Los Angeles Times，1993，29.

[168] 李建平，黄志刚．商品价值的数学表达及其应用．东南学术，2008，4（1）．

[169] 张莹，杨亮．基于人力资本生命周期的人力资本定价模型．北方经济．2006，vol. 20.

[170] William Farr. Equitable Taxation of Property. Quarterly Journal of the Statistics Society，1853，（16）：1-45.

[171] Theodor Wittisten. Mathematische Statistik und deren Anwendung Auf National-economy und Versicherung-wissenschaft. Hahn' sche Hofburchlandlung，Hanover，1867：18-37.

[172] Ernst Engel. Der Werth des Menschen. Verlag von Leonhard Simon，Berlin，1833：31-48.

[173] Louis Dublin, Alfred J. Lotka. The Money Value of a Man. New York: The Ronald Press Company, 1930.
[174] Thomas Schelling. The Life You Save May Be Your Own [A]. S. Chase (ed.), Problem in Public Expenditure Analysis. Washington, D.C.: Brookings Institution, 1968.
[175] 亚当·斯密．国民财富的性质和原因的研究．郭大力，王亚南译．北京：商务印书馆，1994.
[176] W·吉帕·维斯库斯，约翰M·弗农，小约瑟夫E·哈林顿．反垄断与管制经济学．陈甬军译．北京：机械工业出版社，2004.
[177] W. kip Viscusi. Fatal Tradeoffs. New York: Oxford University Press, 1992.
[178] 程启智．人的生命价值理论比较研究．中南财经政法大学学报．2005，153：39-74.
[179] 黄盛仁．安全经济效益评价理论及模型研究．北京：中国地质大学博士论文，2002.
[180] 纪秋颖，徐建平．全要素生产率增长模型及其意义．五邑大学（自然科学版），1998，2：46-49.
[181] 游达明，易庆丰．生产函数衡量技术进步在经济增长中的作用．湖南城市学院学报，2004，3：66-68.
[182] 杨亚平、成达建．技术进步对深圳经济增长作用的测算与分析．科技进步与对策，2004，7：96-98.
[183] 田水承，杨波，李红霞．煤矿企业的安全投入与产出．煤矿安全．2007，396：77-79.
[184] 白晓鸣．开展"三同时"工作应突出政府责任．当代矿工，2006年，7：24-25.
[185] 寥亚利，生命价值研究．北京：中国地质大学（北京），2008.